Kosmos Himmels-Jahr 2021

SONNE, MOND UND STERNE IM JAHRESLAUF

Herausgegeben von Hans-Ulrich Keller
unter Mitarbeit von Erich Karkoschka

KOSMOS

Inhalt

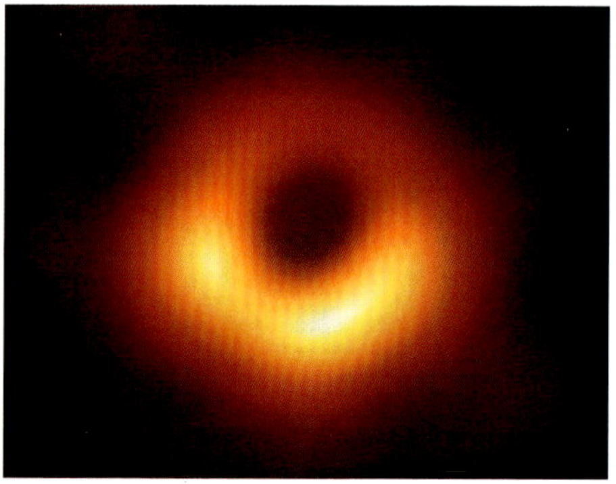
EHT Collaboration

Erfolgreiche Zusammenschlüsse 63

Inhalt

Das Kosmos Himmelsjahr – ein Leitfaden durch die Sternenwelt

Tempus rerum imperator

Die Zeit ist die Herrscherin über alle Dinge.

Sonnenuhrspruch

Alles unterliegt dem Diktat der Zeit. Nichts ist zeitlos. Heerscharen von Philosophen haben über die Zeit nachgedacht und mehr oder minder schlaue Gedanken geäußert. Trotz allem Grübeln – eine allseits befriedigende Erklärung für das rätselhafte Phänomen ZEIT ist ihnen bis dato nicht gelungen. Seit wann gibt es die Zeit – wird es sie immer geben?

Die Astronomen haben es als Praktiker leichter, mit dem Begriff „Zeit" umzugehen. Sie verfolgen das Vergehen der Zeit anhand der Gestirnsläufe. Sie beobachten Sonne, Mond, Planeten und Sterne und bestimmen aus ihren veränderlichen Positionen am Firmament den Zeitablauf. Sie definieren aus astronomischen Vorgängen Zeitspannen wie Sekunden, Stunden, Tage, Monate und Jahre. Sie stellen Kalender auf, um zeitliches Geschehen einzuordnen.

Schon in grauer Vorzeit erkannten die Astronomen, dass die Längen der Tage, Monate und Jahre in keinen ganzzahligen Verhältnissen stehen. Die Priesterastronomen im alten Ägypten bemerkten aus der jährlichen Verspätung des heliakischen Aufgangs von Sothis (Sirius), dass ein Sonnenjahr einen Vierteltag länger ist als genau 365 Tage. König Ptolemaios III., Euergetes, ordnete 238 v. Chr. im Edikt von Kanopus an, alle vier Jahre einen zusätzlichen Tag an den Kalender anzuhängen. Allerdings stieß dies auf den erbitterten Widerstand der Priesterastronomen.

V.1 Die Raumsonde Solar Orbiter nähert sich der Sonne.

Die Babylonier wieder erkannten schon im zweiten vorchristlichen Jahrtausend, dass zwölf Monate kürzer sind als ein Sonnenjahr, die Mondphasen sich aber nach 19 Jahren zum gleichen Datum wiederholen. Sie entwickelten einen Lunisolarkalender mit zwölf Jahren zu zwölf Monaten und sieben Jahren zu dreizehn Monaten. Denn 235 Mondmonate sind fast gleich lang wie 19 Sonnenjahre. Diesen an den Sonnenlauf gebundenen Mondkalender übernahm der Athener Meton 432 v. Chr. für den griechischen Kalender, weshalb man vom Metonschen Zyklus spricht.

Für Einsteiger und Amateurastronomen

Den Lauf des himmlischen Uhrwerks zu beobachten, gehört auch heute noch zu den spannendsten Beschäftigungen und vermittelt eine klare Vorstellung vom Fortschreiten der Zeit. Damit man die Ereignisse am Sternenzelt ohne große Mühe verfolgen kann, dazu dient das *Kosmos Himmelsjahr* als Leitfaden durch die Welt der Gestirne während des Jahres.

Auch der **111. Jahrgang** des vorliegenden Jahrbuches soll sowohl dem Einsteiger in die Himmelskunde als auch der kundigen Amateurastronomin die erforderlichen Hinweise und Daten für eigene astronomische Beobachtungen liefern.

Der erfahrene Himmelsbeobachter findet auf der inneren Umschlagklappe Kurzhinweise zum Gebrauch dieses Jahrbuches. Ausführliche Erläuterungen zu den wichtigsten Grundtatsachen der Astronomie findet der Einsteiger in die Himmelskunde ab Seite 9.

Eine kalendarische Übersicht enthält das Kapitel **„Das Jahr 2021 auf einen Blick"** auf Seite 7. Dem Hauptteil vorangestellt ist die Beschreibung der Sonnen- und Mondfinsternisse, die sich im Jahr 2021 ereignen (siehe Seite 24).

V.2 Abendstimmung mit Mond und Venus. Aufnahme Martin Gertz/Sternwarte Welzheim.

Der Anhang enthält ein Verzeichnis von Planetarien und Sternwarten sowie eine Liste von amateurastronomischen Einrichtungen, die den Kontakt zu Gleichgesinnten erleichtern soll.

Um möglichst allen Leserinnen und Lesern – vom Einsteiger bis zur versierten Beobachterin – zu dienen, wird in den Monatsübersichten eine einfache, beschreibende Darstellung aller interessanten Himmelsvorgänge gebracht, während im Tabellenteil am Schluss wichtige Beobachtungsdaten in Form von Zahlentafeln vermerkt sind.

Eine ausführliche Einführung in die Himmelskunde findet man im *Kompendium der Astronomie*, in dem alle wichtigen Begriffe ausführlich erklärt werden.

Datenquellen und Danksagungen

Die Daten für das vorliegende Jahrbuch stammen, soweit nicht nachstehend besonders vermerkt, vom Planetarium Stuttgart. Das Institut de Mécanique Celeste et de Calcul des Éphémerides (IMCCE), Observatoire de Paris, lieferte die Daten für die Jupitermonderscheinungen, die Sonnenfleckenrelativzahlen das Observatoire Royal de Belgique, Brüssel, und die Daten für die Sternschnuppenströme die International Meteor Organization (IMO), wofür Herrn Dr. Jürgen Rendtel (Leibniz-Institut für Astrophysik, Potsdam) besonders zu danken ist.

Mein besonderer Dank gilt meinem Mitarbeiter, Herrn Dr. Erich Karkoschka (Lunar and Planetary Laboratory, University of Arizona, Tucson) für seine Ephemeridenberechnungen, die Kalkulation der Sternbedeckungen durch den Mond und die Anfertigung vieler Skizzen und Abbildungen.

Dank schulde ich auch Herrn Gerhard Weiland, der mit großer Sorgfalt und Umsicht die Reinzeichnungen der Grafiken angefertigt hat, sowie Herrn Wil Tirion für die Herstellung der monatlichen Sternkarten und Übersichten des Planetenlaufs. Dankbar bin ich auch Herrn Michael Vogel, der sorgfältig Korrektur gelesen hat.

Zu danken habe ich ferner Herrn Martin Gertz von der Beobachtergruppe der Sternwarte Welzheim für die hervorragenden Astroaufnahmen, die er auf der Sternwarte Welzheim gewonnen hat. Nicht zuletzt gebührt auch Dank Frau Claudia Dintner für die sorgfältige Reinschrift des Manuskripts sowie den Mitarbeiterinnen und Mitarbeitern des Verlages, namentlich den Herren Siegfried Fischer und Sven Melchert, für die hervorragende Zusammenarbeit, ohne die dieses Jahrbuch nicht pünktlich erscheinen könnte.

Stuttgart, im März 2020
Hans-Ulrich Keller

Das Jahr 2021 auf einen Blick

Das Jahr 2021 ist nach dem Gregorianischen Kalender ein **Gemeinjahr** mit **365** Tagen.

Beginn der Jahreszeiten:
FRÜHLING (Tagundnachtgleiche): 20. März, 10^h37^m
SOMMER (Sonnenwende): 21. Juni, 4^h32^m
HERBST (Tagundnachtgleiche): 22. September, 20^h21^m
WINTER (Sonnenwende): 21. Dezember, 16^h59^m
SOMMERZEIT: Die Mitteleuropäische Sommerzeit (MESZ) geht gegenüber der Mitteleuropäischen Zeit (MEZ) um eine Stunde vor. Sie soll vom **28. März** bis **31. Oktober** 2021 gelten. Kurzfristige Änderungen sind möglich.

FEST- UND FEIERTAGE 2021

Neujahrstag:	**Freitag,**	1. Januar
Aschermittwoch:		17. Februar
Karfreitag:		2. April
Ostersonntag:		**4. April**
Ostermontag:		5. April
Maifeiertag	**Samstag,**	1. Mai
Christi Himmelfahrt:	Donnerstag,	13. Mai
Pfingstsonntag:		23. Mai
Pfingstmontag:		24. Mai
Fronleichnam:	Donnerstag,	3. Juni
Allerheiligen:	**Montag,**	1. November
Buß- und Bettag:	Mittwoch,	17. November
Totensonntag:		21. November
1. Advent:	**Sonntag,**	28. November
Heiliger Abend:	Freitag,	24. Dezember
1. Weihnachtstag:	**Samstag,**	25. Dezember
2. Weihnachtstag:	Sonntag,	26. Dezember
Silvester:	**Freitag,**	31. Dezember

STAATSFEIERTAGE 2021

Tag der deutschen Einheit:	Sonntag,	3. Oktober
Österreichischer Nationalfeiertag:	Dienstag,	26. Oktober
Schweizer Bundesfeier:	Sonntag,	1. August
Liechtensteiner Staatsfeiertag:	Sonntag,	15. August

KALENDERÄREN 2021

Das **jüdische Jahr** 5782 beginnt am 6. September mit Sonnenuntergang. Der jüdische Neujahrstag fällt daher auf den 7. September 2021.

Das **islamische Jahr** 1443 beginnt am 9. August mit Sonnenuntergang. Der erste Tag des islamischen Jahres 1443 korrespondiert mit dem 10. August 2021.

Am 12. Februar 2021 beginnt das 38. Jahr im 79. Zyklus des **traditionellen chinesischen Kalenders**. Es ist das Jahr des Ochsen (xin-chou).

Am 14. September beginnt in der **byzantinischen Ära** das Jahr 7530.

Am 1. Januar beginnt das **japanische Jahr** 2681.

Am 11. September beginnt das Jahr 1738 der **Ära Diokletians** (Koptische Ära).

Am 14. September beginnt das Jahr 2333 der **Seleukidenära**.

Am 14. Januar beginnt das Jahr 2774 der **römischen Ära a.u.c.**

Der 14. Januar 2021 des **Gregorianischen** Kalenders korrespondiert mit dem 1. Januar 2021 des **Julianischen** Kalenders.

Das Jahr 2021 entspricht dem Jahr 6734 der **Julianischen Periode**.

Der 1. Januar 2021 (0^h Weltzeit = 1^h Mitteleuropäische Zeit) hat die **Julianische Tagesnummer** 2 459 215,5

Das **astronomische Jahr** 2021 (Bessel-Jahr) beginnt bereits am 31. Dezember 2020 um 03^h53^m MEZ (B2021.0 = JD 2 459 214,620). Der Dies Reductus (J2021.0 – B2021.0) beträgt somit 21^h07^m.

Martin Gertz / Sternwarte Welzheim

V.3 Ringförmige Sonnenfinsternis am 31. Mai 2003.

CHRONOLOGIE 2021

Sonnenzirkel: 14
Goldene Zahl (Mondzirkel): VIII
Sonntagsbuchstabe: C
Indiktion (Römerzinszahl): 14
Epakte: 16
Jahresregent: Saturn

FINSTERNISSE 2021

Das Jahr 2021 zeigt sich für Mitteleuropa finsternisarm. Lediglich die ringförmige Sonnenfinsternis vom 10. Juni kann in ihren partiellen Phasen von Mitteleuropa aus beobachtet werden. Weder die totale Mondfinsternis vom 26. Mai noch die partielle Mondfinsternis vom 19. November sind von Mitteleuropa aus zu verfolgen. Auch die totale Sonnenfinsternis vom 4. Dezember bleibt hierzulande unbeobachtbar.

Ausführliche Erläuterungen zu den Finsternissen findet man im Kapitel „Sonnen- und Mondfinsternisse 2021“ auf Seite 24.

PLANETEN 2021

MERKUR kann in der Abenddämmerung knapp über dem Westhorizont Mitte bis Ende Januar sowie Mitte Mai gesehen werden. Ende Oktober bis Anfang November zeigt sich der flinke Planet in der Morgendämmerung tief am Osthimmel.

VENUS ist zu Jahresbeginn Morgenstern. Am 26. März steht sie in oberer Konjunktion mit der Sonne. Im Mai erscheint sie am Abendhimmel und erreicht am **29. Oktober** ihre **größte östliche Elongation** (47°) von der Sonne. Am **4. Dezember** erstrahlt sie **im maximalen Glanz** ($-4\overset{\mathrm{m}}{,}9$). Bis Jahresende bleibt Venus Abendstern am Westhimmel.

MARS kann von Januar bis Mai in der ersten Nachthälfte gesehen werden. Anfang Juni zieht er sich vom Abendhimmel zurück. Am 8. Oktober steht er in Konjunktion mit der Sonne. Mitte Dezember erscheint er am Morgenhimmel.

JUPITER kommt am **20. August** im Sternbild Steinbock in **Opposition** zur Sonne. Am 29. Januar steht er in Konjunktion mit der Sonne. Im März taucht er allmählich am Morgenhimmel auf. Nach der Opposition zieht er sich aus der zweiten Nachthälfte zurück. Bis Jahresende bleibt er am Abendhimmel vertreten.

SATURN erreicht am 24. Januar seine Konjunktion mit der Sonne. Gegen Ende März erscheint der Ringplanet am Morgenhimmel. Er steht am **2. August** im Sternbild Steinbock in **Opposition** zur Sonne. Bis Anfang Januar 2022 ist der Ringplanet am Abendhimmel vertreten.

URANUS kommt am **5. November** im Sternbild Widder in **Opposition** zur Sonne. In Konjunktion mit der Sonne steht Uranus am 30. April.

NEPTUN erreicht seine Opposition am **14. September** im Sternbild Wassermann. In Konjunktion mit der Sonne steht Neptun am 11. März.

PLUTO, der prominenteste Zwergplanet unseres Sonnensystems, steht am **18. Juli 2021** im Sternbild Schütze in **Opposition** zur Sonne. Seine Konjunktion mit der Sonne erreicht Pluto schon am 14. Januar.

Ausführliche Angaben über die Sichtbarkeit der Planeten entnehme man der Rubrik „Planetenlauf“ in den Monatsübersichten.

Erläuterungen zum Gebrauch

Wer zum ersten Mal dieses Jahrbuch in Händen hält, dem bieten nachstehende Erläuterungen eine erste Einführung in seine Benutzung. Wer jedoch schon mit den Grundlagen der Himmelskunde vertraut ist, kann sofort die „Kurzhinweise zum Gebrauch" dieses Jahrbuches auf der vorderen Umschlagklappe aufschlagen.

Im *Kosmos Himmelsjahr* ist das Bild des abendlichen Fixsternhimmels für jeden Monat beschrieben. Eine Sternkarte erleichtert die Übersicht. Außerdem ist die Stellung des Großen Wagens und des Himmels-Ws um 22^h MEZ für jeden Monat aus einer Grafik ersichtlich. Der Große Wagen und das Himmels-W sind in jeder klaren Nacht zu beobachten, da sie bei uns zirkumpolar sind, also niemals untergehen.

Während die Fixsterne ihre Stellungen zueinander nicht ändern, sondern nur gemeinsam infolge der Erdrotation über das Firmament ziehen, gibt es Gestirne, die ihre Position im Laufe von Wochen und Monaten ändern. Man nennt sie Wandelsterne oder Planeten. Sie sind die Geschwister unserer Erde, die ebenfalls ein Planet ist. Mit freiem Auge sind fünf Planeten zu sehen: Merkur, Venus, Mars, Jupiter und Saturn.

Von der Erde aus gesehen wandert somit die Sonne in einem Jahr durch die bekannten Sternbilder des Tierkreises. Der Wanderweg der Sonne heißt Ekliptik. Mond und Planeten bewegen sich ebenfalls in der Nähe der Ekliptik. Sie sind daher stets in den Tierkreissternbildern zu finden.

STERNE, STERNBILDER UND STERNKARTEN

Je nach Fantasie und Kultur haben die einzelnen Völker Sterne und Sternbilder unterschiedlich benannt. Die Internationale Astronomische Union (IAU) hat für die gesamte Himmelskugel 88 Sternbilder festgelegt, die für alle Astronomen und Sternfreunde verbindlich sind. Diese 88 Sternbilder haben lateinische Namen und jeweils eine Abkürzung von drei Buchstaben; Beispiel: der Krebs, lat.: Cancer, Abkürzung: Cnc.

Speziell für die Benutzer des Himmelsjahres empfehlen sich zur ersten Orientierung die Sternkarten im *Atlas für Himmelsbeobachter* von Erich Karkoschka. Neben den klassischen Sternatlanten gibt es heute auch gute Computerprogramme, die einen gewünschten Himmelsausschnitt am Monitor erscheinen lassen.

Nur die hellsten oder auffällige Sterne, die beispielsweise periodisch ihre Helligkeit ändern, haben Eigennamen erhalten. So heißen die beiden hellsten Sterne im Wintersternbild Orion Beteigeuze und Rigel, der berühmte veränderliche Stern im Perseus Algol.

Etwas systematischer hat Johannes Bayer im Jahre 1603 die Sterne bezeichnet, nämlich mit griechischen Buchstaben und dem Genitiv des lateinischen Sternbildnamens. So bekam der hellste Stern in der Leier die Be-

Martin Gertz / Sternwarte Welzheim

E.1 Der Orion ist das Leitsternbild des Winterhimmels.

zeichnung α Lyrae (oder kurz α Lyr), der zweithellste β Lyrae, der dritthellste γ Lyrae usw. Die Helligkeitsfolge ist aber nicht immer streng eingehalten, manchmal hat die Mythologie Vorrang; von den beiden hellen Zwillingssternen trägt der hellere Pollux die Bezeichnung β Geminorum, der etwas schwächere Kastor α Geminorum. Bei Doppelsternen wird gelegentlich noch ein Index an den griechischen Buchstaben angehängt. Beispiel: ε_1 und ε_2 Lyrae, der berühmte Vierfachstern in der Leier (jede Komponente ist ihrerseits ebenfalls ein Doppelstern). Die 24 griechischen Buchstaben (siehe Seite 21) pro Sternbild reichen natürlich nicht aus, um alle Sterne zu benennen.

Den ersten umfangreichen Sternkatalog nach Erfindung des Fernrohrs hat John Flamsteed (1646–1719) im Jahre 1712 herausgegeben. Flamsteed hat die Sterne in einem Sternbild durchnummeriert. So hat ω Aurigae beispielsweise bei Flamsteed die Bezeichnung 4 Aurigae. Viele Sterne, die keine Bayer-Bezeichnung haben, sind jedoch mit Flamsteed-Nummern gekennzeichnet.

Bei schwächeren Sternen gibt man die Katalognummer an, unter der sie verzeichnet sind, oder einfach die genauen Koordinaten. Beispiele für Katalognummern: BD +52°1312 bedeutet Stern Nummer 1312 in der Deklinationszone von +52° bis +53° der sogenannten *Bonner Durchmusterung*. HD 128974, Stern aus dem *Henry-Draper-Katalog*, SAO 146912, Stern aus dem *Smithsonian Astrophysical Observatory Star Catalogue*, FK5: 1051, Stern aus dem *5. Fundamental-Katalog*.

Sterne, deren Helligkeit variiert, werden häufig mit großen lateinischen Buchstaben und ihren Sternbildnamen versehen: RR Lyrae, T Coronae Borealis. Man kann somit aus der Bezeichnung auf die Eigenart dieser Sterne schließen.

STERNHAUFEN UND NEBEL

Man unterscheidet offene und kugelförmige Sternhaufen. Offene Sternhaufen enthalten Dutzende bis einige hundert Sterne, die alle einzeln als Lichtpunkte erkennbar sind. Kugelhaufen haben Hunderttausende bis Millionen Mitgliedssterne und sind als verwaschene, kreisrunde Lichtfleckchen zu sehen. Nur die Randpartien sind in Einzelsterne auflösbar, im Zentrum stehen die Sterne zu dicht, um als einzelne Lichtpunkte erkannt zu werden.

Zwischen den punktförmigen Sternen zeigen sich auch nebelhafte Gebilde. Bei den „Nebeln" gilt es zwei Kategorien zu unterscheiden: Einmal beobachtet man tatsächlich Staub- und Gasmassen zwischen den Sternen unserer Milchstraße, wie zum Beispiel im Sternbild Orion den berühmten Orionnebel. Andere nebelhafte Lichtfleckchen lassen sich jedoch mit sehr großen Teleskopen in einzelne Sterne auflösen. Hier sieht man fremde, ferne Milchstraßensysteme. Das Licht von Milliarden Sternen wird von uns nur als schwa-

Martin Gertz / Sternwarte Welzheim

E.2 Der Kugelsternhaufen Messier 13 im Sternbild Herkules ist der hellste am Nordhimmel.

ches Nebelfleckchen registriert, wie beispielsweise beim Andromedanebel. Wegen ihrer häufig spiraligen Gestalt spricht man auch von Spiralnebeln oder Galaxien.

Der französische Astronom Charles Messier (1730–1817) hat einen Katalog mit über hundert Sternhaufen und Nebeln zusammengestellt. Der Orionnebel wird z. B. mit M 42, der Andromedanebel mit M 31, der Kugelhaufen im Herkules mit M 13 bezeichnet. Wesentlich umfangreicher ist der Katalog von John L. E. Dreyer mit dem Namen *New General Catalogue of Nebulae and Clusters of Stars*, abgekürzt NGC. Später erschienen noch zwei Ergänzungen (*Index-Catalogue I and II*, kurz IC I und IC II) und schließlich der überarbeitete *Revised New General Catalogue* (RNGC). Daher trägt der Andromedanebel M 31 auch die Bezeichnung NGC 224.

DIE HELLIGKEIT DER STERNE

Man teilt die Sterne in Größenklassen ein. Diese Größenklassen geben nicht den Durchmesser oder die wahre Leuchtkraft der Sterne an, sondern ihre scheinbare Helligkeit am Himmel. Sterne erster Größe sind dabei heller als solche zweiter Größe. Ein schwaches Sternpünktchen sechster Größe ist eben noch mit bloßen Augen zu erkennen. Ein Stern erster Größe ist dabei hundertmal heller als ein Stern sechster Größe. Daraus folgt, dass ein Stern zweiter Größe 2,512-mal lichtschwächer ist als ein Stern erster Größe. Ein Stern dritter Größe wiederum ist 2,512-mal lichtschwächer als ein Stern zweiter Größe, denn $2{,}512^5 = 100$. Die Größenklassenskala ist somit ein logarithmisches Maß.

Als Abkürzung verwendet man ein kleines hochgestelltes ^{m} für magnitudo (lat.) = Größe. Sterne, die heller als 1^m sind, bezeichnet man mit 0^m, -1^m, -2^m usw. Die Venus kann -4^m hell sein. Das bedeutet, dass sie dann hundertmal heller strahlt als ein Stern erster Größe, also mit 1^m! In manchen Schriften findet man gelegentlich die Abkürzung „mag“ für Größenklasse. In der Fachastronomie ist sie jedoch nicht in Gebrauch. Mit Teleskopen lassen sich auch Sterne beobachten, die schwächer sind als 6^m. In einem guten Fernglas sind Sterne bis 10^m erkennbar. In großen Teleskopen werden Ster-

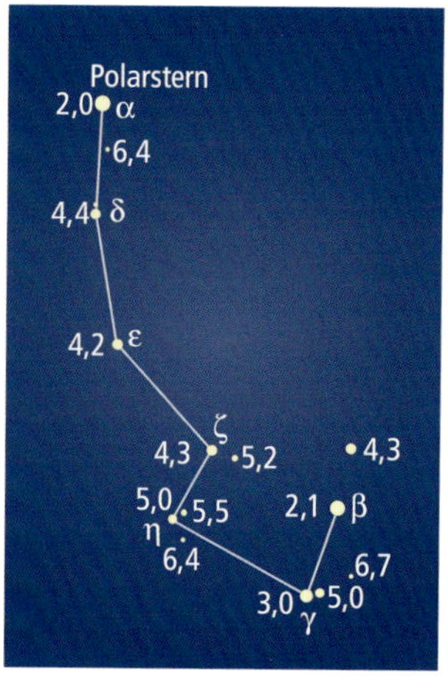

E.3 Sternbild Kleiner Wagen mit Helligkeitsangaben in Größenklassen für die einzelnen Sterne.

ne bis 26^m beobachtet, also Objekte, die hundert Millionen Mal lichtschwächer sind als die schwächsten, dem menschlichen Auge zugänglichen Sterne mit 6^m. Die Helligkeiten der Sterne zu schätzen, sollte man üben. Abb. E.3 zeigt den Kleinen Wagen, wobei die Helligkeiten der einzelnen Sterne vermerkt sind. Da das Sternbild Kleiner Wagen zirkumpolar ist, kann es in jeder klaren Nacht zu jeder Uhrzeit gesehen werden.

Stünden alle Sterne gleich weit entfernt, sozusagen in einer Normentfernung, dann entspräche die beobachtete scheinbare Helligkeit auch ihrer wirklichen Leuchtkraft. Eine solche Normentfernung wurde mit 10 Parsec (knapp 33 Lichtjahre) festgelegt. Man rechnet nun die Helligkeit aus, die ein Stern in 10 Parsec Entfernung hätte, und bezeichnet diese Größe als „absolute Helligkeit" oder „wahre Leuchtkraft" eines Sterns.

Um die absolute nicht mit der scheinbaren Helligkeit zu verwechseln, wird sie mit einem großen M (Magnitudo) abgekürzt. Beispiel: Unsere Sonne hat die enorme scheinbare Helligkeit von −27^m am Firmament und eine absolute Helligkeit von +4,8^M. Das heißt, in 33 Lichtjahren Entfernung erschiene uns die Sonne nur noch als Sternchen 5. Größe. Anmerkung: Da ^{m} auch für Minute steht, ist aus dem Textzusammenhang zu entnehmen, ob Helligkeiten oder Zeiten beziehungsweise Koordinaten gemeint sind.

ENTFERNUNGSANGABEN

In der Astronomie verwendet man, um große Zahlenungetüme zu vermeiden, für die Distanzen im Sonnensystem als Längenmaß die Astronomische Einheit (AE). Eine Astronomische Einheit entspricht der mittleren Entfernung der Erde von der Sonne, das sind rund 150 Millionen Kilometer.

Es gilt: **1 AE = 149 597 870 km**

Diese Strecke legt das Licht in 8^{m}20^s zurück. Man spricht von der Lichtlaufzeit der Astronomischen Einheit. Jupiter ist beispielsweise 5,2 AE von der Sonne und Neptun rund 30 AE von ihr entfernt. Die Lichtlaufzeiten der Planetendistanzen betragen Minuten bis wenige Stunden. Die Sterne sind jedoch so weit entfernt, dass ihr Licht Jahre, Jahrhunderte und Jahrmillionen zur Erde unterwegs ist. Man gibt daher ihre Distanzen in Lichtlaufzeiten an, wobei man ein Lichtjahr (LJ) als Einheit nimmt. In einem Jahr legt ein Lichtstrahl im Vakuum rund zehn Billionen Kilometer zurück.

Es gilt: **1 LJ = 9,46 × 1012 km**
= 63 240 AE

Ein Lichtjahr ist somit keine Zeit-, sondern eine Entfernungsangabe. In der Stellarastronomie wird ferner das Parsec (Parallaxensekunde) verwendet. Ein Parsec entspricht 3,26 Lichtjahren. Die Definition des Parsec findet man im Begleitbuch zum *Himmelsjahr*, dem *Kompendium der Astronomie* im Abschnitt „Entfernungseinheiten in der Astronomie".

Im *Himmelsjahr* werden die Entfernungen im Sonnensystem in AE und die Fixsterndistanzen in Lichtjahren angegeben. Parsec werden nicht verwendet.

ZEITANGABEN

Alle Uhrzeiten im *Himmelsjahr* sind grundsätzlich in **Mitteleuropäischer Zeit (MEZ)** angegeben. Die Mitteleuropäische Zeit ist die mittlere Sonnenzeit des Meridians 15° östlich von Greenwich (Nullmeridian der Erde). Sie geht gegenüber der Weltzeit (UT = Universal Time) um eine Stunde vor. Es gilt: Weltzeit plus eine Stunde = MEZ.

Wenn es in Greenwich Mitternacht (0^h) ist, dann haben wir schon 1^h (MEZ) morgens. Für **ortsabhängige Angaben** (z. B. Auf- und Untergänge) gelten alle Zeiten genau **für den Ort 10° östlich von Greenwich und**

50° nördlicher Breite. Dieser Punkt liegt für Mitteleuropa ziemlich zentral.

DIE SOMMERZEIT ist eine willkürliche Verschiebung der Zonenzeit um eine Stunde, um die Tageshelligkeit besser auszunutzen und (angeblich) Energie einzusparen. Sie beruht nicht auf astronomischen Grundlagen und ist außerdem von Staat zu Staat verschieden. Um die Benutzer des Himmelsjahres nicht zu verwirren und die Daten konsistent zu halten, sind alle Angaben das ganze Jahr durchgehend in MEZ vermerkt. Es gilt: MEZ plus eine Stunde = MESZ (Mitteleuropäische Sommerzeit). Gilt in einem Land die Sommerzeit, so ist zu den Zeitangaben im *Himmelsjahr* einfach eine Stunde zu addieren.

Achtung: Fällt ein Ereignis in die letzte Stunde vor Mitternacht, so ändert sich auch das Datum um einen Tag. Während der Dauer der Sommerzeit sind alle Zeitangaben in den Tabellen in einem dunkleren Farbton unterlegt.

AUF- UND UNTERGANGSZEITEN: Alle Auf- und Untergangszeiten (MEZ) gelten exakt für 10° östlicher Länge und 50° nördlicher Breite. Während der Gültigkeit der Sommerzeit ist eine Stunde zu addieren.

Für andere Orte in Mitteleuropa können diese Zeiten erheblich differieren (bis etwa eine halbe Stunde). Um schnell auch für andere Orte die Auf- und Untergänge ermitteln zu können, ist das Nomogramm auf Seite 292 gedacht. Im Nomogramm sind die wichtigsten Städte in Mitteleuropa eingetragen. Man wähle eine Stadt, die dem eigenen Standpunkt am nächsten kommt. Dann lege man ein Lineal so auf das Nomogramm, dass es mit der Deklination des Gestirns beziehungsweise der Uhrzeit laut Tabelle „Sonnenlauf" am oberen Bogen übereinstimmt. Dabei gilt das obere Vorzeichen für den Aufgang, das untere für den Untergang. Die Verbindungslinie (Lineal) gibt dann am unteren Bogen die Korrektur für die Auf- bzw. Untergangszeit an. Positive Werte bedeuten eine Verspätung, ein negativer Wert deutet an: Der Auf- oder Untergang erfolgt entsprechend früher. Die Zahlen geben die Minuten an.

Beispiel: Wann geht in Wien am 31. März die Sonne auf? Man

SOMMERZEIT (MESZ) IN DER BUNDESREPUBLIK DEUTSCHLAND

	Beginn Sonntag	Ende Sonntag		Beginn Sonntag	Ende Sonntag
1980	06. April	28. September	2001	25. März	28. Oktober
1981	29. März	27. September	2002	31. März	27. Oktober
1982	28. März	26. September	2003	30. März	26. Oktober
1983	27. März	25. September	2004	28. März	31. Oktober
1984	25. März	30. September			
			2005	27. März	30. Oktober
1985	31. März	29. September	2006	26. März	29. Oktober
1986	30. März	28. September	2007	25. März	28. Oktober
1987	29. März	27. September	2008	30. März	26. Oktober
1988	27. März	25. September	2009	29. März	25. Oktober
1989	26. März	24. September			
			2010	28. März	31. Oktober
1990	25. März	30. September	2011	27. März	30. Oktober
1991	31. März	29. September	2012	25. März	28. Oktober
1992	29. März	27. September	2013	31. März	27. Oktober
1993	28. März	26. September	2014	30. März	26. Oktober
1994	27. März	25. September			
			2015	29. März	25. Oktober
1995	26. März	24. September	2016	27. März	30. Oktober
1996	31. März	27. Oktober	2017	26. März	29. Oktober
1997	30. März	26. Oktober	2018	25. März	28. Oktober
1998	29. März	25. Oktober	2019	31. März	27. Oktober
1999	28. März	31. Oktober			
			2020	29. März	25. Oktober
2000	26. März	29. Oktober	2021	28. März	31. Oktober

verbinde mit einem Lineal den Punkt „Wien" mit der 6-Uhr-Marke am oberen Bogen. Denn laut Tabelle „Sonnenlauf" auf Seite 74 erfolgt der Sonnenaufgang am 31. März um 5^h59^m. Die Verbindungslinie schneidet den unteren Bogen bei -24^m. Der Sonnenaufgang erfolgt in Wien somit 24 Minuten früher, also um 5^h35^m MEZ bzw. 6^h35^m Sommerzeit. Wem die Verwendung des Nomogramms zu kompliziert erscheint, der kann auch die Tabelle zur Auf- und Untergangskorrektur auf Seite 293 benutzen. Man suche die seinem Wohnort nächstliegende Stadt und lese einfach die Korrekturzeit in Minuten ab, wobei für Mond, Planeten oder Sterne noch vorher die Deklination zu ermitteln ist. Bei der Sonne beachte man das Datum.

DIE STERNZEIT: Um mit einem Fernrohr ein bestimmtes Gestirn zu finden, muss man die Stellung des Beobachters auf der Erde zu einer bestimmten Uhrzeit des Tages relativ zur Fixsternwelt kennen. Man braucht dazu einen Referenzpunkt unter den Sternen. Dies ist der Frühlingspunkt. Er ist der Schnittpunkt der aufsteigenden Sonnenbahn mit dem Himmelsäquator. Im Frühlingspunkt steht die Sonne zu Frühlingsbeginn. Er ist auch der Nullpunkt der äquatorialen Himmelskoordinaten. Nimmt man statt der Sonne den unter den Fixsternen (fast) feststehenden Frühlingspunkt, erhält man statt der Sonnenzeit die Sternzeit.

Steht der Frühlingspunkt im Süden (Meridian), spricht man von 0^h Sternzeit, eine Stunde später von 1^h Sternzeit, usw. Es gilt: **Sternzeit = Stundenwinkel des Frühlingspunktes**.

Im *Himmelsjahr* ist die Sternzeit jeweils für 1^h MEZ (= 0^h Weltzeit) von zehn zu zehn Tagen für den Meridian von Greenwich (Nullmeridian) angegeben (siehe Tabelle auf Seite 286).

Die Tabelle auf Seite 290 erlaubt eine schnelle Bestimmung der Sternzeit zur abendlichen Beobachtungsstunde. Die Tabelle „Sternzeit" gibt die Sternzeit um 20^h MEZ (= 21^h MESZ) am Ortsmeridian 10° östlicher Länge für jeden Tag des Jahres an.

Um den Stundenwinkel eines Gestirns zu ermitteln, bilde man die Differenz: Sternzeit minus Rektaszension des Gestirns, dann hat man den Stundenwinkel zum Beobachtungszeitpunkt und kann das Teleskop entsprechend einstellen.

Für die Bestimmung des Stundenwinkels eines Planeten kann man auch seine Kulminationszeit (Zeit des Meridiandurchganges) benutzen, wenn man keine Sternzeituhr zur Verfügung hat und sich die Berechnung der Sternzeit zum Beobachtungszeitpunkt ersparen will. Die Kulminationszeiten der Planeten und Kleinplaneten sind auf den Seiten 280 bis 284 angegeben. Die Kulminationszeit gilt für 10° östlicher Länge. Zunächst ist die Korrektur für die Längendifferenz des Beobachtungsortes anzubringen (siehe Seite 291, Spalte Zeitkorrektur gegen 10° östlicher Länge). Um diese so erhaltene Zeit geht der Planet durch den Meridian des Beobachters und hat somit den Stundenwinkel Null. Man bilde nun die Zeitdifferenz zwischen der Beobachtungszeit und der Zeit des Meridiandurchganges. Sie entspricht direkt dem Stundenwinkel (im Zeitmaß).

DIE DYNAMISCHE ZEIT: In der Astronomie wird seit 1984 eine Dynamische Zeit verwendet, die die vorher verwendete Ephemeridenzeit abgelöst hat. Nähere Erläuterungen zu den Dynamischen Zeitskalen finden sich in dem Buch *Kompendium der Astronomie*. Die genaue Differenz der Dynamischen Zeit (TT = Terrestrial Time) zur Weltzeit (UT = Universal Time) kann erst im Nachhinein aus Beobachtungen der Gestirnspositionen bestimmt werden. Der extrapolierte Wert für das Jahr 2021 lautet: $\Delta TT = +70$ Sekunden, wobei $\Delta TT = TT - UTC$ gilt. Die koordinierte Weltzeit (UTC) hinkt somit der Dynamischen Zeit (TT) um mehr als eine Minute nach.

Der beobachtende Sternfreund kann die TT unberücksichtigt lassen, wenn er nicht hohe Genauigkeitsansprüche hat. Wer jedoch die Angaben im *Himmelsjahr* mit anderen Jahrbüchern vergleicht, muss beachten, dass alle Zeitangaben hier in MEZ = UTC + 1^h und nicht in TT vermerkt sind.

Seit dem 1. Januar 2017 beträgt die Differenz der UTC zur Internationalen Atomzeitskala (TAI) $\Delta AT = +37{,}00$ Sekunden (ΔAT =

E.4 Die Spiralgalaxie M 51 im Sternbild Jagdhunde wird auch Strudelnebel genannt.

Martin Gertz / Sternwarte Welzheim

TAI – UTC) bis zum Einschub einer weiteren Schaltsekunde, die relativ kurzfristig vom International Earth Rotation and Reference Systems Service (IERS) in Paris bekannt gegeben wird.

BEGINN DES ASTRONOMISCHEN JAHRES: Nach Definition von Friedrich Wilhelm Bessel beginnt das astronomische Sonnenjahr, wenn die mittlere Sonne zum mittleren Äquinoktium die Länge von 280° ($\alpha = 18^h40^m$) unter Berücksichtigung der Aberration (–20″,5) erreicht (auch Besselscher Jahresbeginn genannt).

Die Länge des **Besselschen Jahres** (auch Annus Fictus) entspricht der Länge des tropischen Jahres 1900 (365,242198781 mittlere Sonnentage = $365^d05^h48^m45^s{,}975$). Die Länge des tropischen Jahres nimmt infolge der säkularen Akzeleration der Rektaszension der mittleren Sonne um 0,148 × T Sekunden ab (T in Julianischen Jahrhunderten zu 36525 mittlere Sonnentage), während die Länge das Annus Fictus konstant bleibt.

Der Beginn des Annus Fictus wird mit „B+Jahreszahl Punkt Null“ bezeichnet (z. B. B2000.0) im Gegensatz zum Gregorianischen bzw. Julianischen Jahresbeginn (J) jeweils am 1. Januar um 0^hUTC. Die Differenz beider Äquinoktien (z. B.: k = J2000.0–B2000.0) wird Dies Reductus (reduzierter Tag) genannt und ist kleiner als 24 Stunden.

KALENDERZYKLEN

SONNENZIRKEL: Ordnungszahl (1 bis 28) im Zeitintervall von 28 Jahren, nach dem die Wochentage wieder auf dieselben Daten (dieselben Monatstage) fallen. Da es sieben Wochentage gibt, aber jedes vierte Jahr ein Schaltjahr ist, so fallen nach 7 × 4 = 28 Jahren die Wochentage wieder auf dieselben Monatstage. Der Sonnenzirkel gibt an, welcher Sonntagsbuchstabe im betreffenden Jahr gilt.

SONNTAGSBUCHSTABE: Gibt im ewigen Kalender den Tag des ersten Sonntags im Jahr an. In Schaltjahren gelten zwei Sonntagsbuchstaben (der zweite ist ab dem 1. März zu benutzen).

1. Januar A	2. Januar B
3. Januar C	4. Januar D
5. Januar E	6. Januar F
7. Januar G	

EPAKTE: Gibt das Mondalter vermindert um 1 zu Beginn des Kalenderjahres an, also die Zahl der Tage, die am 31. Dezember des Vorjahres seit dem letzten Neumondtermin verflossen sind (1–29). Für Neumond am 31. Dezember steht meist ein * statt 0. Die Epakte spielt eine Rolle bei der Festlegung des Ostertermins.

GOLDENE ZAHL: Lateinisch Numerus Aureus oder auch Mondzirkel genannt, ist die Ordnungszahl (I bis XIX) der Jahre im Metonschen Mondzyklus. Da 235 Lunationen (synodische Monate) ziemlich genau 19 Jahren entsprechen, fallen nach 19 Jahren die Mondphasen (nahezu) auf dieselben Tage im Sonnenjahr. Die Goldene Zahl diente im Julianischen Kalender zur Bestimmung des Ostertermins. Im Gregorianischen Kalender ist sie durch die Epakte ersetzt. Die Goldene Zahl wird in römischen Ziffern geschrieben, um eine Verwechslung mit dem Sonnenzirkel auszuschließen.

INDIKTION (Römerzinszahl): Zyklus von 15 Jahren im Besteuerungssystem des Römischen Reiches, das von Kaiser Augustus eingeführt wurde. Der Start (Epoche) des Zyklus erfolgte im Jahr 3 vor Chr. Heute dient die Indiktion (von lat.: indictio = Ankündigung) nur noch als chronologische Prüfzahl für das laufende Jahr. Die Indiktion läuft von 1 bis 15.

JAHRESREGENT: Gehört traditionsgemäß ebenfalls zu den Kalenderzyklen, hat aber keine chronologische Bedeutung mehr. Aus kulturhistorischen Gründen und da er in der Numismatik eine gewisse Rolle spielt sowie schlicht der Vollständigkeit halber ist er in der Rubrik „Kalenderzyklen" mit aufgeführt. Jahresregent können sein: Sonne, Mond, Merkur, Venus, Mars, Jupiter und Saturn, also die klassischen sieben „Planeten" des Ptolemäischen Weltsystems.

DER HIMMELS-KALENDER

Jede Monatsübersicht beginnt mit dem zweiseitigen Himmelskalender. Auf der ersten Seite wird in kurzen Stichworten auf aktuelle Ereignisse im betreffenden Monat hingewiesen. Eine kleine Grafik zeigt die Stellung von Großem Wagen und Himmels-W jeweils um 22 Uhr MEZ relativ zum Nordhorizont.

Die zweite Seite des Himmelskalenders enthält eine Tabelle mit den Wochentagen und für jeden Tag die entsprechende Mondphase in einer kleinen Grafik. Vermerkt sind in der Tabelle ferner Feiertage, die Hauptphasen des Mondes, sichtbare Konstellationen von Mond und Planeten sowie die bei uns beobachtbaren Finsternisse.

DER SONNENLAUF

Die Bewegung der Sonne durch den Tierkreis ist zu Beginn jeder Monatsübersicht aus einer kleinen Grafik zu entnehmen.

In der Grafik „Sonnenlauf" jeweils zu Monatsbeginn ist die scheinbare Sonnenbahn (Ekliptik) durch die Sternbilder des Tierkreises für den jeweiligen Monat eingezeichnet. Ferner sind die Eintritte der Sonne sowohl in die einzelnen Tierkreissternbilder als auch in die Tierkreiszeichen vermerkt sowie die Äquinoktien (Tagundnachtgleichen) und Solstitien (Sommer- und Winterbeginn).

Die Tages- und Nachtstunden sowie Dämmerungslängen werden durch eine dreiteilige Zeichnung (Uhrensymbole) veranschaulicht. Diese soll einen groben und schnellen Überblick über die Länge der Tages- und Nachtzeit geben. Für die Dämmerungszeiten wurde die nautische Dämmerung (Sonne 12° unter dem Horizont) eingesetzt.

Die Tabelle „Sonnenlauf" gibt die Auf- und Untergangszeiten, Meridiandurchgang (Kulmination), Zeitgleichung und die Mittagshöhe der Sonne an sowie die äquatorialen Koordinaten Rektaszension und Deklination für 1^h MEZ jeweils von fünf zu fünf Tagen. Die Zeiten gelten exakt für einen zentralen Ort mit 10° östlicher Länge und 50° nördlicher Breite. Für diesen Ort gelten auch die Dämmerungszeiten. Angegeben ist jeweils der Beginn und das Ende der nautischen Dämmerung.

SONNENHÖHE ZU MITTAG: Sie ist in der Tabelle „Sonnenlauf" für 50° nördlicher Breite angegeben. Für andere Breiten ist sie einfach zu ermitteln: 90° minus geografische Breite des Beobachters plus Sonnendeklination. Beispiel: Wie hoch steht die Sonne am 10. Juni zu Mittag (Kulmination) in Düsseldorf (geografische Breite: +51°)? 90° – 51° + 23° = 62° (Im Winterhalbjahr die negativen Deklinationen der Sonne beachten!).

DIE ZEITGLEICHUNG: Die Sonnenzeit wird nach einer fiktiven „mittleren Sonne" gerechnet. Die wahre Sonne läuft nämlich ungleichförmig. So geht sie einmal vor, dann wieder nach. Die Differenz kann bis zu einer Viertelstunde plus oder minus betragen. Diese Differenz wird Zeitgleichung (ZGL) genannt. Sie ist definiert zu:

ZGL = Wahre Sonnenzeit minus Mittlere Sonnenzeit.

Die Zeitgleichung und die Kulmination der wahren Sonne sind tabellarisch aufgeführt. Ein negativer Wert der Zeitgleichung bedeutet, die wahre Sonne geht nach der mittleren durch den Meridian.

DER MONDLAUF

Auf- und Untergangszeiten (MEZ) gelten genau für 10° östlicher Länge und 50° nördlicher Breite (siehe Zeitangaben).

Ferner sind die Kulminationszeiten (Meridiandurchgänge) für 10° östlicher Länge tabelliert.

Der Mond bewegt sich recht schnell durch den Tierkreis. Deshalb sind für jeden Tag des Jahres seine Koordinaten angegeben. Sie gelten jeweils für 1^h MEZ (= 0^h Weltzeit). Wem diese Zahlen nichts sagen, der findet in der Spalte „Sterne und Sternbilder" die Position des Mondes im Tierkreis vermerkt. Ein Sternchen (*) deutet auf eine Sternbedeckung hin.

Die Position des Mondes gilt wie erwähnt für 1^h MEZ. Wer also abends beobachtet, sollte die Stellung des Mondes im Tierkreis aus der Zeile des folgenden Tages entnehmen, denn der Mond läuft recht rasch. Nähere Angaben zu den Sternbedeckungen finden sich in der Tabelle „Sternbedeckungen durch den Mond" auf Seite 288. Die letzte Spalte enthält die Mondphasen sowie wichtige Punkte in der Bahn.

Die Mondbahn ist rund 5° gegen die Ekliptik (scheinbare Sonnenbahn) geneigt. Aufsteigender Knoten bedeutet, der Mond überschreitet die Ekliptik nach Norden; absteigender Knoten, er wechselt wieder nach Süden. Größte Nordbreite: Der Mond steht am weitesten in nördlicher Richtung von der Ekliptik entfernt; analog dazu heißt größte Südbreite: Der Mond hat maximalen südlichen Abstand von der Ekliptik.

Im Tabellenteil findet man auf Seite 278/279 die Mondbahn relativ zur Ekliptik eingetragen. Wegen der Rückläufigkeit der Mondbahnknoten verläuft die Mondbahn unter den Sternen in jedem Jahr anders.

DIE LIBRATION: Bei größter Südbreite ist die Nordhalbkugel des Mondes uns ein wenig mehr zugekehrt, man spricht von maximaler Libration Nord; entsprechend sieht man bei größter Nordbreite mehr vom Südpolgebiet des Mondes. Libration West: Westrand des Mondes, Libration Ost: Ostrand des Mondes ist uns zugekehrt (astronomische Definition West/Ost siehe auch *Kompendium der Astronomie*, Kapitel „Der Mond der Erde").

„Libration West" bedeutet, das Mare Crisium zeigt sich randfern, das Mare Smythii wird sichtbar. „Libration Ost" heißt, das Mare Crisium rückt an den Westrand, im Osten zeigt sich der Ringwall Grimaldi randfern und das Mare Orientale wird gut sichtbar.

Bei Erdnähe und Erdferne ist die Distanz des Mondes jeweils in tausend Kilometer vermerkt. Außerdem ist der scheinbare Monddurchmesser in Bogenminuten angegeben. Neben der Phase „Neumond" steht die Brownsche Lunationsnummer. Eine Lunation ist die Zeitspanne, die der Mond benötigt, um einmal alle Phasen zu durchlaufen, also von einem Neumond bis zum nächstfolgenden. Diese Zeitspanne heißt „Synodischer Monat".

Auf Vorschlag von Ernst William Brown werden die Lunationen seit dem Neumond vom 16. (17.) Januar 1923 fortlaufend nummeriert. Unterhalb der Tabelle „Mondlauf" findet sich eine Grafik, aus der die schnelle Wanderung des Mondes innerhalb einer Nacht an einem hellen Fixstern oder Planeten ersichtlich wird.

DER PLANETENLAUF

Planeten sind Geschwister der Erde. Sie laufen gemeinsam mit ihr um die Sonne. Je näher ein Planet der Sonne steht, desto schneller wandert er um sie. Wir beobachten die Planeten nicht von einem ruhenden Punkt aus, sondern vom Raumschiff Erde, das ständig in Bewegung ist. Deshalb erscheinen uns von der Erde aus (geozentrisch) die Bewegungen der Planeten vor dem Hintergrund der fernen Fixsterne – dem Muster der Sternbilder also – recht kompliziert. Überholt die Erde einen weiter außen laufenden Planeten, so scheint er einige Wochen lang zurückzubleiben, er ist „rückläufig", wie man zu sagen pflegt. Anschließend bewegt er sich wieder in der ursprünglichen Richtung wie die Sonne von West nach Ost, er ist wieder „rechtläufig". Durch diesen Bewegungswechsel bildet die Bahn des Planeten eine Schleife.

Ob ein Planet am Himmel zu sehen ist, hängt von der gegenseitigen Stellung von Sonne und Planet ab. Steht ein äußerer Planet von der Erde aus gesehen hinter der Sonne, Planet – Sonne – Erde bilden also eine Linie, so ist er nicht beobachtbar (siehe Abb. E.5). Da er in Sonnenrichtung steht, geht er mit der

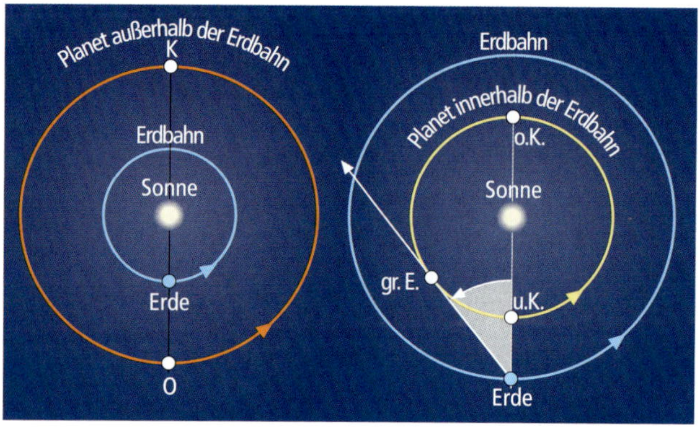

E.5 Die linke Zeichnung zeigt die Erdbahn und die Bahn eines Planeten außerhalb der Erdbahn. Bei O steht der Planet in Opposition, bei K in Konjunktion. Auf der rechten Seite der Abbildung sind die Erdbahn und die Bahn eines Planeten innerhalb der Erdbahn dargestellt. Bei u. K. steht der Planet in unterer, bei o. K. in oberer Konjunktion mit der Sonne. Bei gr. E. steht er in größter Elongation von der Sonne (Winkel grau gerastert).

Sonne auf und unter, bleibt somit nachts unter dem Horizont verborgen. Diese Konstellation heißt Konjunktion.

Steht der Planet von der Erde aus gesehen der Sonne gegenüber, also in der Reihenfolge Sonne – Erde – Planet (Abb. E.5), so spricht man von Opposition oder Gegenschein. Der Planet ist die ganze Nacht über zu sehen, da er mit Sonnenuntergang aufgeht und morgens mit Sonnenaufgang unter dem Westhorizont verschwindet. Bilden Sonne – Erde – Planet ein rechtwinkliges Dreieck, so spricht man von einer Quadratur.

Die inneren Planeten Merkur und Venus können niemals in Oppositionsstellung kommen. Dafür unterscheidet man bei ihnen zwischen oberer und unterer Konjunktion (Abb. E.5). In diesen beiden Stellungen bleibt der Planet unsichtbar. Nur wenn der Planet westlich oder östlich der Sonne „in Elongation" steht, kann er gesehen werden. Steht Venus in östlicher Elongation, so geht sie erst nach Sonnenuntergang unter, sie ist dann Abendstern. Steht sie in westlicher Elongation, so geht sie vor der Sonne auf und ist am Morgenhimmel zu sehen.

Ähnliches gilt für Merkur. Die größte Elongation (Winkelabstand von der Sonne) kann für die Venus 48° betragen, für den sonnennäheren Merkur aber nur 28°. Merkur ist daher schwierig zu beobachten – entweder abends kurz nach Sonnenuntergang tief im Westen oder kurz vor Sonnenaufgang tief am Osthimmel. Die Sichtbarkeiten der Planeten hängen nicht nur von den geometrischen Verhältnissen (Stellung des Planeten und der Sonne), sondern auch von meteorologischen Gegebenheiten ab. Eine starke Dunstglocke, hohe Luftfeuchtigkeit (Nebel) oder irdisches Streulicht (Neonreklame, Fahrzeugscheinwerfer, Lichtdom eines Stadions) beeinträchtigen die Beobachtung.

Eine Grafik vor der Rubrik „Planetenlauf" ermöglicht einen schnellen Überblick, welche Planeten am Abend, die ganze Nacht über, am Morgen oder gar nicht zu sehen sind. Eine grafische Jahresübersicht der Stellung, Größe, Helligkeit und Sichtbarkeit der Planeten findet sich auf den Seiten 276–277.

DIE GROSSEN PLANETEN

MERKUR: Sonnennächster Planet, zwischen $+3^{m}$ und $-1\overset{m}{,}5$ hell; schwer zu beobachten, da nur kurze Sichtbarkeitsperioden und stets horizontnahe Stellung; chromgelbes Licht.

VENUS: Nach Sonne und Mond hellstes Gestirn, oft als Abend- bzw. Morgenstern bezeichnet. Helligkeiten von $-3\overset{m}{,}9$ bis $-4\overset{m}{,}9$; strahlend weißes Licht; entweder abends am Westhimmel oder morgens in der östlichen Himmelshemisphäre zu sehen.

MARS: Äußerer Nachbarplanet der Erde, auffallend seine rötliche Farbe (der „rote Planet"); sehr unterschiedliche Helligkeiten von $+1\overset{m}{,}8$ bis $-2\overset{m}{,}9$.

JUPITER: Der größte aller Planeten, ein auffallend heller Planet, daher kaum zu übersehen; Helligkeit von $-1\overset{m}{,}7$ bis $-2\overset{m}{,}9$, weißlichgelbes Licht.

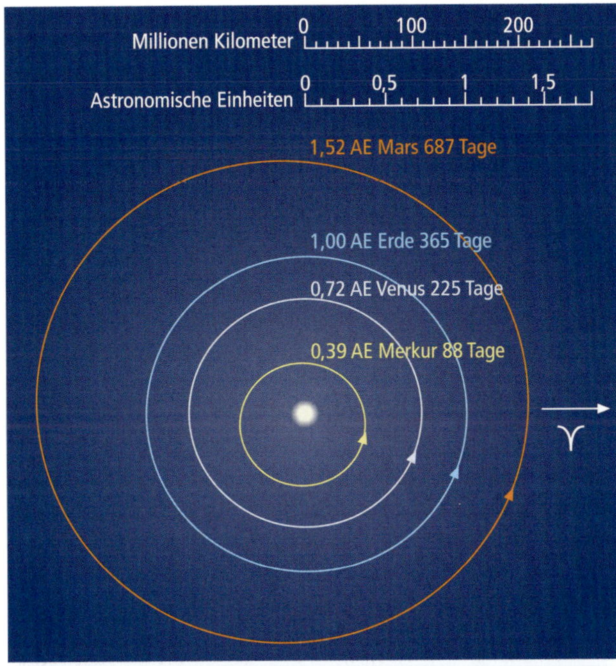

E.6 Die Bahnen der inneren Planeten um die Sonne (1 AE = 1 Astronomische Einheit = 149,6 Millionen Kilometer). Der Pfeil deutet die Richtung zum Frühlingspunkt an (Symbol: ♈).

SATURN: Der sonnenfernste mit freiem Auge noch sichtbare Planet strahlt in einem fahlen Licht zwischen +1ᵐ,3 und 0ᵐ, in Ausnahmefällen bis −0ᵐ,5. Den berühmten Ring kann man mit einem Fernrohr ab etwa 30-facher Vergrößerung erkennen.

URANUS: Ist theoretisch mit bloßem Auge gerade noch erkennbar (Oppositionshelligkeit 5ᵐ,5). Wohlgemerkt „theoretisch“, es empfiehlt sich auf alle Fälle ein gutes Fernglas, um Uranus zu finden! Farbe: grünlich. Die im März 1977 entdeckten Ringe sind jedoch selbst in großen Fernrohren für Hobbyastronomen nicht zu sehen.

NEPTUN: sonnenfernster Planet, Helligkeit um 7ᵐ,9; zeigt im Fernrohr ein winziges, grünblaues Scheibchen.

Die Angaben der scheinbaren Helligkeiten sind – wie international üblich – V-Helligkeiten (nach dem UBV-System von Johnson). Die früher gebräuchli-

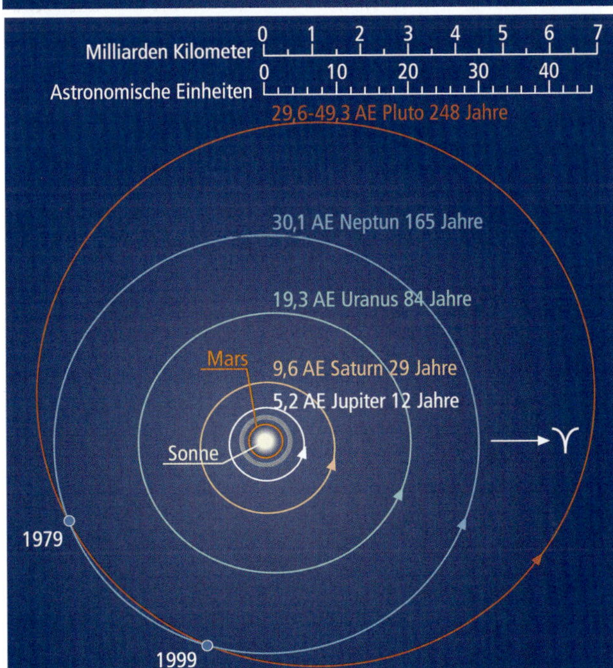

E.7 Die Bahnen der äußeren Planeten. Zwischen der Marsbahn und der Jupiterbahn laufen Abertausende Kleinplaneten (Planetoiden) um die Sonne. Wegen seiner stark exzentrischen Bahn war Pluto von 1979 bis Anfang Februar 1999 der Sonne näher als Neptun.

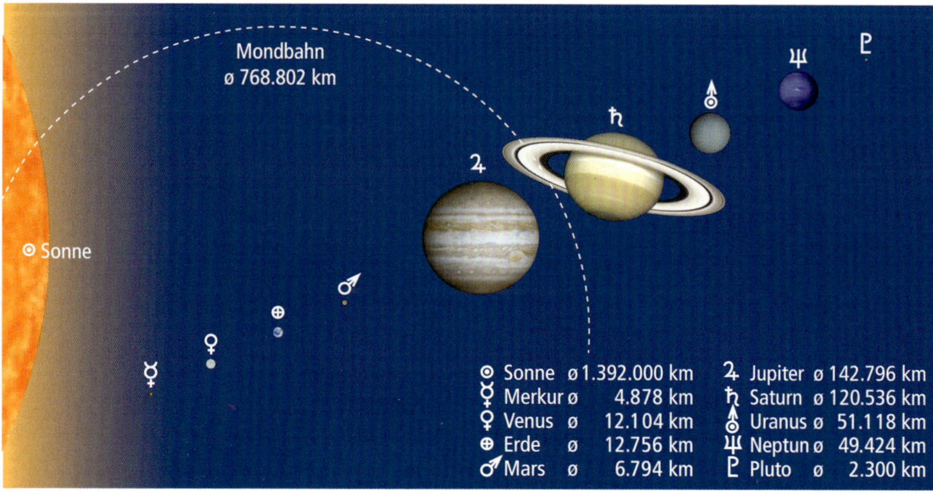

E.8 Größenverhältnisse der Planeten und der Mondbahn im Vergleich zur Sonne. Darunter sind die astronomischen Symbole der Planeten vermerkt, die auch in den monatlichen Sternkarten des Himmelsjahres die Orte der betreffenden Planeten markieren.

chen „visuellen“ (m_{vis}) Helligkeiten sind um ca. $0{,}^{m}2$ geringer, werden aber in manchen anderen Quellen noch verwendet.

KLEINPLANETEN UND ZWERGPLANETEN

Außer den acht großen Planeten schwirren noch Tausende kleiner und kleinster Planeten (Planetoiden oder Asteroiden) um die Sonne. Der erste wurde in der Neujahrsnacht des Jahres 1801 von Giuseppe Piazzi in Palermo entdeckt und auf den Namen Ceres getauft. Heute sind einige hunderttausend Planetoiden katalogisiert. Die meisten bewegen sich zwischen Mars und Jupiter um die Sonne. Einige haben jedoch sehr langgestreckte Bahnen, die die Bahnen anderer Planeten kreuzen. Sie können auch der Erde recht nahe kommen.

Einige Planetoiden, die in diesem Jahr heller als 9^{m} werden, sind in der Rubrik „Planetenlauf“ verzeichnet.

PLUTO: Seit IAU-Beschluss vom August 2006 als Zwergplanet eingestuft, ist sehr lichtschwach, Oppositionshelligkeit $14{,}^{m}3$. Nur gut ausgerüstete Amateurastronomen können ihn (fotografisch) beobachten.

DIE MONDE DER PLANETEN

Die beiden winzigen Marsmonde, die zahlreichen Uranusmonde, die Neptunmonde und die Plutomonde sind so lichtschwach, dass sie nicht mit den bescheidenen optischen Hilfsmitteln der Sternfreunde zu beobachten sind. Deshalb sind sie hier nicht aufgeführt.

JUPITER: Die vier hellsten Monde des Riesenplaneten sind schon in kleinen Teleskopen leicht zu sehen: I Io, II Europa, III Ganymed und IV Kallisto.

In den Monaten, in denen Jupiter zu beobachten ist, findet man jeweils eine Grafik, aus der die Positionen der Jupitermonde im umkehrenden Fernrohr ersichtlich sind. Sie lassen die gegenseitigen Stellungen und die Bewegungsabläufe der Jupitermonde erkennen.

Die waagerechten Linien in der Grafik beziehen sich auf 1^{h} MEZ des jeweiligen Datums, das links angegeben ist. Die Schnittpunkte der waagerechten Linien mit den Kurven der Jupitermonde geben somit deren Positionen jeweils um 1^{h} MEZ an.

Am unteren Rand jeder Grafik findet man eine Darstellung der Jupitermondbahnen relativ zum Beobachter.

ERSCHEINUNGEN DER JUPITERMONDE: Für den Fernrohrbesitzer ist es reizvoll, Bedeckungen, Verfinsterungen, Durchgänge und Schattenwürfe der Monde des Riesenplaneten auf Jupiter selbst zu beobachten.

Sofern diese Ereignisse von Mitteleuropa aus beobachtbar sind, findet man sie in der Rubrik „Jupitermonderscheinungen" verzeichnet. Es gelten folgende Abkürzungen:

B = Bedeckung, Mond verschwindet hinter der Jupiterscheibe

D = Durchgang, Mond geht vor der Planetenscheibe vorbei

S = Schattendurchgang, Mond wirft seinen Schatten auf Jupiter

V = Verfinsterung, Mond wird vom Jupiterschatten getroffen

A = Anfang der Erscheinung

E = Ende der Erscheinung

I: Io, II: Europa, III: Ganymed, IV: Kallisto.

Beispiel: Juni: 2. 1 16 II SA

bedeutet: Am 2. Juni um 1^h16^m MEZ beginnt der Schatten von Mond II (Europa) über die Jupiterkugel zu wandern.

SATURNMONDE: Schon mit einem guten Fernglas ist der Riesenmond Titan zu erkennen. Im Fernrohr sind auch die Monde Rhea, Dione und Tethys sowie Japetus in westlicher Elongation (er ist dann rund 2^m heller) zugänglich. Für die Monate, in denen Saturn zu beobachten ist, findet man jeweils eine Grafik, aus der die Stellungen und die Bewegungsabläufe der Saturnmonde Tethys, Dione, Rhea, Titan und Japetus zu entnehmen sind. Die Bahnlagen der Saturnmonde relativ zum Beobachter sind jeweils darunter abgebildet.

STERNSCHNUPPEN

In jeder Nacht des Jahres sind Meteore zu beobachten, doch variiert ihre Anzahl erheblich. Neben sporadisch auftauchenden Sternschnuppen gibt es periodisch wiederkehrende Ströme. Die dazu gehörenden Meteore scheinen dann von einem Punkt am Himmel in alle Richtungen auszustrahlen, dem Radianten oder Fluchtpunkt. Nach Lage des Radianten in einem bestimmten Sternbild wird der Meteorstrom benannt.

Sternschnuppen, die in Strömen periodisch auftreten, sind in den Monatsübersichten angegeben. Bei den verzeichneten Daten, vor allem, was die Häufigkeit betrifft, ist mit erheblichen Abweichungen zu rechnen. Die in vorliegendem Jahrbuch verwendeten Daten stammen von der International Meteor Organization (IMO) und werden jährlich aktualisiert.

Die angegebene Meteorrate bezieht sich auf die unter besten Sichtbedingungen (ohne Störung durch irdische Lichtquellen oder Mondlicht) mit bloßen Augen pro Stunde sichtbare Zahl der Sternschnuppen für den Idealfall, dass der Radiant im Zenit steht. Vor allem bei horizontnahen Radianten ist die pro Stunde zu beobachtende Sternschnuppenzahl erheblich geringer. Am Morgenhimmel tauchen stets mehr Sternschnuppen auf als abends, da man mit dem „Gesicht nach vorne" durch das Weltall fliegt (der Erdapex kulminiert um 6 Uhr morgens Ortszeit). Auch laufen etliche Meteorströme auf rückläufigen Bahnen, weshalb ebenfalls die Morgenstunden eine erhöhte Meteorrate aufweisen.

Der Begriff **Antihelion** bezieht sich auf den Oppositionspunkt zur Sonne in der Ekliptik. Er ist somit der Punkt, der eine ekliptikale Längendifferenz von 180° zur Sonne hat.

DAS GRIECHISCHE ALPHABET

Α	α	Alpha	a	Η	η	Eta	e	Ν	ν	Ny	n	Τ	τ	Tau	t
Β	β	Beta	b	Θ	ϑ	Theta	th	Ξ	ξ	Xi	x	Υ	υ	Ypsilon	y
Γ	γ	Gamma	g	Ι	ι	Jota	i, j	Ο	ο	Omikron	o	Φ	φ	Phi	ph
Δ	δ	Delta	d	Κ	κ	Kappa	k	Π	π	Pi	p	Χ	χ	Chi	ch
Ε	ε	Epsilon	e	Λ	λ	Lambda	l	Ρ	ϱ	Rho	r	Ψ	ψ	Psi	ps
Ζ	ζ	Zeta	z	Μ	μ	My	m	Σ	σ ς	Sigma	s	Ω	ω	Omega	o

KONSTELLATIONEN UND EREIGNISSE

Diese Übersicht weist auf Konjunktionen (Begegnungen) zwischen den großen Planeten, mit Sonne und Mond sowie auf alle Oppositionen zur Sonne und die größten Elongationen der inneren Planeten hin. Auch Perihel- (Sonnennähe) und Aphelstellungen (Sonnenferne) der Planeten sind angegeben.

Sind Begegnungen des Mondes mit Planeten prinzipiell beobachtbar, so sind die Winkeldistanzen topozentrisch (für +50° Breite) angegeben und durch **Fettdruck** hervorgehoben.

Für die übrigen Konjunktionen sind die Abstandsangaben geozentrische Werte (Normaldruck). Denn durch die relative Erdnähe des Mondes ergibt sich eine große Parallaxe, das heißt, der Winkelabstand des Mondes von einem Planeten kann bis etwa 1° differieren zwischen einem (fiktiven) Beobachter im Erdmittelpunkt (geozentrisch) und einem Beobachter auf der Erdoberfläche (topozentrisch). Ferner sind wichtige Ereignisse durch **Fettdruck** hervorgehoben.

FIXSTERNHIMMEL

Da die Sonne täglich um rund 1° unter den Sternen nach Osten vorrückt, ändert sich der Anblick des Himmels im Laufe eines Jahres. Genauer: Täglich durchschreiten die Fixsterne den Meridian vier Minuten früher als am Vortag. In 30 Tagen, also einem Monat, macht das schon zwei Stunden!

Mitte Dezember steht das Sternbild Orion gegen Mitternacht im Süden. Mitte Januar schon um 22 Uhr, und Mitte Februar geht Orion um 20 Uhr durch den Meridian. Dadurch ändert sich zur gleichen Beobachtungsstunde die Himmelsszene mit dem Datum. Nach einem Monat ist der Anblick noch nicht allzu verschieden vom Vormonat, aber nach einem Vierteljahr (sechs Stunden!) hat sich die Szenerie völlig umgestellt.

Man spricht daher von einem typischen Frühlings-, Sommer-, Herbst- und Wintersternhimmel. Gemeint ist der Anblick des Fixsternhimmels in den Abendstunden der jeweiligen Jahreszeit.

Die Monatssternkarte dient der schnellen Orientierung. Sie zeigt den beobachtbaren Himmelsausschnitt für 50° nördlicher Breite zur Standardbeobachtungszeit (am Monatsersten um 23^h MEZ, am 15. um 22^h MEZ).

Ebenfalls in die Monatssternkarten eingetragen sind die fünf hellen Planeten (Merkur bis Saturn), sofern sie zur Monatsmitte um 22^h MEZ über dem Horizont stehen.

Zum Rand hin erscheint die Sternkarte aufgehellt. Es werden damit die Extinktion und die durch künstliche Lichtquellen fast immer aufgehellten Horizonte nachempfunden.

Die monatlichen Sternkarten können auch zur Beobachtung am Morgenhimmel herangezogen werden. Unter jeder Sternkarte finden sich die entsprechenden Datums- und Uhrzeitangaben.

Man beachte noch, dass für andere Monate der Planetenstand nicht aktuell ist. Man entnehme ihn der Grafik „Planetenlauf“ im aktuellen Monat.

MONATSTHEMEN

Hier wird monatlich ein Kapitel aus der Himmelskunde kurz und bündig dargestellt, zum leichteren und allmählichen Eindringen in die Wissenschaft von den Sternen. Auch über neue Forschungsergebnisse aus der Astronomie wird berichtet.

Wer ältere Jahrgänge des Himmelsjahres besitzt, möchte gelegentlich in einem Monatsthema der letzten Jahre nachsehen. Im *Kosmos Himmelsjahr* 2020 auf Seite 274 findet man dazu ein Verzeichnis der Monatsthemen von 2011–2020. Im *Kosmos Himmelsjahr 2010* findet man auf Seite 273 ein Verzeichnis der Monatsthemen von 2001–2010. Ferner ist im *Kosmos Himmelsjahr 2001* auf Seite 249 ein Verzeichnis der Monatsthemen 1990–2000 und im *Himmelsjahr 1989* auf Seite 193 ein Verzeichnis der Monatsthemen 1982–1989 abgedruckt.

TABELLEN UND EPHEMERIDEN

Für den fortgeschrittenen Amateurastronomen sind im Anhang wichtige Beobachtungsgrundlagen vermerkt. Der Anfänger kann diese Angaben unberücksichtigt lassen. Ab Seite 278 findet man die **ekliptikalen Koordinaten** des Mondes, der Sonne und der großen Planeten von Merkur bis Neptun und Pluto. Die **äquatorialen Koordinaten** der Planeten und Kleinplaneten sind für das Äquinoktium J2000.0 angegeben, damit man sie leichter in vorhandene Sternkarten einzeichnen kann. Die Aufsuchkärtchen gelten ebenfalls für J2000.0. Ferner sind Kulminationszeiten sowie die Auf- bzw. Untergangszeiten, Scheibchendurchmesser in Bogensekunden und beleuchteter Teil der Planetenscheibchen vermerkt. Bei Saturn ist noch die Ringöffnung zur Erde und zur Sonne sowie die scheinbare Ausdehnung der großen und der kleinen Ringachse angegeben.

Für Sonne, Mars und Jupiter (System I und II) sind die **Zentralmeridiane** (Meridiane durch den Scheibenmittelpunkt) jeweils für 1^h MEZ vermerkt. Ferner gibt die Sonnenephemeride die Entfernung der Sonne von der Erde in AE sowie ihren scheinbaren Durchmesser, die Achsenlage und die Sternzeit an.

Sternbedeckungen durch den Mond sind für Berlin, Dresden, Hamburg, Hannover, Düsseldorf, Frankfurt (Main), Leipzig, München, Nürnberg, Stuttgart, Wien und Zürich angegeben. Aus Platzersparnisgründen ist jeweils nur ein Positionswinkel angegeben, der dem leichteren Aufsuchen des zu bedeckenden Sternes dienen soll. In den Monatsübersichten wird unter der Rubrik „Mondlauf" in der Spalte „Sterne und Sternbilder" durch ein Sternchen (*) auf eine Sternbedeckung hingewiesen.

Veränderliche Sterne sind in den Fixsternmonatsübersichten aufgeführt. Für Algol (β Persei) und β Lyrae findet der Sternfreund jeweils die Minima-Zeiten, für δ Cephei die Lichtmaxima und für den langperiodischen Veränderlichen Mira (ο Ceti) den jeweiligen Helligkeitszustand.

Die Aufsuchkärtchen findet man auf der hinteren Umschlagklappe. Bei den Minima-Angaben für Algol ist die Lichtzeitkorrektur (heliozentrisch auf geozentrisch) berücksichtigt.

Eine **Sternzeittafel** (S. 290) soll die rasche Bestimmung der Sternzeit zur abendlichen Beobachtungsstunde ermöglichen. Die Sternzeit für 1^h MEZ, bezogen auf den Meridian von Greenwich (Nullmeridian), findet man in der Tabelle „Ephemeride der Sonnenscheibe" (S. 286).

Das **Julianische Datum** ist jeweils für den Monatsersten in der Rubrik „Sonnenlauf" angegeben. Das Julianische Datum stellt eine fortlaufende Tageszählung dar, die mit dem 1. Januar des Jahres –4712 (= 4713 v. Chr.) beginnt.

Im Anhang finden sich **zwei Verzeichnisse astronomischer Institutionen**. Im Verzeichnis „Astronomische Institute, Planetarien und Sternwarten" findet man die professionellen Einrichtungen im deutschen Sprachraum. Das Verzeichnis „Amateurastronomische Vereinigungen, Beobachtungsstationen und Privatsternwarten" enthält astronomische Vereine, Schulsternwarten sowie ehrenamtlich betriebene Sternwarten mit Publikumsverkehr.

Dieses Verzeichnis soll dem Leser den Kontakt zu Gleichgesinnten erleichtern und die eigene Beobachtungstätigkeit fördern. Das Verzeichnis erhebt keinen Anspruch auf Vollständigkeit.

Weitere Adressen nimmt der Herausgeber gerne auf (Anschrift: Planetarium Stuttgart, Willy-Brandt-Straße 25, 70173 Stuttgart).

LITERATURHINWEISE

Erklärung astronomischer Fachbegriffe:

H.-U. Keller,
Wörterbuch der Astronomie
H.-U. Keller,
Kompendium der Astronomie (6. Auflage 2019)

Sternkarten für eigene Beobachtungen:

H.-M. Hahn, G. Weiland,
Drehbare Kosmos-Sternkarte
E. Karkoschka,
Atlas für Himmelsbeobachter
E. Karkoschka,
Drehbare Welt-Sternkarte
E. Karkoschka,
Sterne finden am Südhimmel

Software:

United Soft Media
Redshift für PC, MacOS und als App für iOS und Android

Astronomie im Internet:

www.kosmos-himmelsjahr.de
www.astronomie.de
www.astrotreff.de
www.sternfreunde.de
www.sternwarte.de

Sonnen- und Mondfinsternisse 2021

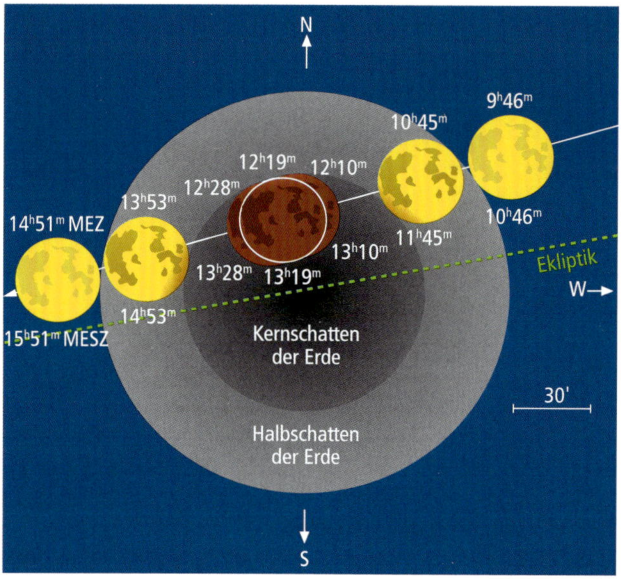

F.1 Verlauf der totalen Mondfinsternis vom 26. Mai 2021.

Im Jahr 2021 ereignen sich vier Finsternisse. Am 26. Mai findet eine totale Mondfinsternis statt, am 10. Juni eine ringförmige Sonnenfinsternis, am 19. November eine partielle Mondfinsternis und am 4. Dezember eine totale Sonnenfinsternis. Lediglich die ringförmige Sonnenfinsternis vom 10. Juni kann in ihren partiellen Phasen von Mitteleuropa aus verfolgt werden.

TOTALE MONDFINSTERNIS AM 26. MAI

Diese Finsternis findet in den Mittagsstunden am Mittwoch, 26. Mai statt.

Zu dieser Zeit befindet sich der Mond in Mitteleuropa unter dem Horizont, weshalb diese Finsternis hierzulande unbeobachtbar bleibt. Die Mondfinsternis nimmt folgenden Verlauf:

F.2 Sichtbarkeitsgebiet der totalen Mondfinsternis vom 26. Mai 2021. 1, 2, 3: Eintritt in den Halbschatten und in den Kernschatten, Beginn der Totalität. 4, 5, 6: Ende der Totalität, Austritt aus dem Kernschatten, Austritt aus dem Halbschatten.

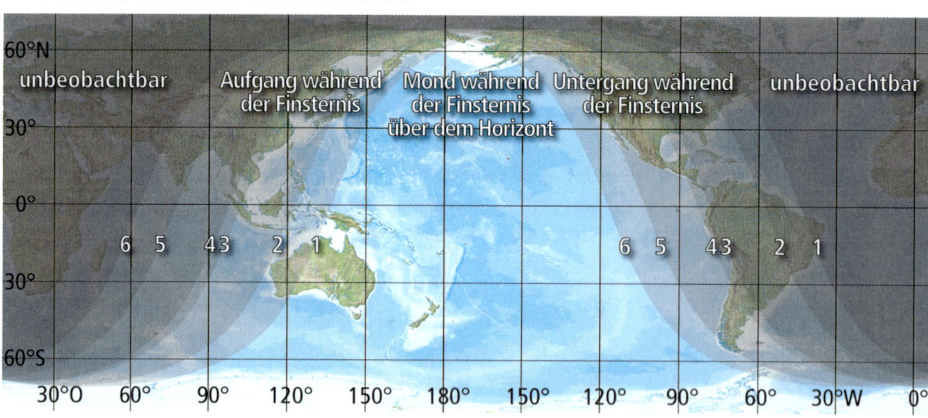

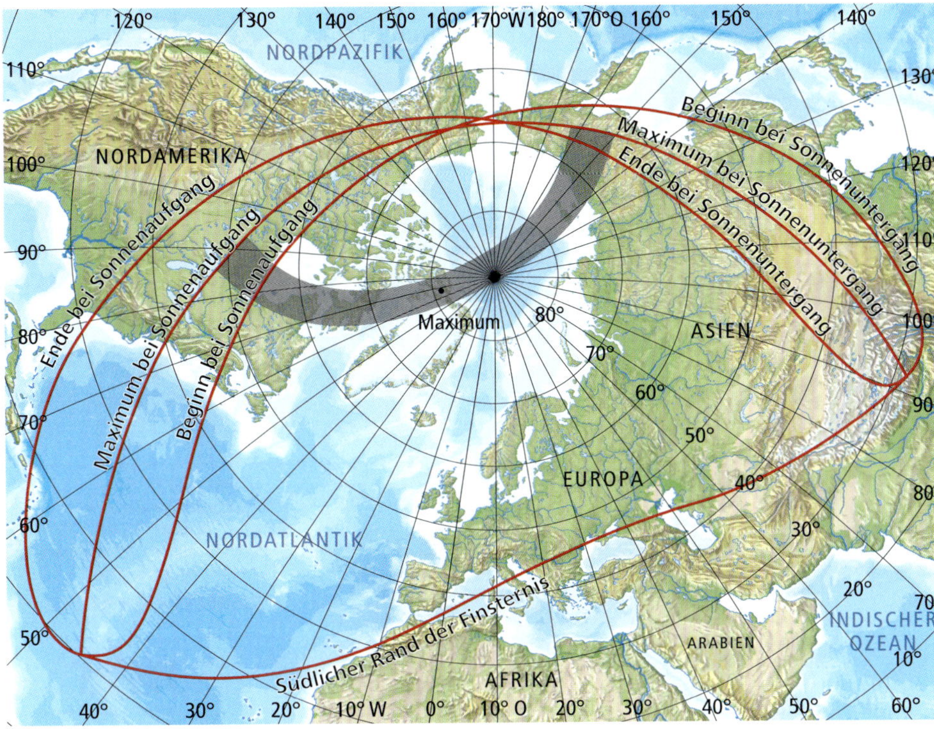

F.3 Sichtbarkeitsgebiet der ringförmigen Sonnenfinsternis vom 10. Juni 2021.

	MEZ	MESZ
Eintritt des Mondes in den Halbschatten	9^h46^m	10^h46^m
Eintritt des Mondes in den Kernschatten	10^h45^m	11^h45^m
Beginn der Totalität	12^h10^m	13^h10^m
Mitte der Finsternis	12^h19^m	13^h19^m
Ende der Totalität	12^h28^m	13^h28^m
Austritt des Mondes aus dem Kernschatten	13^h53^m	14^h53^m
Austritt des Mondes aus dem Halbschatten	14^h51^m	15^h51^m

Der Verlauf der Finsternis ist in Abb. F.1 dargestellt.

Der Untergang des Vollmondes erfolgt am 26. Mai in 50° Nord und 10° Ost um 4^h18^m (= 5^h18^m MESZ), also lange vor Beginn der Finsternis.

Das Sichtbarkeitsgebiet umfasst fast ganz Nord- und Südamerika, den Pazifischen Ozean, Australien, die Antarktis, Ozeanien, östliche Teile des Indischen Ozeans, Japan und die östlichen Gebiete Asiens (siehe Abb. F.2).

Die Größe der Finsternis beträgt das 1,015-Fache des scheinbaren Monddurchmessers.

Diese Finsternis gehört zum Saros-Zyklus Nr. 121. Sie ist die 56. von insgesamt 84 Mondfinsternissen in diesem Zyklus.

RINGFÖRMIGE SONNENFINSTERNIS AM 10. JUNI

In den Vormittagsstunden am Donnerstag, 10. Juni, findet eine ringförmige Sonnenfinsternis statt, die von Mitteleuropa aus teilweise in ihren partiellen Phasen sichtbar ist. Allerdings werden nur wenige Prozent der Sonnenscheibe in Mitteleuropa vom Neumond bedeckt. Die Nordhalbkugel der Erde ist der

Sonne zugekehrt. Der Kernschattenkegel des Mondes zieht hoch über den Norden Kanadas, nordwestliche Teile Grönlands, der Arktis einschließlich des Nordpols bis in den nordöstlichen Bereich Asiens (siehe Abb. F.3).

In diesem Bereich ist die Sonnenfinsternis als ringförmige zu beobachten. Ihre partiellen Phasen sind in Nordostamerika, Grönland, im Nordatlantik, in weiten Gebieten Europas und dem nördlichen Asien sichtbar.

Das Maximum der Finsternis wird um $11^{h}42^{m}$ MEZ am Ort 66°48′ westlicher Länge und 80°49′ nördlicher Breite erreicht.

Dieser Punkt liegt im nordwestlichen Teil Grönlands. Die Sonne steht dort nur 23° über dem Osthorizont. Für $3^{m}51^{s}$ erscheint um die dunkle Neumondscheibe der grelle Ring der Sonne. Die Breite der Zone der ringförmigen Verfinsterung beträgt dort 527 Kilometer. Global betrachtet beginnt die Finsternis (1. Kontakt) um $9^{h}12^{m}$ MEZ am Ort 43°56′ westlicher Länge und 23°39′ nördlicher Breite. Sie endet (letzter Kontakt) um $14^{h}11^{m}$ MEZ am Ort 94°07′ östlicher Länge und 41°27′ nördlicher Breite.

Im deutschen Sprachraum beträgt der Bedeckungsgrad je nach Ort bescheidene 4,4% (Wien) bis 18,8% (Kiel). Eine ausführliche Beschreibung dieser Sonnenfinsternis findet man im Monatsthema Juni auf Seite 140.

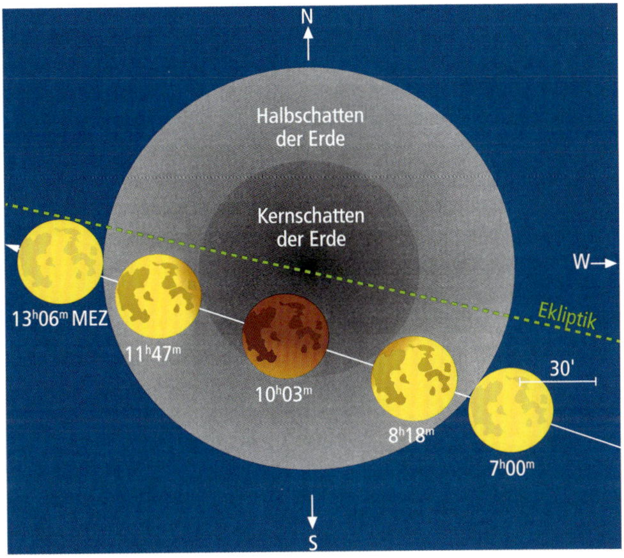

F.4 Verlauf der partiellen Mondfinsternis vom 19. November 2021.

Für die meisten Orte beginnt die partielle Finsternis gegen 11^h20^m MESZ und endet zwischen 13^h20^m und 13^h50^m MESZ. Die genauen Zeiten enthält die Tabelle auf Seite 147.

Die Finsternis ist die 23. im Saros-Zyklus Nr. 147, der insgesamt 80 Sonnenfinsternisse umfasst.

PARTIELLE MONDFINSTERNIS AM 19. NOVEMBER

Diese Finsternis findet am Freitag, 19. November, vormittags statt und bleibt von Mitteleuropa aus unbeobachtbar. Mit einer Größe von 0,978 des scheinbaren Monddurchmessers entspricht sie fast einer totalen Mondfinsternis.

Die Mondfinsternis nimmt folgenden Verlauf:

	MEZ
Eintritt des Mondes in den Halbschatten	7^h00^m
Eintritt des Mondes in den Kernschatten	8^h18^m
Mitte der Finsternis	10^h03^m
Austritt des Mondes aus dem Kernschatten:	11^h47^m
Austritt des Mondes aus dem Halbschatten:	13^h06^m

Der Verlauf der Mondfinsternis ist aus Abb. F.4 ersichtlich.

Am zentralen Ort 10° östliche Länge und 50° nördliche Breite geht der Mond am 19. November 2021 um 7^h36^m MEZ unter. Da der Eintritt des Mondes in den Halbschatten der Erde um 7^h grundsätzlich unbeobacht-

F.5 Sichtbarkeitsgebiet der partiellen Mondfinsternis vom 19. November 2021. 1, 2: Eintritt in den Halbschatten und in den Kernschatten. 3, 4: Austritt aus dem Kernschatten und aus dem Halbschatten.

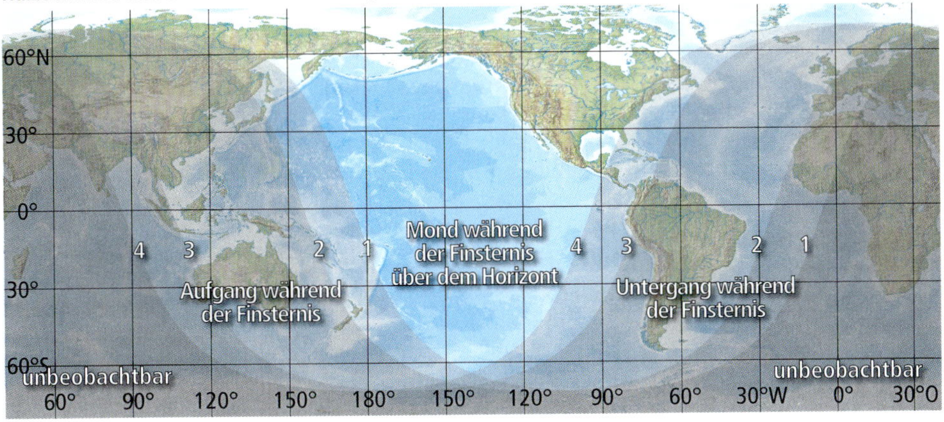

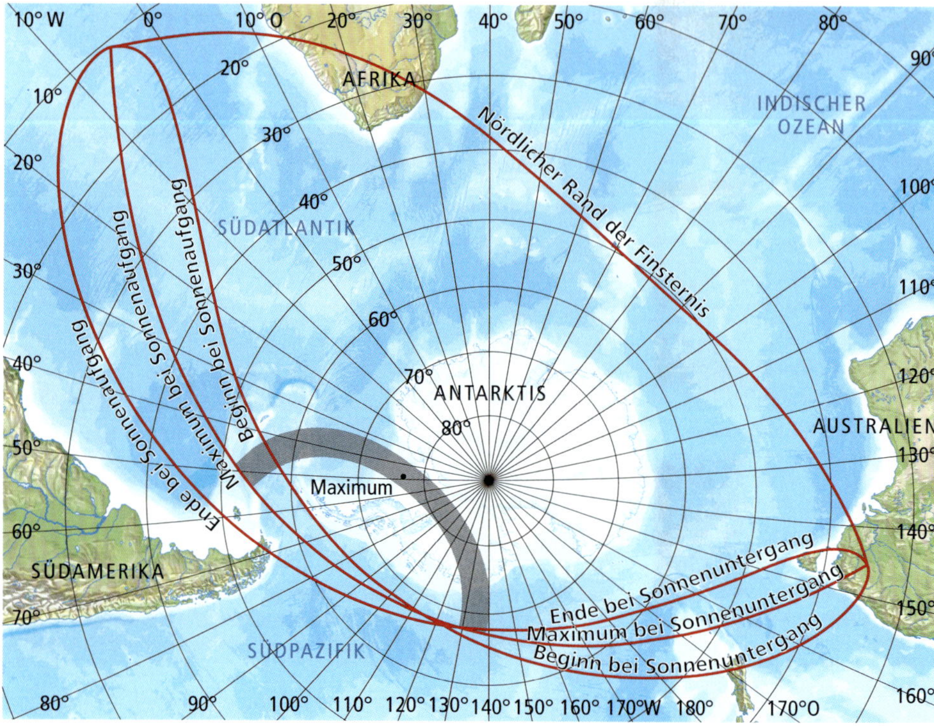

F.6 Sichtbarkeitsgebiet der totalen Sonnenfinsternis vom 4. Dezember 2021.

bar bleibt, entgeht uns diese Mondfinsternis im deutschen Sprachraum.

Die Mondfinsternis ist sichtbar im äußersten Westeuropa, Atlantik, Grönland, Nordamerika und Pazifik. In Südamerika geht der Mond im Verlauf der Finsternis unter. In Australien, Japan und Ostasien geht der Mond im Laufe der Finsternis auf (siehe Abb. F.5).

Diese Mondfinsternis ist die 46. im Saros-Zyklus 126, der insgesamt 72 Finsternisse in einem Zeitraum von 1244 Jahren umfasst.

TOTALE SONNENFINSTERNIS AM 4. DEZEMBER

Diese Finsternis ereignet sich am Samstag, 4. Dezember, in den frühen Morgenstunden. Sie ist ausschließlich in der Antarktis und den umliegenden Ozeanen sowie in geringer partieller Phase von Südafrika, der Südspitze von Südamerika und dem äußersten Bereich von Südostaustralien beobachtbar. Sie bleibt von der gesamten Nordhalbkugel der Erde aus unbeobachtbar (siehe Abb. F.6).

Die Totalitätszone zieht sich vom Südatlantik ausgehend über die Antarktis und endet im Südpazifik.

Der Kernschatten des Mondes trifft die Erdoberfläche erstmals um 8^h00^m MEZ am Ort 48°54′ westlicher Länge und 51°51′ südlicher Breite. Der Höhepunkt der Finsternis wird um 8^h33^m MEZ am Ort 46°12′ westlicher Länge und 76°47′ südlicher Breite bei einer Sonnenhöhe von nur 17° im Küstenbereich der Antarktis nahe den Pensacola Mountains und dem Weddelmeer erreicht.

Die Totalität dauert 1^m54^s, wobei die Kernschattenzone eine Breite von 419 Kilometer erreicht.

Die Sonnenfinsternis beginnt um 6^h29^m MEZ (1. Kontakt) am Ort 4°56′ westlicher Länge und 23°19′ südlicher Breite mitten im Südatlantik und endet um 10^h38^m MEZ (letzter Kontakt) am Ort 148°40′ östlicher Länge und 46°24′ südlicher Breite vor der Küste Tasmaniens.

Diese Sonnenfinsternis ist die 13. im Saros-Zyklus 152, der insgesamt 70 Finsternisse umfasst.

Januar 2021

- Die Erde kommt am 2. mit 147 Millionen Kilometer in Sonnennähe.
- Venus eröffnet den Jahresreigen als Morgenstern.
- Merkur bietet ab Mitte Januar eine Abendsichtbarkeit.
- Mars ist Planet der ersten Nachthälfte.
- Jupiter verabschiedet sich vom Abendhimmel und kommt am 29. in Konjunktion mit der Sonne.
- Saturn steht am 24. Januar in Konjunktion mit der Sonne.

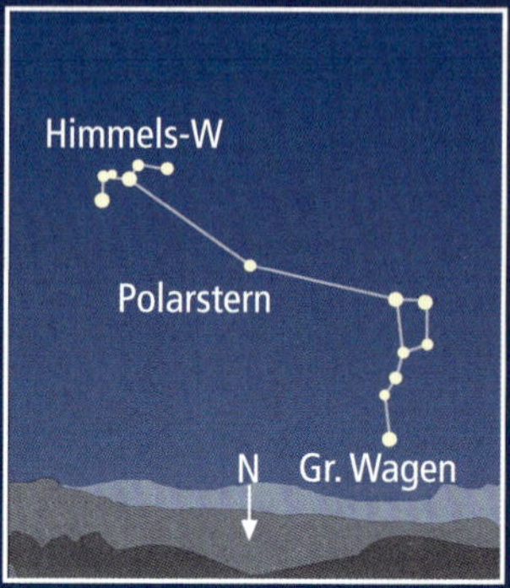

Großer Wagen und Himmels-W Anfang Januar um 22 Uhr

1.1 Himmelsanblick am 21. Januar gegen 21h MEZ. Über dem Südwesthorizont steht Mars,

1 Fr Neujahr
2 Sa Erde in Sonnennähe
3 So
4 Mo
5 Di
6 Mi Heilige drei Könige
Letztes Viertel
7 Do
8 Fr
9 Sa
10 So
11 Mo
12 Di
13 Mi Neumond
14 Do
15 Fr

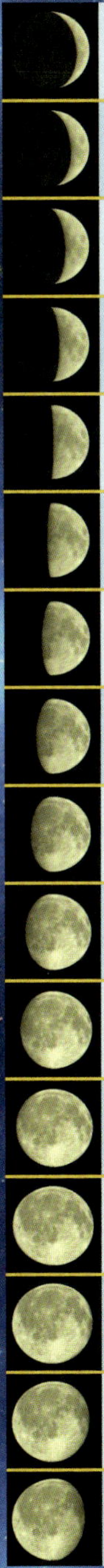

16 Sa
17 So
18 Mo
19 Di
20 Mi Erstes Viertel
21 Do Mond bei Mars – abends
22 Fr
23 Sa
24 So Merkur zweitbeste Abendsichtbarkeit
25 Mo
26 Di
27 Mi
28 Do Vollmond
29 Fr
30 Sa
31 So

SONNE – STERNBILDER

19. 1. 21ʰ:
Sonne tritt in das Sternbild Steinbock

19. 1. 22ʰ:
Sonne tritt in das Tierkreiszeichen Wassermann

Julianisches Datum am
1. Januar, 1ʰ MEZ: 2 459 215,5

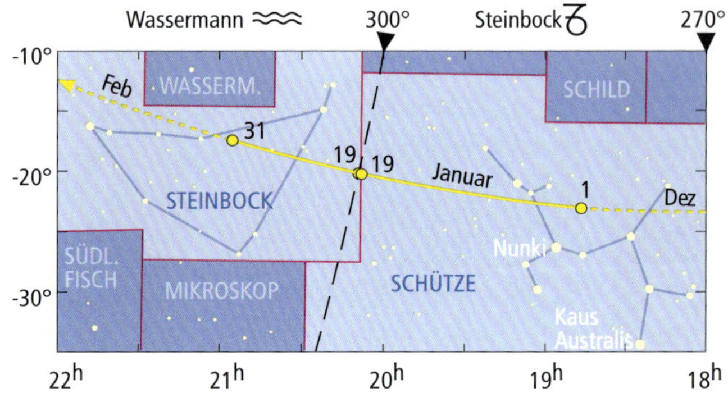

SONNENLAUF

Tag	Dämmerg. Anfang	Aufgang MEZ	Kulmination	Untergang MEZ	Dämmerg. Ende	Mittagshöhe	Zeitgleichg.	Rektaszension	Deklination
	h m	h m	h m	h m	h m	°	m	h m	°
1.	6 59	8 19	12 24	16 29	17 48	17,0	– 4	18 46	–23,0
5.	6 59	8 18	12 25	16 33	17 52	17,4	– 5	19 03	–22,6
10.	6 58	8 16	12 28	16 40	17 58	18,1	– 8	19 25	–22,0
15.	6 55	8 13	12 29	16 47	18 04	19,0	– 9	19 47	–21,2
20.	6 52	8 08	12 31	16 54	18 11	20,0	–11	20 08	–20,2
25.	6 47	8 03	12 32	17 03	18 18	21,2	–12	20 29	–19,0
31.	6 41	7 55	12 33	17 13	18 27	22,8	–13	20 54	–17,5

TAGES- UND NACHTSTUNDEN

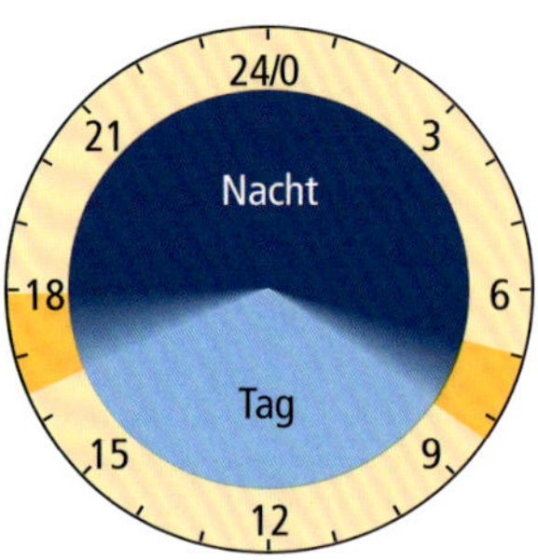

5. Januar

15. Januar

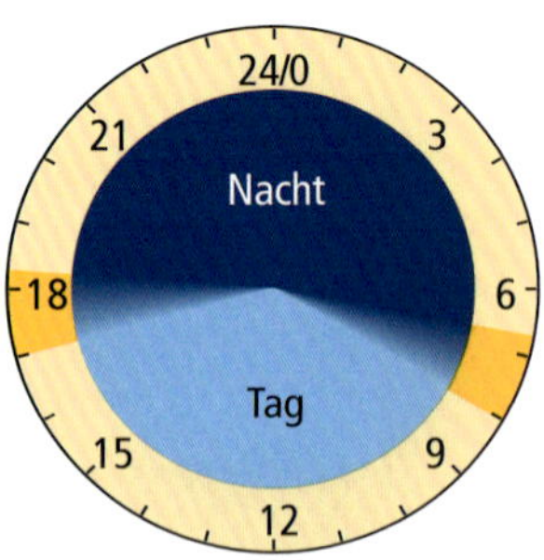

25. Januar

MONDLAUF

Datum		Aufg. MEZ	Kulmination	Unterg. MEZ	Rektaszension	Deklination		Sterne und Sternbilder	Phase	MEZ
		h m	h m	h m	h m	°				
Fr	1.	18 50	2 02	10 15	8 22	+23,1		Krebs, Krippe	Libration Ost	
Sa	2.	20 06	2 56	10 47	9 18	+20,3		Krebs		
So	**3.**	21 23	3 47	11 12	10 12	+16,4		Löwe, Regulus		
Mo	4.	22 41	4 37	11 34	11 04	+11,6		Löwe	Größte Nordbreite	
Di	5.	–	5 26	11 54	11 55	+ 6,2		Jungfrau		
Mi	6.	0 00	6 14	12 13	12 46	+ 0,4		Jungfrau	**Letztes Viertel**	**10^h 37^m**
Do	7.	1 20	7 03	12 33	13 37	– 5,5		Spica		
Fr	8.	2 41	7 54	12 55	14 30	–11,1		Waage		
Sa	9.	4 04	8 48	13 23	15 25	–16,3		Waage	Erdnähe 367/32′,5	17^h
So	**10.**	5 26	9 46	13 58	16 23	–20,4		Antares	Absteigender Knoten	
Mo	11.	6 45	10 46	14 43	17 24	–23,4		Schlangenträger		
Di	12.	7 53	11 47	15 41	18 26	–24,8		Schütze, Nunki		
Mi	13.	8 47	12 47	16 50	19 28	–24,6		Schütze, Nunki	**Neumond Nr. 1213**	**6^h 00^m**
Do	14.	9 29	13 43	18 05	20 28	–22,8		Steinbock		
Fr	15.	10 00	14 36	19 20	21 25	–19,8	*	Steinbock	Libration West	
Sa	16.	10 25	15 24	20 34	22 18	–15,8	*	Wassermann		
So	**17.**	10 44	16 09	21 45	23 07	–11,2		Wassermann	Größte Südbreite	
Mo	18.	11 01	16 51	22 53	23 54	– 6,3		Wassermann		
Di	19.	11 17	17 32	–	0 38	– 1,2	*	Walfisch		
Mi	20.	11 33	18 13	0 00	1 22	+ 3,8		Fische	**Erstes Viertel**	**22^h 02^m**
Do	21.	11 50	18 54	1 06	2 05	+ 8,7	*	Fische	Erdferne 404/29′,6	14^h
Fr	22.	12 09	19 37	2 13	2 50	+13,2		Widder		
Sa	23.	12 32	20 23	3 20	3 36	+17,3		Stier, Plejaden		
So	**24.**	13 01	21 12	4 27	4 25	+20,6		Stier, Hyaden	Aufsteigender Knoten	
Mo	25.	13 38	22 03	5 33	5 16	+23,2		Stier, Al Nath		
Di	26.	14 25	22 57	6 34	6 10	+24,6	*	Zwillinge		
Mi	27.	15 24	23 52	7 28	7 07	+24,9		Zwillinge		
Do	28.	16 34	–	8 12	8 04	+23,7		Pollux	**Vollmond** Libration Ost	**20^h 16^m**
Fr	29.	17 50	0 47	8 47	9 00	+21,3		Krebs, Krippe		
Sa	30.	19 09	1 41	9 15	9 56	+17,6		Löwe, Regulus		
So	**31.**	20 29	2 32	9 39	10 50	+12,9		Löwe	Größte Nordbreite	

DER MOND LÄUFT AN DEN HYADEN VORBEI

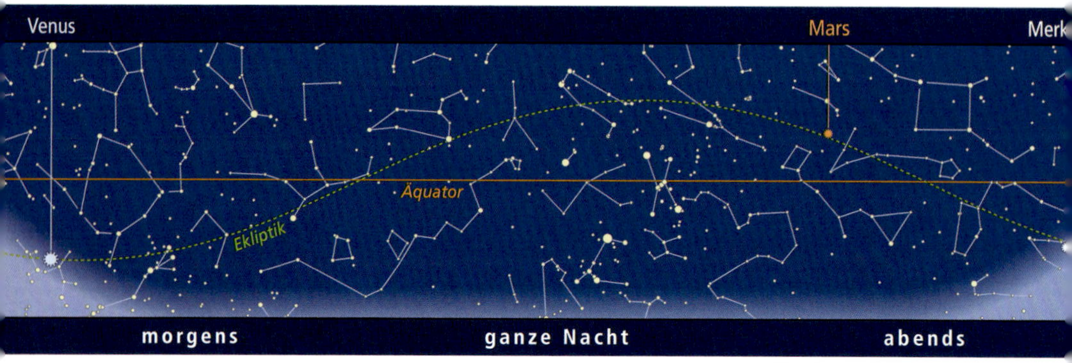

MERKUR zeigt sich von der Monatsmitte bis gegen Ende Januar in der Abenddämmerung tief am Südwesthimmel. Am 24. erreicht der flinke Planet seine größte östliche Elongation von der Sonne. Sie fällt mit maximal 18°34′ östlichem Winkelabstand von der Sonne recht bescheiden aus, denn nur fünf Tage später eilt Merkur durch sein Perihel (sonnennächster Bahnpunkt), wobei ihn 46 Millionen Kilometer (= 0,307 AE) vom Glutball Sonne trennen. Trotz des geringen Abstandes von der Sonne kann man ihn erkennen. Die günstigste Aussicht, Merkur zu sehen, sind die Abende vom 22. bis 26. Januar. Erfahrene Beobachter werden den Benjamin der Planeten bei guten Sichtbedin-

1.2 Heliozentrischer Anblick des Planetensystems im ersten Jahresviertel 2021. Eingetragen sind im linken Teil die Positionen der inneren Planeten für den 1. Januar (1), 1. Februar (2) sowie 1. März (3) und 1. April (4). Der rechte Teil zeigt das äußere Planetensystem samt einigen Planetoiden zu Anfang und Ende des ersten Jahresviertels. Die Pfeile deuten die Richtungen zu den ferneren Planeten sowie zum Frühlingspunkt an.

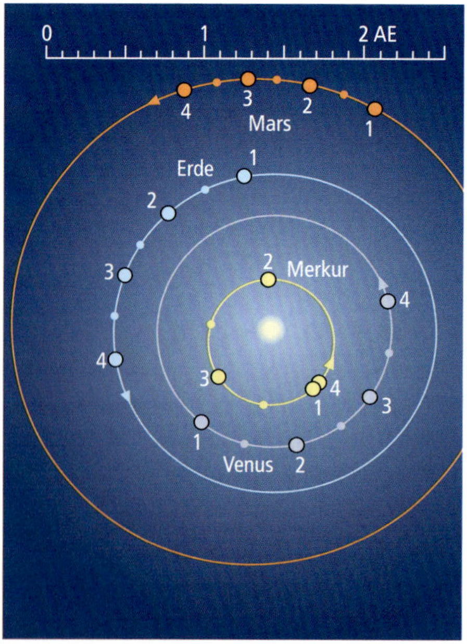

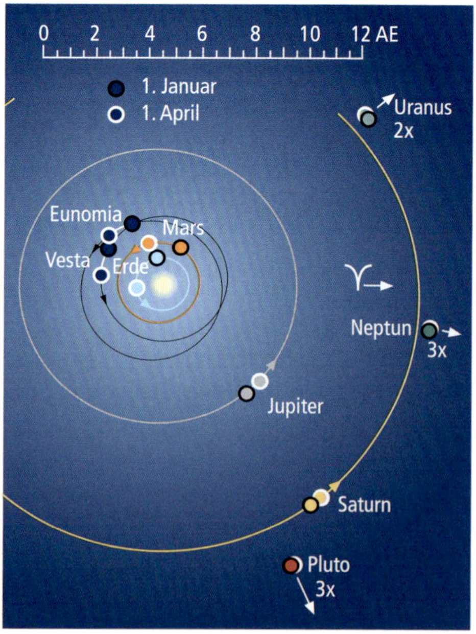

gungen schon am 15. erspähen. An diesem Tag geht der $-0\overset{\mathrm{m}}{,}9$ helle Merkur um $18^{\mathrm{h}}05^{\mathrm{m}}$ unter. Etwa eine gute halbe Stunde vorher wird er in der Abenddämmerung erkennbar. Bis 22. verspäten sich die Merkuruntergänge auf $18^{\mathrm{h}}37^{\mathrm{m}}$, die Helligkeit geht leicht auf $-0\overset{\mathrm{m}}{,}7$ zurück. Bis 29. geht die Merkurhelligkeit rapide um eine ganze Größenklasse auf $0\overset{\mathrm{m}}{,}3$ zurück. An diesem Tag erfolgt der Merkuruntergang um $18^{\mathrm{h}}44^{\mathrm{m}}$. Danach wird man vergeblich nach dem sonnennächsten Planeten Ausschau halten (siehe auch Abb. 1.6 und Abb. 1.7 auf Seite 37).

Am 11. zieht Merkur in 1°29′ südlichem Abstand am Riesenplaneten Jupiter vorbei. Diese Begegnung ist nur mit einem lichtstarken Fernglas gegen 17^{h} zu verfolgen.

Für Fernrohrbeobachter sei angemerkt, dass Merkur am 25. seine Dichotomie erreicht. Das nur $7\overset{''}{,}2$ große Planetenscheibchen zeigt sich halb beleuchtet. Da Merkur nur knapp über dem Horizont steht, wo die Luftunruhe das Merkurbild tanzen lässt, ist die Halbphase nicht leicht auszumachen.

Am 30. wird Merkur stationär und eilt anschließend rasch rückläufig auf die Sonne zu, die ihm im Tierkreis entgegenkommt. Anfang nächsten Monats trifft er dann mit der Sonne zusammen, die Position untere Konjunktion wird erreicht.

VENUS eröffnet den Jahresreigen als Morgenstern, allerdings ist unser innerer Nachbarplanet nicht mehr sehr auffällig. In der Morgendämmerung kann man die $-3\overset{\mathrm{m}}{,}9$ helle Venus knapp über dem Südosthorizont sehen. Am Monatsersten geht Venus um $6^{\mathrm{h}}49^{\mathrm{m}}$ auf. Etwa eine Viertelstunde später sollte man den Morgenstern erkennen.

Im Laufe des Monats verspäten sich die Venusaufgänge auf

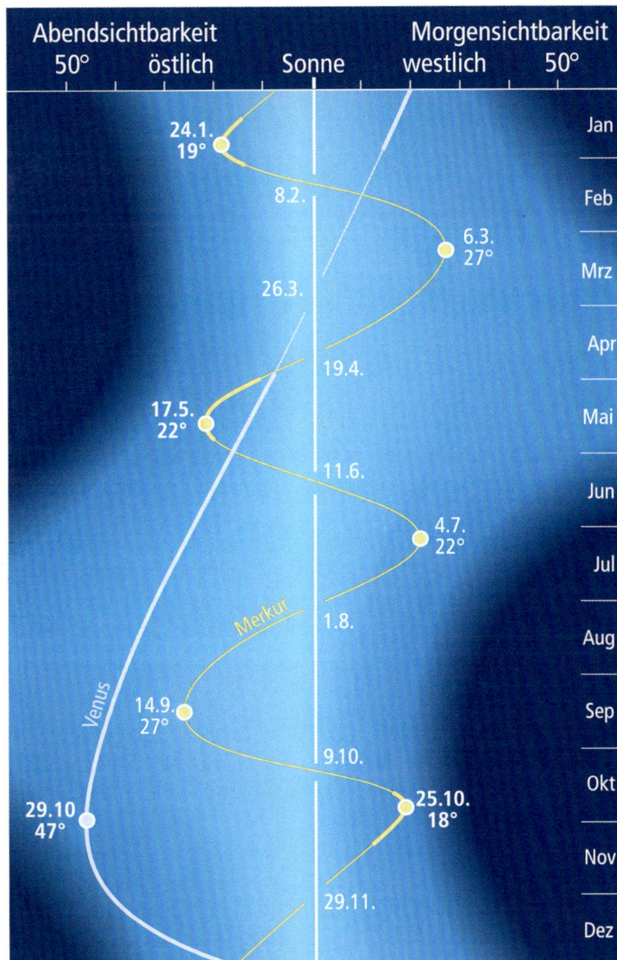

1.3 Elongationen und Konjunktionen der inneren Planeten Merkur und Venus von bzw. mit der Sonne im Jahre 2021. Die Datumsangaben beziehen sich jeweils auf die größten Elongationen sowie die Konjunktionen. Fettgedrucktes Datum bedeutet: in Mitteleuropa mit freiem Auge sichtbar. Unterbrochener Sonnenbalken weist auf eine untere Konjunktion hin, unterbrochene Planetenlinie auf eine obere Konjunktion.

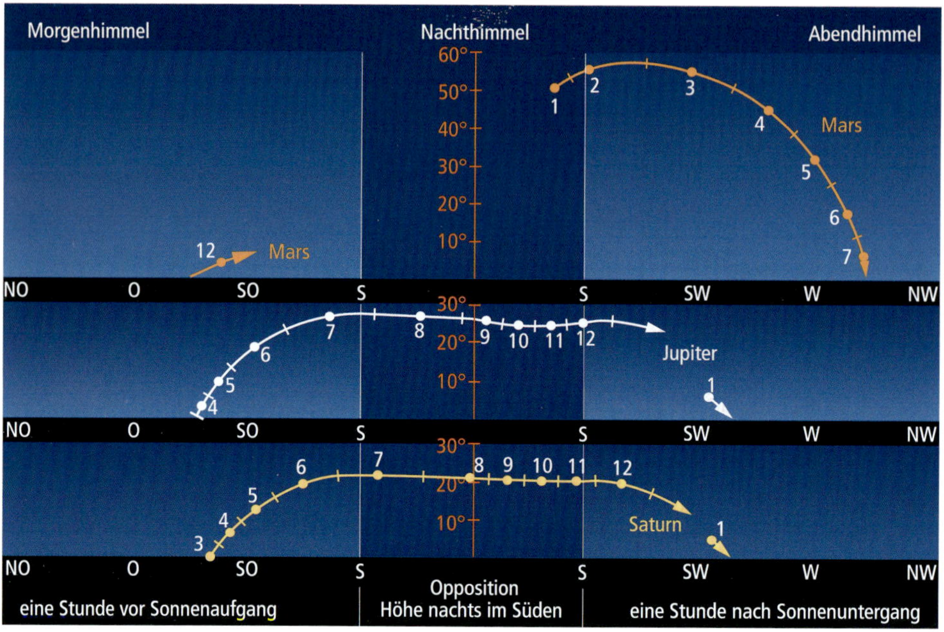

1.4 Stellungen der Planeten Mars, Jupiter und Saturn im Jahr 2021. Im linken Teil sind die Positionen am Morgenhimmel jeweils eine Stunde vor Sonnenaufgang eingetragen, im rechten Teil die Positionen am Abendhimmel jeweils eine Stunde nach Sonnenuntergang. Im Mittelteil sind die Stellungen zur Kulminationszeit angegeben sowie die Kulminationshöhe.

7^h25^m, die Morgendämmerung hingegen setzt immer früher ein. Die Venushelligkeit bleibt im Januar konstant bei $-3\overset{m}{,}9$. Im letzten Monatsdrittel wird Venus für das freie Auge unsichtbar. Ende Januar beträgt die westliche Elongation (Winkelabstand) nur noch 13°. Am 8. passiert Venus den Winterpunkt in $0\overset{\circ}{,}3$ nördlichem Abstand (siehe auch Abb. 1.3 auf Seite 35 und Abb. 1.10 auf Seite 38).

Im Fernrohr zeigt sich das nur mehr $10\overset{\prime\prime}{,}8$ große Venusscheibchen fast voll beleuchtet. Der scheinbare Venusdurchmesser wird kleiner – am Monatsende beträgt er $10\overset{\prime\prime}{,}2$. Der Beleuchtungsgrad nimmt im Laufe des Januars von 94% auf 98% zu. Damit ist die Phase „Vollvenus" fast erreicht.

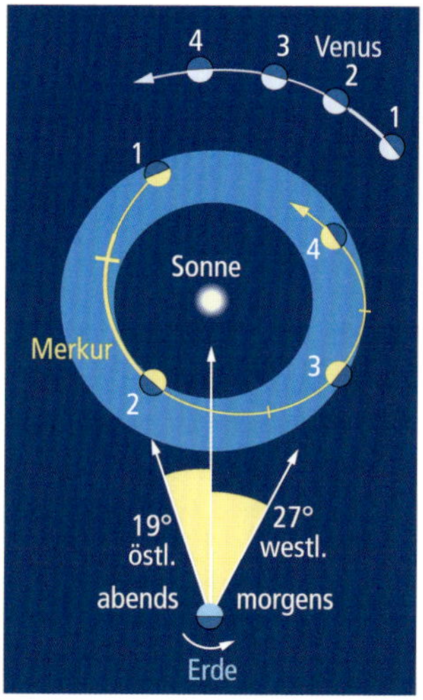

1.5 Heliozentrische Bewegungen von Merkur und Venus *relativ* zur Erde. In den dicker ausgezogenen Bahnteilen sind die Planeten beobachtbar. Die Zahlen markieren die Positionen jeweils zum Monatsersten. Östlicher Winkelabstand bedeutet Abendsichtbarkeit, westliche Elongation: Planet steht am Morgenhimmel.

MARS ist Planet der ersten Nachthälfte. Aus der zweiten Nachthälfte beginnt er sich allmählich zurückzuziehen. Der

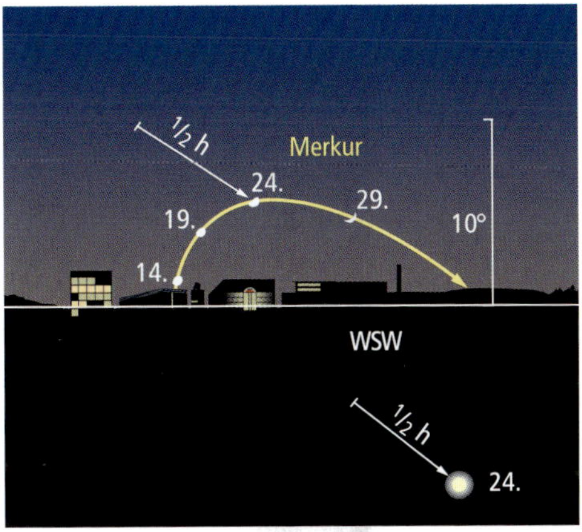

1.6 Stellung von Merkur über dem Westhorizont jeweils eine Stunde nach Sonnenuntergang. Die Pfeile geben die Bewegungen von Merkur und Sonne während der letzten halben Stunde an.

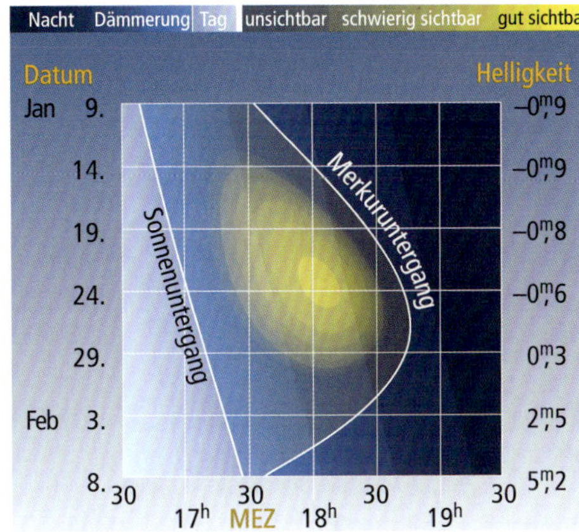

1.7 Sichtbarkeitsdiagramm für Merkur. Es gilt genau für 50° nördlicher Breite und 10° östlicher Länge. Dunkelgelbe Fläche: Unter günstigen Sichtbedingungen kann man Merkur mit bloßen Augen erkennen, hellgelbe Fläche: Merkur ist leicht zu sehen.

rote Planet wandert in der ersten Woche des Jahres noch durch das Sternbild Fische. Am 7. wechselt er in den Widder, wobei er immer nördlichere Positionen einnimmt (siehe Abb. 1.11 auf Seite 38). Die Marshelligkeit nimmt weiter ab – sie sinkt von $-0\overset{m}{,}3$ zu Jahresbeginn deutlich auf $0\overset{m}{,}4$ Ende Januar. Damit ist Mars hellster Planet am Abendhimmel, wobei Merkur ihm im letzten Monatsdrittel versucht, Konkurrenz zu machen. Auf alle Fälle ist Mars deutlich heller als der ebenfalls rötliche Aldebaran ($0\overset{m}{,}9$) – am Monatsende immer noch um eine halbe Größenklasse.

Die Marsuntergänge verfrühen sich von 2^h16^m zu Monatsbeginn auf 1^h42^m am 31. Januar. Der scheinbare Durchmesser des Marsscheibchens schrumpft von $10\overset{''}{,}4$ auf $7\overset{''}{,}9$ im Laufe des Monats. Zu Jahresbeginn trennen uns 134 Millionen Kilometer (= 0,896 AE) vom roten Planeten, dies entspricht einer Lichtlaufzeit von sieben Minuten und 27 Sekunden.

Am 21. sieht man den zunehmenden Halbmond abends nahe Mars (siehe Abb. 1.1 auf Seite 30). In derselben Nacht zieht Mars 1°43′ nördlich an Uranus vorbei, der wie immer nur im Fernglas auszumachen ist (siehe Abb. 1.13 auf Seite 40).

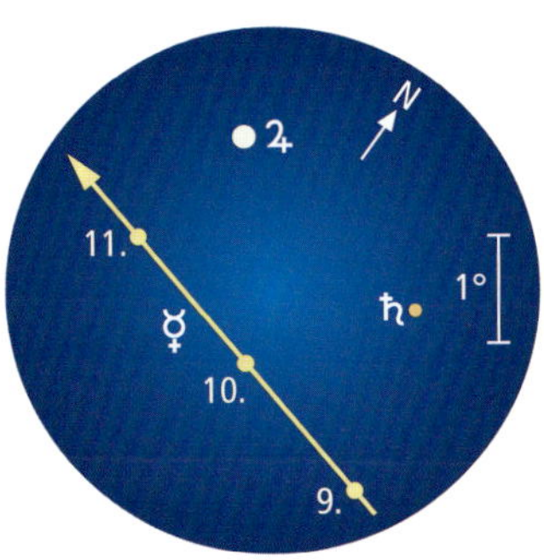

1.8 Merkur zieht am 10. und 11. Januar südlich an Saturn und Jupiter vorbei. Fernglasanblick abends.

JUPITER, rechtläufig im Steinbock, kann noch in den ersten Tagen des neuen Jahres tief im Südwesten in der fortgeschrittenen Abenddämmerung gesehen werden. Anschließend zieht er sich vom Abendhimmel zurück und wird unbeobachtbar. Nach dem 10. wird man vergeblich nach dem Riesenplaneten Ausschau halten. Anfang Januar ist Jupiter nur $1\overset{\circ}{,}4$ westlich von Saturn zu sehen.

Erfahrene Beobachter, mit Ferngläsern ausgerüstet, mögen noch am 11. die Begegnung mit Merkur verfolgen. Jupiter wird $1\overset{\circ}{,}5$ südlich von Merkur überholt (siehe Abb. 1.8 links).

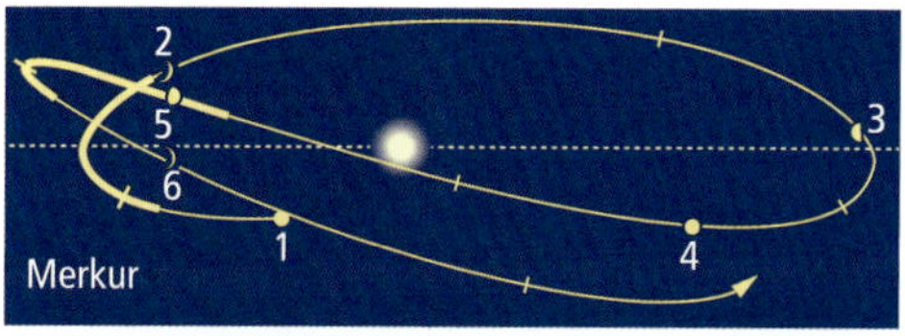

1.9 Merkurbahn relativ zur Sonne in der ersten Jahreshälfte 2021. Die Zahlen geben die Merkurposition zum jeweiligen Monatsbeginn an (2 = 1. Februar).

1.10 Venusbahn relativ zur Sonne im Jahr 2021.

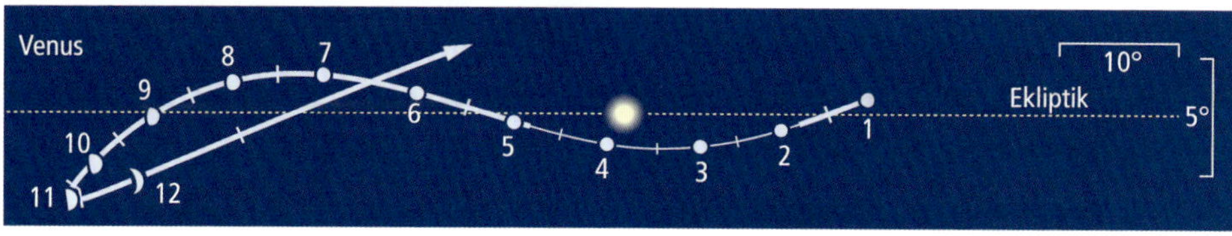

Am 1. geht der $-2{,}^{m}0$ helle Jupiter um $18^{h}17^{m}$ unter. Bis 10. verfrüht sich seine Untergangszeit auf $17^{h}53^{m}$.

Die Sonne läuft Jupiter hinterher und holt ihn am 29. ein. An diesem Tag steht der Riesenplanet in Konjunktion mit ihr. Jupiter geht mit der Sonne auf und unter. Er hält sich am Taghimmel auf und bleibt nachts unbeobachtbar unter dem Horizont.

Zur Konjunktion ist Jupiter 908 Millionen Kilometer (= 6,07 AE) von der Erde entfernt. Seine Sonnendistanz misst an diesem Tag 761 Millionen Kilometer (= 5,09 AE).

SATURN, rechtläufig im Sternbild Steinbock, kommt am 24. in Konjunktion mit der Sonne. Allenfalls zu Monatsbeginn kann der $0{,}^{m}7$ helle Ringplanet noch tief im Südwesten in der Abenddämmerung erspäht werden. Am 1. geht Saturn um $18^{h}10^{m}$ unter. Gegen $17^{h}45^{m}$ verschwindet er in den dichten horizontnahen Dunstschichten, nachdem er erst gegen $17^{h}15^{m}$ in der Abenddämmerung sichtbar wird.

Am 10. erfolgt der Saturnuntergang schon um $17^{h}41^{m}$.

Am 9. passiert Merkur $1{,}^{\circ}7$ südlich den Ringplaneten. Auch mit lichtstarker Optik ist die Konjunktion kaum zu verfolgen.

Am Tag der Konjunktion, dem 24., trennen uns 1639 Millionen Kilometer (= 10,96 AE) von Saturn. Von der Sonne ist der Ringplanet an diesem Tag 1493 Millionen Kilometer (= 9,98 AE) entfernt.

URANUS kommt am 14. im Sternbild Widder zum Stillstand. Anschließend wandert er wieder rechtläufig durch die Sternenwelt, wobei der ohnehin recht langsame Uranus zunächst kaum etwas von einer Bewegung erkennen lässt (siehe Abb. 11.2 auf Seite 235). Mit seinem Stillstand beendet er seine Oppositionsperiode, wobei seine Helligkeit leicht um $0{,}^{m}1$ auf $5{,}^{m}8$ abnimmt. Der grünliche Uranus zieht sich vom Morgenhimmel zurück.

Seine Untergänge verfrühen sich von $3^{h}04^{m}$ am 1. und $2^{h}09^{m}$ am 15. auf $1^{h}07^{m}$ am Monatsletzten. Damit wird der sonnenferne Uranus zum Planeten der ersten Nachthälfte. Die günstigste Zeit, nach dem lichtschwachen Planeten mit Fernglas und

1.11 Scheinbare Bahn des Planeten Mars von Jahresbeginn bis 1. Juni 2021.

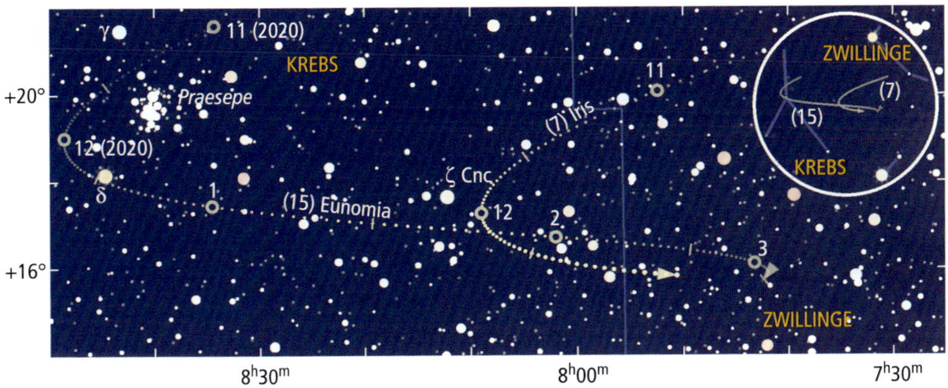

1.12 Scheinbare Bahnen der Kleinplaneten (7) Iris und (15) Eunomia im Gebiet der Sternbilder Zwillinge und Krebs. Die Zahlen geben die Position zum jeweiligen Monatsbeginn an (3 = 1. März).

Teleskop zu fahnden, sind die Stunden um seine Meridianpassage. Uranus kulminiert am 1. um 19^h52^m, am 15. um 18^h57^m und am 31. schon um 17^h54^m. Allerdings ist es Ende Januar erst eine halbe Stunde nach seiner Kulmination richtig dunkel, um ihn ohne Schwierigkeiten zu finden.

Am 22. kommt es zu einer Begegnung mit Mars, der als Aufsuchhilfe nützlich sein kann. Der rote Planet wandert 1°43′ nördlich an Uranus vorbei (siehe Abb. 1.13 auf Seite 40).

NEPTUN, rechtläufig im Wassermann, nimmt seinen Abschied vom Abendhimmel und wird nach der Monatsmitte unbeobachtbar. Erfahrene Beobachter können den bläulichen Planeten noch in der ersten Januarhälfte am Abendhimmel aufstöbern (siehe auch Abb. 9.4 auf Seite 199).

Am 1. kulminiert der $7{,}^m9$ lichtschwache Planet um 16^h53^m und geht um 22^h29^m unter. Am 15. passiert er um 15^h59^m den Meridian und sinkt um 21^h36^m unter die westliche Horizontlinie. Bis 31. verfrüht sich dann der Neptununtergang auf 20^h36^m.

Am Jahresanfang trennen uns 4531 Millionen Kilometer (= 30,29 AE) von Neptun. Von der Sonne ist der bläuliche Planet am 1. Januar 4477 Millionen Kilometer (= 29,93 AE) entfernt.

PLANETOIDEN UND ZWERGPLANETEN

PLUTO, prominentester Zwergplanet mit der Planetoiden-Nummer 134 340, steht am 14. im Sternbild Schütze in Konjunktion mit der Sonne. Zur Konjunktion ist Pluto 5263 Millionen Kilometer (= 35,18 AE) von der Erde entfernt. Seine Opposition zur Sonne erreicht der ferne Planet am 18. Juli im Schützen. Von der Sonne trennen ihn zu Jahresbeginn 5116 Millionen Kilometer (= 34,20 AE). In der Rubrik „Planetenlauf" wird Pluto in den Monaten April, Juli und Oktober erwähnt. Die Aufsuchkarte Abb. 7.6 findet sich auf Seite 156.

VESTA – Planetoid Nr. 4 – wird am 23. eine Stunde vor Mitternacht im Sternbild Löwe stationär und nähert sich anschließend rückläufig ihrer Opposition, die sie am 4. März erreicht. Am 23. geht die $6{,}^m9$ helle Vesta um 20^h51^m auf und kulminiert um 3^h50^m. Bis Monatsende steigt die Vestahelligkeit leicht auf $6{,}^m7$ an, ihre Kulminationszeit verfrüht sich auf 3^h18^m. Das „stationär" bezieht sich auf die Vestabewegung in Rektaszension. In Deklination strebt Vesta nach Norden (siehe auch Abb. 3.3 auf Seite 78).

EUNOMIA – Planetoid Nr. 15 – steht am 21. im Sternbild Krebs in **Opposition** zur Sonne. Mit $8{,}^m4$ Helligkeit zur Opposition ist sie kein ganz leichtes Fernglasobjekt. Zu Jahresbeginn noch $8{,}^m9$ hell, sinkt ihre Helligkeit Ende Januar wieder auf $8{,}^m7$ ab. Wie zur Opposition üblich, läuft

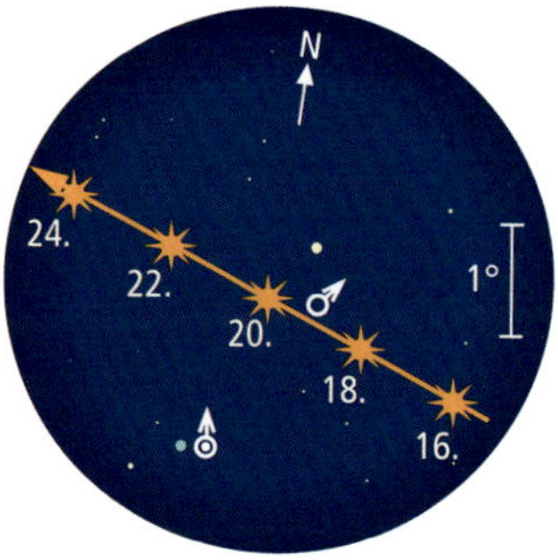

1.13 Mars wandert vom 18. bis 22. Januar an Uranus vorbei. Fernglasanblick abends bei 5° Gesichtsfelddurchmesser.

sie retrograd durch den Krebs (siehe Abb. 1.12 auf Seite 39). Sie entfernt sich dabei von δ Cancri (Asellus Australis) und M 44 (Praesepe). Von der Sonne trennen sie am Oppositionstag 385 Millionen Kilometer (= 2,57 AE). Die geringste Entfernung von der Erde weist Eunomia am 15. um 3^h morgens auf. Ihre Distanz von uns beträgt dabei 235 Millionen Kilometer (= 1,56 AE), dies entspricht einer Lichtlaufzeit von 13 Minuten.

PERIODISCHE STERNSCHNUPPENSTRÖME

Gleich zu Jahresbeginn sind die **QUADRANTIDEN** zu erwarten. Ihr scheinbarer Ausstrahlungspunkt oder Radiant liegt im Nordteil des Sternbildes Bootes, weshalb dieser Strom auch als **BOOTIDEN** bezeichnet wird. Vom 1. bis 10. Januar flammen sie in der zweiten Nachthälfte auf. Erst nach Mitternacht erreicht der Radiant eine größere Höhe, weshalb es sich lohnt, in den Morgenstunden nach den Quadrantiden Ausschau zu halten. Das spitze Maximum tritt 2021 am 3. während der Tagesstunden in Mitteleuropa auf. In den Morgenstunden des 3. sieht man die meisten Meteore. Allerdings stört diesmal das Licht des abnehmenden Mondes.

Am Abendhimmel sind dann nur wenige Sternschnuppen zu beobachten, da der Radiant vor 22^h noch recht tief steht. Statt 80 bis 100 Objekte im Maximum sieht man nur gut ein Dutzend pro Stunde. Helle Sternschnuppen kommen dabei nur selten vor. Die einzelnen Meteoroide haben mittlere Eintrittsgeschwindigkeiten in die Erdatmosphäre von rund 40 Kilometer pro Sekunde.

Ein Erzeugerkomet ist nicht sicher bekannt, doch gilt der Komet 96P/Machholz als mögliche Quelle. Auch zum Planetoiden 2003 EH1 scheint dieser Strom eine Affinität zu besitzen.

Meteore eines in den letzten Jahren identifizierten Stromes mit der Bezeichnung **GAMMA-URSAE-MINORIDEN** sind um den 18. sichtbar. Der Radiant befindet sich im „Kasten“ des Kleinen Wagens.

Aus dem Bereich östlich des Oppositionspunktes zur Sonne ist ganzjährig eine Meteoraktivität zu beobachten. Der Schwer-

KONSTELLATIONEN UND EREIGNISSE

Datum	MEZ	Ereignis
2.	15^h	Erde im Perihel (Sonnennähe), Abstand Erde – Sonne 147,093 Millionen Kilometer
9.	22	Merkur bei Saturn, Merkur 1°7 südlich
11.	12	**Merkur bei Jupiter**, Merkur 1°5 südlich, **Abstand 1°4 um 17^h** (Fernglas!)
11.	21	Mond bei Venus, Mond 1°5 südlich
13.	22	Mond bei Saturn, Mond 3°2 südlich
14.	2	Mond bei Jupiter, Mond 3°3 südlich
14.	9	Mond bei Merkur, Mond 2°3 südlich
14.	15	Pluto in Konjunktion mit der Sonne
14.	15	Uranus im Stillstand, anschließend rechtläufig
17.	7	Mond bei Neptun, Mond 4°5 südlich
21.	7	**Mond bei Mars**, Mond 5°0 südlich, **Abstand 6°0 um 17^h**
21.	7	Mond bei Uranus, Mond 3°3 südlich
22.	1	**Mars bei Uranus**, Mars 1°7 nördlich, **Abstand 1°6 um 20^h am 20.**
24.	3	**Merkur in größter östlicher Elongation** (19°)
24.	4	Saturn in Konjunktion mit der Sonne
29.	3	Merkur im Perihel
29.	3	Jupiter in Konjunktion mit der Sonne
30.	3	Merkur im Stillstand, anschließend rückläufig

punkt des breiten Radianten verlagert sich im Jahresverlauf entlang der Ekliptik und verursacht eine variable Aktivität. Diese wurde früher verschiedenen einzelnen Strömen zugeschrieben. Die Meteoroide sind mit zahlreichen Objekten im Kleinplaneten-Hauptgürtel assoziiert, worunter sich auch kurzperiodische Kometen oder inaktive Kometen befinden. Die Eintrittsgeschwindigkeit dieser Meteoroide liegt bei 30 km/s. Im Januar verlagert sich dieser als **ANTIHELION**-Quelle bezeichnete großräumige Radiant durch das Sternbild Krebs (Cancer) Richtung Löwe (Leo). Höchstens fünf Sternschnuppen pro Stunde tauchen auf.

Der Fixsternhimmel

Das bekannteste Wintersternbild, der Himmelsjäger Orion, fällt halbhoch im Süden jedem auf, der jetzt zum Sternenhimmel blickt. Die beiden hellsten Sterne im Orion sind der rötliche Schulterstern Beteigeuze und der bläulich-weiße Fußstern Rigel. Dazwischen markieren drei Sterne zweiter Größe in einer Linie den Gürtel. Ganz allgemein spricht man daher von den drei Gürtelsternen des Orion. Im Südosten strahlt Sirius als hellster Stern des Himmels und Hauptstern im Großen Hund. Ein wenig höher leuchtet Prokyon im Kleinen Hund. Prokyon ist die griechische Bezeichnung für „Vorhund", denn Prokyon geht in unseren Breiten vor Sirius auf. Sirius und Prokyon sind relativ nahe Sterne, sie gehören zu den unmittelbaren Nachbarn unserer Sonne. Sirius ist knapp neun und Prokyon etwas mehr als elf Lichtjahre von unserem Sonnensystem entfernt. Beide Hundssterne besitzen je einen Weißen Zwerg als Begleiter.

Der Winterhimmel weist abends die meisten hellen Sterne auf. In keiner anderen Jahreszeit ist das abendliche Sternenzelt so reich bestückt an Glanzlichtern. Blickt man fast senkrecht nach oben, so entdeckt man einen gelblichen Stern erster Größe. Er wird Kapella genannt und ist der hellste Stern im Fuhrmann. Der Fuhrmann ist leicht zu erkennen: Ein Fünfeck mit Kapella an der Spitze. Häufig sieht man jedoch ein Sechseck – so werden auch die Linien in vielen Sternkarten gezeichnet. Auch in unserer Monatssternkarte bilden die Skelettlinien ein Sechseck, das den Fuhrmann markiert. Der Stern gegenüber der Kapella gehört jedoch schon zum Stier und firmiert unter β Tauri. Mit Eigennamen heißt er Al Nath und deutet die eine Hornspitze des Stierkopfes an. Die scheinbare Sonnenbahn, die Ekliptik, geht knapp südlich an Al Nath vorbei. Der Stier nimmt jetzt hoch im Süden seinen Platz ein. Auffällig leuchtet sein hellster Stern, der rötliche Aldebaran.

Aldebaran selbst steht mitten im eindrucksvollen Sternhaufen der Hyaden. Allerdings ist er nicht Mitglied dieses Sternhaufens. Mit 66 Lichtjahren Entfernung ist er nur halb so weit weg wie die Hyadensterne. Er steht somit im Vordergrund der Hyaden. Noch ein weiterer, sehr einprägsamer offener Sternhaufen ist im Stier zu sehen, nämlich die Plejaden oder das Siebengestirn. Besonders im Fernglas machen die blauweißen Plejadensterne einen nachhaltigen Eindruck.

Hoch im Osten haben sich die beiden Sternenketten der Zwillinge eingefunden. Ihre beiden hellsten Sterne heißen Kastor

1.14 Das Sternbild Kassiopeia (auch als Himmels-W bekannt) dient als Polweiser.

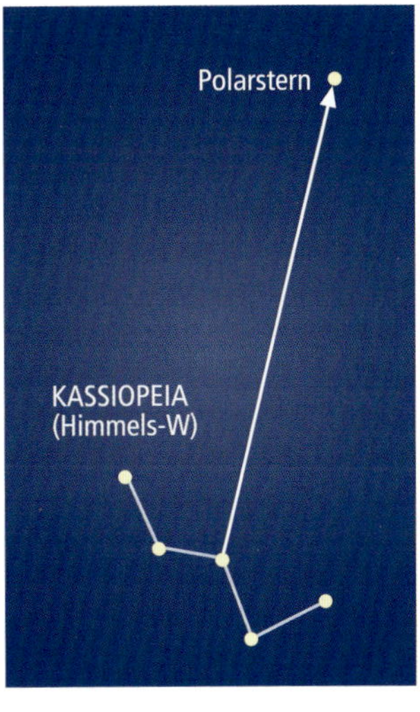

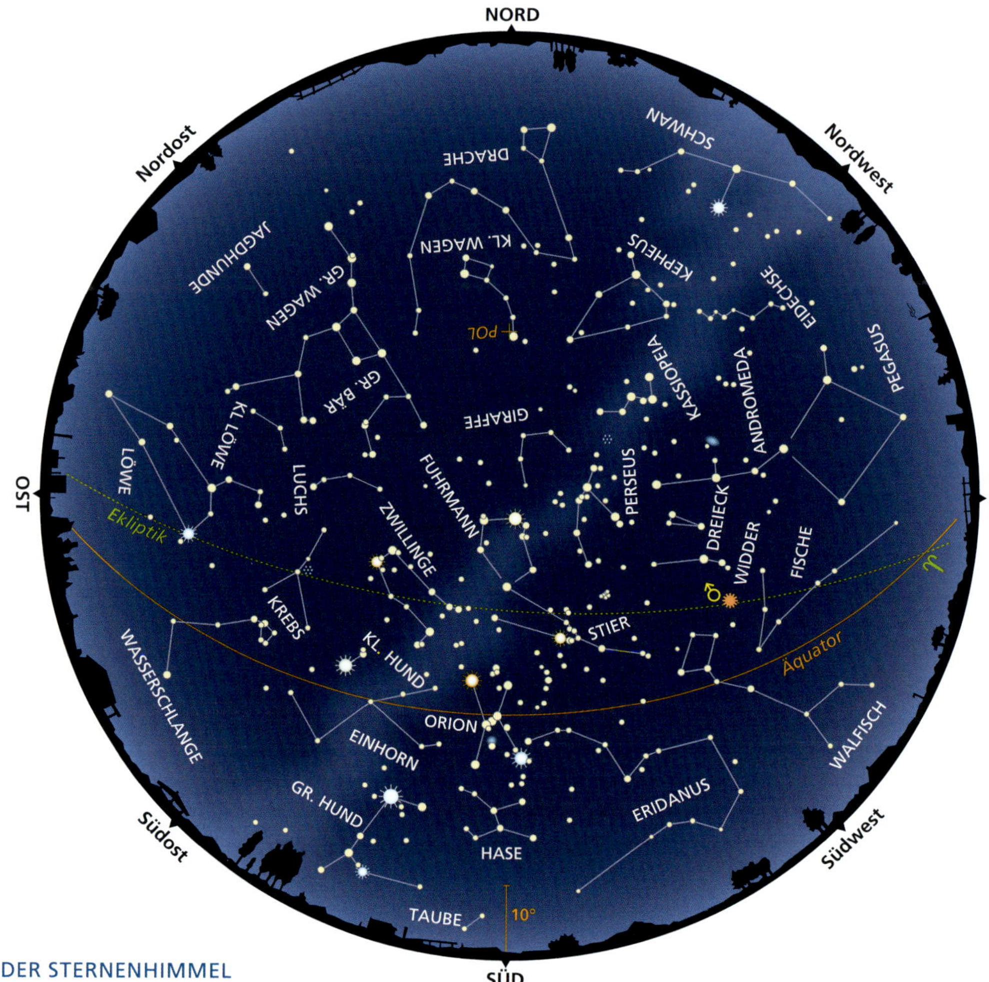

DER STERNENHIMMEL AM 15. JANUAR UM 22^h MEZ

Die Sternkarte ist auch gültig für:

	MEZ	MESZ
1.10.	5^h	6^h
15.10.	4	5
1.11.	3	
15.11.	2	
1.12.	1	
15.12.	0	
1. 1.	**23**	
15. 1.	**22**	
31. 1.	**21**	
15. 2.	20	

und Pollux. Das Sternenpolygon, das aus Kapella im Fuhrmann, Aldebaran im Stier, Rigel im Orion, Sirius im Großen Hund, Prokyon im Kleinen Hund und Pollux in den Zwillingen gebildet wird, nennt man Wintersechseck.

Der Blick nach Osten lässt den kommenden Frühling erahnen. Knapp über dem Osthorizont ist der mächtige Löwe erschienen. Der Löwe ist das bekannteste Frühlingssternbild. Im April geht der Löwe zur Standardbeobachtungszeit (= 22^h MEZ) gerade durch den Meridian. Der Löwe ist Mitglied im Tierkreis. Zu den Tierkreisbildern zählen jene 13 Sternbilder, durch die die scheinbare Sonnenbahn zieht. In den Tierkreisbildern findet man daher auch den Mond und die Planeten.

1.15 Das Wintersechseck setzt sich aus den sechs hellen Sternen Kapella im Fuhrmann, Aldebaran im Stier, Rigel im Orion, Sirius im Großen Hund, Prokyon im Kleinen Hund und Pollux in den Zwillingen zusammen.

Hoch im Nordwesten zeigt sich die Kassiopeia, ein Sternbild, das recht leicht zu erkennen ist. Es sieht aus wie ein großes „W“, weshalb man auch vom Himmels-W spricht. Die mittlere Spitze des Himmels-Ws deutet ungefähr auf den Polarstern, der am Deichselende des Kleinen Wagens steht. Der Kleine Wagen ist nicht ganz einfach zu erkennen, denn außer drei Sternen sind die anderen recht lichtschwach. Es müssen schon gute Sichtbedingungen herrschen, um den Kleinen Wagen zu erkennen. Viel leichter sieht man den Großen Wagen. Nimmt man den Polarstern als Zentrum, dann stehen Himmels-W und Großer Wagen einander diametral gegenüber. Da beide Sternbilder bei uns zirkumpolar sind, so kann man sie in jeder klaren Nacht des Jahres sehen. An ihnen kann man auch sehr schön die Drehung des himmlischen Uhrwerks im Laufe der Nacht verfolgen.

Die Stellungen von Großem Wagen und Himmels-W über dem Nordhorizont zum jeweiligen Monatsbeginn um 22^h MEZ findet man in einer kleinen Grafik stets auf der ersten Seite eines neuen Monatsabschnittes.

Von den Herbstbildern hält sich noch Perseus fast im Zenitbereich auf, während Andromeda und Pegasus sowie die Tierkreisbilder Widder und Fische den Westhimmel bevölkern. Im Widder hält sich im Januar 2021 gerade der rote Planet Mars auf.

Tief im Nordwesten ist noch Deneb im Schwan auszumachen. Im Südwesten findet man nur lichtschwache Sternbilder: den Walfisch und den Fluss Eridanus. Die lateinische Bezeichnung für den Walfisch lautet Cetus. Der Cetus ist jedoch weder ein Wal noch ein Fisch, sondern schlicht ein Fabelwe-

VERÄNDERLICHE STERNE

Algol-Minima		β-Lyrae-Minima		δ-Cepheï-Maxima		Mira-Helligkeit	
1.	0^h15^m	6.	4^h N	5.	23^h	1.	6^m
3.	21 04	12.	15 H	11.	8	10.	6
6.	17 54	19.	2 N	16.	17	20.	7
21.	2 01	25.	13 H	22.	2	31.	7
23.	22 50			27.	10		
26.	19 38						

Stefan Binnewies

1.16 Das schimmernde Lichtband der winterlichen Milchstraße. Infolge des irdischen Lichtsmogs ein nur noch selten zu sehendes Naturphänomen.

sen, nämlich das Meeresungeheuer, das die an einen Felsen geschmiedete Andromeda verschlingen will.

Fernab irdischer Lichtquellen kann man jetzt gut das schimmernde Band der winterlichen Milchstraße bewundern. Von Südosten steigt es empor, zieht vorbei an Sirius durch die Zwillinge, Fuhrmann, Perseus und Kassiopeia und sinkt zum Nordwesthorizont hinab. Doch nur wenige Menschen finden heutzutage noch die Gelegenheit, einmal die Milchstraße mit eigenen Augen am Himmel zu sehen. Fast nirgendwo mehr in unseren Gegenden ist der Nachthimmel dunkel genug, um die Milchstraße wirklich beeindruckend zu erleben.

Beteigeuze – mächtiger Riese am Firmament

Der helle Stern Beteigeuze im Bild des Orion sorgte im Winter 2019/2020 für Schlagzeilen in den Medien. Angeblich stünde seine Explosion kurz bevor und Beteigeuze würde so hell strahlen wie der Vollmond. Selbst am Taghimmel wäre dieser rote Riesenstern dann als heller, weißer Lichtpunkt zu sehen, meldeten die Gazetten. Als Zeichen für eine bevorstehende Supernovadetonation wertete man eine deutliche Abnahme der Helligkeit von Beteigeuze. Sie sank im Januar 2020 auf $1^{\mathrm{m}}{,}6$ ab.

Orion ist das markante Leitsternbild des Winterhimmels, es soll einen himmlischen Jäger oder Krieger darstellen. Zu seinen Füßen kauert seine Beute, der Hase. Dem Jäger Orion folgen der Große und der Kleine Hund – alle drei sind ebenfalls als Sternbilder am Firmament vertreten. Zwei Sterne bilden die Schultern von Orion, drei in einer Reihe stehende Sterne markieren seinen Gürtel und zwei weitere die Füße. Beteigeuze ist dabei der östliche Schulterstern – von der Nordhalbkugel der Erde aus gesehen der linke Schulterstern. Da Orion aber fast in allen Darstellungen mit dem Gesicht zur Erde blickt, ist es seine rechte Schulter, die von Beteigeuze angedeutet wird. In der Astronomie empfiehlt es sich daher, auf „links, rechts, oben und unten“ zu verzichten und stattdessen Himmelsrichtungen anzugeben.

Johannes Bayer hat in seinem Sternatlas *Uranometria* von 1603 Beteigeuze die Bezeichnung α Orionis gegeben. Beteigeuze zeigt sich als orangeroter Stern in deutlichem Farbkontrast zum westlichen („rechten“) Fußstern Rigel (β Orionis), der bläulich-weiß funkelt. Beide Sterne sind erster Größenklasse.

Der Name Beteigeuze stammt aus dem Arabischen und bedeutet Schulter oder Achsel. Eigentlich heißt der Stern Betelgeuse. Die Bezeichnung „Beteigeuze“ ist auf einen Schreibfehler in besagtem Sternatlas zurückzuführen. Näheres dazu findet man im Monatsthema Oktober „Wer war Al Sufi?“ auf Seite 224. Wegen seiner rötlichen Farbe wurde Beteigeuze auch „Kriegsstern“ genannt. Gustav Holst, bekannt durch seine Planetensymphonie, hat auch Beteigeuze ein Musikstück gewidmet.

Beteigeuze ist ein typischer roter Überriesenstern der Leuchtkraftklasse Ia. Seine Helligkeit ist nicht konstant. Schon im Jahre 1836 entdeckte John Herschel, dass die Helligkeit von α Ori im Laufe der Jahre variiert. Mal ist Beteigeuze mit $0\overset{m}{,}4$ recht hell, dann wieder leuchtet sie (Beteigeuze ist weiblich) mit nur $1\overset{m}{,}3$. Der Stern zählt zu den halbregelmäßigen, langperiodischen Veränderlichen vom Typ SRc. Die Periode misst im Mittel 5,7 Jahre. Neuere Beobachtungen ergeben eine Periodenlänge von 6,4 Jahren (2335 Tage). Überlagert ist eine Nebenperiode von 370 bis 425 Tagen.

1.17 Das Sternbild Orion mit dem Riesenstern Beteigeuze

Martin Gertz / Sternwarte Welzheim

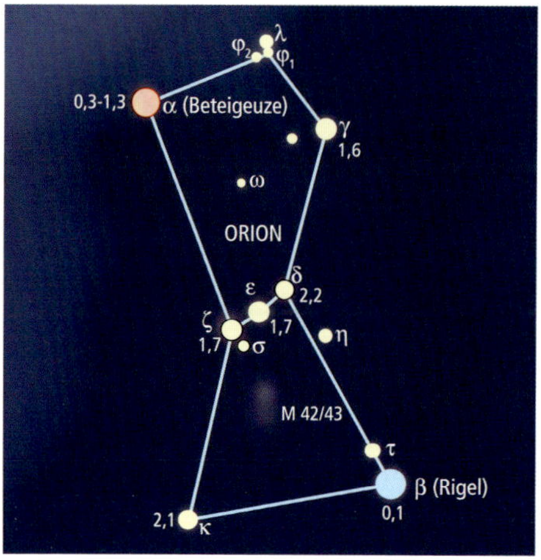

1.18 Sternkarte Orion mit Helligkeitsangaben

Unsichere Entfernung und Größe

Schwierig war und ist es, die Entfernung von Beteigeuze zu bestimmen. Ihre Parallaxe ist nur ungenau zu messen, denn sie ist mit 0″005 kleiner als der scheinbare Durchmesser von Beteigeuze. α Ori ist der erste Stern, dessen Scheibchendurchmesser von Albert Abraham Michelson (1852–1931) mit seinem Interferometer, das er selbst entwickelt und gefertigt hatte, zu 0″047 gemessen wurde. Michelson war der erste Amerikaner, der 1907 den Nobelpreis für Physik erhielt. Die erste Messung führte Michelson am 13. Dezember 1920 mit dem 2,5-m-Hooker-Reflektor auf dem Mt. Wilson-Observatorium in Kalifornien durch. Das Hooker-Spiegelteleskop war damals das größte Teleskop der Welt.

STERNE IM ORION

Beteigeuze	α Ori	$0^{\mathrm{m}}3$–$1^{\mathrm{m}}3$
Bellatrix	γ Ori	$1^{\mathrm{m}}6$
Mintaka	δ Ori	$2^{\mathrm{m}}2$
Alnilam	ε Ori	$1^{\mathrm{m}}7$
Alnitak	ζ Ori	$1^{\mathrm{m}}7$
Rigel	β Ori	$0^{\mathrm{m}}1$
Saiph	κ Ori	$2^{\mathrm{m}}1$

Um den wahren, linearen Durchmesser und damit die wahre Leuchtkraft von Beteigeuze zu bestimmen, ist es erforderlich, die Entfernung möglichst genau zu ermitteln.

Die genaueste Parallaxenmessung lieferte der erfolgreiche Astrometrie-Satellit Hipparcos. Der nachfolgende Astrometrie-Satellit Gaia maß keine Parallaxe von Beteigeuze. Für ihn ist sie schlicht zu hell. Erst nach sorgfältiger Auswertung der Hipparcos-Daten und deren mehrfacher Reduzierung wurde ein Parallaxenwert von 0″00510 ermittelt. Dies entspricht einer Entfernung von 640 Lichtjahren, allerdings mit einer Unsicherheit von ±150 Lichtjahren.

Der interferometrische Durchmesser zeigt sich variabel. Im Minimum wurden 0″034, im Maximum aber 0″054 gemessen. Dies entspricht einem linearen Radius von 3,3 AE (500 Millionen Kilometer) und 6,55 AE (980 Millionen Kilometer). Daraus folgt: Beteigeuze pulsiert, sie bläht sich auf und schrumpft anschließend wieder. Dies bewirkt auch ihre Helligkeitsänderungen. Im Minimum reichte ihre Oberfläche über die Marsbahn hinaus, im Maximum befände sie sich jenseits der Jupiterbahn, wenn sie an Stelle der Sonne stünde. Unser Sonnensystem bis zur Jupiterbahn fände bequem im riesigen Gasleib von Beteigeuze Platz. Rund 2800 Millionen Sonnen könnte man im Beteigeuzeglobus unterbringen. Eine genaue Durchmesserbestimmung erhofft man sich, wenn Planetoid (319) Leona am 12. Dezember 2023 Beteigeuze bedecken wird.

Ein heißes, rotes Vakuum

Stünde unsere Sonne in der gleichen Entfernung wie Beteigeuze, so wäre sie als lichtschwaches Sternpünktchen 11. Größe mit freien Augen überhaupt nicht sichtbar. Da Beteigeuze aber als heller Stern 1. Größenklasse am Nachthimmel erscheint, so muss ihre wahre Leuchtkraft enorm sein. Tatsächlich leuchtet α Ori im Maximum 30 000-mal heller als unsere Sonne. Sie strahlt im sichtbaren Licht aber nur 13 % ihrer gesamten Energieabgabe aus. Da ihre Oberflächentemperatur bei 3180 °C liegt, so sendet sie die meiste Energie im Infraroten aus. Würde sie ihre gesam-

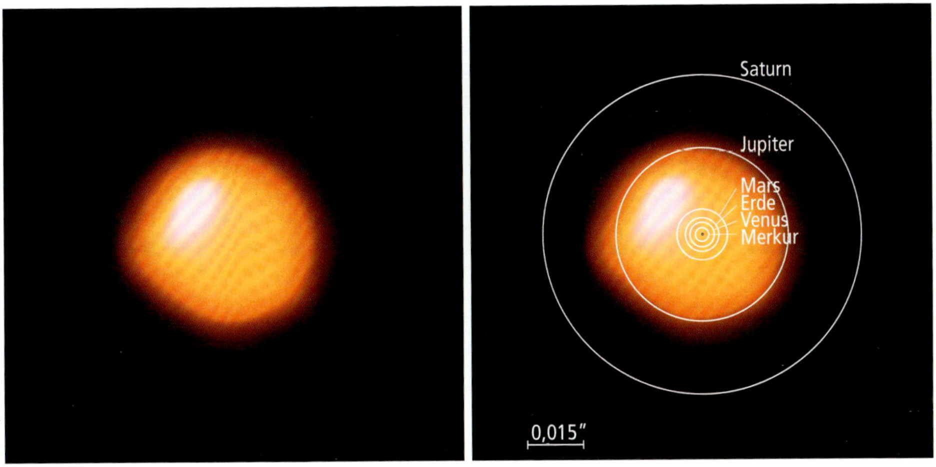

ALMA (ESO/NAOJ/NRAO)/E. O'Gorman/P. Kervella

1.19 Aufnahme von Stern Beteigeuze mit ALMA. Stünde unsere Sonne im Mittelpunkt von Beteigeuze, so fände unser Sonnensystem bis über die Jupiterbahn hinaus bequem im Beteigeuze-Globus Platz.

te Strahlung im sichtbaren Spektralbereich aussenden, erschiene sie am irdischen Firmament etwa so hell wie Sirius. Ihre absolute Helligkeit beträgt im Visuellen $-5^{\mathrm{M}}{,}5$. Damit zählt Beteigeuze zu den hellsten Sternen überhaupt.

Die Masse von Beteigeuze entspricht etwa 20 Sonnenmassen. Daraus folgt eine außerordentlich geringe mittlere Dichte von nur 0,000 000 01 Sonnendichten, also nur ein Hundertmillionstel der mittleren Dichte unserer Sonne oder ein Fünfzigtausendstel der irdischen Luftdichte. Manche Astronomen sprechen daher von einem heißen, roten Vakuum, das einen kleinen, mehr als hundert Millionen Grad heißen Sternenkern umschließt. Die Materie im Sternenkern hat eine Dichte von rund einer Tonne pro Kubikzentimeter. Wäre Beteigeuze ein großer Strandball, so entspräche der Kern nur einem Stecknadelkopf. Die lineare Rotationsgeschwindigkeit am Äquator beträgt 15 Kilometer pro Sekunde. Eine volle Rotation dauert am Äquator 2070 Tage (5,7 Jahre) in höheren Breiten 2355 Tage (6,4 Jahre). Ähnlich unserer Sonne rotiert Beteigeuze differenziell.

Ein Stern mit 20-facher Sonnenmasse geht verschwenderisch mit seinem Energievorrat um, seine Existenz ist von kurzer Dauer. Während unsere Sonne seit knapp fünf Milliarden Jahren leuchtet und noch ebenso lange strahlen wird, ist Beteigeuze ein junger Stern von gerade zehn Millionen Jahren. Dennoch ist er bereits in einem fortgeschrittenen Lebensstadium. Sein nahes Ende wird in einer gewaltigen Explosion erfolgen, einer Supernovadetonation. Übrig bleibt dann ein superdichter Sternenkörper, bekannt als Neutronenstern. Bei einer Supernovadetonation wird der Stern buchstäblich zerrissen. Hat der überbleibende Sternenkern mehr als drei Sonnenmassen, so ist der Neutronenstern keine stabile Option. Er kollabiert vielmehr zu einem Schwarzen Loch.

Ungewöhnlicher Dreifachstern

An seinem instabilen Verhalten erkennt man, dass sich Beteigeuze in einem fortgeschrittenen Lebensstadium befindet. Sie bläht sich auf und schrumpft wieder: Beteigeuze pulsiert.

Im Kern fusioniert bereits Helium bei Temperaturen von über 120 Millionen Grad zu Kohlenstoff, während sich die Wasserstoffbrennschale langsam nach außen frisst. Kernfusionsprozesse sind äußerst temperaturempfindlich. Ein leich-

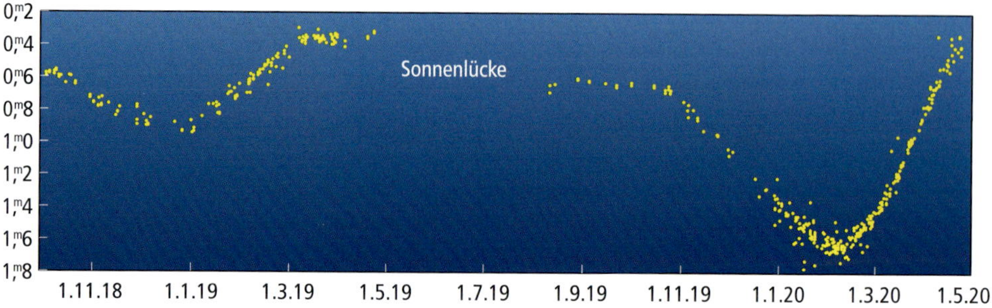

1.20 Lichtkurve von Beteigeuze

ter Anstieg der Temperatur facht das Atomfeuer an. Der Strahlungsdruck treibt die äußeren Schichten auseinander, Beteigeuze bläht sich auf. Die dünner gewordene Sternenhülle ist für Strahlung durchlässiger, mehr Energie entweicht, im Herzen wird es etwas kühler, die Kernfusion lässt nach, der Strahlungsdruck wird geringer, die Hülle zieht sich wieder zusammen und wird für Strahlung wieder weniger durchlässig. Dadurch nimmt die Temperatur wieder zu, die Kernfusion wird erneut angefacht und das Spiel beginnt von Neuem. Dies erfolgt in mehr oder minder regelmäßigen Abständen. Die äußeren Sternschichten erfüllen gewissermaßen die Funktion eines Ventils.

Eine weitere Eigenschaft eines alternden Sternes ist eine heftige Zunahme des Sternenwindes. Beteigeuze bläst nicht nur Gas ins Weltall, sondern auch Staub, wobei sie erheblich an Masse verliert. Eine dichte Hülle umgibt sie in drei Sternradien, eine dünnere Hülle findet sich in 50 Sternradien Entfernung. Auch die Dichte der Staubhülle und damit ihre Durchlässigkeit für Strahlung variiert. Ein stärkerer Helligkeitsabfall wird ebenfalls von der Staubhülle verursacht. Wegen des hohen Anteils an Kohlenstoff in dem Staub spricht man auch von einem rußenden Stern.

Mit dem Hubble-Weltraumteleskop und mit ALMA, dem Radioteleskop-Array in der Atacama-Wüste in Chile (siehe auch Monatsthema Februar „Erfolgreiche Zusammenschlüsse" auf Seite 63) sowie noch weiterer optischer Teleskope ist es gelungen, einen hellen Fleck auf Beteigeuze auszumachen. Lange rätselte man, was es mit diesem Fleck für eine Bewandtnis habe. Der Begriff „Supergranulation" machte die Runde. Inzwischen wurde klar: Ein Zwergstern oder ein aufgeheizter Brauner Zwerg kreist hier in fünf AE (= 748 Millionen Kilometer) Abstand vom Beteigeuze-Mittelpunkt und somit noch innerhalb der Photosphäre, dem „roten Vakuum", um das Zentrum des Monstersterns. Die extrem dünne Photosphäre von Beteigeuze bremst diesen Stern kaum ab, den sie sich einst einverleibt hatte. Wenn auch die Abbremsung äußerst gering ist, ewig geht das Spiel nicht weiter. Der Zwerg spiralisiert sich allmählich ins Zentrum, wobei er schließlich mit dem Sternenkern von Beteigeuze verschmelzen wird.

Zwischen 40 und 50 AE zieht ein weiterer Stern seine elliptische Bahn um Beteigeuze. Die numerische Exzentrizität seiner Bahn beträgt $e = 0{,}111$. Somit ist Beteigeuze ein Dreifachstern, wenn auch ein etwas ungewöhnliches System – eine Erkenntnis aus jüngster Zeit.

Explosives Ende

Schon in der Vergangenheit wurden erhebliche Variationen der scheinbaren Helligkeit von Beteigeuze in einem Bereich von $-0\overset{m}{,}1$ bis $1\overset{m}{,}3$ beobachtet. 1994 schien Beteigeuze ähnlich hell wie 1852, als John Herschel sie mit Kapella im Fuhrmann verglich. In den Jahren 1930, 1933, 1942, 1947 und 1975 war sie mit $0\overset{m}{,}2$ maximal hell. 1927 und 1942 gab es schnelle Helligkeitseinbrüche bis zu $1\overset{m}{,}2$ herab. Im Februar 1957 nahm ihre

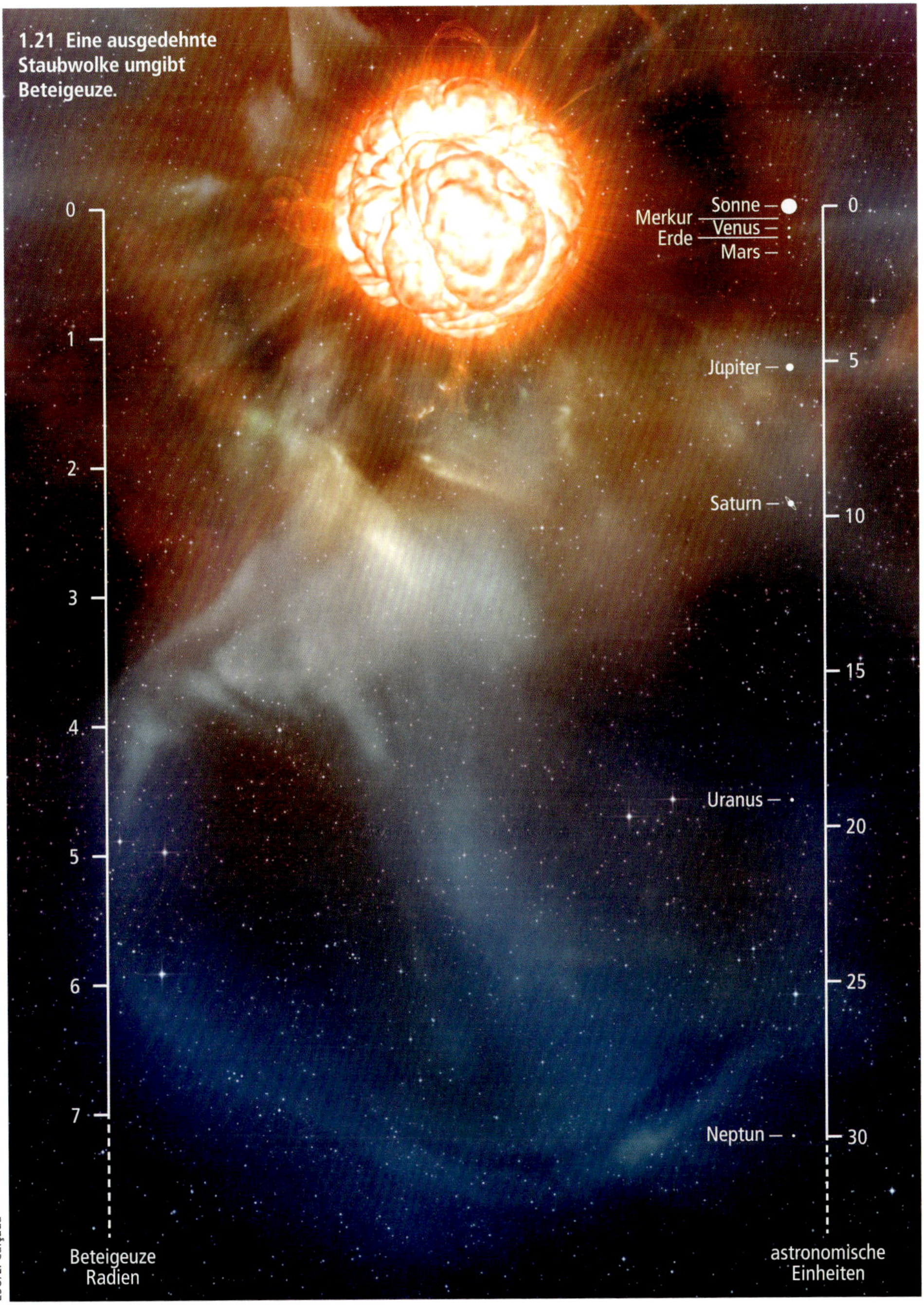

1.21 Eine ausgedehnte Staubwolke umgibt Beteigeuze.

ESO/L. Calçada

Helligkeit von $0^m\!\!,4$ innerhalb von nur zwei Wochen auf $0^m\!\!,8$ ab. 1958 bis 1967 zeigten sich kaum Helligkeitsschwankungen. Beteigeuze blieb recht konstant bei $0^m\!\!,4$.

1937 bis 1975 lagen die Maximal- und Minimalwerte zwischen $-0^m\!\!,1$ und $1^m\!\!,1$.

Der Abfall der Beteigeuzehelligkeit auf $+1^m\!\!,6$ zur Jahreswende 2019/2020 war jedoch das bis-

BETEIGEUZE IN ZAHLEN

Bezeichnung:	Beteigeuze / Betelgeuse / α Orionis	
Katalognummern:		
Flamsteed	Nr. 58	
Bonner Durchmusterung:	BD +07°1055	
Henry-Draper-Catalogue:	HD 39801	
Yale Bright Star Catalogue:	BSC 2061	
Smithsonian Astrophysical Observatory Catalogue:	SAO 113 271	
Hipparcos Catalogue:	HIP 27989	
Tycho Catalogue:	TYC 129-1873	
Koordinaten:	α (Rektaszension)	δ (Deklination)
(J2000.0)	$5^h55^m10^s\!\!,3$	7°24′25″
(J2020.5)	$5^h56^m16^s\!\!,9$	7°24′33″
Scheinbare Helligkeit (m_v):	$0^m\!\!,3 - 1^m\!\!,3$ (bis $1^m\!\!,6$)	
Halbregelmäßiger langperiodischer Variabler:	SRc	
Farbindices:	$B - V = +1^m\!\!,85$ / $U - B = +2^m\!\!,32$	
Spektraltyp:	M2	
Leuchtkraftklasse:	Ia (heller Überriese)	
Parallaxe:	$\pi = 0''\!\!,00510 \pm 0''\!\!,00135$	
Entfernung:	200 ± 46 pc = 640 ± 150 Lichtjahre	
Eigenbewegung pro Jahr:	$\mu_\alpha = +0''\!\!,02733$ / $\mu_\delta = +0''\!\!,01086$	
Radialgeschwindigkeit:	RG = +21 km/s	
Raumgeschwindigkeit:	$v_R = 21{,}8 \pm 0{,}9$ km/s	
Scheinbarere Durchmesser:	$0''\!\!,034$–$0''\!\!,054$	
Linearer Radius (max):	6,55 AE ≙ 980 · 10^6 km	
Absolute Helligkeit (V):	$-5^M\!\!,14 \pm 0{,}47$ (in Sonnenleuchtkräften: 30 000 ± 4100)	
Masse:	20 Sonnenmassen	
Rotationsdauer:	2070 bis 2355 Tage (5,7 bis 6,4 Jahre), differenziell	
Helligkeitsvariation:	mittlere Hauptperiode: 2335 Tage (etwa 6,4 Jahre) überlagerte Nebenperiode: 370–425 Tage	
Alter:	ca. 10 Millionen Jahre	

her tiefste je beobachtete Minimum. Schon wurde das baldige Ende von Beteigeuze prognostiziert. Dabei würde Beteigeuze in einer gewaltigen Supernova am irdischen Himmel mit der kaum vorstellbaren Helligkeit von -13^{m} strahlen – also so hell wie der Vollmond, jedoch als punktförmige Lichtquelle. Es wäre dies die der Erde allernächste Supernova-Erscheinung, die je beobachtet wurde. Kein Zweifel, das spektakuläre Ende von Beteigeuze ist demnächst zu erwarten. Doch was heißt „demnächst"?

Kosmisch gesehen kann das 100 000 Jahre bedeuten. Vielleicht flammt Beteigeuze „schon" in tausend Jahren auf. Das an dem kosmischen Superspektakel interessierte Publikum wird sich noch gedulden müssen. Aber alle an der Astronomie interessierten Zeitgenossen sind aufgerufen, Beteigeuze zu beobachten. Dazu sind keine Teleskope oder Ferngläser erforderlich – freie Augen reichen aus. Die Helligkeiten der helleren Sterne im Orion sind in der Tabelle auf Seite 46 aufgelistet. Mit ihnen kann man die Helligkeit von Beteigeuze vergleichen.

Vielleicht ist Beteigeuze aber bereits explodiert und die Botschaft von diesem Ereignis ist auf dem 640 Lichtjahre langen Weg zu uns. Dann mag schon in hundert Jahren Beteigeuze am irdischen Himmel als Supernova aufleuchten. Möglicherweise aber auch bereits morgen. Niemand weiß es.

Februar 2021

- Mars beherrscht die erste Nachthälfte.
- Venus hat sich vom Morgenhimmel zurückgezogen.
- Auch Merkur ist in unseren Breiten unbeobachtbar.
- Jupiter hat seine Konjunktion mit der Sonne eben hinter sich und bleibt in den Strahlen der Sonne verborgen.
- Auch Saturn zeigt sich noch nicht am Morgenhimmel.

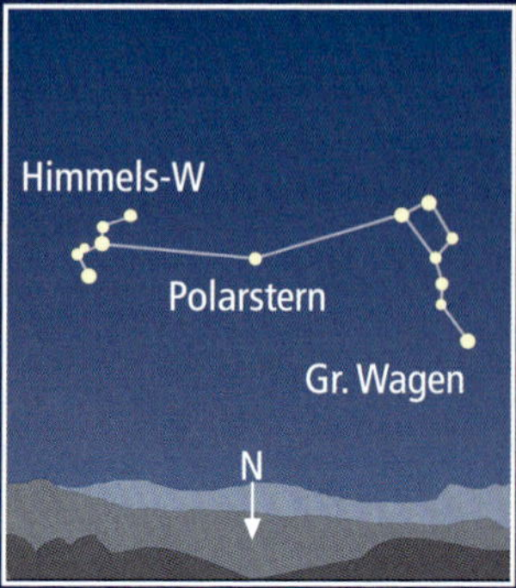

Großer Wagen und Himmels-W Anfang Februar um 22 Uhr

2.1 Anblick des abendlichen Westhimmels gegen 22^h MEZ am 18. Februar. Zu Mars gesellt sich der zunehmende Halbmond.

1 Mo

2 Di

3 Mi

4 Do Letztes Viertel

5 Fr

6 Sa

7 So

8 Mo

9 Di

10 Mi

11 Do Neumond

12 Fr

13 Sa

14 So

15 Mo

16 Di

17 Mi Aschermittwoch

18 Do Mond bei Mars – abends

19 Fr Erstes Viertel

20 Sa

21 So

22 Mo

23 Di Mond bei Pollux – abends

24 Mi

25 Do

26 Fr

27 Sa Vollmond

28 So

SONNE – STERNBILDER

16. 2. 7ʰ:
Sonne tritt in das Sternbild Wassermann

18. 2. 12ʰ:
Sonne tritt in das Tierkreiszeichen Fische

Julianisches Datum am
1. Februar, 1ʰ MEZ: 2 459 246,5

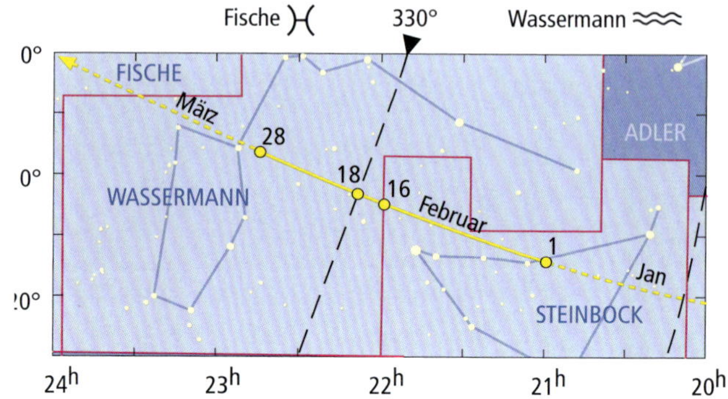

SONNENLAUF

Tag	Dämmerg. Anfang	Aufgang MEZ	Kulmination	Untergang MEZ	Dämmerg. Ende	Mittagshöhe	Zeitgleichg.	Rektaszension	Deklination
	h m	h m	h m	h m	h m	°	m	h m	°
1.	6 40	7 53	12 34	17 14	18 28	23,0	−14	20 58	−17,2
5.	6 34	7 47	12 34	17 21	18 34	24,2	−14	21 14	−16,0
10.	6 27	7 39	12 34	17 30	18 42	25,8	−14	21 34	−14,4
15.	6 19	7 30	12 34	17 39	18 50	27,5	−14	21 54	−12,8
20.	6 10	7 21	12 34	17 47	18 58	29,3	−14	22 13	−11,0
25.	6 01	7 11	12 33	17 56	19 06	31,1	−13	22 32	− 9,2
28.	5 55	7 05	12 32	18 01	19 11	32,2	−12	22 44	− 8,1

TAGES- UND NACHTSTUNDEN

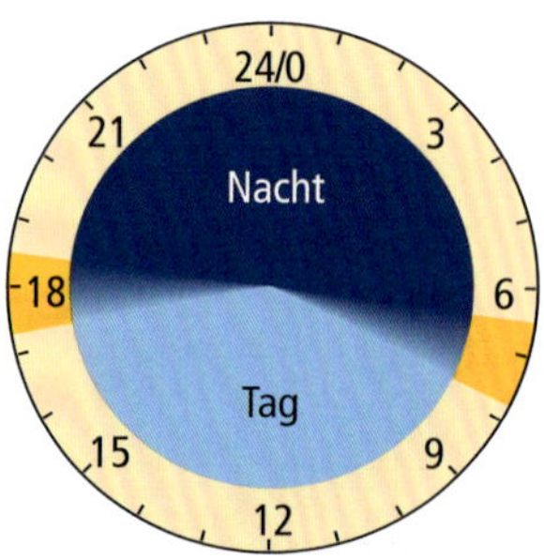

5. Februar

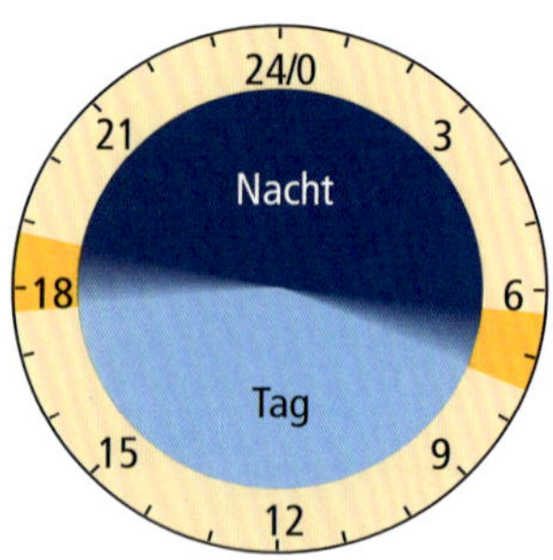

15. Februar

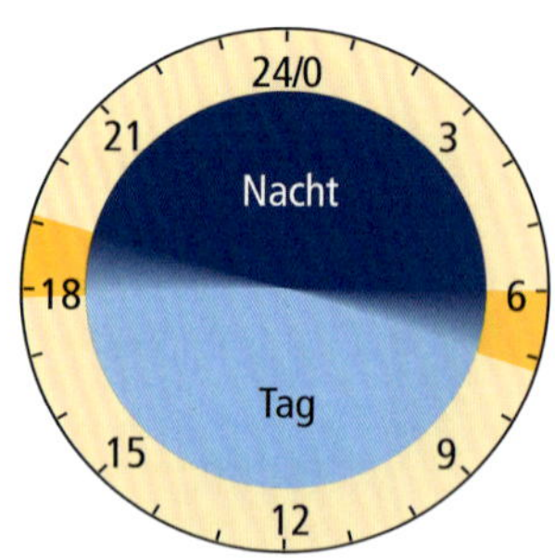

25. Februar

MONDLAUF

Datum		Aufg. MEZ	Kulmination	Unterg. MEZ	Rektaszension	Deklination	Sterne und Sternbilder	Phase	MEZ
		h m	h m	h m	h m	°			
Mo	1.	21 49	3 22	9 59	11 42	+ 7,4 *	Jungfrau		
Di	2.	23 09	4 11	10 19	12 34	+ 1,6	Jungfrau		
Mi	3.	–	5 01	10 38	13 25	– 4,3	Spica	Erdnähe 370/32′,3	20^h
Do	4.	0 30	5 51	11 00	14 17	–10,1	Jungfrau	**Letztes Viertel**	**18^h 37^m**
Fr	5.	1 51	6 43	11 25	15 11	–15,3	Waage		
Sa	6.	3 12	7 38	11 56	16 07	–19,6	Antares		
So	7.	4 30	8 36	12 37	17 06	–22,8	Schlangenträger	Absteigender Knoten	
Mo	8.	5 41	9 35	13 29	18 07	–24,6	Schütze		
Di	9.	6 39	10 34	14 32	19 08	–24,9	Schütze, Nunki		
Mi	10.	7 24	11 31	15 44	20 07	–23,6	Steinbock		
Do	11.	7 59	12 25	16 59	21 04	–21,0	Steinbock	**Neumond Nr. 1214** Libration West	**20^h 06^m**
Fr	12.	8 26	13 15	18 13	21 58	–17,4	Steinbock		
Sa	13.	8 47	14 01	19 26	22 49	–12,9	Wassermann	Größte Südbreite	
So	14.	9 05	14 45	20 36	23 36	– 8,0	Wassermann		
Mo	15.	9 21	15 26	21 44	0 22	– 2,9	Fische		
Di	16.	9 37	16 07	22 51	1 06	+ 2,3	Walfisch		
Mi	17.	9 53	16 49	23 58	1 50	+ 7,3 *	Fische		
Do	18.	10 11	17 31	–	2 34	+11,9	Widder	Erdferne 404/29′,5	11^h
Fr	19.	10 32	18 15	1 05	3 20	+16,2	Widder	**Erstes Viertel**	**19^h 47^m**
Sa	20.	10 58	19 02	2 12	4 07	+19,8	Stier, Hyaden		
So	21.	11 31	19 52	3 18	4 57	+22,6	Aldebaran	Aufsteigender Knoten	
Mo	22.	12 13	20 45	4 21	5 50	+24,4 *	Stier, Al Nath		
Di	23.	13 07	21 39	5 17	6 45	+25,1	Zwillinge		
Mi	24.	14 12	22 34	6 05	7 41	+24,5	Pollux	Libration Ost	
Do	25.	15 26	23 28	6 44	8 38	+22,5 *	Krebs, Krippe		
Fr	26.	16 45	–	7 15	9 35	+19,2	Löwe		
Sa	27.	18 07	0 21	7 41	10 30	+14,7	Löwe, Regulus	**Vollmond** Größte Nordbreite	**9^h 17^m**
So	28.	19 30	1 13	8 02	11 24	+ 9,3	Löwe		

DER MOND ENTFERNT SICH VON DEN HYADEN

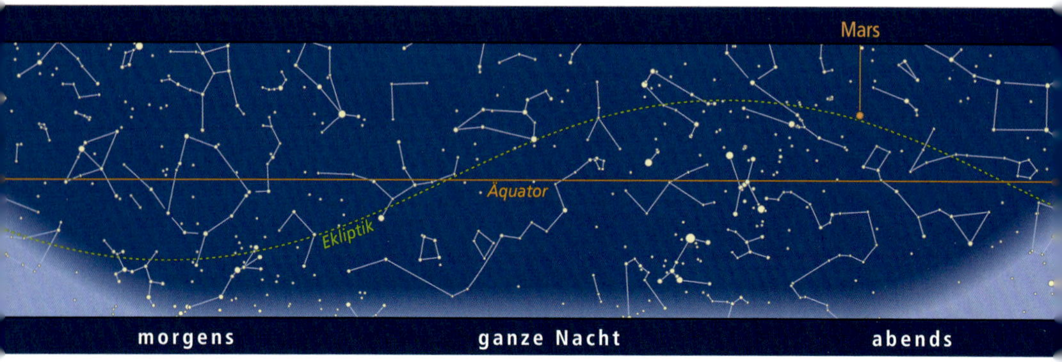

MERKUR trifft am 8. mit der Sonne zusammen – die Stellung untere Konjunktion wird erreicht. Merkur zieht dabei knapp 4° nördlich an der Sonnenscheibe vorbei, es kommt nicht zu einem Merkurtransit. Erst am 13. November 2032 wird der flinke Planet als dunkler Punkt vor der Sonne erscheinen.

In unterer Konjunktion ist Merkur 98 Millionen Kilometer (= 0,655 AE) von der Erde entfernt. Seine geringste Entfernung von uns erreicht Merkur wegen seiner stark elliptischen Bahn erst drei Tage später mit 97 Millionen Kilometer (= 0,648 AE). Seine Konjunktionsschleife zieht Merkur im Gebiet der Sternbilder Steinbock und Wassermann (siehe Abb. 2.2 unten).

Am 20. beendet Merkur seine Rückläufigkeit und wird wieder rechtläufig. Bis Ende Februar wächst sein westlicher Winkelabstand auf $26{,}^\circ5$ an. Dies reicht nicht für eine Morgensichtbarkeit, denn die morgendliche Ekliptik verläuft flach zum Osthorizont. In 50° nördlicher Breite geht der $0{,}^m2$ helle Merkur am 28. um 6^h07^m auf. Die Sonne folgt um 7^h05^m. Bevor Merkur sich über die ärgsten Dunstschichten am Horizont erhoben hat, ist es schon zu hell, um ihn zu erkennen. In den Mittelmeerländern, den Tropen und der Südhalbkugel der Erde kann Merkur in der Morgendämmerung erspäht werden.

VENUS hat sich vom Morgenhimmel zurückgezogen und bleibt für das bloße Auge unsichtbar. Sie strebt ihrer oberen Konjunktion mit der Sonne zu, die sie aber erst Ende März erreicht. Beide Gestirne, Venus und Sonne, laufen in gleicher Richtung, nämlich von West nach Ost durch den Tierkreis. Venus verfolgt dabei die Sonne und rückt ihr langsam näher. Bis Monatsende hat sie ihren westlichen Winkelabstand von der Sonne bis auf knapp 7° reduziert. Die Begegnung mit Saturn am 6. bleibt ebenso unbeobachtbar, wie uns ihre Konjunktionen mit Jupiter am 11. und mit Merkur am 12. entgehen.

Am 20. passiert Venus das Aphel ihrer fast kreisförmigen Bahn. An diesem Tag trennen sie 109 Millionen Kilometer (= 0,728 AE) von der Sonne.

MARS beherrscht die erste Nachthälfte, auch wenn seine scheinbare Helligkeit um eine

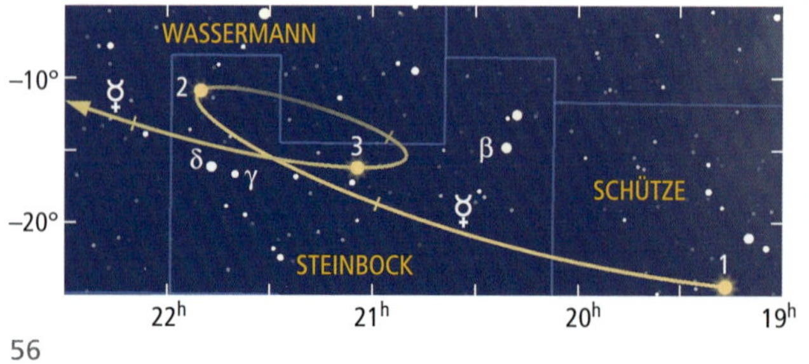

2.2 Konjunktionsschleife von Merkur im Sternbild Steinbock. Die Zahlen geben die Merkurposition zum jeweiligen Monatsersten an (3 = 1. März).

halbe Größenklasse auf $0^{m}{,}9$ absinkt. Damit gehört der rote Planet immer noch zu den Gestirnen erster Größenklasse und ist mit dem rötlichen Aldebaran (α Tauri) am Monatsende vergleichbar, der ebenfalls $0^{m}{,}9$ hell ist.

Mars wandert durch das Sternbild Widder und wechselt am 24. in den Stier, wobei er in das Goldene Tor der Ekliptik eintritt, das von den beiden offenen Sternhaufen Plejaden und Hyaden markiert wird (siehe Abb. 1.11 auf Seite 38).

Die Untergänge des roten Planeten verlagern sich von $1^{h}41^{m}$ Anfang Februar auf $1^{h}21^{m}$ am Monatsende.

Der Durchmesser des Marsscheibchens geht auf bescheidene $6''{,}4$ zurück, womit der Kriegsplanet für Fernrohrbeobachter unattraktiv wird, weil kaum mehr Oberflächendetails zu erkennen sind.

Am 18. um Mitternacht gesellt sich der zunehmende Halbmond zum roten Planeten, ein netter Himmelsanblick (siehe Abb. 2.1 auf Seite 52).

Am 7. beginnt auf der Nordhalbkugel des Mars der Frühling.

JUPITER, rechtläufig im Steinbock, stand Ende des Vormonats in Konjunktion mit der Sonne. Der Riesenplanet kann sich noch nicht aus den Strahlen der Sonne befreien und bleibt unsichtbar.

Auch die Begegnungen mit Venus am 11. und Merkur am 13. bleiben unbeobachtbar.

SATURN, rechtläufig im Steinbock, hat seine Konjunktion mit der Sonne eben hinter sich. Er kann sich noch nicht aus den Strahlen der Sonne befreien und bleibt im Februar unsichtbar. Erst im nächsten Monat wird er am Morgenhimmel allmählich in Erscheinung treten. Die Begegnung mit Venus am 6. entgeht uns.

URANUS, wieder rechtläufig im Sternbild Widder, beschleunigt seine Wanderung ein wenig (siehe Abb. 11.2 auf Seite 235). Der grünliche Planet verlagert seine Untergänge in die Zeit vor Mitternacht. Am 1. sinkt er um $1^{h}03^{m}$ unter die westliche Horizontlinie, am 15. um $0^{h}09^{m}$ und am 28. schon um $23^{h}17^{m}$.

Zu Monatsbeginn kulminiert Uranus um $17^{h}50^{m}$, am 15. um $16^{h}56^{m}$ und Ende Februar bereits um $16^{h}07^{m}$; dann ist es noch taghell. Die Dämmerung endet erst bald nach 19^{h} am 28. Erst danach lohnt es sich, nach dem $5^{m}{,}8$ lichtschwachen Planeten Ausschau zu halten. Spätestens eine Stunde vor seinem Untergang wird man Uranus vergeblich im horizontnahen Dunst suchen.

NEPTUN, rechtläufig im Wassermann, hat sich vom Abendhimmel zurückgezogen und bleibt unbeobachtbar. Der sonnenfernste und mit $8^{m}{,}0$ lichtschwächste Planet wird von der Sonne verfolgt, die ihn im März einholen wird.

PLANETOIDEN UND ZWERGPLANETEN

PALLAS – Planetoid Nr. 2 – kommt am 9. abends im Sternbild Pegasus in Konjunktion mit der Sonne. Von der Erde trennen

KONSTELLATIONEN UND EREIGNISSE

Datum	MEZ	Ereignis
6.	6^{h}	Venus bei Saturn, Venus $0^{\circ}{,}4$ südlich
8.	15	Merkur in unterer Konjunktion mit der Sonne
10.	12	Mond bei Saturn, Mond $3^{\circ}{,}4$ südlich
10.	21	Mond bei Venus, Mond $3^{\circ}{,}2$ südlich
10.	23	Mond bei Jupiter, Mond $3^{\circ}{,}7$ südlich
11.	4	Mond bei Merkur, Mond $8^{\circ}{,}3$ südlich
11.	13	Venus bei Jupiter, Venus $0^{\circ}{,}4$ südlich
12.	18	Merkur bei Venus, Merkur $4^{\circ}{,}8$ nördlich
13.	18	Mond bei Neptun, Mond $4^{\circ}{,}3$ südlich
13.	20	Merkur bei Jupiter, Merkur $4^{\circ}{,}2$ nördlich
17.	17	Mond bei Uranus, Mond $3^{\circ}{,}0$ südlich
19.	0	**Mond bei Mars,** Mond $3^{\circ}{,}7$ südlich, **Abstand $4^{\circ}{,}4$ um 0^{h}**
20.	10	Venus im Aphel
20.	14	Merkur im Stillstand, anschließend rechtläufig

sie an diesem Tag 647 Millionen Kilometer (= 4,32 AE), während ihre Sonnenentfernung 507 Millionen Kilometer (= 3,39 AE) beträgt. In Opposition zur Sonne steht Pallas dann am 11. September.

VESTA (4) beschleunigt ihre rückläufige Wanderung durch den Löwen – ihre Opposition zur Sonne ist nicht mehr fern. Anfang nächsten Monats kommt sie in Gegenschein zur Sonne (siehe Abb. 3.3 auf Seite 78). Die nahende Opposition macht sich auch durch eine kräftige Helligkeitszunahme um $0^{m}{,}7$ auf $6^{m}{,}0$ Ende Februar bemerkbar. Damit ist Vesta fast mit bloßen Augen zu sehen, jedenfalls in einem Fernglas. Am 1. geht Vesta um $20^{h}10^{m}$ auf und am 28. schon um $17^{h}47^{m}$. Ihre Meridiandurchgänge erfolgen immer früher: Am 1. kulminiert Vesta um $3^{h}14^{m}$, am 15. um $2^{h}13^{m}$ und am 28. schon um $1^{h}12^{m}$.

EUNOMIA (15), rückläufig in den Zwillingen, hat ihre Opposition zur Sonne gerade hinter sich. Ihre Helligkeit geht deutlich von $8^{m}{,}8$ auf nur $9^{m}{,}5$ zurück. Allenfalls zu Monatsbeginn lohnt es sich, mit lichtstarker Optik nach ihr zu suchen (siehe auch Abb. 1.12 auf Seite 39). Am 1. passiert Eunomia um $23^{h}33^{m}$ den Meridian und geht um $7^{h}04^{m}$ unter.

PERIODISCHE STERNSCHNUPPENSTRÖME

Der Februar zeigt die geringste Sternschnuppenaktivität aller Monate. Dies hat mitunter auch den Vorteil, eventuell neue, noch unbekannte Meteorströme aufspüren zu können.

Der **ANTIHELION**-Radiant verlagert sich entlang der Ekliptik vom Sternbild Löwe (Leo) und erreicht zum Monatsende das Sternbild Jungfrau (Virgo) und damit geringere Höhen über dem Horizont. Wenn nur wenig ergiebige Quellen vorhanden sind, ist die Chance für die Entdeckung schwacher Meteorströme günstig. Jedoch haben alle systematischen Auswertungen bisher keine neuen Ströme im Februar erkennen lassen.

Die **ALPHA-AURIGIDEN** wurden bis Ende der 1980er Jahre zwischen dem 6. und 9. Februar beobachtet. Ihr Maximum war nicht sehr ausgeprägt. Der Ausstrahlungspunkt lag in der Nähe von Kapella. Offensichtlich ist dieser Strom in den letzten Jahren versiegt. Dennoch lohnt es sich, nach den Aurigiden Ausschau zu halten. Vielleicht werden sie wieder aktiv.

Die **DELTA-LEONIDEN** erreichen ihr Maximum um den 25. Februar. Sie sind ein schwacher Strom, der sich zwischen dem 15. Februar und dem 10. März bemerkbar macht, wobei es sich um langsame Objekte handelt (um 23 Kilometer pro Sekunde).

Auch wenn periodische Sternschnuppenströme im Februar weitgehend ausbleiben, so ist dennoch mit Überraschungen zu rechnen. Helle Boliden oder Feuerkugeln wurden schon öfter im Februar registriert. Man denke an den Fall im russischen Tscheljabinsk vom 15. Februar 2013, bei dem es Verletzte und Sachschäden gab.

Der Fixsternhimmel

Das Wintersechseck mit Kapella, Aldebaran, Rigel, Sirius, Prokyon und Pollux hat sich merkbar nach Westen verschoben. Zur Standardbeobachtungszeit, gegen 23^{h} zu Monatsbeginn beziehungsweise 22^{h} zur Monatsmitte, hat der Himmelsjäger Orion den Meridian bereits überschritten. Sirius zieht im Süden die Blicke auf sich. Auch die Zwillinge kulminieren eben.

Das Himmels-W sinkt langsam im Nordwesten herunter, während sich der Große Wagen im Nordosten höher schiebt. Fast senkrecht über unseren Köpfen leuchtet die gelbliche Kapella im Fuhrmann, der nördlichste Stern erster Größenklasse.

Hoch im Westen steht der Stier mit dem orangeroten Aldebaran und den beiden offenen Sternhaufen der Plejaden und Hyaden. Zwischen beiden Sternhaufen verläuft die scheinbare Sonnenbahn, die Ekliptik. Deshalb bezeichnet man die Region zwischen den beiden Sternhaufen auch als „Goldenes Tor der Eklip-

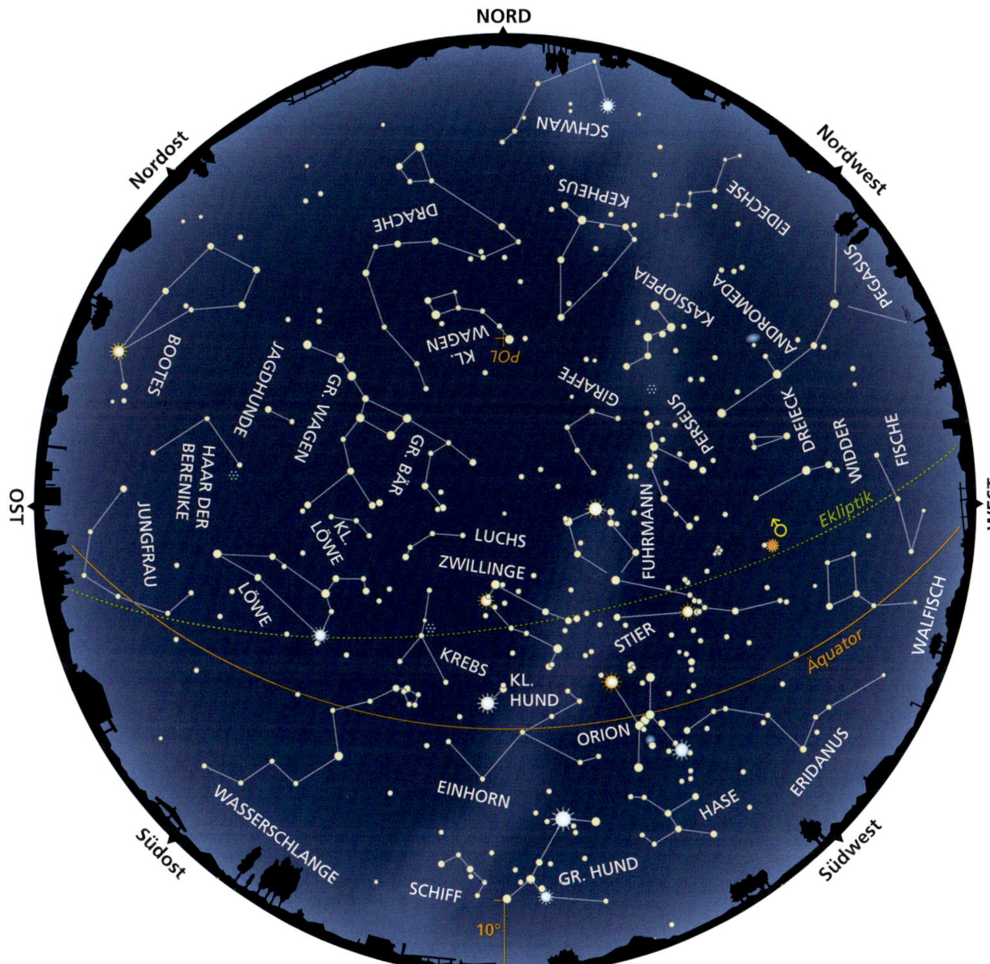

DER STERNENHIMMEL
AM 15. FEBRUAR UM 22^h MEZ

Die Sternkarte ist auch gültig für:

	MEZ	MESZ
1.11.	5^h	
15.11.	4	
1.12.	3	
15.12.	2	
1. 1.	1	
15. 1.	0	
1. 2.	**23**	
15. 2.	**22**	
28. 2.	**21**	
15. 3.	20	

tik". Gegenwärtig passiert Mars dieses Tor und nähert sich Aldebaran. Beide Gestirne sind mit $0^m\!,9$ gleich hell.

Im Westen erinnern noch Perseus und tiefer Andromeda an vergangene Herbsttage. Die übrigen Herbstbilder sind unter dem Horizont verschwunden oder gerade im Untergang begriffen wie Pegasus, Fische und Walfisch.

Im Südosten ist der Löwe auf der Himmelsbühne erschienen. Er kündigt die kommende Jahreszeit an. Der Löwe ist das Leitsternbild des Frühlingshimmels. Sein hellster Stern wurde von Nikolaus Kopernikus „Regulus" getauft, was so viel wie „Kleiner König" heißt. Doch schon die alten Babylonier sahen im Löwenhauptstern einen König.

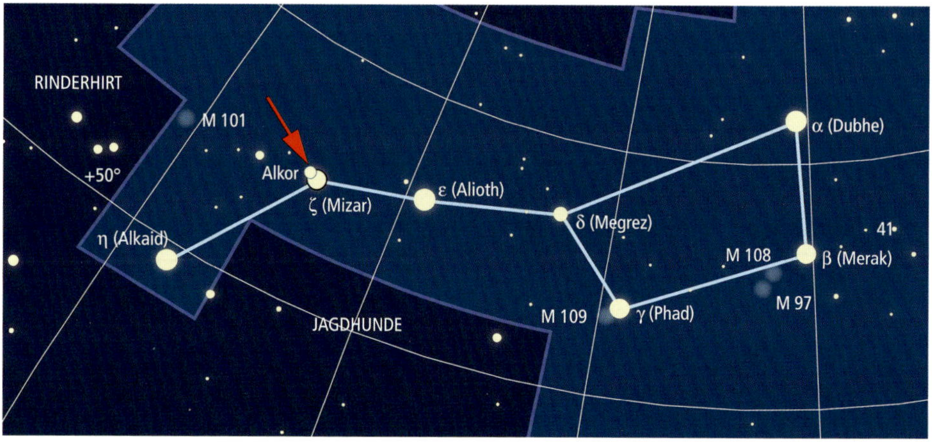

2.3 Der Große Wagen mit dem Doppelstern Mizar und Alkor, dem Reiterlein.

Hoch im Süden wandern gerade die Zwillinge durch den Meridian. Zwei Sternenketten stellen das ungleiche Brüderpaar Kastor und Pollux dar. So heißen auch die beiden hellsten und östlichsten Sterne der Ketten. Der griechischen Mythologie nach war Pollux unsterblich, Kastor wurde als Sterblicher jedoch einst im Kampf getötet. Da die nördlichsten Abschnitte der Ekliptik durch die Zwillinge verlaufen, gehören sie wie Krebs und Löwe zum Tierkreis.

Der Krebs liegt zwischen den Zwillingen im Meridian und dem Löwen halbhoch über dem Osthorizont. Da sich keine hellen Sterne im Krebs finden, fällt er kaum auf. Zwar ist er dem Namen nach gut bekannt, da er ebenfalls ein Tierkreissternbild ist, aber am Firmament findet man ihn nur unter sehr guten Sichtbedingungen, nicht aber in unseren licht- und schmutzverseuchten Dunstglocken über den Städten und Siedlungen.

Der offene Sternhaufen Praesepe (lat., die Krippe) liegt im Krebs und ist ein wunderschönes Fernglasobjekt. Die Katalogbezeichnung der Krippe lautet M 44. Das M steht für Messier, dem französischen Kometenjäger, der die auffälligsten Sternhaufen und Nebel in einem Katalog zusammengefasst hat.

Ein wenig bekanntes Sternbild ist die Wasserschlange, deren Kopf ein wenig südlich vom Krebs liegt und die sich nach Südosten hinunterschlängelt. Hydra ist die lateinische Bezeichnung für die weibliche Wasserschlange. Tief am Südhimmel, nahe dem Himmelssüdpol, gibt es das Sternbild Hydrus, die männliche oder Kleine Wasserschlange.

Vergleichsweise auffallend ist der Hauptstern der Wasserschlange, Alphard oder α Hydrae genannt. Alphard steht in einer sonst an helleren Sternen armen Gegend und ist deshalb leicht zu identifizieren. Alphard markiert das Herz der Wasserschlange und ist $2^{m}_{,}0$ hell. Die Wasserschlange ist das ausgedehnteste Sternbild am Himmel. Es zieht sich rund sieben Rektaszensionsstunden in Äqua-

VERÄNDERLICHE STERNE

Algol-Minima		β-Lyrae-Minima			δ-Cepheï-Maxima		Mira-Helligkeit	
10.	3^h45^m	1.	1^h	N	1.	19^h	1.	7^m
13.	0 35	7.	12	H	7.	4	10.	8
15.	21 24	13.	23	N	12.	13	20.	8
18.	18 13	20.	11	H	17.	21	28.	9
		26.	22	N	23.	6		
					28.	15		

tornähe am Firmament entlang. Der Kopf der Wasserschlange liegt noch nördlich des Himmelsäquators und südwestlich von Regulus im Löwen. Außer Alphard sind alle übrigen Sterne der Wasserschlange schwächer als 3. Größenklasse. Südlich von Alphard knickt die Wasserschlange in Richtung Osten ab und zieht sich südlich von Becher, Rabe und Jungfrau bis zu ihrem Schwanz, der zwischen den Sternbildern Waage und Zentaur liegt.

OBJEKTE FÜR FELDSTECHER UND FERNROHR

Zunächst seien die typischen Paradeobjekte des Winterhimmels genannt, die auch bei Führungen auf einer Sternwarte gerne den staunenden Besuchern gezeigt werden: die beiden offenen Sternhaufen Hyaden und Plejaden (Katalognummer: M 45), der große Orionnebel (M 42) südlich der Gürtelsterne des Himmelsjägers und der offene Sternhaufen Krippe (M 44) im Krebs, lateinisch Praesepe genannt. Alles Objekte, die bereits mit bloßen Augen relativ leicht zu finden sind – gute Sichtbedingungen vorausgesetzt, also unter Vermeidung von hellem Mondlicht und künstlicher Beleuchtung. Aber erst im Fernglas bemerkt man die Pracht dieser Paradeobjekte des Winterhimmels.

Doppelsternbeobachter prüfen ihre Augen zunächst an Mizar und Alkor im Großen Wagen. Mizar ist der mittlere Deichselstern (ζ UMa). Halbwegs gute Augen sollten knapp neben Mizar ein Sternchen vierter Größe erkennen. Seine Distanz von Mizar beträgt knapp zwölf Bogenminuten. Der Begleiter heißt Alkor oder das Reiterlein. Alkor und Mizar sind nach neuesten Messungen etwa gleich weit entfernt, nämlich 81 Lichtjahre. Möglicherweise sind sie durch ihre Schwerkraft aneinander gefesselt, also ein physisches Paar. Bereits in einem kleinen Teleskop ab 5 cm Objektivöffnung, einem Zweizöller, gelingt es, Mizar als echten Doppelstern zu trennen. Zwei weiße, $2\overset{m}{.}3$ und $3\overset{m}{.}9$ helle Sterne stehen in 14″ Distanz voneinander. Inzwischen weiß man, dass sowohl beide Mizarsonnen als auch Alkor spektroskopische Doppelsterne sind. Man beobachtet also hier sechs Sonnen, sehen kann man aber lediglich drei Lichtpunkte.

Ein leicht zu trennender Doppelstern ist Mintaka (δ Orionis), der westliche der drei Gürtelsterne im Orion.

In jedem Fernglas erkennt man neben dem $2\overset{m}{.}2$ hellen, blauweißen Hauptstern in 52″ Distanz einen $6\overset{m}{.}8$ schwachen Begleiter. Beide Sterne sind heiße Sonnen in 1200 Lichtjahren Entfernung.

Ein interessanter und wenig bekannter Doppelstern ist ε Monocerotis im Sternbild Einhorn. Die $4\overset{m}{.}4$ helle, weiße Hauptkomponente (Spektraltyp: A6) hat in 12″ einen $6\overset{m}{.}6$ hellen, gelben Begleiter (F5). Jedes gute Fernglas trennt ε Monocerotis spielend. Um ε Monocerotis zu finden, kann die Sternkarte E9 im *Atlas für Himmelsbeobachter* von Erich Karkoschka gute Dienste leisten. ε Monocerotis zählt mit 128 Lichtjahren Entfernung zur weiteren Umgebung unserer Sonne.

Zwei weitere Doppelsterne im Sternbild Fuhrmann seien empfohlen: ω und 14 Aurigae. Bei ω Aur zeigt die $5\overset{m}{.}0$ helle Hauptkomponente in $4\overset{\prime\prime}{.}8$ Distanz einen $8\overset{m}{.}0$ hellen Begleiter. Beide Sterne leuchten weiß (Spektraltyp: A). Von diesem Sternenpaar trennen uns 160 Lichtjahre.

Leichter zu trennen ist 14 Aurigae. Die beiden $5\overset{m}{.}0$ und $7\overset{m}{.}9$ hel-

2.4 Fernrohranblick von Mizar im Großen Wagen

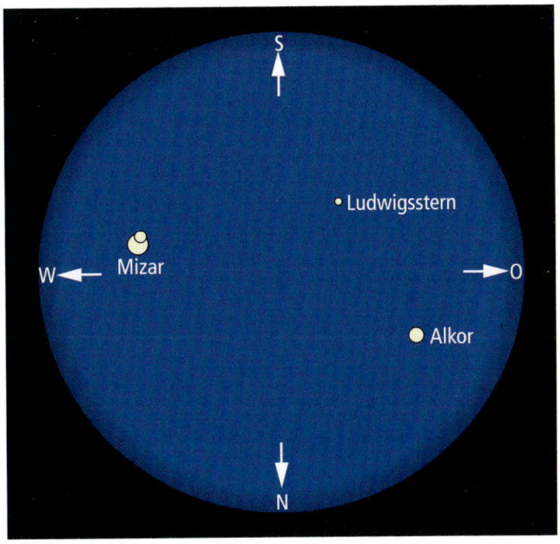

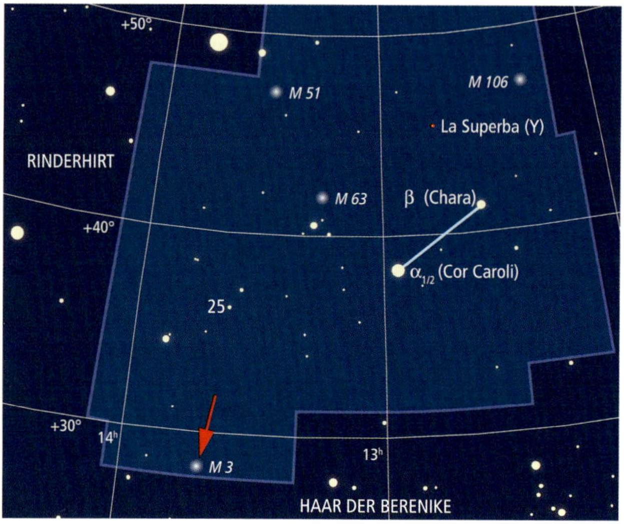

2.5 Skelettkarte des Sternbildes Jagdhunde. Eingetragen ist die Position des Kugelhaufens M 3.

len, ebenfalls weißen Komponenten (A9 und F2) sind 14,″3 voneinander entfernt. Das Licht ist 270 Jahre von 14 Aur zur Erde unterwegs.

Nach M 13 im Herkules gehört M 3 (NGC 5272) in den Jagdhunden zu den lohnenden Kugelsternhaufen. Mit $6^m,5$ scheinbarer Gesamthelligkeit zählt er zu den helleren Kugelhaufen. Er ist gut zu beobachten, da er in unseren Breiten bei seiner Kulmination recht hoch im Süden steht. Sein scheinbarer Durchmesser beträgt 10′, dies entspricht einem Drittel des Vollmonddurchmessers. M 3 befindet sich wie fast alle Kugelhaufen im Milchstraßenhalo, was auch seine Entfernung von 34 000 Lichtjahren verständlich macht. Um M 3 zu finden, nutze man die Sternkarte E15 im Atlas von Karkoschka.

Schon schwieriger aufzuspüren, vor allem, weil weit südlich gelegen, ist der Kugelhaufen M 79 im Sternbild Hase. Er befindet sich etwas südlich von β Leporis. Seine Koordinaten lauten: $\alpha = 5^h24^m,2/\delta = -24°31'$ (J2000.0). Mit 8^m Gesamthelligkeit ist er deutlich lichtschwächer als M 3 und mit 6′ (1/5 Vollmonddurchmesser) auch kleiner. In einem lichtstarken Fernglas sollte man ihn erkennen – allerdings nur als rundes Lichtfleckchen, ohne die Randpartien in einzelne Sterne auflösen zu können. Das gelingt erst mit Teleskopen von mindestens 15 cm Objektivdurchmesser (sogenannte Sechszöller). Etwa 500 000 Sterne gehören zu M 79, von denen uns 41 000 Lichtjahre trennen.

Zu den berühmten Deep-Sky-Objekten zählt zweifelsohne der Rosettennebel (NGC 2237, siehe Abb. 2.6 rechts), eine Gas- und Staubwolke in der Galaxis, von uns aus gesehen im Sternbild Monoceros (Einhorn). Er erscheint fast kreisförmig (60′ × 80′). Auf langbelichteten Aufnahmen sieht man ihn in leuchtendem Rot des glühenden Wasserstoffes. Man kann den Rosettennebel schon im Fernglas sehen, allerdings erscheint er längst nicht so prächtig wie auf Abbildungen in astronomischen Bildbänden. Eingebettet in ihn ist der offene Sternhaufen NGC 2244, der schon deutlicher zu erkennen ist, vor allem in einem Teleskop mit 20 cm freier Öffnung. Der offene Sternhaufen weist einen scheinbaren Durchmesser von fast Vollmondgröße auf (25′). Beide Objekte sind 5200 Lichtjahre von uns entfernt.

Im Einhorn liegt auch eine Dunkelwolke, der Kegelnebel (engl.: Cone Nebula). Hier schattet eine längliche, interstellare Staubwolke das Licht dahinterliegender Sterne ab. Man gewinnt dabei den Eindruck einer Kegelform. Auch der Kegelnebel ist mit einem offenen Sternhaufen (NGC 2264) korreliert, der rund drei Dutzend junge Sterne beherbergt. Wegen seines länglichen Aussehens wird der offene Haufen auch als Weihnachtsbaum-Sternhaufen bezeichnet.

Der mit $4^m,7$ hellste Stern in dem Haufen ist S Monocerotis (fl. 15), der in 3″ einen $7^m,6$ hellen Begleiter besitzt. S Mon ist leicht variabel (Amplitude $0^m,1$). Als heißer, blauer Unterriese (Spek-

Martin Gertz / Sternwarte Welzheim

2.6 Der Rosettennebel NGC 2237 mit dem Sternhaufen NGC 2244 im Sternbild Monoceros.

traltyp O7, Leuchtkraftklasse IV) übertrifft er unsere Sonne an Leuchtkraft um das 8500-Fache. Die Entfernung des Kegelnebels und des offenen Sternhaufens NGC 2264 wurde zu 2500 Lichtjahren ermittelt. Die Lage beider Objekte sind in der Karte E7 im Atlas von Karkoschka eingetragen.

Als letztes Objekt für Teleskopbeobachter sei die Galaxie NGC 3115 im Sternbild Sextant vorgeschlagen. Mit nur $9^{\mathrm{m}}{,}5$ Gesamthelligkeit ist sie kein leichtes Beobachtungsobjekt. Sie erscheint länglich mit linsenförmiger Gestalt (Ausdehnung: 5′), weshalb sie auch „Spindelgalaxie“ genannt wird. NGC 3115 ist eine elliptische Galaxie in 25 Millionen Lichtjahren Entfernung, der wir auf die Kante sehen. Am ehesten ist noch der helle zentrale Kern zu erkennen, der ein supermassereiches Schwarzes Loch von rund einer Milliarde Sonnenmassen verbirgt. Um NGC 3115 einzustellen, benutze man die Koordinaten $\alpha = 10^{\mathrm{h}}05^{\mathrm{m}}{,}2$ und $\delta = -7°43'$ (J2000.0).

Erfolgreiche Zusammenschlüsse

Manches, was ein Einzelner nicht erreichen kann, wird möglich, wenn man sich zusammenschließt. Gemeinsam wird man stark und Leistungen werden möglich, die ein Single nicht zu Wege bringt. Dies gilt auch für astronomische Instrumente, ganz speziell für Radioteleskope.

Als vor gut 400 Jahren das Fernrohr erfunden wurde, führte dies zu einer echten Revolution in der astronomischen Forschung. Sprunghaft nahmen die Erkenntnisse in der Himmelskunde zu und das Wissen vom Weltall und seiner Objekte stieg enorm an. Die Leistung eines Teleskops wird durch den Durchmesser seines Objektives bestimmt. Je größer der Objektivdurchmesser – auch freie Öffnung oder Eintrittspupille genannt –, desto höher die Bildauflösung und die lichtsammelnde Wirkung. Man sieht umso lichtschwächere Sterne, je mehr Licht gesammelt wird. Bei doppeltem Objektivdurchmesser wird vier Mal mehr Licht eingefangen, bei dreifachem Durchmesser erhält man neun Mal mehr Licht. Ein Teleskop mit 50 cm Öffnung sammelt gegen-

Wikipedia/Pete Birkinshaw

2.7 Das Radioteleskop von Jodrell Bank bei Manchester

über einem Fernrohr mit nur fünf Zentimeter Objektivdurchmesser hundert Mal mehr Licht. Das bedeutet einen Gewinn von fünf Größenklassen. Sieht man mit dem kleineren Fernrohr Sterne bis zur Grenzgröße 10^m, so kann man mit dem 50-cm-Teleskop dann auch Sterne mit lediglich 15^m Helligkeit erfassen, wobei die Zahl der sichtbaren Sterne pro Flächeneinheit enorm ansteigt.

Die Auflösung wieder nimmt linear mit dem Objektivdurchmesser zu. Je größer dieser ist, desto mehr Details werden erkennbar. Ein Stern, der mit freien Augen betrachtet als einzelner Lichtpunkt erscheint, zeigt sich im Teleskop als Doppelstern. Je größer der Objektivdurchmesser des Fernrohrs, desto kleiner sind die Beugungsscheibchen punktförmiger Lichtquellen. Eine echte punktförmige Lichtquelle gibt es natürlich nicht, denn ein mathematischer Punkt hat keine Ausdehnung und ist somit prinzipiell nicht sichtbar, weil unendlich klein. Fixsterne sind jedoch so weit entfernt, dass selbst die nächsten und größten fast alle scheinbare Durchmesser von weniger als einer tausendstel Bogensekunde aufweisen. Dies kann man getrost als punktförmige Lichtquelle ansehen. Ein normalsichtiges Auge hat ein Auflösungsvermögen von einer Bogenminute, das ist der 30. Teil des scheinbaren Vollmonddurchmessers. Liegen zwei Lichtpunkte näher als eine Bogenminute beieinander, so sieht das freie Auge nur einen einzigen Lichtpunkt. Bei einem Teleskop von zehn Zentimeter Öffnung erreicht die Auflösung $1''\!,25$ (Bogensekunden), dies ist eine rund 50-mal höhere Auflösung gegenüber dem bloßen Auge (zur Theorie siehe Kasten „Auflösungsvermögen von Teleskopen" auf Seite 65).

Lange Wellen – geringe Auflösung

Seit Mitte des vorigen Jahrhunderts beobachten die Astronomen nicht nur das sichtbare Licht der Sterne, sondern auch die Radiostrahlung, die aus dem Weltall zu uns dringt. Licht und Radiostrahlen sind elektromagnetische Wellen, sie unterscheiden sich lediglich durch ihre Wellenlänge. Die Wellenlängen von sichtbarem Licht liegen im Bereich von Millionstel Meter (360 bis 740 Nanometer). Bei der Radiostrahlung aus dem Weltall, die im sogenannten „Radiofenster" durch die irdische Atmosphäre dringt, werden Wellenlängen zwischen Millimetern und darunter (Submillimeter) und einigen Dutzend Metern erfasst.

Dies bereitet aber Probleme, denn auch für die Radiostrahlung gelten die gleichen physikalischen Gesetze wie für sichtbares Licht. Die erreichbare Auflösung hängt aber außer vom Objektivdurchmesser entscheidend von der Wellenlänge beziehungsweise der Frequenz der elektromagnetischen Strahlung ab. Je kleiner die Wellenlänge, also je höher die Frequenz der Strahlung ist, desto höhere Auflösung wird erreicht. Ein Radioteleskop von 30-Meter-Schüsseldurchmesser (dies entspricht dem Objektivdurchmesser) bietet bei der 21-cm-Strahlung des kalten, interstellaren, neutralen Wasserstoffgases lediglich eine Auflösung von 30′ (Bogenminuten).

Den Ort einer Radioquelle am Himmel kann man somit nicht genauer als auf einen Vollmonddurchmesser angeben. Wollte man bei 21 cm Wellenlänge die gleiche Auflösung erreichen wie bei einem optischen Teleskop mit 10 cm Objektivdurchmesser im sichtbaren Licht, so müsste der Schüsseldurchmesser des Radioteleskops etwas größer als 43 Kilometer sein. Deshalb baut man Radioteleskope mit möglichst

AUFLÖSUNGSVERMÖGEN VON TELESKOPEN

Das Auflösungsvermögen eines kreisförmigen Teleskopobjektives beziehungsweise die Trennschärfe wird bestimmt von seinem Durchmesser und der Wellenlänge oder Frequenz der einfallenden elektromagnetischen Strahlungen. Je größer der Durchmesser (D) und je kürzer die Wellenlänge λ, desto kleiner fällt das Beugungsscheibchen einer (nahezu) punktförmigen Lichtquelle aus. Je kleiner aber die Beugungsscheibchen sind, umso enger können zwei punktförmige Lichtquellen beieinander stehen, um noch getrennt gesehen zu werden. Der relative Radius der zentralen Beugungsscheibchen bis zum ersten Lichtminimum (Airy-Scheibchen) beträgt im Bogenmaß:

$$\rho = (3{,}83 / \pi) \cdot (\lambda / D) = 1{,}2191 \cdot \lambda / D \text{ [rad]}$$

Der Wert $3{,}83/\pi$ ergibt sich aus der Theorie der Beugung.

Für gelbes Licht ($\lambda = 550$ nm) und D in cm sowie ρ in Bogensekunden (1 rad = 206 265″) ergibt sich

$$\rho\,['']= 1{,}2191 \cdot 206\,265 \cdot 55 \cdot 10^{-6} / D = 13{,}83 / D \text{ [cm]}$$

Rayleigh-Kriterium: $\rho\,[''] = 13{,}8 / D$ [cm]

Das Rayleigh-Kriterium besagt: Zwei Lichtpunkte können noch getrennt gesehen werden, wenn die Beugungsscheibchen so nahe beieinanderstehen, dass in das Lichtminimum (1. dunkler Beugungsring) des ersten Beugungsringes das Zentrum des zweiten Beugungsscheibchens fällt.

In der Praxis erkennt man aber noch zwei einzelne Lichtpunkte, wenn beide Airy-Scheibchen noch etwas näher beieinanderstehen und zwischen beiden eine Absenkung (Lichtminimum) erkennbar ist. Diese Bedingung wird Dawes-Kriterium genannt.

Dawes-Kriterium: $\rho\,[''] = 11{,}8 / D$ [cm]

Beispiele:

D [cm]	5	10	20	30	40	50
ρ [″]	2,34	1,18	0,59	0,39	0,29	0,23

Die Auflösung von **Radioteleskopen** ergibt sich zu:

$$\vartheta\,['] = 4300 \cdot \lambda / D \text{ [m]} = 12\,900 / (\nu \cdot D)$$

ϑ ist die Halbwertsbreite der Antennenkeule in Bogenminuten, λ die Wellenlänge in Metern, ν die Frequenz in MHz und D der Durchmesser der Radioschlüssel in Metern.

Beispiele:

30-m-Antennenschlüssel bei $\lambda = 21$ cm: $\vartheta = 30{,}'1$

100-m-Antennenschlüssel bei $\lambda = 6$ cm: $\vartheta = 2{,}'6$

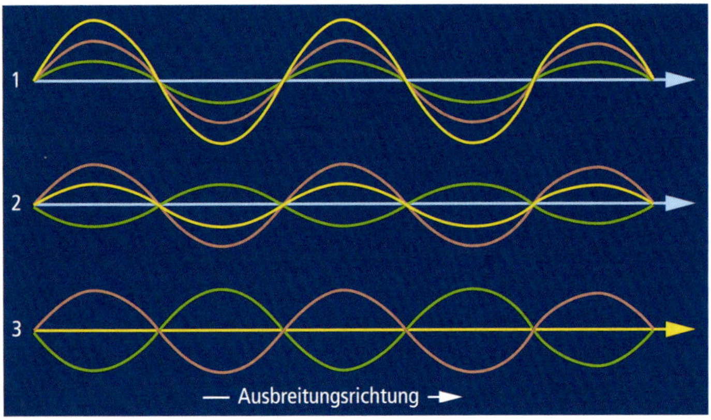

2.8 Prinzip der Interferenz – Überlagerung verschiedener Wellen

großen Durchmessern: Das Radioteleskop von Jodrell Bank bei Manchester (England) hat 76 Meter Durchmesser, die Radioteleskope in Effelsberg bei Bonn und in Green Bank, West Virginia (USA), haben 100 Meter beziehungsweise 100 × 110 Meter, das von Arecibo in Puerto Rico gar 300 Meter und das bisher größte FAST in der chinesischen Provinz Guizhou sogar stolze 500 Meter Durchmesser.

Doch selbst ein 100-Meter-Radioteleskop erreicht bei einer Radiostrahlung von 6 cm (= 5 GHz) nur eine Winkelauflösung von 2,'6 (Halbwertsbreite der Antennenkeule) und bietet damit nicht einmal die Auflösung, die ein unbewaffnetes Auge liefert. Vielleicht auch wegen des frustrierenden geringen Auflösungsvermögens ihrer Teleskope wurden lange Zeit die Radioastronomen von ihren optischen Kollegen liebevoll als „Radioten" bezeichnet.

Doch es gibt ein Verfahren, das Auflösungsvermögen von Radioteleskopen ganz erheblich zu steigern. Und dieser Trick heißt: Zusammenschluss von Radioteleskopen! Gemeinsam erreichen sie erstaunliche Leistungen. Korrekt nennt sich dieses Verfahren „Radiointerferometrie".

Anspruchsvolle Signalverarbeitung

Zunächst einmal: Was versteht man unter „Interferenz"? Mit Interferenz bezeichnet man die Überlagerung von Wellen. Überlagern sich zwei Wellen gleicher Frequenz beziehungsweise Länge und gleicher Amplitude (Höhe des Wellenberges), so verdoppelt sich die Amplitude bei gleicher Phase und damit die Stärke der neu entstandenen Welle (1). Sind jedoch beide Wellen exakt um eine Halbphase gegeneinander verschoben, dann trifft der Wellenberg der ersten Welle auf das Wellental der zweiten Welle (2, 3). Folge: Beide Wellen schwächen sich, oder löschen einander aus (siehe Abb. 2.8 oben). In der Praxis treffen jedoch Wellen unterschiedlicher Frequenz und Amplitude zusammen. Die resultierende Welle ist ein mehr oder minder kompliziertes Gemisch.

Werden zwei Radioteleskope auf die gleiche kosmische Radioquelle gerichtet, so kommt es zu Laufzeitdifferenzen. Durch Zusammenschaltung beider Radioteleskope werden die eintreffenden Wellen zur Interferenz gebracht. Zur Auswertung der Interferenzmuster dient ein Rechner mit spezieller Software, der Korrelator. Damit wird eine Auflösung erreicht, die einem Objektivdurchmesser äquivalent ist, der dem Abstand beider Radioteleskope voneinander entspricht.

Allerdings ist die Energieausbeute viel geringer als bei einer vollen Radioschüssel gleicher Größe, denn die energiesammelnde Fläche bleibt klein. Außerdem wird die höhere Auflösung nur in einer Richtung, nämlich der Basisstrecke zwischen beiden Radioteleskopen erreicht. Um auch schwächere Radioquellen zu erfassen und die Auflösung rundum zu verbessern, schaltet man mehrere Radioteleskope zusammen und wertet die Kreuzkorrelation der Signale aus. Dies ist stark vereinfacht beschrieben das Prinzip der Radiointerferometrie. Bei der technischen Umsetzung müssen noch viele Einflüsse berücksichtigt werden: Die Erdrotation, die ebenfalls zu

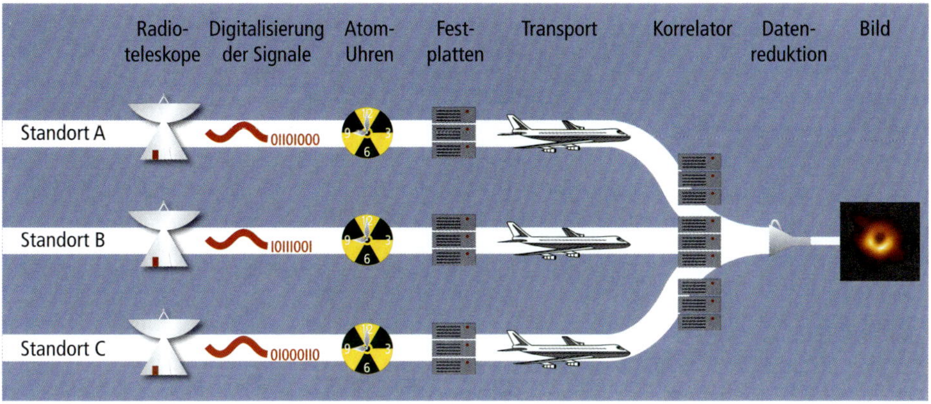

2.9 Radiointerferometrie (Erläuterung im Text)

Laufzeitdifferenzen führt, die Refraktion durch die irdische Ionosphäre sowie relativistische Effekte.

Schon Mitte des vorigen Jahrhunderts haben Martin Ryle (1918–1984) und Derek Vonberg (1921–2015) von der Universität Cambridge (England) Radiostrahlung von der Sonne empfangen. Um überhaupt die Richtung zur Sonne festlegen zu können, benutzten sie zwei Antennen in mehreren hundert Metern Abstand voneinander. Sie waren durch eine Standleitung miteinander verbunden. Ryle und Vonberg gelten als Pioniere der Radiointerferometrie.

Bei großen Distanzen funktioniert die Kabelverbindung nicht zuverlässig. Einmal kommt es zu Zeitverzögerungen, die die Signale verfälschen, sowie zu Übertragungsverlusten. Man verwendete daher bald Magnetbänder, auf denen nicht nur die empfangenen Radiosignale gespeichert, sondern auch Zeitsignale von Atomuhren aufgezeichnet wurden. Später wurde das Internet genutzt, um Daten zu einem Zentralrechner zu übertragen einschließlich präziser Zeitmarken. Doch inzwischen ist die Datenflut so enorm angewachsen, dass das Internet keine Option mehr ist. Inzwischen erfolgt die Datenübertragung durch Austausch von Festplattenclustern, auf denen die kosmischen Signale und die exakten Zeitmarken gespeichert sind.

Weltweite Teleskopverbünde

Eine Anordnung von sieben Radioteleskopen, verteilt über die britische Insel, nennt sich MERLIN. Der Name erinnert an den sagenhaften Zauberer in König Artus Tafelrunde. Doch MERLIN steht für **M**ulti-**E**lement **R**adio **L**inked **I**nterferometer **N**etwork. Das größte der sieben ist das 76-m-Radioteleskop von Jodrell Bank bei Manchester. Die maximale Basislinie zwischen dem Radioteleskop in Cambridge und dem in Knockin, Shropshire, misst 217 Kilometer (siehe Abb. 2.10 auf Seite 68).Inzwischen bildet MERLIN einen Teil des europäischen Netzwerkes VLBI (**V**ery **L**ong **B**aseline **I**nterferometer), einer Anordnung von 22 Radioteleskopen, verteilt über Europa, Puerto Rico bis hin zu einer Station in Südkorea.

Allein MERLIN erlaubt eine tausend Mal höhere Auflösung feiner Details als das größte schüsselförmige Radioteleskop FAST in Guizhou (China) mit seinen 500 Metern Durchmesser. So erreicht eMERLIN eine dem optischen HUBBLE-Weltraumteleskop vergleichbare Auflösung. Auf Jupiter konnte ein „Radiofleck“ von nur 150 Kilometer Durchmesser einwandfrei aufgelöst werden. Sein scheinbarer Durchmesser beträgt dabei 0,″044 (Bogensekunden).

Zu MERLIN hat man neben verschiedenen Verbesserungen noch ein achtes Radioteleskop in Goonhilly hinzugenommen, weshalb man die Anordnung nun eMERLIN nennt. Das „e“ steht für „enhanced“ (engl., verbessert).

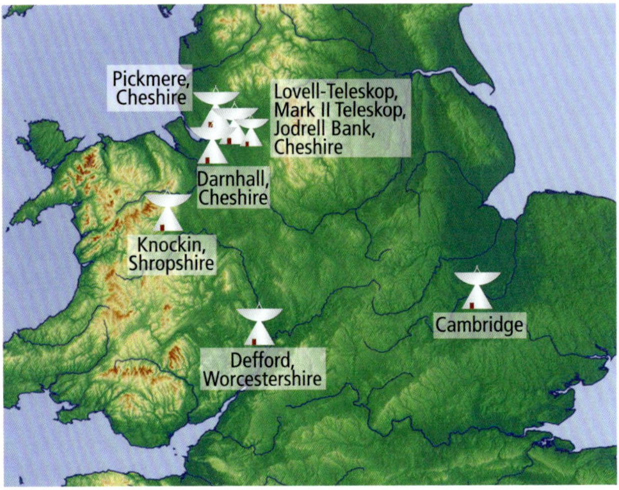

2.10 MERLIN – das britische Radiointerferometer mit sieben Radioteleskopen

Eines der ersten großen Radiointerferometer-Systeme, das **V**ery **L**arge **A**rray (VLA) wurde 1980 in Soccoro, New Mexico (USA), errichtet. Drei Arme, sternförmig in Winkeln von je 120° angeordnet (wie ein riesiges Y), setzen sich aus 27 schüsselförmigen Radioantennen von je 25 Meter Durchmesser zusammen. Die Radioteleskope können auf Schienen gegeneinander verschoben werden, um die für den Empfang bestimmter Frequenzen optimalen Basislängen zu erreichen. Die mit dieser Anordnung erzielte Auflösung entspricht einer Radioschüsselantenne von 36 Kilometer Durchmesser. Die energiesammelnde Fläche ist vergleichbar mit einer einzelnen Radioschüssel von 130 Meter Durchmesser.

Schon 1969 wurde in Westerbork (Niederlande) das **S**ynthesis **R**adio **T**elescope (SRT) installiert. Es setzt sich aus 14 Radioschüsseln zu je 25 Meter Durchmesser mit maximaler Basislänge von 2,8 Kilometer zusammen.

Eines der leistungsfähigsten Radiointerferometer findet sich in der staubtrockenen Atacama-Wüste im Norden Chiles und wird von der europäischen Südsternwarte ESO (European Southern Observatory) betrieben. ALMA (**A**tacama **L**arge **M**illimeter/submillimeter **A**rray) befindet sich in über 5000 Meter Höhe und setzt sich aus 66 schüsselförmigen Antennen zusammen, davon 54 mit je zwölf Meter und zwölf zu je sieben Meter Durchmesser. Die große Höhe und das trockene Wüstenklima am Standort wurden gewählt, weil der Wasserdampf in der irdischen Lufthülle die elektromagnetische Strahlung im Millimeter- und erst recht im Submillimeterbereich weitgehend absorbiert. Auch vermeidet man fernab der magnetischen Erdpole eine zu starke Radioszintillation.

Das **E**vent **H**orizon **T**elescope (EHT) ist das bislang größte Radiointerferometer, das in Betrieb ist. Das EHT ist ein weltweiter Zusammenschluss nicht nur von einzelnen Radioteleskopen, sondern auch von bereits bestehenden, kleineren Radiointerferometern wie beispielsweise ALMA. Das EHT ist ein Netzwerk mit einem Basisdurchmesser in Größe des Erdglobus.

Überwältigender Detailreichtum

Heutzutage erreicht die Radiointerferometrie Auflösungen von tausendstel Bogensekunden und darunter. Sie übertrifft dabei die optischen Teleskope, die von der Erdoberfläche aus beobachten. Der Respekt der optischen Astronomen ist den Radioastronomen inzwischen sicher. Niemand spöttelt mehr über „die Radioten".

Welche Erfolge kann die Radiointerferometrie nun vorweisen? Mit ihrer Hilfe ist es gelungen, Gas- und Staubscheiben um junge Sterne direkt sichtbar zu machen. Aus ihnen bilden sich neue Sonnensysteme mit Planeten, Monden, Kometen und allem, was dazugehört – eventuell sogar Lebensformen.

So hat ALMA eine Gas- und Staubscheibe um den Stern HL Tauri in 450 Lichtjahren Entfernung nachgewiesen. Im sichtbaren Licht wird der Stern durch eine Staubscheibe teilweise verdeckt. ALMA konnte jedoch tief in die Staub- und Gasmassen hineinblicken und einzelne Ringe erkennbar machen, aus denen sich Planeten und deren Monde bilden werden (s. Abb. 2.13 auf S. 71).

Ferner gelang es mit Radiointerferometrie, ein Bild der Radioquelle MGJ051+2716 zu gewinnen, deren Strahlung 11,7 Milliarden Jahre zur Erde unterwegs war. Die Quelle zeigt eine Millionen Grad heiße Akkretionsscheibe samt Jets um ein supermassereiches Schwarzes Loch im Zentrum dieser jungen Galaxie. Das Bild erscheint durch den Gravitationslinseneffekt verzerrt, denn die Strahlung wurde durch die Schwerkraftwirkung eines Galaxienhaufens gemäß der Allgemeinen Relativitätstheorie von Albert Einstein gebeugt.

Ein Riesenerfolg war die Sichtbarmachung des Schwarzen Loches im Zentrum der Radiogalaxie Virgo A (M 87) mit Hilfe des EHT. Das Schwarze Loch leuchtet nicht – was das Bild zeigt, ist die Abschattung, den das Schwarze Loch auf die leuchtenden Gase in der unmittelbaren Umgebung bewirkt. Man beobachtete im Frequenzbereich von 230 GHz (≙ 0,13 cm), in dem man einen tiefen Blick in die inneren Bereiche der umgebenden Gaswolken machen kann.

Mit Hilfe der Radiointerferometrie werden nicht nur kosmische Objekte in den Tiefen des Universums erforscht. Ihre hohe Präzision und Genauigkeit der Standortbestimmung wird dazu benutzt, Unregelmäßigkeiten der Erdrotation und ihrer langperiodischen Schwankungen sowie die variable Lage der Erdachse genau zu vermessen. Auch die Kontinentalverschiebungen lassen sich ermitteln. So hat man festgestellt, dass zwei Kontinentalplatten, nämlich die Nordamerikanische und die Pazifische, die im San-Andreas-Graben in Kalifornien aufeinanderstoßen, sich in den letzten Jahrzehnten offensichtlich verhakt haben. Die Pazifische Platte driftet nach Norden, die Nordamerikanische schiebt sich nach Süden, zusammen haben sie die San-Andreas-Verwerfung gebildet. Ein heftiges Erdbeben ist in den nächsten Jahren wahrscheinlich.

2.11 Das Very Large Array (VLA) in Socorro, New Mexico (USA)

NRAO/AUI/NSF

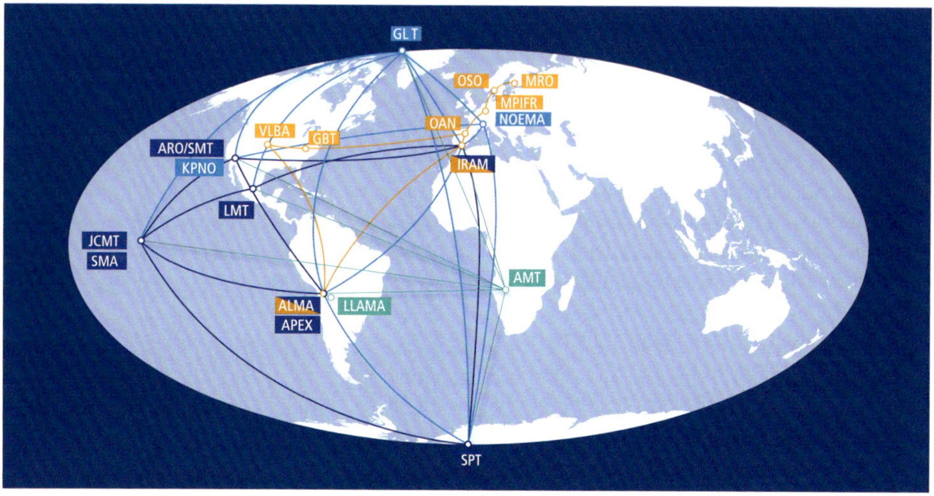

ESO/L. Benassi/O.Furtak

2.12 Das Event Horizon Telescope (EHT) ist das größte globale Radiointerferometer.

Die Zukunft der Radioastronomie

Ein völlig neues Radiointerferometer nennt sich LOFAR (**Lo**w **F**requency **Ar**ray). Im Bereich von 10 bis 80 MHz (30 m bis 3,7 m) und 110 MHz bis 240 MHz (2,7 m bis 1,25 m) nimmt diese Empfangsanlage Radiostrahlung auf. Zur Erfassung der Radiowellen in diesem Bereich sind keine schüsselförmigen Antennen notwendig, bei größeren Wellenlängen reichen Dipolantennen aus. Die zahlreichen Empfangsstationen sind über Europa verteilt. Jede Station enthält jeweils 192 Einzelantennen (96 × 2 Dipole). Das Auflösungsvermögen liegt bei einer Bogensekunde. Die empfangenen Daten werden an ein zentrales Hochleistungsrechnersystem (COBALT) mit Standort an der Universität von Groningen übermittelt.

LOFAR spürt nach Strahlung aus der Frühphase des Universums, als nach rund einer Milliarde Jahren nach dem Big Bang junge, heiße Sterne der Population III das interstellare Gas nach dem „dunklen Zeitalter" wieder ionisierten. Auch großräumige kosmische Magnetfelder werden detektiert. Ferner werden Signale von rasch rotierenden Neutronensternen, auch Pulsare genannt, empfangen. Auch unsere Sonne wird im erwähnten Frequenzbereich überwacht.

LOFAR gilt als Test und Vorläuferunternehmen für das ehrgeizige Zukunftsprojekt **S**quare **Ki**lometre **A**rray (SKA). Es soll das Nonplusultra der Radiointerferometrie werden. Bis zur endgültigen Fertigstellung im Jahre 2021 sollen 3000 Radioteleskope mit 15 Meter großen Empfängerschüsseln sowohl in Südafrika als auch in Australien installiert werden. Um die volle angestrebte Auflösung mittels der Long Baseline Interferometry zu erreichen, wird der fernste Radiospiegel in Kenia aufgestellt, 3000 Kilometer entfernt vom Empfangszentrum in Südafrika. Das SKA wird 50-mal schwächere Radiosignale als bisher registrieren können bei einer Gesamtempfangsfläche von rund einem Quadratkilometer. Die Messgeschwindigkeit wird 10 000-mal höher sein als bei ALMA, wobei man bis zu vier Quellen in verschiedenen Richtungen simultan beobachten können wird. Der Empfangsbereich liegt zwischen 1,2 cm (25 GHz) und drei Metern (0,1 GHz).

In noch fernerer Zukunft ist geplant, ein Radiointerferometer im Weltall zu installieren. Man überlegt dabei, einen Standort auf der Rückseite des Mondes im Funkschatten der Erde zu wählen. Denn auch bei Radiowellen gibt es eine „Verschmutzung des Radiohimmels“ durch irdische Radiosender und Funkverkehr. Auf der Rückseite des Mondes bleibt man davon verschont.

Das Zauberwort „Radiointerferometrie“ lässt die Augen vieler Astronomen glänzen. Dieses Beobachtungsverfahren wird in Zukunft eine immer größere Rolle bei der Erforschung des Universums und seiner Objekte spielen – eine grandiose Chance für Nachwuchswissenschaftler.

2.13 Rechts: Die mit Radiointerferometrie sichtbar gemachte Gas- und Stauscheibe um den Stern HL Tauri.

2.14 Unten: Abschattung durch das supermassereiche Schwarze Loch im Zentrum der Radiogalaxie Virgo A (M 87).

ALMA (ESO/NAOJ/NRAO)

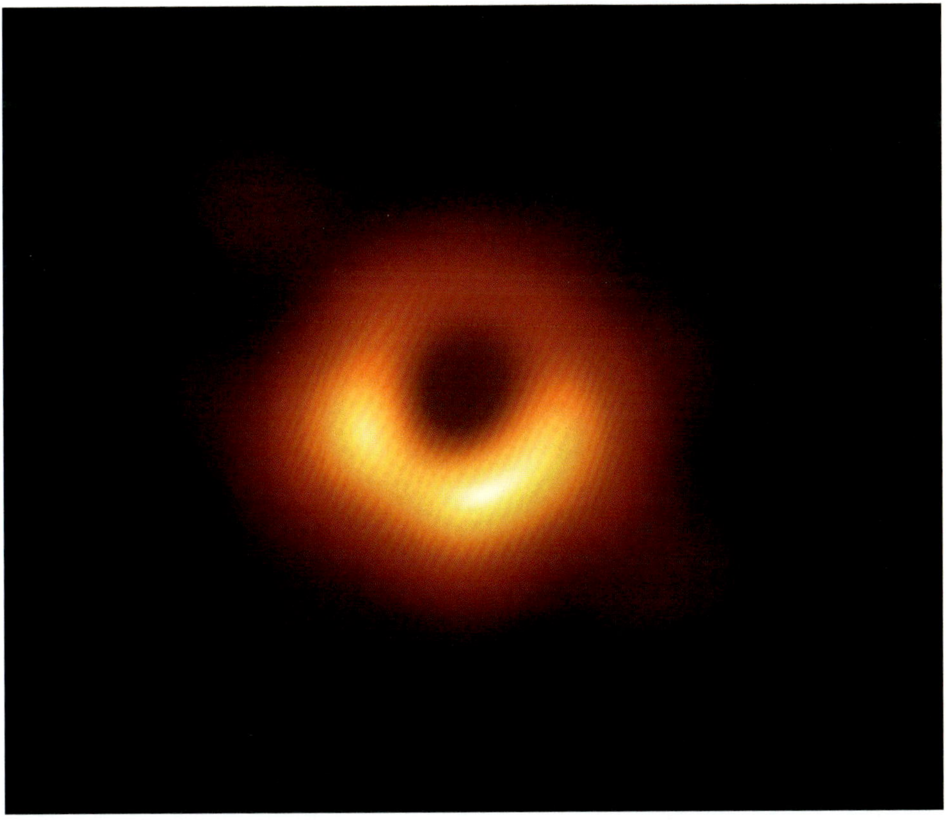

EHT Collaboration

März 2021

- Die Sonne passiert am 20. um 10^h37^m den Frühlingspunkt und wechselt auf die Nordhalbkugel des Himmels.
- Mars durchquert zu Monatsbeginn das Goldene Tor der Ekliptik und zieht am 23. März an Aldebaran vorbei. Der rote Planet ist am Abendhimmel zu sehen.
- Jupiter und Saturn erscheinen am Morgenhimmel.
- Venus steht am 26. in oberer Konjunktion mit der Sonne.
- Merkur lässt sich nicht blicken.

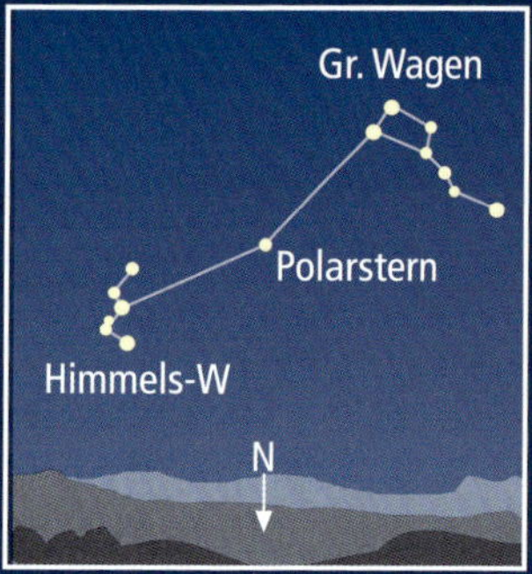

Großer Wagen und Himmels-W Anfang März um 22 Uhr

3.1 Himmelsanblick am 19. März gegen 20^h MEZ. Hoch am Südwesthimmel halten sich Mars

1 Mo

2 Di

3 Mi

4 Do Mars bei Plejaden – abends

5 Fr

6 Sa Letztes Viertel

7 So

8 Mo

9 Di

10 Mi

11 Do

12 Fr

13 Sa **Neumond**

14 So

15 Mo

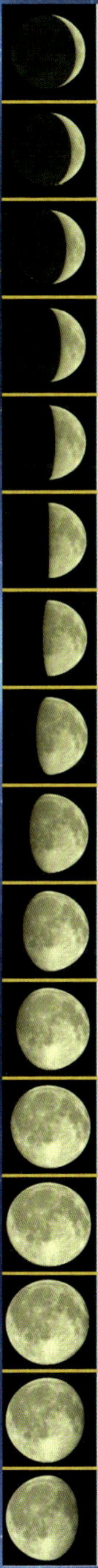

16 Di

17 Mi

18 Do

19 Fr Mond bei Mars – abends

20 Sa Frühlingsbeginn

21 So Erstes Viertel

22 Mo

23 Di

24 Mi

25 Do

26 Fr

27 Sa

28 So **Vollmond**
Beginn der Sommerzeit

29 Mo

30 Di

31 Mi

SONNE – STERNBILDER

12. 3. 9^h:
Sonne tritt in das Sternbild Fische

20. 3. 10^{h}37^m:
Sonne tritt in das Tierkreiszeichen Widder

Julianisches Datum am
1. März, 1^h MEZ: 2 459 274,5

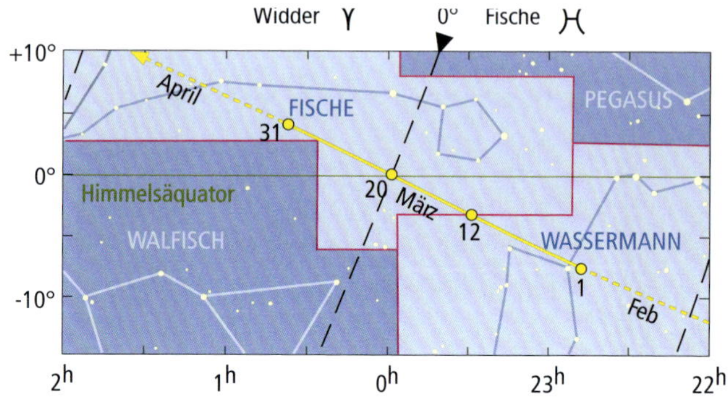

SONNENLAUF

Tag	Dämmerg. Anfang	Aufgang MEZ	Kulmination	Untergang MEZ	Dämmerg. Ende	Mittagshöhe	Zeitgleichg.	Rektaszension	Deklination
	h m	h m	h m	h m	h m	°	m	h m	°
1.	5 53	7 03	12 32	18 02	19 12	32,6	–12	22 47	–7,7
5.	5 45	6 55	12 31	18 09	19 19	34,1	–11	23 02	–6,2
10.	5 35	6 44	12 30	18 17	19 27	36,1	–10	23 21	–4,2
15.	5 24	6 33	12 29	18 25	19 35	38,0	– 9	23 39	–2,3
20.	5 12	6 23	12 27	18 33	19 44	40,0	– 7	23 57	–0,3
25.	5 01	6 12	12 26	18 41	19 52	42,0	– 6	0 16	+1,7
31.	4 47	5 59	12 24	18 50	20 03	44,3	– 4	0 37	+4,0

Achtung: Ab Sonntag, 28. März 2021, gilt die Sommerzeit. Zu allen im Himmelsjahr angegebenen Zeiten eine Stunde addieren!

TAGES- UND NACHTSTUNDEN

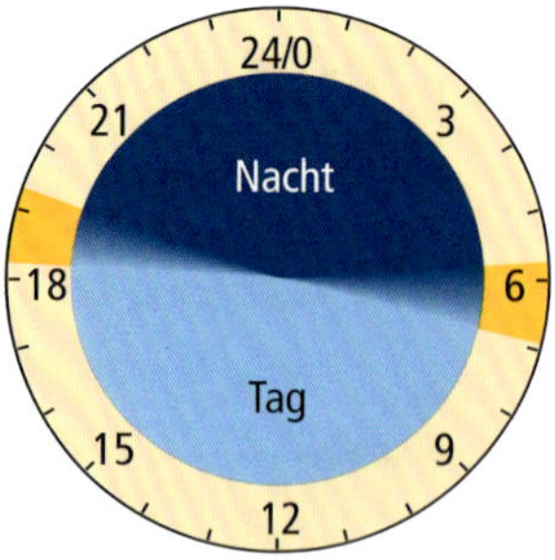

5. März

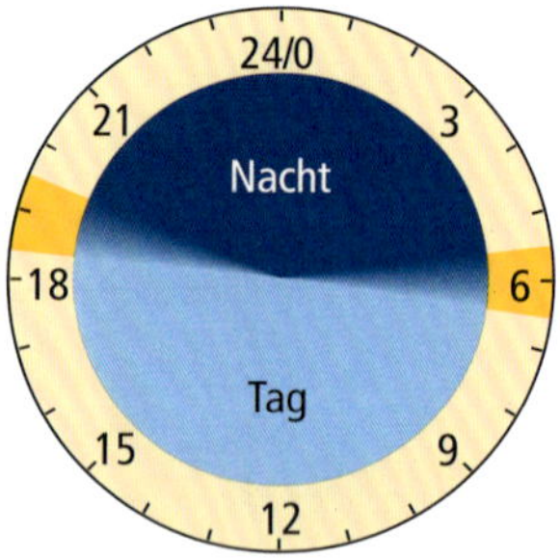

15. März

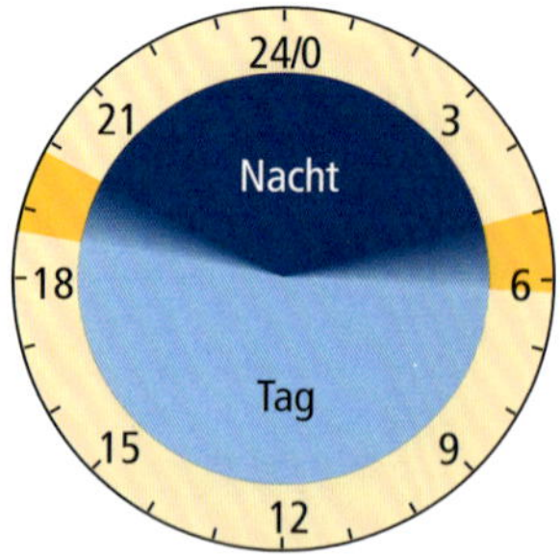

25. März

MONDLAUF

Datum		Aufg. MEZ	Kulmination	Unterg. MEZ	Rektaszension	Deklination	Sterne und Sternbilder	Phase	MEZ
		h m	h m	h m	h m	°			
Mo	1.	20 52	2 04	8 23	12 17	+ 3,4	Jungfrau		
Di	2.	22 15	2 55	8 42	13 10	− 2,8	Jungfrau	Erdnähe 365/32,′7	6^h
Mi	3.	23 39	3 46	9 03	14 03	− 8,8	Jungfrau		
Do	4.	–	4 39	9 27	14 58	−14,3	* Waage		
Fr	5.	1 02	5 34	9 57	15 54	−19,0	* Waage		
Sa	6.	2 22	6 31	10 34	16 53	−22,5	Antares	**Letztes Viertel**	$2^h\ 30^m$
								Absteigender Knoten	
So	**7.**	3 35	7 30	11 22	17 53	−24,6	Schütze		
Mo	8.	4 36	8 28	12 22	18 53	−25,2	Schütze, Nunki		
Di	9.	5 24	9 25	13 30	19 52	−24,3	Schütze	Libration West	
Mi	10.	6 01	10 18	14 43	20 49	−22,0	Steinbock		
Do	11.	6 29	11 09	15 57	21 43	−18,6	Steinbock		
Fr	12.	6 51	11 55	17 10	22 33	−14,4	Wassermann	Größte Südbreite	
Sa	13.	7 10	12 40	18 21	23 21	− 9,6	Wassermann	**Neumond Nr. 1215**	$11^h\ 21^m$
So	**14.**	7 27	13 22	19 30	0 07	− 4,5	Fische		
Mo	15.	7 42	14 03	20 38	0 51	+ 0,7	Walfisch		
Di	16.	7 58	14 44	21 45	1 35	+ 5,8	Fische		
Mi	17.	8 15	15 26	22 52	2 20	+10,7	Widder		
Do	18.	8 34	16 10	23 59	3 05	+15,1	Widder	Erdferne 405/29,′5	6^h
Fr	19.	8 57	16 55	–	3 52	+18,9	Stier, Plejaden		
Sa	20.	9 27	17 43	1 06	4 40	+22,0	Aldebaran	Aufsteigender Knoten	
So	**21.**	10 04	18 34	2 10	5 32	+24,2	* Stier, Al Nath	**Erstes Viertel**	$15^h\ 40^m$
Mo	22.	10 52	19 26	3 08	6 25	+25,2	Zwillinge		
Di	23.	11 51	20 20	3 58	7 20	+25,1	Pollux		
Mi	24.	13 00	21 14	4 40	8 16	+23,6	Krebs, Krippe	Libration Ost	
Do	25.	14 16	22 07	5 14	9 11	+20,8	Krebs, Krippe		
Fr	26.	15 37	22 59	5 41	10 07	+16,8	Löwe, Regulus		
Sa	27.	17 00	23 51	6 04	11 01	+11,8	* Löwe	Größte Nordbreite	
So	**28.**	18 24	–	6 24	11 55	+ 5,9	Jungfrau	**Vollmond**	$19^h\ 48^m$
Mo	29.	19 50	0 42	6 44	12 48	− 0,4	Jungfrau		
Di	30.	21 16	1 35	7 05	13 43	− 6,7	Spica	Erdnähe 360/33,′2	7^h
Mi	31.	22 43	2 28	7 28	14 38	−12,7	Waage		

DER MOND WANDERT ZWISCHEN MARS UND ALDEBARAN HINDURCH

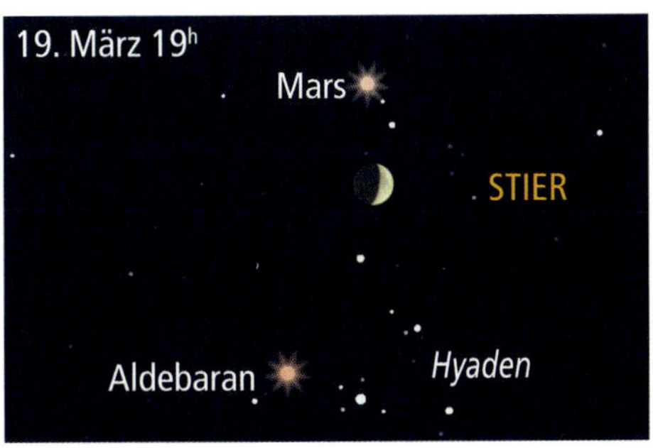

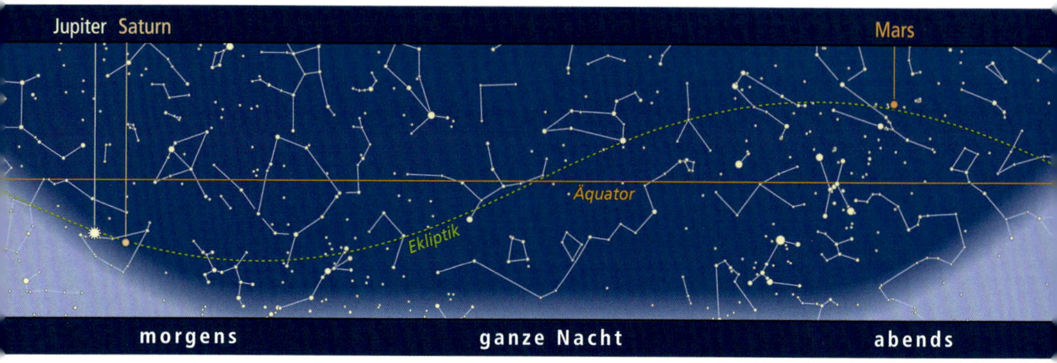

MERKUR erreicht am 6. zu Mittag seine größte westliche Elongation von der Sonne. Sein westlicher Winkelvorsprung beträgt dabei 27°16′, dies ist fast der maximal mögliche Wert. Die Elongation fällt so groß aus, da Merkur am 14. sein Aphel (sonnenfernster Bahnpunkt) passiert. An diesem Tag trennen ihn 70 Millionen Kilometer (= 0,467 AE) von der Sonne.

Trotz des großen Elongationswinkels lässt sich Merkur für das bloße Auge nicht blicken. Mit lichtstarker Optik kann der versierte Beobachter jedoch die Konjunktion mit Jupiter am 5. verfolgen. Merkur zieht dabei nur 20′ nördlich am Riesenplaneten vorbei. Am 5. geht der $0^{\text{m}},1$ helle Merkur um $6^{\text{h}}03^{\text{m}}$ auf. Die Begegnung mit Neptun am 29. bleibt jedoch unbeobachtbar.

Für Fernrohrbeobachter sei erwähnt, dass am 2. die Dichotomie eintritt. Das 7″,6 große Merkurscheibchen zeigt sich halb beleuchtet.

KONSTELLATIONEN UND EREIGNISSE

Datum	MEZ	Ereignis
5.	8^{h}	**Merkur bei Jupiter**, Merkur 0°,3 nördlich, **Abstand 0°,3 um $6^{\text{h}}30^{\text{m}}$** (Fernglas!)
6.	12	Merkur in größter westlicher Elongation (27°)
10.	0	Mond bei Saturn, Mond 3°,7 südlich
10.	17	Mond bei Jupiter, Mond 4°,1 südlich
11.	1	Neptun in Konjunktion mit der Sonne
11.	2	Mond bei Merkur, Mond 3°,7 südlich
13.	1	Mond bei Venus, Mond 3°,9 südlich
13.	4	Mond bei Neptun, Mond 4°,3 südlich
14.	1	Merkur im Aphel
14.	2	Venus bei Neptun, Venus 0°,4 südlich
17.	3	Mond bei Uranus, Mond 2°,7 südlich
19.	19	**Mond bei Mars**, Mond 1°,9 südlich, **Abstand 2°,3 um 20^{h}**
20.	$10^{\text{h}}37^{\text{m}}$	**Sonne im Frühlingspunkt, Tagundnachtgleiche**
26.	8	Venus in oberer Konjunktion mit der Sonne
29.	20	Merkur bei Neptun, Merkur 1°,4 südlich

VENUS überholt am 26. die Sonne. An diesem Tag kommt sie in obere Konjunktion mit ihr. Venus hält sich somit am Taghimmel auf und bleibt nachts unbeobachtbar unter dem Horizont. In oberer Konjunktion tritt die Phase „Vollvenus“ ein. Das nur 9″,8 große Venusscheibchen ist zu 100 % beleuchtet.

Zur oberen Konjunktion erreicht Venus die maximale Entfernung von der Erde. Von Venus trennen uns dann 258 Millionen Kilometer (= 1,725 AE). Dies entspricht einer Lichtlaufzeit von 14 Minuten und 20 Sekunden.

Die Begegnung mit Neptun am 14. bleibt unbeobachtbar.

MARS passiert gleich zu Monatsbeginn das Goldene Tor der Ekliptik. Der rote Planet wandert rechtläufig durch die nördlichen Gefilde des Tierkreises. Am 4. befindet er sich $2^{\circ}{,}6$ südlich von Alkyone in den Plejaden (siehe Abb. 3.2 rechts).

Am 23. zieht der rote Planet 7° nördlich an Aldebaran (α Tauri) vorbei. Aldebaran kann als Referenzstern für die abnehmende Marshelligkeit dienen. Zu Monatsbeginn sind beide Gestirne gleich hell ($0^{\mathrm{m}}{,}9$). Bis Ende März sinkt die Marshelligkeit jedoch auf $1^{\mathrm{m}}{,}3$ deutlich ab. Mars und Aldebaran leuchten in der gleichen rötlich-gelben Farbe (siehe Mondlaufgrafik auf Seite 75).

Die Untergänge des roten Planeten verlagern sich von $1^{h}20^{m}$ am Monatsanfang auf $0^{h}57^{m}$ am Monatsende (= $1^{h}57^{m}$ Sommerzeit).

Der scheinbare Durchmesser der Marskugel geht bis Ende März auf bescheidene $5''{,}3$ zurück.

Am 19. besucht der zunehmende Mond den roten Planeten (siehe Abb. 3.1 auf Seite 72).

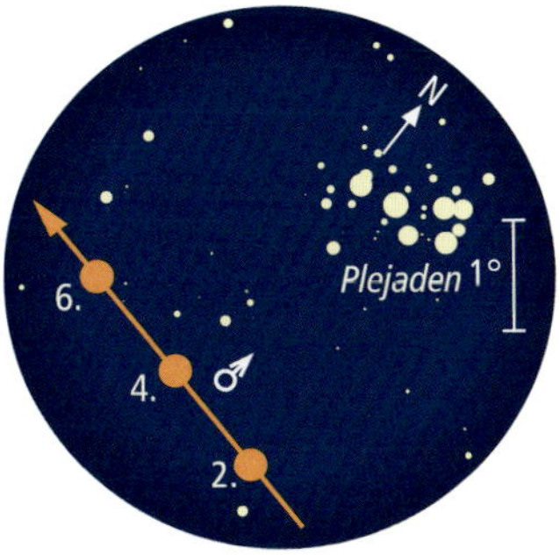

3.2 Der rote Planet zieht vom 2. bis 6. März südlich an dem offenen Sternhaufen Plejaden vorbei. Abendlicher Fernglasanblick bei 5° Gesichtsfelddurchmesser.

JUPITER wandert rechtläufig durch das Sternbild Steinbock. Etwa um die Monatsmitte zeigt sich der Riesenplanet in der Morgendämmerung knapp über dem Osthorizont. Am 15. erfolgt der Aufgang des $-2^{\mathrm{m}}{,}0$ hellen Jupiter um $5^{h}31^{m}$.

Bis 31. nimmt seine Helligkeit leicht auf $-2^{\mathrm{m}}{,}1$ zu, die Aufgänge verfrühen sich auf $4^{h}35^{m}$ (= $5^{h}35^{m}$ MESZ) um fast eine Stunde. Jeweils eine Viertelstunde nach seinem Aufgang kann man ihn horizontnah erkennen. Allerdings geht auch die Sonne immer früher auf, so dass der Gewinn an Sichtbarkeitsdauer recht bescheiden ausfällt. Die scheinbare Jupiterbahn von März 2021 bis Jahresende (Abb. 8.2) findet man auf Seite 175.

Spezialisten mögen mit lichtstarker Optik die Konjunktion mit Merkur am 5. verfolgen, wenn der kleinste der Planeten $0^{\circ}{,}3$ nördlich an Jupiter vorbeiläuft.

SATURN, rechtläufig im Steinbock, erscheint um die Monatsmitte allmählich am Morgenhimmel. Am 15. geht der $0^{\mathrm{m}}{,}7$ helle Saturn um $5^{h}06^{m}$ auf. Eine Viertelstunde später sollte man den Ringplaneten knapp über dem Südosthorizont erkennen. Gegen 6^{h} verblasst er in der hellen Morgendämmerung. Bis 31. verfrühen sich die Saturnaufgänge auf $4^{h}07^{m}$ (= $5^{h}07^{m}$ Sommerzeit). Der hellere Jupiter kann als Aufsuchhilfe nützlich sein.

Die scheinbare Saturnbahn von März bis Jahresende ist der Abb. 8.2 auf Seite 175 zu entnehmen.

URANUS, rechtläufig im Widder, verkürzt drastisch seine Sichtbarkeitsdauer. Am 1. geht der grünliche Planet um $23^{h}13^{m}$ unter, am 15. um $22^{h}21^{m}$ und am 31. schon um $21^{h}23^{m}$ (= $22^{h}23^{m}$ MESZ).

Die zunehmende Tageslänge und damit verbunden immer später einsetzende Dunkelheit macht es zunehmend schwieriger, den nur mehr $5^{\mathrm{m}}{,}9$ hellen Uranus am Abendhimmel aufzustöbern.

Ende März ist es erst um 20^{h} (= 21^{h} Sommerzeit) dunkel genug, um mit Aussicht auf Erfolg nach Uranus Ausschau zu halten. Die Aufsuchkarte Abb. 11.2 auf Seite 235 soll helfen, den grünlichen Planeten zu finden. Zu Monatsende wird es schwierig, Uranus noch zu finden.

VERÄNDERLICHE STERNE

Algol-Minima		β-Lyrae-Minima		δ-Cepheï-Maxima		Mira-Helligkeit	
7.	$23^{h}09^{m}$	5.	9^{h} H	5.	24^{h}	1.	9^{m}
10.	19 58	11.	21 N	11.	9	10.	9
22.	7 15	18.	8 H	16.	17	20.	9
28.	0 53	24.	19 N	22.	2	31.	9
30.	21 44	31.	6 H	27.	11		

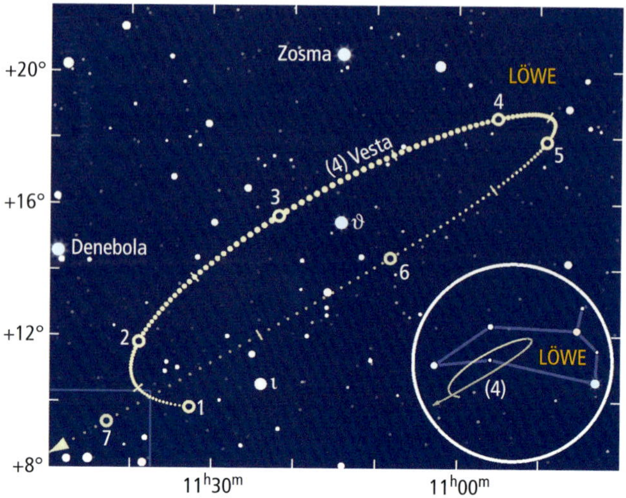

3.3 Scheinbare Bahn des Kleinplaneten (4) Vesta im Sternbild Löwe von Jahresbeginn bis Anfang Juli 2021. Die Zahlen geben die Vestaposition zum jeweiligen Monatsbeginn an.

NEPTUN wird am 11. im Sternbild Wassermann von der Sonne um 1^h morgens überholt. Er steht an diesem Tag in Konjunktion mit ihr.

Zur Konjunktion ist Neptun 4625 Millionen Kilometer (= 30,92 AE) von der Erde entfernt. Von der Sonne trennen ihn 4477 Millionen Kilometer (= 29,93 AE). Dies entspricht einer Lichtlaufzeit von vier Stunden und neun Minuten.

Die Begegnung mit Venus am 14. bleibt ebenso unbeobachtbar wie das Treffen mit Merkur am 29. März.

PLANETOIDEN UND ZWERGPLANETEN

VESTA (4), rückläufig im Löwen, erreicht am 4. gegen 19^h ihre **Opposition** zur Sonne. Mit $6\overset{m}{,}0$ Oppositionshelligkeit kann sie in jedem Fernglas leicht gefunden werden (siehe auch Abb. 3.3 oben). Ihr Aufgang erfolgt in der Oppositionsnacht um 17^h25^m, die Kulmination folgt um 0^h48^m und ihr Untergang um 8^h10^m. Bis Monatsende geht die Vestahelligkeit um $0\overset{m}{,}4$ auf $6\overset{m}{,}4$ zurück, die Kulminationen verfrühen sich auf 22^h38^m (= 23^h38^m MESZ) Ende März.

Zur Opposition ist Vesta 351 Millionen Kilometer (= 2,35 AE) von der Sonne entfernt. Ihre geringste Entfernung von der Erde erreicht sie am 9. mit 204 Millionen Kilometer (= 1,36 AE). Das Licht oder ein Funksignal ist damit elf Minuten zur Erde unterwegs.

PERIODISCHE STERNSCHNUPPENSTRÖME

Auch im März sind nicht allzu viele Sternschnuppen zu erwarten. Die **VIRGINIDEN** sind während des ganzen Monats in der Zeit um Mitternacht zu beobachten. Ihr Radiant (Ausstrahlungspunkt) liegt in der Jungfrau. Die Häufigkeit der Virginiden ist nicht besonders groß. Pro Stunde sind kaum mehr als fünf Meteore zu erwarten.

Ein schwacher Strom sind die **HYDRAÏDEN**, die zwischen Mitte März und Anfang April auftauchen. Ihr Maximum ist wenig ausgeprägt – es sind nur einige wenige Sternschnuppen pro Stunde zu erwarten, die außerdem noch recht langsam sind.

Der Radiant liegt im Sternbild Wasserschlange. Vermutlich sind die Hydraïden ein Zweigstrom der Virginiden.

Gegen Ende des Monats tauchen die ersten Exemplare der **SIGMA-LEONIDEN** auf, ein schwacher, breit gestreuter Strom, dessen Radiant im Löwen liegt.

Der Erdapex, also der Zielpunkt des Erdumlaufes um die Sonne, erreicht um 6^h morgens seine höchste Position im Süden.

Man bewegt sich gewissermaßen mit dem Gesicht nach vorne durchs Weltall. Daher ist mit Kollisionen von meteoritischem Material morgens häufiger als abends zu rechnen. Allerdings ist die Kulminationshöhe des Erdapex im März recht niedrig, da die südlichsten Partien der Ekliptik durch den Meridian wandern.

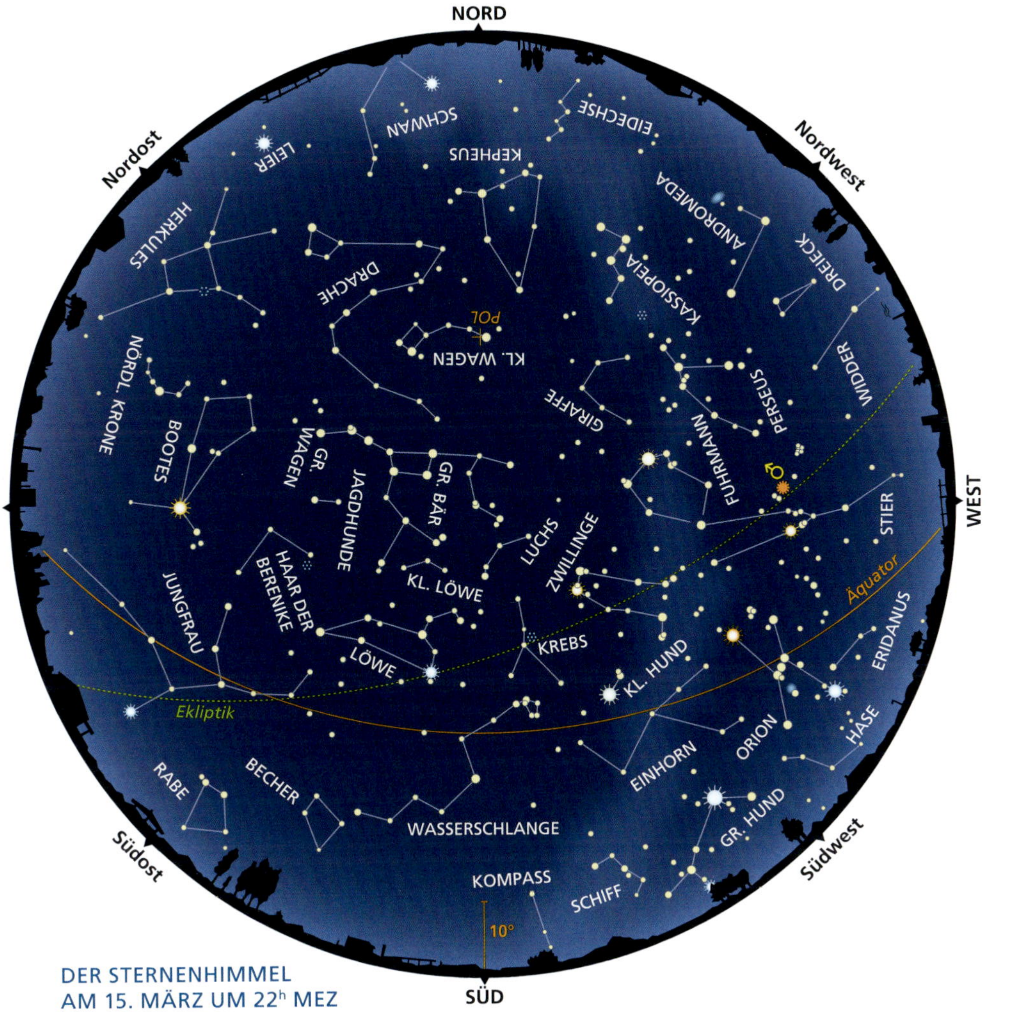

DER STERNENHIMMEL AM 15. MÄRZ UM 22h MEZ

Die Sternkarte ist auch gültig für:

	MEZ	MESZ
15.11.	6h	
1.12.	5	
15.12.	4	
1. 1.	3	
15. 1.	2	
1. 2.	1	
15. 2.	0	
1. 3.	**23**	
15. 3.	**22**	
31. 3.	**21**	**22h**

Die Kassiopeia, das Himmels-W, ist zum Nordwesthorizont herabgesunken, während hoch im Nordosten, fast schon im Zenit, der Große Wagen hilft, den Polarstern zu finden.

Die hellen und auffälligen Winterbilder ziehen noch die Blicke auf sich. Sie sind aber allesamt schon weit in die westliche Himmelshälfte gerückt. Der Himmelsjäger Orion neigt sich zum Westhorizont und ist kaum zu übersehen. Sirius funkelt noch im Südwesten. Ein wenig höher leuchtet Prokyon, hellster Stern im Bild des Kleinen Hundes. Im Westen ist noch das Winterdreieck zu sehen. Es setzt sich aus Beteigeuze im Orion, Sirius im Großen Hund und Prokyon im Kleinen Hund zusammen. Bei uns ist der Begriff „Winterdreieck“ weniger bekannt, in

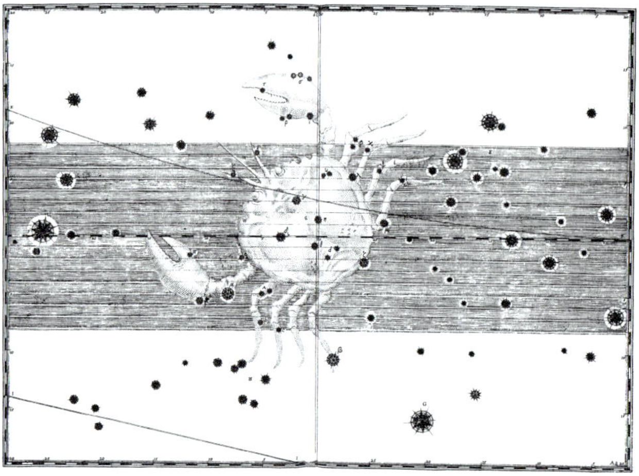

3.4 Das Sternbild Krebs in der figürlichen Darstellung im Sternatlas *Uranometria* von Johannes Bayer aus dem Jahre 1603.

Nordamerika hingegen ist es jedem Sternfreund geläufig („Winter Triangle").

Zwischen Großem und Kleinem Hund ist das Einhorn (lat.: Monoceros) beheimatet, ein unauffälliges Sternbild, das nur bei sehr guten Sichtbedingungen zu erkennen ist.

Der Stier strebt im Westen dem Untergang entgegen. Sein roter Augenstern Aldebaran steht schon recht tief. Mars passiert zu Monatsbeginn das Goldene Tor der Ekliptik und zieht gegen Ende März an Aldebaran vorbei. Höher als der Stier sieht man die Zwillinge mit Kastor und Pollux sowie den Fuhrmann mit der hellen, gelblichen Kapella.

Zur Standardbeobachtungszeit geht der Himmelsmeridian genau zwischen dem lichtschwachen Krebs und dem markanten Bild des Löwen hindurch. Im Krebs findet sich der offene Sternhaufen Krippe. Die Krippe heißt lateinisch Praesepe (M 44). Der Krebs ist die wohl unscheinbarste Figur des gesamten Zodiacus (Tierkreis). In unserer Zeit wandert die Sonne vom 20. Juli bis zum 10. August bereits am absteigenden Ast ihrer Bahn durch den Krebs. In vergangenen Jahrhunderten lag einst das Sommersolstitium (Sommerpunkt) im Krebs. Noch heute spricht man deshalb vom „Wendekreis des Krebses".

Das mächtige Sternentrapez des Löwen steht kurz vor seinem Meridiandurchgang. Der Löwe ist das typische Frühlingssternbild schlechthin. Ein großes Sternentrapez markiert den Rumpf dieses königlichen Tieres. Ein kleines, aufgesetztes Trapez bildet den Kopf des Löwen. Die Figur, die sich aus dem kleinen Löwentrapez sowie dem Halsstern Algieba (γ Leonis), dem Bruststern η Leonis und dem Herzstern Regulus (α Leonis) zusammensetzt, wird bei den Amerikanern gerne als „Sichel" (engl.: sickle) bezeichnet.

Im Südosten ist bereits die Jungfrau aufgegangen. Ihr Hauptstern, die bläuliche Spica, ist noch so horizontnah, dass man ihn kaum erkennen kann.

Tief im Osten leuchtet auffällig ein heller, orangerötlicher Stern, nämlich Arktur im Bild des Rinderhirten (Bootes). Damit ist im Südosten das komplette Frühlingsdreieck vertreten. Das Frühlingsdreieck besteht aus Regulus im Löwen, Spica in der Jungfrau und Arktur im Bootes.

DAS STERNBILD KREBS (CANCER)

Dem Namen nach kennt jeder das Sternbild Krebs, auch wer sich gar nicht für die Himmelskunde interessiert. Denn der Krebs gehört zu den 13 Tierkreissternbildern, von denen zwölf allgemein bekannt sind. Bekanntlich wandert die Sonne durch die Tierkreisbilder, und dies spielt eine Rolle bei der Erstellung von Horoskopen. Man spricht von „Krebsgeborenen" und meint, dass diese Menschen geboren wurden, als die Sonne gerade durch den Krebs wanderte. Mit solchen Aussagen muss man allerdings vorsichtig sein, denn durch die rückläufige Bewegung des Frühlingspunktes infolge der Erdpräzession fallen Tierkreis*sternbilder* und Tierkreis*zeichen* nicht mehr miteinander zusammen. So wandert die Sonne vom 20. Juli bis 10.

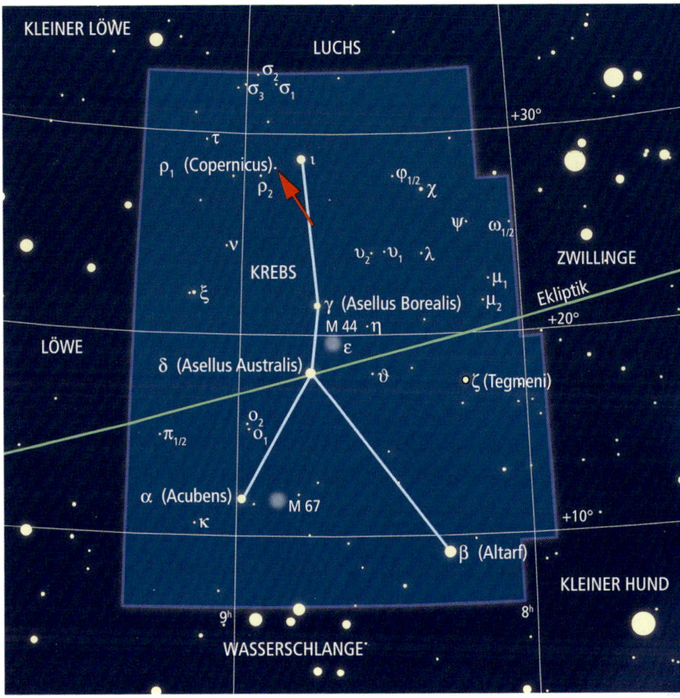

3.5 Das Sternbild Krebs in einer modernen Sternkarte. Eingetragen ist die Position des Sterns ϱ_1 Cancri, auch Copernicus genannt.

August durch das Sternbild Krebs, aber vom 21. Juni bis 22. Juli durch das gleichnamige Tierkreiszeichen, wie man der monatlichen Grafik „Sonnenlauf“ entnehmen kann. Infolge der Schaltjahre können sich diese Termine von Jahr zu Jahr um einen Tag verschieben. Vor zweieinhalbtausend Jahren fielen Tierkreis*sternbilder* und Tierkreis*zeichen* noch miteinander zusammen, als die babylonischen Priesterastronomen die von uns heute noch benutzten Tierkreisbilder benannten. Da der Frühlingspunkt für einen vollen Umlauf durch den gesamten Tierkreis knapp 26 000 Jahre benötigt, muss man sich noch ein wenig gedulden, bis Sternbilder und Zeichen wieder miteinander zusammenfallen.

Zwar ist der Krebs wie gesagt dem Namen nach wohlbekannt, kaum aber jemand findet ihn am Sternenhimmel. Dies ist nicht verwunderlich, denn er ist die unscheinbarste Figur des gesamten Zodiak (Tierkreis). Nur ein Stern im Krebs ist eine halbe Größenklasse heller als 4^m, nämlich Altarf (β Cnc). Alle anderen sind knapp vierter Größe oder schwächer. Mit bloßen Augen sollte man 15 Sterne erkennen. Bei unserem durch irdischen Lichtsmog aufgehellten Himmel ist dies illusorisch. Friedrich Wilhelm Argelander, der berühmte Bonner Astronom, gibt sogar 47 Sterne (ohne die der Krippe) an, die zum Sternbild Krebs gehören. Seinen Platz am Himmel hat der Krebs zwischen den Zwillingen und dem Löwen, zwei markanten Sternbildern.

Der klassischen Sage nach zwickt der Krebs den Helden Herkules in die große Zehe, während dieser mit der schrecklichen Hydra kämpft. Daraufhin zerschmettert Herkules (Herakles) seinen Widersacher mit einem gezielten Tritt. Juno (Hera) versetzt ihn anschließend zur ewigen Erinnerung unter die Sterne. Mit seinem Angriff auf Herkules tut der Krebs Juno einen Gefallen, denn sie hat es nie verwinden können, Herkules unfreiwillig gesäugt zu haben. Eine andere Sage berichtet: Der Krebs hält eine hübsche Nymphe solange mit seinen Scheren fest, bis sie sich der liebestolle Jupiter (Zeus) greifen kann. Der Götterboss revanchiert sich umgehend und macht den Krebs unsterblich, indem er ihn unter die Sterne versetzt.

Die Sterne in diesem Areal wurden von Aratos mit καρκίνος (Krebs) benannt. Hipparch und Ptolemaios übernahmen diese Bezeichnung. Der römische Dichter Ovid spricht von einem „Oktopus“, wobei er sich auf griechische Quellen beruft. Chaldäische Sterndeuter erkannten in diesem Bild das „Tor der Menschheit“, durch das die

3.6 Der offene Sternhaufen Messier 67 im Sternbild Krebs. Aufnahme: Bernhard Hubl.

Seelen der Menschen vom Himmel herabsteigen und in die irdischen Körper hineinschlüpfen. Heutige Sterndeuter sehen in den drei Tierkreisbildern Krebs, Skorpion und Fische das sogenannte „Wassertrigon".

Für die alten Ägypter verkörperte dieses Sternbild die Macht der Finsternis. Anderen Quellen zufolge war es bei ihnen eine der Nilgottheiten. Auch als Skarabäus wurde der Krebs angesehen, ein Symbol der Unsterblichkeit.

Der arabische Astronom Al Biruni nennt dieses Sternengebiet Al Liha, was „Weicher Gaumen" heißt. Gemeint war damit eigentlich das Maul des riesigen Himmelslöwen Asad, der viel größer war als das uns heute bekannte Sternbild Löwe. Im christlichen Sternbilderhimmel des Julius Schiller aus Augsburg stellten die Sterne des Krebses den Evangelisten Johannes dar. In vergangenen Jahrhunderten befand sich der Sommerpunkt (Sommersolstitium) im Krebs. Hier erreichte die Sonne den Gipfel ihrer scheinbaren Jahresbahn. Noch heute spricht man vom Wendekreis des Krebses, obwohl der Sommerpunkt infolge der Erdpräzession im Stier an der Grenze zu den Zwillingen liegt, nahe dem Stern Propus (η Geminorum). Als Tierkreisbild der Sommersonnenwende wurde der Krebs bei den Akkadiern als nördliches Tor der Sonnenbahn angesehen. Im Jahre 1531 erschien im Krebs der Halleysche Komet.

Der Stern α Cancri (α Cnc) deutet die eine Schere des Krebses an und heißt Acubens (von Al Zuben). β Cnc trägt den arabischen Namen Altarf („das Ende") und markiert den letzten südlichen Fuß.

γ und δ Cnc heißen Asellus Borealis und Asellus Australis, also nördliches und südliches Eselchen. Denn beide Sterne stehen vor dem offenen Sternhaufen Krippe (lat.: Praesepe) mit der Katalognummer Messier 44. Durch M 44 zieht die scheinbare Sonnenbahn (Ekliptik), weshalb von Zeit zu Zeit helle Planeten die Krippe passieren – ein interessanter Fernglasanblick.

Nicht zur Beobachtung für Amateurastronomen geeignet ist der Doppelstern Copernicus im Krebs, ρ_1 Cancri oder fl. 55 in 41 Lichtjahren Entfernung. Während die Komponente A noch $5^{m}.5$ hell ist, so ist die Komponente B mit $12^{m}.7$ doch recht lichtschwach. Beide Sterne stehen in einer Distanz von nur $0''.026$ und sind somit nur mit Großteleskopen ab sechs Meter Öffnung und adaptiver Optik zur Kompensation der Luftunruhe zu trennen.

Die lineare Distanz beider Komponenten beträgt 1065 AE (= 159 Milliarden Kilometer).

Die Komponente A ist fast so groß wie unsere Sonne. Sie besitzt den 0,96-fachen Sonnendurchmesser und 95 % der Sonnenmasse. Dieser gelbe Hauptreihenstern (G8 V) strahlt mit 63 % der Sonnenleuchtkraft.

Der Begleiter B ist eine rote Zwergsonne (M4 V) mit knapp einem Drittel Sonnendurchmesser und nur 13 % der Sonnenmasse. Seine Leuchtkraft beträgt lediglich acht Tausendstel der Sonnenleuchtkraft. Im Jahr 1996 wurde der erste Exoplanet entdeckt, der in 14 Tagen und 16 Stunden Copernicus A umrundet. Inzwischen sind fünf Planeten von ρ_1 Cancri A bekannt.

Aufgrund eines Wettbewerbes hat die IAU im Dezember 2015 den Stern ρ_1 Cancri „Copernicus" getauft und auch seine fünf Planeten benannt. Sie heißen in ihrem Abstand von Copernicus A gereiht: Janssen, Galileo, Brahe, Harriot und Lipperhey.

Die Ruhe vor dem Sturm

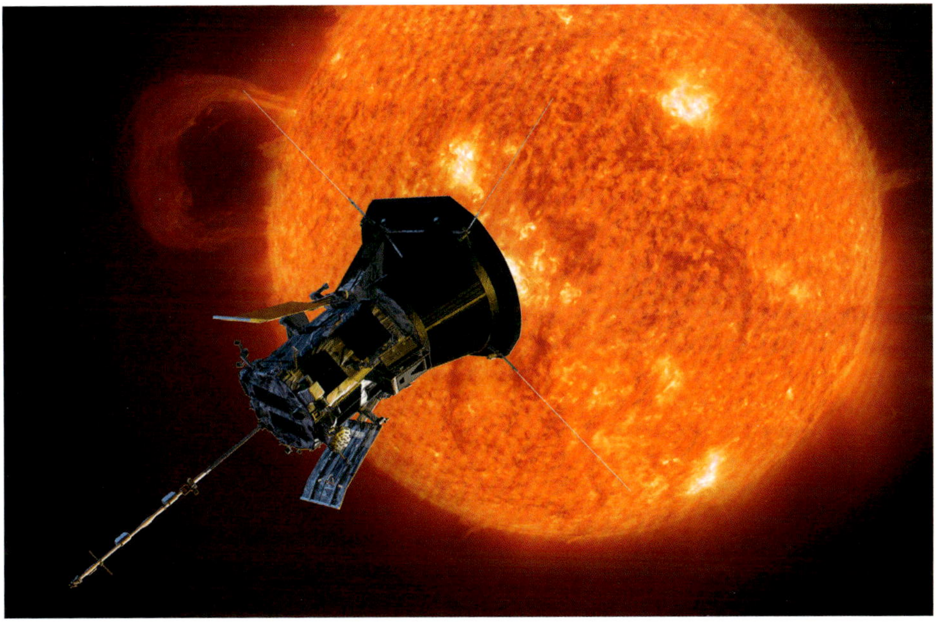

NASA/Johns Hopkins APL/Steve Gribben

3.7 Die Parker Solar Probe – eine der erfolgreichsten Sonnensonden.

Stürme können verheerend sein, vor allem, wenn sie sich zu Orkanen entwickeln. Jedes Jahr sorgen Hurrikane und Tornados für enorme Zerstörungen, Schäden, Verletzte und Todesfälle. Doch es gibt noch eine andere Art von Unwetter, die nicht ganz ungefährlich sind, nämlich Sonnenstürme. In unserer hochtechnisierten Zivilisation können sie zu Katastrophen unvorstellbaren Ausmaßes führen. Solche Sonnenstürme sind im Bewusstsein einer breiten Öffentlichkeit so gut wie nicht vorhanden. Sonnenstürme entstehen häufig, die für die Erde bedrohlichen jedoch recht selten.

Die Sonne ist der Stern des Lebens. Ohne ihr Licht und ihre Wärme hätte sich das Leben auf der Erde nicht entwickelt. Würde ihr Energievorrat versiegen, so wäre allem Leben auf der Erde der Kältetod sicher. Doch so weit wird es nicht kommen. Im Gegenteil, die Sonne wird der Erde einst den Hitzetod bescheren. Sie wird sich in etwa fünf Milliarden Jahren zu einem roten Riesenstern aufblähen. Doch schon in etwa einer Milliarde Jahren wird die Oberfläche der Erde auf 100 °C aufgeheizt werden. Die Ozeane werden verdampfen und unseren Globus in eine Dampfwolke einhüllen. Doch was kümmert die Menschheit heute, was in tausend Millionen Jahren mit unserem Planeten geschieht?

Allerdings gibt es auch aktuelle Gefahren, die vom Tagesgestirn ausgehen. Die Sonne entstand samt ihren Planeten vor 4,6 Milliarden Jahren aus einer interstellaren Gas- und Staubwolke. Aber erst seit 400 Jahren wird die Sonne und ihr Verhalten von den Astronomen wissenschaftlich erforscht – eine winzige Zeitspanne ihrer Existenz.

Viele Faktoren beeinflussen unser Klima. Unsere Sonne aber ist unzweifelhaft der Motor des

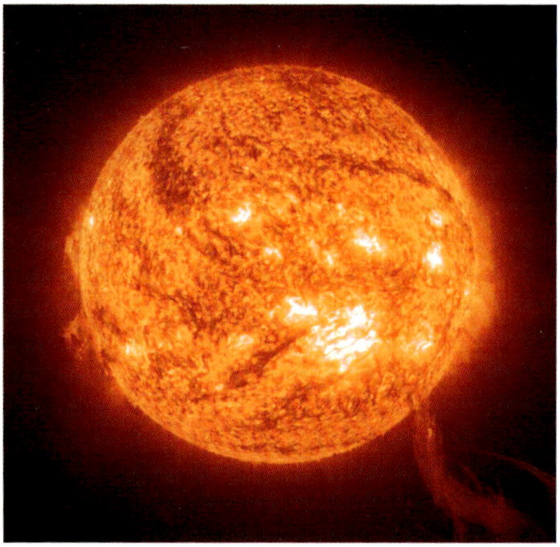
SOHO (ESA & NASA)

3.8 Sonneneruption – Quelle des interplanetaren Plasmastromes

Wettergeschehens auf der Erde. Geringe Schwankungen ihrer Strahlungsleistung bewirken Klimaänderungen, die wir in unserem empfindlichen Ökosystem als katastrophal erleben. Wir sind auf Gedeih und Verderb den Launen der Sonne ausgesetzt.

In den letzten Jahrzehnten hat unser Wissen über die Vorgänge auf und in der Sonne enorm zugenommen. In erster Linie dank Weltraumsonden wie SOHO, Solar Dynamic Observatory und schließlich der Parker Solar Probe (siehe Tabelle auf Seite 91) kennt man unseren Stern des Lebens genauer und deshalb auch, welche Bedrohungen von ihm ausgehen können. Nicht nur elektromagnetische Wellen aller Frequenzen sendet die Sonne ins All. Von ihr strömt auch ein mehr oder minder heftiger Plasmastrom ins Sonnensystem. Er erzeugt das sogenannte Weltraumwetter. Treffen die elektrisch geladenen Partikel wie Elektronen, Protonen, Alpha-Teilchen (Heliumkerne) und Ionen schwererer Elemente des Sonnenwindes, wie dieser Plasmastrom genannt wird, die Erde, so kommt es zu Wechselwirkungen mit dem Erdmagnetfeld und der irdischen Atmosphäre, die nicht immer harmlos ausfallen. Da die Sonnenforscher erst seit kurzem die Sonne genauer beobachten, ist nicht bekannt, wie stark und wie oft der Sonnenwind zu einem Sonnensturm werden kann.

Magnetfelder lenken die Sonnenaktivität

Die ersten Fernrohrbeobachter hatten bald erkannt, dass die Sonne gelegentlich dunkle Flecken zeigt. Diese Sonnenflecken sind das auffälligste Merkmal der Sonnenaktivität.

Zahlreiche weitere Vorgänge wie Strahlungsausbrüche, Materieeruptionen, auflodernde Gebiete und Störungen im Radiofrequenzbereich sind Zeichen einer aktiven Sonne. Diese Erscheinungen sind unter der Bezeichnung Flares, Filamente, Protuberanzen und Fackeln bekannt. Entdeckt wurden die Sonnenflecken kurz nach Erfindung des Fernrohrs, und zwar unabhängig voneinander von Galileo Galilei, Christoph Scheiner und David Fabricius. Schließlich fand der Dessauer Apotheker und Amateurastronom Samuel Heinrich Schwabe im Jahre 1843, dass die Häufigkeit und Zahl der Sonnenflecken einem rhythmischen Zyklus folgt. Nach Schwabe tauchen alle zehn Jahre besonders viele Flecken auf. Die Zeit zwischen zwei Fleckenmaxima variiert allerdings zwischen acht und 13 Jahren. Heute spricht man von einem elfjährigen Aktivitätszyklus. Der inzwischen bestimmte Mittelwert beträgt 11,1 Jahre. Manche Sonnenphysiker halten 10,7 Jahre für den zutreffenden Durchschnittswert. Genaugenommen handelt es sich um einen 22-jährigen magnetischen Aktivitätszyklus. Magnetfelder sind nämlich hauptverantwortlich für den Rhythmus der Sonnenaktivität. Die Sonnenphysiker haben im Laufe der Zeit ein solares Dynamomodell entwickelt. Durch die differenzielle Sonnenrotation werden die Magnetfeldlinien des an und für sich schwachen globalen Magnetfeldes der Sonne verdrillt und aufgewickelt. Dabei werden die Magnetfeldlinien verdichtet, es bilden sich magnetische Schläuche, die auch als magnetische Flussröhren bezeichnet werden. Durch Konvektion, also durch das Aufsteigen heißer Gaszellen und das Absinken kühlerer Gebiete, treiben diese magnetischen Flussröhren zur Oberfläche der Sonne empor. Der Auftrieb wird durch den magnetischen Druck in den Flussröhren bewirkt, der den Gasdruck verstärkt. Im Inneren der Flussröhren sinkt die Dichte und damit die Temperatur der Sonnenmaterie ab. Erreichen die Flussröhren die Photosphäre, die Lichtschicht der Sonne, so treten die Flussröhren und damit die Magnetfeldlinien an der Sonnenoberfläche aus. Man sieht dann in die Öffnungen der Flussröhren hinein, die sich uns als Sonnenflecken präsentieren. In ihnen ist die Temperatur im Mittel um rund tausend Grad niedriger als in der ungestörten Photosphäre. Wenn das globale Magnetfeld der Sonne abklingt, so wird es durch den Dynamoeffekt der in den Flussröhren aufgewickelten magnetischen Feldlinien, also durch das torusförmige Feld, wieder aufgebaut, allerdings mit der umgekehrten Polarität: Aus dem magnetischen Sonnennordpol wird ein Südpol, der magnetische Südpol wird zu einem Nordpol. Nach elf Jahren wiederholt sich dieser Vorgang, die Polarität wechselt abermals. Somit ergibt sich die Länge eines vollständigen Aktivitätszyklus der Sonne zu 22 Jahren.

Die Sonne beeinflusst das Erdklima

Nun könnte man meinen, dass besonders viele Sonnenflecken das Klima auf der Erde abkühlen können. Denn die Fleckengebiete sind ja rund tausend Grad kühler – also müsste die Erde etwas weniger Sonnenenergie erhalten. Dem ist allerdings nicht so, ganz im Gegenteil: Bei vielen Sonnenflecken, also im Aktivitätsmaximum, erhält die Erde bis zu sieben Promille (0,7 %) *mehr* Energie von der Sonne als in Zeiten der ruhigen, also fleckenarmen Sonne. Ursache sind die zahlreichen Eruptionen, Fackeln und Flares, die eine leicht erhöhte globale Strahlungsintensität bedingen.

Es gab aber Zeiten, in denen der Aktivitätszyklus der Sonne offensichtlich aussetzte. In der

3.9 Sonnenflecken – das auffälligste Merkmal der Sonnenaktivität

Solar Dynamics Observatory, NASA

3.10 Samuel Heinrich Schwabe (1789 – 1875) entdeckte den elfjährigen Aktivitätszyklus der Sonne.

zweiten Hälfte des 17. Jahrhunderts, genauer von 1645 bis 1715, zeigte die Sonne kaum Flecken. Sie blieb makellos rein. 70 Jahre lang sah man nur ganz selten dann und wann einen Fleck auf der Sonnenoberfläche. Diese lange Zeit der ruhigen Sonne wird Maunder-Minimum genannt. Edward Walter Maunder (1851–1928), britischer Astronom und Sonnenforscher an der Sternwarte Greenwich bei London, rekonstruierte die Sonnenaktivitäten in der Vergangenheit und entdeckte das „verlängerte Sonnenminimum" im zweiten Teil des 17. Jahrhunderts, weshalb es nach ihm benannt wurde (siehe auch Abb. 3.12 auf Seite 88). Einher ging mit dem Maunder-Minimum eine dramatische Klimaverschlechterung – man spricht von einer kleinen Eiszeit. In den Wintern fror die Themse bei London jeweils für zwei Monate zu, Menschen erfroren und Missernten plagten die Bevölkerung. Aus alten Steuerlisten lässt sich eine erschreckende Abnahme der Einwohnerzahlen von Großbritannien ablesen. Freilich muss man berücksichtigen, dass zahlreiche Komponenten unser Klima beeinflussen. Aber dieser Klimawechsel zum Maunder-Minimum scheint kein Einzelfall zu sein. Von 1460 bis 1540 gab es ebenfalls einen Einbruch in der Sonnenaktivität und damit verbunden eine erhebliche, weltweite Abkühlung des Klimas. Diese Zeitspanne wird Spörer-Minimum genannt nach dem Potsdamer Astronomen Gustav Spörer (1822–1895).

Vor dem Spörer-Minimum gab es zwischen den Jahren 640 und 710 das sogenannte Mittelalter-Minimum, ebenfalls mit einer recht kühlen Periode. Von 1140 bis 1340 wiederum war die Sonnenaktivität stark erhöht, eine Warmzeit war die Folge. Damals war auch Grönland wirklich grün und die Insel wurde verstärkt besiedelt.

Nach dem Maunder-Minimum gab es wie erwähnt eine weitere Zeit eingeschränkter Sonnenaktivität. In der Zeit von 1795 bis 1820 setzte zwar der Aktivitätszyklus der Sonne nicht vollständig aus, aber die Maxima fielen sehr bescheiden aus. So wurden im Katastrophenjahr 1816 trotz Aktivitätsmaximum nur wenige Flecken beobachtet, darunter allerdings einige sehr große. Diese Zeit eingeschränkter Sonnenaktivität wird heute als Dalton-Minimum bezeichnet. Der britische Physiker und Chemiker John Dalton (1766–1844) ist vor allem durch sein Gesetz der multiplen Proportionen berühmt geworden.

Wechselhafter Sonnenwind

Nicht nur irdische Unwetter wie Orkane und riesige Flutwellen, Tsunamis, drohen. Durch die Sonnenwinde, die sich zu Sonnenstürmen entwickeln, ist die hochentwickelte Technik unserer Zivilisation gefährdet. Dies ist insbesondere bei der aktiven Sonne der Fall, deren auffallendstes Merkmal die Sonnenflecken sind. Zurzeit hat die Sonne gerade ein lang anhaltendes, tiefes Minimum hinter sich. Monatelang zeigte sich kaum ein Fleck auf ihrer Oberfläche. Nach Vorhersagen der Sonnenphysiker ist mit dem Maximum des 25. Zyklus zwischen 2023 bis 2026 zu rechnen. Genau weiß das niemand, denn die Sonne zeigt sich recht launisch. Die Zählung der Sonnenzyklen wurde von dem Schweizer Astronom Johann Rudolf Wolf (1816–1893) im Jahre 1848 eingeführt. Danach dauerte der Zyklus Nr. 1 von 1755

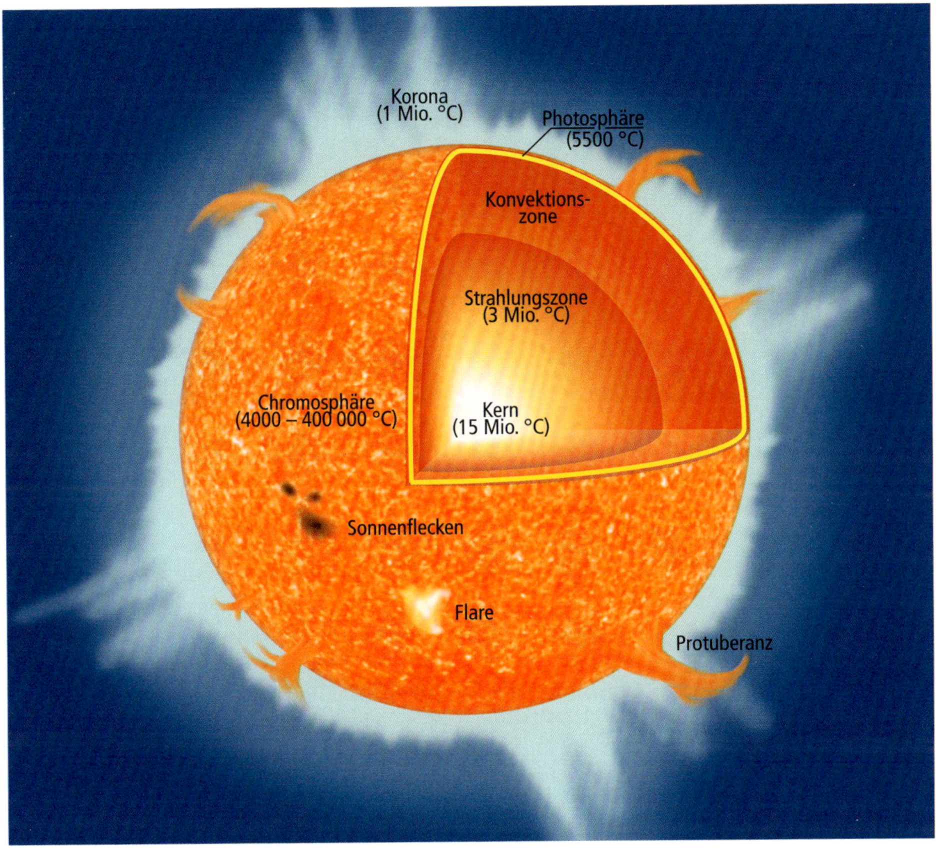

3.11 Aufbau der Sonne und ihrer Atmosphäre.

bis 1766. Nicht ganz auszuschließen ist, dass das Maximum des 25. Zyklus ausfällt. Nach einigen magnetohydrodynamischen Modellrechnungen könnte sich ein weiteres Maunder-Minimum einstellen, bei dem die Sonne mehrere Jahrzehnte inaktiv bliebe. Die regelmäßige Beobachtung der Sonne ist daher eine recht spannende Angelegenheit – auch für Amateurastronomen.

Bei aktiver Sonne zeigt sich das Weltraumwetter besonders stürmisch. Der Sonnenwind entwickelt sich bei starken Eruptionen zum Orkan. Dass von der Sonne ein Partikelstrom von geladenen Atomkernen, vornehmlich Wasserstoffkerne (Protonen), sowie Heliumkerne (Alpha-Teilchen) und Elektronen ausgeht, hat schon Ludwig Biermann (1907–1986), erster Direktor des Max-Planck-Instituts für Astrophysik in Garching bei München, vermutet. Biermann wies darauf hin, dass Kometenschweife stets von der Sonne weggerichtet sind. Der Sonnenwind bläst die Ionen des Kometenkopfes fort wie einen Mantel im Sturm. Der Begriff „Sonnenwind" (solar wind) wurde von dem Sonnenforscher Eugene Newman Parker (geb. 1927) im Jahre 1959 eingeführt.

Bei Sonneneruptionen wird das elektrisch leitende Plasma entlang der Magnetfeldlinien emporgeschleudert. Bei bipolaren Fleckengruppen bilden sich enorm große Schleifen oder Bögen

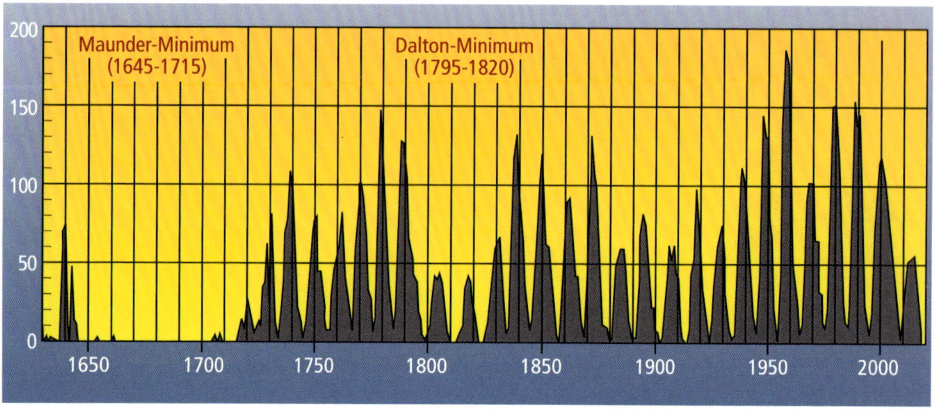

3.12 Das Maunder-Minimum: Von 1645 bis 1715 zeigte die Sonne kaum Flecken.

(engl.: loops), neben denen die Erdkugel als winzige Murmel erscheint. Das Plasma fließt dabei wieder auf die Sonnenoberfläche zurück (siehe Abb. 3.14 auf Seite 90). Bei hohen Energien platzen die Loops auf und das Plasma strömt in die Heliosphäre, in der Planeten, Monde, Asteroiden und Meteoroide um die Sonne laufen. Parker entdeckte, dass der Motor des Sonnenwindes in den starken Magnetfeldern zu finden ist.

Die Geschwindigkeit des Sonnenwindes in unmittelbarer Nähe der Sonnenoberfläche erreicht dabei 300 Kilometer pro Sekunde. In einigen Sonnenradien Distanz wird der Sonnenwind auf 400 bis 1300 Kilometer pro Sekunde beschleunigt – dies ist die mehrfache Schallgeschwindigkeit im Plasma. Die Beschleunigung und Aufheizung vor allem der Korona wird durch die enormen magnetischen Energien bewirkt. Die Eruptionen lassen sich als Flares im Licht der roten Wasserstoffspektrallinie Hα beobachten. Am Sonnenrand erkennt man die emporgeschleuderte Materie als leuchtende Protuberanzen gegen den dunklen Hintergrund des Weltalls.

Während die Temperatur der Photosphäre (Lichtschicht), die unterste Schicht der Sonnenatmosphäre, bei 5500 °C liegt, steigt sie in der Chromosphäre auf 400 000 °C an und erreicht schließlich in der Korona Werte von einer bis drei Millionen Grad.

Die in der Korona auftretenden Plasmawolken – als koronale Massenauswürfe (CME – Coronal Mass Ejections) bezeichnet – strömen ins Planetensystem hinaus und treffen dann und wann auch die Erde. Bei aktiver Sonne ist die Häufigkeit dieser koronalen Massenauswürfe zehnmal höher als bei ruhiger Sonne.

Die hochenergetischen Elektronen eilen mit fast Lichtgeschwindigkeit durch das Sonnensystem und erreichen die Erde schon nach zehn bis zwanzig Minuten, während die Plasmawolken erst nach zwei bis drei Tagen bei uns eintreffen.

Gefahr durch Sonnenstürme

Besonders heftige Eruptionen machen sich auch im Integrallicht der Sonne bemerkbar. Sie erscheinen als grellweiße Flecken auf der ohnehin hellen Sonnenoberfläche. Sonneneruptionen sind gewaltige Ereignisse. Eine durchschnittliche Eruption setzt eine Energie frei, die hundert Megatonnen TNT entspricht, dies sind rund 115 Milliarden kWh oder rund vierhundert Billiarden ($4 \cdot 10^{17}$) Joule. Eine Supereruption ist noch tausend Mal stärker!

Am 1. September 1859 beobachtete der legendäre Sonnenforscher Richard Christopher Carrington (1826–1875) zu seiner Überraschung zwei enorm helle Punkte auf der Sonne. Dies waren die heftigsten Eruptionen auf der Sonne, die bis dato beobachtet wurden (siehe auch Monatsthema „Richard C. Carrington und die Sonnenrotation" auf Seite 73 im *Kosmos Himmelsjahr 1999*).

Auf der Erde sind wir durch den irdischen Magnetfeldkäfig weitgehend geschützt. Allerdings werden durch das einströmende Plasma auf der Erdoberfläche enorm starke elektrische Ströme induziert. Ihre Wirkungen sind erheblich. In früheren Zeiten schmorten Transformatoren durch, manche explodierten, der Telegrafenverkehr fiel aus, Postler in den Telegrafenstationen erhielten Stromschläge, wenn ein Sonnensturm die Erde traf.

In der heute hochtechnisierten Zivilisation hätte ein Sonnensturm von der Heftigkeit der von Carrington beobachteten Weißlicht-Eruptionen verheerende Folgen ungeahnten Ausmaßes: Satelliten fielen reihenweise aus, Navigationssysteme wie GPS funktionierten nicht mehr, die Telekommunikation wäre schnell funktionsunfähig, Telefone wären tot, erst recht wären die Mobilfunknetze ohne Funktion, Computer würden unbrauchbar, das Internet und der E-Mail-Verkehr fielen komplett aus, Notstromaggregate in Krankenhäusern streikten und die Stromversorgung bräche weitgehend zusammen mit all ihren Folgen. Die Daten von Banken, Behörden und Unternehmen würden unbrauchbar oder wären für immer verloren. Vermutlich reicht unsere Fantasie nicht aus, uns auszumalen, was wirklich ohne diese zivilisatorischen Errungenschaften passierte. Ein Leben ohne Strom, Telefon, Fernsehen und Mobiltelefon kann man sich heute kaum vorstellen. Elektronisches „Banking" könnte man vergessen. Der Zahlungsverkehr bräche zusammen. Die Börse müsste ihren Wertpapierhandel komplett einstellen.

Um das Verhalten unserer Sonne genauer zu erforschen, hat man zahlreiche Raumfahrtmissionen gestartet wie Helios 1 und Helios 2, SOHO, Stereo A und Stereo B, SDO u.a. (siehe Tabelle auf Seite 91).

Die Millionen Grad heiße Sonnenkorona strahlt vornehmlich im kurzwelligen Ultraviolett und im Röntgenbereich. Diese extrem kurzwellige Strahlung kann nur vom Weltraum aus beobachtet werden, denn uns zum Glück wird diese energiereiche Strahlung von der Erdatmosphäre absorbiert.

Emil Gassner/ETH-Bilbiothek Zürich

3.13 Rudolf Wolf (1816 – 1893) – Nestor der modernen Sonnenforschung

Eine neue Sonnensonde

Um die Sonne aus nächster Nähe zu observieren und vor allem Entstehen und Verhalten der Sonne zu studieren, hat man die Raumsonde Parker Solar Probe auf den Weg zur Sonne gebracht. Vor allem soll auch die Vorwarnzeit von zwei bis drei Tagen vor einem Sonnensturm genutzt werden. So nahe wie die Parker-Sonnensonde hat sich bisher noch kein Raumfahrzeug an den Glutball der Sonne herangewagt. Sie soll sich am 24. Dezember 2024 bis auf 8,5 Sonnenradien (= 5,8 Millionen Kilometer oder 0,04 AE) der Sonne nähern und damit tief in die Korona eindringen. Eine wahre Kamikaze-Mission in den Vorhof zur Hölle. Die Parker Solar Probe (PSP) wird bei ihrer größten Sonnenannäherung eine Perihelge-

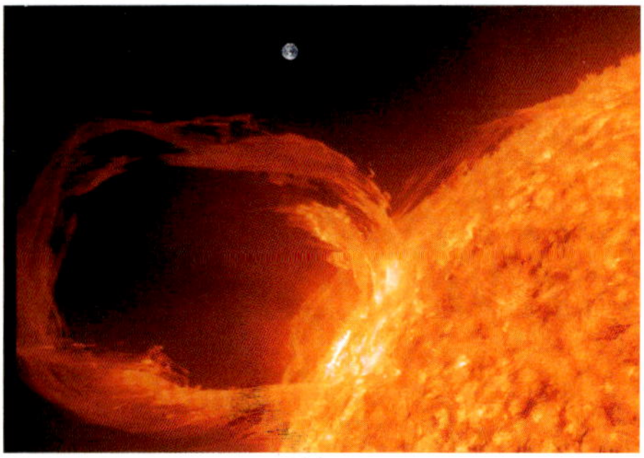

Solar Dynamics Observatory, NASA

3.14 Eine bogenförmige Protuberanz im Vergleich mit der winzigen Erde

schwindigkeit von 200 Kilometer pro Sekunde erreichen. Das Aphel ihrer Bahn liegt mit 109 Millionen Kilometer (= 0,73 AE) nahe der Venusbahn. Ihre Umlaufdauer beträgt dann 88 Tage.

Die 685 Kilogramm schwere Parker-Sonnensonde wurde am 12. August 2018 vom Weltraumbahnhof Cape Canaveral aus gestartet. Zunächst flog sie am 3. Oktober 2018 an Venus vorbei, um mit diesem Swing-by-Manöver die kinetische Energie aus ihrer Bahnbewegung zu verringern. Damit schwenkte sie in eine Keplerbahn um die Sonne ein und erreichte am 5. November 2018 erstmals ihr Perihel in 35,7 Sonnenradien (= 24,8 Millionen Kilometer = 0,166 AE) vom Glutball Sonne. Ein 2,7 Meter langes und 17 cm dickes Hitzeschild verhindert die Zerstörung der Parker-Sonde durch die Sonnenglut. An der der Sonne zugewandten Seite erhitzt sich das Sonnenschutzschild auf 1430 °C. Im Perihel beträgt die Sonneneinstrahlung fast 890 kW/m^2, dies ist der 650-fache Wert der irdischen Solarkonstante.

Weitere sechs Swing-by-Flüge an Venus verringern sukzessive die Aphelgeschwindigkeit. Bei jedem neuen Umlauf verkleinert sich dabei die Periheldistanz. Bis zum geplanten Missionsende 2025 soll die Raumsonde 24-mal ihr Perihel durcheilen. Fünf Beobachtungs- und Messinstrumente bestimmen die Stärke der elektrischen und magnetischen Felder sowie die Plasma- und Elektronendichte. Auch werden die hochenergetischen Partikel (Elektronen, Protonen, Alpha-Teilchen und Ionen schwererer Elemente) im Bereich von 10 MeV bis 100 MeV registriert sowie die Geschwindigkeit des Sonnenwindes und dessen Struktur gemessen. Ein Teleskop beobachtet die Wellen- und Stoßfronten in der Korona und der inneren Heliosphäre.

Erste Ergebnisse lassen erkennen: Die Korona zeigt sich wesentlich komplexer und dynamischer als bisher angenommen. Die Parker-Sonde fliegt teils in solarstationärer Bahn, wobei sie der Sonnenrotation folgt. Dadurch kann sie die Teilchenströme in der Korona besser beobachten, weil sie sich stets über dem gleichen Gebiet der Sonnenoberfläche befindet.

Neu entdeckt wurden eigenartige, kurzlebige Schleifen, in denen der Sonnenwind plötzlich seine Richtung umkehrt und zur Sonne zurückströmt. Diese „Switchbacks“ sind eine echte Überraschung für die Astronomen. Sie dauern aber nicht lange, der Sonnenwind weht bald wieder von der Sonne weg. Die Entstehung dieser Switchbacks ist bisher ein Rätsel. Das Plasma des Sonnenwindes folgt teilweise der Sonnenrotation bis in eine Entfernung von 32 Millionen Kilometer (= 0,21 AE), bevor der Sonnenwind radial von der Sonne wegströmt. In Sonnennähe weht der Sonnenwind mit zehnfacher Geschwindigkeit als in den in Modellen simulierten Strömungen. Ferner wurden „magnetische Inseln“ in der Korona entdeckt, deren Feldlinien in geschlossenen Ellipsen verlaufen und das Plasma gefangen halten.

Der interplanetare Staub scheint in der nahen Sonnenumgebung nicht vorhanden zu sein. Er wird offensichtlich vom Sonnenwind hinweggefegt beziehungsweise in unmittelbarer Nähe der Sonnenoberfläche verdampft.

Unsere Sonne gebärdet sich launisch. Vorhersagen über den Beginn eines neuen Zyklus sind unsicher. Ebenso sind Eruptionen und Sonnenstürme nicht vorhersehbar.

Noch ist Ruhe vor dem nächsten Sonnensturm. Doch eines Tages wird er unweigerlich über die Erde hinwegfegen, mit mehr oder minder tragischen Folgen.

WELTRAUMMISSIONEN ZUR ERFORSCHUNG DER SONNE

Start	Bezeichnung	Betreiber	Missionsname/Bemerkungen
1962–75	OSO 1-8	NASA	**O**rbiting **S**olar **O**bservatory: acht Erdsatelliten zur Erforschung der Sonne, Registrierung der UV-, Röntgen- und Gamma-Strahlung
1974	HELIOS A	DFVLR/NASA	Helios A näherte sich der Sonne bis auf 46,5 Millionen Kilometer (0,31 AE), Erforschung des Sonnenwindes und des Zodiakallichtes, Missionsende 1986
1976	HELIOS B	DFVLR/NASA	Helios B näherte sich der Sonne bis auf 43,5 Millionen Kilometer (0,29 AE), Missionsende 1981
1977	ISEE	ESA/NASA	**I**nternational **S**un and **E**arth **E**xplorer, drei europäisch-amerikanische Raumsonden zur Erforschung solar-terrestrischer Beziehungen (1 und 2 waren Erdsatelliten)
1978	ISEE 3/ICE	ESA/NASA	3. Sonde: Position im Lagrange-Punkt L1
1980	SMM	NASA	**S**olar **M**aximum **M**ission: Erdsatellit zur Erforschung der Sonnenaktivität im Maximum, 1981 defekt, 1984 Reparatur mit Space-Shuttle-Mission, 1989 in Erdatmosphäre verglüht
1990	ULYSSES	ESA/NASA	Swing-by an Jupiter, Bahn um Sonnenpole (U = 6,2 Jahre), Untersuchung von Korona, Magnetfeld, Sonnenwind, 2008 Mission beendet
1991	YOHKOH	JAPAN	„Sonnenstrahl": Erdsatellit, Röntgenaufnahmen der Sonne, Gammastrahlen-Spektrometer, 2001 Missionsende, 2005 verglüht
1995	SOHO	ESA/NASA	**So**lar and **H**eliospheric **O**bservatory: Sonde im Lagrange-Punkt L1 (1,5 Millionen Kilometer in Richtung Sonne), umfangreiche Forschungsaufgaben, zwölf verschiedene Messapparate und Detektoren, Aufnahmen in mehreren Spektralbereichen (Röntgen, UV, sichtbares Licht), Helioseismologie u.a.
1998	TRACE	NASA	**T**ransition **R**egion **A**nd **C**oronal **E**xplorer: 30-cm-Cassegrain-Reflektor für UV-Bereich, Erdsatellit mit sonnensynchroner Umlaufbahn
2001	GENESIS	NASA	Position in L1, Erforschung des Sonnenwindes, sollte Proben sammeln, Absturz bei Rückkehr zur Erde
2002	HESSI	NASA	**H**igh **E**nergy **S**olar **S**pectroscopic **I**mager: Erdsatellit in 600 km Höhe, Beobachtung von Flares im Röntgen- und Gammabereich
2006	HINODE	JAPAN	„Sonnenaufgang": Erdsatellit, Beobachtung im sichtbaren Spektralbereich, Erforschung des Magnetfeldes der Sonne
2006	STEREO A/B	NASA	**S**olar **Te**rrestrial **Re**lation **O**bservatory: Position in Lagrange-Punkten L4 und L5, 3D-Beobachtung von Sonneneruptionen auch auf der Sonnenrückseite und von koronalen Massenauswürfe, 2014 Ausfall von STEREO B
2010	SDO	NASA	**S**olar **D**ynamics **O**bservatory: Untersuchung der dynamischen Ereignisse auf der Sonne, Erdsatellit in geostationärer Bahn
2018	Parker	NASA	Parker Solar Probe: Start 12. August 2018, Erforschung der Sonnenkorona, Plasma des Sonnenwindes, Beschleunigungen in der Korona, Entstehung von Magnetfeldern, Annäherung an die Sonne bis auf 5,9 Millionen Kilometer (0,04 AE, 8,5 Sonnenradien)
2020	Solar Orbiter	ESA/NASA	Start 10. Februar 2020, Annäherung an die Sonne bis auf 42 Millionen Kilometer (= 0,28 AE, 60 Sonnenradien), Untersuchung der Korona und des Sonnenwindes, Beobachtung der Sonnenpole

April 2021

- Mars ist in der ersten Nachthälfte zu sehen.
- Jupiter und Saturn zeigen sich am Morgenhimmel.
- Venus kann sich noch nicht am Abendhimmel durchsetzen.
- Ende April bietet Merkur eine bescheidene Abendsichtbarkeit.

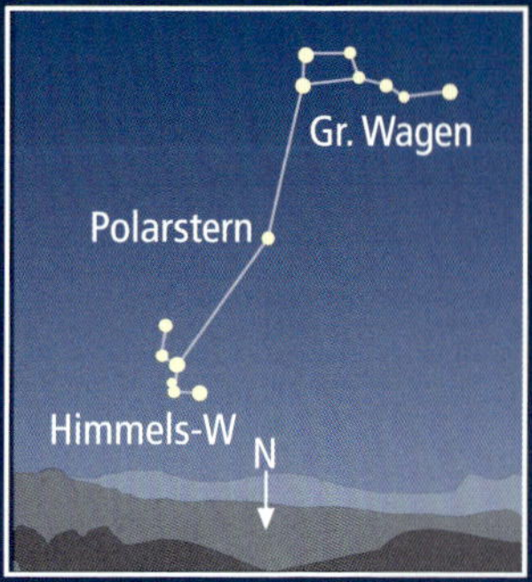

Großer Wagen und Himmels-W Anfang April um 22 Uhr

4.1 Anblick des westlichen Abendhimmels gegen 21^h MEZ (= 22^h MESZ). Mars steht im Grenzgebiet Stier/Zwillinge. Am 17. April erhält er Besuch von der zunehmenden Mondsichel

1	Do	
2	Fr	Karfreitag
3	Sa	Karsamstag
4	So	Ostersonntag Letztes Viertel
5	Mo	Ostermontag
6	Di	Mond bei Saturn – morgens
7	Mi	Mond bei Jupiter – morgens
8	Do	
9	Fr	
10	Sa	Mars bei Al Nath
11	So	
12	Mo	Neumond
13	Di	
14	Mi	
15	Do	
16	Fr	
17	Sa	Mond bei Mars – abends
18	So	
19	Mo	Mond bei Pollux – abends
20	Di	Erstes Viertel
21	Mi	
22	Do	
23	Fr	
24	Sa	
25	So	
26	Mo	
27	Di	Vollmond
28	Mi	
29	Do	
30	Fr	

SONNE – STERNBILDER

18.4. 21h:
Sonne tritt in das Sternbild Widder

19.4. 22h:
Sonne tritt in das Tierkreiszeichen Stier

Julianisches Datum am
1. April, 1h MEZ: 2459305,5

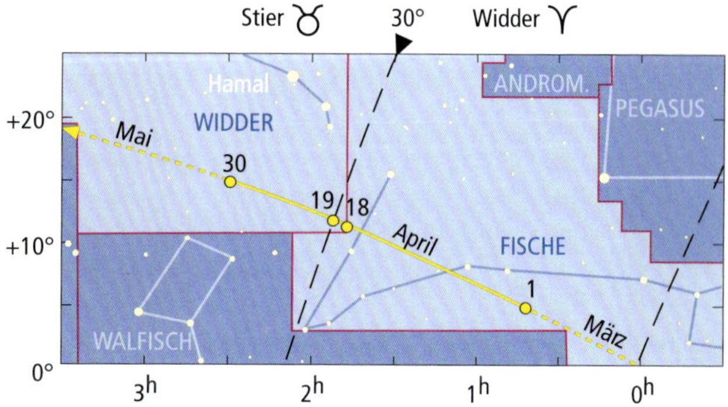

SONNENLAUF

Tag	Dämmerg. Anfang	Aufgang MEZ	Kulmination	Untergang MEZ	Dämmerg. Ende	Mittagshöhe	Zeitgleichg.	Rektaszension	Deklination
	h m	h m	h m	h m	h m	°	m	h m	°
1.	4 44	5 57	12 24	18 52	20 04	44,7	–4	0 41	+ 4,4
5.	4 35	5 48	12 23	18 58	20 12	46,3	–3	0 56	+ 6,0
10.	4 23	5 37	12 21	19 06	20 21	48,1	–1	1 14	+ 7,8
15.	4 11	5 27	12 20	19 14	20 31	49,9	0	1 32	+ 9,7
20.	3 59	5 17	12 19	19 22	20 40	51,7	+1	1 51	+11,4
25.	3 47	5 07	12 18	19 30	20 50	53,3	+2	2 10	+13,1
30.	3 35	4 58	12 17	19 37	21 01	54,9	+3	2 29	+14,7

TAGES- UND NACHTSTUNDEN

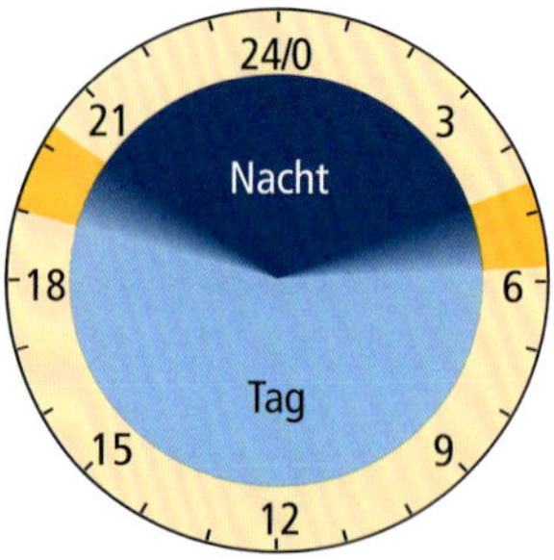

5. April

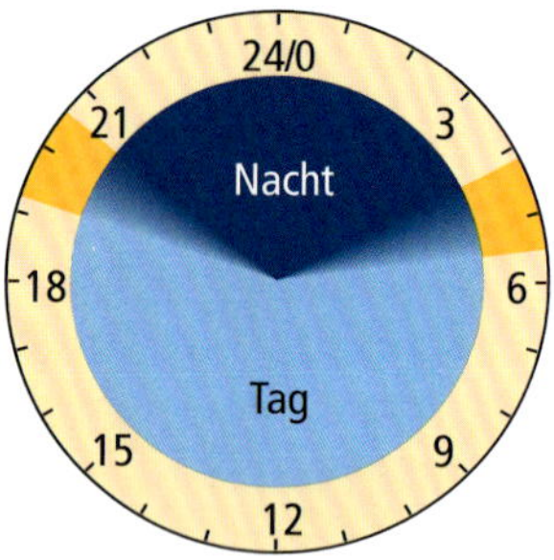

15. April

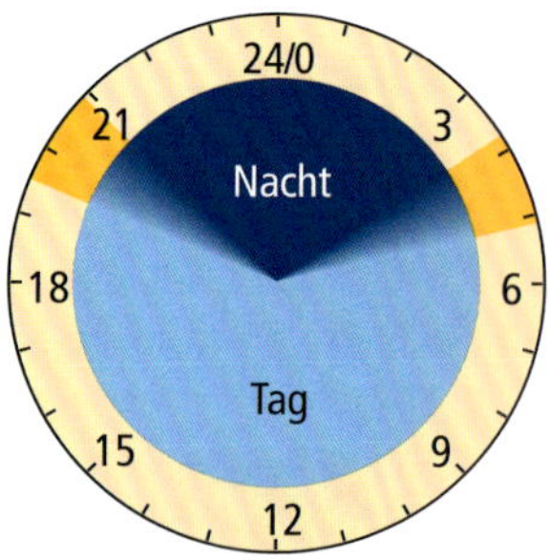

25. April

MONDLAUF

Datum		Aufg. MEZ	Kulmination	Unterg. MEZ	Rektaszension	Deklination	Sterne und Sternbilder	Phase	MEZ
		h m	h m	h m	h m	°			
Do	1.	–	3 25	7 56	15 36	−17,9	Waage		
Fr	2.	0 08	4 23	8 31	16 36	−21,9	Antares	Absteigender Knoten	
Sa	3.	1 27	5 23	9 16	17 38	−24,5	Schlangenträger		
So	4.	2 33	6 23	10 13	18 39	−25,4	Schütze, Nunki	**Letztes Viertel**	**$11^h\ 02^m$**
Mo	5.	3 26	7 21	11 20	19 39	−24,8	Schütze	Libration West	
Di	6.	4 05	8 15	12 33	20 37	−22,8	Steinbock		
Mi	7.	4 35	9 06	13 46	21 31	−19,7	Steinbock		
Do	8.	4 58	9 53	14 59	22 22	−15,6	Wassermann	Größte Südbreite	
Fr	9.	5 17	10 38	16 10	23 10	−10,9	Wassermann		
Sa	10.	5 34	11 20	17 19	23 55	− 5,9	Wassermann		
So	11.	5 49	12 01	18 26	0 39	− 0,7	Walfisch		
Mo	12.	6 04	12 42	19 33	1 23	+ 4,5	Fische	**Neumond Nr. 1216**	**$3^h\ 31^m$**
Di	13.	6 20	13 23	20 41	2 07	+ 9,4	Walfisch		
Mi	14.	6 38	14 06	21 48	2 52	+14,0	Widder	Erdferne 406/29,′4	19^h
Do	15.	7 00	14 51	22 56	3 38	+18,1	* Stier, Plejaden		
Fr	16.	7 26	15 38	–	4 26	+21,4	* Stier, Hyaden	Aufsteigender Knoten	
Sa	17.	8 00	16 27	0 01	5 16	+23,9	Stier, Al Nath		
So	18.	8 43	17 18	1 01	6 09	+25,3	* Zwillinge		
Mo	19.	9 37	18 11	1 54	7 03	+25,5	* Zwillinge		
Di	20.	10 41	19 03	2 38	7 57	+24,5	Pollux	**Erstes Viertel**	**$7^h\ 59^m$**
Mi	21.	11 52	19 55	3 13	8 51	+22,2	Krebs, Krippe	Libration Ost	
Do	22.	13 09	20 46	3 42	9 45	+18,7	* Löwe, Regulus		
Fr	23.	14 29	21 37	4 06	10 39	+14,1	* Löwe, Regulus	Größte Nordbreite	
Sa	24.	15 52	22 27	4 27	11 31	+ 8,7	Löwe		
So	25.	17 16	23 19	4 46	12 24	+ 2,6	Jungfrau		
Mo	26.	18 43	–	5 05	13 18	− 3,8	Spica		
Di	27.	20 12	0 12	5 27	14 13	−10,1	Jungfrau	**Vollmond**	**$4^h\ 32^m$**
								Erdnähe 357/33,′4	16^h
Mi	28.	21 41	1 08	5 52	15 11	−15,9	Waage		
Do	29.	23 07	2 07	6 25	16 12	−20,6	Antares	Absteigender Knoten	
Fr	30.	–	3 09	7 07	17 15	−23,9	* Schlangenträger		

DER MOND ENTFERNT SICH VON REGULUS

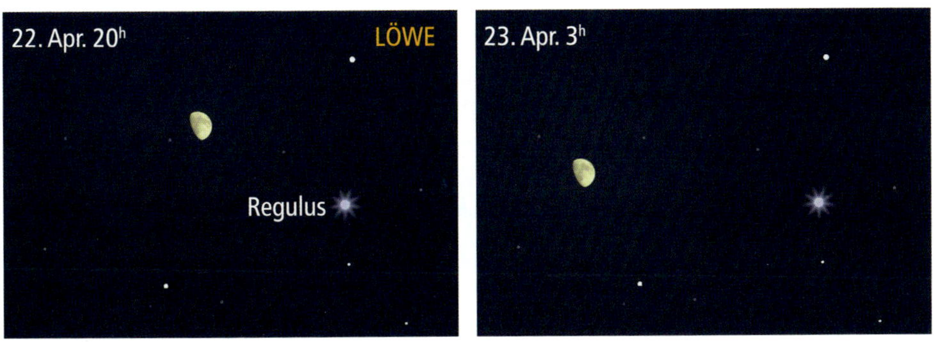

MERKUR eilt der Sonne rechtläufig nach und erreicht sie am 19. frühmorgens. Von der Erde aus betrachtet hält er sich jenseits der Sonne auf. Der Fachmann sagt: Merkur steht in oberer Konjunktion mit der Sonne. Merkur befindet sich somit am Taghimmel und bleibt nachts unter dem Horizont. Wegen der elliptischen Merkurbahn erreicht der flinke Planet bereits vier Tage vor der oberen Konjunktion mit 200 Millionen Kilometer (= 1,337 AE) seine größte Entfernung von der Erde. Bis Monatsende wächst sein östlicher Winkelabstand von der Sonne auf immerhin 13° an, dies reicht knapp für eine Abendsichtbarkeit. Die Konjunktion mit Venus am 26. ist im Teleskop

4.2 Heliozentrischer Anblick des Planetensystems im zweiten Jahresviertel 2021. Eingetragen sind links die Positionen der inneren Planeten für den 1. April (4), 1. Mai (5), 1. Juni (6) und 1. Juli (7). Der rechte Teil zeigt das äußere Planetensystem zu Anfang und Ende des zweiten Jahresviertels. Die Pfeile deuten die Richtungen zu den ferneren Planeten sowie zum Frühlingspunkt an.

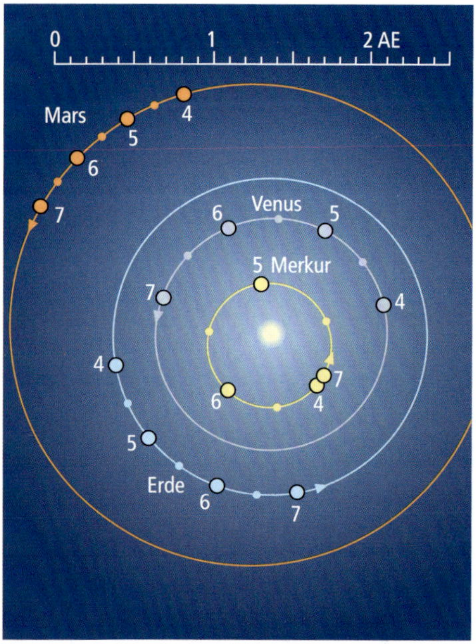

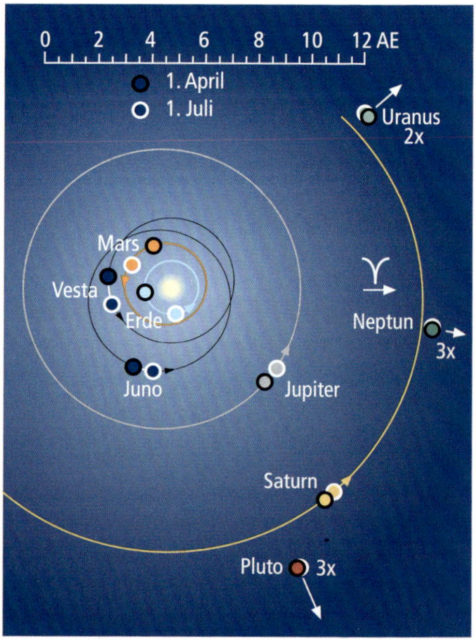

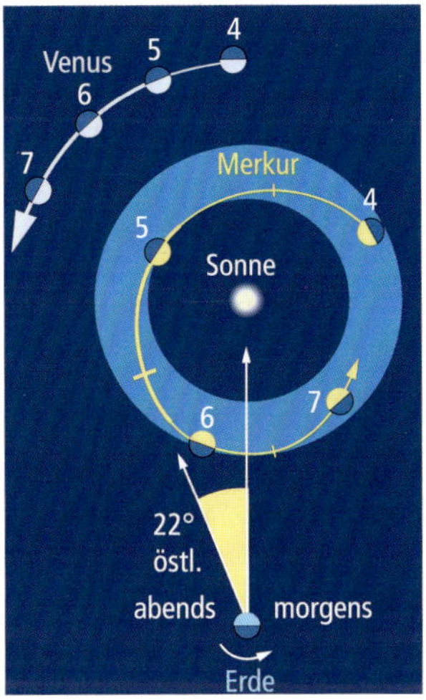

4.3 Heliozentrische Bewegungen von Merkur und Venus *relativ* zur Erde. In den dicker ausgezogenen Bahnteilen sind die Planeten beobachtbar. Die Zahlen markieren die Positionen jeweils zum Monatsersten. Östlicher Winkelabstand bedeutet Abendsichtbarkeit, westliche Elongation: Planet steht am Morgenhimmel.

bei genügend großem Sichtfeld zu beobachten, denn Merkur zieht 1°18′ nördlich an Venus vorbei.

Am 27. rast Merkur wieder durch das Perihel seiner Bahn, wobei ihn 46,0 Millionen Kilometer (= 0,307 AE) von der Sonne trennen. Seine Geschwindigkeit erreicht dabei 59 km/s (= 212 400 km/h). Dies ist die höchste Bahngeschwindigkeit, die ein Planet unseres Sonnensystems erreichen kann.

VENUS hat ihre obere Konjunktion mit der Sonne gerade hinter sich. Sie gewinnt nur langsam östlichen Winkelvorsprung vor der Sonne, die ihr im Tierkreis folgt. Bis Ende April wächst ihre östliche Elongation von der Sonne auf gut 9° an. Dies reicht noch nicht für eine Abendsichtbarkeit. Der Planet der Liebesgöttin bleibt im April in den Strahlen der Sonne verborgen.

Allenfalls gelingt es mit lichtstarkem Fernglas, am Monatsende die Begegnung mit Merkur zu verfolgen. Am 26. wandern Merkur und Venus aneinander vorbei, wobei Venus 1,°3 südlich von Merkur ihre Bahn zieht. Am 26. erfolgt der Untergang der $-3^{m}\!,9$ hellen Venus um $20^{h}13^{m}$ (= $21^{h}13^{m}$ Sommerzeit).

MARS wandert rechtläufig durch den Stier und wechselt am 24. in das Sternbild Zwillinge. Zur Monatsmitte zieht er südlich von Alnath (β Tauri), dem nördlichen Stierhorn, vorbei. Am 23. passiert er 1,°5 nördlich den Sommerpunkt der scheinbaren Sonnenbahn (siehe Abb. 1.11 auf Seite 38).

Am 17. gesellt sich abends das zunehmende Mondhörnchen zum roten Planeten (siehe Abb. 4.1 auf Seite 92).

Die Marsuntergänge verfrühen sich um eine halbe Stunde. Der Marsuntergang erfolgt am 1. um $0^{h}56^{m}$ (= $1^{h}56^{m}$ MESZ) auf $0^{h}23^{m}$ am Monatsletzten. Auch die immer später einsetzende Dunkelheit bewirkt eine Verkürzung der Sichtbarkeitsdauer von Mars.

Da der scheinbare Durchmesser des Marsscheibchens auf 4,″6 abnimmt, kann der rote Planet

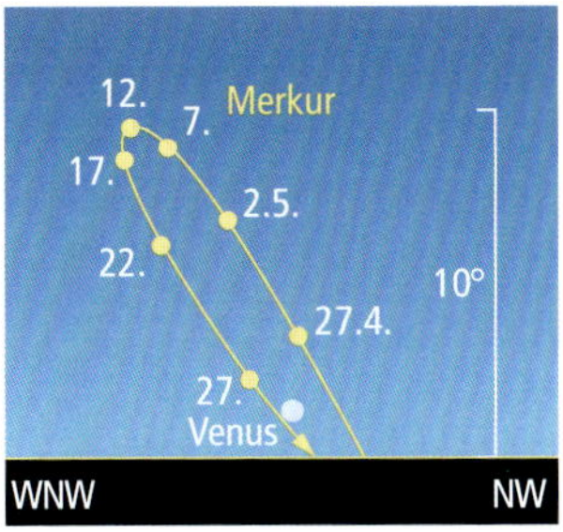

4.4 Merkurposition relativ zur Venus, eine Viertelstunde vor Venusuntergang.

nicht mehr als Fernrohrobjekt empfohlen werden.

JUPITER baut seine Morgensichtbarkeit kräftig aus. Am 25. verlässt er das Sternbild Steinbock und wechselt in den Wassermann. Am 1. geht der Riesenplanet um $4^{h}32^{m}$ (= $5^{h}32^{m}$ Sommerzeit) auf, am 15. um $3^{h}42^{m}$ und am 30. bereits um $2^{h}49^{m}$. Die Jupiterhelligkeit steigt leicht auf $-2^{m}\!,2$ an. Am 7. wandert der abnehmende Mond am Riesenplaneten vorbei (siehe auch Tabelle „Konstellationen und Ereignisse“ auf Seite 98).

SATURN ist Planet am Morgenhimmel. Er bremst seine rechtläufige Wanderung durch den Steinbock merkbar ab, sein Stillstand ist nicht mehr fern (siehe Abb. 8.2 auf Seite 175).

Am 1. geht der $0^{m}\!,7$ helle Ringplanet um $4^{h}03^{m}$ (= $5^{h}03^{m}$ MESZ) auf. Am 15. taucht Saturn um $3^{h}11^{m}$ über der Horizontlinie auf und am 30. bereits um $2^{h}14^{m}$ (= $3^{h}14^{m}$ MESZ). Jeweils eine Viertelstunde später wird Saturn im Horizontdunst sichtbar.

Im Fernrohr erkennt man, dass die Ringöffnung gegenüber den letzten Jahren abnimmt. In diesem Monat beträgt sie 17°. Der Ring weist einen scheinbaren Längsdurchmesser von 37″ und 11″ Querdurchmesser zur Monatsmitte auf. Der Äquatordurchmesser des Saturnscheibchens beträgt 16″. Zurzeit sieht man auf die Nordseite des Ringes. Im März 2025 wird die Erde die Ringebene von Nord nach Süd durchstoßen. Für kurze Zeit wird dann der extrem dünne Saturnring unsichtbar. Danach blickt man wieder auf die Südseite des Ringes.

URANUS, rechtläufig im Sternbild Widder, hat sich vom Abendhimmel zurückgezogen und bleibt unbeobachtbar. Am 30. holt ihn die Sonne ein, er steht in Konjunktion mit ihr. Am Tag der Konjunktion erreicht Uranus seine größte Entfernung von der Erde in diesem Jahr. Ihn trennen dann 3106 Millionen Kilometer (= 20,76 AE) von uns. Seine Sonnendistanz beträgt am 30. dann 2955 Millionen Kilometer (= 19,75 AE), dies entspricht einer Lichtlaufzeit von zwei Stunden und 44 Minuten. Die enge Begegnung mit Venus am 23. bleibt ebenso unbeobachtbar wie uns die Konjunktion mit Merkur am 24. entgeht.

NEPTUN stand im Vormonat in Konjunktion mit der Sonne. Der bläuliche Planet wandert rechtläufig durch das Sternbild Wassermann. Noch hält er sich in den Strahlen der Sonne verborgen.

KONSTELLATIONEN UND EREIGNISSE

Datum	MEZ	Ereignis
6.	9^h	**Mond bei Saturn**, Mond 4°,0 südlich, **Abstand 5°,7 um 5^h**
7.	8	**Mond bei Jupiter**, Mond 4°,4 südlich, **Abstand 5°,8 um 5^h**
9.	12	Mond bei Neptun, Mond 4°,3 südlich
11.	7	Mond bei Merkur, Mond 3°,0 südlich
12.	11	Mond bei Venus, Mond 2°,9 südlich
13.	13	Mond bei Uranus, Mond 2°,5 südlich
17.	13	**Mond bei Mars**, Mond 0°,1 südlich, **Abstand 2°,8 um 20^h**
19.	3	Merkur in oberer Konjunktion mit der Sonne
23.	0	Venus bei Uranus, Venus 0°,3 südlich
24.	11	Merkur bei Uranus, Merkur 0°,8 nördlich
26.	10	**Merkur bei Venus**, Merkur 1°,3 nördlich, **Abstand 1°,5 um 20^h** (Fernglas!)
27.	1	Merkur im Perihel
28.	20	Pluto im Stillstand, anschließend rückläufig
30.	21	Uranus in Konjunktion mit der Sonne

PLANETOIDEN UND ZWERGPLANETEN

PLUTO wird am 28. im Sternbild Schütze stationär und ist anschließend rückläufig. Am 28. geht der nur $14^m,3$ helle Zwergplanet der Unterwelt um 1^h44^m (= 2^h44^m MESZ) auf und kulminiert um 5^h51^m. Die Plutoaufsuchkarte Abb. 7.6 findet man auf Seite 156.

In Opposition zur Sonne kommt Pluto in der Nacht vom 17. auf 18. Juli.

CERES – Planetoid Nr. 1 – kommt am 7. morgens im Sternbild Stier in Konjunktion mit der Sonne. Von der Erde ist Ceres dabei 584 Millionen Kilometer (= 3,90 AE) entfernt. Von der Sonne trennen die $8^m,9$ helle Ceres 436 Millionen Kilometer (= 2,91 AE). Seine Opposition erreicht der Zwergplanet am 27. November.

JUNO – Planetoid Nr. 3 – wird am 13. im Sternbild Schlangenträger stationär und strebt anschließend rückläufig ihrer Opposition zur Sonne entgegen, die sie am 6. Juni erreicht. Am 13. kulminiert die nur $10^m,8$ helle Juno um 4^h31^m (= 5^h31^m MESZ), nachdem sie um 23^h05^m aufgegangen ist.

VESTA (4) bremst ihre rückläufige Wanderung durch den Löwen stark ab und kommt am 22. um

19^{h} zum Stillstand. Anschließend ist sie wieder rechtläufig. Mit ihrem zweiten Stillstand in diesem Jahr beendet sie ihre Oppositionsperiode, was auch an der um $0\overset{m}{,}6$ auf $7\overset{m}{,}0$ zurückgehenden Vestahelligkeit deutlich wird.

Ihre Kulminationen verlagert Vesta von $22^{h}34^{m}$ am 1. auf $21^{h}33^{m}$ am 15. und auf $20^{h}34^{m}$ (= $21^{h}34^{m}$ MESZ) Ende April. Die scheinbare Vestabahn findet man in Abb. 3.3 auf Seite 78.

PERIODISCHE STERNSCHNUPPENSTRÖME

In der Zeit vom 16. bis 24. April werden die **LYRIDEN** aktiv. Ihr Ausstrahlungspunkt liegt in der Leier, etwa 7° südwestlich von Wega.

Die Lyriden sind schnelle Objekte. Im Mittel liegen ihre Eintrittsgeschwindigkeiten in die Erdatmosphäre um 50 Kilometer pro Sekunde. Günstigste Beobachtungszeit: 22^{h} bis 4^{h}. Das Maximum am 22. April ist nicht sehr ausgeprägt. Rund zehn bis zwanzig Meteore, darunter einige helle Exemplare, leuchten dann pro Stunde auf. Diesmal stört jedoch Mondlicht.

Als Ursprungskomet der Lyriden wurde der Komet Thatcher (C/1861 G1) ausgemacht, der für eine Sonnenumrundung im Mittel 415 Jahre benötigt.

Der **ANTIHELION**-Komplex verlagert sich weiter in die südlichen Bereiche der Ekliptik durch das Sternbild Virgo in Richtung Libra. Die Raten bleiben unter fünf. Im letzten Monatsdrittel sind die ersten Eta-Aquariden zu beobachten (siehe auch Sternschnuppenströme im Mai).

Wenig bekannt sind die **PI-PUPPIDEN**, deren Radiant im Sternbild Hinterdeck des Schiffes Argo (lat.: Puppis) liegt. Damit ist alles gesagt: Der Strom ist nur in südlichen Gegenden einigermaßen gut zu verfolgen. Das Maximum tritt am 23. April ein mit unterschiedlich hohen Raten. Die Meteore sind in südlichen Gegenden (südlich von 30° nördlicher Breite) am Abendhimmel zu verfolgen. Ursprungskomet ist 26P/Grigg-Skjellerup.

Die Puppiden sind mit nur 15 Kilometer pro Sekunde ausgesprochen lahme Sternschnuppen.

Der Fixsternhimmel

Zur abendlichen Stunde (Standardbeobachtungszeit am 1. um 23^{h} MEZ = 24^{h} Sommerzeit, am 15. um 22^{h} MEZ = 23^{h} Sommerzeit) steht jetzt der Große Wagen mit seinen sieben Sternen direkt über unseren Köpfen. Er ist nur ein Teil der viel größeren Sternenfigur des Großen Bären (Ursa Maior). Zurzeit ist die Gelegenheit günstig, den Großen Bären als Sternbild in seiner Gesamtheit zu erfassen, denn sein Kopf und seine Tatzen werden von relativ lichtschwachen Sternen markiert, während der Wagenkasten den Schinken des Bären bildet und die Deichsel seinen zoologisch gesehen viel zu langen Schwanz.

Durch den Meridian wandert gerade der Löwe. Er hat nun seine Gipfelposition erreicht und ist auch für Anfänger leicht auszumachen. Ein großes Sternentrapez deutet den Rumpf an, ein kleines, an der Nordwestecke („rechts-oben" in unseren Breiten) aufgesetztes Trapez den Kopf dieses königlichen Tieres. Der Löwe ist Mitglied im Zirkel der Tierkreisbilder. Sein Hauptstern Regulus liegt fast genau auf der Ekliptik. Regulus (α Leonis) wird deshalb von Zeit zu Zeit vom Mond bedeckt, gelegentlich sogar auch von einem Planeten. Die Entfernung von Regulus misst nach neuesten Beobachtungen 77 Lichtjahre.

Nördlich des Löwen und südlich der Tatzen des Großen Bären liegt das unscheinbare Sternbild Kleiner Löwe (lat.: Leo Minor). Nur drei Sterne des Kleinen Löwen sind heller als $4\overset{m}{,}5$.

Im Westen versinken die Wintersternbilder. Sirius im Großen Hund ist bereits untergegangen. Orion befindet sich gerade im Untergang, ebenso der Stier mit dem roten Aldebaran. Hoch im Westen sind die Zwillinge zu sehen. Zwischen Zwillingen und Löwe liegt der unscheinbare Krebs.

Im Südwesten fällt Prokyon im Kleinen Hund auf. Halbhoch im Nordwesten strahlt die gelbe Kapella im Sternenpolygon des

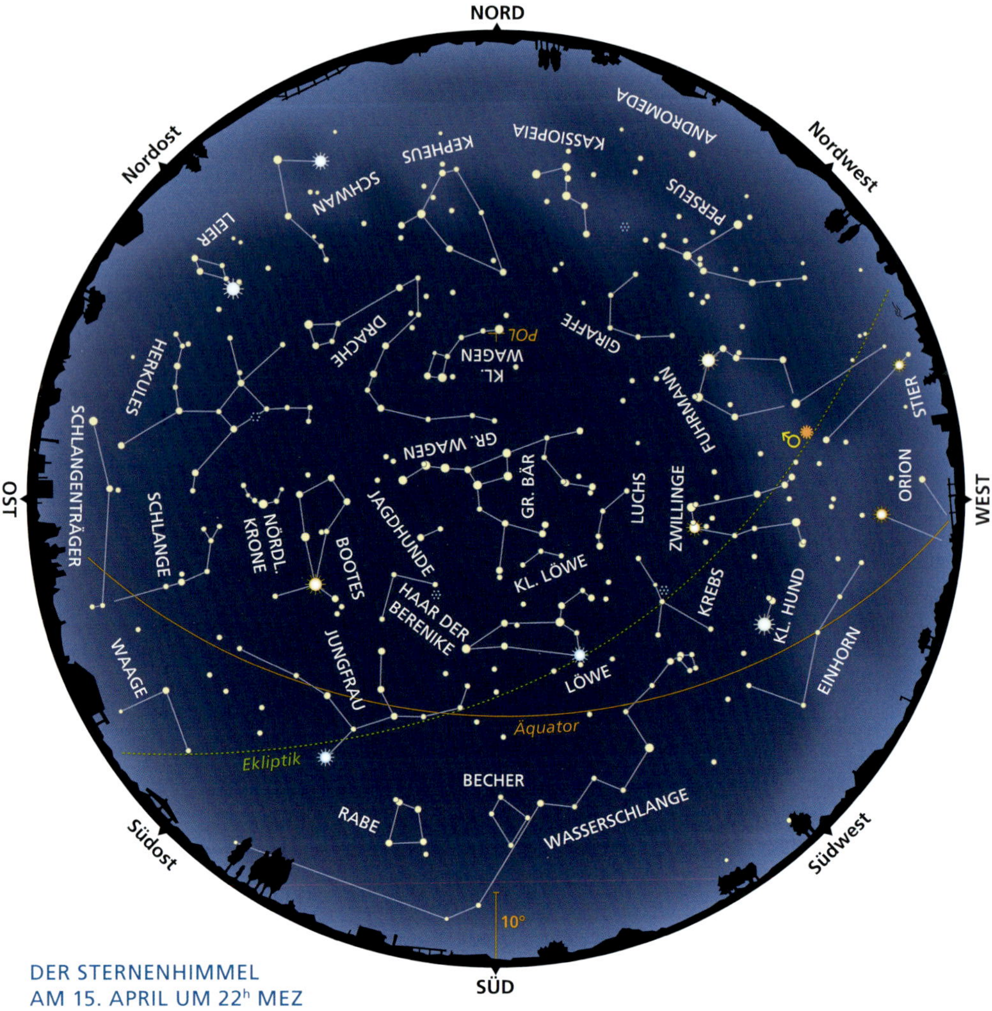

DER STERNENHIMMEL
AM 15. APRIL UM 22ʰ MEZ

Die Sternkarte ist auch gültig für:

	MEZ	MESZ
15.12.	6ʰ	
1. 1.	5	
15. 1.	4	
1. 2.	3	
15. 2.	2	
1. 3.	1	
15. 3.	0	
1. 4.	**23**	**24ʰ**
15. 4.	**22**	**23**
30. 4.	**21**	**22**

Fuhrmanns. Die Kassiopeia, das Himmels-W, bereitet sich auf die untere Kulmination vor. Der Kepheus geht gerade zwischen Himmelsnordpol und Nordpunkt am Horizont durch den Meridian. Diese Stellung bezeichnet man als „untere Kulmination“. Nur Sterne, die zirkumpolar sind, können auch in unterer Kulmination beobachtet werden. Alle anderen Sterne bleiben in unterer Kulmination unter dem Horizont und sind daher in dieser Position unbeobachtbar.

Ein intensiv orangerot strahlender Stern fällt hoch im Südosten auf. Es handelt sich um Arktur, den Hauptstern im Sternbild Bootes. In Sternkarten ist er als α Bootis vermerkt. Mit $0\overset{m}{.}0$ scheinbarer Helligkeit gehört Arktur zu den fünf hellsten Fix-

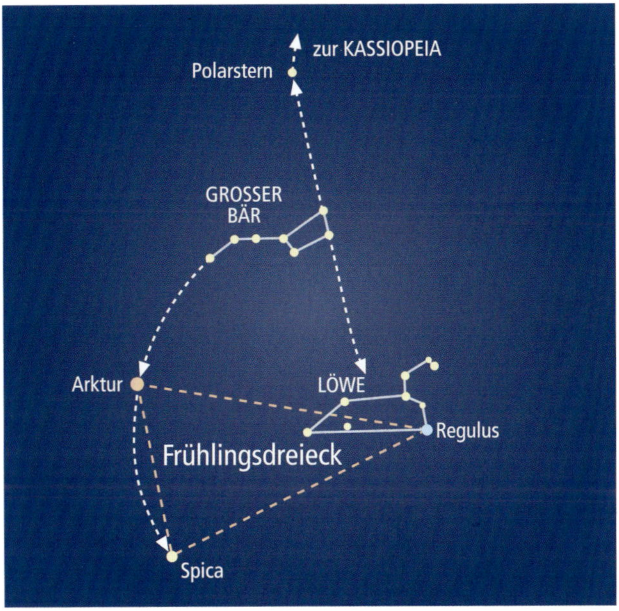

4.5 Das Frühlingsdreieck setzt sich aus den drei hellen Sternen Arktur im Bootes, Regulus im Löwen und Spica in der Jungfrau zusammen.

sternen am irdischen Firmament. Arktur ist 37 Lichtjahre von uns entfernt. Arktur heißt so viel wie Bärenhüter. Im täglichen Himmelsumschwung folgt Arktur permanent dem Großen Bären. Er treibt damit gewissermaßen den Bären um den Polarstern herum.

Bootes bedeutet Rinderhirt (Septemtriones). Die alten Römer sahen in den sieben Wagensternen sieben Dreschochsen, die um den Polarstern als Göpel herumwandern. Und Bootes, der fleißige Rinderhirt, treibt sie an, indem er ihnen ständig folgt.

Südlich der Deichsel des Großen Wagens und dem Kleinen Löwen im Osten benachbart, stößt man auf das kleine und unscheinbare Sternbild der Jagdhunde (lat.: Canes Venatici, abgekürzt: CVn). Die Jagdhunde sind ein neuzeitliches Sternbild, es war daher im Altertum und Mittelalter unbekannt. Eingeführt hat es der Danziger Ratsherr und aktive Amateurastronom mit eigener Sternwarte Johannes Hevelius im Jahre 1687. Es erschien in seinem Sternatlas *Prodromus Astronomiae,* der von seiner Frau Elisabeth herausgegeben wurde. Die Jagdhunde werden von Bootes an zwei Leinen festgehalten. Der Hauptstern (α CVn) heißt Cor Caroli (lat., Herz Karls; nach König Charles I. von England benannt).

Den Platz im Südosten nimmt die Jungfrau (lat.: Virgo) ein. Ihr hellster Stern (α Virginis) heißt Spica mit Eigennamen. Spica ist lateinisch und bedeutet „Kornähre". Sie ist ein Symbol für die Fruchtbarkeit der Jungfrau. Im Gegensatz zum rötlichen Arktur leuchtet Spica in bläulicher Farbe. Spica ist eine ganze Größenklasse lichtschwächer als Arktur. Dies betrifft allerdings nur ihre scheinbare Helligkeit. Im Gegensatz zu Arktur, der nur knapp 37 Lichtjahre entfernt ist, braucht das Licht 260 Jahre, um von Spica zur Erde zu gelangen. Dass wir sie trotz dieser relativ großen Distanz noch als Stern erster Größe am irdischen Himmel sehen, liegt an ihrer gewaltigen Leuchtkraft. Spica strahlt so hell wie 2200 unserer Sonnen zusammengenommen. Stünde

VERÄNDERLICHE STERNE

Algol-Minima		β-Lyrae-Minima		δ-Cepheï-Maxima		Mira-Helligkeit	
2.	18^h32^m	6.	18^h N	1.	20^h	1.	9^m
14.	5 47	13.	5 H	7.	5	10.	10
19.	23 28	19.	16 N	12.	13	20.	10
22.	20 16	26.	4 H	17.	22	30.	10
				23.	7		
				28.	16		

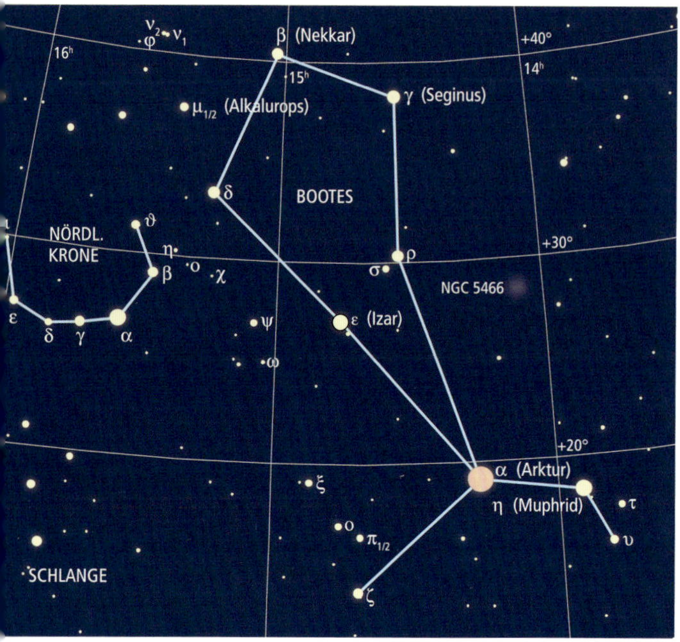

4.6 Die Sternbilder Bootes und Nördliche Krone in einer modernen Sternkarte.

Spica in gleicher Distanz wie Arktur, so erschiene sie uns fast so hell wie die Venus!

Die drei hellen Sterne Arktur im Bootes, Regulus im Löwen und Spica in der Jungfrau bilden ein großes Dreieck, das als Frühlingsdreieck bekannt ist, gewissermaßen als Gegenstück zum Sommerdreieck, Herbstviereck und Wintersechseck.

Südlich der Jungfrau sind das Sternenviereck des Raben (lat.: Corvus) und der Becher (lat.: Crater) auszumachen. Während der Rabe relativ leicht zu erkennen ist, so ist der lichtschwache Becher ein schwieriges Sternbild, das man nur unter sehr guten Sichtbedingungen wahrnehmen kann.

Im Nordosten ist bereits der Herkules über den Horizont gestiegen, ein recht ausgedehntes Sternbild ohne hellere Sterne. Im Herkules stößt man auf den prominenten Kugelsternhaufen M 13. Ein weiterer, aber lichtschwächerer Kugelsternhaufen, nämlich M 92, findet sich ebenfalls im Herkules.

Halbhoch im Osten, nahe dem Bootes, springt der Sternenhalbkreis der Nördlichen Krone förmlich ins Auge. Er ist zwar nicht besonders hell, aber in seiner Anordnung recht auffällig. Der deutlich hellere Stern im Halbkreis mit der Katalogbezeichnung α Coronae Borealis heißt Gemma, der Edelstein. Der offizielle Name nach der IAU-Liste lautet Alphecca. α CrB ist ein weißer, heißer Riesenstern (A0 IV) in 75 Lichtjahren Entfernung. In der Nördlichen Krone findet sich auch der Eruptiv-Variable R Coronae Borealis, ein rußender Stern.

Am Nordosthorizont künden Wega in der Leier und Deneb im Schwan den kommenden Sommer an.

Planet X – ein Schwarzes Loch?

4.7 In der großen Kuppel steht das 4-m-Victor-M.-Blanco-Teleskop auf dem Cerro Tololo in Chile.

Manchmal kommen Astronomen auf recht exotische Erklärungsversuche, wenn die jahrelange Suche nach bestimmten Objekten oder Phänomenen erfolglos bleibt. Man darf aber ungewöhnliche Lösungsansätze nicht von vornherein als „Spinnereien" abtun. Hier denke man an Albert Einstein, der erkannte, dass das Weltall nicht stabil sein kann und deshalb in das Newtonsche Gravitationsgesetz sein berühmtes λ-Glied einfügte, um das Weltall zu stabilisieren. Als sich herausstellte, dass das Weltall gar nicht stabil ist, sondern expandiert, bezeichnete er seinen Versuch als „größten Unsinn" seines Lebens. Doch inzwischen wird das λ-Glied wieder gebraucht, um die beschleunigte Expansion des Universums zu erklären.

Auch die Suche nach dem ominösen „Planet X" treibt die Astronomen um. Schon lange wird spekuliert, jenseits der Neptunbahn müsse es noch einen weiteren großen Planeten geben. Nach der Entdeckung von Pluto im Jahre 1930, damals als 9. Planet unseres Sonnensystems angesehen, begann die Suche nach einem 10. Planeten, einem „Transpluto". Man fahndete nach dem Planeten X. Das X steht sowohl für „unbekannt" als auch für 10. Planet, denn X ist die römische Ziffer für 10. Inzwischen zählt Pluto zur 2006 neu eingeführten Klasse der Zwergplaneten, von denen man weitere jenseits der Neptunbahn entdeckt hat. Dennoch sucht man nach einem großen Planeten weit außerhalb der Neptunbahn. Man hofft, einen „echten" 9. Planeten zu finden, denn es gibt zahlreiche Hinweise, dass es einen solchen massereichen Planeten X geben müsse. Möglicherweise ist er ein Gasplanet oder auch eine „Supererde" mit der fünffachen Masse unserer Erde. Aus Untersuchungen der Bahnen von Zwergplaneten jenseits der Neptunbahn schließt man auf diesen weiteren großen Planeten.

Sogenannte Bahnresonanzen dieser TNOs (**T**rans-**N**eptunian **O**bjects) deuten auf seine Existenz hin. Auch die Neigung der Sonnenachse um 6° zur Senkrechten auf die invariable Fundamentalebene des Planetensystems dürfte durch

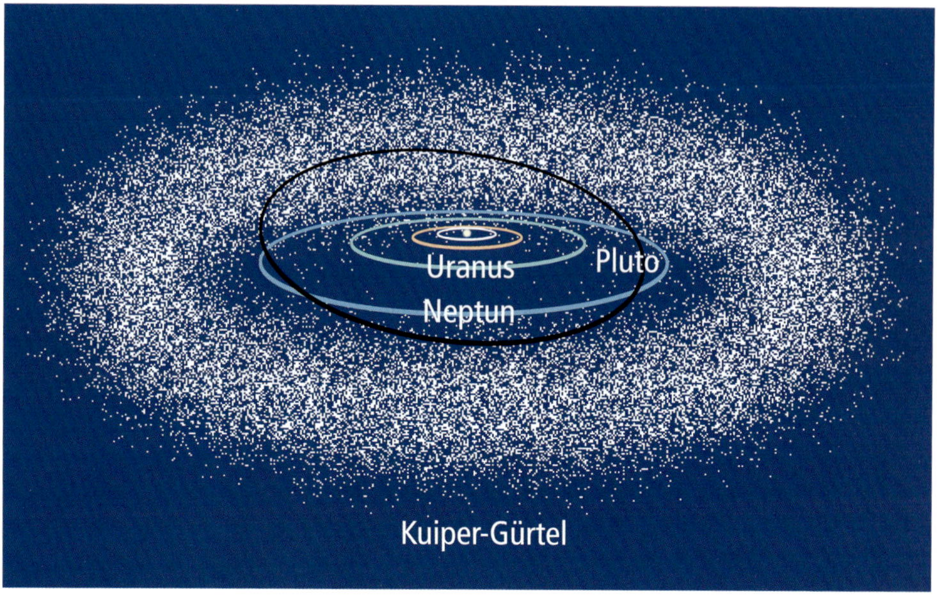

4.8 Im Kuiper-Gürtel jenseits der Neptunbahn umkreisen zahlreiche Zwergplaneten und Planetoiden die Sonne. Findet sich in den fernsten Bezirken des Sonnensystems noch ein großer Planet mit fünf bis zehn Erdmassen?

die Schwerkraftwirkung eines massereichen Körpers in den fernen Bezirken des Sonnensystems bewirkt worden sein. Doch alle Versuche in den letzten 20 Jahren, Planet X dingfest zu machen, scheiterten bisher. Noch hat man nicht aufgegeben. Sowohl mit den 4-m-Victor-M.-Blanco-Teleskop des Inter-American-Observatory auf dem Cerro Tololo als auch mit dem japanischen Subaru-Teleskop auf dem Mauna Kea, Big Island, Hawaii, wird die Suche mit speziell entwickelten Kameras weiterhin betrieben. Freilich ist es frustrierend, nach einem Planeten zu suchen, den es womöglich gar nicht gibt.

Nun hat ein progressives Astronomenteam eine exotisch anmutende Erklärung geliefert, weshalb man seit Jahrzehnten vergeblich nach Planet X gesucht hat. Ihre Vermutung lautet: Dieses Mitglied unseres Sonnensystems ist kein gewöhnlicher Planet, sondern ein primordiales (ursprüngliches) Schwarzes Loch, das in einer frühen Phase des Universums entstand.

Unaufhaltsamer Kollaps

Schwarze Löcher sind extreme Materiekonzentrationen, an deren Oberfläche die Schwerebeschleunigung so hoch ist, dass die Entweichgeschwindigkeit gleich der Lichtgeschwindigkeit im Vakuum (c = 299 793 km/s) ist. Im Vergleich dazu: Um unserer Erde für immer zu entfliehen, muss man ein Raumschiff auf eine Geschwindigkeit von elf Kilometer pro Sekunde beschleunigen, wenn man von der Erdoberfläche oder aus dem erdnahen Orbit startet.

Erleidet ein Stern nach einer Supernovadetonation einen Gravitationskollaps, entsteht ein Schwarzes Loch, wenn die ausgebrannte, übrig gebliebene Sternenleiche mehr als drei Sonnenmassen hat. Sie überschreitet dann die TOV-Grenze, so benannt nach Tolman, Oppenheimer und Volkoff, und stürzt zu einem Schwarzen Loch zusammen, dem nichts mehr entrinnen kann.

Schon 1916, wenige Monate, nachdem Einstein seine Allgemeine Relativitätstheorie (ART) publiziert hatte, löste Karl Schwarzschild seine Feldgleichungen und berechnete den Radius einer kugelförmigen Masse, auf die man die Masse komprimieren muss, damit die Entweichgeschwindigkeit gleich der Lichtgeschwindigkeit wird. Ihm zu Ehren nennt man diese Größe „Schwarzschildradius". Die Sonne müsste man auf sechs Kilometer Durchmesser komprimieren, um sie zu einem Schwarzen Loch werden zulassen. Zu Zeiten Schwarzschilds sprach man von Kollapsaren (von engl.: collapsing star). Die Bezeichnung Black Hole (engl., Schwarzes Loch) wurde erst 1968 von John Archibald Wheeler (1911–2008) eingeführt. Er war ein Schüler und spätere Nachfolger von Einstein am Lehrstuhl für Physik in Princeton, New Jersey (USA).

Ist ein Black Hole der kümmerliche Rest eines einst massereichen Riesensterns, nach dem es diesen in einer Supernova-Detonation zerrissen hat, dann spricht man von einem stellaren Black Hole.

In den Zentren von großen Galaxien hausen auch supermassereiche Black Holes mit millionenfacher Sonnenmasse. Auch unsere Milchstraße beherbergt in ihrem Zentrum ein Schwarzes Loch von knapp vier Millionen Sonnenmassen. Zwar kann man ein Schwarzes Loch nicht sehen, da weder Licht noch Radiowellen, rein gar nichts seine Oberfläche verlassen kann (abgesehen von der nicht beobachtbaren quantenmechanischen Hawking-Strahlung), aber viele Black Holes sind von Millionen Grad heißen Akkretionsscheiben umgeben, die im Röntgenlicht hell strahlen.

Uns zum Glück ist die Materie stabil und kann nicht zu einem Black Hole kollabieren, sofern nicht die TOV-Grenze überschritten wird. Nach Vorstellungen einiger Astronomen soll jedoch Planet X ein Schwarzes Loch von nur fünf bis zehn Erdmassen sein, das in einem Abstand von rund 500 AE (knapp 75 Milliarden Kilometer) die Sonne in 11 000 Jahren umkreist. Das Sonnenlicht ist damit 21 Stunden zum Planet X unterwegs.

Der schwerste Apfel des Universums

Doch woher kommen diese Mini-Black-Holes? Nach Vorstellung der Kosmologen sind diese primordialen Schwarzen Löcher in den allerersten Augenblicken im Urknall-Szenario entstanden.

4.9 Ein Schwarzes Loch als Rest einer Supernova-Detonation

ESA/XMM-Newton/I. de la Calle

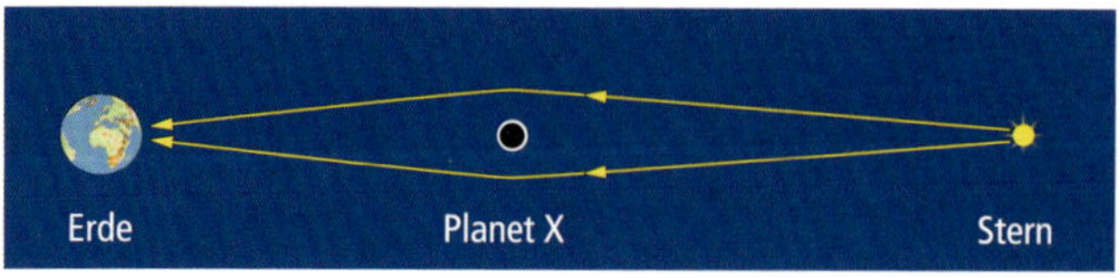

4.10 Gravitationslinseneffekt nach der ART Einsteins. Passiert das Licht eines fernen Sterns das Black Hole, so wird es abgelenkt und dabei fokussiert. Der Stern wird für kurze Zeit heller.

Bei der Entkoppelung der Gravitation von den drei übrigen Naturkräften (Kernkraft, schwache Wechselwirkung und elektromagnetische Kraft), als das Universum 10^{-43} Sekunden alt war, sollen die primordialen Black Holes als topologische Defekte mit relativ kleinen Massen entstanden sein. Black Holes mit nur einigen zehntausend Tonnen sind durch die Hawking-Strahlung längst „verdampft". Nicht so diejenigen, die einige Erdmassen besitzen. Diese müsste es heute noch geben, wenn Hawkings Hypothese richtig ist.

Angenommen, Planet X ist tatsächlich ein primordiales Black Hole mit einer Masse von fünf Erdmassen, wie kann man seine Existenz nachweisen oder es beobachten? Ein Black Hole von fünf Erdmassen hat einen Durchmesser von nur neun Zentimeter, ist also so groß wie ein großer Apfel oder eine Orange. Sehen kann man es nicht, da es nicht strahlt. Selbst eine hell leuchtende Kugel von nur neun Zentimeter Durchmesser wäre in 75 Milliarden Kilometer Entfernung nicht zu beobachten. Und eine Akkretionsscheibe hat der Planet X ebenfalls nicht. Zugegeben, ein kurioser Gedanke, dass ein solch winziges, unsichtbares „Etwas" mit seinen fünf Erdmassen in unser Sonnensystem gravitativ eingreift. Planet X als Schwarzes Loch zu finden erscheint aussichtslos.

Neue Suchmethoden

Doch so leicht darf man nicht aufgeben. Es gibt eine Methode, es aufzuspüren. Nach der ART gibt es den Gravitationslinseneffekt: Massen krümmen den Raum. Deshalb werden auch ansonsten geradlinig laufende Lichtstrahlen durch Massen abgelenkt beziehungsweise gekrümmt. Erstmals konnte Einsteins Voraussage bei der totalen Sonnenfinsternis vom 29. Mai 1919 nachgewiesen werden. Sternenlicht, das knapp an der vom Neumond verdunkelten Sonne vorbeilief, wurde abgelenkt. Die ART wurde dabei glänzend bestä-

4.11 Bahn des hypothetischen Planeten X außerhalb des Kuiper-Gürtels in 500 AE Sonnendistanz.

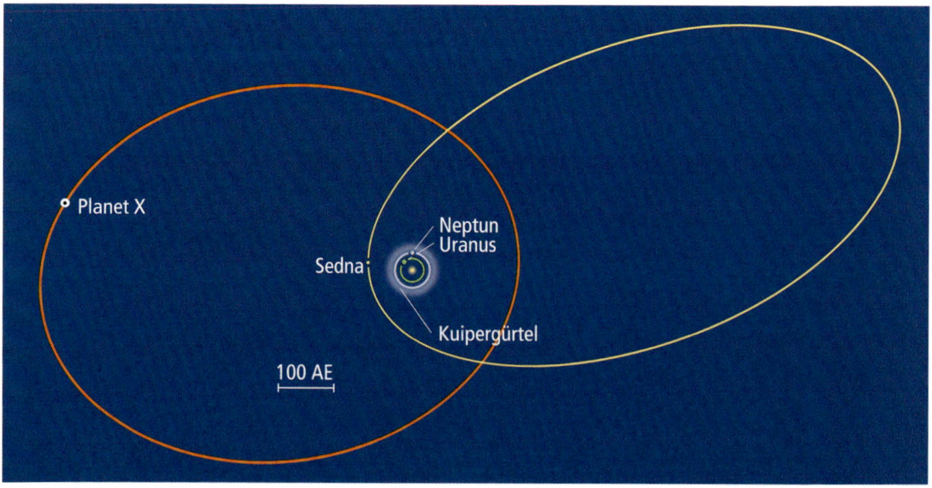

4.12 Planet X – ein Schwarzes Loch von fünf Erdmassen in Originalgröße (Maßstab 1:1). Sein Schwarzschildradius misst 4,5 cm.

tigt und Einstein mit einem Schlag berühmt. Massen wirken auch als Gravitationslinsen. Zieht eine Masse vor einem fernen Stern vorbei, dann bündelt sie kurzfristig das Licht des Sterns. Um zu prüfen, ob der Planet X tatsächlich ein Mini-Black-Hole ist, muss man versuchen, einen Gravitationslinseneffekt zu beobachten, wenn er vor einem fernen Stern vorbeizieht. Ein solches Mikrogravitationslinsenereignis ist extrem selten und nur von kurzer Dauer. Ein polnisches Astronomenteam versucht, dem Planet X damit auf die Schliche zu kommen. Das entsprechende Forschungsprojekt heißt OGLE (**O**ptical **G**ravitational **L**ensing **E**xperiment). Es wird in erster Linie zum Auffinden von Exoplaneten, also Planeten fremder Sonnen, betrieben. Zunächst benutzten die Astronomen dazu das 1-m-Henriette-Swope-Teleskop auf dem Las-Campanas-Observatorium in Chile. Seit 1997 steht das 1,3-m-Warschau-Teleskop zur Verfügung – ebenfalls am Las-Campanas-Observatorium. Es erhielt in jüngster Zeit eine hochwertige Kamera mit 32 CCD-Sensoren zu je 2048 × 4096 Pixel (Gesichtsfeld 1,°5). Außerdem wurde es mit einem EWS (**E**arly **W**arning **S**ystem) ausgestattet. Das EWS soll helfen, ein Mikrolinsen-Ereignis möglichst früh zu erkennen.

Bisher wurden mit OGLE gut ein Dutzend Exoplaneten entdeckt, darunter einer mit 5,5 Erdmassen. Spannend ist die Suche nun nach Planet X. Sollte er tatsächlich als primordiales Black Hole existieren, müsste man ihn über kurz oder lang mit dem Microlensing-Verfahren aufspüren. Man darf gespannt sein.

Mai 2021

- Merkur bietet im ersten Maidrittel eine günstige Abendsichtbarkeit.
- Venus erscheint allmählich am Abendhimmel.
- Mars kann in der ersten Nachthälfte beobachtet werden.
- Jupiter wird zum Planeten der zweiten Nachthälfte.
- Auch Saturn zeigt sich in der zweiten Nachthälfte.

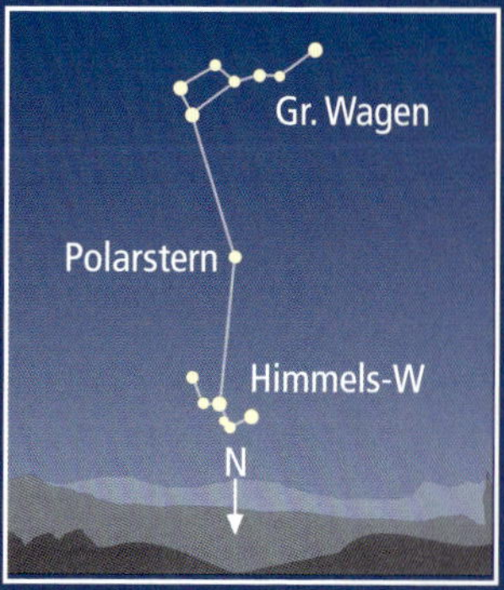

Großer Wagen und Himmels-W Anfang Mai um 22 Uhr

5.1 Anblick des Westhimmels am 13. Mai gegen 21^h MEZ (= 22^h MESZ). Mars steht in den Zwillingen. Knapp über dem Nordwesthorizont erkennt man Venus, Merkur und die zunehmende Mondsichel

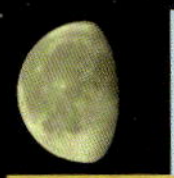	1 Sa	Maifeiertag
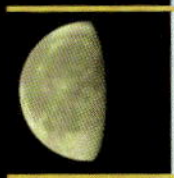	2 So	
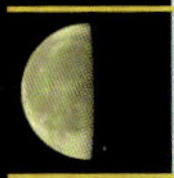	3 Mo	Letztes Viertel
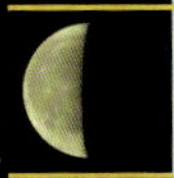	4 Di	
	5 Mi	Mond bei Jupiter – morgens
	6 Do	
	7 Fr	
	8 Sa	
	9 So	
	10 Mo	Merkur beste Abendsichtbarkeit
	11 Di	**Neumond**
	12 Mi	
	13 Do	Christi Himmelfahrt Mond bei Merkur – abends
	14 Fr	
	15 Sa	Mond bei Mars – abends
	16 So	Mond bei Pollux – abends
	17 Mo	
	18 Di	
	19 Mi	Erstes Viertel Mond bei Regulus – abends
	20 Do	
	21 Fr	
	22 Sa	
	23 So	Pfingstsonntag
	24 Mo	Pfingstmontag
	25 Di	
	26 Mi	**Vollmond**
	27 Do	
	28 Fr	
	29 Sa	
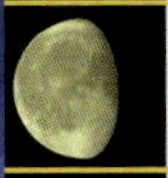	30 So	
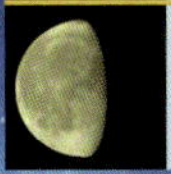	31 Mo	Mond bei Saturn – morgens

SONNE – STERNBILDER

14. 5. 8h:
Sonne tritt in das Sternbild Stier

20. 5. 21h:
Sonne tritt in das Tierkreiszeichen Zwillinge

Julianisches Datum am
1. Mai, 1 MEZ: 2 459 335,5

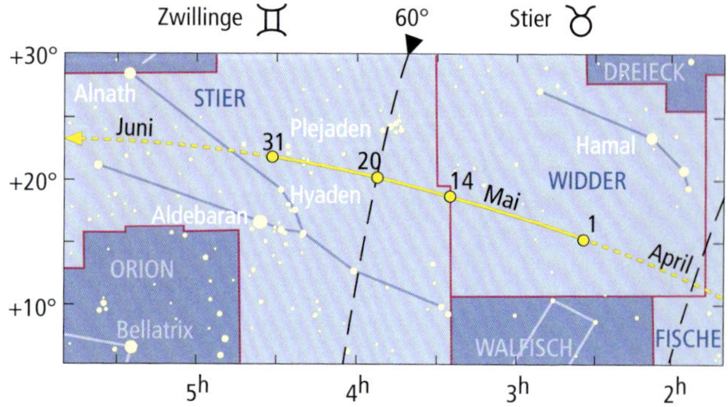

SONNENLAUF

Tag	Dämmerg. Anfang	Aufgang MEZ	Kulmination	Untergang MEZ	Dämmerg. Ende	Mittagshöhe	Zeitgleichg.	Rektaszension	Deklination
	h m	h m	h m	h m	h m	°	m	h m	°
1.	3 33	4 56	12 17	19 39	21 03	55,2	+3	2 33	+15,0
5.	3 24	4 49	12 17	19 45	21 11	56,4	+3	2 48	+16,2
10.	3 13	4 41	12 16	19 52	21 22	57,7	+4	3 07	+17,5
15.	3 02	4 34	12 16	20 00	21 32	59,0	+4	3 27	+18,8
20.	2 52	4 27	12 17	20 06	21 42	60,1	+3	3 47	+19,9
25.	2 43	4 22	12 17	20 13	21 52	61,0	+3	4 07	+20,9
31.	2 34	4 17	12 18	20 19	22 03	62,0	+2	4 31	+21,9

TAGES- UND NACHTSTUNDEN

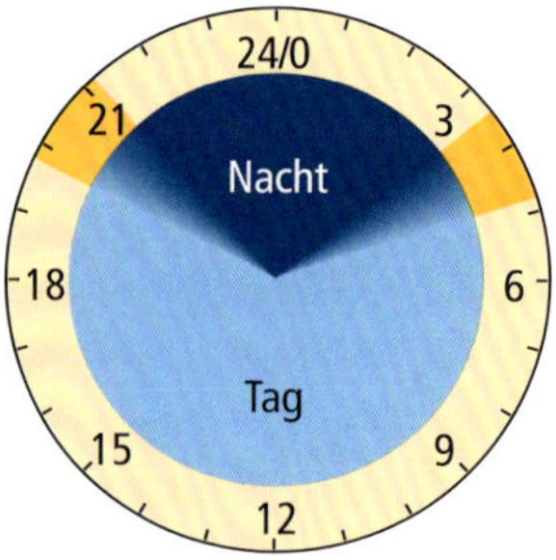

5. Mai

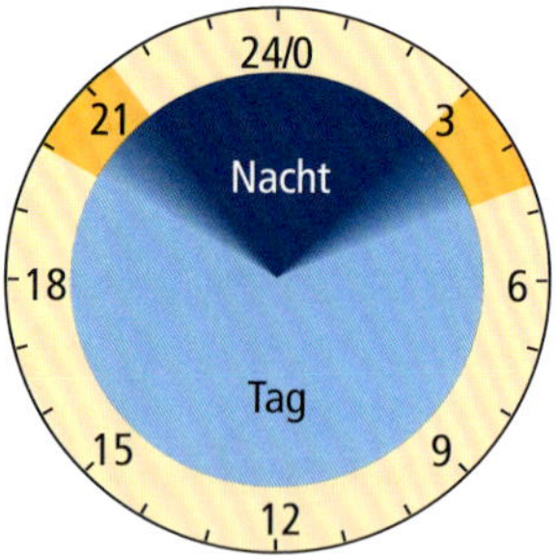

15. Mai

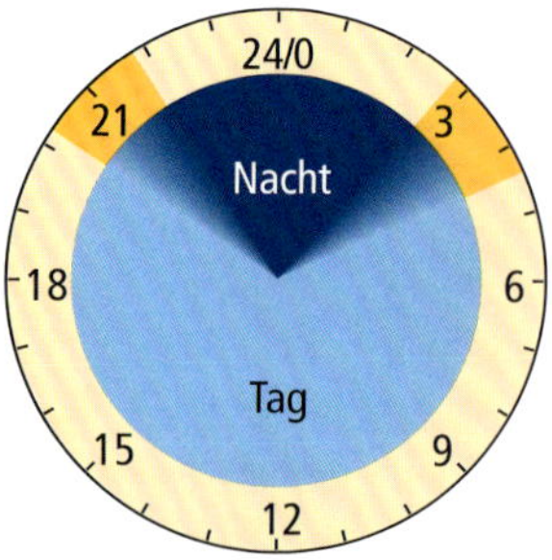

25. Mai

MONDLAUF

Datum		Aufg. MEZ	Kulmination	Unterg. MEZ	Rektaszension	Deklination	Sterne und Sternbilder	Phase	MEZ
		h m	h m	h m	h m	o			
Sa	1.	0 22	4 12	8 01	18 19	−25,5	Schütze, Nunki		
So	2.	1 22	5 13	9 07	19 22	−25,3	Schütze, Nunki		
Mo	3.	2 07	6 10	10 20	20 22	−23,7	Steinbock	**Letztes Viertel** Libration West	20^h 50^m
Di	4.	2 40	7 03	11 35	21 18	−20,7	Steinbock		
Mi	5.	3 05	7 52	12 49	22 10	−16,8	Wassermann		
Do	6.	3 25	8 37	14 00	22 59	−12,2	Wassermann	Größte Südbreite	
Fr	7.	3 42	9 20	15 10	23 45	− 7,2	Wassermann		
Sa	8.	3 57	10 01	16 17	0 29	− 2,0	Walfisch		
So	9.	4 12	10 41	17 24	1 12	+ 3,2	Fische		
Mo	10.	4 28	11 22	18 31	1 56	+ 8,2	Fische		
Di	11.	4 45	12 04	19 39	2 40	+12,9	Widder	**Neumond Nr. 1217** Erdferne 407/29′,4	20^h 00^m 23^h
Mi	12.	5 05	12 48	20 46	3 26	+17,1	Stier		
Do	13.	5 29	13 35	21 53	4 14	+20,7	Stier, Hyaden	Aufsteigender Knoten	
Fr	14.	6 00	14 23	22 55	5 03	+23,4	Stier, Al Nath		
Sa	15.	6 40	15 14	23 51	5 55	+25,1	* Stier, Al Nath		
So	16.	7 29	16 06	–	6 49	+25,7	* Zwillinge		
Mo	17.	8 29	16 57	0 37	7 43	+25,0	Kastor, Pollux		
Di	18.	9 37	17 48	1 15	8 36	+23,1	Krebs, Krippe		
Mi	19.	10 51	18 38	1 45	9 29	+20,0	* Löwe	**Erstes Viertel** Libration Ost	20^h 13^m
Do	20.	12 07	19 27	2 10	10 21	+15,9	Löwe, Regulus	Größte Nordbreite	
Fr	21.	13 26	20 16	2 31	11 12	+10,8	Löwe		
Sa	22.	14 46	21 05	2 49	12 03	+ 5,1	Jungfrau		
So	23.	16 10	21 56	3 08	12 55	− 1,1	Jungfrau		
Mo	24.	17 36	22 50	3 27	13 49	− 7,3	Spica		
Di	25.	19 06	23 47	3 50	14 45	−13,4	Waage		
Mi	26.	20 35	–	4 18	15 44	−18,6	Waage	**Vollmond** Erdnähe 357/33′,4 Absteigender Knoten	12^h 14^m 3^h
Do	27.	21 58	0 49	4 55	16 47	−22,6	Antares		
Fr	28.	23 08	1 53	5 44	17 52	−25,0	* Schütze		
Sa	29.	–	2 57	6 47	18 57	−25,6	Schütze, Nunki		
So	30.	0 02	3 58	8 00	20 01	−24,5	Schütze		
Mo	31.	0 41	4 55	9 17	21 00	−21,9	Steinbock		

DER MOND WANDERT AN REGULUS VORBEI

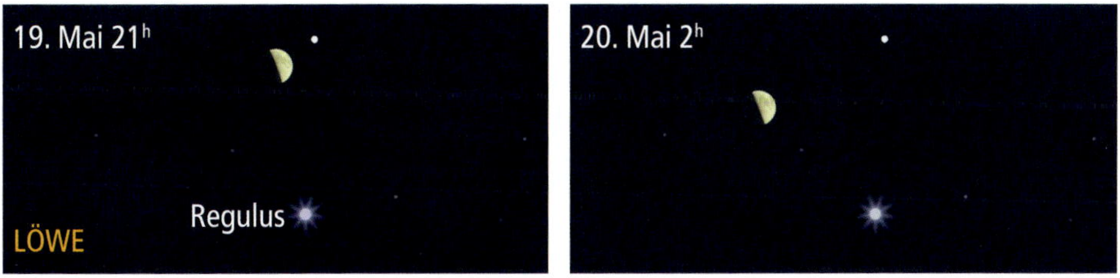

MERKUR bietet im ersten Monatsdrittel eine günstige Abendsichtbarkeit. Am 17. erreicht der sonnennahe Planet mit 22°01′ Winkelabstand seine größte östliche Elongation von der Sonne. Erfahrene Beobachter können den $-1^{\mathrm{m}}{,}1$ hellen Merkur bereits zu Monatsbeginn erkennen. Am 1. erfolgt der Merkuruntergang um $21^{h}04^{m}$ (= $22^{h}04^{m}$ Sommerzeit). Da die Sonne erst um $19^{h}39^{m}$ (= $20^{h}39^{m}$ Sommerzeit) untergeht, wird der flinke Planet erst gegen $20^{h}10^{m}$ (= $21^{h}10^{m}$ MESZ) erkennbar. Bis 10. nimmt die Merkurhelligkeit auf $-0^{\mathrm{m}}{,}3$ ab, die Untergangszeit verspätet sich auf $21^{h}56^{m}$ (= $22^{h}56^{m}$ MESZ). Am 15. geht der inzwischen nur mehr $0^{\mathrm{m}}{,}2$ helle Merkur um $22^{h}09^{m}$ (= $23^{h}09^{m}$ MESZ) unter. Etwa 20^{m} vorher wird der sonnennächste Planet unsichtbar, die horizontnahen Dunstschichten verschlucken ihn (siehe Abb. 5.2 und 5.3 unten).

Letztmals am 22. dürfte man den Benjamin der Planeten mit lichtstarker Optik erjagen können. Am 22. geht der nur noch $1^{\mathrm{m}}{,}1$ helle Wandelstern um $22^{h}04^{m}$ (= $23^{h}04^{m}$ MESZ) unter. Am 12. tritt noch die Dichotomie ein, Merkur zeigt sich halb beleuchtet, die Phase abneh-

5.2 Stellung von Merkur über dem Nordwesthorizont eine Stunde nach Sonnenuntergang. Die Pfeile geben die Bewegungen von Merkur und Sonne während der letzten halben Stunde an.

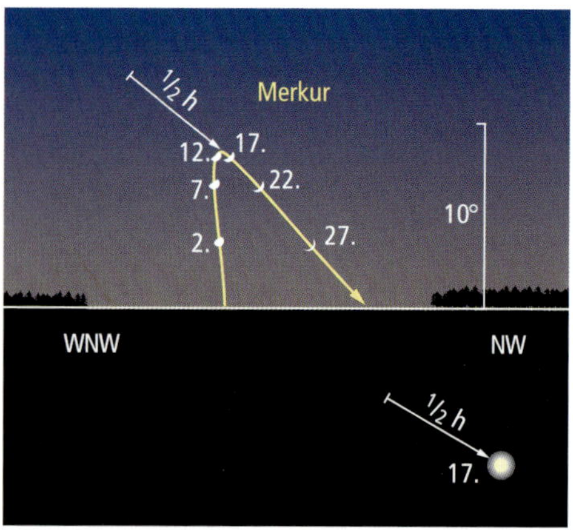

5.3 Sichtbarkeitsdiagramm für Merkur. Es gilt genau für 50° nördlicher Breite und 10° östlicher Länge. Dunkelgelbe Fläche: Unter günstigen Sichtbedingungen kann man Merkur mit bloßen Augen erkennen, hellgelbe Fläche: Merkur ist leicht zu sehen.

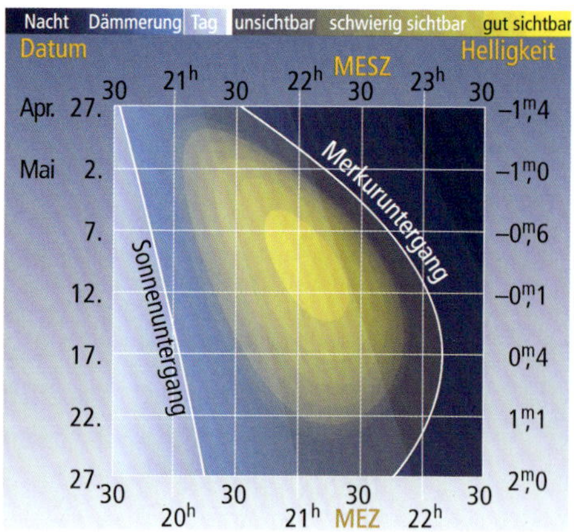

mender Halbmerkur ist zu beobachten. Der scheinbare Durchmesser des Planetenscheibchens beträgt zur Dichotomie 7,″1 (Bogensekunden).

Am 11. wandert Merkur 8° nördlich an Aldebaran im Stier vorbei, wobei α Tauri nur in einem lichtstarken Fernglas auszumachen ist. Am 13. erhält Merkur Besuch vom zunehmenden Mond: die extrem schmale Mondsichel zieht 2° südlich an Merkur vorbei. Der Abstand beträgt um 21^h (= 22^h MESZ) bereits 2,°7 (siehe Abb. 5.1 auf Seite 108).

Die Begegnung mit Venus am 29. ist nur mit lichtstarker Optik zu beobachten. Am 30. wird Merkur stationär und eilt anschließend rasch rückläufig auf die Sonne zu, mit der er am 11. Juni in unterer Konjunktion steht.

VENUS erscheint allmählich am Abendhimmel. Nur langsam wächst ihr östlicher Winkelabstand von der Sonne an. Bis Monatsende nimmt ihre östliche Elongation auf gut 17° zu. Am 3. verlässt Venus das Sternbild Widder und wechselt in das Sternbild Stier. Dabei passiert sie das Goldene Tor der Ekliptik und zieht am 17. rund 6° nördlich an Aldebaran (α Tauri), dem rötlichen Stierauge, vorbei (siehe Abb. 6.2 auf Seite 132). Am 29. kommt es abermals zu einer Begegnung mit Merkur, Venus zieht 0,°4 nördlich an Merkur vorbei. Merkur ist allenfalls mit lichtstarker Optik auszumachen.

Am 1. geht die –3,m9 helle Venus um 20^h28^m (= 21^h28^m Sommerzeit) unter. Etwa zwanzig

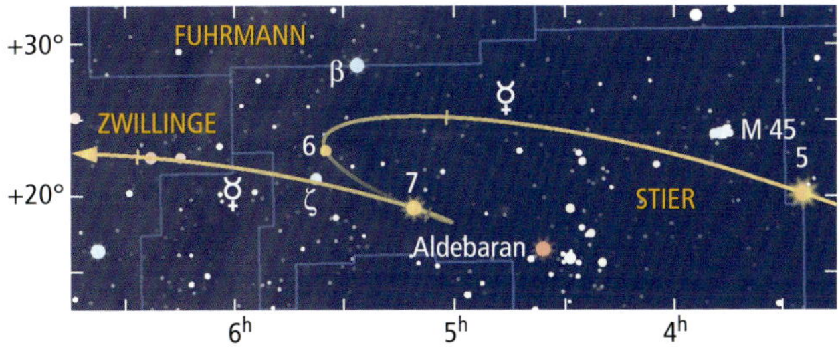

5.4 Die Konjunktionsschleife von Merkur im Sternbild Stier. Die Zahlen geben die Merkurposition zum jeweiligen Monatsersten an (5 = 1. Mai).

Minuten nach Sichtbarwerden in der Abenddämmerung verschwindet Venus im Horizontdunst. Die Venusuntergänge verspäten sich auf 21^h10^m am 15. und auf 21^h48^m (= 22^h48^m MESZ) am letzten Maitag. Zu berücksichtigen ist, dass auch die Sonne immer später untergeht.

Im Teleskop erscheint das nur 10″ große Venusscheibchen voll beleuchtet. Zu Monatsende beträgt der Beleuchtungsgrad 95 %.

MARS kann in der ersten Nachthälfte beobachtet werden. Der rote Planet wandert rechtläufig durch die Zwillinge (siehe Abb. 1.11 auf Seite 38). Während des Monats sinkt die Marshelligkeit um weitere 0,m2 ab und beträgt Ende Mai nur noch 1,m7.

Die Untergänge des roten Planeten verlagern sich von 0^h22^m (= 1^h22^m Sommerzeit) am 1. auf 23^h58^m am 15. und auf 23^h28^m am Monatsletzten.

Der inzwischen auf 4,″2 zurückgegangene Marsscheibchendurchmesser bietet keinen Anreiz mehr für Fernrohrbeobachter.

Am 16. passiert der Mond bei seiner monatlichen Tour durch den Tierkreis abermals den roten Planeten (siehe Konstellationen und Ereignisse auf S. 115).

JUPITER wird zum Planeten der zweiten Nachthälfte. Der Riesenplanet wandert durch das Sternbild Wassermann (siehe Abb. 8.2 auf Seite 175). Seine rechtläufige Bewegung bremst er allerdings merkbar ab. Zum Stillstand kommt Jupiter aber erst im letzten Junidrittel. Die kommende Opposition kündigt sich auch an der zunehmenden Jupiterhelligkeit an, die um 0,m2 auf –2,m4 im Laufe des Monats ansteigt. Damit wird Jupiter zum hellsten Planeten in der zweiten Nachthälfte.

Der Jupiteraufgang verfrüht sich von 2^h45^m (= 3^h45^m Sommerzeit) am 1. auf 1^h54^m am 15. und auf 0^h54^m am Monatsletzten.

Der scheinbare Äquatordurchmesser nimmt von 37,″4 auf 41,″2 zu, der Poldurchmesser des abgeplatteten Jupiterglobus wächst von 35,″0 auf 38,″5 an.

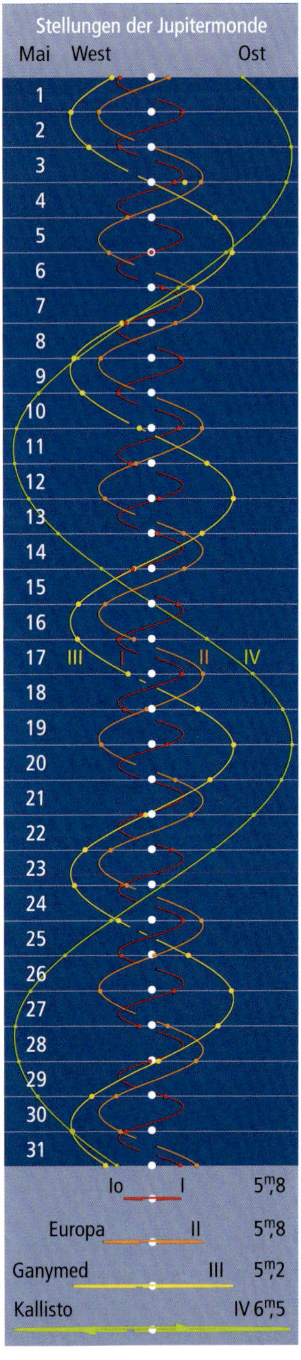

Die Entfernung des Riesenplaneten von der Erde geht von 788 Millionen Kilometer (= 5,27 AE) auf 716 Millionen Kilometer (= 4,79 AE) zurück.

SATURN im Sternbild Steinbock bremst seine rechtläufige Bewegung vollends ab und wird am 23. stationär. Damit beginnt seine Oppositionsperiode, was an der leicht um $0^{m}{,}1$ auf $0^{m}{,}6$ ansteigenden Helligkeit bemerkbar wird. Nach dem 23. wandert er rückläufig durch den Tierkreis, zunächst recht zögerlich (siehe Abb. 8.2 auf Seite 175).

Saturn wird zum Planeten der zweiten Nachthälfte. Die Aufgänge des Ringplaneten erfolgen immer früher. Am 1. erscheint er um $2^{h}10^{m}$ (= $3^{h}10^{m}$ Sommerzeit) über der Horizontlinie, am 15. um $1^{h}16^{m}$ und am 31. bereits um $0^{h}14^{m}$.

URANUS, rechtläufig im Sternbild Widder, hat seine Konjunktion mit der Sonne gerade hinter sich. Der grünliche Planet hält sich am Taghimmel auf und bleibt unbeobachtbar.

NEPTUN, rechtläufig im Wassermann, lässt sich noch nicht blicken. Zwar geht der sonnenfernste und nur $7^{m}{,}9$ helle Planet am Monatsende bereits um $1^{h}36^{m}$ (= $2^{h}36^{m}$ MESZ) auf, bis er

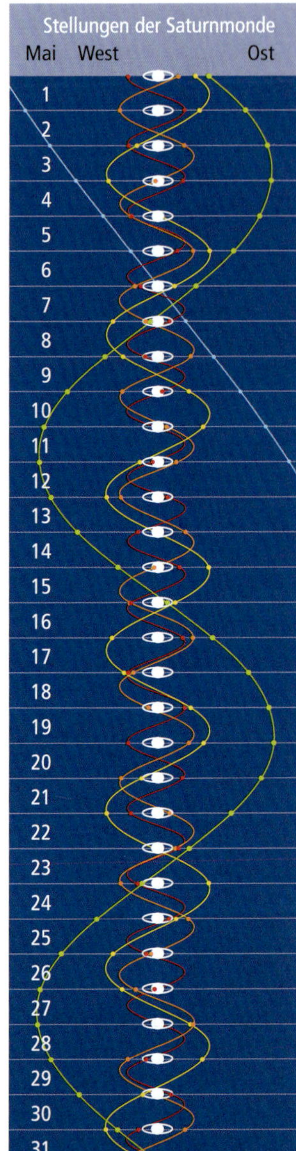

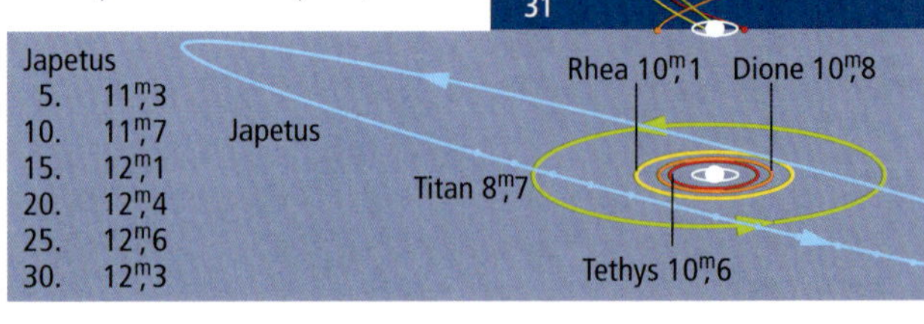

sich genügend hoch über den Horizont erhoben hat, hat die Morgenhelle soweit zugenommen, dass man vergeblich nach ihm suchen würde.

PLANETOIDEN UND ZWERGPLANETEN

VESTA (4) beschleunigt ihre nun wieder rechtläufige Wanderung durch den Löwen (siehe Abb. 3.3 auf Seite 78). Nach Einbruch der Dunkelheit hat sie zu Monatsende ihren Meridiandurchgang längst hinter sich.

Vesta kulminiert am 1. um 20^h31^m (= 21^h31^m MESZ) und geht um 4^h07^m unter. Am 15. passiert sie den Meridian um 19^h42^m und am 31. schon um 18^h51^m. Am letzten Maitag geht sie um 2^h08^m unter. Die Vestahelligkeit sinkt von $7^m,0$ auf $7^m,4$ weiter ab.

PERIODISCHE STERNSCHNUPPENSTRÖME

Die **ETA-AQUARIDEN**, auch **MAI-AQUARIDEN** genannt, flammen von Monatsbeginn bis etwa 27. Mai auf. Die ersten Exemplare dieses Stromes erscheinen bereits Ende April. Der Radiant liegt bei η Aquarii. Das ausgeprägte Maximum wird am 5. Mai erreicht. Im Durchschnitt sind etwa 20 Sternschnuppen pro Stunde zu registrieren, um die Zeit des Maximums sogar bis zu 60. Im Jahre 2013 wurden zum Maximum sogar über hundert Meteore pro Stunde beobachtet. Wegen des horizontnah liegenden Radianten sind die Mai-Aquariden in unseren Breiten schwierig zu beobachten, aber in südlichen Gegenden sind sie ein auffälliger Strom. Im Mittelmeerraum zählen die Aquariden zu den aktivsten Meteorströmen. Wegen der in den südlichen Ländern später einsetzenden Dämmerung erreicht der Radiant zur Beobachtungszeit schon größere Höhen über dem Horizont. Es handelt sich bei diesem Meteorstrom um schnelle Objekte. Sie tauchen mit Geschwindigkeiten um 60 Kilometer pro Sekunde in die Erdatmosphäre ein, wobei sie auffallend lange Leuchtspuren hinterlassen. Die beste Beobachtungszeit ist ab etwa 3^h am Morgenhimmel in den Tropen. Die Mai-Aquariden führen ihren Ursprung auf den Kometen 1P/Halley zurück.

Die **ETA-LYRIDEN** erscheinen zwischen 3. und 14. Mai. Dieser wenig auffallende Strom erreicht am 8. sein schwaches Maximum mit etwa fünf Meteoren pro Stunde. Der Radiant liegt zwischen Wega und δ Cygni. Somit sind die η-Lyriden die gesamte Nacht über zu beobachten. Ursprungsobjekt ist der Komet IRAS-Araki-Alcock (C/1983 H1).

Ferner sind noch die **SCORPIUS-SAGITTARIUS**-Meteore zu erwarten, die von Mitternacht bis 4^h morgens günstig zu beobachten sind. Ihr Ausstrahlungspunkt liegt rund 1° nördlich von

KONSTELLATIONEN UND EREIGNISSE

Datum	MEZ	Ereignis
3.	18^h	Mond bei Saturn, Mond 4°,2 südlich
4.	22	**Mond bei Jupiter**, Mond 4°,6 südlich, **Abstand 5°,6 um 4^h am 5.**
6.	19	Mond bei Neptun, Mond 4°,4 südlich
10.	22	Mond bei Uranus, Mond 2°,4 südlich
12.	23	**Mond bei Venus**, Mond 0°,7 südlich, **Abstand 2°,6 um 20^h** (Fernglas!)
13.	19	**Mond bei Merkur,** Mond 2°,1 südlich, **Abstand 2°,7 um 21^h**
16.	6	**Mond bei Mars**, Mond 1°,5 nördlich, **Abstand 3°,9 um 23^h am 15.**
17.	7	**Merkur in größter östlicher Elongation** (22°)
23.	21	Saturn im Stillstand, anschließend rückläufig
26.	12	Totale Mondfinsternis – in Mitteleuropa unbeobachtbar (siehe Seite 24)
29.	7	**Merkur bei Venus**, Merkur 0°,4 südlich, **Abstand 0°,5 um 21^h am 28.** (Fernglas!)
30.	3	Merkur im Stillstand, anschließend rückläufig
31.	2	**Mond bei Saturn**, Mond 4°,2 südlich, **Abstand 5°,0 um 3^h**

β Scorpii. Das erste Maximum dieses Stromes wird um den 20. erwartet. Es handelt sich um mittelschnelle Sternschnuppen (um 30 Kilometer pro Sekunde).

Im südlichsten Bereich der Ekliptik finden wir den **ANTIHELION**-Radianten. In einigen Listen sind Scorpiiden und Sagittariiden extra aufgeführt – dies sind aktivere Bereiche innerhalb des ausgedehnten Radianten aus dem ganzjährig aktiven Bereich wenige Grad östlich des Oppositionspunktes zur Sonne.

Der Fixsternhimmel

Blickt man nun abends senkrecht nach oben, so erkennt man den Himmelswagen. Folgt man mit den Augen dem Schwung der Wagendeichsel, trifft man hoch im Süden auf den orangeroten Arktur, den Hauptstern des Bootes. Das Sternbild Bootes ist recht markant und lässt sich leicht einprägen. Es sieht aus wie ein Drachen, den man bei günstigem Wind steigen lässt.

Von den Winterbildern sind nur noch die Zwillinge und der Kleine Hund tief im Westen zu finden.

Der Löwe hat seinen Meridiandurchgang schon hinter sich. Das große Löwentrapez neigt sich leicht zum Horizont. Zwischen dem Löwen und dem Großen Bären liegt das weniger bekannte Bild des Kleinen Löwen. Der unscheinbare Krebs steht noch im Westen, eingerahmt von Zwillingen und Löwe. In den Zwillingen sieht man zurzeit den roten Planeten Mars.

In der Osthälfte des Himmelsgewölbes fällt neben dem Bootes ein markanter Sternenhalbkreis ins Auge. Er deutet die Nördliche Krone, lateinisch Corona Borealis (CrB) an.

Im Nordosten strahlen Wega in der Leier und Deneb im Schwan, zwei Eckpunkte des Sommerdreiecks. Der dritte im Bunde, Atair im Adler, ist allerdings zur Standardbeobachtungszeit noch nicht erschienen. Auf der Verbindungslinie Arktur – Wega liegt ein wenig östlich des Sternenhalbkreises der Nördlichen Krone das lichtschwache, aber ausgedehnte Sternbild Herkules. In ihm ist der berühmte Kugelsternhaufen M 13 zu finden.

Im Süden schreitet die Jungfrau mit ihrem hellen, bläulichen Hauptstern Spica eben durch die Mittagslinie. Südwestlich von Spica fällt das markante Sternentrapez des Raben auf, der seine Meridianpassage gerade hinter sich hat. Der Jungfrau folgt im Tierkreis das nicht besonders auffällige Sternbild Waage.

Tief im Nordwesten funkelt Kapella im Fuhrmann. Sie ist der hellste Stern, der bei uns zirkumpolar ist.

Der Skorpion schickt sich erst an aufzugehen. Sein heller Hauptstern Antares überschreitet gerade die Horizontlinie.

Im Osten steigt der Schlangenträger (lat.: Ophiuchus) mit der Schlange (lat.: Serpens) empor. Von der Schlange, deren Kopf bis an die Nördliche Krone heranreicht, ist allerdings nur der Vorderteil (lat.: Serpens Caput) schon über dem Horizont. Zieht man von Denebola (β Leonis), dem Schwanzstern im Löwen, zu Arktur eine Linie, so tangiert sie das Sternbild Haar der Berenike (lat.: Coma Berenices, meist nur Coma genannt). Das Haar der Berenike hat jetzt seine Höchststellung erreicht. Es gehört zu den lichtschwächsten und darum unauffälligen Sternbildern. Es setzt sich nur aus Sternen vierter Größe und schwächer zusammen. In sehr dunkler, mond-

VERÄNDERLICHE STERNE

Algol-Minima		β-Lyrae-Minima		δ-Cepheï-Maxima		Mira-Helligkeit	
7.	4^h20^m	2.	15^h N	4.	1^h	1.	10^m
12.	21 59	9.	2 H	9.	9	10.	10
30.	2 52	15.	14 N	14.	18	20.	9
		22.	1 H	20.	3	31.	9
		28.	12 N	25.	12		
				30.	21		

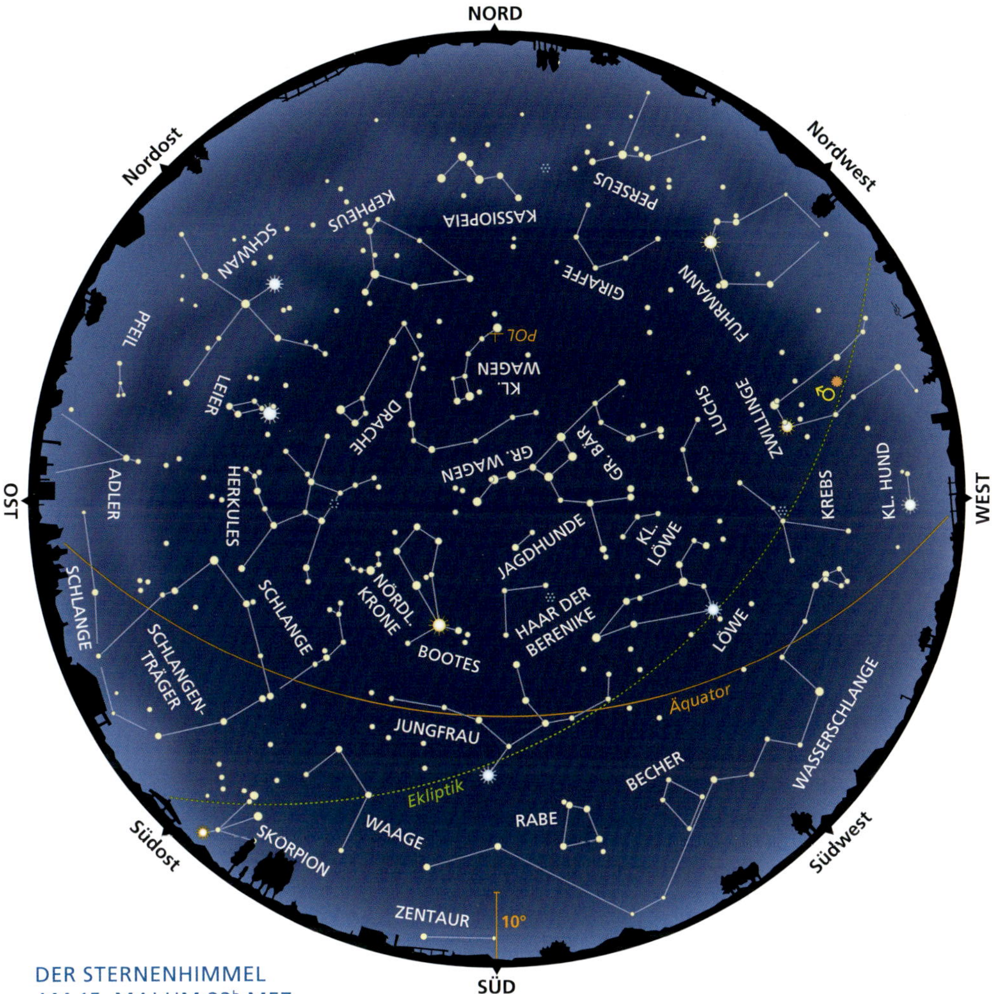

DER STERNENHIMMEL AM 15. MAI UM 22^h MEZ

Die Sternkarte ist auch gültig für:

	MEZ	MESZ
15. 1.	6^h	
1. 2.	5	
15. 2.	4	
1. 3.	3	
15. 3.	2	
1. 4.	1	2^h
15. 4.	0	1
1. 5.	**23**	**24**
15. 5.	**22**	**23**
31. 5.	**21**	**22**

loser und klarer Nacht mit guter Durchsicht bemerkt man wohl eine etwas höhere Konzentration an schwächeren Sternen zwischen Löwe und Bootes. Im Norden wird das Haar der Berenike von den Jagdhunden und im Süden von der Jungfrau begrenzt. Etwas Fantasie vorausgesetzt, kann man sich unter dieser Ansammlung von schwächeren Sternen das vom Wind zerzauste Haupthaar einer Frau vorstellen. Im Sternbild Haar findet sich auch der prominente Coma-Galaxienhaufen.

OBJEKTE FÜR FELDSTECHER UND FERNROHR

Der Löwe ist als Leitsternbild des Frühlingshimmels leicht zu erkennen. Der Hauptstern im Löwen (α Leonis) zählt zu den we-

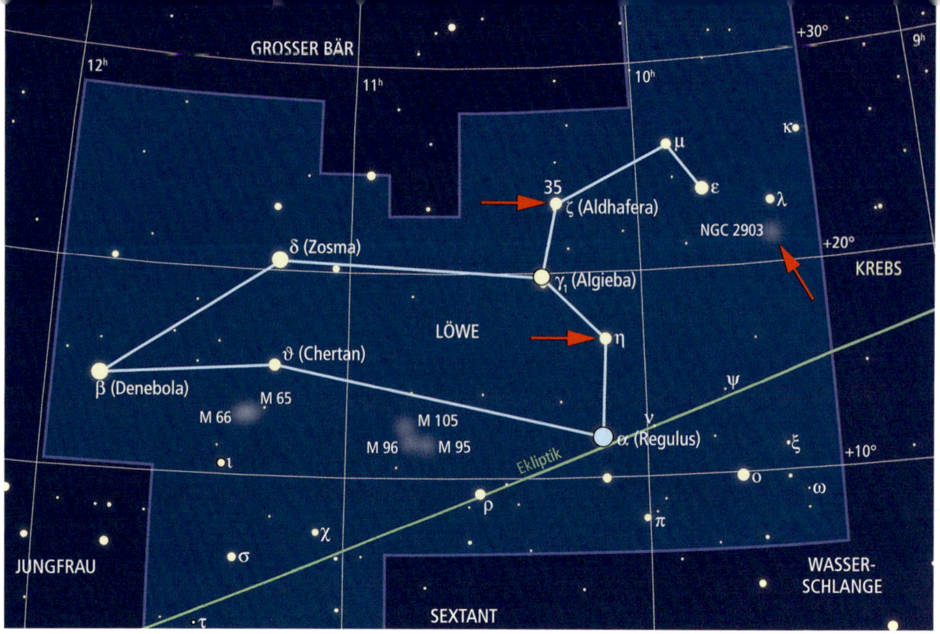

5.5 Skelettkarte des Sternbildes Löwe. Eingetragen sind die Positionen der Doppelsterne η Leonis und ζ Leonis und 35 Leonis sowie der Balkenspirale NGC 2903.

niger bekannten Doppelsternen. Der bläulich-weiß funkelnde Regulus (Spektralklasse: B7 V) hat in der recht großen Distanz von 176″, das sind fast drei Bogenminuten, einen orangen Begleiter. Allerdings ist die Helligkeitsdifferenz enorm. Während Regulus A mit $1\overset{m}{,}4$ zu den hellsten Sternen zählt, hat sein Begleiter α Leo B nur $7\overset{m}{,}9$ scheinbare Helligkeit und ist mit freien Augen nicht zu erkennen. Am besten, man benutze ein gutes Fernglas mit mindestens 6 cm freier Öffnung bei 15- bis 25-facher Vergrößerung, um den orangen Begleiter (Spektraltyp K1 V) zu sehen. Um sicher zu gehen, den richtigen Begleitstern zu identifizieren, sei der Positionswinkel genannt: P = 308°.

Der Positionswinkel wird von Nord (0°) über Ost (90°), Süd (180°) und West (270°) gezählt. Man beachte: Im Fernglas ist Norden oben und Westen rechts (in unseren geografischen Breiten). Im umkehrenden Teleskop ist jedoch Norden unten, Westen links, Osten rechts und Süden oben.

Von Regulus ausgehend lasse man den Blick nach Norden gleiten. Dann trifft man zunächst auf η Leonis, den Bruststern des Löwen. Ein wenig höher in nordöstlicher Richtung steht γ Leonis, auch unter dem Namen Algieba bekannt. Er markiert den Hals des Löwen und ist ein Paradedoppelstern, der auch gerne bei Sternführungen dem Publikum gezeigt wird. Die tiefgelbe (K0), $2\overset{m}{,}3$ helle Hauptkomponente hat in $4\overset{\prime\prime}{,}6$ Distanz einen $3\overset{m}{,}5$ hellen Begleiter gleicher Farbe. Knapp südlich (22′) von Algieba trifft man auf 40 Leo, einen $4\overset{m}{,}8$ hellen Stern, den man schon mit bloßen Augen erkennen sollte. Im Fernglas ist er auf alle Fälle zu sehen. Weiter geht der Blick nach Norden, wo ζ Leonis ($3\overset{m}{,}4$) steht. Er heißt mit Eigennamen Adhafera. Etwa $5\overset{\prime}{,}5$ über ζ Leo befindet sich 35 Leonis ($5\overset{m}{,}9$). Die beiden bilden ein optisches Paar mit der Bezeichnung S118 in Otto Struves Doppelsternkatalog.

Rund eine halbe Vollmondbreite südlich von Adhafera hält sich 39 Leonis ($5\overset{m}{,}8$) auf, ebenfalls ein optischer Doppelstern. Sein Begleiter steht $7\overset{\prime}{,}8$ nordwestlich von 39 Leo und ist mit nur $11\overset{m}{,}4$ recht lichtschwach.

Man schwenke sein Teleskop oder Fernglas zunächst nach Nordwest bis zu μ Leonis ($3\overset{m}{,}9$), dann nach Südwest zu ε Leonis ($3\overset{m}{,}0$) und weiter nach Westen zu λ Leonis ($4\overset{m}{,}3$). Von hier gehe man etwa ein Grad (zwei Vollmonddurchmesser) nach Süden, dann trifft man auf die schöne Balkenspirale (Hubble-Typ SBc) mit der Katalognummer NGC 2903. Sie ist nur 9^{m} hell und erscheint im Zehnzöller (25 cm Objektivdurchmesser) als längliches Lichtfleckchen von $6',0 \times 12',6$, das sich etwa in Nord-Südrichtung ausdehnt. Man sieht diese Galaxie als schwaches Lichtfleckchen mit einer zentralen Aufhellung. Die Entfernung liegt bei 30 Millionen Lichtjahren. Für Benutzer von GoTo-Teleskopen seien die Koordinaten von NGC 2903 genannt: $\alpha = 9^h32^m,2$ und $\delta = +21°30'$ (J2000.0).

Um die genannten Objekte im Löwen zu finden, benutze man die Sternkarte E11 im *Atlas für Himmelsbeobachter* von Erich Karkoschka.

Der Hauptstern im Bild der Jagdhunde (α Canum Venaticorum) heißt Cor Caroli (lat., Herz Karls; nach König Charles I. von England benannt) und ist ein Doppelstern in 110 Lichtjahren Entfernung. Die weiß leuchtende Hauptkomponente ist $2^m,9$ (A0) hell und hat in 18″ einen $5^m,5$ hellen, gelblichen (F0) Begleiter. Die hellere Komponente ist der Prototyp einer ganzen Klasse von magnetisch-veränderlichen Sternen (α_2-Canum-Venaticorum-Sterne oder heute als Ap-Sterne bezeichnet).

Als prominenter Kugelhaufen sei M 13 genannt. Er steht im Herkules und ist unter günstigen Sichtbedingungen schon mit bloßen Augen zu erkennen. Im Fernglas sieht man auf alle Fälle ein rundes Nebelfleckchen. Richtig prächtig wirkt er in einem größeren Teleskop bei niedriger Vergrößerung. Entdeckt wurde M 13 bereits 1714 von Edmond Halley. M 13 ist der größte (Durchmesser 15′) und hellste (6^m) Kugelhaufen des nördlichen Sternenhimmels. Man blickt hier auf eine alte Sternengesellschaft von über zehn Milliarden Jahren, wobei sich rund eine Million Sonnen auf einem Raum von 160 Lichtjahren Durchmesser drängen.

Wer schon im Gebiet des Löwen den Nachthimmel mit lichtstarker Optik absucht, stößt auf eine ganze Gruppe interessanter Galaxien, alles ferne Milchstraßensysteme mit Hunderten Milliarden von Sonnen. Auf der Verbindungslinie α Leonis – β Leonis liegen die Galaxien M 65, M 66, M 95, M 96 und M 105. Zwischen β Leonis und ε Virginis stößt man auf ein ganzes Galaxiennest (M 58, M 59, M 60, M 84, M 85, M 86, M 87, M 88, M 91, M 98 und M 100). Es handelt sich um die hellsten Exemplare des Virgo-Galaxienhaufens, der mehrere tausend Milchstraßensysteme umfasst und von dessen Zentrum wir rund 60 Millionen Lichtjahre entfernt sind.

Ähnlich viele Galaxien sind im Haar der Berenike (Coma Berenices) sowie im Gebiet Nördliche Krone und Herkules anzutreffen.

Allerdings sind sie erheblich lichtschwächer und nur besser ausgerüsteten Amateurastronomen zugänglich. Man spricht vom Coma-Galaxienhaufen, vom Herkules- und Coronae-Borealis-Haufen. Der Coma-Galaxienhaufen ist nicht zu verwechseln mit dem Coma-Sternhaufen, der schon mit einem kleinen Fernglas oder Operngucker zu sehen ist.

Dieser offene Sternhaufen umfasst rund 50 Sterne, ist 290 Lichtjahre entfernt und uns damit näher als die Plejaden im Stier, wenn auch längst nicht so auffällig. Der Coma-Sternhaufen trägt auch die Bezeichnung Melotte 111.

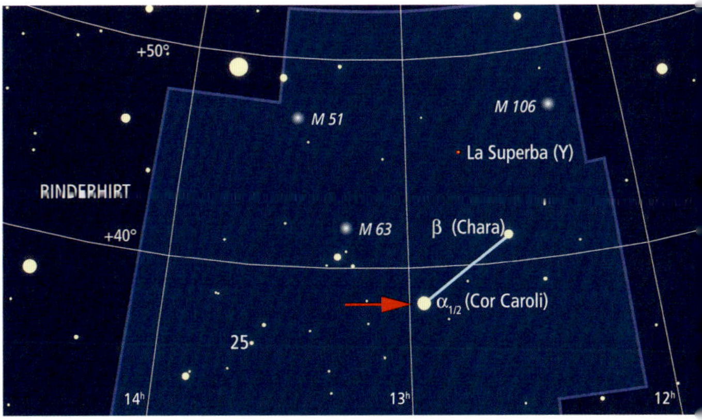

5.6 Das Sternbild Jagdhunde mit der Position des Doppelsterns α Canum Venaticorum.

Die Rätsel von Polaris

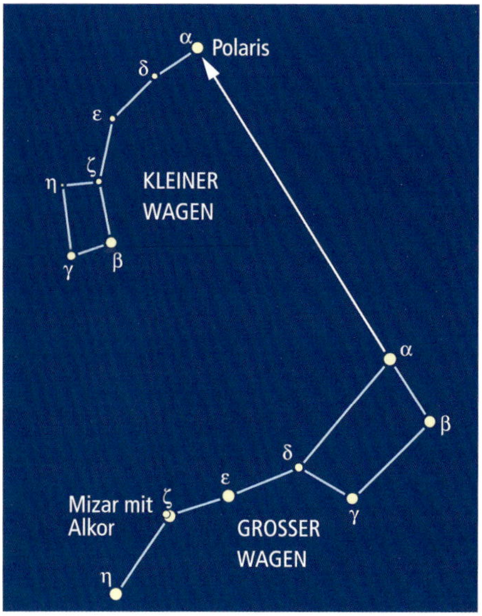

5.7 Vom Großen Wagen ausgehend findet man schnell den Polarstern an der Deichselspitze des Kleinen Wagens.

Stella Polaris ist die lateinische Bezeichnung für den Polarstern, meist auch kurz Polaris genannt. Der Polarstern lässt die Nordrichtung finden. Er ermöglicht die Orientierung im Gelände und auf hoher See, denn er steht nahe jenem Punkt, an dem die nach Norden verlängert gedachte Erdachse das Himmelsgewölbe durchstößt. Dieser Punkt wird schlicht Himmelsnordpol genannt. Um ihn wandern alle Gestirne in konzentrischen Kreisen infolge der Erdrotation. Da Polaris uns die Nordrichtung weist, nennt man ihn auch Nordstern. Unter dieser Bezeichnung ist er weithin bekannt. Fast jedem ist der Name Nordstern geläufig. Seinen Bekanntheitsgrad verdankt er vor allem dem Umstand, weil die Bezeichnung „Nordstern“ häufig Verwendung findet. Als „Nordstern“ bezeichnet sich eine Versicherungsfirma, ein Forschungsschiff heißt Polarstern, eine Industriefirma für Fahrzeuge, eine Mittelstreckenrakete, ein Seekabel von den Bermudas nach Kanada, ein Mikroprozessor, eine Armbanduhr und vieles mehr wird „Nordstern“ oder „Polaris“ genannt.

Ein weit verbreiteter Irrtum ist jedoch, der Polarstern sei deshalb so populär, weil er der hellste Stern am Himmel ist. Weit gefehlt, der hellste Fixstern am irdischen Firmament ist mit $-1\overset{m}{,}5$ Sirius im Großen Hund (α Canis Maioris). Als Stern 2. Größenklasse ist der Nordstern 25-mal lichtschwächer als Sirius. Seine Helligkeit gleicht der der meisten Sterne des Großen Wagens.

Der Nordstern hat viele Namen erhalten, die den meisten weniger oder gar nicht geläufig sind: Alrukaba, Kynosura, Lodestar (Leitstern), Yilduz, Mismar, Stern von Arkadien, Tien Hwang Ta Ti, Phönix, Grahadhara u. a. In der „Göttlichen Komödie“ von Dante Alighieri wird die Position von Polaris „... am Ende des Griffs vom kleinen Schöpflöffel“ beschrieben.

Im Sternatlas *Uranometria* von Johannes Bayer, der im Jahre 1603 in Augsburg erschienen ist, wird der Nordstern als α Ursae Minoris bezeichnet, abgekürzt α UMi. Er steht an der Schwanzspitze des Kleinen Bären oder am Ende der Deichsel des Kleinen Wagens, ein Sternbild, das durch den irdischen Lichtsmog kaum mehr zu erkennen ist. Lediglich Kochab (β UMi) und Pherkad (γ UMi) sind mit $2\overset{m}{,}1$ beziehungsweise $3\overset{m}{,}0$ noch leicht zu erkennen (siehe Abb. E.3 auf Seite 12). Im Sternkatalog von John Flamsteed (1646–1719), Astronomer Royal und Direktor des Observatoriums Greenwich bei London, ist der Polarstern die Nr. 1 im Kleinen Bären (fl. 1 UMi). Die Arbeitsgruppe WGSN (Working Group on Star Names) der IAU (International Astronomical Union) hat dem Nordstern den offiziellen Eigennamen „Polaris“ verpasst.

Der Große Wagen, den man schnell finden kann, hilft, den Polarstern aufzuspüren. Verlängert man die Strecke zwischen den beiden hinteren Kastensternen, das sind Dubhe (α UMa) und Merak (β UMa), etwa fünfmal in der Biegerichtung der Deichsel, so trifft man auf den Polarstern. Dem Großen Wagen gegenüber steht das Himmels-W, das Sternbild Kassiopeia, wenn man den Polarstern als Zentrum nimmt. Großer Wagen und Himmels-W sind in unseren geografischen Breiten zirkumpolar, das heißt, sie gehen nie unter und sind daher in jeder klaren Nacht zu sehen. Ihre relativen Stellungen zum Nordhorizont jeweils zu Monatsbeginn um 22^{h} MEZ (= 23^{h} MESZ) sind aus einer Grafik am Beginn jedes Monatsabschnittes zu ersehen (siehe z. B. Seite 108 rechts oben).

Ein Wegweiser auf Zeit

Der Polarstern weist dem Beobachter nicht nur die Nordrichtung, sondern seine Höhe über dem Nordpunkt am Horizont entspricht auch der geografischen Breite des jeweiligen Standorts. Sieht man den Polarstern senkrecht über sich im Zenit, dann befindet man sich am Nordpol der Erde. In Nordafrika steht er knapp über dem Nordhorizont. Südlich des Äquators bleibt er stets unbeobachtbar unter dem Horizont. Die Bewohner von Buenos Aires, Kapstadt oder Sydney sehen niemals den Nordstern, wenn sie nicht auf die Nordhalbkugel der Erde reisen. In Mainz beispielsweise steht der Polarstern 50° hoch über dem Nordhorizont, denn Mainz liegt auf dem 50. nördlichen Breitengrad.

Der letzte Deichselstern im Kleinen Wagen (α UMi) war nicht immer in der Nähe des Himmelsnordpols und wird in ferner Zukunft nicht mehr die Rolle des Nordsterns spielen. Zur Zeit des Pharao Khufu, der 2580 v. Chr. die erste Cheops-Pyramide von Gizeh erbauen ließ, war Thuban (α Draconis) nahe dem Himmelsnordpol und spielte die Rolle des Polarsterns. Mit $3\overset{\mathrm{m}}{,}7$ scheinbarer Helligkeit ist Thuban allerdings erheblich lichtschwächer als unser heutiger Polarstern. Um 7500 v. Chr. wiederum war τ Herculis ($3\overset{\mathrm{m}}{,}9$) der Nordstern. Niemand weiß, ob die damals lebenden Menschen diesen Stern als Polweiser kannten, denn Überlieferungen aus jener Zeit gibt es nicht. Im Jahre 10 000 wird der $1\overset{\mathrm{m}}{,}3$ helle Deneb (α Cygni) die Position des Polarsterns einnehmen und um das Jahr 14 000 wird Wega (α Lyrae) – mit $0\overset{\mathrm{m}}{,}0$ neben Arktur der hellste Stern des Nordhimmels – die Funktion als Nordstern übernehmen (siehe Abb. 5.10 auf Seite 123).

Im 15. Jahrtausend wird unser heutiger Polarstern mit knapp 47° seine größte Distanz vom Himmelsnordpol einnehmen. Und in 25 800 Jahren werden unsere fernen Nachfahren ihn wieder als Nordstern zur Orientierung nutzen können. Ob sie ihn dann aber im Zeitalter der Hochtechnologie noch benötigen werden, darf bezweifelt werden.

Ursache für die stets wechselnden Polarsterne ist die Präzessionsbewegung der Erdachse. Diese Kreiselbewegung bewirkt, dass die Erdachse nicht stets auf die gleiche Stelle am Firmament deutet. Vielmehr beschreibt der Himmelsnordpol (und analog auch der südliche Himmelspol) einen Kreis am Firmament um den Ekliptiknordpol (bzw. -südpol) mit einem Radius von $23\overset{\circ}{,}4$ in

5.8 Die Sterne beschreiben infolge der Erdrotation konzentrische Kreise um den Himmelsnordpol.

Mario Weigand

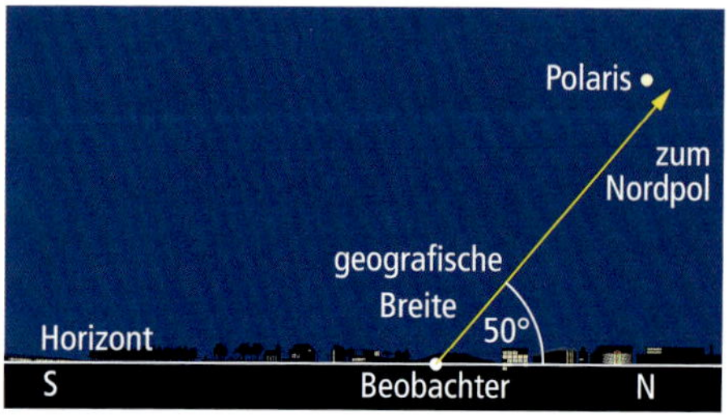

5.9 In 50° geografischer Breite steht der Polarstern etwa 50° über dem Nordpunkt am Horizont.

einem Zeitraum von 25 800 Jahren. Diese Zeitspanne wird auch „Platonisches Jahr" oder „Weltenjahr" genannt.

Im Jahre 2021 ist unser Polarstern (α UMi) 38′53″ vom Himmelsnordpol entfernt. Zurzeit rückt er noch weiter an den Nordpol heran. Im Jahr 2102 wird er mit 27′36″ dem Nordpol am nächsten kommen. Dies ist weniger als ein Vollmonddurchmesser.

Ein Mehrfachsternsystem

Polaris ist 430 Lichtjahre von der Erde entfernt. Nach Messungen des Astrometriesatelliten Gaia ist er sogar noch ein wenig weiter weg (445 LJ). Der Nordstern ist ein weißlich-gelblicher Überriesenstern (Spektralklasse F8 Ib) mit einer Leuchtkraft vom fast 2400-Fachen der Helligkeit unserer Sonne, einem Durchmesser von 45 Sonnendurchmessern und einer Masse von 5,4 Sonnenmassen.

Im August 1779 entdeckte Wilhelm Herschel mit einem selbst gefertigten Spiegelteleskop – gut eineinhalb Jahre, bevor er Uranus fand – einen Begleitstern von Polaris in einer Distanz von 18″,2 und einer scheinbaren Helligkeit von $8^m,7$. Schon in einem Amateurteleskop kann man den Begleitstern sehen. Der Fachmann sagt, das Teleskop löst den Doppelstern auf, wenn man zwei einzelne Lichtpunkte ausmachen kann. Polaris B ist ein weißlich-gelber Hauptreihenstern (F3 V) mit fast vierfacher Sonnenleuchtkraft und einem Radius von 1,38 Sonnenradien. Beide Komponenten umkreisen einander in rund hunderttausend Jahren. Die große Halbachse der Bahn um den gemeinsamen Schwerpunkt misst 0,065 Lichtjahre, dies entspricht 41 000 AE oder 6133 Milliarden, also mehr als sechs Billionen Kilometer.

Im Jahre 1929 entdeckte Joseph Moor, dass die Komponente Polaris A selbst ein spektroskopischer Doppelstern ist. Auch in großen Teleskopen konnte die 760-mal lichtschwächere Komponente Ab nicht getrennt werden. Die Separation Aa – Ab beträgt lediglich 0″,172, was einer linearen Distanz von 18,8 AE oder 2812 Millionen Kilometer entspricht. Dies ist ungefähr die Entfernung Sonne – Uranus. Erst 2006 gelang es Nancy Evans und ihrem Team, mit dem Hubble-Weltraumteleskop die Komponenten aufzulösen. Polaris Ab ist nur $9^m,2$ hell und läuft auf einer langgestreckten Bahn (e = 0,608) um die Hauptkomponente Polaris Aa beziehungsweise um den gemeinsamen Schwerpunkt. Im Periastron kommen sich Aa und Ab bis auf 0″,0677 (= 7,4 AE) nahe, im Apastron sind sie 0″,276 (= 30,2 AE) voneinander getrennt. Mit 1,26 Sonnenmassen und dreifacher Sonnenleuchtkraft ist Komponente Ab dennoch ein respektabler Stern der Leuchtkraftklasse V und der Spektralklasse F6. Die Komponente Ab ist mit 1,04 Sonnendurchmessern fast genauso groß wie unsere Sonne. Beide Sterne laufen in nur 29,6 Jahren umeinander, dies entspricht etwa der Umlaufzeit von Saturn um die Sonne. Zurzeit misst der Positionswinkel von Ab 231°. Er steht damit in der gleichen südwestlichen Richtung wie die visuelle Komponente Polaris B (P = 230°).

Was sind nun die Rätsel von Polaris?

Nun, lange galt der Nordstern als Helligkeitsreferenz eines Sternes der Größenklasse 2,0. Dann fand im Jahre 1911 Ejnar Hertzsprung (1873–1967), dass Polaris keineswegs in konstantem Licht leuchtet, sondern seine Helligkeit variiert. Er blinkt in knapp vier Tagen mit einer Amplitude von $0^m,15$. Aus der Lichtkurve ist ersichtlich, dass der Polarstern ein Veränderlicher vom Typ Delta Cepheï ist. Solche Cepheïden, wie sie auch

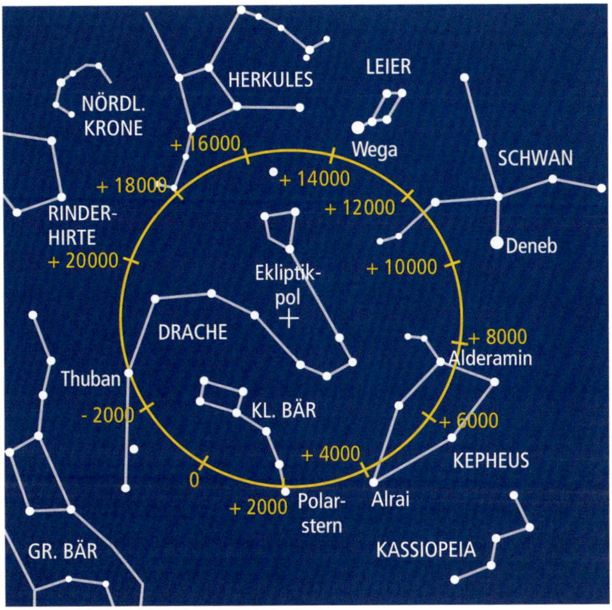

5.10 Infolge der Präzession der Erdachse beschreibt der Himmelsnordpol in knapp 26 000 Jahren einen vollen Kreis um den Ekliptiknordpol (Nordpol der Erdbahnachse). Somit wechseln die Polarsterne im Laufe der Zeit.

genannt werden, gehören zu den hellsten und leuchtkräftigsten Sternen im Universum. Aus ihrer Helligkeitsperiode lässt sich auf ihre wahre Leuchtkraft schließen. Diese Relation wird Perioden-Leuchtkraft-Beziehung genannt (siehe Monatsthema November „Meilensteine im Kosmos" auf Seite 243).

Die meisten Cepheïden zeigen Helligkeitsamplituden von einer und mehr Größenklassen. Nicht so jedoch Polaris. Die geringe Amplitude von nur $0^{m}_{,}15$ bei seiner Entdeckung im Jahre 1911 löste Verwunderung aus. Immerhin hat Polaris eine Besonderheit: Er ist der uns nächste und scheinbar hellste Cepheïde und der einzige, dessen Entfernung trigonometrisch erstmals gemessen wurde (inzwischen hat der Astrometriesatellit Gaia die Parallaxen weiter entfernterer und wesentlich lichtschwächerer Cepheïden gemessen). Auch ist Polaris der einzige Cepheïde, dessen Masse aus der Umlaufbewegung um den gemeinsamen Schwerpunkt von Aa und Ab genau bestimmt werden konnte. Daher ist Polaris als Prototyp eines Cepheïden für die Forschung besonders interessant. Allerdings verhält er sich offensichtlich nicht so wie die meisten anderen Cepheïden.

Nicht nur seine geringe Helligkeitsvariation ist verwunderlich. Noch viel rätselhafter ist die relativ rasche Abnahme der Amplitudengröße in nur hundert Jahren von $0^{m}_{,}15$ auf nur noch $0^{m}_{,}03$ und darunter. Schon dachte man, der Nordstern habe sein Blinken ganz eingestellt, was noch nie bei einem Cepheïden beobachtet wurde. In jüngster Zeit wurde eine Amplitude von nur noch $0^{m}_{,}01$ gemessen. Neueste Beobachtungen lassen wieder eine Zunahme der Amplitude vermuten. Rätselhaft ist auch der permanente Helligkeitsanstieg insgesamt. In der Antike war Polaris nach Katalogen von Hipparchos und Ptolemaios ein Stern mit $3^{m}_{,}6$ Helligkeit. Im Jahre 964 n. Chr. war nach dem arabischen Astronomen Al Sufi die Helligkeit auf $3^{m}_{,}3$ angestiegen, 1647 notierte Johannes Hevelius als Helligkeit $2^{m}_{,}4$. Heute beträgt die mittlere visuelle Helligkeit $1^{m}_{,}98$ (siehe Abb. 5.13 auf Seite 125). Ein ebenfalls atypisches und damit rätselhaftes Verhalten eines Cepheïden.

Verwirrung um das Sternenalter

Etliche Astronomen vermuten, die drei Polaris-Sterne (Aa, Ab und B) seien mit 70 Millionen Jahren extrem jung im Vergleich zum Alter unserer Sonne von 4,6 Milliarden Jahren. Massereiche Sterne leben sehr kurz und gehen verschwenderisch mit ihren Vorräten an Wasserstoff um. Doch an dieser Altersangabe sind Zweifel angebracht.

Der Lebensweg eines Sternes lässt sich im Hertzsprung-Russell Diagramm (HRD), dem Zen-

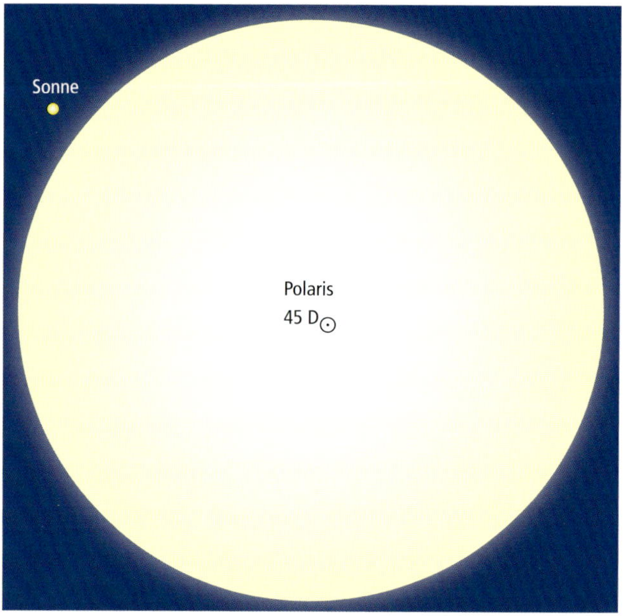

5.11 **Größenvergleich von der Sonne und dem Polarstern.**

traldiagramm der Astrophysik, nachvollziehen. Auf der Abszisse (waagrechte Achse) ist der Spektraltyp aufgetragen, die Ordinate (senkrechte Achse) gibt die absolute Helligkeit bzw. Leuchtkraft in Sonneneinheiten an. Die Position eines Sternes im HRD zeigt uns die Masse, Leuchtkraft, Durchmesser und Oberflächentemperatur an (siehe Abb. 5.14 auf Seite 126).

Mit seinen mehr als fünf Sonnenmassen hat sich Polaris Aa bereits von der Hauptreihe im HRD entfernt und ist in der „Zone der Instabilität" gelandet. In diesem Bereich beginnt ein Stern zu pulsieren. Seine „goldenen Jahre" der Existenz auf der Hauptreihe sind für ihn zu Ende. Im Zentrum ist der Wasserstoff verbraucht und es hat sich als Fusionsrest ein Heliumball gebildet. Die Wasserstoff-Brennzone wandert nach außen, der Stern dehnt sich aus, er wird zu einem gelben, dann zu einem roten Riesen. Ab einer gewissen Größe schrumpft der zentrale Heliumball, die Temperatur schwillt an. Bei 120 Millionen Grad zündet das Helium-Brennen. Im 3α-Prozess fusioniert Helium zu Kohlenstoff. Der Strahlungsdruck steigt an, der Stern sitzt nun auf dem horizontalen Riesenast. Wenn sich im Zentrum schließlich eine Kugel aus Kohlenstoff gebildet hat,

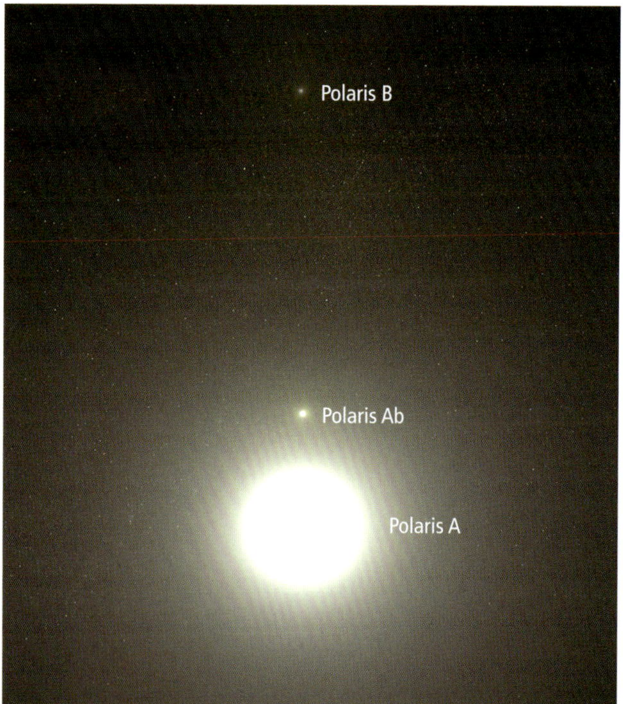

5.12 **Polaris besitzt zwei Begleitsterne.**

5.13 Geschätzte Helligkeit von Polaris im Laufe der Zeit.

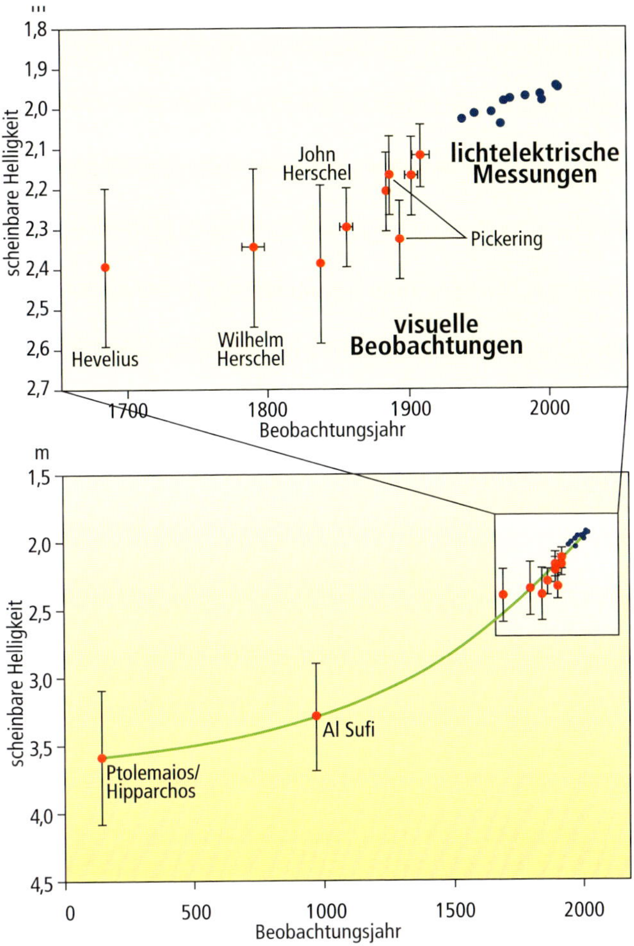

wandert der Stern auf den sogenannten asymptotischen Riesenast (AGB – **A**symptotic **G**iant **B**ranch). Das Kohlenstoffzentrum ist von einer brennenden Heliumschale umgeben, um die eine Heliumhülle ohne Fusion gelagert ist, die wieder von einer allmählich dünner werdenden Wasserstoffbrennzone umschlossen wird, in der Wasserstoff zu Helium fusioniert. Dabei wandert der Stern mehrfach durch die Zone der Instabilität, in der der Stern mehr oder minder regelmäßig pulsiert.

Schwillt der Strahlungsdruck an, wird die ionisierte Heliumschale aufgebläht und dadurch für Strahlung durchlässiger. Die Heliumbrennschale darunter kühlt etwas ab, die Energiefreisetzung nimmt schnell ab, denn das Heliumbrennen ist extrem temperaturabhängig, es nimmt mit der 32. Potenz der Temperatur zu. Als Folge der Abkühlung verdichtet sich die nicht brennende Heliumschale wieder und wird undurchlässiger. Die Folge: Die Temperatur in der Heliumbrennschale steigt erneut an, die Energieproduktion schwillt wieder an, die Heliumschale wird wiederum aufgebläht, das Spiel beginnt von neuem.

Hier taucht aber ein weiteres Problem auf: Wenn Polaris A und B gleich alt sind, dann leuchtet der Hauptreihenstern Polaris B viel zu hell! Denn er hat längst noch nicht die Hauptreihe im HRD verlassen. Möglicherweise ist er ein sehr enger Doppelstern, was bisher noch nicht erkannt wurde.

Andererseits ist Polaris B aber doch zwei Milliarden Jahre alt. Da beide Sterne physisch durch die Gravitation aneinandergebunden sind, sind sie wohl gleichzeitig entstanden und deshalb gleich alt. Dann aber müsste Polaris A mit seinen mehr als fünf Sonnenmassen längst zu einem Weißen Zwerg geworden sein, wenn sein Alter wie das von Polaris B zwei Milliarden Jahre beträgt. Eine mögliche Erklärung wäre: Polaris A hat sich einer Verjüngungskur unterzogen und einen Stern einverleibt, der nun nicht mehr existiert. Polaris A hatte möglicherweise noch einen engen Begleiter, der ihn noch näher als Polaris

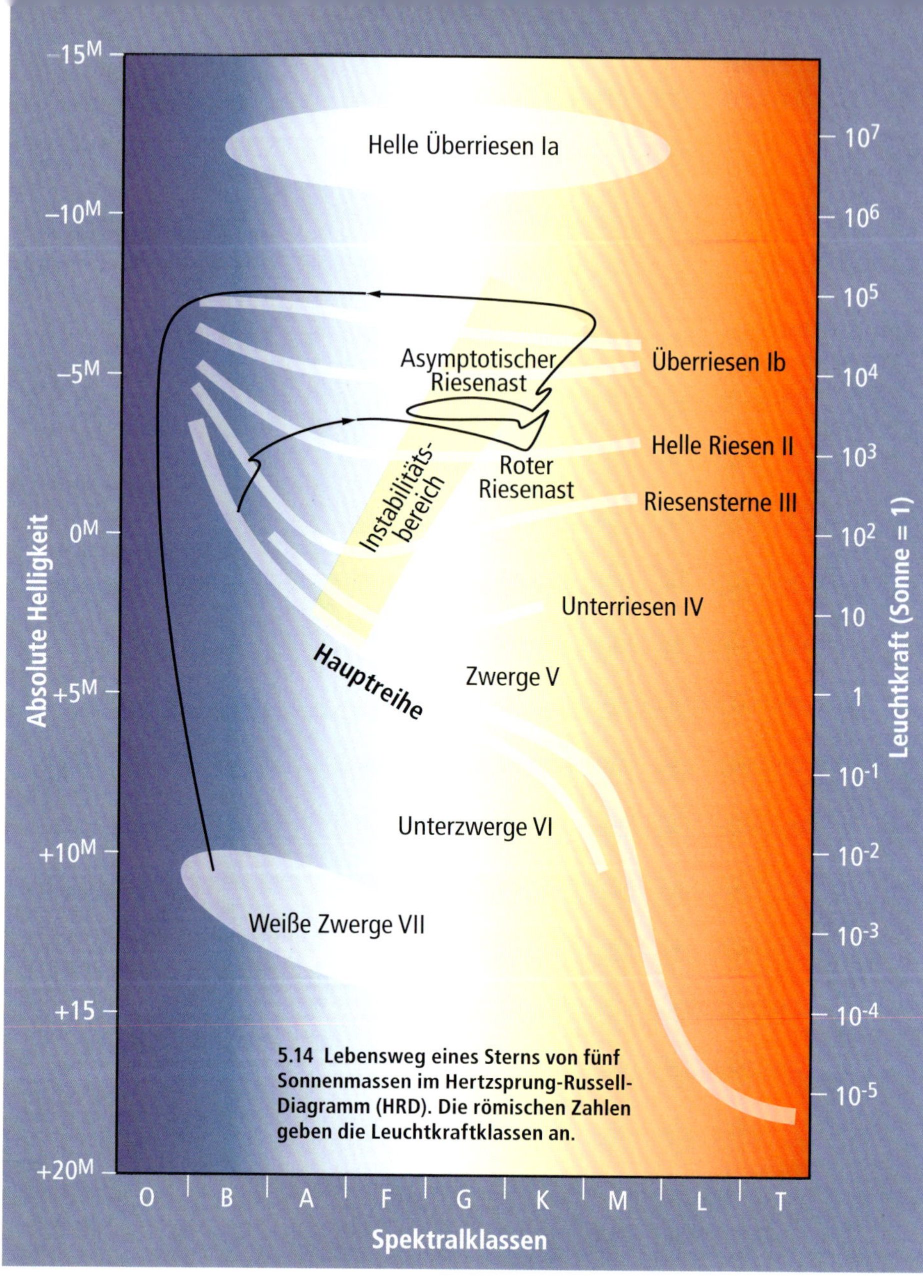

5.14 Lebensweg eines Sterns von fünf Sonnenmassen im Hertzsprung-Russell-Diagramm (HRD). Die römischen Zahlen geben die Leuchtkraftklassen an.

Ab umkreiste, bevor er schlussendlich durch die Gezeitenkräfte zerrissen wurde. Polaris A wurde mit der Materie des zerborstenen Begleiters gewissermaßen gefüttert, worauf er als nunmehr massereicher Stern die Hauptreihe im HRD alsbald verließ und nun am linken Rand des horizontalen Riesenastes als gelblich-weißer Riesenstern der Spektralklasse F seinen Platz gegenwärtig einnimmt.

Wer weiß, wann und ob überhaupt die Rätsel von Polaris gelöst werden. Forschungsaufgaben für künftige Astronomen gibt es offensichtlich ausreichend. Die Astronomie bleibt eine spannende Wissenschaft.

PerryRhodan DAS GRÖSSTE
SCIENCE-FICTION-ABENTEUER
ALLER ZEITEN
Als Romanheft, Taschenbuch,
Hardcover und Comic.
Überall im Handel erhältlich!
www.perry-rhodan.net
Kostenloses Infopaket* anfordern bei:
PERRY RHODAN-Kommunikation
Stichwort »Himmelsjahr 2021«
Postfach 2352 I D-76413 Rastatt
Oder per E-Mail: info@perry-rhodan.net
* Datenschutzhinweis: Ihre Daten werden von uns lediglich zur Zusendung des Infopakets verarbeitet.
Eine weitergehende Nutzung zu Marketingzwecken bzw. eine Weitergabe an Dritte erfolgt nicht.
PERRY RHODAN - Heftroman
NEO - Taschenbuch
PERRY RHODAN - Hardcover
Comic - Hardcover
PerryRhodan
Michelle Stern
Xirashos Tiefen
PerryRhodan
NEO
Oliver Plaschka
Ruf des Dunkels
PerryRhodan
Stalker
PerryRhodan
KAMPF UM DIE SOL

Juni 2021

- Die Sommersonnenwende vollzieht sich am 21., wenn die Sonne um 4^h32^m den Gipfel ihrer Jahresbahn überschreitet.
- Die ringförmige Sonnenfinsternis vom 10. Juni ist in Mitteleuropa als partielle Finsternis beobachtbar.
- Venus ist Abendstern.
- Merkur hat seine Abendsichtbarkeit beendet.
- Mars zieht sich vom Abendhimmel zurück.
- Jupiter verlegt seine Aufgänge in die Zeit vor Mitternacht.
- Saturn wird zum Planeten der gesamten Nacht.

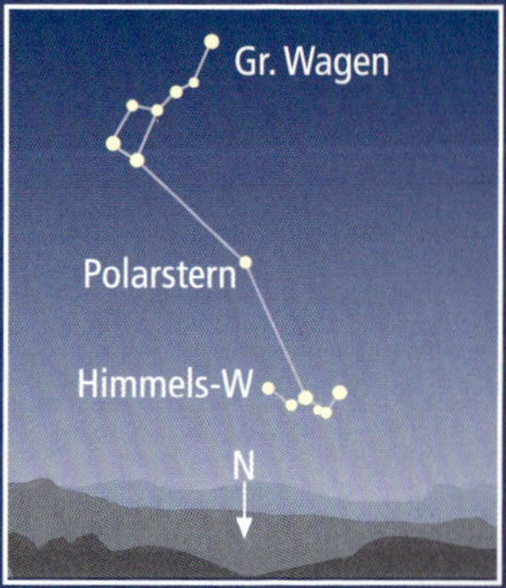

Großer Wagen und Himmels-W Anfang Juni um 22 Uhr

6.1 Anblick des Westhimmels am 13. Juni gegen 21^h30^m MEZ (= 22^h30^m MESZ). Die dünne Sichel des zunehmenden Mondes steht knapp neben Mars. Venus in den Zwillingen geht eben unter.

1	Di	
2	Mi	Letztes Viertel
3	Do	Fronleichnam
4	Fr	
5	Sa	
6	So	
7	Mo	
8	Di	
9	Mi	
10	Do	**Neumond, Ringförmige (in Mitteleuropa partielle) Sonnenfinsternis**
11	Fr	
12	Sa	Mond bei Venus – abends
13	So	Mond bei Mars – abends
14	Mo	
15	Di	

16	Mi	
17	Do	
18	Fr	Erstes Viertel
19	Sa	
20	So	
21	Mo	Sommerbeginn
22	Di	
23	Mi	
24	Do	Vollmond
25	Fr	
26	Sa	
27	So	
28	Mo	Mond bei Jupiter – Mitternacht
29	Di	
30	Mi	

SONNE – STERNBILDER

21.6. 4^h32^m:
Sonne tritt in das Tierkreiszeichen Krebs

21.6. 16^h:
Sonne tritt in das Sternbild Zwillinge

Julianisches Datum am
1. Juni, 1^h MEZ: 2 459 366,5

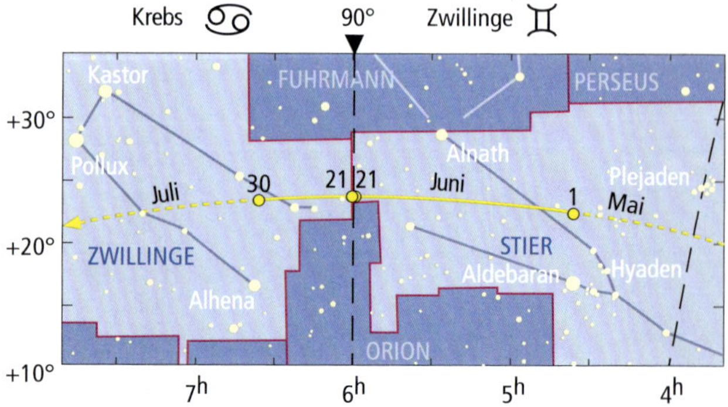

SONNENLAUF

Tag	Dämmerg. Anfang	Aufgang MEZ	Kulmination	Untergang MEZ	Dämmerg. Ende	Mittagshöhe	Zeitgleichg.	Rektaszension	Deklination
	h m	h m	h m	h m	h m	°	m	h m	°
1.	2 33	4 16	12 18	20 21	22 04	62,1	+2	4 35	+22,0
5.	2 28	4 13	12 19	20 24	22 10	62,6	+1	4 52	+22,5
10.	2 23	4 11	12 19	20 28	22 17	63,0	+1	5 12	+23,0
15.	2 21	4 10	12 21	20 31	22 21	63,3	−1	5 33	+23,3
20.	2 20	4 10	12 22	20 33	22 23	63,4	−2	5 54	+23,4
25.	2 22	4 12	12 23	20 33	22 23	63,4	−3	6 15	+23,4
30.	2 26	4 14	12 24	20 33	22 21	63,1	−4	6 35	+23,2

TAGES- UND NACHTSTUNDEN

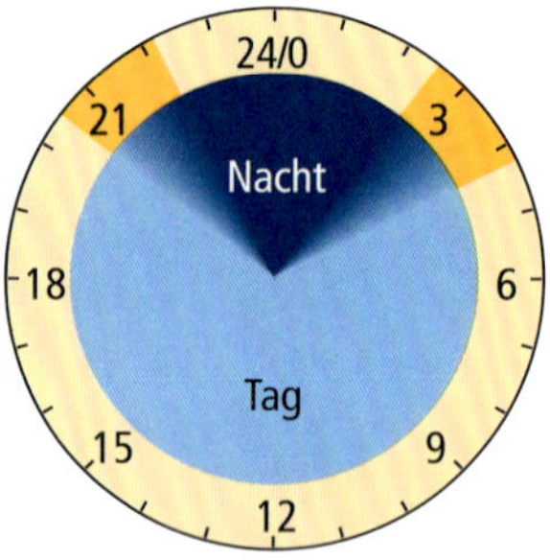

5. Juni

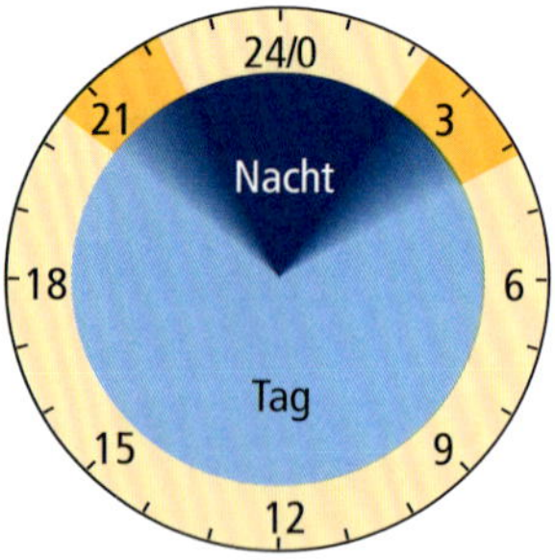

15. Juni

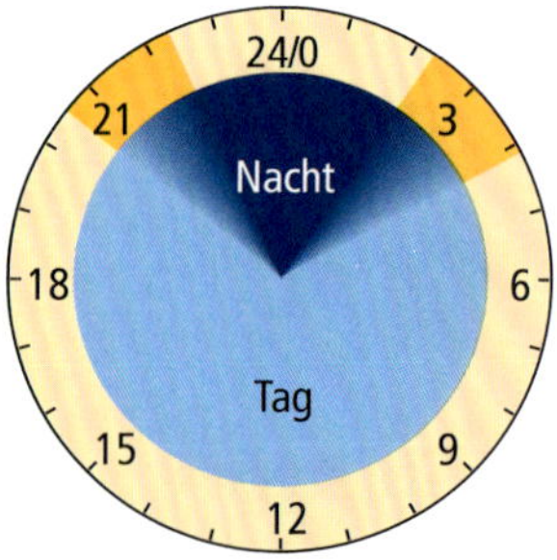

25. Juni

MONDLAUF

Datum		Aufg. MEZ	Kulmination	Unterg. MEZ	Rektaszension	Deklination		Sterne und Sternbilder	Phase	MEZ
		h m	h m	h m	h m	°				
Di	1.	1 10	5 47	10 34	21 55	–18,1		Steinbock	Libration West	
Mi	2.	1 32	6 34	11 48	22 46	–13,6		Wassermann	**Letztes Viertel** Größte Südbreite	$8^h\ 24^m$
Do	3.	1 50	7 18	12 59	23 33	– 8,6		Wassermann		
Fr	4.	2 05	8 00	14 08	0 18	– 3,4		Fische		
Sa	5.	2 20	8 41	15 15	1 02	+ 1,8		Walfisch		
So	6.	2 35	9 21	16 22	1 45	+ 6,9		Fische		
Mo	7.	2 52	10 03	17 29	2 29	+11,7		Widder		
Di	8.	3 10	10 46	18 37	3 14	+16,1		Widder	Erdferne 406/29,′4	3^h
Mi	9.	3 33	11 32	19 44	4 01	+19,9		Stier, Plejaden	Aufsteigender Knoten	
Do	10.	4 02	12 20	20 48	4 51	+22,8		Aldebaran	**Neumond Nr. 1218**	$11^h\ 53^m$
Fr	11.	4 39	13 10	21 47	5 42	+24,8		Stier, Al Nath		
Sa	12.	5 25	14 02	22 36	6 36	+25,6		Zwillinge		
So	13.	6 22	14 54	23 17	7 30	+25,3	*	Kastor, Pollux		
Mo	14.	7 28	15 45	23 49	8 24	+23,6		Krebs, Krippe		
Di	15.	8 40	16 35	–	9 17	+20,8		Krebs		
Mi	16.	9 54	17 23	0 15	10 08	+17,0		Löwe, Regulus	Größte Nordbreite Libration Ost	
Do	17.	11 10	18 11	0 36	10 59	+12,2		Löwe		
Fr	18.	12 28	18 58	0 55	11 48	+ 6,8		Jungfrau	**Erstes Viertel**	$4^h\ 54^m$
Sa	19.	13 47	19 46	1 13	12 38	+ 0,9		Jungfrau		
So	20.	15 09	20 37	1 31	13 29	– 5,1		Spica		
Mo	21.	16 34	21 31	1 51	14 22	–11,1		Waage		
Di	22.	18 02	22 29	2 15	15 19	–16,6		Waage		
Mi	23.	19 28	23 31	2 47	16 19	–21,1		Antares	Erdnähe 360/33,′2 Absteigender Knoten	11^h
Do	24.	20 45	–	3 29	17 23	–24,2	*	Schlangenträger	**Vollmond**	$19^h\ 40^m$
Fr	25.	21 48	0 35	4 25	18 29	–25,6		Schütze, Nunki		
Sa	26.	22 35	1 39	5 34	19 34	–25,2		Schütze		
So	27.	23 09	2 40	6 52	20 36	–23,1		Steinbock		
Mo	28.	23 35	3 36	8 12	21 34	–19,6		Steinbock		
Di	29.	23 55	4 27	9 30	22 28	–15,2		Wassermann	Größte Südbreite Libration West	
Mi	30.	–	5 13	10 44	23 18	–10,2		Wassermann		

DER MOND WANDERT AN JUPITER VORBEI

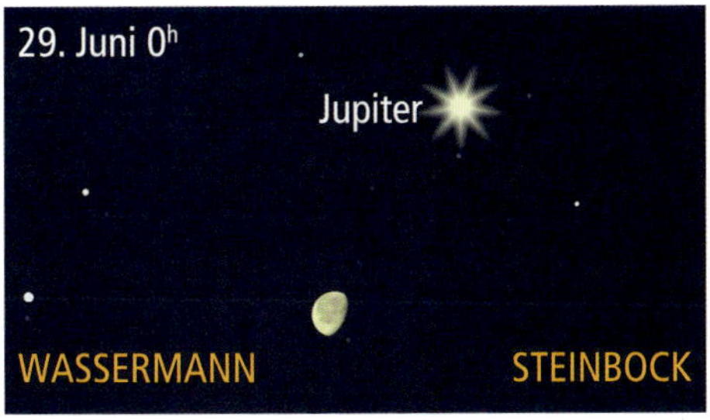

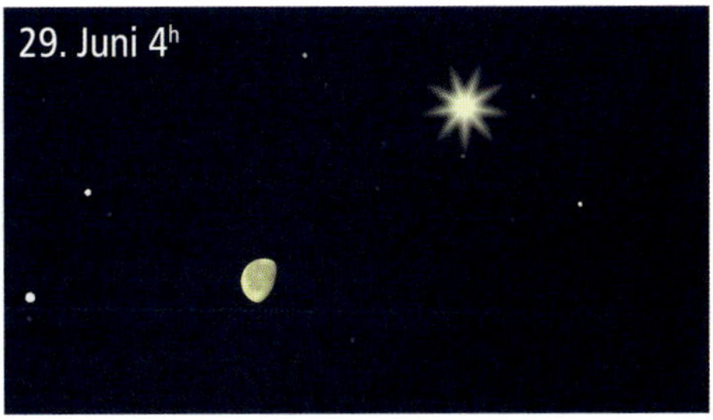

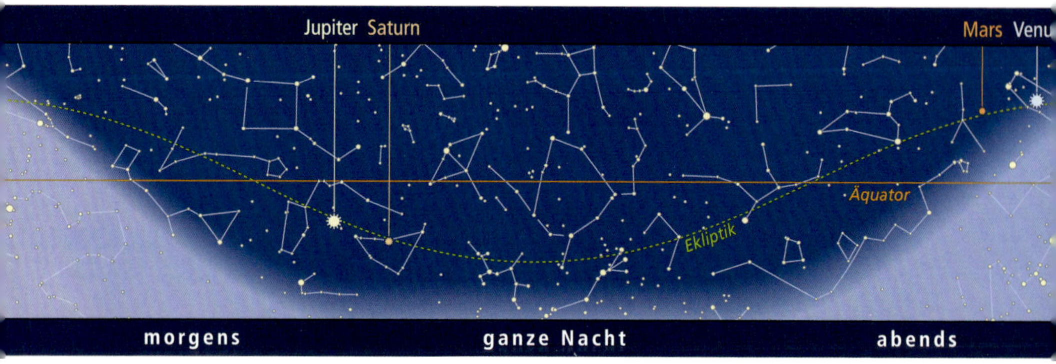

MERKUR hat seine Abendsichtbarkeit beendet. Er nähert sich rückläufig der Sonne, die ihm entgegenkommt. Am 11. kommt er in untere Konjunktion mit der Sonne.

Am 22. um Mitternacht wird er stationär und ist anschließend wieder rechtläufig. Bis 30. wächst sein westlicher Winkelabstand auf 21° an. Dies reicht nicht für eine Morgensichtbarkeit. Am 30. geht der $0^{m}\!,9$ helle Merkur um $3^{h}15^{m}$ (= $4^{h}15^{m}$ MESZ) auf. Sonnenaufgang ist an diesem Tag um $4^{h}14^{m}$. Bis Merkur sich über die dichtesten Dunstschichten am Osthorizont erhoben hat, ist die Morgenhelle soweit fortgeschritten, dass er nicht mehr auszumachen ist.

Am 10. passiert er das Aphel seiner Bahn, wobei er 69,8 Millionen Kilometer (= 0,467 AE) von der Sonne entfernt ist.

VENUS baut ihre Rolle als Abendstern nur zögerlich aus. Noch ist sie nicht besonders auffällig. In der Abenddämmerung sieht man sie tief am Nordwesthimmel. Sie geht bereits unter, bevor es richtig dunkel ist.

Venus wandert am 2. knapp zwei Vollmondbreiten nördlich am Sommerpunkt vorbei, der im Sternbild Stier liegt. Am gleichen Tag tritt sie in das Sternbild Zwillinge und passiert am 22. in 5° südlichem Abstand Pollux (β Geminorum). Am 25. wechselt sie schließlich in das Sternbild Krebs (s. Abb. 6.2 unten).

Die Venusuntergänge verspäten sich nur geringfügig von $21^{h}49^{m}$ zu Monatsbeginn auf $22^{h}04^{m}$ (= $23^{h}04^{m}$ MESZ) am Monatsende. Da auch die Sonne immer später untergeht, ergibt sich kaum ein Gewinn an Sichtbarkeitsdauer.

Die Venushelligkeit bleibt im Juni konstant bei $-3^{m}\!,9$.

Am 12. erhält unser innerer Nachbarplanet Besuch von der schmalen Sichel des zunehmenden Mondes (siehe Tabelle auf Seite 133).

Blickt man mit einem Fernrohr auf Venus, so sieht unser innerer Nachbarplanet noch klein und rundlich aus. Der scheinbare Venusdurchmesser erreicht zu Monatsende gerade 11,″3, der Beleuchtungsgrad verringert sich lediglich von 95 % auf 90 % im Laufe des Juni.

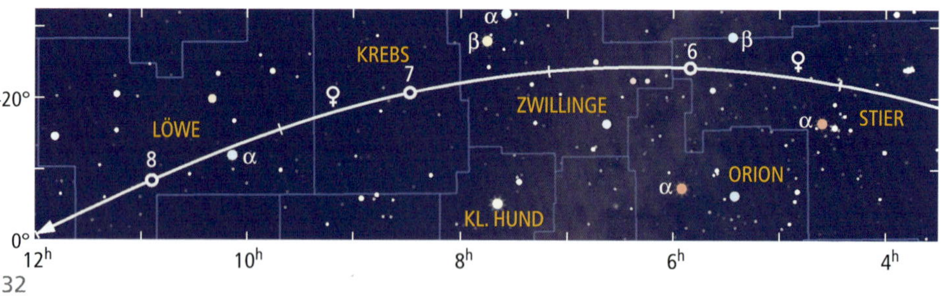

6.2 Scheinbare Bahn des Planeten Venus von Mitte Mai bis August 2021 durch die Sternbilder Stier, Zwillinge, Krebs und Löwe.

Am 12. eilt Venus durch das Perihel ihrer fast kreisförmigen Bahn. An diesem Tag trennen sie 107 Millionen Kilometer (0,718 AE) von der Sonne.

MARS zieht sich vom Abendhimmel zurück. Der rote Planet verkürzt seine Abendsichtbarkeitszeit drastisch. Am Monatsanfang geht Mars um 23^h26^m unter und zur Monatsmitte um 22^h56^m (= 23^h56^m Sommerzeit). Am 30. sinkt der nur mehr $1\overset{m}{,}8$ helle Mars bereits um 22^h20^m unter die westliche Horizontlinie. Die nun spät einsetzende Dunkelheit lässt Mars zur Monatsmitte nur noch eine gute Stunde Sichtbarkeitszeit, bevor der nicht mehr besonders helle rote Planet im Horizontdunst verschwindet. Gegen Monatsende wird es schwierig, Mars weit im Westen noch zu erkennen.

Am 2. passiert Mars den Zwillingsstern Pollux (β Geminorum) in 5° südlichem Abstand (siehe Abb. 1.11 auf Seite 38). Am 8. verlässt Mars das Sternbild Zwillinge und tritt in den Krebs ein. Die zunehmende Mondsichel gesellt sich am 13. zum roten Planeten. Am 4. erreicht Mars die größte heliozentrische Nordbreite in seiner um $1\overset{\circ}{,}8$ zur Ekliptik geneigten Bahn.

JUPITER im Wassermann wird am 21. stationär und setzt zu seiner Oppositionsschleife an. Danach wandert er rückläufig durch den Tierkreis (siehe Abb. 8.2 auf Seite 175). Der Riesenplanet steigert nochmals seine Helligkeit um $0\overset{m}{,}2$ auf $-2\overset{m}{,}6$ zu Ende Juni. Damit wird er nach Venus und Mond zum hellsten Gestirn der Nacht und fällt auch Laien sofort am Sternenhimmel auf.

Jupiter verlegt seine Aufgänge in die Zeit vor Mitternacht. Am 1. geht der Riesenplanet um 0^h50^m (= 1^h50^m MESZ) auf, am 15. um 23^h53^m und am 30. erfolgt sein Aufgang schon um 22^h54^m.

Der Äquatordurchmesser des Jupiterscheibchens nimmt von $41\overset{''}{,}2$ auf $45\overset{''}{,}3$ zu. Deutlich sind die Wolkenbänder und -streifen in seiner Atmosphäre schon in kleinen Teleskopen auszumachen.

In der Nacht vom 28. auf 29. zieht der abnehmende Mond rund fünf Grad südlich am Riesenplaneten vorbei (siehe Mondlaufgrafik auf Seite 131).

SATURN verlagert seine Aufgänge in die Zeit weit vor Mitternacht.

Da die Abenddämmerung jetzt erst spät endet, wird er im Laufe des Juni zum Planeten der gesamten Nacht. Am 1. geht der Ringplanet um 0^h10^m (= 1^h10^m MESZ) auf, am 15. um 23^h10^m und am 30. bereits um 22^h09^m. Die Saturnhelligkeit nimmt deutlich von $0\overset{m}{,}6$ auf $0\overset{m}{,}4$ zu. Nach Venus und Jupiter ist er somit der dritthellste Planet am irdischen Firmament.

KONSTELLATIONEN UND EREIGNISSE

Datum	MEZ	Ereignis
1.	10^h	Mond bei Jupiter, Mond $4\overset{\circ}{,}6$ südlich
3.	2	Mond bei Neptun, Mond $4\overset{\circ}{,}4$ südlich
7.	7	Mond bei Uranus, Mond $2\overset{\circ}{,}2$ südlich
10.	2	Merkur im Aphel
10.	12	**Ringförmige Sonnenfinsternis – in Mitteleuropa als partielle Finsternis beobachtbar** (siehe Seite 25)
10.	14	Mond bei Merkur, Mond $4\overset{\circ}{,}0$ südlich
11.	2	Merkur in unterer Konjunktion
12.	8	**Mond bei Venus**, Mond $1\overset{\circ}{,}5$ nördlich, **Abstand $5\overset{\circ}{,}6$ um 21^h**
12.	19	Venus im Perihel
13.	21	**Mond bei Mars**, Mond $2\overset{\circ}{,}8$ nördlich, **Abstand $2\overset{\circ}{,}0$ um 22^h**
21.	4^h32^m	**Sonne im Sommerpunkt, Sommersonnenwende**
21.	6	Jupiter im Stillstand, anschließend rückläufig
23.	0	Merkur im Stillstand, anschließend rechtläufig
26.	11	Neptun im Stillstand, anschließend rückläufig
27.	10	Mond bei Saturn, Mond $4\overset{\circ}{,}0$ südlich
28.	20	**Mond bei Jupiter**, Mond $4\overset{\circ}{,}5$ südlich, **Abstand $5\overset{\circ}{,}2$ um 24^h**
30.	10	Mond bei Neptun, Mond $4\overset{\circ}{,}4$ südlich

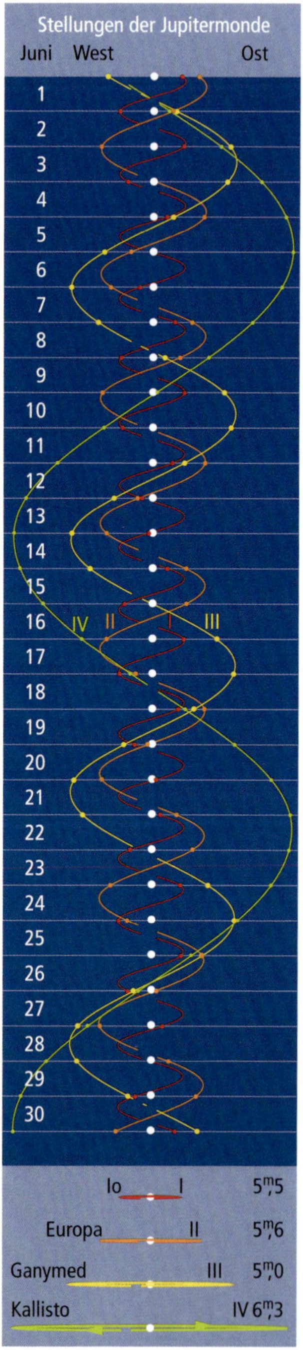

JUPITERMONDE

Tag	MEZ h m		Vorgang	
1.	2	39	IV	VA
2.	1	16	II	SA
4.	1	03	II	BE
	3	12	I	VA
5.	1	41	I	DA
	2	39	I	SE
	3	17	III	SE
6.	1	18	I	BE
10.	3	30	IV	DE
12.	2	16	I	SA
	3	39	III	SA
13.	3	08	I	BE
16.	2	24	III	BE
18.	0	39	II	VA
	1	35	IV	VE
20.	0	56	II	DE
	1	28	I	VA
	23	50	I	DA
21.	0	55	I	SE
	2	07	I	DE
23.	1	20	III	VE
	2	30	III	BA
25.	3	15	II	VA
27.	0	32	II	DA
	1	07	II	SE
	3	20	II	DE
	3	22	I	VA
28.	0	32	I	SA
	1	39	I	DA
	2	49	I	SE
29.	1	14	I	BE
30.	1	42	III	VA

Saturn wurde gegen Ende Mai stationär und bewegt sich nun rückläufig durch den Steinbock. Seine Wanderung fällt allerdings noch recht zögerlich aus (siehe Abb. 8.2 auf Seite 175).

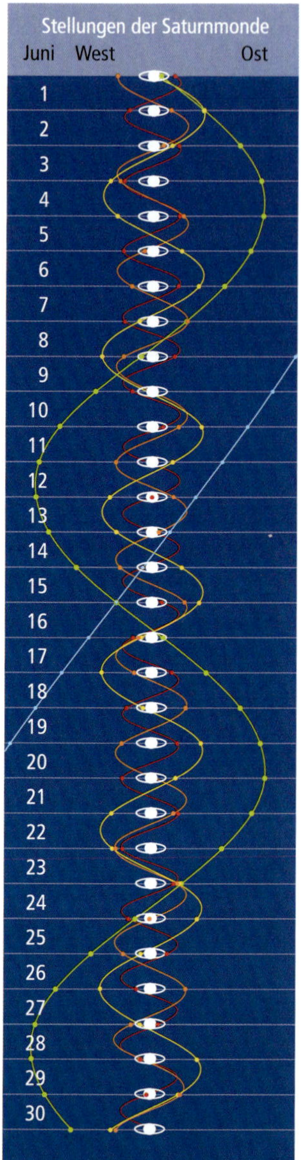

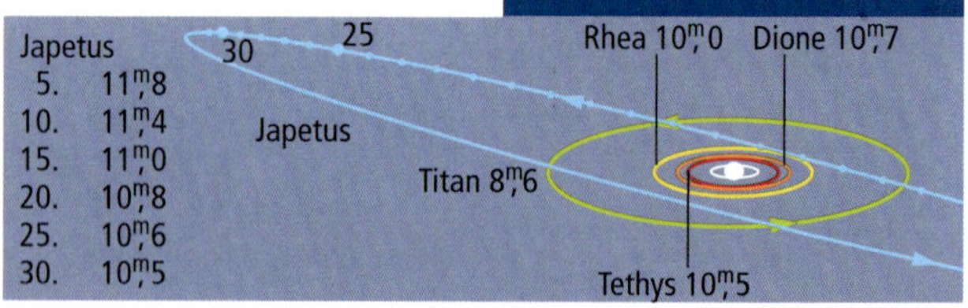

URANUS kann sich noch nicht aus den Strahlen der Sonne befreien und bleibt weiterhin unbeobachtbar. Er wandert rechtläufig durch das Sternbild Widder, wobei seine westliche Elongation bis Ende Juni auf knapp 56° anwächst.

NEPTUN kommt am 26. im Sternbild Wassermann zum Stillstand und wandert anschließend rückläufig seiner Oppositionsstellung entgegen. Allerdings bewegt sich der bläuliche Planet zunächst kaum. Noch lohnt es sich nicht, nach dem nur $7\overset{m}{,}9$ hellen Neptun zu suchen. Wer es dennoch versuchen will, dem seien folgende Zeiten genannt: Aufgang am 15. um 0^h37^m (= 1^h37^m MESZ), Kulmination um 6^h22^m. Am Monatsletzten geht Neptun um 23^h34^m auf und passiert den Meridian um 5^h23^m (= 6^h23^m MESZ).

PLANETOIDEN UND ZWERGPLANETEN

JUNO (3), rückläufig im Schlangenträger, kommt am 6. eine Stunde vor Mitternacht in **Opposition** zur Sonne. Mit nur $10\overset{m}{,}1$ Oppositionshelligkeit ist sie kein besonders lohnendes Beobachtungsobjekt für Liebhaberastronomen.

Am Oppositionstag geht Juno um 18^h44^m (= 19^h44^m MESZ) auf und kulminiert in der Oppositionsnacht um 0^h27^m. Um 6^h09^m erfolgt schließlich ihr Untergang. Von der Sonne trennen sie 493 Millionen Kilometer (= 3,30 AE). Ihre geringste Entfernung von der Erde nimmt Juno nicht exakt am Oppositionstag, sondern erst am 10. gegen Mittag ein.

Von der Erde ist sie dann 347 Millionen Kilometer (= 2,32 AE) entfernt, dies entspricht einer Lichtlaufzeit von 19 Minuten.

VESTA (4) beschleunigt abermals ihre rechtläufige Bewegung im Löwen. Sie eilt rasch nach Südosten und zieht kurz nach der Monatsmitte eineinhalb Grad nördlich an ι Leonis ($4\overset{m}{,}0$) vorbei (siehe Abb. 3.3 auf Seite 78). Am 26. wechselt Vesta aus dem Löwen in das Sternbild Jungfrau. Ihre Beobachtungszeiten verkürzen sich erheblich, ihre Helligkeit sinkt um $0\overset{m}{,}3$ auf $7\overset{m}{,}7$ zum Monatsende ab.

Am 1. kulminiert Vesta um 18^h48^m (= 19^h48^m MESZ), am 15. um 18^h08^m und am 30. bereits um 17^h28^m. Ihre Untergänge verlagern sich von 2^h05^m Anfang Juni auf 1^h13^m zur Monatsmitte und auf 0^h19^m Ende Juni.

PERIODISCHE STERNSCHNUPPENSTRÖME

Um den 12. Juni ist das zweite Maximum des **SCORPIUS-SAGITTARIUS**-Stromes zu erwarten. Der Ausstrahlungspunkt oder Radiant liegt bei γ Sagittarii. Der Strom ist während des ganzen Monats aktiv. Wegen der geringen Höhe des Radianten sind Beobachtungen in unseren Breiten schwierig. Die beste Beobachtungszeit sind die Stunden um Mitternacht. Bei diesem Strom sind langsam fliegende Meteore (um 26 Kilometer pro Sekunde) zu registrieren.

Anfang Juni erreichen die **TAU-HERKULIDEN** ihr Maximum. Dieser wenig bekannte und unauffällige Strom ist vom 17. Mai bis 12. Juni aktiv.

Am 6. und 7. Juni kann man nach den **LIBRIDEN** Ausschau halten. Der Radiant dieses Stromes liegt in der Waage.

Im letzten Junidrittel sind die **JUNI-BOOTIDEN** zu erwarten. Ihre Aktivitäten sind von Jahr zu Jahr sehr unterschiedlich. Sie sind Trümmer des Kometen 7P/Pons-Winnecke und seit 1916 bekannt.

In den Jahren 1998 und 2004 gab es mehrere Stunden lange Maxima mit bis zu hundert Sternschnuppen pro Stunde, die zwischen dem 23. und 28. Juni auftraten. Nach Berechnungen sind 2021 keine hohen Fallraten zu erwarten.

Zwischen dem 23. und dem 30. Juni tauchen die **CORVIDEN** auf, deren Radiant im Sternbild Rabe liegt. Am 26. Juni erreicht die Corvidenaktivität ihr Maximum.

Um den 27. Juni sind die **JUNI-DRACONIDEN** zu erwarten. Der Radiant liegt im Sternbild des Drachen. Die Draconiden sind ein kometarischer Strom, der seinen Ursprung auf den Kometen 7P/Pons-Winnecke zurückführt.

Es ist mit lediglich rund fünf Meteoren pro Stunde zu rechnen.

Noch bis vor etwa 30 Jahren wurden wiederholt die **JUNI-DRACONIDEN** um den 16. Juni beobachtet. Seither scheinen sie nicht mehr aufzutauchen.

Der Fixsternhimmel

Als erstes fällt in der nun spät einsetzenden Abenddämmerung hoch im Südwesten ein heller, deutlich orangeroter Stern auf. Es ist Arktur im Sternbild Bootes. Fast zeitgleich taucht in der hereinbrechenden Dunkelheit schon hoch im Osten die bläulich-weiß strahlende Wega auf. Die Wega ist der Hauptstern der Leier. Arktur und Wega sind somit die ersten Sterne, die in der beginnenden Dämmerung zu sehen sind.

Bei vielen Völkern wurde das Sternbild Bootes mit den sieben Sternen des Großen Wagens in Verbindung gebracht. Dies wird verständlich, wenn man, mit den Augen dem Schwung der Wagendeichsel folgend, auf den hellen Arktur gestoßen ist.

Das Frühlingsdreieck, das sich aus Arktur im Bootes, Regulus im Löwen und Spica in der Jungfrau zusammensetzt, ist in die westliche Hemisphäre des Firmaments gerückt. Im Osten ist dagegen das Sommerdreieck mit Wega, Deneb und Atair bereits komplett aufgegangen. Der Große Wagen steht immer noch hoch über unseren Köpfen. Seinen Meridiandurchgang hat er allerdings schon hinter sich, er bereitet sich auf seinen Abstieg vor. Tief im Norden zeigt sich die in unseren Breiten zirkumpolare Kapella.

Im Westen neigt sich der Löwe dem Untergang zu. Die Basislinie Regulus – Denebola steht schräg zum Horizont. Das Feld im Südwesten wird von der Jungfrau (lat.: Virgo) besetzt gehalten. Ihr Hauptstern Spica leuchtet leicht erkennbar in bläulichem Licht halbhoch über dem Südwesthorizont.

Tief im Süden krabbelt eben der Skorpion den Horizont entlang. Sein tiefroter Hauptstern Antares ist mit 1^{m} scheinbarer Helligkeit kaum zu übersehen. Seine Helligkeit variiert ein wenig von $0\overset{m}{,}9$ bis $1\overset{m}{,}1$. Antares, α Scorpii, ist ein roter Überriesenstern.

Er wird manchmal als Cor Scorpii (lat., Herz des Skorpions) bezeichnet. Sein Spektraltyp ist M1 Ib, die Distanz bis heute nicht genau bekannt. Sie beträgt um 600 Lichtjahre mit einer Unsicherheit von weit mehr als hundert Lichtjahren.

Nördlich des Skorpions, also „oberhalb" von unseren Breiten aus gesehen, wenn der Skorpion gerade im Süden steht, stößt man auf das umfangreiche aber nur aus lichtschwachen Sternen bestehende Bild des Schlangenträgers (lat.: Ophiuchus) mit der Schlange. Die Schlange wird durch ihren Träger in zwei Teile zerlegt. Der östliche Teil markiert den Schwanz der Schlange (lat.: Serpens Cauda). Er wird durch eine Sternenkette markiert, die auf Atair im Adler deutet. Der westliche Teil bildet den Kopf (lat.: Serpens Caput). Der Schlangenkopf passiert gerade den Meridian und blickt nach Norden zum kleinen, aber einprägsamen Sternbild Nördliche Krone. Der hellste Stern in der Schlange, α Serpentis, leuchtet orange-rötlich ($2\overset{m}{,}6$), gehört zur Spektralklasse K2 III und ist 73 Lichtjahre entfernt. Sein Eigenname ist Unukalhai, was „Hals der Schlange" heißt.

DAS STERNBILD RINDERHIRT (BOOTES)

Der Bootes ist eine leicht zu erkennende, markante Sternenfigur, die aussieht wie ein überdimensionaler Papierdrachen, den man an windigen Tagen steigen lässt. Die Amerikaner sehen in ihm wiederum eine riesige Eistüte. Bei fast allen Völkern wurde das Sternbild Bootes mit den sieben Sternen des Großen

VERÄNDERLICHE STERNE

Algol-Minima		β-Lyrae-Minima		δ-Cepheï-Maxima		Mira-Helligkeit	
4.	$20^{h}30^{m}$	3.	23^{h} H	5.	5^{h}	1.	9^{m}
19.	4 33	10.	11 N	10.	14	10.	9
22.	1 23	16.	22 H	15.	23	20.	8
27.	19 00	23.	9 N	21.	8	30.	8
		29.	21 H	26.	16		

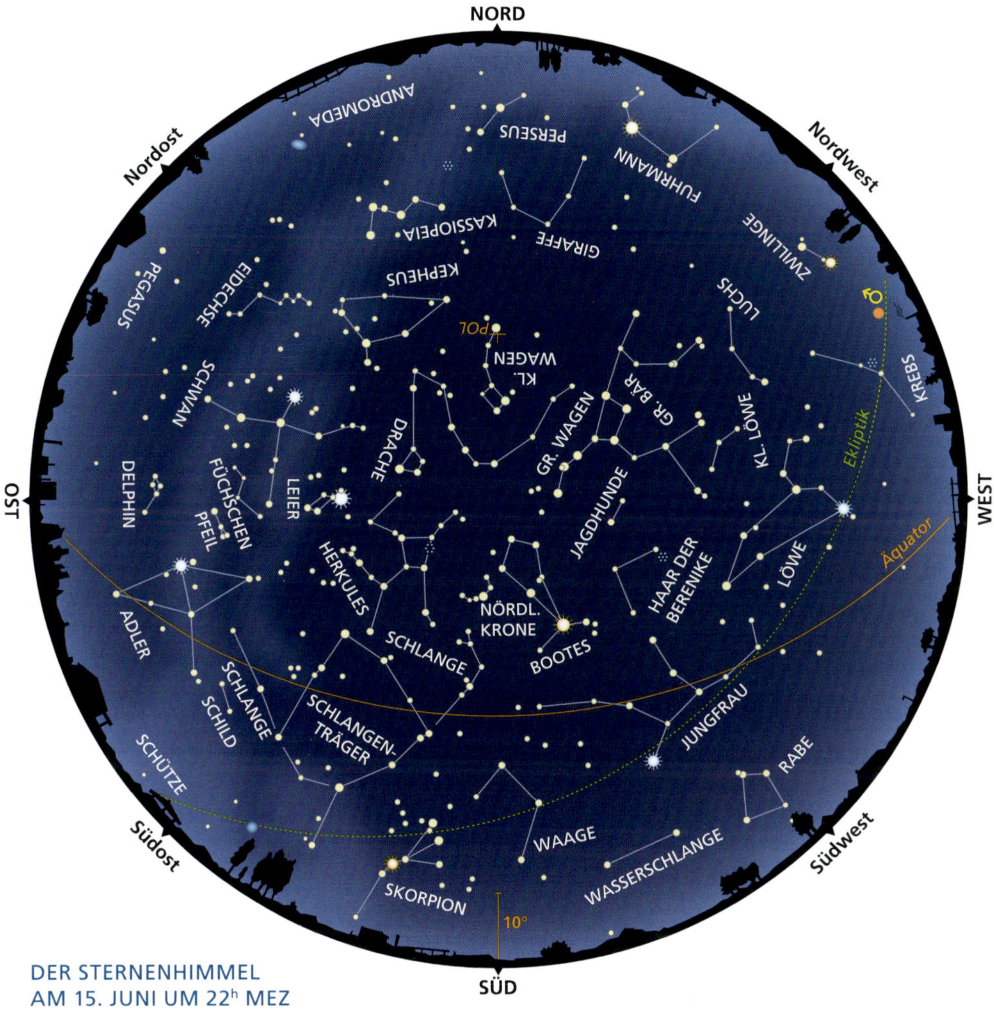

DER STERNENHIMMEL
AM 15. JUNI UM 22h MEZ

Die Sternkarte ist auch gültig für:

	MEZ	MESZ
15. 2.	6h	
1. 3.	5	
15. 3.	4	
1. 4.	3	4h
15. 4.	2	3
1. 5.	1	2
15. 5.	0	1
1. 6.	**23**	**24**
15. 6.	**22**	**23**
30. 6.	**21**	**22**

Wagens in Verbindung gebracht. Dies wird schnell verständlich, wenn man zum Großen Wagen blickt und dann mit den Augen dem Schwung der Wagendeichsel folgt und auf einen hellen, orangefarbenen Stern trifft. Er wird Arktur genannt und gehört zu den fünf hellsten Sternen am irdischen Himmel. Arktur (α Bootis) ist der helle Hauptstern des Bootes. Unter idealen Sichtverhältnissen sind 35 Sterne im Bootes mit bloßen Augen zu sehen, aber nur acht Sterne sind heller als 4^m. Bei normalen Sichtbedingungen sieht man auch nur diese acht. Friedrich Wilhelm Argelander gibt 85 Sterne an, die zum Bootes gehören. Im Bonn des 19. Jahrhunderts war es offensichtlich noch möglich, so viele Sterne freiäugig zu sehen.

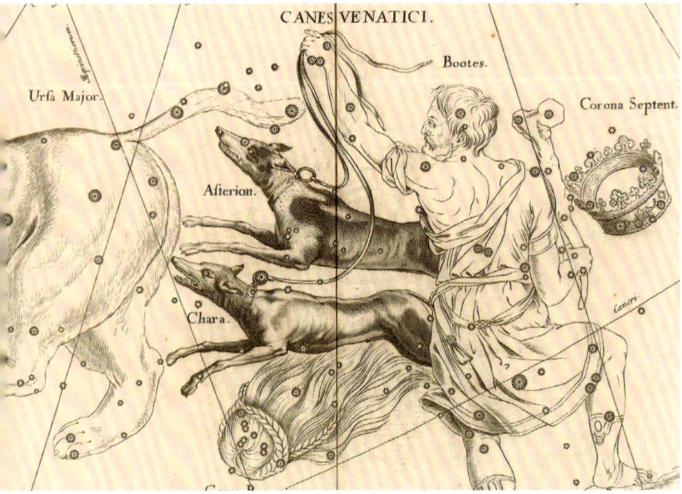

6.3 **Figürliche Darstellung der Sternbilder Bootes und Jagdhunde im Sternatlas *Prodromus Astronomiae* von Johannes Hevelius aus dem Jahre 1690.**

Bootes (griech.: βοωτής) heißt Rinderhirt oder Ochsentreiber. Der klassischen Sage nach treibt der Bootes die sieben Dreschochsen im täglichen Reigen um den Polarstern als Göpel. Die Römer sahen nämlich in den sieben Sternen des Großen Wagens sieben Dreschochsen, die als Septemtriones bezeichnet wurden. Da sie nahe dem Polarstern stehen, sind sie als Zirkumpolarsterne in jeder klaren Nacht im Norden zu sehen. Deshalb ging die Bezeichnung „Septemtriones" auf die Nordrichtung über.

Einer anderen Version nach kommt der Name Bootes vom griechischen Wort βοητής, der Brüller oder Schreier. Der Bootes führt auch die Jagdhunde, ein Sternbild knapp westlich und südlich des Großen Wagens gelegen. Sein Schreien soll die Jagdhunde anfeuern, sich auf den Großen Bären zu stürzen. Diese Vermutung wurde von Johannes Hevelius (1611–1687), dem Danziger Ratsherren, geäußert, der unter anderem auch das Sternbild der Jagdhunde eingeführt hat.

Bei den Arabern war der Bootes ein Schafshirt. Seine Herde bildeten die Sterne des Herkules und des Schlangenträgers samt der Schlange. Einer anderen, al-

6.4 **Sternkarte mit den Sternbildern Bootes und Jagdhunde.**

ten arabischen Quelle zufolge, gehörten die Sterne des Bootes zu einem riesigen Löwen, Asad genannt. Asad nahm fast ein Drittel des sichtbaren Himmelsgewölbes ein. Arktur und Spica stellen die Hinterbeine dar, Regulus die Stirn. Kleiner Wagen, Zwillinge und Rabe gehören ebenfalls zu diesem Riesenvieh.

Aratos bezeichnete dieses riesige Bild als τρυγητής (griech., Winzer oder Weinleser). Diese Bezeichnung ist später auf Vindemiatrix (ε Virginis) übergegangen. Auch Philomelus rückt den Bootes in die Nähe der Jungfrau und nennt ihn Virgo Ceres, Sohn der Jungfrau. In der nordischen Sagenwelt sind hier drei schwedische Kronen zu erkennen. Die frühen Christen sahen in diesem Bild den Heiligen namens Sylvester.

Der orange Hauptstern des Bootes heißt mit Eigennamen Arktur (lat.: Arcturus), was so viel wie Bärenwächter oder Bärenführer bedeutet. Denn Arktur folgt dem Großen Bären im täglichen Himmelsreigen stets hinterher. Manchmal wird die Bezeichnung „Bärenhüter" fälschlicherweise auf das ganze Sternbild übertragen, doch der Bootes hütet oder treibt keinen Bären, sondern die sieben Dreschochsen, dargestellt durch die sieben Wagensterne.

Arktur ist ein roter Riesenstern (Spektraltyp: K2 III) in 37 Lichtjahren Entfernung. Er leuchtet über hundertmal heller als unsere Sonne. Arktur besitzt die größte Eigenbewegung aller hellen Sterne. In 800 Jahren verschiebt sich seine Position um einen Vollmonddurchmesser in Richtung des Sternbildes Jungfrau.

E. Weiß: „Bilderatlas der Sternenwelt"

6.5 Komet Donati passierte am 5. Oktober 1858 Arktur, den Hauptstern des Bootes.

Nekkar (β Bootis), ein gelber Riese (G8), ist an der Spitze des Drachen zu finden. Mit $3^{\mathrm{m}}{,}5$ Helligkeit ist er nicht besonders auffällig. Der arabische Name bedeutet ebenfalls Ochsentreiber. Von dieser Riesensonne ist das Licht 220 Jahre zu uns unterwegs.

Seginus (γ Bootis) ist ein weißer, leicht veränderlicher Riesenstern (A7 III), der pulsiert. Seine Helligkeit variiert geringfügig von $3^{\mathrm{m}}{,}02$ bis $3^{\mathrm{m}}{,}07$. Seginus markiert die westliche Schulter des Rinderhirten. Seine Entfernung beträgt 86 Lichtjahre.

Izar (ε Bootis) liegt in der Mitte des Bootes und ist mit $2^{\mathrm{m}}{,}4$ gut sichtbar. Der arabische Name heißt schlicht Schurz. Von dieser gelben Riesensonne (G9) trennen uns 210 Lichtjahre.

Muphrid (η Bootis) liegt ein wenig westlich von Arktur und ist mit 37 Lichtjahren gleich weit wie Arktur von uns entfernt. Mit $2^{\mathrm{m}}{,}7$ ist diese gelbe Sonne (G0) ebenfalls leicht zu erkennen. Die arabische Bezeichnung bedeutet so viel wie „ausgerichtete" Lanze.

Der Kern des überaus hellen Kometen Donati passierte am 5. Oktober 1858 in nur 20′ Distanz den hellen Arktur – ein beeindruckender Anblick, dessen Wiederholung man sich wünscht.

Die ringförmige Sonnenfinsternis vom 10. Juni 2021

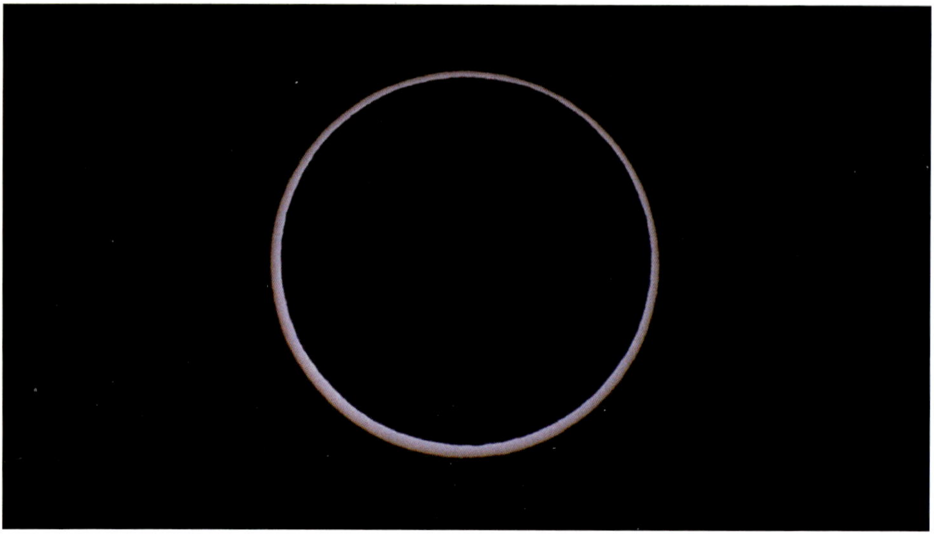

6.6 Die ringförmige Sonnenfinsternis vom 3. Oktober 2005, aufgenommen in Calp, Spanien, von Martin Gertz (Sternwarte Welzheim).

Sonnen- und Mondfinsternisse zählen zu den spannendsten Himmelsereignissen, die zu allen Zeiten Menschen in ihren Bann zogen. Auch heute noch gehören diese kosmischen Schattenspiele zu den in den Medien erwähnten Vorgängen, denn sie stoßen auf großes Interesse in der Bevölkerung. Auch weil Finsternisse selten stattfinden, ist ihnen die Aufmerksamkeit der Öffentlichkeit sicher.

Letztmals konnte man von Mitteleuropa aus die totale Sonnenfinsternis vom 20. März 2015 in ihren partiellen Phasen beobachten. Je nach Standort wurde zwischen 61 % (Graz) und 82 % (Amsterdam) der Sonne vom Neumond bedeckt. Die letzte totale Sonnenfinsternis, bei der die Kernschattenzone über Deutschland und Österreich verlief, fand am 11. August 1999 statt. Es war die einzige totale Sonnenfinsternis im 20. Jahrhundert, bei der die Totalitätszone über Deutschland strich. Davor fand in Deutschland am 19. August 1887 eine totale Sonnenfinsternis statt. Damals verlief die Zone totaler Verfinsterung über Leipzig und Berlin sowie über Königsberg in Ostpreußen.

Erst am 3. September 2081 wird man von der äußersten Südwestecke Deutschlands aus wieder eine totale Sonnenfinsternis erleben können.

In den Mittagsstunden am Donnerstag, 10. Juni 2021, kann man von Mitteleuropa aus verfolgen, wie der dunkle Neumond die Sonne teilweise verdeckt. Allerdings handelt es sich für uns Mitteleuropäer um eine eher bescheidene Sonnenfinsternis, was den Bedeckungsgrad der Finsternis betrifft. Lediglich ein paar Prozent der Sonnenscheibe werden vom Mond bedeckt. Der Bedeckungsgrad nimmt von Nordwesten nach Südosten ab. In Kiel werden knapp 19 %, in Hamburg 17 % der Sonnenscheibenfläche vom Neumond verfinstert, in Wien hingegen nur vier Prozent und in Klagenfurt nicht einmal drei Pro-

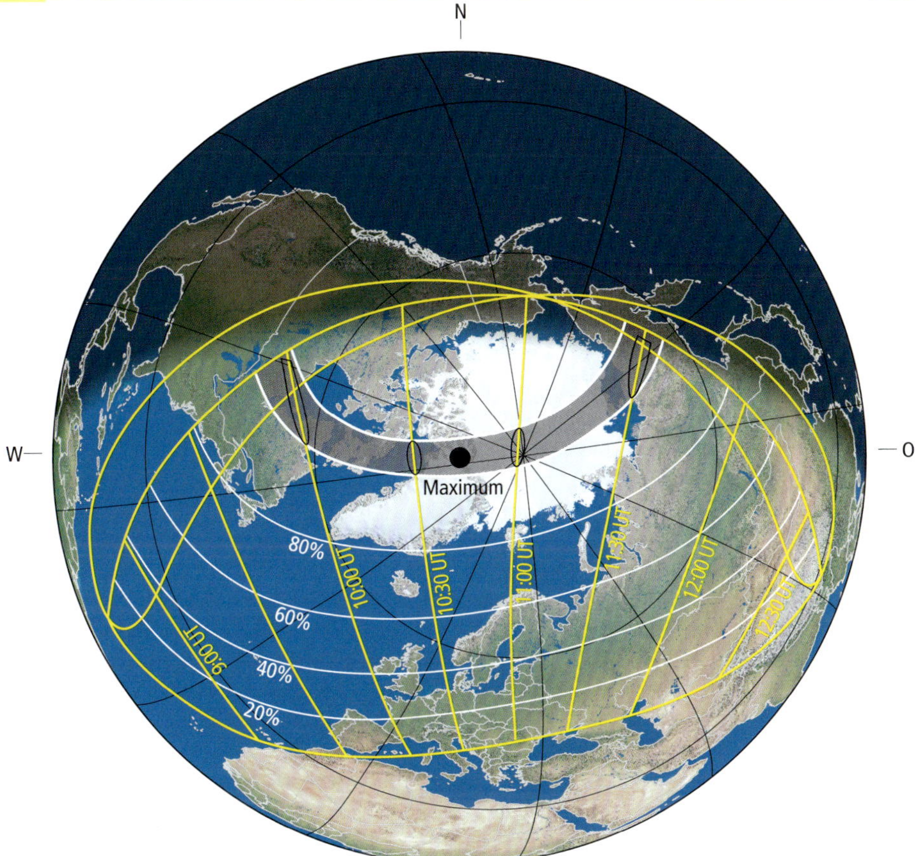

6.7 Globaler Verlauf der ringförmigen Sonnenfinsternis vom 10. Juni 2021. Die Prozentzahlen geben die Größe der Finsternis an.

zent (siehe Abb. 6.10 auf Seite 145). Oben wird statt der verfinsterten Fläche die Größe der Finsternis angegeben. Unter Größe oder Phase einer Sonnenfinsternis versteht man die Eindringungstiefe der Neumondscheibe in die Sonnenscheibe, angegeben in Einheiten des Sonnendurchmessers. Der *Bedeckungsgrad* hingegen gibt den prozentualen Anteil der Sonnenscheiben*fläche* an, die vom Neumond verfinstert wird. Bedeckt der Neumond die Hälfte des Sonnendurchmessers (der Mondrand geht dann durch den Sonnenscheibenmittelpunkt), so hat diese Finsternisphase die Größe 0,5. Dabei werden 39% der Sonnenscheibenfläche vom Mond bedeckt (vorausgesetzt, beide haben den gleichen scheinbaren Durchmesser, was in erster Näherung stets zutrifft). Bei der diesjährigen Sonnenfinsternis beträgt die Größe in Hamburg 0,286, wobei 17,4% der Sonnenscheibenfläche vom Neumond verfinstert werden. In Stuttgart erreicht die Größe 0,178, der Bedeckungsgrad liegt bei 8,6%. In Wien hat die Größe den Wert 0,114, dies ergibt 4,4% Bedeckung und in Zürich lauten die Zahlen: Größe 0,15 und Bedeckung 6,6%. Diese Beispiele mögen genügen, um den Unterschied zwischen Größe und Bedeckungsgrad zu verdeutlichen. In der Tabelle „Verlauf der ringförmigen Sonnenfinsternis am 10. Juni 2021 in Mitteleuropa“ auf Seite 147 ist der jeweilige Bedeckungsgrad für zahlreiche Orte vermerkt.

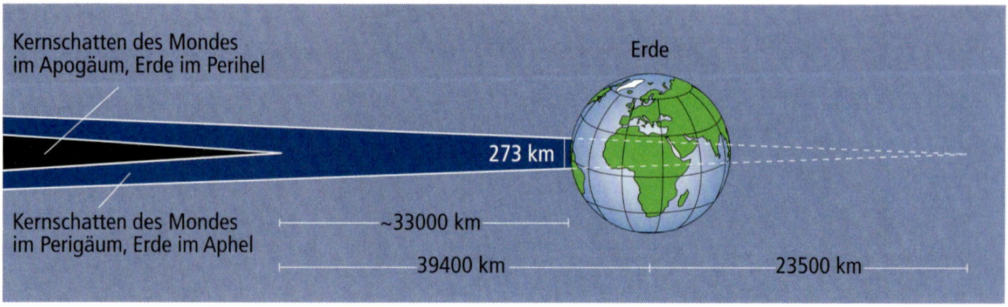

6.8 Erreicht die Kernschattenspitze des Mondes die Erde nicht, so kommt es zu einer ringförmigen Sonnenfinsternis. Nähere Erläuterungen im Textteil.

Vielfältige Finsternisse

Zu einer Sonnenfinsternis kommt es, wenn sich der Mond vor die Sonne schiebt und sie bedeckt. Genau genommen handelt es sich um eine Sternbedeckung durch den Mond. Denn die Sonne wird nicht verfinstert, sondern der Mond wirft seinen Schatten auf die Erde. Eine Sonnenfinsternis tritt nur ein, wenn der Mond in Neumondposition kommt und sich gleichzeitig in oder nahe der Erdbahnebene befindet, sodass er von der Erde aus betrachtet vor der Sonne vorbeizieht.

Nicht bei jedem Neumond kommt es zu einer Sonnenfinsternis, denn die Mondbahn ist um 5° zur Ekliptik (scheinbare Sonnenbahn) geneigt. Die Mondbahn durchstößt somit in zwei Punkten die Erdbahnebene (Ekliptikebene). Diese Punkte heißen aufsteigender und absteigender Knoten. Im aufsteigenden Knoten wechselt der Mond von der Südseite der Erdbahnebene auf die Nordseite, im absteigenden Knoten überschreitet er die Ekliptik von Nord nach Süd. Die Mondbahnknoten heißen auch Drachenpunkte, weil die Menschen im alten China beim Eintritt einer Sonnenfinsternis glaubten, ein himmlischer Drache würde die Sonne verschlingen.

Damit es zu einer Sonnenfinsternis kommt, muss sich also der Neumond im oder nahe einem der beiden Drachenpunkte aufhalten. Wird die Sonne vollständig vom Neumond verdeckt, so nennt man die Finsternis total. Bei einer teilweisen Bedeckung spricht man von einer partiellen Finsternis. Erscheint die Mondscheibe etwas kleiner als die Sonnenscheibe, so wird die Finsternis ringförmig. Schließlich gibt es noch die Kombination einer ringförmig-totalen Sonnenfinsternis. Man nennt eine solche Finsternis hybrid. Eine hybride Finsternis ist beispielsweise zu Beginn ringförmig, wird dann eine totale und im weiteren Verlauf wieder ringförmig.

Durch eine Laune der Natur erscheinen uns Sonne und Mond am irdischen Himmel gleich groß. Der Mond hat zwar nur ein Viertel des Erddurchmessers, die Sonne dagegen den 109-fachen Erddurchmesser. Die Sonne ist jedoch 400-mal weiter von uns entfernt als der Mond. Deshalb erscheinen beide Gestirne von der Erde aus betrachtet unter dem gleichen Winkel von gut einem halben Grad. Ist der Mond in Erdferne, die Erde aber in Sonnennähe, so ist die Mondscheibe ein wenig kleiner als die Sonnenscheibe. Der Neumond verdeckt die Sonne nicht vollständig, es bleibt ein heller Lichtring um den schwarzen Mond.

Die Kernschattenspitze des Mondes überstreicht die Erdoberfläche nur in einer schmalen Zone von wenigen hundert Kilometer Breite. Deshalb ist für einen bestimmten Ort der Eintritt einer totalen Sonnenfinsternis ein außerordentlich seltenes Ereignis, das nur alle paar Jahrhunderte vorkommt. Wegen des geringen Kernschattendurchmessers dauert die Totalität maximal sieben Minuten. Außerhalb der schmalen Zone der Totalität oder der ringförmigen Phase sieht man nur eine teilweise Bedeckung der Sonnenscheibe durch den Mond. Beobachter im Gebiet der partiellen Phasen befinden sich im Halbschatten des Mondes. Die Breite des Halbschattengebietes erreicht in der Regel einige tausend Kilometer. Deshalb treten an einem bestimmten Ort viel häufiger partielle Sonnenfinsternisse ein als totale oder ringförmige. Trifft der Kernschattenkegel die Erde überhaupt nicht, sondern streicht knapp an unserem Globus vorbei, so nennt man diese Sonnenfinsternis eine partielle, da sie von keinem Punkt der Erde als totale oder ringförmige erscheint.

Ringförmige Finsternis am 10. Juni

Am Donnerstag, 10. Juni 2021, ereignet sich eine ringförmige Sonnenfinsternis. Einen Tag vor der ringförmigen Sonnenfinsternis passiert der Mond am 9. Juni um $17^h 42^m$ MEZ seinen aufsteigenden Knoten. Zum Eintritt der Neumondphase am 10. Juni um $11^h 53^m$ ist der Mond noch so nahe der Erdbahnebene, dass die Achse des Kernschattens über die Erdoberfläche streicht. Es kommt somit zu einer zentralen Finsternis. Der Mond befindet sich am 8. Juni um 3^h MEZ (= 4^h Sommerzeit) mit 406 228 Kilometer in Erdferne. Zum Höhepunkt der Finsternis am 10. um $11^h 42^m$ ist der Mond immer noch 404 420 Kilometer von der Erde entfernt. Die Neumondscheibe weist somit einen scheinbaren Durchmesser von 29′34″ auf. Zum gleichen Zeitpunkt befindet sich die Sonne mit 151 890 110 Kilometer (= 1,01532 AE) fast in maximaler Entfernung von der Erde. Der scheinbare Durchmesser der Sonnenscheibe beträgt dabei 31′30″. Die Mondscheibe ist damit knapp zwei Bogenminuten kleiner als die Sonnenscheibe. Der Neumond kann deshalb die Sonne nicht vollständig abdecken, es kommt somit zu einer ringförmigen Sonnenfinsternis. Zum Höhepunkt der Finsternis um $11^h 42^m$ MEZ dauert die ringförmige Phase $3^m 51^s$ bei einer Breite der Schattenzone von 527 Kilometer, wobei die Sonne nur 23° hoch über dem Osthorizont steht. Der Höhepunkt der Finsternis tritt im nordwestlichen Teil Grönlands am Ort 66°48′ westlicher Länge und 80°49′ nördlicher Breite ein.

Wer die Sonnenfinsternis am 10. Juni 2021 beobachten möchte, sollte immer bedenken: Vorsicht bei jeder Sonnenbeobachtung! **Niemals direkt und ungeschützt in die Sonne sehen! Schwere Augenschäden bis zur vollkommenen Erblindung drohen!** Schon gar nicht ein Fernglas oder Teleskop auf die Sonne richten, wenn es nicht über spezielle Filter oder entsprechende Sonnenbeobachtungseinrichtungen verfügt. Einigermaßen sicher ist noch die Projektionsmethode, bei der man nicht durch das Fernrohr blickt, sondern das Sonnenbild auf einen weißen Schirm (heller Karton etc.) projiziert. Dabei ist zu beachten, dass man nicht in der Nähe des Okulars in den Strahlengang gerät oder unvorsichtige Zeitgenossen oder Kinder dennoch versuchen, durch das Okular zu blicken. Sonnenbrillen, berußte Gläser, geschwärzte Filme, CDs, Solarienbrillen, Verpackungsfolien, Neutral- oder Polarisationsfilter bieten keinen ausreichenden Schutz. Im Fachhandel gibt es spezielle *Sonnensichtbrillen* zu kaufen, die nur wenige Euro kosten. Am besten ist es jedoch, eine öffentliche Sternwarte zu besuchen, die Führungen zur Beobachtung der Sonnenfinsternis anbietet. Die Observatorien verfügen über geeignete Instrumente für sichere Sonnenbeobachtungen.

Zyklische Erscheinungen

Die ringförmige Sonnenfinsternis vom 10. Juni ist die Nr. 23 im Saros-Zyklus 147. Schon die chaldäischen Astronomen im alten Babylon erkannten im 8. vorchristlichen Jahrhundert, dass sich Finsternisse nach 18 Jahren, 11 Tagen und 8 Stunden wiederholen. Diese Zeitspanne wird Saros-Periode genannt. Nach 223 Lunationen wiederholt sich eine Finsternis, denn 223 synodische Monate (= 6585,322 mittlere Sonnentage) entsprechen ziemlich genau 242 drakonitischen Monaten (= 6585,357 mittlere Sonnentage).

Nach dieser Zeitspanne wiederholen sich die relativen Positionen der Syzygien (Neu- und Vollmondphasen) zu den Mondbahnknoten. Nicht berücksichtigt ist dabei die Erdrotation. Die einer Finsternis nach einer Saros-Periode folgende findet somit in einem anderen geografischen

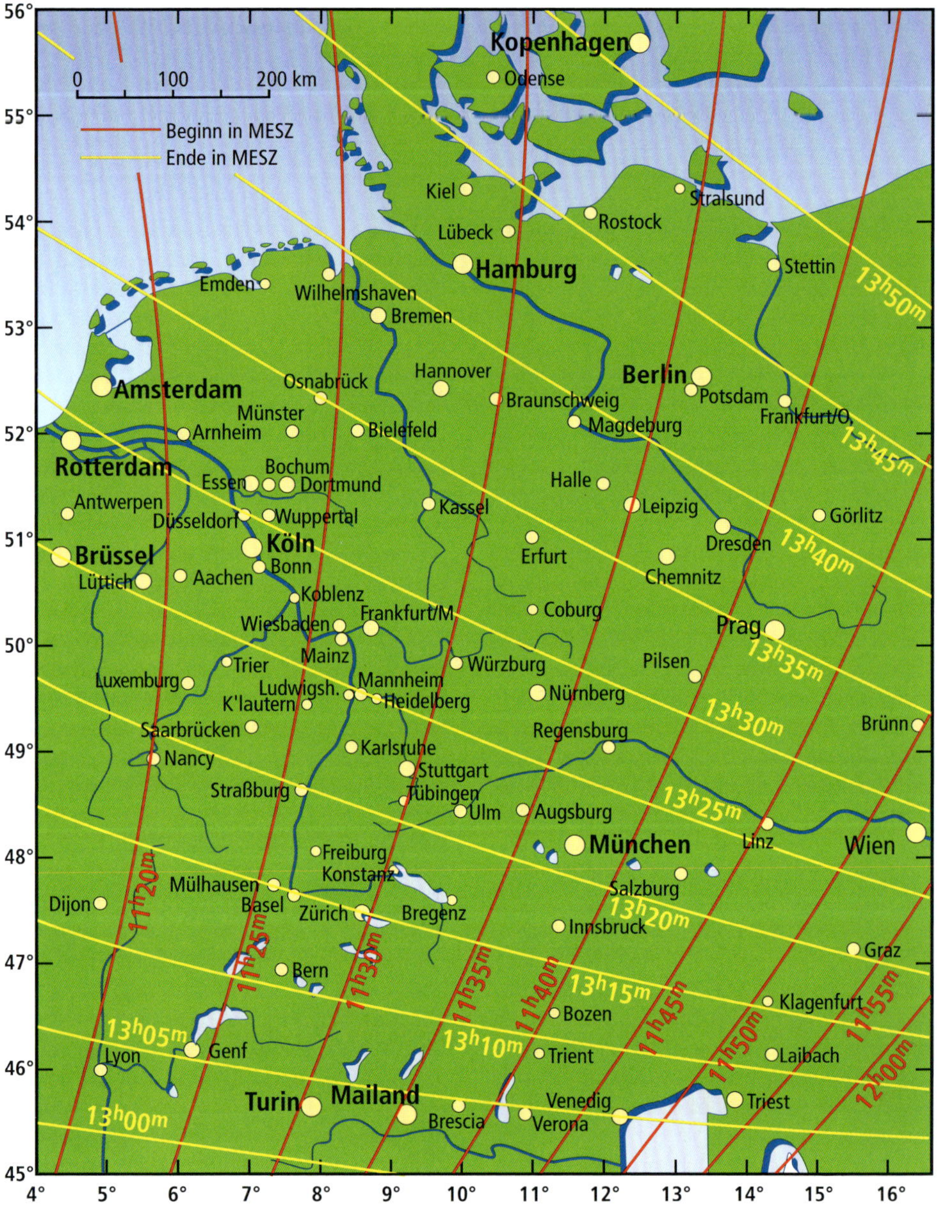

6.9 Beginn und Erde der partiellen Phasen der ringförmigen Sonnenfinsternis vom 10. Juni 2021 in Mitteleuropa. Zeitangaben in MESZ.

Gebiet statt. Außerdem ist die Koinzidenz von 223 synodischen mit 242 drakonitischen Monaten nicht exakt, weshalb sich die Saros-Perioden nicht beliebig oft wiederholen. Nach zwölf bis

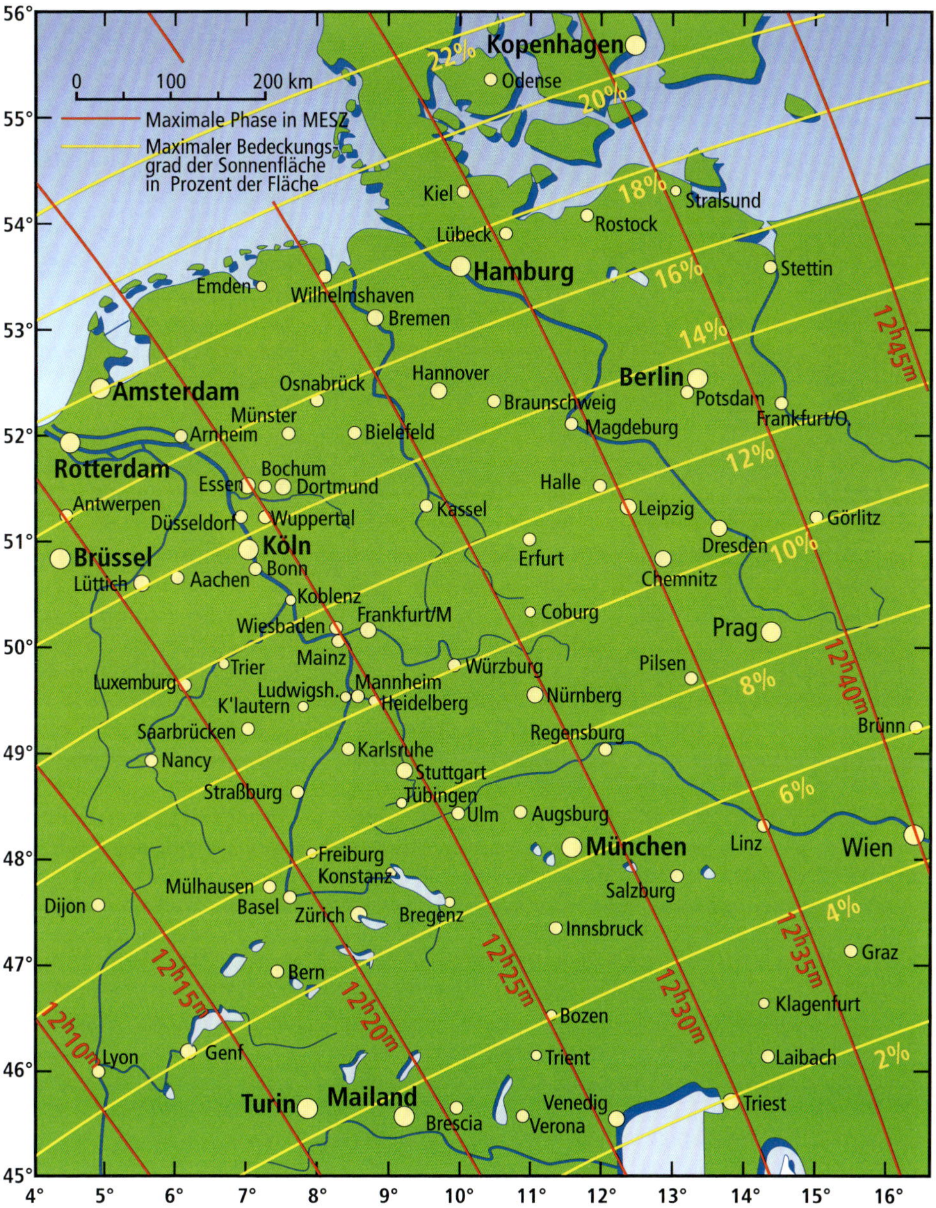

16 Jahrhunderten reißt eine Folge von Saros-Perioden ab. Die aufeinanderfolgenden Saros-Perioden werden zu einem Saros-Zyklus zusammengefasst.

6.10 Bedeckungsgrad zur Maximumszeit (in MESZ) der Sonnenfinsternis vom 10. Juni 2021 für Orte in Mitteleuropa.

6.11 Die partiellen Phasen der Sonnenfinsternis vom 10. Juni 2021 für einige europäische Städte.

Der Saros-Zyklus 147 beinhaltet 80 Sonnenfinsternisse, darunter 40 partielle und 40 ringförmige, aber keine totale und auch keine hybride (ringförmig-totale) Sonnenfinsternis. Alle Sonnenfinsternisse des Saros 147 finden statt, wenn der Mond seinen aufsteigenden Knoten passiert. Während des Zyklus wandert der Mondschatten immer mehr südwärts, die Gamma-Werte nehmen permanent ab. Die Gamma-Werte geben den geringsten Abstand der Kernschattenachse vom Erdmittelpunkt in Einheiten des Erdäquatorradius an. Negative Werte bedeuten: Die Kernschattenachse geht südlich am Erdmittelpunkt vorbei, positive Werte geben an, sie geht nördlich vorbei. Für die Finsternis vom 10. Juni lautet das Gamma: $\gamma = 0{,}9152$. Die Größe dieser Finsternis beträgt 0,9435.

Der Saros-Zyklus 147 begann mit der winzigen partiellen Sonnenfinsternis hoch im Norden am 12. Oktober 1624 (Größe: 0,0089) und wird mit der partiellen Sonnenfinsternis tief im Süden am 24. Februar 3049 enden. Die Größe dieser Finsternis beträgt lediglich 0,0104, das heißt, nur etwa ein Prozent des scheinbaren Sonnendurchmessers werden vom Neumond bedeckt. Die Finsternis vom 31. Mai 2003 war die erste ringförmige im Saros 147. Die letzte ringförmige Finsternis in diesem Zyklus wird am 31. Juli 2706 stattfinden.

Der Saros-Zyklus 147 umfasst somit eine Zeitspanne von 1424 Jahren.

Die mit nur 41 Sekunden kürzeste ringförmige Phase wird bei der Sonnenfinsternis im Saros-Zyklus 147 am 19. Juni 2688 eintreten. Am 21. November 2291 ist die längste ringförmige Sonnenfinsternis in diesem Zyklus zu erwarten. Im Maximum dauert die ringförmige Phase neun Minuten und 41 Sekunden.

VERLAUF DER RINGFÖRMIGEN SONNENFINSTERNIS AM 10. JUNI 2021 FÜR EINIGE AUSGEWÄHLTE ORTE IN SOMMERZEIT

Ort	Beginn MESZ	Maximale MESZ	Phase Bed	Ende MESZ
	h m	h m	%	h m
Aachen	11 21	12 22	14,1	13 27
Amsterdam	11 18	12 23	18,0	13 31
Antwerpen	11 17	12 20	16,0	13 27
Augsburg	11 35	12 28	7,0	13 22
Baden-Baden	11 27	12 23	9,1	13 21
Basel	11 27	12 19	7,5	13 15
Berlin	11 36	12 39	13,4	13 43
Bern	11 27	12 18	6,5	13 11
Bielefeld	11 26	12 29	15,0	13 35
Bochum	11 23	12 25	14,8	13 31
Böblingen	11 29	12 24	8,5	13 22
Bonn	11 23	12 24	13,3	13 28
Bozen	11 40	12 25	3,9	13 12
Braunschweig	11 30	12 33	14,4	13 38
Bregenz	11 33	12 24	6,2	13 17
Bremen	11 26	12 31	17,0	13 39
Brünn	11 50	12 42	5,9	13 34
Brüssel	11 17	12 19	15,4	13 25
Chemnitz	11 37	12 36	10,3	13 36
Coburg	11 33	12 31	10,3	13 31
Darmstadt	11 27	12 25	10,8	13 27
Dortmund	11 24	12 26	14,6	13 32
Dresden	11 39	12 38	10,5	13 38
Düsseldorf	11 22	12 24	14,4	13 30
Duisburg	11 22	12 25	14,8	13 30
Eisenach	11 30	12 31	12,0	13 33
Emden	11 23	12 29	18,6	13 37
Erfurt	11 32	12 32	11,6	13 34
Essen	11 23	12 25	14,9	13 31
Frankfurt/Main	11 27	12 26	11,3	13 28
Frankfurt/Oder	11 40	12 41	12,4	13 44
Freiburg	11 27	12 20	8,0	13 17
Genf	11 24	12 14	6,1	13 06
Görlitz	11 42	12 40	10,1	13 41
Graz	11 54	12 36	3,1	13 20
Halle	11 34	12 35	12,1	13 38
Hamburg	11 29	12 34	17,4	13 42
Hannover	11 28	12 31	15,1	13 38
Heidelberg	11 28	12 25	10,0	13 25
Heilbronn	11 29	12 25	9,2	13 24
Innsbruck	11 39	12 27	5,0	13 17
Kaiserslautern	11 25	12 23	10,5	13 24
Karlsruhe	11 27	12 24	9,5	13 23
Kassel	11 28	12 29	13,0	13 33
Kiel	11 29	12 35	18,8	13 44
Klagenfurt	11 51	12 33	2,9	13 15
Koblenz	11 24	12 24	12,3	13 27
Köln	11 23	12 24	13,7	13 29
Konstanz	11 31	12 23	6,8	13 17
Krefeld	11 22	12 24	14,8	13 30
Leipzig	11 35	12 35	11,5	13 37
Linz	11 46	12 35	5,3	13 26
Ludwigshafen	11 27	12 24	10,2	13 25
Lübeck	11 30	12 35	17,6	13 44
Lüttich	11 20	12 21	14,1	13 26
Luxemburg	11 21	12 20	11,9	13 23
Magdeburg	11 33	12 35	13,4	13 39
Mailand	11 36	12 19	3,5	13 04
Mainz	11 26	12 25	11,3	13 27
Mannheim	11 27	12 24	10,2	13 25
Mönchengladbach	11 21	12 23	14,7	13 29
München	11 38	12 29	6,3	13 22
Münster	11 24	12 27	15,5	13 33
Nürnberg	11 34	12 30	8,7	13 28
Osnabrück	11 25	12 28	15,9	13 35
Potsdam	11 36	12 38	13,3	13 42
Prag	11 42	12 38	8,3	13 35
Regensburg	11 37	12 31	7,5	13 27
Reutlingen	11 30	12 24	8,1	13 21
Rostock	11 33	12 38	17,3	13 46
Rotterdam	11 18	12 21	17,3	13 29
Saarbrücken	11 23	12 21	10,7	13 22
Salzburg	11 43	12 32	5,1	13 22
Schwerin	11 31	12 36	16,6	13 44
Stralsund	11 35	12 40	17,2	13 48
Straßburg	11 26	12 21	9,1	13 20
Stuttgart	11 30	12 25	8,6	13 22
Trier	11 22	12 21	11,8	13 24
Tübingen	11 30	12 24	8,2	13 21
Ulm	11 32	12 26	7,5	13 21
Wien	11 53	12 40	4,4	13 28
Wiesbaden	11 26	12 25	11,5	13 27
Wilhelmshaven	11 25	12 30	18,2	13 39
Worms	11 27	12 24	10,5	13 25
Würzburg	11 31	12 28	10,0	13 28
Wuppertal	11 23	12 25	14,4	13 30
Zürich	11 30	12 21	6,6	13 15

Bed. ist der Bedeckungsgrad der Sonnenscheibe, MEZ-Uhrzeiten sind um eine Stunde geringer.

Juli 2021

- Am 5. erreicht die Erde ihren sonnenfernsten Bahnpunkt – 152 Millionen Kilometer trennen sie von der Sonne.
- Venus spielt ihre Rolle als Abendstern.
- Merkur zeigt sich südlich von 47° Nord Mitte Juli am Morgenhimmel.
- Jupiter und Saturn nähern sich ihren Oppositionsstellungen zur Sonne.
- Mars hat sich vom Abendhimmel zurückgezogen und bleibt unsichtbar.

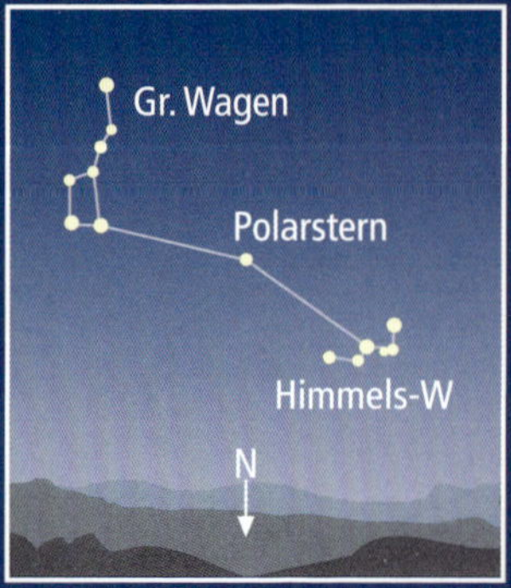

Großer Wagen und Himmels-W Anfang Juli um 22 Uhr

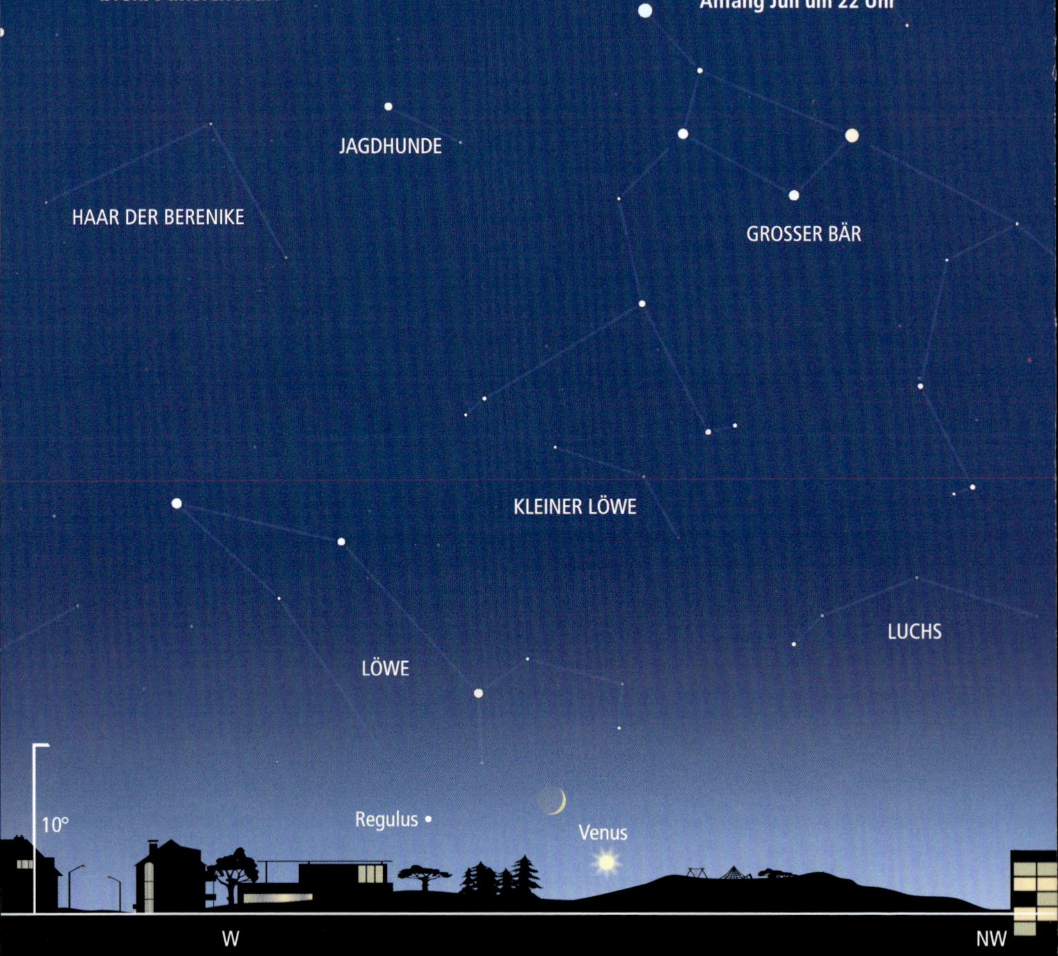

7.1 Himmelsanblick gegen 21^h30^m MEZ (= 22^h30^m MESZ) am 12. Juli. Tief am Westhimmel strahlt Venus. Neben ihr erkennt man die schmale Sichel des zunehmenden Mondes.

1 Do Letztes Viertel

2 Fr

3 Sa

4 So

5 Mo Erde in Sonnenferne

6 Di

7 Mi

8 Do

9 Fr

10 Sa **Neumond**

11 So

12 Mo Mond bei Venus – abends

13 Di

14 Mi

15 Do

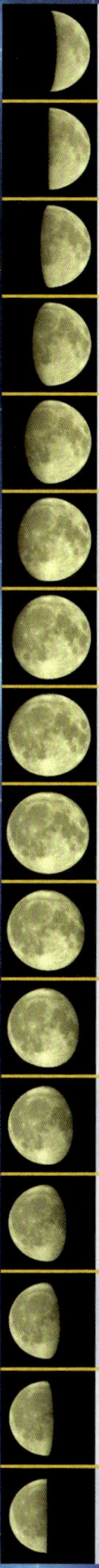

16 Fr

17 Sa Erstes Viertel

18 So

19 Mo

20 Di

21 Mi

22 Do

23 Fr

24 Sa **Vollmond**
Mond bei Saturn – abends

25 So

26 Mo Mond bei Jupiter – morgens

27 Di

28 Mi

29 Do

30 Fr

31 Sa Letztes Viertel

SONNE – STERNBILDER

20.7. 20ʰ:
Sonne tritt in das Sternbild Krebs

22.7. 15ʰ:
Sonne tritt in das Tierkreiszeichen Löwe

Julianisches Datum am
1. Juli, 1ʰ MEZ: 2 459 396,5

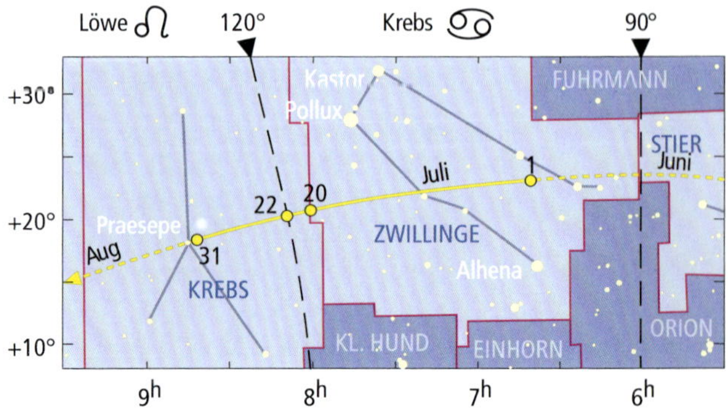

SONNENLAUF

Tag	Dämmerg. Anfang	Aufgang MEZ	Kulmination	Untergang MEZ	Dämmerg. Ende	Mittagshöhe	Zeitgleichg.	Rektaszension	Deklination
	h m	h m	h m	h m	h m	°	m	h m	°
1.	2 27	4 15	12 24	20 32	22 21	63,1	–4	6 40	+23,1
5.	2 31	4 18	12 25	20 31	22 17	62,7	–5	6 56	+22,8
10.	2 38	4 22	12 25	20 28	22 11	62,2	–5	7 17	+22,3
15.	2 47	4 28	12 26	20 24	22 04	61,4	–6	7 37	+21,6
20.	2 56	4 34	12 26	20 18	21 55	60,6	–6	7 57	+20,7
25.	3 06	4 40	12 27	20 12	21 46	59,5	–7	8 17	+19,7
31.	3 18	4 48	12 26	20 04	21 33	58,1	–6	8 41	+18,3

TAGES- UND NACHTSTUNDEN

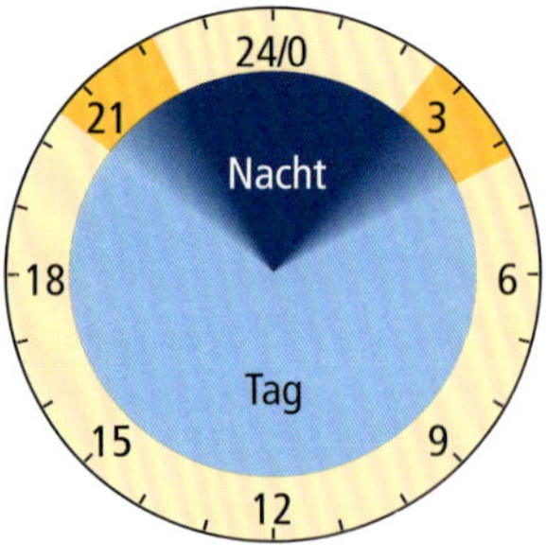

5. Juli

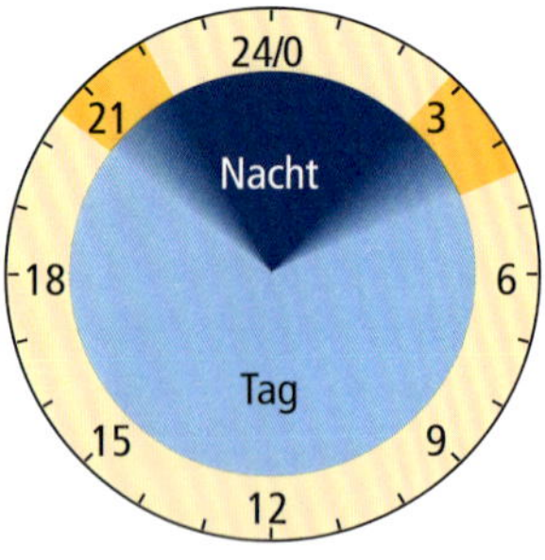

15. Juli

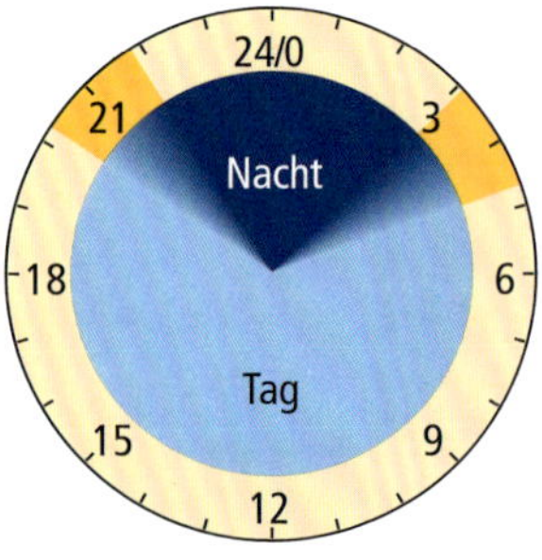

25. Juli

MONDLAUF

Datum		Aufg. MEZ	Kulmination	Unterg. MEZ	Rektaszension	Deklination		Sterne und Sternbilder	Phase	MEZ
		h m	h m	h m	h m	°				
Do	1.	0 11	5 57	11 55	0 04	− 4,9	*	Fische	**Letztes Viertel**	**$22^h\ 11^m$**
Fr	2.	0 27	6 38	13 03	0 49	+ 0,4		Walfisch		
Sa	3.	0 42	7 19	14 11	1 33	+ 5,6		Fische		
So	4.	0 58	8 01	15 18	2 16	+10,5		Walfisch		
Mo	5.	1 16	8 43	16 26	3 01	+15,0		Widder	Erdferne 405/29′,5	16^h
Di	6.	1 37	9 28	17 33	3 48	+18,9		Stier, Plejaden	Aufsteigender Knoten	
Mi	7.	2 03	10 15	18 39	4 37	+22,1		Aldebaran		
Do	8.	2 37	11 05	19 40	5 28	+24,4		Stier, Al Nath		
Fr	9.	3 21	11 57	20 33	6 21	+25,5		Zwillinge		
Sa	10.	4 15	12 49	21 17	7 16	+25,5		Pollux	**Neumond Nr. 1219**	**$2^h\ 17^m$**
So	11.	5 19	13 42	21 52	8 10	+24,1		Krebs, Krippe		
Mo	12.	6 30	14 32	22 19	9 04	+21,5		Krebs, Krippe		
Di	13.	7 44	15 21	22 42	9 56	+17,9		Löwe, Regulus	Libration Ost	
Mi	14.	9 00	16 09	23 01	10 47	+13,3		Löwe	Größte Nordbreite	
Do	15.	10 17	16 56	23 19	11 37	+ 8,0		Löwe		
Fr	16.	11 34	17 43	23 36	12 26	+ 2,3		Jungfrau		
Sa	17.	12 53	18 31	23 55	13 16	− 3,7		Spica	**Erstes Viertel**	**$11^h\ 11^m$**
So	18.	14 15	19 22	–	14 07	− 9,6		Jungfrau		
Mo	19.	15 39	20 16	0 17	15 01	−15,0	*	Waage		
Di	20.	17 03	21 15	0 44	15 58	−19,7		Waage	Absteigender Knoten	
Mi	21.	18 23	22 17	1 20	16 59	−23,3		Antares	Erdnähe 365/32′,8	11^h
Do	22.	19 32	23 20	2 08	18 02	−25,3		Schütze		
Fr	23.	20 25	–	3 11	19 07	−25,6		Schütze, Nunki		
Sa	24.	21 05	0 23	4 25	20 11	−24,1		Steinbock	**Vollmond**	**$3^h\ 37^m$**
So	25.	21 34	1 21	5 45	21 11	−21,1		Steinbock		
Mo	26.	21 57	2 15	7 06	22 07	−17,0		Wassermann	Größte Südbreite	
Di	27.	22 15	3 04	8 23	22 59	−12,1		Wassermann	Libration West	
Mi	28.	22 32	3 50	9 37	23 47	− 6,8		Wassermann		
Do	29.	22 47	4 33	10 48	0 33	− 1,3		Walfisch		
Fr	30.	23 02	5 15	11 57	1 18	+ 4,0		Fische		
Sa	31.	23 20	5 56	13 05	2 02	+ 9,2		Fische	**Letztes Viertel**	**$14^h\ 16^m$**

DER MOND NÄHERT SICH JUPITER

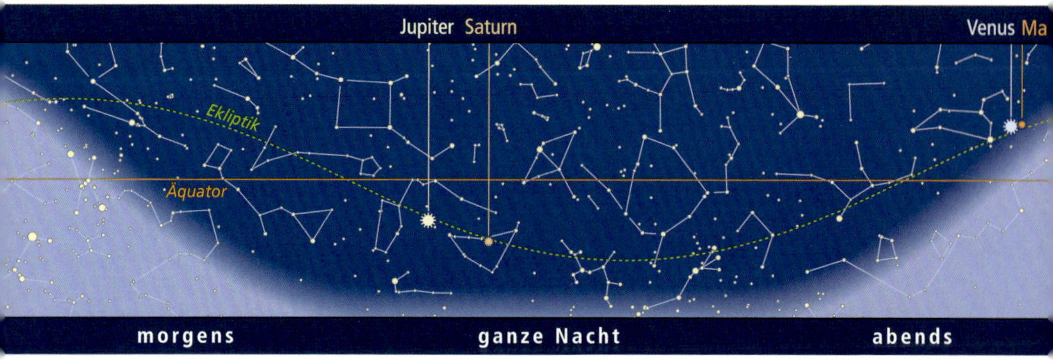

MERKUR erreicht am 4. mit 21°33′ seine größte westliche Elongation. In unseren Breiten ergibt sich keine Morgensichtbarkeit, südlich von 47° Nord kann man den flinken Planeten um die Monatsmitte bei ausgezeichneten Sichtbedingungen erkennen. Am 10. geht der $-0^{\mathrm{m}},2$ helle Merkur in 47° Nord um $3^{\mathrm{h}}13^{\mathrm{m}}$ (= $4^{\mathrm{h}}13^{\mathrm{m}}$ Sommerzeit) auf. Eine halbe Stunde später sollte man ihn tief am Nordosthimmel erspähen. Gegen 4^{h} verblasst er in der heller werdenden Morgendämmerung. Bis 19. nimmt die Merkurhelligkeit auf $-1^{\mathrm{m}},0$ zu, seine Aufgänge verspäten sich in 47° Nord nur gering auf $3^{\mathrm{h}}32^{\mathrm{m}}$ (= $4^{\mathrm{h}}32^{\mathrm{m}}$ Sommerzeit). Am 9. tritt die Dichotomie ein, das Merkurscheibchen erscheint

7.2 Heliozentrischer Anblick des Planetensystems im dritten Jahresviertel 2021. Eingetragen sind im linken Teil die Positionen der inneren Planeten für den 1. Juli (7), 1. August (8), 1. September (9) und 1. Oktober (10). Der rechte Teil zeigt das äußere Planetensystem samt einigen Planetoiden zu Anfang und Ende des dritten Jahresviertels. Die Pfeile deuten die Richtungen zu den ferneren Planeten sowie zum Frühlingspunkt an.

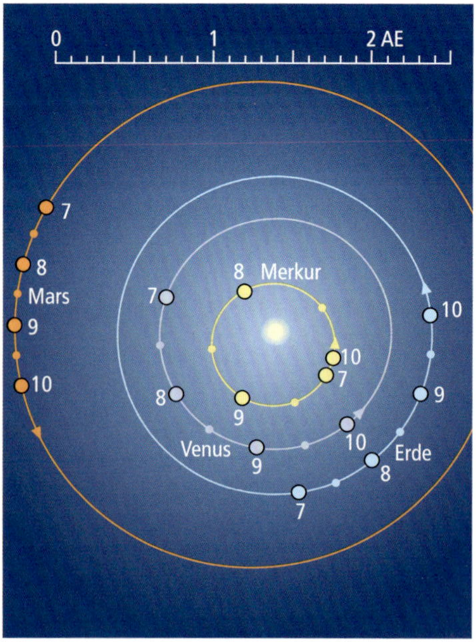

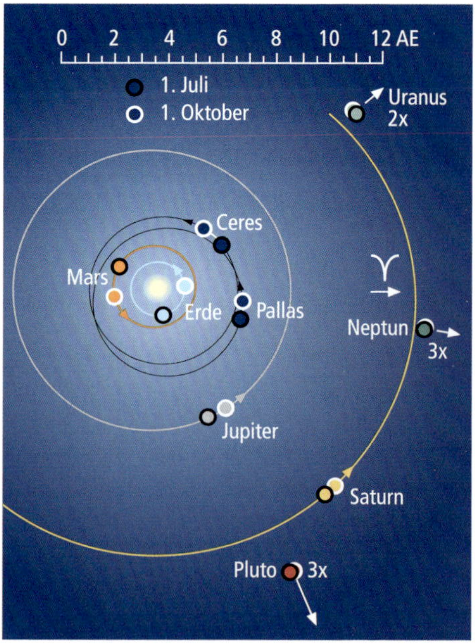

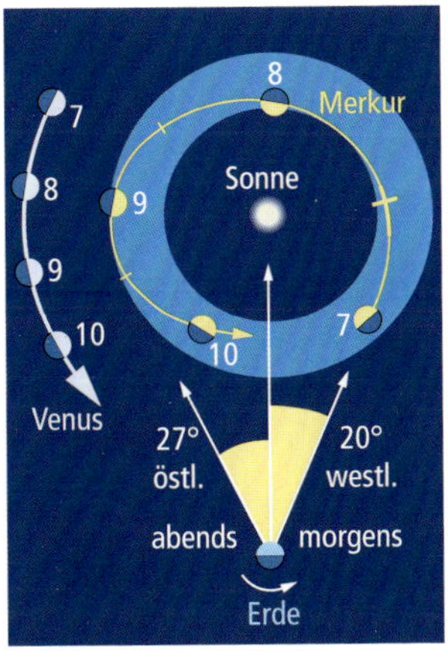

7.3 Heliozentrische Bewegungen von Merkur und Venus *relativ* zur Erde. In den dicker ausgezogenen Bahnteilen sind die Planeten beobachtbar. Die Zahlen geben die Positionen jeweils zum Monatsersten an. Östlicher Winkelabstand bedeutet Abendsichtbarkeit; westliche Elongation: Planet steht am Morgenhimmel.

7.4 Scheinbare Merkurbahn relativ zur Sonne von Juli bis Dezember 2021.

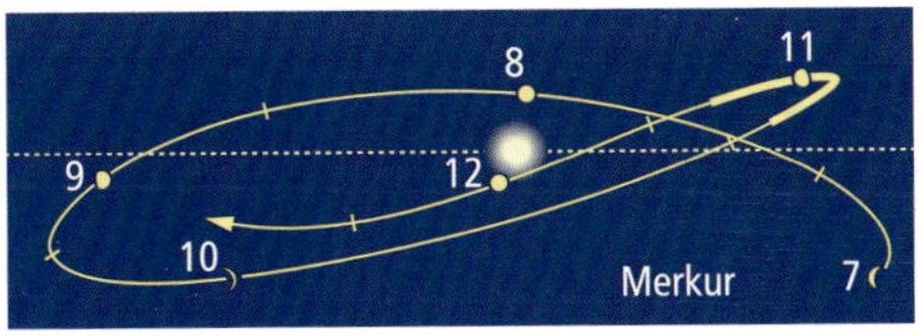

halb beleuchtet – Phase zunehmender Halbmerkur. An diesem Tag ist Merkur 142 Millionen Kilometer (= 0,949 AE) von der Erde entfernt.

Am 24. eilt Merkur durch das Perihel seiner Bahn.

VENUS ist Planet am Abendhimmel. Wegen ihrer horizontnahen Position ist sie nicht besonders auffällig und kann leicht übersehen werden (siehe auch Abb. 10.7 auf Seite 218). Zwar wächst ihr östlicher Winkelabstand von der Sonne bis Ende Juli auf 33° an, aber Venus eilt im Tierkreis rapide nach Süden, weshalb sich ihre Tagbögen verkleinern. Damit verfrühen sich die Untergangszeiten von 22^h03^m am 1. auf 21^h20^m (= 22^h20^m MESZ) am Monatsletzten. Ihre Helligkeit bleibt den ganzen Juli über bei $-3{,}^m9$.

Am 12. zieht die dünne Sichel des zunehmenden Mondes an Venus vorbei (siehe Abb. 7.1 auf Seite 148). Am 13. begegnet Venus dem roten Planeten. Mars ist allerdings nur im lichtstarken Fernglas zu erkennen.

Venus wandert durch das Sternbild Krebs und wechselt am 11. in den Löwen. Am 21. zieht sie abends um 20^h (= 21^h MESZ) an Regulus (α Leonis) $1{,}^{\circ}2$ nördlich vorbei. Um Regulus zu erkennen, ist ein Fernglas erforderlich (siehe Abb. 7.5 unten und Abb. 6.2 auf Seite 132). Im Fernrohr lässt Venus nun einen Phaseneffekt erkennen: Das Planetenscheibchen zeigt sich nicht mehr kreisrund. Ende Juli sind 82 % des Planetenscheibchens auf der der Erde zugekehrten Seite beleuchtet. Der scheinbare Venusdurchmesser nimmt auf knapp 13″ zu.

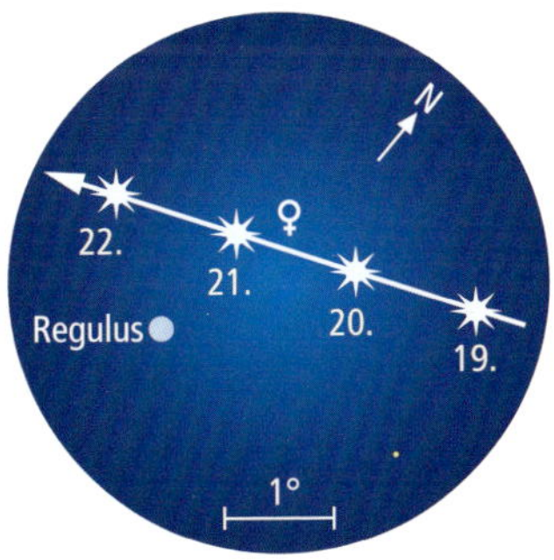

7.5 Venus zieht vom 20. bis 22. Juli am Löwenhauptstern Regulus vorbei. Fernglasanblick in der Abenddämmerung bei 5° Gesichtsfelddurchmesser.

MARS hat sich vom Abendhimmel zurückgezogen und bleibt unsichtbar. Am 10. verlässt er den Krebs und tritt in das Sternbild Löwe, wobei er am 29. in $0{,}^{\circ}7$ nördlichem Abstand an Regulus (α Leonis) vorbeizieht.

Die Sonne verfolgt den roten Planeten im Tierkreis, der allerdings recht schnell ist. Erst Anfang Oktober wird sie Mars einholen. Der rote Planet steht dann in Konjunktion mit ihr.

Am 13. geht Mars durch sein Aphel (sonnenfernster Punkt) seiner relativ stark exzentrischen Bahn. An diesem Tag ist er 249 Millionen Kilometer (= 1,66 AE) von der Sonne entfernt. Von der Erde trennen ihn an diesem Tag 371 Millionen Kilometer (= 2,48 AE).

JUPITER, rückläufig im Wassermann, nähert sich seiner Opposition zur Sonne, die er aber erst im letzten Augustdrittel erreicht. Die bevorstehende Opposition macht sich in einer weiteren Helligkeitssteigerung auf

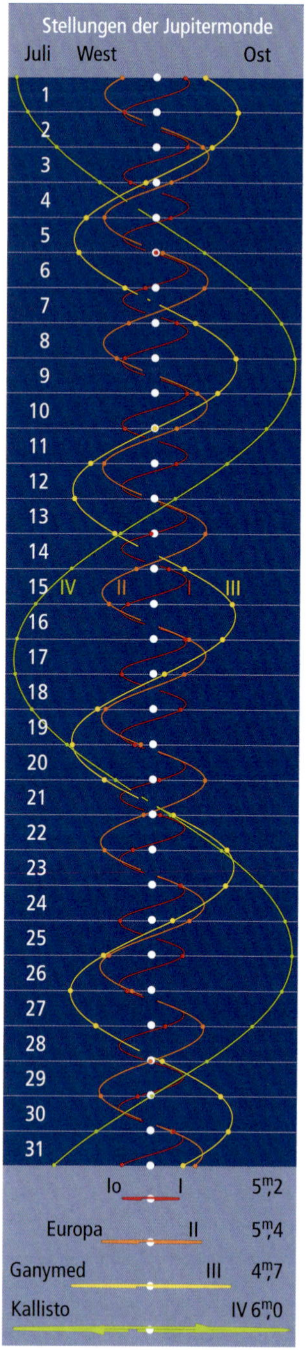

JUPITERMONDE

Tag	MEZ h m		Vorgang	
3.	23	28	III	DE
4.	0	51	II	SA
	2	54	II	DA
5.	0	44	IV	BA
	2	26	I	SA
	23	44	I	VA
6.	0	08	II	BE
	23	12	I	SE
7.	0	11	I	DE
10.	23	16	III	SE
	23	25	III	DA
12.	22	46	IV	SA
13.	1	37	I	VA
	2	30	II	BE
	22	49	I	SA
	23	41	I	DA
14.	1	06	I	SE
	1	58	I	DE
	23	14	I	BE
17.	23	38	III	SA
18.	2	52	III	DA
20.	0	25	II	VA
21.	0	43	I	SA
	1	27	I	DA
	23	29	II	DE
22.	0	59	I	BE
25.	3	39	III	SA
27.	3	02	II	VA
28.	2	37	I	SA
	3	12	I	DA
	22	57	II	DA
	23	31	III	BE
	23	54	I	VA
29.	0	41	II	SE
	1	45	II	DE
	2	44	I	BE
	21	38	I	DA
	21	40	IV	SE
	22	11	IV	DA
	23	24	I	SE
	23	56	I	DE
30.	2	32	IV	DE

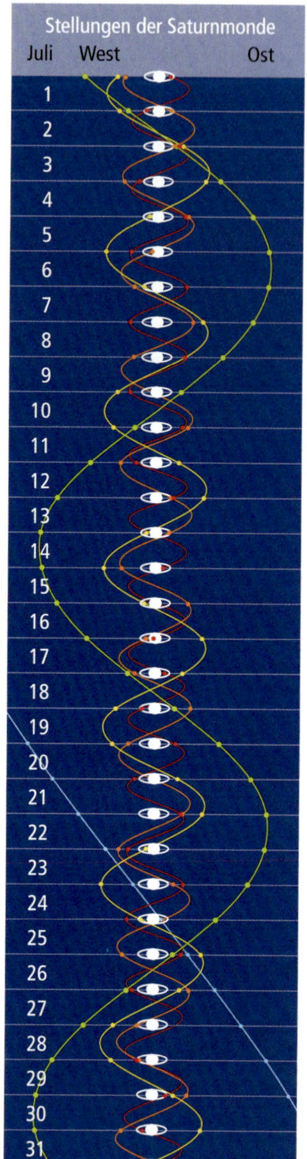

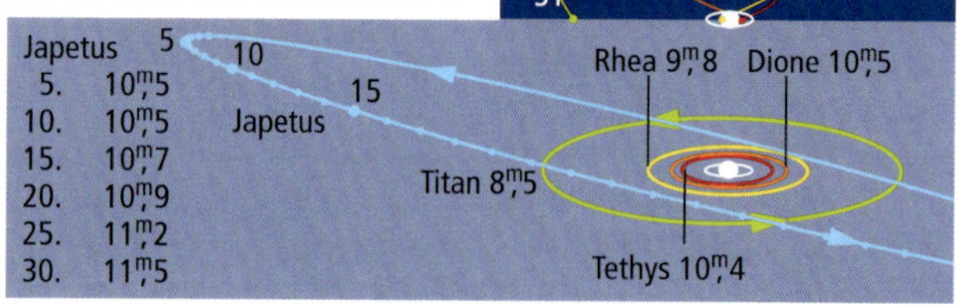

$-2\overset{m}{,}8$ am Monatsende bemerkbar. Der Wanderweg von Jupiter durch den Tierkreis ist in Abb. 8.2 auf Seite 175 dargestellt.

Der Riesenplanet verlagert seine Aufgänge in die Abendstunden. Am 1. geht der $-2\overset{m}{,}6$ helle Jupiter um $22^{h}50^{m}$ (= $23^{h}50^{m}$ Sommerzeit) auf, am 15. um $21^{h}54^{m}$ und am 31. bereits um $20^{h}48^{m}$. Damit erfolgt sein Aufgang schon in der Abenddämmerung. In der Nacht vom 25. auf 26. begegnet der abnehmende aber noch rundliche Mond dem Riesenplaneten (siehe Mondlaufgrafik auf Seite 151).

SATURN beschleunigt seine rückläufige Wanderung durch den Steinbock und nähert sich seiner Oppositionsstellung zur Sonne, die er zu Beginn des nächsten Monats einnimmt (siehe Abb. 8.2 auch Seite 175). Die kommende Opposition macht sich auch durch eine weitere Helligkeitszunahme von $0\overset{m}{,}4$ auf $0\overset{m}{,}2$ bemerkbar.

Am 1. geht Saturn um $22^{h}05^{m}$ (= $23^{h}05^{m}$ MESZ) auf, am 15. um $21^{h}08^{m}$ und am 31. bereits um $20^{h}03^{m}$, also fast exakt mit Sonnenuntergang. Damit ist der Ringplanet bereits über dem Horizont, wenn es dunkel genug geworden ist, um ihn zu erkennen. Am 24. wandert der Vollmond rund 4° südlich an Saturn vorbei.

URANUS, rechtläufig im Widder, taucht allmählich am Morgenhimmel auf. Unter günstigen Sichtbedingungen kann man den sonnenfernen Planeten eine Stunde nach seinem Aufgang knapp über dem Osthorizont mit lichtstarker Optik aufspüren.

Am 1. geht Uranus um $1^{h}07^{m}$ (= $2^{h}07^{m}$ MESZ) auf und kulminiert um $8^{h}28^{m}$. Bis 15. verfrüht sich der Uranusaufgang auf $0^{h}13^{m}$ und seine Kulmination erfolgt um $7^{h}34^{m}$. Am Monatsletzten geht der $5\overset{m}{,}8$ helle, grünliche Planet schon um $23^{h}07^{m}$ auf und passiert den Meridian um $6^{h}33^{m}$ (= $7^{h}33^{m}$ MESZ). Zu diesem Zeitpunkt ist die Sonne längst aufgegangen. Am letzten Julitag verblasst Uranus gegen $3^{h}30^{m}$ in der heller werdenden Morgendämmerung. Das Aufsuchkärtchen für Uranus findet man auf Seite 235 (Abb. 11.2).

NEPTUN, rückläufig im Wassermann, verlegt seine Aufgangszeiten in die späten Abendstunden. Die kommende Opposition zeigt sich auch durch eine leichte Zunahme der Neptunhelligkeit von $0\overset{m}{,}1$ auf $7\overset{m}{,}8$.

Der bläuliche Planet geht am 1. um $23^{h}30^{m}$ auf und kulminiert um $5^{h}19^{m}$ (= $6^{h}19^{m}$ MESZ). Seine Aufgänge verfrühen sich auf $22^{h}35^{m}$ am 15. und auf $21^{h}32^{m}$ (= $22^{h}32^{m}$ MESZ) am 31. Juli. Seine Meridianpassagen verlagern sich von $4^{h}24^{m}$ am 15. auf $3^{h}20^{m}$ am Monatsletzten. Beste Beobachtungszeit ist die Stunde nach Mitternacht. Die Aufsuchkarte Abb. 9.4 auf Seite 199 soll helfen, den sonnenfernen Planeten zu finden.

KONSTELLATIONEN UND EREIGNISSE

Datum	MEZ	Ereignis
4.	16^{h}	Mond bei Uranus, Mond $2\overset{\circ}{,}1$ südlich
4.	21	Merkur in größter westlicher Elongation (22°)
5.	23	Erde im Aphel (Sonnenferne), Abstand Erde – Sonne 152,101 Millionen Kilometer
8.	6	**Mond bei Merkur**, Mond $3\overset{\circ}{,}8$ nördlich, **Abstand $2\overset{\circ}{,}9$ um 4^{h}** (Fernglas)
12.	10	**Mond bei Venus**, Mond $3\overset{\circ}{,}3$ nördlich, **Abstand $4\overset{\circ}{,}6$ um 21^{h}**
12.	11	Mond bei Mars, Mond $3\overset{\circ}{,}8$ nördlich
13.	1	Mars im Aphel (249,2 Millionen Kilometer)
13.	8	**Venus bei Mars**, Venus $0\overset{\circ}{,}5$ nördlich, **Abstand $0\overset{\circ}{,}5$ um 21^{h}** (Fernglas!)
18.	0	**Pluto in Opposition** zur Sonne
24.	2	Merkur im Perihel
24.	18	**Mond bei Saturn**, Mond $3\overset{\circ}{,}8$ südlich, **Abstand $5\overset{\circ}{,}0$ um 22^{h}**
26.	2	**Mond bei Jupiter**, Mond $4\overset{\circ}{,}2$ südlich, **Abstand $4\overset{\circ}{,}8$ um 5^{h}**
27.	19	Mond bei Neptun, Mond $4\overset{\circ}{,}2$ südlich

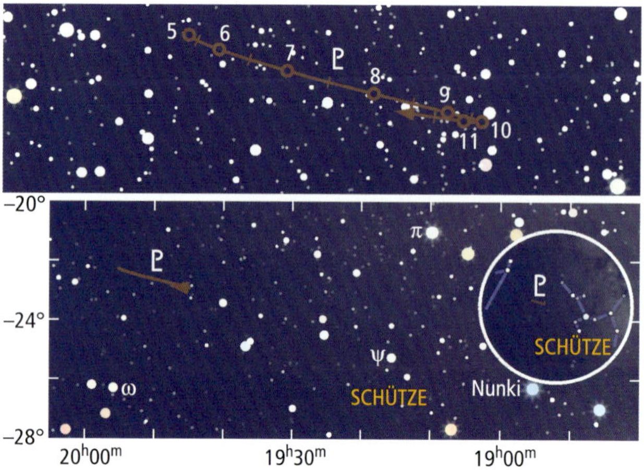

7.6 Scheinbare Bahn des Zwergplaneten Pluto im Sternbild Schütze von Mai bis Ende November 2021.

PLANETOIDEN UND ZWERGPLANETEN

PLUTO steht am 17. um Mitternacht (= 0^h am 18.) im Sternbild Schütze in **Opposition** zur Sonne. Der prominente Zwergplanet mit der Planetoiden-Nr. 134 340 geht am Oppositionstag um 20^h18^m (= 21^h18^m MESZ) auf, passiert um 0^h23^m den Meridian und geht um 4^h28^m morgens unter.

Um den nur $14^m\!,3$ hellen Zwergplaneten zu finden, dienen die Aufsuchkarten Abb. 7.6 auf dieser Seite oben.

Zur Opposition ist Pluto 4982 Millionen Kilometer (= 33,30 AE) von der Erde entfernt. Dies entspricht einer Lichtlaufzeit von vier Stunden und 37 Minuten. Von der Sonne trennen Pluto 5134 Millionen Kilometer (= 34,32 AE).

VESTA (4) eilt durch das Sternbild Jungfrau. Als Beobachtungsziel taugt sie nicht mehr, denn am 1. kulminiert sie schon um 17^h25^m und geht um 0^h16^m (= 1^h16^m MESZ) unter. Zwei Stunden vorher wird der nur $7^m\!,7$ helle Kleinplanet unbeobachtbar, wobei die nautische Dämmerung erst um 22^h21^m endet.

PERIODISCHE STERNSCHNUPPENSTRÖME

Die **DELTA-AQUARIDEN** leuchten vom 12. Juli bis 19. August auf, wobei der Strom im August nur noch wenige Meteore liefert. Sie bilden den aktivsten Strom im Juli und werden auch **JULI-AQUARIDEN** genannt. Ihr Radiant liegt etwa 3° westlich von δ Aquarii. Das Maximum ist nicht in jedem Jahr am selben Tag zu erwarten. In diesem Jahr dürfte es in den Stunden nach Mitternacht am 28. Juli auftreten. Die Geschwindigkeit der Sternschnuppen liegt um 40 Kilometer pro Sekunde. Im Maximum sind etwa 20 bis 25 Sternschnuppen pro Stunde zu erwarten. Man vermutet, dass die Quellen der Juli-Aquariden wie bei den Quadrantiden im Januar beim Kometen 96P/Machholz und dem Planetoiden 2003 EH1 zu suchen sind.

Vom 1. Juli bis 13. August treten die **ALPHA-CAPRICORNIDEN** (Radiant im Steinbock) auf. Sie sind die ganze Nacht über beobachtbar. Der Ursprungskomet ist 45P/Honda-Mrkoš-Pajdusáková. Um das Maximum am 30. Juli sind nur etwa fünf Objekte pro Stunde zu erwarten. Es handelt sich um recht langsame Meteore, die im Mittel mit 23 Kilometer pro Sekunde in die irdische Lufthülle eindringen.

Ab dem 16. Juli ist mit den ersten Exemplaren des **PERSEÏDEN**-Stromes zu rechnen, der seine maximale Tätigkeit in den ersten Augusttagen entfaltet. Der Radiant liegt zunächst südlich von Kassiopeia und wandert Anfang August in den nördlichen Bereich des Perseus.

Auch der permanente **ANTIHELION**-Komplex ist weiter aktiv. Der Radiant verlagert sich stetig ostwärts und durchquert im Juli das Sternbild Capricornus. Die Meteore der Alpha-Capricorniden und der Antihelion-Quelle sind hauptsächlich durch ihre Geschwindigkeit unterscheidbar: Geringe Geschwindigkeiten von 23 km/s gegenüber mittleren von 30 km/s. Die Radianten sind nicht einmal 10° voneinander entfernt.

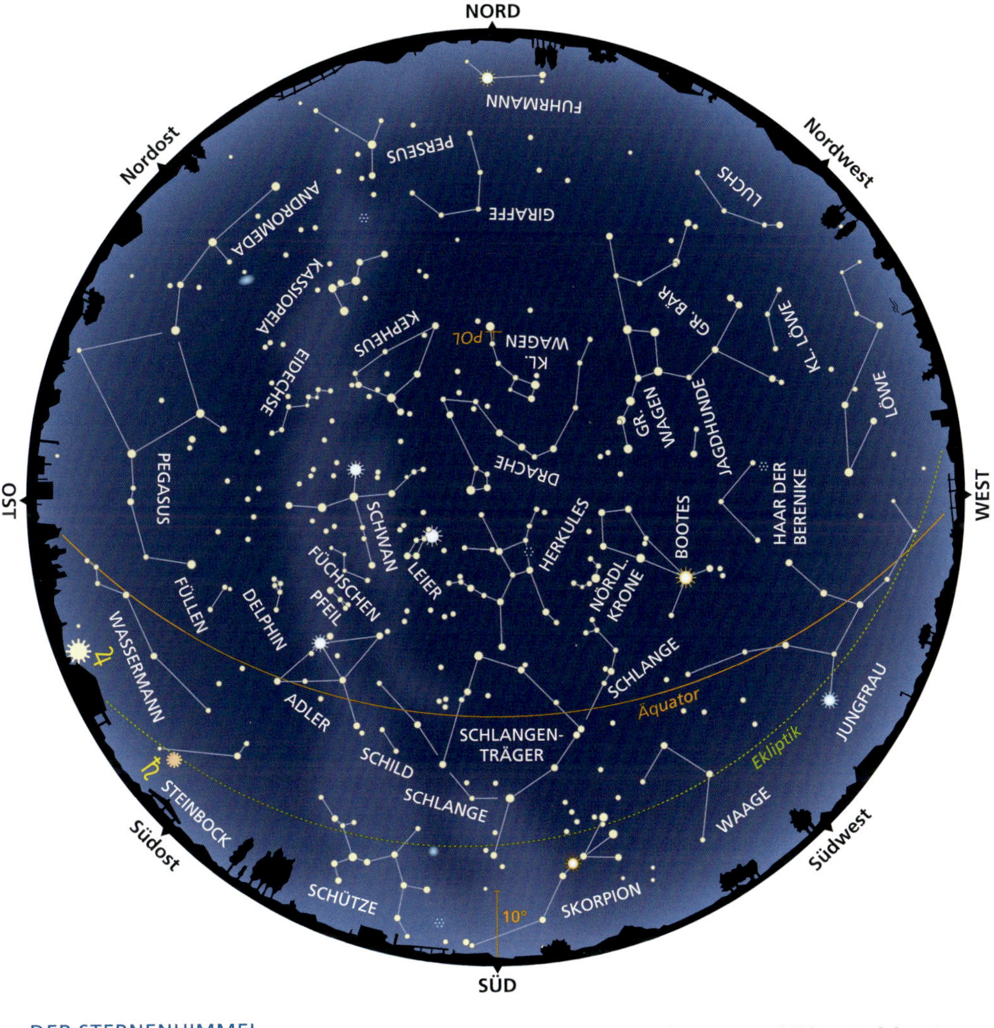

DER STERNENHIMMEL AM 15. JULI UM 22^h MEZ

Die Sternkarte ist auch gültig für:

	MEZ	MESZ
15. 4.	4^h	5^h
1. 5.	3	4
15. 5.	2	3
1. 6.	1	2
15. 6.	0	1
1. 7.	**23**	**24**
15. 7.	**22**	**23**
31. 7.	**21**	**22**

Der Große Wagen hat mit seinem Abstieg begonnen. Seine Deichsel zeigt nach oben, der Wagenkasten hängt nach unten. Das Himmels-W, die Kassiopeia, hat ihre untere Kulmination hinter sich und beginnt mit dem Aufstieg zum Zenit.

Das Sommerdreieck, bestehend aus Wega, Deneb und Atair, hat zwar seine Meridianstellung noch nicht ganz erreicht, aber die Sommerbilder sind bereits allesamt über dem Horizont, während sich die Frühlingsbilder im Westen verabschieden. Der Löwe ist im Untergang begriffen. Sein Hauptstern Regulus ist bereits unter den Horizont gesunken. Damit ist auch das Frühlingsdreieck aufgelöst, dessen beide anderen Eckpunkte allerdings noch zu sehen sind: Tief im Südwesten steht die

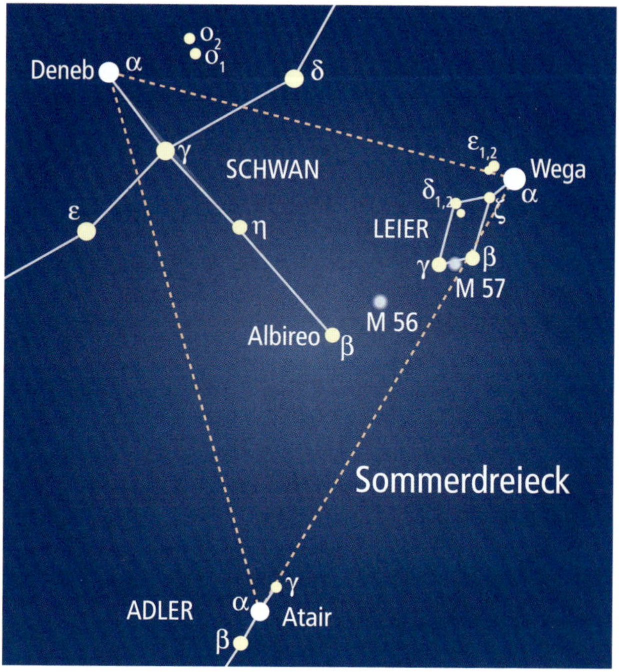

7.7 Das Sommerdreieck setzt sich aus den drei hellen Sternen Wega in der Leier, Deneb im Schwan und Atair im Adler zusammen.

bläulich-weiße Spica in der Jungfrau. Ihr Licht wird deutlich von den horizontnahen Dunstschichten geschwächt. Wesentlich höher findet man im Südwesten den hellen, orangeroten Arktur im Bootes, der den Helligkeitsschwerpunkt in der westlichen Hemisphäre bildet.

Zwischen Zenit, Kleinem Wagen und Großem Wagen schlängelt sich der Drache (lat.: Draco) hindurch. Der Drache ist nicht leicht auszumachen. Am ehesten ist noch der Drachenkopf zu erkennen, der von einem kleinen Sternenviereck gebildet wird, das zur abendlichen Beobachtungsstunde fast exakt im Zenit steht.

Blickt man vom Zenit zum Südpunkt am Horizont hinunter, lässt also seinen Blick den Meridian hinabgleiten, so kommen nacheinander die Sternbilder Herkules und Schlangenträger mit der Schlange ins Gesichtsfeld. Der hellste Stern im Schlangenträger, α Ophiuchi, steht an der Nordspitze knapp südlich vom Herkules und heißt Ras Alhague, was arabisch ist und soviel wie Kopf des Schlangenträgers bedeutet. Mit $2^{m}_{,}1$ ist er relativ leicht zu sehen. Er leuchtet in einem weißen Licht und ist 47 Lichtjahre von uns entfernt.

Der Skorpion hat seinen Meridiandurchgang bereits absolviert und hält sich knapp über dem Südhorizont ein wenig westlich vom Südpunkt auf. Sein hellster Stern Antares ist kaum zu übersehen. Er leuchtet in einem rötlichen Licht und gehört zu den Überriesensternen (M2 Iab). Antares ist so riesengroß, dass bequem unsere Sonne samt der Erdbahn in seinem Inneren Platz fände. Die Bezeichnung Antares stammt aus dem Griechischen und bedeutet so viel wie Gegenspieler des Mars, weil er ihm an Farbe ähnlich ist und außerdem im Tierkreis steht, so dass es gelegentlich zu Verwechslungen mit dem roten Planeten kommt. Antares ist 600 Lichtjahre von uns entfernt. Der einstige nördliche Teil des Skorpions gehört heute zum

VERÄNDERLICHE STERNE

Algol-Minima		β-Lyrae-Minima		δ-Cepheï-Maxima		Mira-Helligkeit	
12.	3^h03^m	6.	8^h N	2.	1^h	1.	8^m
14.	23 53	12.	19 H	7.	10	10.	7
		19.	7 N	12.	19	20.	6
		25.	18 H	18.	4	31.	5
				23.	12		
				28.	21		

Sternbild Schlangenträger, durch den auch ein Teil der Ekliptik (scheinbare Sonnenbahn) verläuft. Somit gibt es insgesamt 13 Tierkreissternbilder aber nur zwölf Tierkreiszeichen.

In der östlichen Himmelshälfte wird der Helligkeitsschwerpunkt vom Sommerdreieck mit Wega in der Leier, Deneb im Schwan und Atair im Adler bestimmt. Die Leier ist ein leicht einprägsames Sternbild und nicht besonders groß. Nach der klassischen griechischen Sage ist die Leier das Musikinstrument des Gottes Apoll.

Wega, der Hauptstern der Leier, auch als α Lyrae bekannt, gehört mit $0\overset{\mathrm{m}}{,}0$ zu den fünf hellsten Sternen am irdischen Firmament. Mit dem praktisch gleich hellen Arktur ist Wega der hellste Stern am nördlichen Himmel. Mit 25 Lichtjahren Distanz gehört Wega noch zur Nachbarschaft unserer Sonne. α Lyr ist ein typischer Hauptreihenstern der Spektralklasse A0 V. Wega leuchtet weiß mit einem bläulichen Schimmer. Die wahre Leuchtkraft von Wega entspricht etwa der von 50 unserer Sonnen.

Tief im Südosten sind die beiden Tierkreisbilder Schütze und Steinbock zu finden. Während der Schütze noch relativ leicht zu erkennen ist, so ist der Steinbock nur mit Mühe unter guten Sichtbedingungen auszumachen. Er gehört wie der Wassermann zu den ausgesprochen schwierigen Sternbildern. Zurzeit halten sich die Riesenplaneten Jupiter und Saturn im Wassermann und Steinbock auf.

Im Schützen finden sich viele interessante galaktische Objekte wie Gasnebel und Kugelsternhaufen, alles Objekte für Feldstecher- und Fernrohrbeobachter. Auch die hellsten Partien der sommerlichen Milchstraße ziehen durch den Schützen. In Richtung des Schützen liegt auch das Zentrum unseres Milchstraßensystems.

7.8 Skelettkarte des Sternbildes Drache (Draco).

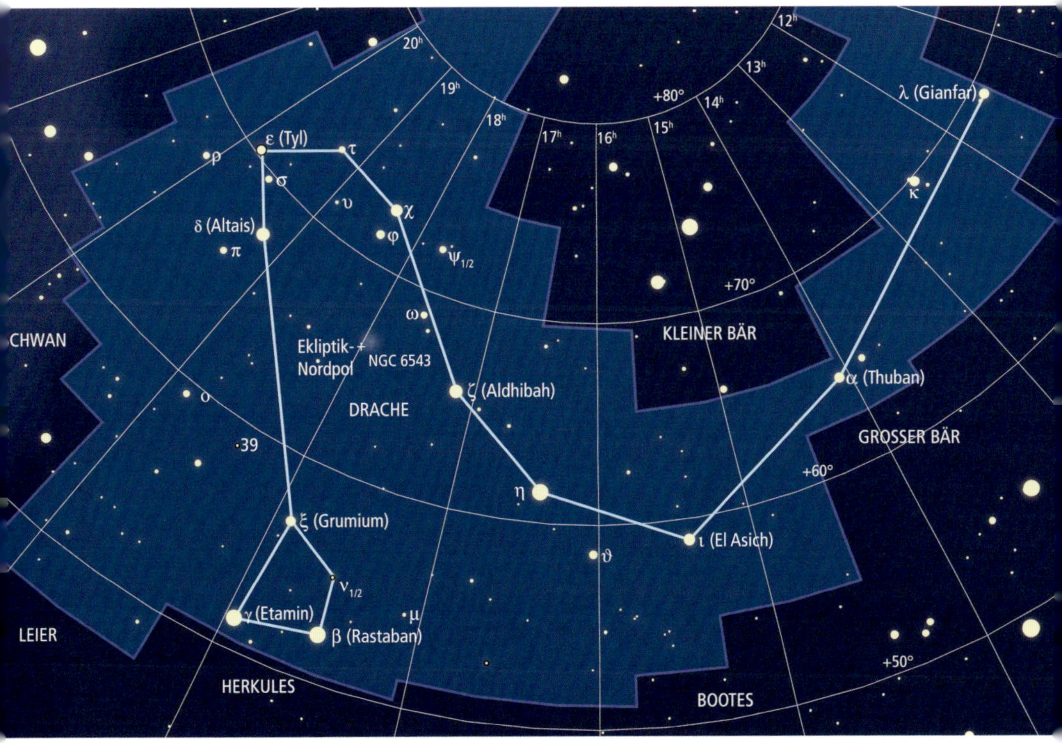

Bedrohen außerirdische Geschosse die Erde und ihre Bewohner?

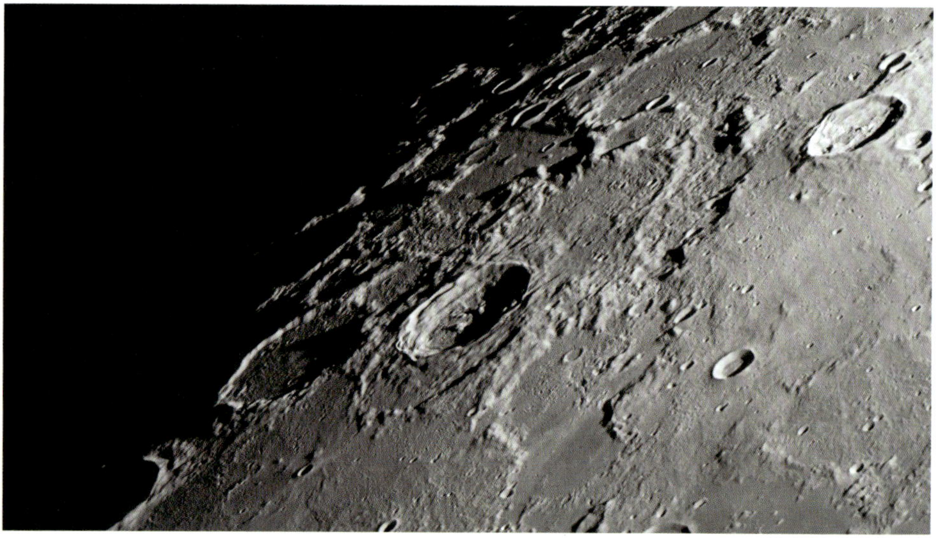

Mario Weigand

7.9 Krater und Ringwälle auf dem Mond sind stumme Zeugen eines Milliarden Jahre dauernden kosmischen Bombardements.

Die Menschen sind vielfältigen lebensbedrohlichen Gefahren ausgesetzt wie Verkehrsunfällen, Krankheiten, Terroranschlägen, Epidemien, Bränden, Überschwemmungen, Erdbeben sowie Vulkanausbrüchen. Kaum aber jemand fürchtet sich davor, von einem Meteoriten getroffen zu werden. Auch verschwendet kaum jemand einen Gedanken daran, dass durch ein außerirdisches Geschoss die gesamte Menschheit vernichtet werden könnte. Doch in den letzten Jahren hat man durch fortschreitende Beobachtungstechnik und systematische Suche nach bedrohlichen Himmelskörpern erkannt, dass die Gefahr lokaler oder gar globaler Katastrophen durch Kollisionen mit extraterrestrischen Körpern doch größer ist als lange vermutet.

Ein Blick zum Mond zeigt die Spuren eines fast fünf Milliarden Jahre dauernden kosmischen Bombardements. Krater und Ringwälle sind die stummen Zeugen mehr oder minder heftiger Einschläge. Alle atmosphärelosen Himmelskörper unseres Sonnensystems wie Merkur, Planetenmonde und Planetoiden weisen eine von kosmischen Treffern zernarbte Oberfläche auf.

In den ersten Millionen Jahren unseres 4,6 Milliarden Jahre alten Sonnensystems ging es recht turbulent zu. Fast täglich kam es zu gewaltigen Kollisionen. Sie formten zum Teil das Aussehen unseres Planetensystems. Die Schrägstellung der Rotationsachsen von Planeten wie Erde, Mars, Saturn und insbesondere Uranus, die retrograde Rotation der Venus und die Entstehung unseres Mondes sind auf heftige Zusammenstöße der noch jungen Planeten mit mehr oder minder großen Asteroiden zurückzuführen.

Ein besonders gewaltiger Zusammenprall eines fast marsgroßen Himmelskörpers mit der Erde führte zur Bildung unseres Mondes. Das gewaltige Bombardement endete rund 800 Millionen Jahre nach Entstehung unseres Sonnen-

7.10 **Der Planetoidengürtel zwischen der Mars- und der Jupiterbahn.**

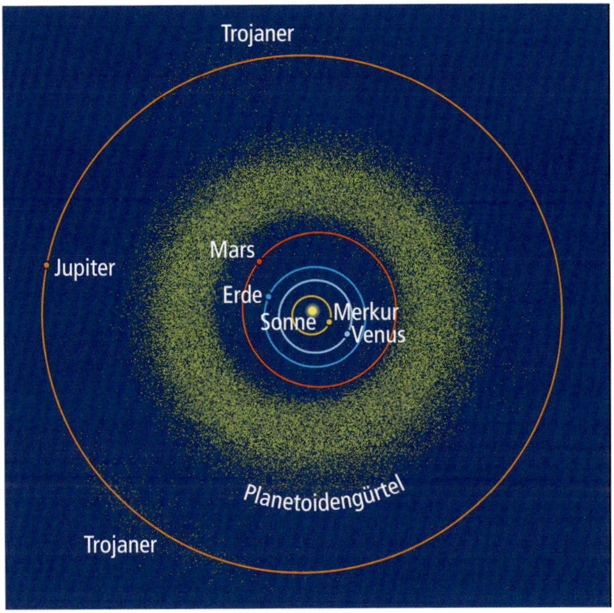

systems aus dem solaren Urnebel. Ein Astronom nannte das frühe Planetensystem einst „kosmische Kugelmühle".

Auch die Erde blieb von diesem Bombardement nicht verschont. Doch inzwischen sind auf ihrer Oberfläche fast alle Spuren dieses Milliarden Jahre dauernden Beschusses durch Erosion getilgt. Tektonische Verschiebungen der Kontinentalplatten, Auffaltung von Gebirgen, Ausbrüche von Megavulkanen, Erdbeben, Tsunamis, Stürme und Wasser, kurz das gesamte Wettergeschehen haben alle Spuren kosmischer Kollisionen, die weiter als 500 Millionen Jahre zurückliegen, getilgt bzw. verwischt. Die ältesten Spuren lassen sich bis etwa vor 500 Millionen Jahre zurückverfolgen.

Einschläge in ferner Vergangenheit

Die fünf globalen Katastrophen, die sich in den letzten 500 Millionen Jahren ereigneten und jeweils fast alles Leben auf der Erde auslöschten, lassen sich noch nachweisen. Der älteste Treffer fand vor 444 Millionen Jahren am Übergang vom Ordovizium zum Silur statt. Im Devon, dem großen Zeitalter der Fische, traf die Erde vor 372 Millionen Jahren ein kosmischer Hammerschlag, gefolgt von einem noch gewaltigeren Ereignis vor 252 Millionen Jahren zum Ende des Zeitalters Perm und Beginn des Trias. Dieser Vorfall hätte fast das Ende alles Lebens auf unserem Planeten zur Folge gehabt. Über neunzig Prozent aller Arten von Tieren und Pflanzen wurden aus der Evolution gekickt.

Es folgte im Übergang vom Trias zum Jura vor 201 Millionen Jahren ein weiterer schwerer Treffer mit globalen Folgen einer weitgehenden Auslöschung eines Großteils der Erdbewohner. Das letzte und wohl bekannteste Massenaussterben ereignete sich vor 65 Millionen Jahren, dem auch die so populären Dinosaurier zum Opfer fielen.

Zum Ende der Kreidezeit und Beginn des Tertiärs traf ein rund zehn Kilometer im Durchmesser großer Planetoid die Erde. Der Einschlag erfolgte auf der mexikanischen Halbinsel Yukatan nahe dem heutigen Ort Chicxulub. Die Folgen waren verheerend: Ein riesiger Feuerball verbrannte alles in einem Umkreis von mehr als tausend Kilometer, gewaltige Erdbebenwellen liefen mehrmals um den Globus, verheerende Flutwellen, sogenannte Supertsunamis, rissen alles mit sich, was nicht festes Gebirge war.

Nicht nur Supertsunamis bedrohten die Küsten, sondern auch die innerkontinentalen Gebiete wurden ebenso in Mitleidenschaft gezogen: Denn ein Hyperkan (engl.: hypercane) trug ebenfalls zur Vernichtung des Lebens bei. Wie Computersimulationen zeigen, entsteht beim Einsturz eines Planetoiden eine gewaltige Sogwirkung. Es bildet sich ein extremes Tiefdruckgebiet. Der geringste Luftdruck, der bei einem irdischen

7.11 Der Wiener Astronom Johann Palisa (1848 – 1925) war erfolgreichster visueller (Auge und Fernrohr) Planetoidenentdecker aller Zeiten.

Hurrikan gemessen wurde, betrug 890 hPa (= 890 Millibar) gegenüber dem durchschnittlichen Atmosphärendruck von 1000 hPa. Im Einschlaggebiet sank der Luftdruck beim Yucatan-Ereignis auf nur 200 hPa ab. In Verbindung mit der Coriolis-Kraft als Folge der Erdrotation entstand ein Hyperhurrikan, kurz Hyperkan genannt, der mit nahezu Schallgeschwindigkeit (rund 1200 km pro Stunde) über die Erdoberfläche raste und alles verwüstete. Die Sogwirkung riss Wasserdampf und ungeheure Mengen an geschmolzenem Gestein, Felsbrocken und Staub mit Geschwindigkeiten von 200 bis 250 Kilometer pro Stunde bis in 40 Kilometer Höhe.

Das Material verteilte sich weltweit und verdunkelte jahrelang die Erdoberfläche. Die untere Stratosphäre wurde zu einem Schild, das Licht und Wärmestrahlen der Sonne abblockte. Die Temperaturen sanken rapide unter den Gefrierpunkt von Wasser. Eine globale Vereisung war die Folge.

Ein solches Szenario wird als „nuklearer Winter" bezeichnet, weil ähnliche desaströse Vorgänge bei atomaren Kernexplosionen zu erwarten sind. Doch Atombomben wie die von Hiroshima und Nagasaki sind Minimalereignisse verglichen mit dem Einschlag von Yukatan. Die kinetische Energie des heranrasenden Asteroiden wurde augenblicklich fast vollständig in dissipative Energie (Wärme) umgewandelt. Eine Abschätzung ergibt Folgendes: Der Kleinplanet von zehn Kilometer Durchmesser war vermutlich ein Gesteinskörper mit einer Dichte von drei Gramm pro Kubikzentimeter, der mit 30 Kilometer pro Sekunde (= 108 000 km/h) die Erde traf. Dies entspricht einer kinetischen Energie von $E = m \cdot v^2/2 = 7 \cdot 10^{23}$ Joule. Dies ist äquivalent einer Energiefreisetzung bei einer Explosion von 150 Billionen ($1{,}50 \cdot 10^{14}$) Tonnen TNT (Trinitrotoluol), einer der stärksten Sprengstoffe, oder acht Milliarden Hiroshima-Atombomben.

Hat mit dem Einschlag von Yukatan die globale Bedrohung unseres Planeten ein Ende gefunden? Keineswegs! Es existieren zahlreiche Planetoiden und Kometenkerne, die eines mehr oder minder fernen Tages mit der Erde kollidieren und dem Leben auf der Erde den Garaus bereiten könnten.

Zahlreiche Kleinplaneten

Die meisten Planetoiden laufen in einem Gürtel zwischen der Mars- und der Jupiterbahn um die Sonne. Der erste Planetoid wurde von Giuseppe Piazzi (1746–1826) in der Neujahrsnacht von 1800 auf 1801 in Palermo entdeckt. Im ersten Jahrzehnt des 19. Jahrhunderts wurden insgesamt vier Kleinplaneten gefunden. Ab 1850 wurden in großer Zahl neue Asteroiden, wie sie auch genannt werden, aufgespürt. So hat allein Johann Palisa (1848–1925) von der Universitätssternwarte Wien insgesamt 121 Planetoiden visuell (mit Auge und Teleskop) entdeckt. Mit Einführung der Astrofotografie unter anderem durch Max Wolf (1863–1932), Gründer der Heidelberger Sternwarte auf dem Königstuhl, stieg die Zahl der bekannten Kleinplaneten sprunghaft an. Bis zum Jahr 1900 waren von 463 Asteroiden die Bahnen bekannt. Bis 2000 nahm die Zahl der katalogisierten Planetoiden auf 38 240 zu. Mit Einführung der vollautomatischen computergestützten Auswertung von Himmelsaufnahmen, insbesondere auch durch das seit 2000 begonnene Projekt SDSS (Sloan Digital Sky Survey) mit dem 2,5-m-Reflektor auf dem Apache Point Observatory in New Mexico (USA) wurden bis 2019 insgesamt 541 128 Planetoiden bis herab zu einem halben Kilometer registriert (siehe auch Monatsthema September „LSST – die Entdeckungsmaschine" im *Kosmos Himmelsjahr 2017* auf Seite 202). Inzwischen nähert man sich der Millionengrenze.

Die meisten dieser kosmischen Kleinkörper umrunden brav im Asteroidengürtel zwischen der Mars- und der Jupiterbahn die Sonne. Sie bedrohen die Erde und die Menschheit nicht.

Doch es gibt auch Ausnahmen, manche kommen der Erdbahn recht nahe. Man nennt sie NEOs (Near Earth Objects). Etliche von ihnen kreuzen auch die Erdbahn, weshalb Kollisionen mit ihnen durchaus möglich sind. Nach diesen „Earthcrossers" (wörtlich „Erdkreuzer", besser „Erdbahnkreuzer") wird eifrig gefahndet.

Die ersten NEOs wurden per Zufall gefunden. So entdeckte im März 1932 Eugène Joseph Delporte den Kleinplaneten (1221) Amor (Planetoiden mit definitiv bestimmter Bahn erhalten eine laufende Nummer), dessen große Halbachse zwar knapp zwei AE (= 287 Millionen Kilometer) misst, wegen der großen Bahnexzentrizität (e = 0,448) kommt er jedoch im Perihel bis auf 1,083 AE (= 162 Millionen Kilometer) an die Sonne heran. Damit kreuzt Amor die Marsbahn, deren mittlere Sonnendistanz 1,524 AE (= 228 Millionen Kilometer) beträgt. Alle Kleinplaneten, die die Marsbahn kreuzen, nennt man Amors.

Am 24. April 1932 fand Karl Wilhelm Reinmuth an der Heidelberger Sternwarte den ersten echten Erdbahnkreuzer, den Kleinplaneten (1862) Apollo. Er läuft auf einer exzentrischen Bahn (e = 0,56) um die Sonne und kommt im Perihel bis auf 0,654 AE (= 97,8 Millionen Kilometer) an die Sonne heran. Damit hält er sich weit innerhalb der Erdbahn auf und kreuzt sogar die Venusbahn. Apollo kreuzt ferner nicht nur die Erdbahn, sondern auch die Marsbahn.

Inzwischen kennt man rund 20 000 NEOs. Davon sind etwa 2000 potentiell gefährliche Erdbahnkreuzer. Man teilt die NEOs in drei Gruppen ein: Die Amors haben Perihelia, die knapp außerhalb der Erdbahn liegen (1,0 bis 1,3 AE). Sie sind keine echten Erdbahnkreuzer, können aber potentiell gefährlich werden. Die zweite Gruppe, die Apollo-Asteroiden, haben Bahnen, deren große Halbachse größer als eine Astronomische Einheit ist, deren Perihelia aber kleiner als ein AE ($q < 1$ AE) sind. Apollos sind somit echte Erdbahnkreuzer.

Bei der dritten Gruppe ist die große Halbachse kleiner als ein AE ($a < 1$ AE), die Aphelia (sonnenfernste Bahnpunkte) liegen allerdings außerhalb der Erdbahn ($Q > 1$ AE). Auch sie kreuzen die Erd-

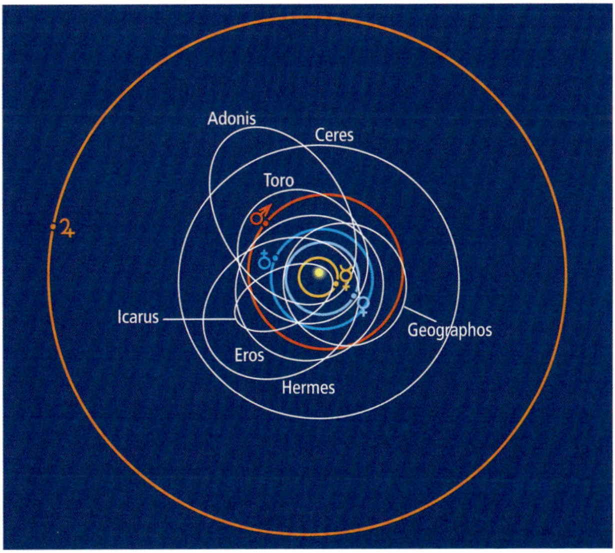

7.12 Bahnen einiger Erdbahnkreuzer.

Hugo van Gelderen / Nationaal Archief, CC0

7.13 Der Planetenforscher Gerard Peter Kuiper (1905 – 1973). Nach ihm wurde der Planetoidengürtel jenseits der Neptunbahn benannt.

bahn. Sie werden Atens genannt nach dem ersten Asteroiden dieses Typs (2062) Aten, der am 7. Januar 1976 von Eleanor Francis Helin am Palomar-Observatorium entdeckt wurde.

Die große Halbachse der Atenbahn misst 0,966 AE (= 144,5 Millionen Kilometer). Im Aphel entfernt sich Aten bis auf 1,140 AE (= 170,5 Millionen Kilometer) von der Sonne. In nur 347 Tagen, das sind 95 % eines Erdenjahres, umrundet er die Sonne. Mit nur einem Kilometer Durchmesser ist Aten ein Winzling.

Inzwischen glaubt man, alle Erdbahnkreuzer von einem Kilometer Durchmesser oder größer aufgespürt zu haben. Mit immer besseren Beobachtungsverfahren und größeren Teleskopen findet man auch wesentlich kleinere NEOs, deren Kollisionen mit der Erde lokale Katastrophen wie Auslöschung ganzer Großstädte samt Umgebung bewirken können.

Gefahren aus der Ferne

Auch gibt es noch zwei weitere Zonen, in denen sich potentiell gefährliche kosmische Geschosse befinden: den Kuiper-Gürtel und die Oortsche Kometenwolke.

Der Planetenforscher Gerard Peter Kuiper (1905–1973) vermutete schon 1951, dass es außerhalb der Neptunbahn noch einen zweiten Planetoidengürtel geben müsse. Tatsächlich wurden 1992 die ersten TNOs (Trans Neptunian Objects) entdeckt (siehe Monatsthema Mai „Was sind Plutinos?“ im *Kosmos Himmelsjahr 1998* auf Seite 97).

Genau genommen zählt auch Pluto zu den TNOs. Wegen seiner Größe von 2373 Kilometer Durchmesser wird er auch „König der TNOs“ genannt. Im August 1992 wurde mit 1992 QB1 erstmals ein Planetoid entdeckt, der außerhalb der Neptunbahn die Sonne umrundet. Inzwischen sind einige tausend TNOs aufgespürt worden, darunter auch mächtige Kaliber von Asteroiden wie Eris, der mit 2326 Kilometer Durchmesser Pluto Konkurrenz macht. Auch Haumea mit 1700 Kilometer oder Makemake mit 1500 Kilometer Durchmesser sind gewaltige Brocken. Sie sind jedenfalls erheblich größer als Ceres, Planetoid Nr. 1, mit knapp tausend Kilometer Durchmesser der größte Kleinplanet im Planetoidengürtel zwischen der Mars- und der Jupiterbahn. So wird auch verständlich, weshalb die IAU auf ihrer Generalversammlung im August 2006 in Prag die neue Kategorie der Zwergplaneten eingeführt hat, zu denen nunmehr auch Pluto gehört.

Der von Kuiper postulierte zweite Planetoidengürtel existiert also tatsächlich und bildet die Vorratskammer für kosmische Geschosse, die durch Bahnabweichungen ins innere Planetensystem driften und gegebenenfalls mit der Erde oder einem anderen Planeten kollidieren können. Kleinere Planetoiden von einem Kilometer Durchmesser und darunter sind in einer Entfernung von 50 AE (= 7480 Millionen Kilometer) kaum auszumachen.

Es gibt noch eine weitere Quelle von potentiell gefährlichen Erdbahnkreuzern, nämlich die Oortsche Kometenwolke. Der niederländische Astronom Jan Hendrik Oort (1900–1992) hatte seinerzeit festgestellt, dass viele Kometenbahnen ihre Aphelia (sonnenfernste Bahnpunkte) erst in großer Entfernung von der Sonne erreichen und entsprechend lange Umlaufzeiten haben. In einer kugelschalenförmigen Zone halten sich geschätzt rund zehn Billionen (= 10^{13}) Kometenkerne auf. Die Zone erstreckt sich von etwa

30 000 AE bis 50 000 AE Distanz von der Sonne. Die Kometenkerne sind nur schwach an das Gravitationsfeld der Sonne gebunden. Eine geringe Störung reicht aus, und ein solches kosmisches Geschoss driftet in die Nähe der Sonne. Dann und wann tauchen somit die kosmischen Schneebälle in Sonnennähe auf, wo sie sich zu einer mehr oder minder auffälligen Kometenerscheinung entwickeln. Knallt so ein Kometenkern, den man erst relativ spät entdecken kann, auf die Erde, so ruft er ebenfalls eine globale Katastrophe hervor. Die Kometenkerne in der Oortschen Wolke entziehen sich wegen ihrer gewaltigen Entfernung bis heute einer direkten Beobachtung. Auch heute noch sind solche Objekte gefährlich, wie der Fall des Kometen Shoemaker-Levy 9 zeigt. Er wurde von Jupiter eingefangen, dessen enorme Gezeitenkräfte den Kometenkern in mehr als zwei Dutzend Trümmerstücke zerlegten, die schließlich vom 16. bis 22. Juli 1994 in die Jupiteratmosphäre eindrangen. Hätte dieser kosmische Schrotschuss die Erde getroffen, gäbe es heute keine Menschheit mehr.

Hubble Space Telescope Comet Team und NASA/ESA

7.14 Spuren des Einschlags der Trümmer des Kometen Shoemaker-Levy 9 in der Jupiteratmosphäre.

Spektakuläre Sternschnuppen

Nicht nur große kosmische Geschosse bedrohen die Erde. Auch kleinere und kleinste Projektile können gefährlich werden und mehr oder minder große Schäden anrichten. Täglich wird die Erde von Dutzenden Meteoroiden getroffen. Die meisten von ihnen verdampfen in der Atmosphäre und ziehen als Boliden oder Feuerkugeln ihre Leuchtspuren über das Firmament. Etliche schlagen aber als Meteorite auf der festen Erdoberfläche ein oder stürzen unbeobachtet ins Meer. Schließlich ist die Erde als Wasserplanet zu 71 % von Ozeanen bedeckt. Auch sind große Gebiete des Festlandes unbewohnt oder nur sehr dünn besiedelt.

In erdgeschichtlich jüngster Zeit bis in die Gegenwart gibt es Spuren und direkte Beobachtungen kosmischer Hammerschläge, wobei viele noch relativ glimpflich ausgingen.

Vor 15 Millionen Jahren entstanden das Nördlinger Ries und das Steinheimer Becken durch eine kosmische Kollision. Vor 50 000 Jahren schlug ein großer Eisen-Nickel-Meteorit in der Wüste von Arizona ein und erzeugte einen Krater von 1300 Meter Durchmesser und 184 m Tiefe. Der noch gut erhaltene „giant meteor crater" liegt am Highway Nr. 40 von Winslow nach Flagstaff. Nach seinem Käufer, der hoffte, ein reiches Eisenvorkommen abbauen zu können, wird er heute Barringer-Krater genannt. An seinem Nordrand ist ein Meteoriten-Museum zu besichtigen. Der auch als Canyon-Diabolo-Krater bezeichnete Ringwall wurde von einem rund 50 Meter großen Eisen-Nickel-Meteoriten von rund einer halben Million Tonnen Masse geschlagen.

Im Altertum und Mittelalter wusste man noch nichts von Meteoroiden und Asteroiden. So manche biblische Katastrophenberichte gehen vermutlich auf große Meteoritenfälle zurück. Am Ende des Mittelalters, im Jahr der Entdeckung Amerikas durch Christoph Kolumbus, gab es erstmals ein Ereignis, das auf einen Meteoriteneinsturz zurückgeführt wurde, bekannt als der Fall von Ensisheim im Elsass. Am 7. November 1492 gab es über Ensisheim zwischen elf und zwölf Uhr mittags einen „grüsam Donnerschlag", der bis nach Luzern in der Schweiz zu hören war, wie zeitgenössische Berichte erwähnen. Später wurde der Steinmeteorit, der die gewaltige Meteor-Erscheinung hervorgerufen hatte, gefunden. Er hat eine Masse von 55 kg und einen Durch-

Meteor Crater Enterprises

7.15 Der Barringer-Meteorkrater in Arizona.

messer von 32 cm. Noch heute ist er im Ensisheimer Museum zu bestaunen.

In den Morgenstunden (Ortszeit) am 30. Juni 1908 kam es über dem sibirischen Fluss Steinige Tunguska zu einer gewaltigen Detonation. Ein Kometenkern von rund 40 Meter Durchmesser explodierte damals in zehn Kilometer Höhe und verwüstete Hunderte Quadratkilometer Wald. In dem unbewohnten Gebiet kamen offensichtlich keine Menschen zu Schaden. Eine Erdbebenwelle lief mehrfach um den Erdglobus. Die Sprengkraft dieser Detonation wird auf zwölf Megatonnen TNT geschätzt.

Eine der mächtigsten Feuerkugeln erschien am 12. Februar 1947 über dem ostsibirischen Küstengebiet Sichote Alin, nördlich von Wladiwostok, gefolgt von einem reichen Meteoritenfall. Ein grell leuchtender Bolide flog am Vormittag von Norden nach Süden, eine lange Flammenspur hinter sich herziehend. Augenzeugen meinten, eine zweite, rasende Sonne zu erkennen. Stunden nach dem Ereignis war noch eine Rauchfahne zu sehen. Unter gewaltigem Donnerkrachen, das noch in 300 Kilometer Entfernung zu hören war, zersprang schließlich der Bolide. In einem zwei Kilometer langen und einem Kilometer breiten Streifen wurden an die 200 Einschlagkrater gefunden mit Durchmessern bis zu 25 Meter und acht Meter Tiefe. Mehrere hundert Meteorite wurden geborgen mit insgesamt 23 Tonnen. Der größte Meteorit hat eine Masse von einer Tonne. Beim Sichote-Alin-Fall handelt es sich um Nickel-Eisen-Meteorite mit Spuren von Kobalt, Schwefel und Phosphor.

Aber auch kleinere Meteoritenfälle sorgten in jüngster Zeit für Aufregung. So saß die Familie Donahue am Abend des 8. November 1982 in der amerikanischen Kleinstadt Wethersfield im Bundesstaat Connecticut beim Fernsehen, als sie um 21^h15^m Ortszeit ein lauter Knall erschreckte. Ein von Nordwesten heranrasender, 2,7 kg schwerer Steinmeteorit hatte das Hausdach durchschlagen und blieb schließlich unter dem Tisch im Esszimmer liegen. Dies war der zweite Meteoriteneinschlag in Wethersfield innerhalb von nur zwölf Jahren. Bereits am 8. April 1971 stürzte ein Steinmeteorit auf ein Haus, das nur drei Kilometer von dem Haus der Familie Donahue entfernt ist. Ein höchst unwahrscheinlicher Zufall, zwei Treffer am gleichen Ort innerhalb so kurzer Zeit!

Am Abend des 9. Oktober 1992 flammte über der Ostküste der USA ein Bolide auf, der in nur 40 Sekunden eine 700 Kilometer lange Leuchtspur zog. Kurz vor acht Uhr abends am gleichen Tag hörte die 18-jährige Michelle Knapp in dem kleinen Ort Peekskill im Bundessaat New York einen lauten Knall. Sie stürzte aus dem Haus und sah, dass das Heck ihres zwölf Jahre alten Chevrolet zertrümmert war. Sie dachte zuerst an einen Verkehrsunfall mit Fahrerflucht. Doch die herbeigerufene Polizei entdeckte unter ihrem Auto einen dreißig Mal elf Zentimeter großen Steinmeteoriten, der noch heiß war. Obwohl der Meteorit das Auto schrottreif schlug, hatte Miss Knapp keinen finanziellen Nachteil. Auto und Meteorit wurden ihr für 70 000 US-Dollar abgekauft.

Am 6. April 2002 wurde über Süddeutschland gegen 22^h20^m eine riesige, dahinrasende Feuerkugel gesichtet. Nicht nur die staunende Bevölkerung sah dieses Spektakel, insgesamt zehn Kamerastationen zeichneten die Flugbahn auf. Mit Hilfe der Bahndaten konnte das ungefähre Einschlaggebiet lokalisiert werden. Mitte Juli 2002 wurde der eindreiviertel Kilogramm schwere Steinmeteorit gefunden. Da er nahe der Burg Neuschwanstein einschlug, wurde er „Neuschwanstein" getauft.

Am 27. März 2003 flammte gegen Mitternacht eine Feuerkugel über Wisconsin und Illinois auf. In den Vororten von Chicago wurden in einer zehn Kilometer langen Zone fast 500 Bruchstücke eines Steinmeteoriten gefunden, der etwa zwei Meter groß war und zehn Tonnen Masse hatte und in der Luft explodierte. Die Fragmente durchschlugen Hausdächer, Straßenbeläge und Autos. Menschen wurden nicht getroffen.

Am 7. Oktober 2008 kam es in der sudanesischen Wüste zu einem Meteoritenregen, ausgelöst durch einen 80 Tonnen schweren und fünf Meter großen Meteoriten, der nur 20 Stunden vorher entdeckt wurde und noch die Registriernummer 2008 TC3 erhielt.

Wie Überwachungsaufnahmen von Erdsatelliten zeigen, kommt es ein bis zweimal jährlich zu Meteoritendetonationen in der Erdatmosphäre, deren Stärke einer Hiroshima-Atombombe gleichkommt. Derartige Ereignisse finden meist über den Weltmeeren oder über unbewohnten Gebieten statt.

Am 15. Februar 2013 explodierte nahe der russischen Stadt Tscheljabinsk im Ural um 4^h20^m MEZ (= 9^h20^m Mittlerer Ortszeit) in rund 20 Kilometer Höhe ein etwa 17 Meter großer, 7000 Tonnen schwerer kosmischer Eindringling. Seine feurige Spur wurde von zahlreichen Kameras aufgezeichnet. Eine Minute und 28 Sekunden nach dem Aufleuchten des Explosionsblitzes erreichte die Druckwelle die Millionenstadt und rief zahlreiche Zerstörungen hervor. Ein Fabrikdach wurde eingedrückt, mehr als hunderttausend Quadratmeter Glasfläche zerbarsten, über tausend Menschen wurden verletzt, die meisten

Konrad Andrä/Wikipedia

7.16 Der Meteorit von Ensisheim – ein 55 kg schwerer Steinklotz.

durch Glassplitter. Ein Fragment durchschlug die Eisdecke im Tscherbakul-See, 80 km westlich von Tscheljabinsk. Die Sprengkraft entsprach der von rund 500 Kilotonnen des Sprengstoffes TNT, das ist die dreißigfache Energiemenge, die die Atombombe von Hiroshima freisetzte. Der mit 18 km/s (= 64 800 km/h) heranrasende kosmische Impaktor stammte aus dem Planetoidengürtel jenseits der Marsbahn.

In den Abendstunden des gleichen Tages, an dem Tscheljabinsk von einer kosmischen Explosion heimgesucht wurde, zog ein winziger Asteroid in Haaresbreite an der Erde vorbei. Nach der Bahnlage ereigneten sich beide Vorkommnisse völlig unabhängig voneinander. Der Kleinstplanetoid 2012 DA14 passierte die Erde am 15. Februar 2013 in einem Minimalabstand von nur 34 100 km (= 0,000 228 AE). Bei seiner maximalen Annäherung um 22^h15^m (MEZ) war er nur 27 700 Kilometer von der Erdoberfläche entfernt. Damit kam er der Erde näher als die geostationären Satelliten zur Funk- und Fernsehübertragung entfernt sind. Eine Gefahr für die Erde und ihre Bewohner bestand nicht. Der Asteroid 2012 DA14 wurde bereits ein Jahr zuvor im Rahmen des Suchprogramms Space Situational Awareness (Weltraumlageerfassungsprogramm) der europäischen Weltraumagentur ESA entdeckt. So konnte dieser nur 45 Meter große Himmelskörper genau verfolgt werden. Er schoss mit 7,8 Kilometer pro *Sekunde*, das sind 28 080 Kilometer pro *Stunde*, Geschwindigkeit an der Erde vorbei. Nach den Bahnkalkulationen wird 2012 DA14 zumindest in den nächsten hundert Jahren nicht mit der Erde kollidieren. Dennoch war diese extrem nahe Begegnung ein Menetekel für die Weltbevölkerung.

Wie groß ist die Gefahr nun wirklich, Opfer eines Meteoritentreffers zu werden oder gar einer weltweiten Katastrophe?

Akribische Suche nach Asteroiden

Aus statistischen Untersuchungen der Kraterdichte und -verteilung auf Mond und Merkur lässt sich die Häufigkeit kosmischer Kollisionen abschätzen. Generell gilt: Je kleiner das Projektil, desto häufiger das Impaktereignis.

Schätzungsweise wird die Erde im Durchschnitt alle 50 bis 60 Millionen Jahre von einem zehn Kilometer großen Planetoiden getroffen, wie einer vor 65 Millionen Jahren auf der Halbinsel Yucatan einschlug. Hundert Mal häufiger sind Projektile mit rund einem Kilometer Durchmesser, deren Einschläge alle Million Jahre zu erwarten sind.

Alle tausend Jahre ist mit einem Ereignis der Größe der Tunguska-Explosion zu rechnen und jeweils in hundert Jahren kommt es zu einer Detonation eines Meteoroiden wie in Sikote Alin oder über Tscheljabinsk.

Um sich vor den Gefahren außerirdischer Geschosse zu wappnen, hat man zahlreiche Such- und Überwachungsprogramme in Angriff genommen. Dabei hat sich herausgestellt, dass es in den letzten Jahrzehnten zahlreiche Beinahe-Kollisionen gegeben hat, wobei Objekte die Erde innerhalb der Mondbahn passierten. So raste der Kleinplanet (35396) 1997 XF11 im März 1998 in nur 0,000 31 AE (= 46 000 Kilometer) Distanz an der Erde vorbei, um nur einen solchen Streifschuss zu erwähnen. Anfang der 1970er Jahre wurde auf dem Palomar-Observatorium das erste Suchprogramm nach NEOs von Eugene und Carolyn Shoemaker gestartet. Das dabei eingesetzte Teleskop hatte bescheidene 46 cm Objektivdurchmesser. Ende 1994 wurde dieses Palomar Spacewatch Program eingestellt.

Neue Suchkampagnen mit größeren Teleskopen und moderner Aufnahme- und Auswertetechnik folgten. Dabei stellte sich heraus, dass etwa 40-mal mehr Meteoroide von durchschnittlich zehn Metern Größe der Erde extrem nahekommen als ursprünglich vermutet.

Mitte der 1990er Jahre startete die NASA mit einem Ein-Meter-Teleskop das Suchprogramm

DIE NARBEN DER ERDE

Einschlagkrater größer als 50 Kilometer Durchmesser

Name	Gegend	Durchmesser (km)	Alter in Mio. Jahren	geografische Koordinaten Breite	Länge
Vredefort	Free State, Südafrika	160	2023	−27°00′	27°30′ Ost
Sudbury	Ontario, Kanada	130	1850	+46°36′	81°11′ West
Beaverhead	Idaho/Montana, USA	60	600	+44°36′	113°00′ West
Acraman	Südaustralien	90	590	−32°01′	135°27′ Ost
Siljan	Dalarna, Schweden	52	377	+61°02′	14°52′ Ost
Charlevoix	Quebec, Kanada	54	342	+47°32′	70°18′ West
Manicougan	Quebec, Kanada	85	214	+51°23′	68°42′ West
Morokweng	Kalahari, Südafrika	70	145	−26°28′	23°32′ Ost
Tookoonooka	Queensland, Australien	55	128	−27°07′	142°50′ Ost
Kara	Nenetsia, Russland	65	70	+69°06′	64°09′ Ost
Chicxulub	Yucatan, Mexico	150	65	+21°20′	89°30′ West
Popigai	Sibirien, Russland	90	36	+71°39′	111°11′ Ost
Karakul	Pamirgebirge, Tadschikistan	52	5	+39°01′	73°27′ Ost

Spaceguard Survey, um erdbedrohende Planetoiden aufzuspüren. Das Projekt Spaceguard Survey hat zahlreiche NEOs bis herab zu Durchmessern von einem Kilometer aufgespürt. Weitere Suchaktionen mit Roboterteleskopen und Weitwinkelaufnahmen haben auch Objekte bis nur zehn Meter Größe erfasst – freilich noch längst nicht alle. Die europäische Raumfahrtagentur ESA hat unter der Bezeichnung Space Situational Awareness ein Suchprogramm gestartet. Auch der die Erde umkreisende Weltraumschrott künstlicher Erdsatelliten soll damit überwacht werden.

Die Vereinten Nationen (UNO) haben in ihrer Unterorganisation UNOOSA (**U**nited **N**ations **O**ffice for **O**uter **S**pace **A**ffairs) eine Arbeitsgruppe (Action Team on Near Earth Objects) eingerichtet, die sich unter anderem mit der Koordination und Auswertung der Daten von Suchprogrammen befasst. Auch sollen weltweite Warnungen vor lokalen Bedrohungen gegeben sowie Abwehrstrategien für globale Bedrohungen entwickelt werden.

Wird ein bisher unbekanntes NEO neu entdeckt, so erfolgt eine Meldung an das Minor Planet Center in Cambridge, Massachusetts (USA). Seine Bahn wird möglichst genau berechnet und das Objekt in die Gefahrenklasse der „Turiner Skala" eingeordnet (siehe *Kompendium der Astronomie*, 6. Auflage, Seite 207).

Noch genauer ist die Palermo-Liste der potentiell gefährlichen Kleinplaneten (PHOs; **P**otentially **H**azardous **O**bjects). Auf ihr werden alle Objekte von 140 m Durchmesser und größer notiert, die nach einer ersten Kalkulation der Erde näher als 0,005 AE (= 750 000 km) kommen. Auch wird abgeschätzt, ob und wann und wo es zu einem Einschlag auf der Erde kommen kann. Wird nach längerer Beobachtung ausgeschlossen, dass das Objekt näher als 0,05 AE an die Erde herankommt, so wird es in der Palermo-Liste gelöscht.

Bei der Suche nach PHOs soll hauptsächlich auch das neue 8,4 m Large Synoptic Survey Telescope (LSST) eingesetzt werden, ein Weitwinkelinstrument mit einem Bildfeld von 9,6 Quadratgrad (etwa 49 Vollmondflächen), das Nacht für Nacht rund tausend Himmelsaufnahmen gewinnt, die vollautomatisch ausgewertet werden.

Möglichkeiten zur Abwehr

Es gibt Pläne, Raketen zu einem die Erde bedrohenden Killer-Planetoiden zu schicken, um dort eine heftige Explosion auszulösen. Damit kann durch einen relativ kleinen Impuls die Bahn des Objektes ein wenig abgeändert und so eine Kollision mit der Erde verhindert werden. Voraussetzung ist allerdings, dass das gefährliche Projektil rechtzeitig, nämlich Jahre vorher entdeckt wird.

Technisch ist man heute in der Lage, Raumflüge zu Asteroiden erfolgreich zu absolvieren. So landete die Raumsonde NEAR am 12. Februar 2001 auf dem Planetoiden (433) Eros und die Kometensonde Rosetta setzte am 12. November 2014 den Lander Philae auf dem Kometen 67P/Tschurjumow-Gerasimenko ab. Doch ist bei so einem Manöver wie einer Sprengung Vorsicht geboten. Es kann sein, dass das bedrohliche Objekt in Stücke gesprengt wird und die Trümmerwolke gleich einem Schrotschuss die Erde trifft und mindestens eben so viel Schaden anrichtet.

Alternativ wird untersucht, ob man mit intensiven Laserstrahlen oder durch Mikrowellenbeschuss ein PHO ablenken könnte. Auch wurde der Vorschlag gemacht, Sonnensegel anzubringen. Der Licht- und Strahlungsdruck der Sonne könnte eine geringe, aber ausreichende Bahnänderung bewirken, um eine Kollision mit der Erde zu vermeiden.

Ein Asteroid oder Meteoroid von weniger als hundert Meter kann bei einem Einschlag oder Explosion über dicht besiedeltem Gebiet zu einer Katastrophe von bisher nicht gekanntem Ausmaß führen. Millionen Tote und Schwerverletzte, Zusammenbruch aller Versorgungssysteme wie Strom, Wasser, Gas, Telekommunikation, Massenpanik und Hungersnöte ließen sich nicht vermeiden. Eine Abwehr solcher Miniplanetoiden ist kaum möglich, da sie meist zu kurzfristig erkannt werden. Auch wenn die Gefahr gering ist, durch einen Meteoriten oder Kleinstplaneten zu Schaden zu kommen: Sie besteht dennoch!

August 2021

- Saturn steht am 2. August im Sternbild Steinbock in Opposition zur Sonne.
- Jupiter folgt kurz darauf und erreicht seine Opposition zur Sonne am 20., ebenfalls im Steinbock.
- Venus bleibt Abendstern.
- Merkur und Mars halten sich am Taghimmel auf und bleiben unsichtbar.

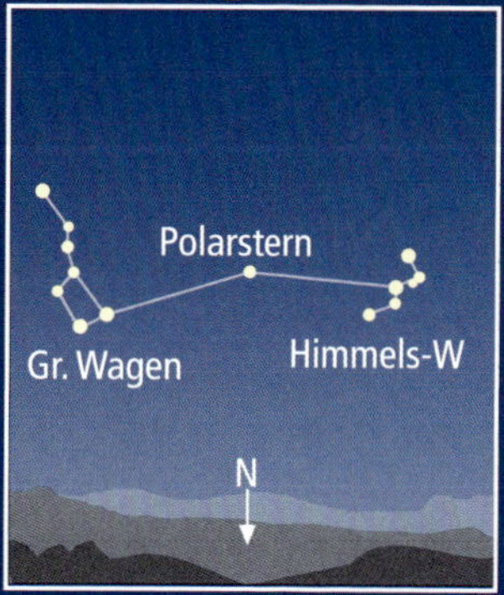

Großer Wagen und Himmels-W Anfang August um 22 Uhr

8.1 Anblick des Südhimmels gegen Mitternacht am 21. August (= 1^h MESZ am 22.). Die Riesenplaneten Jupiter, Saturn und der blendend helle Vollmond beherrschen die Himmelsszene.

1 So	Schweizer Bundesfeier
2 Mo	Saturn in Opposition – ganze Nacht
3 Di	
4 Mi	
5 Do	
6 Fr	
7 Sa	
8 So	**Neumond**
9 Mo	
10 Di	
11 Mi	Mond bei Venus – abends
12 Do	Sternschnuppen Perseiden im Maximum
13 Fr	
14 Sa	
15 So	Liechtensteiner Staatsfeiertag Erstes Viertel Mond bei Antares – abends
16 Mo	
17 Di	
18 Mi	
19 Do	
20 Fr	Jupiter in Opposition – ganze Nacht
21 Sa	Mond bei Saturn – morgens
22 So	**Vollmond** Mond bei Jupiter – morgens
23 Mo	
24 Di	
25 Mi	
26 Do	
27 Fr	
28 Sa	
29 So	
30 Mo	Letztes Viertel
31 Di	

SONNE – STERNBILDER

10. 8. 19h:
Sonne tritt in das Sternbild Löwe

22. 8. 23h:
Sonne tritt in das Tierkreiszeichen Jungfrau

Julianisches Datum am
1. August, 1h MEZ: 2 459 427,5

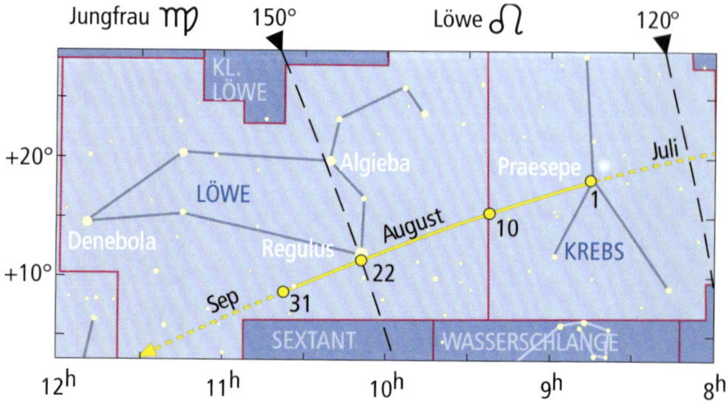

SONNENLAUF

Tag	Dämmerg. Anfang	Aufgang MEZ	Kulmination	Untergang MEZ	Dämmerg. Ende	Mittagshöhe	Zeitgleichg.	Rektaszension	Deklination
	h m	h m	h m	h m	h m	°	m	h m	°
1.	3 20	4 49	12 26	20 02	21 31	57,9	–6	8 44	+18,1
5.	3 28	4 55	12 26	19 56	21 22	56,8	–6	9 00	+17,1
10.	3 38	5 02	12 25	19 47	21 11	55,4	–5	9 19	+15,7
15.	3 48	5 10	12 24	19 38	20 59	53,9	–4	9 38	+14,1
20.	3 58	5 17	12 23	19 28	20 47	52,3	–3	9 56	+12,5
25.	4 07	5 25	12 22	19 18	20 35	50,6	–2	10 15	+10,9
31.	4 18	5 34	12 20	19 06	20 21	48,5	0	10 37	+ 8,7

TAGES- UND NACHTSTUNDEN

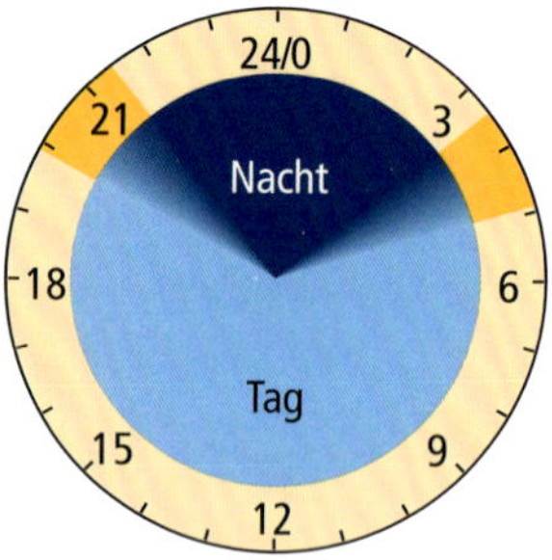

5. August

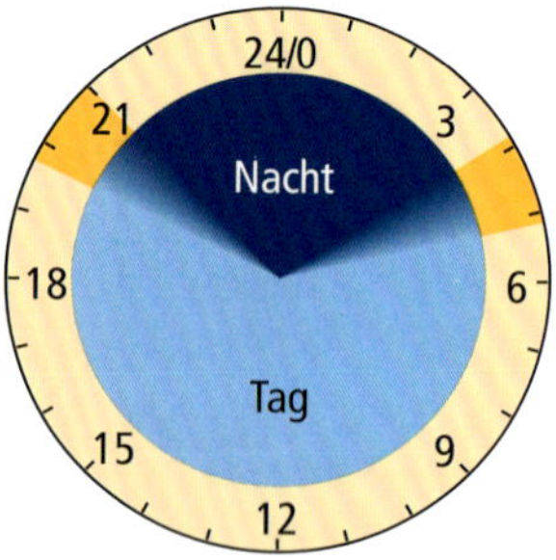

15. August

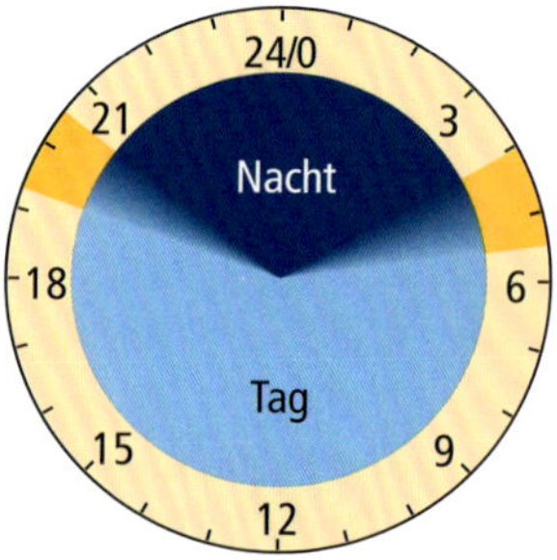

25. August

MONDLAUF

Datum	Aufg. MEZ	Kulmination	Unterg. MEZ	Rektaszension	Deklination	Sterne und Sternbilder	Phase	MEZ
	h m	h m	h m	h m	°			
So 1.	23 39	6 39	14 13	2 47	+13,8	Widder		
Mo 2.	–	7 23	15 21	3 33	+18,0	Stier, Plejaden	Erdferne 404/29,′5	9^h
Di 3.	0 04	8 09	16 27	4 22	+21,4	Stier, Hyaden	Aufsteigender Knoten	
Mi 4.	0 35	8 58	17 30	5 12	+23,9	Stier, Al Nath		
Do 5.	1 14	9 49	18 26	6 05	+25,4	Zwillinge		
Fr 6.	2 05	10 42	19 14	6 59	+25,7	Zwillinge		
Sa 7.	3 06	11 35	19 52	7 54	+24,7	Pollux		
So 8.	4 16	12 27	20 22	8 48	+22,4	Krebs, Krippe	**Neumond Nr. 1220**	$14^h\ 50^m$
Mo 9.	5 31	13 17	20 47	9 42	+18,9	Löwe	Libration Ost	
Di 10.	6 48	14 06	21 07	10 34	+14,5	Löwe, Regulus	Größte Nordbreite	
Mi 11.	8 06	14 54	21 25	11 25	+ 9,2	Löwe		
Do 12.	9 24	15 41	21 43	12 14	+ 3,5	Jungfrau		
Fr 13.	10 43	16 29	22 01	13 04	– 2,5	Jungfrau		
Sa 14.	12 03	17 18	22 21	13 55	– 8,5	Spica		
So 15.	13 25	18 11	22 46	14 48	–14,0	Waage	**Erstes Viertel**	$16^h\ 20^m$
Mo 16.	14 48	19 07	23 17	15 43	–18,9	Waage	Absteigender Knoten	
Di 17.	16 08	20 06	24 00	16 42	–22,6	Antares	Erdnähe 369/32,′4	10^h
Mi 18.	17 20	21 08	0 00	17 43	–25,0	Schlangenträger		
Do 19.	18 17	22 09	0 55	18 46	–25,8	Schütze, Nunki		
Fr 20.	19 01	23 08	2 04	19 49	–24,9	Schütze		
Sa 21.	19 34	–	3 21	20 49	–22,4	Steinbock		
So 22.	19 59	0 03	4 41	21 46	–18,6	Steinbock	**Vollmond**	$13^h\ 02^m$
Mo 23.	20 19	0 54	6 00	22 39	–13,9	Wassermann	Größte Südbreite	
Di 24.	20 36	1 41	7 16	23 29	– 8,7	Wassermann	Libration West	
Mi 25.	20 51	2 26	8 29	0 16	– 3,2	Fische		
Do 26.	21 07	3 08	9 40	1 02	+ 2,3	Walfisch		
Fr 27.	21 23	3 51	10 49	1 46	+ 7,6	Fische		
Sa 28.	21 41	4 33	11 58	2 31	+12,5 *	Widder		
So 29.	22 04	5 17	13 07	3 18	+16,9	Widder		
Mo 30.	22 32	6 02	14 14	4 05	+20,6	Stier, Hyaden	**Letztes Viertel** Erdferne 404/29,′6 Aufsteigender Knoten	$8^h\ 13^m$ 3^h
Di 31.	23 07	6 50	15 19	4 55	+23,4	Aldebaran		

DER MOND WANDERT AN SATURN VORBEI

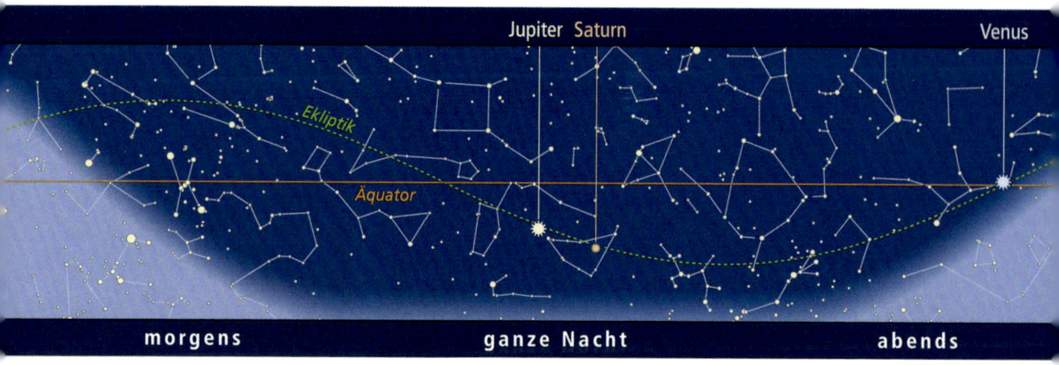

MERKUR kommt am 1. in obere Konjunktion mit der Sonne. Danach entfernt er sich rechtläufig vom Tagesgestirn. Bis Ende August wächst sein östlicher Winkelvorsprung vor der Sonne auf immerhin knapp 24° an. Dies reicht allerdings nicht für eine Abendsichtbarkeit, denn die abendliche Ekliptik verläuft recht flach zum Westhorizont. Fazit: Der sonnennächste Planet bleibt im August unsichtbar. Auch die enge Begegnung mit Mars am 19. frühmorgens, bei der Merkur nur fünf Bogenminuten (5′) südlich am roten Planeten vorbeizieht, bleibt unbeobachtbar.

VENUS bleibt Abendstern, wenn auch die Sichtbedingungen nicht günstiger werden und sie nach wie vor nur knapp über dem Westhorizont zu erspähen ist (siehe Abb. 10.7 auf Seite 218). Venus wandert durch den Löwen, am 10. wechselt sie in das Sternbild Jungfrau. Am 16. passiert Venus nur 0,°7 nördlich den Herbstpunkt. Einen Tag später überschreitet sie den Himmelsäquator in südlicher Richtung.

Am 1. geht die –3,ᵐ9 helle Venus um 21^h18^m (= 22^h18^m Sommerzeit) unter, am 15. um 20^h49^m und am 31. bereits um 20^h15^m, wobei ihre Helligkeit inzwischen auf –4,ᵐ0 angestiegen ist. Am 25. zeigt sich das 15″ große Venusscheibchen zu 75,0% beleuchtet.

MARS wandert rechtläufig durch den Löwen. Vom Abendhimmel hat sich der rote Planet längst zurückgezogen und bleibt unsichtbar. Die enge Konjunktion mit Merkur am 19., bei der Merkur nur 4′15″ (= 0,°07) südwestlich an Mars vorbeiläuft, kann nicht verfolgt werden.

Auf der Nordhalbkugel des Mars beginnt am 25. der Sommer.

KONSTELLATIONEN UND EREIGNISSE

Datum	MEZ	Ereignis
1.	1^h	Mond bei Uranus, Mond 1,°8 südlich
1.	15	Merkur in oberer Konjunktion mit der Sonne
2.	7	**Saturn in Opposition** zur Sonne
9.	4	Mond bei Merkur, Mond 3,°4 nördlich
10.	2	Mond bei Mars, Mond 4,°3 nördlich
11.	8	**Mond bei Venus**, Mond 4,°3 nördlich, **Abstand 5,°2 um 20^h**
19.	5	Merkur bei Mars, Merkur 0,°08 südlich
20.	1	**Jupiter in Opposition** zur Sonne
20.	5	Uranus im Stillstand, anschließend rückläufig
20.	23	**Mond bei Saturn**, Mond 3,°7 südlich, **Abstand 4,°4 um 2^h am 21.**
22.	6	**Mond bei Jupiter**, Mond 4,°0 südlich, **Abstand 5,°4 um 4^h**
24.	3	Mond bei Neptun, Mond 4,°0 südlich
28.	10	Mond bei Uranus, Mond 1,°5 südlich

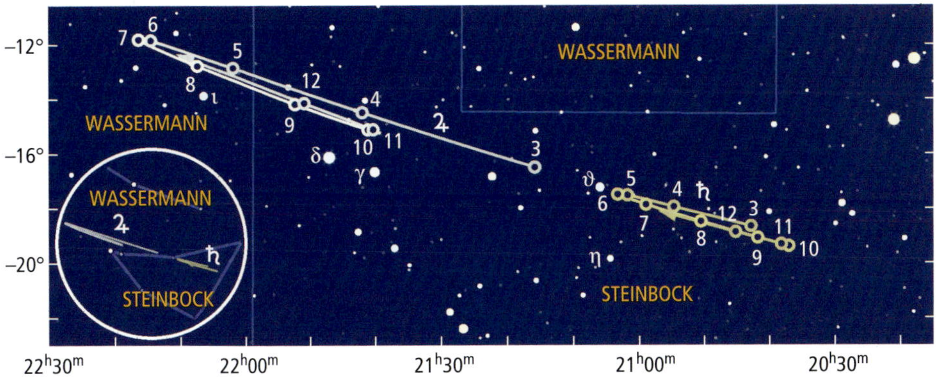

8.2 Die scheinbaren Planetenbahnen von Jupiter und Saturn von März bis Dezember 2021 in den Sternbildern Steinbock und Wassermann. Die Zahlen geben die Planetenposition zum jeweiligen Monatsbeginn an (5 = 1. Mai).

JUPITER beschleunigt seine rückläufige Wanderung im Wassermann und überschreitet dabei am 19. die Grenze zum Sternbild Steinbock (siehe Abb. 8.2 oben).

Einen Tag später, nämlich am 20., steht er in **Opposition** zur Sonne. Damit ist er in günstigster Beobachtungsposition: Ganze Nacht über am Firmament vertreten, geringste Entfernung von der Erde und somit maximale Helligkeit sowie größter scheinbarer Durchmesser.

Am 1. geht der Riesenplanet um 20^h44^m (= 21^h44^m MESZ) auf. Bis zur Opposition am 20. verfrühen sich seine Aufgänge auf 19^h25^m. In der Oppositionsnacht kulminiert der inzwischen $-2\overset{m}{,}9$ helle Jupiter um 0^h25^m und geht morgens um 5^h21^m (= 6^h21^m MESZ) unter. Bis Monatsende verlagert sich seine Untergangszeit auf 4^h30^m.

Der Riesenplanet dominiert mit seinem Glanz unangefochten den Nachthimmel, nachdem Venus den Abendhimmel verlassen hat und untergegangen ist.

Seine geringste Distanz von der Erde erreicht Jupiter am 20. um 6^h morgens mit 600 Millionen Kilometer (= 4,01 AE). Das Licht benötigt 33 Minuten, um von Jupiter zur Erde zu gelangen. Von der Sonne ist Jupiter zur Opposition 752 Millionen Kilometer (5,027 AE) entfernt.

Im Fernrohr zeigt Jupiter ein ovales Planetenscheibchen. Infolge seiner schnellen Rotation (kein anderer Planet rotiert so schnell wie er) ist der Riesenplanet erheblich abgeplattet. Der scheinbare Äquatordurchmesser beträgt am Tag der Opposition 49,″1. Der Poldurchmesser ist mit 45,″9 deutlich kleiner.

Schon in kleinen Amateurfernrohren sind die Wolkenstreifen und der Große Rote Fleck (GRF) auf Jupiter zu erkennen. Bereits in einem Fernglas sieht man die vier hellen Jupitermonde. Am 22. zieht der Vollmond rund 4° südlich an Jupiter vorbei (s. Abb. 8.1 auf Seite 170).

SATURN im Steinbock steht am 2. in **Opposition** zur Sonne. Dies bedeutet: Ganze Nacht sichtbar, maximale Helligkeit, geringste Entfernung von der Erde, größter scheinbarer Durchmesser vom Planetenscheibchen und vom Ring.

Am Tag der Opposition geht der $0\overset{m}{,}2$ helle Saturn um 19^h55^m (= 20^h55^m Sommerzeit) auf, passiert um 0^h24^m den Meridian und geht um 4^h54^m morgens wieder unter. Die Kulminationshöhe erreicht dabei knapp 22°.

Obwohl Saturn in Opposition zur Sonne steht, erreicht er diesmal nicht seine mögliche Maximalhelligkeit von $-0\overset{m}{,}5$, denn die Saturnhelligkeit hängt nicht nur von seiner Entfernung von der Sonne und damit von der Erde zur Oppositionszeit ab, sondern auch von der Ringöffnung. Bei der diesjährigen Opposition ist Saturn 1336 Millionen (= 8,93 AE) von der Erde

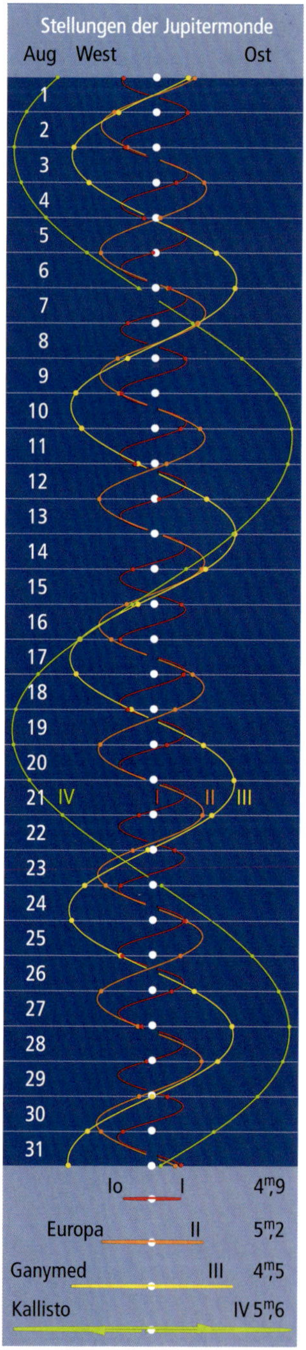

JUPITERMONDE

Tag	MEZ h m		Vorgang	
4.	21	41	III	VA
5.	0	25	II	SA
	1	11	II	DA
	1	48	I	VA
	2	50	III	BE
	3	16	II	SE
	23	00	I	SA
	23	22	I	DA
6.	1	19	I	SE
	1	40	I	DE
	22	32	II	BE
	22	53	I	BE
7.	3	18	IV	VA
12.	1	42	III	VA
	3	00	II	SA
	3	24	II	DA
	3	42	I	VA
13.	0	55	I	SA
	1	06	I	DA
	3	14	I	SE
	3	24	I	DE
	21	36	II	VA
	22	10	I	VA
14.	0	37	I	BE
	0	48	II	BE
	21	42	I	SE
	21	50	I	DE
20.	2	50	I	DA
	2	50	I	SA
21.	0	03	I	BA
	0	11	II	BA
	2	22	I	VE
	3	07	II	VE
	21	16	I	DA
	21	19	I	SA
	23	34	I	DE
	23	37	I	SE
22.	20	51	I	VE
	21	33	II	DE
	21	42	II	SE
	23	00	III	DE
	23	20	III	SE

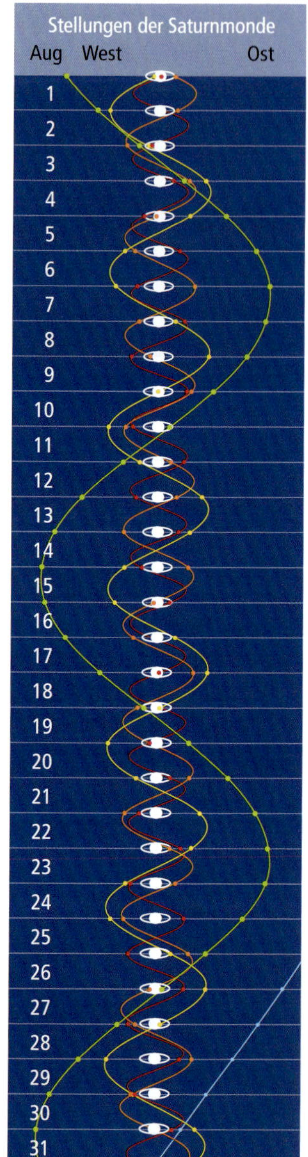

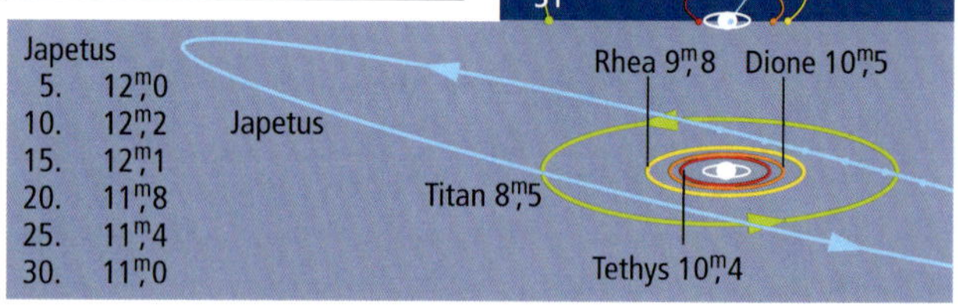

JUPITERMONDE

Tag	MEZ	Vorgang	
	h m		
23.	20 39	IV	BA
24.	2 07	IV	VE
28.	1 47	I	BA
	2 26	II	BA
	23 00	I	DA
	23 14	I	SA
29.	1 18	I	DE
	1 32	I	SE
	20 13	I	BA
	20 57	II	DA
	21 27	II	SA
	22 41	III	DA
	22 45	I	VE
	23 43	III	SA
	23 46	II	DE
30.	0 17	II	SE
	2 17	III	DE
	3 21	III	SE
	20 01	I	SE

entfernt bei einer Ringöffnung von $18{,}^\circ2$. Bei der Opposition vom 24. Dezember 20**32** wird Saturn $-0{,}^m5$ hell werden, denn am 28. November 20**32** passiert er das Perihel seiner Bahn, hält sich somit in Sonnennähe auf und erreicht fast die maximale Ringöffnung von 27°.

Im Teleskop erkennt man, dass Saturn infolge seiner schnellen Rotation abgeplattet ist (Abplattung 1:9). Sein scheinbarer Äquatordurchmesser beträgt $18{,}''6$, der Poldurchmesser $16{,}''8$. Der mit $18{,}^\circ2$ geöffnete Ring weist eine scheinbare Längsausdehnung von $42{,}''2$ und einen Querdurchmesser von $13{,}''2$ auf. Bis Monatsende verfrühen sich die Saturnuntergänge auf 2^h53^m (= 3^h53^m MESZ). Die Saturnhelligkeit sinkt dabei leicht auf $0{,}^m4$ ab.

Am 20. begegnet der fast volle Mond dem Ringplaneten (siehe Mondlaufgrafik auf Seite 173).

Auch die Saturnmonde Titan, Rhea, Tethys, Dione und Japetus sind zur Oppositionszeit beliebte Beobachtungsobjekte für Sternfreunde mit eigenen Teleskopen (s. Grafik „Stellungen der Saturnmonde" auf Seite 176).

URANUS bremst seine ohnehin recht langsame Wanderung durch den Widder vollends ab und kommt am 20. frühmorgens zum Stillstand. Anschließend wandert er rückläufig durch den Widder, wobei er zunächst kaum vom Fleck kommt (siehe Abb. 11.2 auf Seite 235).

Mit seinem Stillstand beginnt die Oppositionsperiode des grünlichen Planeten, wobei sein Gegenschein zur Sonne erst Anfang November eintritt. Die Uranushelligkeit nimmt leicht von $5\overset{m}{,}83$ auf $5\overset{m}{,}78$ zu. Dies entspricht einem Intensitätsanstieg von knapp fünf Prozent.

Uranus kann ab den späten Abendstunden beobachtet werden. Er verlagert seine Aufgänge in die Zeit weit vor Mitternacht. Am 1. geht der grünliche Planet um 23^h03^m auf, am 15. um 22^h09^m und am 31. bereits um 21^h06^m (= 22^h06^m MESZ). Die Uranuskulminationen verfrühen sich von 6^h29^m am Monatsersten auf 4^h31^m (= 5^h31^m MESZ) am letzten Tag im August.

NEPTUN, rückläufig im Wassermann, strebt seiner Opposition zur Sonne entgegen, die er Mitte nächsten Monats erreicht. Seine Aufgänge verlagert der bläuliche Planet in die frühen Abendstunden. Am 1. geht Neptun um 21^h28^m auf, am 15. um 20^h32^m und am 31. bereits um 19^h29^m (= 20^h29^m MESZ).

Zu Monatsbeginn kulminiert Neptun um 3^h16^m. Am Monatsende passiert der mit $7\overset{m}{,}8$ recht lichtschwache Planet schon um 1^h16^m (= 2^h16^m MESZ) den Meridian. Die Zeit um die Kulmination bietet die besten Beobachtungsbedingungen, um Neptun mit lichtstarkem Fernglas oder Teleskop aufzufinden (siehe Abb. 9.4 auf Seite 199).

PLANETOIDEN UND ZWERGPLANETEN

JUNO (3) wird am 5. um 5^h im Sternbild Schlangenträger stationär und ist anschließend wieder rechtläufig. Damit endet ihre Oppositionsperiode. Am 5. kulminiert die nur $10\overset{m}{,}7$ helle Juno um 19^h58^m (= 20^h58^m MESZ) und geht um 1^h35^m unter.

PERIODISCHE STERNSCHNUPPENSTRÖME

Die große Zahl der Meteore in den ersten Augusttagen ist auf den Strom der **PERSEÏDEN** zurückzuführen, deren maximale Tätigkeit zwischen dem 9. und 13. August liegt. Helle Objekte (um 0^m und heller, sogenannte Feuerkugeln oder Boliden) sind keine Seltenheit. Das Maximum ist in den Morgenstunden des 12. August zu erwarten. Als schönster und reichster Strom des Jahres bescheren die Perseïden bis zu hundert Sternschnuppen pro Stunde. In diesem Jahr ist mit deutlich mehr Meteoren zu rechnen. Durch den Einfluss von Jupiter hat sich die Distanz der Erde zu diesem Strom verringert. Auch werden Meteoroide erwartet, die vor vier Umläufen im Jahre 1479 vom Ursprungskometen abgesprengt wurden. Ihren Ursprung führen die Perseïden auf den Kometen 109P/Swift-Tuttle zurück. Die beste Beobachtungszeit liegt zwischen 22^h und 4^h morgens. Die Perseïden-Sternschnuppen sind mit 60 Kilometer pro Sekunde recht schnelle Objekte. Nachzügler der Perseïden sind noch bis 24. August zu erwarten.

Meteore aus der **ANTIHELION**-Region erscheinen aus dem Bereich Aquarius, und in der ersten Monatshälfte sind noch späte **ALPHA-CAPRICORNIDEN** sowie **DELTA-AQUARIDEN** zu verfolgen.

Zu erwähnen sind noch die **KAPPA-CYGNIDEN**, deren Radiant im Sternbild Schwan liegt. Sie treten den gesamten August über in Aktion, allerdings sind sie kein besonders reicher Strom. Zur Zeit des Maximums um den 17. August ist nur mit etwa vier Meteoren pro Stunde zu rechnen. Mit 25 Kilometer pro Sekunde mittlerer Geschwindigkeit zählen die Cygniden zu den langsamen Sternschnuppen. Die Umlaufzeit dieses Stromes beträgt sieben Jahre. Der Ursprungskomet dürfte sich aufgelöst haben.

Der wenig bekannte Strom der **CEPHEÏDEN** macht sich um den 17. August herum bemerkbar. Die Frequenz ist gering, nämlich nur zehn Objekte pro Stunde. Vermutlich sind die Cepheïden ein Zweigstrom der Cygniden.

Am 31. erreichen die **AURIGIDEN** ihr Maximum. Seit ihrer Entdeckung 1935 gab es wiederholt erhöhte Raten. Zuletzt wurde 2007 eine stündliche Zenitrate von mehr als hundert beobachtet. Der Ursprungskomet C/1911 N1 (Kiess) wird erst wieder in mehr als 2000 Jahren ins Innere des Sonnensystems gelangen.

Die Teilchen, die zu den hohen Raten führten, befinden sich auf weit engeren Umlaufbahnen als der Komet.

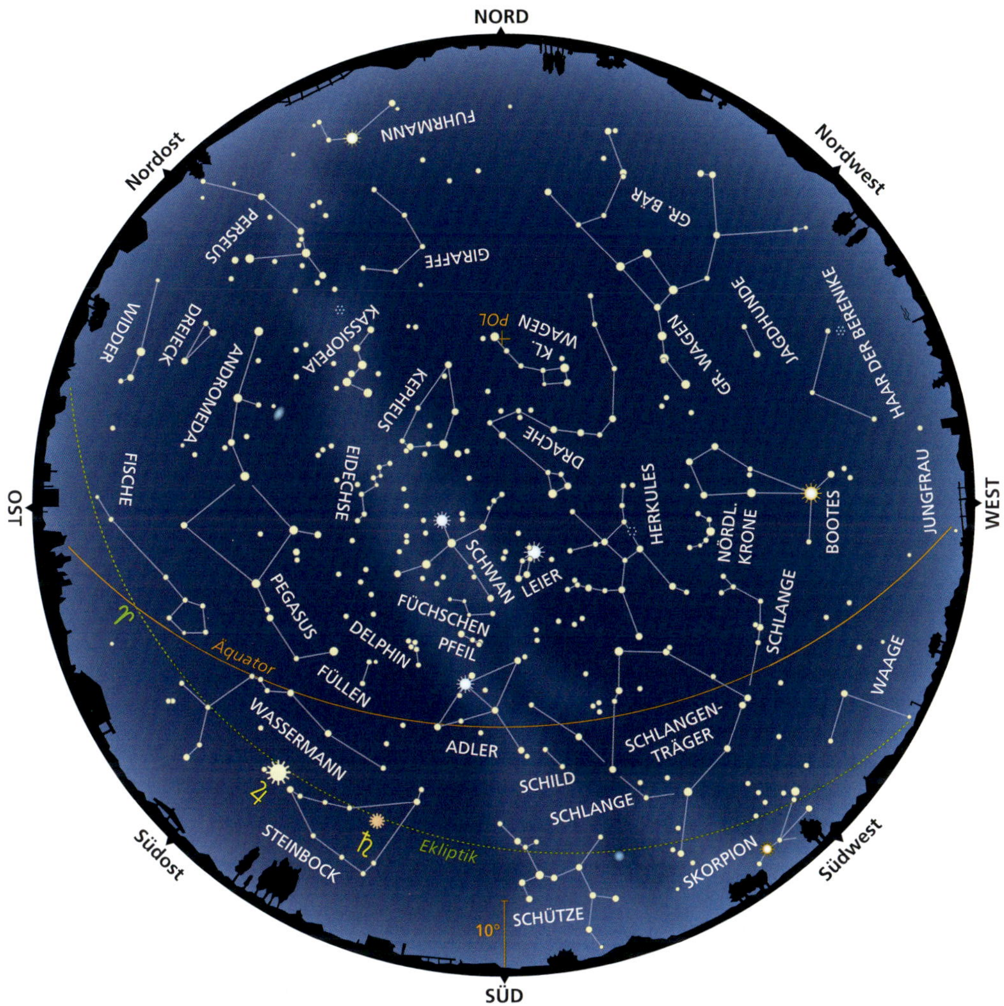

DER STERNENHIMMEL AM 15. AUGUST UM 22ʰ MEZ

Die Sternkarte ist auch gültig für:

	MEZ	MESZ
15. 6.	2ʰ	3ʰ
1. 7.	1	2
15. 7.	0	1
1. 8.	**23**	**24**
15. 8.	**22**	**23**
31. 8.	**21**	**22**
15. 9.	20	21
30. 9.	19	20

Der Sommersternenhimmel entfaltet jetzt seine volle Pracht. Hoch im Süden steht das Sommerdreieck mit Wega in der Leier, Deneb im Schwan und Atair im Adler.

Weit im Westen funkelt der Bärenhüter, unter dem Namen Arktur besser bekannt. Der Skorpion bereitet sich im Südwesten auf seinen Untergang vor. Sein Hauptstern Antares zieht noch die Blicke auf sich.

Dem Skorpion folgt im Tierkreis der Schütze. Östlich vom Schützen nimmt der lichtschwache Steinbock seinen Platz ein. Dem Steinbock folgt im Südosten der Wassermann, der ebenfalls recht lichtschwach und

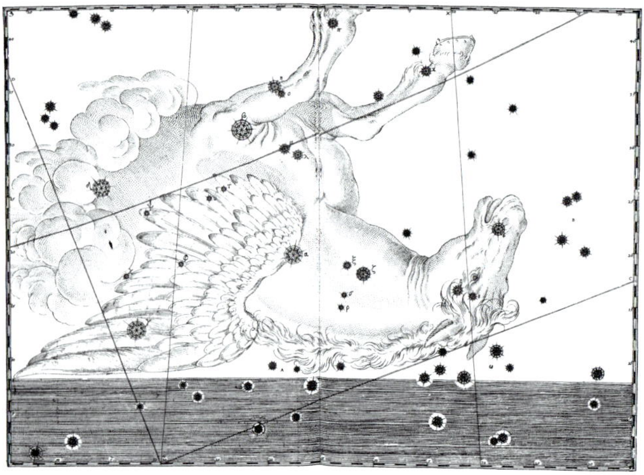

8.3 Figürliche Darstellung des Sternbildes Pegasus im Sternatlas *Uranometria* von Johannes Bayer aus dem Jahr 1603.

nicht leicht zu erkennen ist. Die lichtschwache Gegend von Steinbock und Wassermann wird von den hellen Riesenplaneten Saturn und Jupiter belebt.

Das markante Sternenviereck des Pegasus steigt im Osten empor. Mit seiner unteren Spitze deutet das Pegasusquadrat zum Ostpunkt am Horizont. Der griechischen Mythologie nach ist der Pegasus ein geflügeltes Pferd. Zum Pegasus zählt nicht nur das auffallende Sternenviereck, sondern auch eine leicht abgeknickte Sternenkette, die sich bis hin zum kleinen Bild des Delphins erstreckt. Sie markiert den vorderen Teil des geflügelten Dichterrosses. Das Pegasusquadrat wird auch als Herbstviereck bezeichnet.

Der Pegasus soll den Poeten zu ihren Gedankenflügen verhelfen und ihrer Fantasie Luftreisen ermöglichen. Der Hauptstern, α Pegasi, heißt Markab vom Arabischen Mankib al Faras – Schulter des Pferdes. Markab leuchtet mit $2\overset{\mathrm{m}}{,}5$ Helligkeit in einem bläulichen Licht (Spektralklasse B9 III). Seine Entfernung beträgt 133 Lichtjahre. β Pegasi heißt Scheat vom Arabischen Al Sag – das Schienbein. Scheat ist ein roter, veränderlicher Stern (Spektralklasse M2 II) von $2\overset{\mathrm{m}}{,}3$ bis $2\overset{\mathrm{m}}{,}7$ scheinbarer Helligkeit. Er steht in einer Entfernung von 200 Lichtjahren. Ebenfalls aus dem Arabischen stammt der Name Algenib für γ Pegasi. Al Janb heißt die Flanke oder Seite und war einmal für α Pegasi in Gebrauch. Algenib ist $2\overset{\mathrm{m}}{,}8$ hell und leuchtet bläulich-weiß (Spektraltyp B2 IV). Etwa 400 Lichtjahre ist Algenib von uns entfernt. Der vierte Stern im Pegasusquadrat, Sirrah, gehört schon zur Andromeda und trägt deshalb die Bezeichnung α Andromedae. Sirrah ist $2\overset{\mathrm{m}}{,}1$ hell und leuchtet weißlich-blau. Fast hundert Jahre ist sein Licht zur Erde unterwegs.

Den Kopf des Pegasus markiert Enif, ε Pegasi. Der Name stammt vom Arabischen Anf, was Nase bedeutet. Mit $2\overset{\mathrm{m}}{,}4$ ist Enif leicht zu sehen. Er leuchtet orange (Spektralklasse K2 Ib). Als roter Überriesenstern ist seine Entfernung schwer zu bestimmen. Sie liegt bei 700 Lichtjahren.

Im Norden wird das Sternbild Pegasus durch den Schwan und das kleine Bild Eidechse (lat.: Lacerta) begrenzt. In östlicher Richtung schließt sich die Sternenkette der Andromeda an. Ein wenig nördlich der Prinzessin Andromeda stößt man auf ihre Mutter, die Königin Kassiopeia,

VERÄNDERLICHE STERNE

Algol-Minima		β-Lyrae-Minima		δ-Cepheï-Maxima		Mira-Helligkeit	
4.	$1^{h}31^{m}$	1.	5^{h} N	3.	6^{h}	1.	5^{m}
6.	22 22	7.	17 H	8.	15	10.	4
24.	3 11	14.	4 N	13.	24	20.	3
27.	0 01	20.	15 H	19.	8	31.	3
29.	20 50	27.	2 N	24.	17		
				30.	2		

dargestellt durch ein großes Sternen-W. Während der Große Wagen im Nordwesten herabsinkt, steigt das Himmels-W jetzt immer höher.

In Zenitnähe findet man das kleine, aber markante Bild der Leier. Nahe der Leier ist das einprägsame Sternenkreuz des Schwans auszumachen. Der Schwan fliegt mit ausgebreiteten Flügeln in südwestlicher Richtung durch die Milchstraße. Deneb bildet den Schwanz und Albireo (β Cygni) den Kopf. Gelegentlich wird diese Sternenfigur auch als „Kreuz des Nordens" bezeichnet.

Als drittes Sternbild dieser Sommergruppe ist das Sternbild Adler zu nennen, dessen Hauptstern α Aquilae den Namen Atair trägt, was der auf seine Beute herabstürzende Adler bedeutet. Atair ist ein bläulichweißer Stern (Spektralklasse: A7 IV-V), der mit 17 Lichtjahren Entfernung noch zu den Nachbarsternen unserer Sonne zählt. Mit $0^{m}\!,8$ scheinbarer Helligkeit gehört er zu den hellsten Sternen in der Sonnenumgebung.

Das schimmernde Lichtband der sommerlichen Milchstraße zieht sich in hohem Bogen über das vormitternächtliche Himmelsgewölbe. Allerdings bietet sich in unseren lichtüberfluteten Siedlungen nur noch selten die Gelegenheit, dieses Naturphänomen zu bewundern.

OBJEKTE FÜR FELDSTECHER UND FERNROHR

Zu den prominenten Beobachtungsobjekten des Sommerhimmels gehören der Vierfachstern in der Leier ($\varepsilon_{1,2}$ Lyrae), Albireo (β Cygni), der Kopfstern des Schwans, der Ringnebel in der Leier (M 57) und der Kugelsternhaufen M 13 im Herkules. Sie sind schon oft im *Himmelsjahr*

8.4 Sternkarte des Bildes Pegasus. Markiert ist der Stern 51 Pegasi, bei dem 1995 erstmals ein Planet einer anderen Sonne entdeckt wurde.

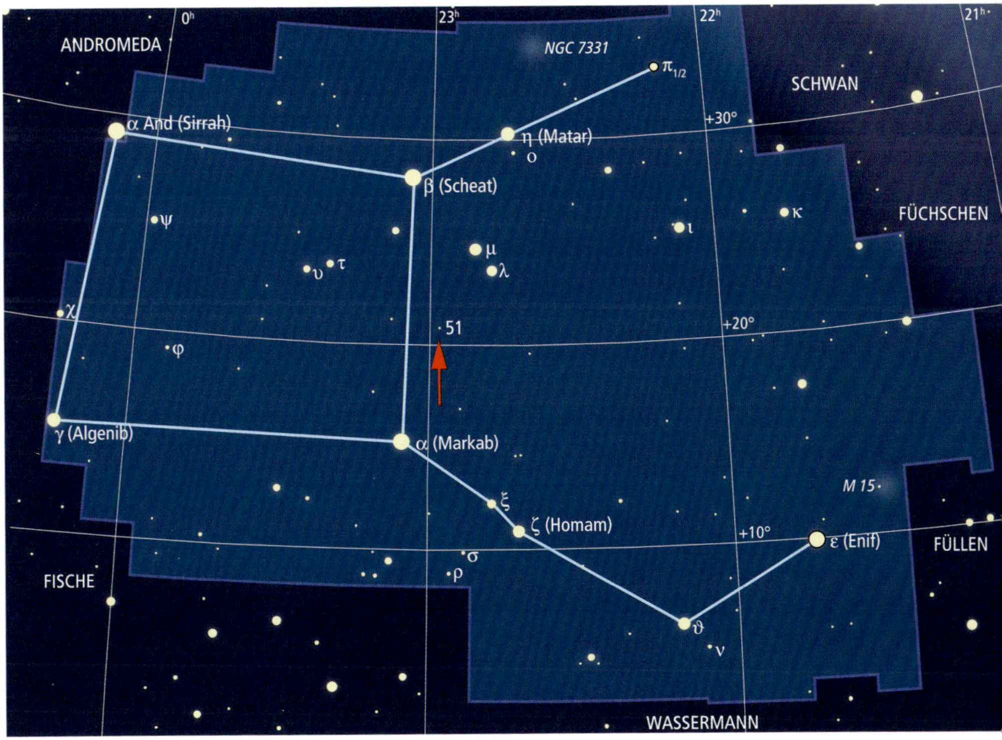

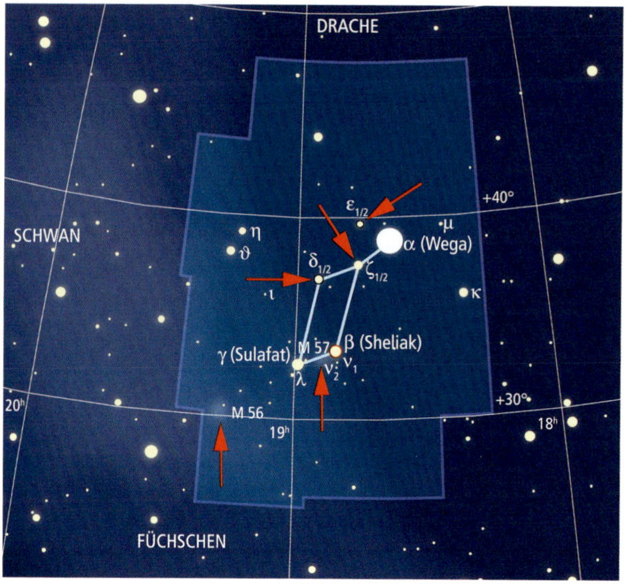

8.5 Das Sternbild Leier mit dem Vierfachstern $\varepsilon_{1,2}$ Lyrae und den Doppelsternen δ Lyr und ζ Lyr sowie dem Kugelhaufen M 56. Eingetragen ist ferner die Position des Ringnebels M 57.

ausführlich beschrieben worden. Wer mit einem Fernglas nach ε Lyrae sucht, kann den Vierfachstern leicht mit δ Lyrae verwechseln, denn dieser zeigt sich im Fernglas ebenfalls doppelt und steht auch nahe bei Wega. δ_1 und δ_2 können schon mit guten Augen getrennt werden – auf alle Fälle sieht man sie in jedem Opernglas getrennt. Mit 9′ sind sie erheblich weiter voneinander entfernt als ε_1 von ε_2 Lyr. δ_1 ist ein heißer, bläulicher Stern (Spektralklasse B3 V), der mit $5^{m}\!,6$ gerade noch mit bloßen Augen zu sehen ist. δ_2 wieder ist ein rötlicher Riesenstern (Spektralklasse M4 II var) mit $4^{m}\!,2$ scheinbarer Helligkeit. δ_1 ist rund 1100 Lichtjahre entfernt, δ_2 hingegen 900 Lichtjahre. $\delta_{1,2}$ ist somit ein *optischer* Doppelstern, beide Sterne stehen rein zufällig in gleicher Richtung.

Auch ζ Lyrae ist ein Doppelstern, mit $4^{m}\!,3$ und $5^{m}\!,7$ hellen Komponenten. Schon kleine Instrumente (ab Zweizöller) lassen die Doppelsternnatur von ζ Lyr erkennen, beträgt doch die Distanz beider Komponenten voneinander 44″. Von dieser Doppelsonne benötigt das Licht zu uns 155 Jahre.

Ein interessanter offener Sternhaufen findet sich im westlichen Teil der Kassiopeia an der Grenze zum Kepheus, nämlich M 52. Man stößt auf ihn, wenn man den letzten Strich des Himmels-Ws, die Strecke α Cas – β Cas, in Richtung Zenit etwa verdoppelt. Rund 200 Sterne bilden einen dichtgedrängten Haufen, der im Fernglas als Nebelfleck wahrgenommen wird und sich im Teleskop ab 8 cm Öffnung in zahlreiche feine Lichtpunkte auflöst. M 52 hebt sich gut von seiner Umgebung ab und zeigt etwa Nierenform. Die hellsten Sterne sind um 7^{m} bis 8^{m} hell. Mit knapp 5000 Lichtjahren Entfernung gehört M 52 zu den weiter weg liegenden offenen Sternhaufen.

Im Sternbild Schild des Sobieski (lat.: Scutum), mitten in einer sternreichen Gegend der Milchstraße, liegt der offene Sternhaufen M 11 (NGC 6705), auch unter dem Namen „Wildentenhaufen“ wegen seines Aussehens bekannt. Er wurde am 1. September 1681 von Gottfried Kirch entdeckt und zunächst für einen Kometen gehalten. Doch nachdem sich nach einigen Tagen seine Position nicht verändert hatte, war Kirch klar, dass er ein nebelhaftes Objekt im Bereich der Fixsternwelt gefunden hatte. William Derham meinte, hier eine Ansammlung von dichtem Dunst zu erkennen. Erst 1833 hat John Herschel den Wildentenhaufen in seinem Katalog als schönen, irregulären, rundlichen Sternhaufen von 10′ bis 12′ Durchmesser beschrieben. Die visuelle Gesamthelligkeit beträgt $5^{m}\!,8$. Im Fernglas macht M 11 einen dreieckigen Eindruck. Der Haufen entfaltet seine volle Pracht aber erst in einem Linsenteleskop (Refraktor) ab mindestens 10 cm Öffnung (Spiegelteleskop besser ab

15 cm Objektivdurchmesser) bei rund 150-facher Vergrößerung. Man sieht zahlreiche Sterne um 11^{m} visueller Helligkeit. Ein Stern fällt besonders auf, da er mit 8^{m} deutlich heller ist. Es handelt sich dabei um einen roten Überriesen. Die Gesamtzahl aller Mitgliedssterne liegt bei etwa 3000, wovon etwa 500 heller als 14^{m} sind. Das Alter dieser beeindruckenden Sternengesellschaft liegt bei 250 Millionen Jahren.

Fortgeschrittene Beobachterinnen und Beobachter sollten sich einmal nach dem benachbarten offenen Sternhaufen NGC 6704 umsehen. Er befindet sich ebenfalls im Sternbild Scutum $1\overset{\circ}{.}1$ nördlich von M 11. Mit einer visuellen Gesamthelligkeit von $9\overset{\mathrm{m}}{.}2$ und rund 5′ scheinbarem Durchmesser ist er nicht leicht zu erkennen. Entdeckt wurde NGC 6704 im Jahre 1854 von Friedrich August Theodor Winnecke. Im Drei-Zoll-Kometensucher hielt er ihn zunächst für einen Nebel. Erst mit dem 10-Zöller (25 cm freie Öffnung) der Berliner Sternwarte erkannte er in NGC 6704 einen offenen Sternhaufen. Um NGC 6704 einzustellen, benutze man die Koordinaten $\alpha = 18^{\mathrm{h}}50\overset{\mathrm{m}}{.}9$ und $\delta = -05°12'$ (J2000.0).

Ein weiterer offener Sternhaufen sei empfohlen, nämlich NGC 7243 im Sternbild Eidechse (lat.: Lacerta). Er liegt wie M 11 auch in einer sternreichen Gegend und scheint direkt mit den Sternen der Milchstraße zu verschmelzen. Er ist relativ leicht zu finden, $1\overset{\circ}{.}5$ westlich von dem Stern 4 Lacertae (siehe auch Karte N24 im Sternatlas von Karkoschka). Im Fernglas erscheint dieser Haufen länglich in Ost-West-Richtung. Bei 15-facher Vergrößerung zeigt sich ein dichter Schwarm von Sternen. Der östliche Teil ist so dicht gedrängt, dass man eher einen nebelhaften Eindruck gewinnt, während im westlichen Bereich die helleren Sterne einzeln erkennbar sind. Die Gesamthelligkeit liegt bei $6\overset{\mathrm{m}}{.}5$, der scheinbare Durchmesser reicht bis zu 20′.

Ein lohnenswerter Kugelhaufen ist M 2 im Sternbild Wassermann. Er ist bereits in einem guten Fernglas zu erkennen. Allerdings erscheint er nicht so spektakulär wie beispielsweise M 13 im Herkules. Mit 10′ scheinbarem Durchmesser und einem hellen Kern ist er dennoch schon im Fernglas auffällig. Ab etwa 15 cm freier Öffnung sind in den Randpartien von M 2 auch Einzelsterne erkennbar.

M 2 liegt in einer sternarmen Gegend, etwa eine halbe Rektaszensionsstunde westlich von α Aquarii und rund 5° nördlich von β Aqr. M 2 bildet mit α und β Aqr fast ein rechtwinkeliges Dreieck, wobei der rechte Winkel bei M 2 liegt. Über 40 000 Jahre ist das Licht der Sterne dieses Kugelhaufens zur Erde unterwegs.

Wer Interesse an Kugelhaufen gefunden hat, sollte sich auch folgende drei vorknöpfen: M 56 (NGC 6779) im Sternbild Leier. Er ist leicht im Sommerdreieck zu finden (siehe Abb. 7.7 auf Seite 158). Mit $8\overset{\mathrm{m}}{.}3$ ist M 56 schon im Fernglas auszumachen. Er erscheint kreisrund mit einem scheinbaren Durchmesser von 5′. Bei langbelichteten Aufnahmen liegt sein Durchmesser bei 9′. Freilich ist M 56 viel unscheinbarer als der prächtige M 13 im Herkules. Auch lassen sich die Randpartien von M 56 nur in größeren Teleskopen in Einzelsterne auflösen. Diese alte Sternengesellschaft ist immerhin 32 000 Lichtjahre entfernt.

Da liegt M 71 (NGC 6838) im Sternbild Sagitta (Pfeil) mit 13 000 Lichtjahren schon näher. Dieser leicht dreieckig erscheinende Kugelhaufen gehört zu den nächsten seiner Art. Im Teleskop hat man fast den Eindruck eines offenen Sternhaufens. Sein scheinbarer Durchmesser liegt bei 7′, seine Helligkeit misst $8\overset{\mathrm{m}}{.}5$. Man findet seine Position in der Sternkarte E21 im Atlas von Karkoschka.

Schließlich kann man sich noch den Kugelhaufen M 10 (NGC 6254) im Sternbild Schlangenträger (Ophiuchus) ansehen. Mit $6\overset{\mathrm{m}}{.}6$ ist er deutlich heller als die beiden vorhin genannten Kugelhaufen M 56 und M 71. Mit 12′ Durchmesser ist er auch merkbar größer, er macht einen leicht ovalen Eindruck. Im Teleskop gelingt es relativ leicht, die Randpartien in Einzelsterne aufzulösen. Seine Entfernung wurde zu 14 000 Lichtjahren bestimmt, manche Quellen geben über 20 000 Lichtjahre als Distanz von M 10 an. Dies dürfte aber auf eine Fehlinterpretation der Daten des Astrometriesatelliten Hipparcos zurückzuführen sein.

Verliert Saturn seinen berühmten Ring?

NASA/JPL

8.6 Saturn mit seinem Ringsystem – Aufnahme der Raumsonde Cassini.

Zu den schönsten Himmelsobjekten, die man in einem Teleskop sehen kann, gehört zweifelsohne Saturn, der berühmte Ringplanet. Schon in einem kleinen Fernrohr kann man den freischwebenden Saturnring ab etwa dreißigfacher Vergrößerung erkennen. Richtig beeindruckend wirkt Saturn mit seinem Ring aber erst in Teleskopen von 20 cm Objektivöffnung aufwärts und ab 200-facher Vergrößerung. Gerne wird Saturn deshalb auch „Juwel des Sonnensystems" genannt.

Zwar wurden inzwischen auch um die anderen Riesenplaneten Jupiter, Uranus und Neptun Ringe entdeckt. Sie sind aber so lichtschwach und unscheinbar, dass sie nur auf Raumsondenaufnahmen zu erkennen sind. Auf indirektem Wege sind diese Ringe zu registrieren oder man kann sie mit großen Teleskopen im Infraroten detektieren.

Was Größe und Helligkeit betrifft, ist der Saturnring einzigartig in unserem Sonnensystem – ein wahres Prachtexemplar. Undenkbar, dass Saturn eines Tages ohne Ring die Sonne umkreisen soll. Und doch hat die Raumsonde Cassini bei ihren letzten 22 Saturnumkreisungen deutliche Hinweise geliefert: In der kosmisch gesehen kurzen Zeitspanne von 100 Millionen Jahren wird Saturn sein Ringsystem verlieren. Der Kamikazeflug des Cassini-Orbiters endete am 15. September 2017 mit dem Sturz in die Saturnatmosphäre.

Rund 4,6 Milliarden, also 4600 Millionen Jahre ist das Sonnensystem inzwischen alt. Den Saturnring gibt es aber erst seit höchstens 100 Millionen Jahren. Hätten die Dinosaurier im Mesozoikum, dem Erdmittelalter, Fernrohre besessen, einen Saturnring hätten sie nicht gesehen.

Einen Eindruck, wie Saturn ohne Ring aussieht, erhält man, wenn die Erde von Zeit zu Zeit die Ringebene passiert und man auf die Kante des extrem dünnen Saturnrings blickt. Dann verschwindet der Ring für den irdischen Beobachter für einige Tage. Die Erde kreuzt die Ringebene jeweils nach 13,75 und anschließend nach 15,75 Jahren. Die unterschiedlichen zeitlichen Abstände zwischen zwei Passagen der Ringebene erklären sich aus dem 2. Kepler-Gesetz der Planetenläufe. Saturn wandert in 29,5 Jahren einmal um die Sonne. Im Perihel (Sonnennähe) beträgt seine Bahngeschwindigkeit 10,2 Kilometer pro Sekunde, im Aphel (Sonnenferne) hingegen nur 9,1 Kilometer pro Sekunde. Letztmals konnte so eine Passage der Erde durch die Ringebene 1995/96 verfolgt werden. Wegen der Oppositionsschleife von Saturn kam es sogar zu einer dreimaligen Kantenlage relativ zur Erde.

Die Kreuzung der Ringebene durch die Erde im September 2009 blieb praktisch unbeobachtbar, da sie in zeitlicher Nähe zur Konjunktion von Saturn am 17. September 2009 erfolgte.

Ähnlich wird die Ringpassage am 23. März 2025 kaum zu beobachten sein, da Saturn am 12. März in Konjunktion mit der Sonne stehen wird. Erst 2038/39 wird man wieder eine dreifache Ringpassage von der Erde aus verfolgen können.

Das dünnste Gebilde im Sonnensystem

Galileo Galilei, der im Jahre 1610 Saturn mit seinem kleinen Fernrohr erstmals beobachtete, erkannte noch nicht den Ring, sondern meinte, drei nebeneinander schwebende Kugeln zu sehen. Andere Fernrohrbeobachter zu Beginn des 17. Jahrhunderts glaubten, die Saturnkugel besitze zwei Henkel. Tatsächlich hat man diesen Eindruck auch heute noch, wenn man Saturn in einem kleinen Teleskop bei geringer Vergrößerung betrachtet. Man spricht immer noch von den Ansen des Saturns, wenn man die Ringbögen beiderseits der Saturnkugel meint. Der Begriff stammt aus dem Lateinischen: ansa heißt Henkel, Plural: ansae.

Der berühmte holländische Astronom und Physiker Christian Huygens beschrieb 1656 als erster den um die Saturnkugel freischwebenden Ring. Bereits ein Jahr vorher hatte er Titan, den größten Saturnmond, entdeckt. Huygens erklärte auch, weshalb der Saturnring gelegentlich eine Zeitlang unsichtbar bleibt: Der Saturnring liegt in der Ebene des Saturnäquators, der zu seiner Umlaufbahn um 26°44′ geneigt ist. Die Bahnebene selbst ist zur Ekliptik (Bahnebene) um 2°29′ geneigt. Weil die Lage des Saturnringes raumfest bleibt, sieht man von der Erde aus einmal auf die Nordseite, nach einem halben Saturnumlauf um die Sonne dann auf die Südseite des Ringes. Bis zum Jahre 2025 sehen wir gegenwärtig auf die nördliche Ringseite.

Aus dem Verschwinden des Saturnringes in Kantenlage relativ zur Erde schloss man schon bald, dass der Ring außerordentlich dünn sein muss im Vergleich zu seinem gigantischen Durchmesser von 274 000 Kilometer, was etwa zwei Drittel der Strecke Erde – Mond entspricht. Relativ zu seinem Durchmesser ist der Saturnring das dünnste Gebilde im Sonnensystem. Schnell erkannte man, dass der Saturnring

8.7 Passiert die Erde die Ringebene, so blickt man auf die Kante des Ringsystems. Für kurze Zeit erscheint Saturn ohne Ring.

Erich Karkoschka (University of Arizona) und HST/NASA/ESA

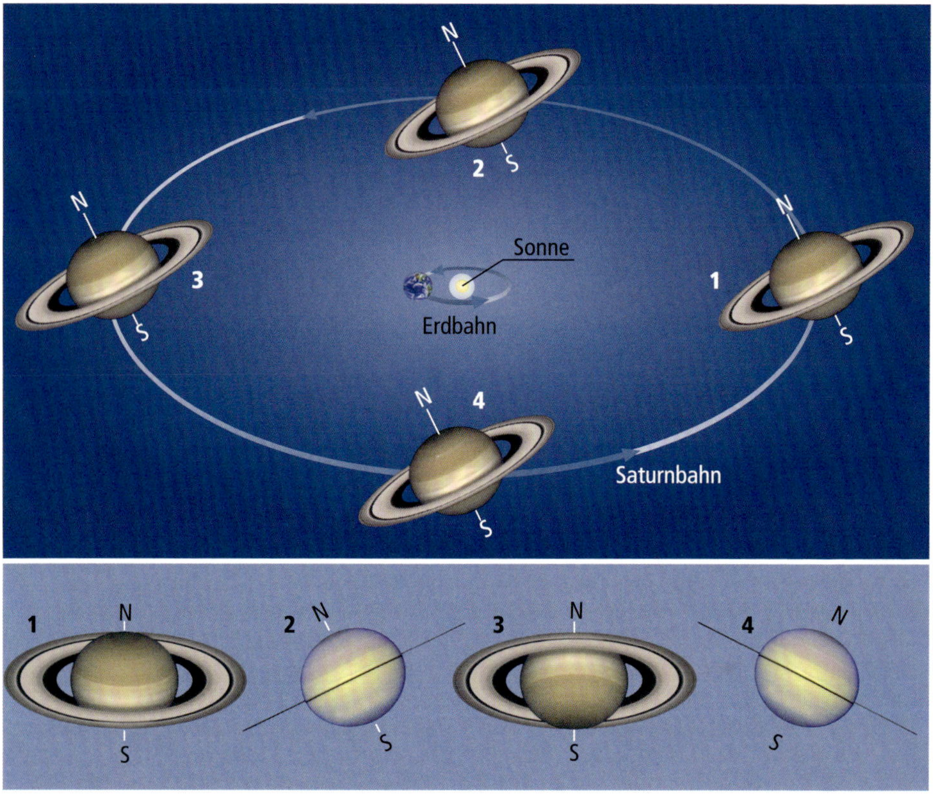

8.8 Durch die Neigung des Saturnringes zur Ekliptik wechselt der Anblick des Ringplaneten im Fernrohr. In Position 1 ist uns die Nordhalbkugel des Saturn zugekehrt, der Ring zeigt seine maximale Öffnung. In Position 2 geht die Erde durch die Ringebene, wir blicken auf die Kante. Der sehr dünne Saturnring wird für kurze Zeit unsichtbar. In der Position 3 blickt man auf die Südseite des Ringes (maximale Südöffnung des Ringes), in Position 4 kreuzt die Erde abermals die Ringebene, der Saturnring wird wieder unsichtbar.

weder gasförmig noch flüssig und auch nicht fest sein kann. Gas würde sich augenblicklich ins Weltall verflüchtigen, ein flüssiger Ring würde im Weltraumvakuum verdampfen und ein fester, starrer Ring würde durch die Gravitationskräfte der Saturnkugel zerrissen. Allein aus den Gesetzen der Himmelsmechanik folgt, dass der Saturnring kein fester Körper sein kann. Gemäß dem 3. Kepler-Gesetz muss ein Teilchen an der Innenkante des Ringes mit einer Geschwindigkeit von 21 Kilometer pro Sekunde laufen, um eine Kreisbahn zurückzulegen. Dies entspricht einer Umlaufzeit von 7,5 Stunden. An der Außenkante beträgt die Kreisbahngeschwindigkeit nur 16 Kilometer pro Sekunde, was eine doppelte Umlaufzeit von 15 Stunden ergibt.

James Edward Keeler, einst Direktor des Lick-Observatoriums auf dem Mt. Hamilton bei San José in Kalifornien, hat bereits 1895 spektroskopisch die differenzielle Rotation des Saturnringes nachgewiesen. Infolge des Doppler-Effektes sind die Linien im Spektrum des Saturnringes geneigt. Aus der Neigung der Spektrallinien können direkt die Radialgeschwindigkeiten der

Ringpartikel abgelesen werden (siehe Abb. 8.11 auf Seite 188). Auch ist der Ring teilweise transparent. Bei Sternbedeckungen sah Keeler das Sternenlicht durch den Ring blitzen.

Der Ring setzt sich aus unzähligen Partikeln zusammen, die in permanentem Reigen als Minimonde um den Saturnglobus kreisen. Schätzungsweise zehn Trillionen (10^{19}) Teilchen von Staubkörnchengröße bis fünf Zentimeter Durchmesser bilden den Ring, wie radioastronomische Messungen von Okkultationsereignissen ergaben. Wie aus der hohen Albedo (Rückstrahlungsvermögen) von über fünfzig Prozent zu schließen ist und durch spektroskopische Beobachtungen bestätigt wurde, bestehen die Ringpartikel zu 99% aus Wassereis. Der CDA (Cosmic Dust Analyzer) der Raumsonde Cassini maß den Staubanteil – vornehmlich Silikat – des Ringes. Er beträgt lediglich ein Prozent der Ringmasse.

Bei seinen letzten 22 Saturnumkreisungen in der Todesspirale zwischen der Innenkante des Ringes und dem Saturnglobus konnte Cassini die Masse des Saturnringes recht präzise ermitteln. Während der Saturnglobus die Raumsonde nach innen zog, wirkte die Gravitation der Ringmassen entgegengesetzt. So konnten die Massen von Ring und Saturn getrennt bestimmt werden. Mit $15 \cdot 10^{19}$ kg ist die Ringmasse nur halb so groß wie ursprünglich geschätzt. Dies entspricht zwei Fünftel der Masse des Saturnmondes Mimas oder 1/5000 der Masse des Erdmondes beziehungsweise das 40-Millionstel der Saturnmasse.

Vielfältiges Ringsystem

Im Jahre 1675 entdeckte Giovanni Domenico Cassini, erster Direktor der neuen Pariser Sternwarte, eine dunkle Linie im Saturnring, die den Ring in einen äußeren (A) und einen inneren Bereich (B) teilt. Diese 4700 Kilometer breite Cassini-Lücke ist schon ab 100-facher Vergrößerung zu erkennen. Wie neuere Beobachtungen zeigen, variiert die Breite dieser Teilung im Laufe der Zeit.

Die Cassini-Lücke zwischen dem A- und dem B-Ring ist nicht vollkommen leer. In ihr befinden sich versprengte Gesteinsbrocken, Staub und Plasma (elektrisch leitendes Gas). Dieses Material formt ebenfalls schmale Ringe. Die acht

8.9 Bei einem starren Ring laufen bei gleichförmiger Winkelgeschwindigkeit die äußeren Teile schneller als die inneren, da sie in gleicher Zeit einen längeren Weg zurücklegen müssen.

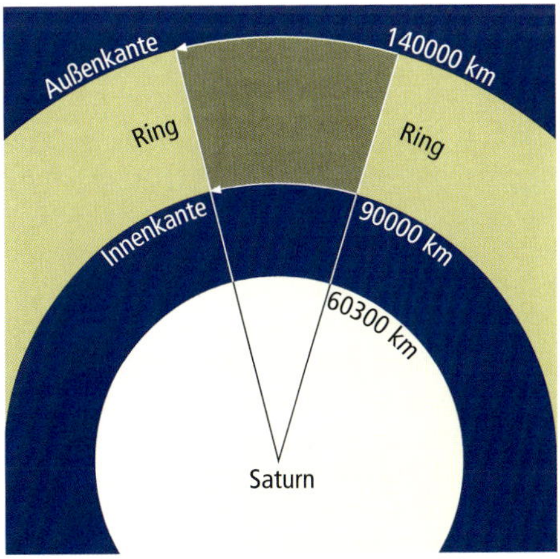

8.10 Nach dem 3. Kepler-Gesetz müssen die inneren Ringpartikel schneller um Saturn laufen als die äußeren. Der Saturnring ist kein festes Gebilde, sondern setzt sich aus Milliarden von Minimonden zusammen.

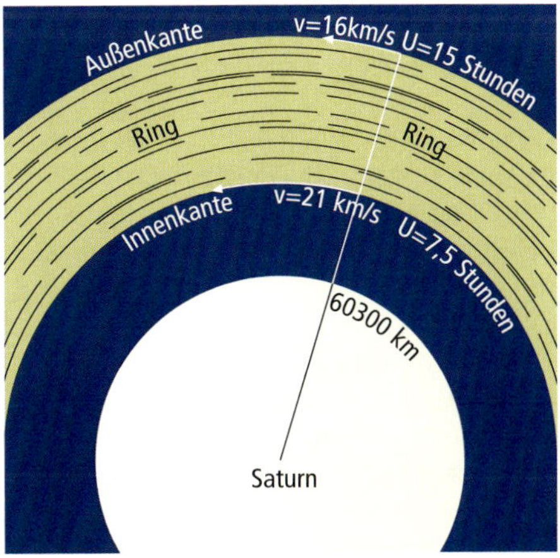

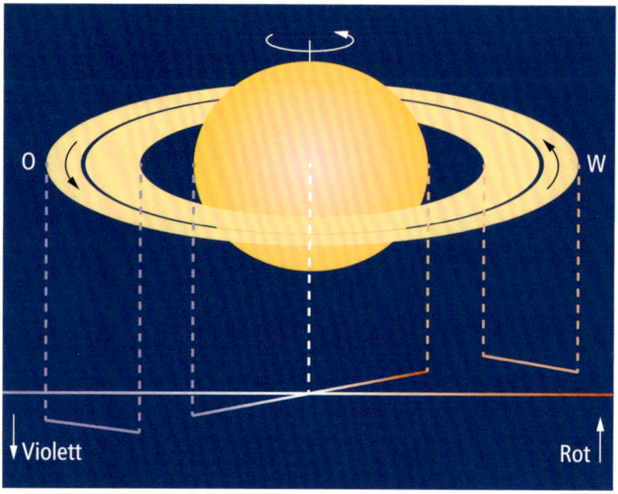

8.11 Schematische Darstellung der Neigung der Saturnspektrallinien. Sie lassen die Rotation der Saturnkugel und die unterschiedlich schnellen Ringpartien infolge der Dopplerverschiebung erkennen.

Lücken zwischen ihnen wurden inzwischen von der IAU (International Astronomical Union) benannt (siehe Abb. 8.12 auf Seite 190). Diese dünnen Ringe zeigen eine geringe Albedo von nur fünf Prozent, während die Eispartikel in den Hauptringen A und B zwischen 50% und 60% des einfallenden Sonnenlichtes reflektieren.

Im Jahre 1837 fand Johann Franz Encke (1791–1865), Direktor der Berliner Sternwarte, eine dunkle Linie nahe der Außenkante des A-Ringes. Er bezeichnete sie als „Bleistiftstrich". Heute nennt man sie dem Entdecker zu Ehren Encke-Lücke oder Encke-Teilung. Eine noch feinere Trennungslinie entdeckte der schon erwähnte Astronom Keeler ganz am äußeren Rand des A-Ringes noch außerhalb der Encke-Teilung. Diese Keeler-Trennung ist rund zehnmal schmaler als die Encke-Lücke.

Ebenfalls an der Berliner Sternwarte sah 1838 Johann Gottfried Galle, bekannt als Entdecker des Neptuns, innerhalb des hellen B-Ringes einen schwachen Lichtschein, der sich als C-Ring entpuppte. Er ist schwierig zu beobachten und wird als Krepp- oder Florring bezeichnet.

Schließlich entdeckte man 1969 auf Aufnahmen noch innerhalb des C-Ringes einen vierten Saturnring, dessen Innenrand nur 7000 Kilometer über den höchsten Saturnwolken liegt. Inzwischen hat Cassini auf seinen letzten Runden um Saturn, die innerhalb des Ringsystems erfolgten, erkennen lassen, dass die Partikel des D-Ringes noch viel tiefer nachzuweisen sind, nämlich nur 2000 Kilometer über der Saturnatmosphäre. Die Lücke zwischen dem C- und dem D-Ring wird Guerin-Teilung genannt (siehe Abb. 8.13). Der lichtschwache D-Ring wird am deutlichsten im vorwärts gestreuten Sonnenlicht sichtbar, wie Raumsondenaufnahmen zeigen. Da der Phasenwinkel des Saturns nur maximal 6° erreicht, können Aufnahmen im vorwärts gestreuten Sonnenlicht nur von Raumsonden gewonnen werden. Von der Erde aus betrachtet erscheint Saturn immer voll beleuchtet.

Die Sonde Pioneer 11 passierte im September 1979 Saturn. Es folgten Voyager 1 im November 1980 und Voyager 2 im August 1981. Alle drei Sonden rasten an Saturn vorbei. Im Juli 2004 trat nach siebenjähriger Reise die Raumsonde Cassini in eine Umlaufbahn ein und wurde zu einem künstlichen Saturnmond. Mit im Gepäck hatte Cassini die europäische Raumsonde Huygens, die nach Trennung von der Muttersonde Mitte Januar 2005 in die dichte Atmosphäre von Titan eintauchte und anschließend per Fallschirm weich auf der Oberfläche dieses größten Saturnmondes landete.

Die Raumsonde Cassini funkte aus ihrem Orbit um Saturn faszinierende Bilder aus unterschiedlichsten Perspektiven unter hoher Auflösung zur Erde, auf denen zu erkennen ist, dass Saturn nicht von lediglich vier, sondern von Hunderten einzelner Ringe umgeben ist. Deshalb nennt man ihn heute auch „Herr der tausend Ringe".

Einfluss der Saturnmonde

Die Aufspaltung des Saturnringsystems in Hunderte von Einzelringen wird durch die komplexe Dynamik der Gravitationskräfte hervorgerufen, die die Saturnsatelliten auf die Ringpartikel ausüben sowie von mehr oder minder großen Minimöndchen innerhalb der Ringe, die aufeinander einwirken. Nach bisheriger Zählung besitzt Saturn mehr als 3000 Einzelringe. Manche Minimöndchen im Ringsystem fokussieren die Einzelringe, andere schaufeln sich ihre Bahnen frei.

So erzeugt der Saturnmond Mimas mit knapp 400 Kilometer Durchmesser die auffälligste und größte Lücke, nämlich die Cassini-Teilung. Mimas eilt in 22,6 Stunden um Saturn. Ringpartikel an der Außenkante des B-Ringes, der gleichzeitig der Innenrand der Cassini-Lücke ist, laufen alle 11,3 Stunden einmal um den Saturnglobus. Die beiden Umlaufzeiten stehen im Verhältnis 1 : 2. Zwei Umläufe der Ringpartikel entsprechen einer Mimas-Umkreisung.

Solche Bahnresonanzen bewirken, dass Ringpartikel aus ihren Bahnen gewissermaßen vertrieben werden. Andererseits schaufeln sich Minimonde – auch Moonlets genannt – ihre Bahnen im Ringsystem frei. So erzeugt beispielsweise Saturnmond Pan die 325 Kilometer breite Encke-Lücke, während die in koorbitalen Bahnen laufenden Monde Prometheus und Pandora den dünnen F-Ring fokussieren. Der F-Ring wurden von Pioneer 11 entdeckt, als die Raumsonde im September 1979 in knapp 21 000 Kilometer Entfernung Saturn passierte. Der F-Ring ist mit nur 500 Kilometer Breite ein schmales Staubband, das sich 4000 Kilometer außerhalb der Außenkante des A-Ringes befindet (siehe Abb. 8.13 auf Seite 191).

Noch zwei weitere Einzelringe spürten die Raumsonden auf: Als Staubring fand Cassini den E-Ring. Wegen der vergleichsweise dunklen Staubkomponente leuchtet er recht schwach. Die Staubkörnchen umrunden Saturn in Bahnen zwischen 210 000 und 300 000 Kilometer Radius. Der G-Ring wiederum hat einen Radius von 170 000 Kilometer. Außerdem wurde noch ein ganz unscheinbares Ringband zwischen dem E- und dem G-Ring in einer Saturndistanz von 212 000 Kilometer aufgespürt. Nach dem erzeugenden Mond nennt man ihn Pallene-Ring. Zu guter Letzt hat das Spitzer-Weltraumteleskop im infraroten Spektralbereich einen riesigen, extrem dünnen Ring um Saturn ausgemacht. Sein mittlerer Bahnradius liegt bei neun Millionen Kilometer, seine Breite misst etwa sechs Millionen Kilometer. Damit liegt er noch weit außerhalb der Japetusbahn mit einem Bahnradius von rund 3,6 Millionen Kilometer. Der weit außen und retrograd laufende Mond Phoebe mit 13 Millionen Kilometer Distanz von Saturn versorgt diesen äußersten Saturnring mit Staub. Dieser Phoebe-Ring ist um 28° zur Äquatorebene des Saturn geneigt, während die anderen Ringe in koplanaren Bahnen in der Äquatorebene liegen.

Wie entstand das komplizierte Ringsystem von Saturn?

Ursprünglich war man davon ausgegangen, der Saturnring wäre so alt wie Saturn und unser gesamtes Sonnensystem, nämlich 4,6 Milliarden Jahre. Doch diese Ansicht konnte nicht bestätigt werden. Das Saturnringsystem ist eine kosmisch gesehen relativ kurze Erscheinung. Wären die Ringe so alt wie Saturn selbst, müssten sie viel dunkler sein. Tatsächlich aber reflektieren sie mehr als 50 % des einfallenden Sonnenlichtes. Sie sind aber einem permanenten Strom interplanetaren Staubes ausgesetzt, der sich hauptsächlich aus Silikaten und Kohlenstoffverbindungen zusammensetzt. So sind Kometenkerne recht dunkle Gebilde. Die Oberfläche von Halleys Kern hat lediglich einen Reflexionsgrad von vier Prozent.

Als Cassini seine letzten 22 Runden zwischen der innersten Kante des Ringsystems und der Saturnkugel drehte, erkannte die Raumsonde, dass die innersten Ringteilchen bis auf 2000 Kilometer an die Wolkenobergrenze des Saturnglobus heranreichen. Der schon länger vermutete Regen von Eispartikeln aus dem Ring auf Saturn ist heftiger als ursprünglich vermutet. Rund neun Tonnen an Eismassen fallen pro Sekunde

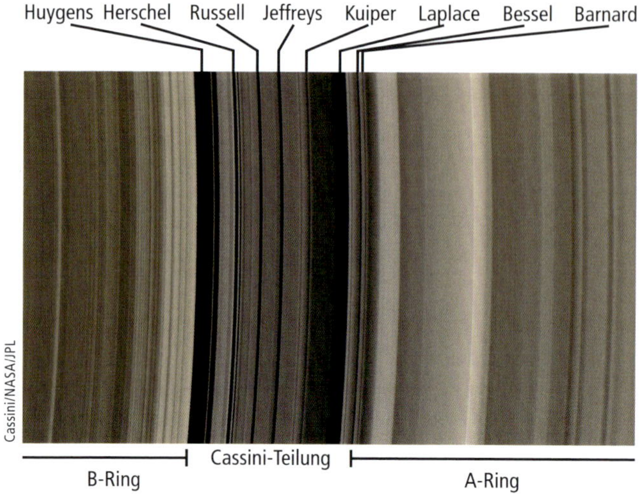

8.12 Die Ringe innerhalb der Cassini-Lücke.

auf Saturn herab. Dabei setzt sich dieser Hagelschlag nicht nur aus Wassereis zusammen. Auch Fragmente von organischen Molekülen, die durch die harte Ultraviolettstrahlung der Sonne aufgespalten wurden, sind Bestandteile dieses Niederschlags.

Im Gegensatz zu dem Gossamer-Ring des Jupiters, der durch den Vulkanismus des Mondes Io permanent mit Staub gespeist wird, erhält der Saturnring keinen Nachschub an Material. Das Ringsystem des Saturn verliert permanent an Masse: Es wird kleiner und mit der Zeit dunkler, es wird immer schwächer, je älter es wird. Das erst im März 1977 entdeckte Uranusringsystem ist ein bereits unscheinbares Gebilde. Man schätzt das Alter der Uranusringe auf 800 Millionen Jahre. Solange wird es den Saturnring nicht geben. In etwa hundert Millionen Jahren wird man das Ringsystem nicht mehr sehen können. Saturn permanent ohne Ringe – ein trauriger Anblick, mag man denken. Einen Vorgeschmack kann man gewinnen, wenn die Erde die Ringebene kreuzt und Saturn sich im Teleskop scheinbar ohne Ring zeigt.

Auch ist der Saturnring relativ jung – höchstens etwa hundert Millionen Jahre alt. Manche schätzen ihn auf nur zehn Millionen Jahre. Es gibt einen Bereich um jeden Planeten, innerhalb dem ein Mond seinen Planeten nicht umkreisen kann ohne von den differenziellen Gezeitenkräften zerrissen zu werden. Die Ausdehnung dieses Bereiches hat der französische Himmelsmechaniker Edouard Albert Roche (1820–1883) berechnet. Man spricht von der Rocheschen Grenze.

Ist die Differenz der Anziehungskräfte zwischen dem Punkt eines Mondes, der seinem Planeten am nächsten liegt und dem vom Planeten entferntesten Punkt größer als die Eigengravitation, die den Mond zusammenhält, dann wird er auseinandergerissen. Dies gilt nicht für kleine Körper wie Gesteins- oder Eisbrocken sowie künstliche Satelliten, die allesamt durch ihre molekularen Kräfte zusammengehalten werden. Diese Rochesche Grenze ist somit eine Stabilitätsgrenze, innerhalb der kein größerer Mond existieren kann. Der Radius dieser Grenze ergibt sich aus dem Radius des Mutterplaneten und seiner Dichte sowie der Dichte des Mondmaterials. Für Saturn beträgt der Roche-Radius 130 430 Kilometer für einen Mond mit Wasserdichte (1 g/cm^3) und 86 600 Kilometer für einen Gesteinsmond aus Silikaten (3,5 g/cm^3). Somit entspricht die Roche-Grenze bei Saturn für einen Eismond etwa dem äußeren Rand des A-Ringes.

Da die Ringpartikel aus Eis und nur zu ein bis zwei Prozent aus Silikaten bestehen, vermutete man, ein Kometenkern wäre Saturn zu nahegekommen und durch die Gezeitenkräfte zerrissen worden. Ein eindrucksvolles Beispiel lieferte der Komet Shoemaker-Levy 9. Er kam im Juli 1994 dem Riesenplaneten Jupiter zu nahe und zerbarst in mehr als zwei Dutzend Trümmerstücke, die in die Jupiteratmosphäre stürzten.

Gegen die Hypothese, ein Komet sei der Lieferant des Saturnringmaterials gewesen, spricht

8.13 Das Ringsystem des Saturns.

jedoch, dass kaum ein Komet so viel Masse besitzt, wie die Masse des Saturnringes ausmacht. Zudem ist es äußerst unwahrscheinlich, dass ein Komet genau in der Äquatorebene des Saturn eingetroffen wäre, denn die Ringe liegen exakt in der Äquatorebene wie auch die meisten großen Saturnmonde in der Äquatorebene in koplanaren Bahnen um Saturn laufen.

Relikte eines Saturnmondes

Man geht vielmehr davon aus, wie auch schon Roche vermutete, dass ein eisgepanzerter Saturnmond durch Gezeitenwirkung an Bahndrehimpuls verlor und nach innen spiralisierte. Nach Überschreiten der Roche-Grenze wurde der Eismantel abgesprengt, während der Silikatkern weiter nach innen driftete. Wegen seiner höheren Dichte ist der Bahnradius der Roche-Grenze für den Silikatkern kleiner (siehe Kapitel „Die Rochesche Grenze“ auf Seite 227 im *Kompendium der Astronomie*, 6. Auflage). Er wurde erst in geringer Entfernung von Saturn zerlegt und seine Bruchstücke stürzten inzwischen in die Saturnatmosphäre.

Das Ringsystem des Saturn zeigt sich äußerst dynamisch. Permanent werden durch Koagulation neue eisige Minimonde gebildet, während andere Minimonde nach außen driften wie beispielsweise Atlas, der knapp außerhalb des A-Ringes den Saturn umrundet. Er hat seine ursprüngliche Bahn verlassen und ist in seine heutige Position immigriert, wie Fachleute sich ausdrücken. Die Gravitationskräfte der Saturnringe wirken auf die Minimonde ein.

Auch die Hirtenmonde Pandora und Prometheus spiralen langsam nach außen und machen Platz für die Bildung neuer Minimöndchen. Dies hat Cassini beobachtet: So ist der Minimond Peggy mit etwa einem Kilometer Durchmesser erst kürzlich durch Akkretion von Partikeln aus dem A-Ring entstanden. Peggy läuft am äußeren Rand des A-Ringes. Durch Resonanzeffekte mit dem Mond Janus, der 1966 an der französischen Sternwarte Pic du Midi in den Pyrenäen entdeckt wurde, wird auch Peggy immigrieren.

Kurzum: Das Ringsystem des Saturn ist eine vergleichsweise kurze Episode in der 4,6 Milliarden Jahre langen Existenz des Saturn. Wir beobachten den Saturnring gerade zur Halbzeit seiner Existenz. Vor hundert Millionen Jahren entstanden, wird er nach weiteren hundert Millionen Jahren wieder verschwunden sein.

September 2021

— Die Sonne passiert am 22. um 20^h21^m den Herbstpunkt, die Herbst-Tagundnachtgleiche tritt ein.
— Venus lässt sich am Abendhimmel blicken.
— Jupiter ist fast die gesamte Nacht zu beobachten. Vom Morgenhimmel zieht sich der Riesenplanet zurück.
— Saturn ist ebenfalls bis auf den Morgenhimmel nachts am Firmament vertreten.
— Neptun steht am 14. im Sternbild Wassermann in Opposition zur Sonne.
— Merkur und Mars bleiben unsichtbar.

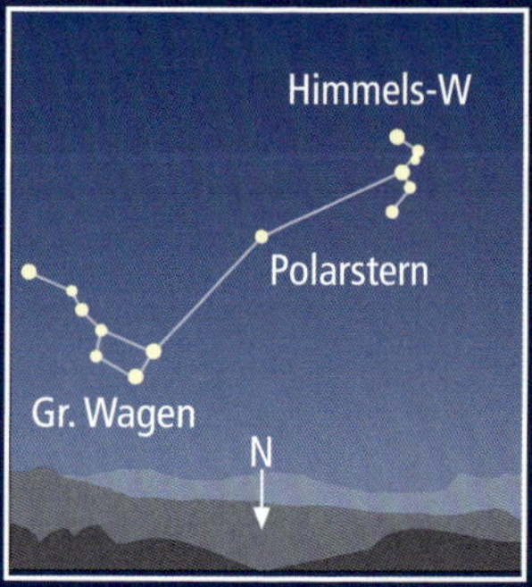

Großer Wagen und Himmels-W Anfang September um 22 Uhr

9.1 Anblick des Südwesthimmels am 16. September gegen Mitternacht (= 1^h MESZ am 17.). Die Planeten Jupiter, Saturn und der zunehmende Mond sind im Sternbild Steinbock zu sehen.

1 Mi	
2 Do	
3 Fr	Mond bei Pollux – morgens
4 Sa	
5 So	
6 Mo	
7 Di	**Neumond**
8 Mi	
9 Do	
10 Fr	
11 Sa	
12 So	
13 Mo	Erstes Viertel
14 Di	
15 Mi	
16 Do	
17 Fr	Mond bei Saturn – Mitternacht
18 Sa	
19 So	
20 Mo	
21 Di	**Vollmond**
22 Mi	Herbstbeginn
23 Do	
24 Fr	
25 Sa	
26 So	
27 Mo	
28 Di	
29 Mi	Letztes Viertel
30 Do	

SONNE – STERNBILDER

16. 9. 21ʰ:
Sonne tritt in das Sternbild Jungfrau

22. 9. 20ʰ21ᵐ:
Sonne tritt in das Tierkreiszeichen Waage

Julianisches Datum am
1. September, 1ʰ MEZ:
2459458,5

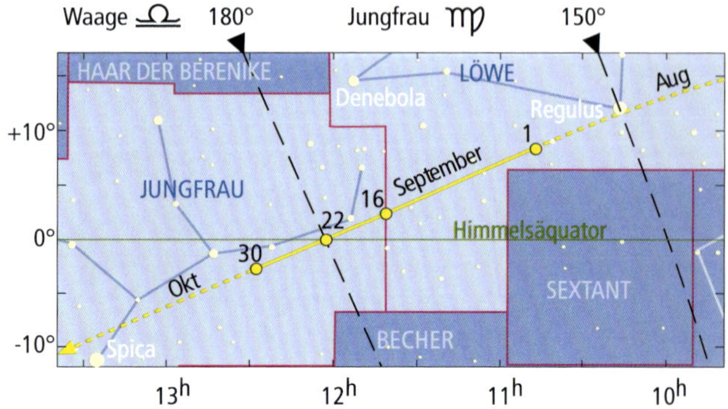

SONNENLAUF

Tag	Dämmerg. Anfang	Aufgang MEZ	Kulmination	Untergang MEZ	Dämmerg. Ende	Mittagshöhe	Zeitgleichg.	Rektaszension	Deklination
	h m	h m	h m	h m	h m	°	m	h m	°
1.	4 20	5 35	12 20	19 04	20 18	48,1	0	10 40	+8,4
5.	4 27	5 41	12 19	18 55	20 08	46,6	+ 1	10 55	+6,9
10.	4 36	5 49	12 17	18 44	19 56	44,8	+ 3	11 13	+5,1
15.	4 45	5 56	12 15	18 33	19 44	42,8	+ 5	11 31	+3,1
20.	4 53	6 03	12 13	18 22	19 33	40,9	+ 7	11 49	+1,2
25.	5 01	6 11	12 12	18 11	19 21	39,0	+ 8	12 07	–0,7
30.	5 09	6 19	12 10	18 00	19 10	37,0	+10	12 25	–2,7

TAGES- UND NACHTSTUNDEN

5. September

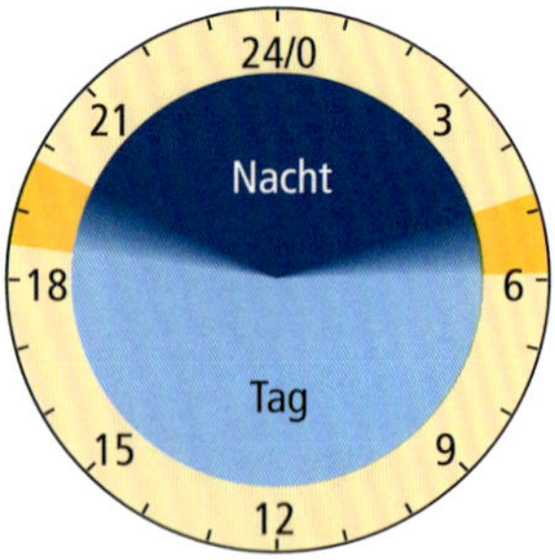

15. September

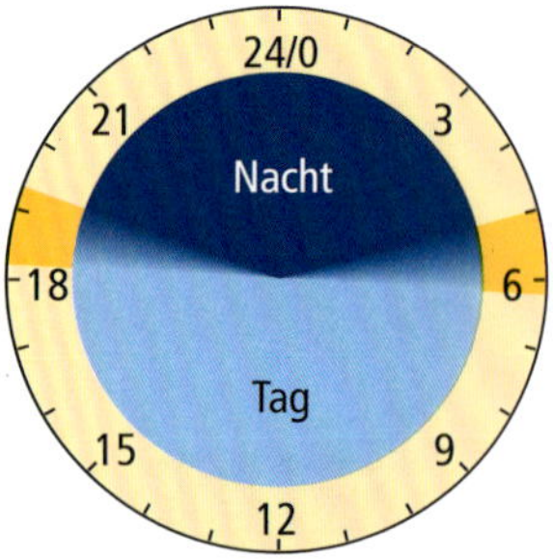

25. September

MONDLAUF

Datum		Aufg. MEZ	Kulmination	Unterg. MEZ	Rektaszension	Deklination		Sterne und Sternbilder	Phase	MEZ
		h m	h m	h m	h m	°				
Mi	1.	23 53	7 40	16 18	5 47	+25,2	*	Stier, Al Nath		
Do	2.	–	8 32	17 08	6 40	+25,9	*	Zwillinge		
Fr	3.	0 50	9 24	17 50	7 35	+25,3	*	Kastor, Pollux		
Sa	4.	1 57	10 17	18 23	8 29	+23,4		Krebs, Krippe		
So	5.	3 11	11 08	18 49	9 24	+20,3		Löwe	Libration Ost	
Mo	6.	4 28	11 58	19 11	10 16	+16,1		Löwe, Regulus	Größte Nordbreite	
Di	7.	5 47	12 47	19 30	11 08	+10,9		Löwe	**Neumond Nr. 1221**	**1ʰ 52ᵐ**
Mi	8.	7 07	13 36	19 48	11 59	+ 5,1		Jungfrau		
Do	9.	8 28	14 24	20 06	12 50	– 1,0		Jungfrau		
Fr	10.	9 50	15 14	20 25	13 41	– 7,1		Spica		
Sa	11.	11 14	16 07	20 49	14 34	–13,0		Waage	Erdnähe 368/32′,4	11ʰ
So	12.	12 38	17 02	21 18	15 30	–18,1		Waage	Absteigender Knoten	
Mo	13.	13 59	18 01	21 56	16 28	–22,2		Antares	**Erstes Viertel**	**21ʰ 39ᵐ**
Di	14.	15 13	19 01	22 47	17 29	–24,9	*	Schlangenträger		
Mi	15.	16 14	20 01	23 51	18 31	–26,0		Schütze, Nunki		
Do	16.	17 01	21 00	–	19 33	–25,4		Schütze		
Fr	17.	17 36	21 55	1 05	20 32	–23,4	*	Steinbock		
Sa	18.	18 03	22 47	2 23	21 29	–20,0		Steinbock		
So	19.	18 23	23 34	3 41	22 22	–15,6		Wassermann	Größte Südbreite	
									Libration West	
Mo	20.	18 41	–	4 58	23 12	–10,5		Wassermann		
Di	21.	18 56	0 19	6 11	0 00	– 5,0		Fische	**Vollmond**	**0ʰ 55ᵐ**
Mi	22.	19 11	1 03	7 23	0 46	+ 0,5		Walfisch		
Do	23.	19 27	1 45	8 33	1 31	+ 6,0		Fische		
Fr	24.	19 44	2 27	9 43	2 16	+11,1		Widder		
Sa	25.	20 05	3 11	10 52	3 02	+15,7		Widder		
So	26.	20 30	3 56	12 01	3 49	+19,7		Stier, Plejaden	Erdferne 405/29′,5	23ʰ
									Aufsteigender Knoten	
Mo	27.	21 02	4 43	13 07	4 38	+22,8		Aldebaran		
Di	28.	21 43	5 31	14 08	5 29	+25,0		Stier, Al Nath		
Mi	29.	22 35	6 22	15 02	6 22	+26,0		Zwillinge	**Letztes Viertel**	**2ʰ 57ᵐ**
Do	30.	23 37	7 14	15 47	7 15	+25,9	*	Kastor, Pollux		

DER MOND NÄHERT SICH SATURN

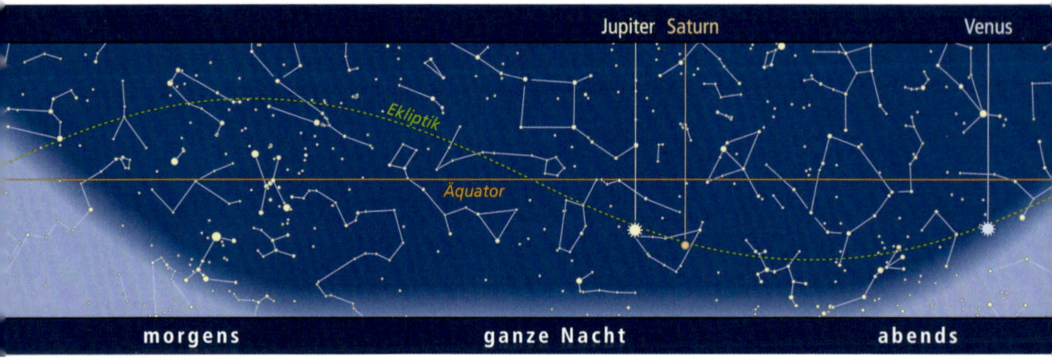

MERKUR entfernt sich rechtläufig von der Sonne, die ihm folgt, und erreicht am 14. seine größte östliche Elongation mit 26°46′ Winkelabstand von der Sonne. Trotz dieses großen Winkelabstandes kommt es in unseren Breiten nicht zu einer Abendsichtbarkeit. Am 15. geht der $0\overset{\mathrm{m}}{,}1$ helle Merkur um $19^{h}02^{m}$ (= $20^{h}02^{m}$ MESZ) unter. Etwa eine halbe Stunde vorher wird er vom westlichen Horizontdunst verschluckt. Die Sonne geht um $18^{h}33^{m}$ (= $19^{h}33^{m}$ MESZ) unter, weshalb sich keine Chance ergibt, Merkur zu sehen. Der flinke Planet bleibt im September unsichtbar.

Sein Aphel passiert Merkur am 6., was zu dem großen Winkelabstand der maximal östlichen Elongation führt. Am 27. wird Merkur rückläufig und eilt der Sonne entgegen. Die untere Konjunktion ist nicht mehr fern (siehe auch Abb. 7.4 auf Seite 153 und Abb. 9.2 unten). Der Umkehrpunkt liegt $1\overset{\circ}{,}7$ südlich von Spica (α Virginis), die Merkur am 23. passiert, wobei Merkur am 30. nochmals den Jungfrauhauptstern passiert.

VENUS verbessert ihre Abendsichtbarkeit kaum, wenn auch ihre Helligkeit leicht um $0\overset{\mathrm{m}}{,}2$ zunimmt und am Monatsende $-4\overset{\mathrm{m}}{,}2$ erreicht. Ihre Untergänge erfolgen immer früher. Allerdings setzt auch die Abenddämmerung immer eher ein.

Der Venusuntergang erfolgt am 1. um $20^{h}13^{m}$ (= $21^{h}13^{m}$ Sommerzeit), am 15. um $19^{h}44^{m}$ und am 30. schon um $19^{h}18^{m}$.

Venus wandert durch das Sternbild Jungfrau und passiert am 5. Spica (α Virginis) in $1\overset{\circ}{,}7$ nördlichem Abstand. Am 18. tritt der Abendstern in das Sternbild Waage.

MARS wandert rechtläufig durch das Sternbild Löwe und wechselt am 5. in das Sternbild Jungfrau. Am 17. überschreitet Mars den Himmelsäquator und begibt sich auf die Südhalbkugel des Firmaments. Die Sonne verfolgt Mars weiterhin und holt ihn Ende September fast ein. Sein östlicher Winkelvorsprung von der Sonne schrumpft bis Monatsende auf $2\overset{\circ}{,}5$. Der rote Planet hält sich somit am Taghimmel auf und bleibt nachts unter dem Horizont.

JUPITER hat seine Opposition zur Sonne gerade hinter sich. Nach Untergang der Venus am frühen Abendhimmel ist der Riesenplanet das bei weitem

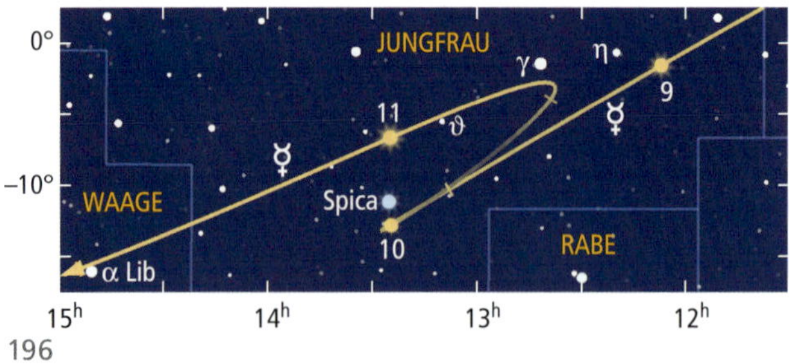

9.2 Konjunktionsschleife von Merkur im Gebiet des Sternbildes Jungfrau. Die Zahlen geben die Merkurposition zum jeweiligen Monatsersten an (10 = 1. Oktober).

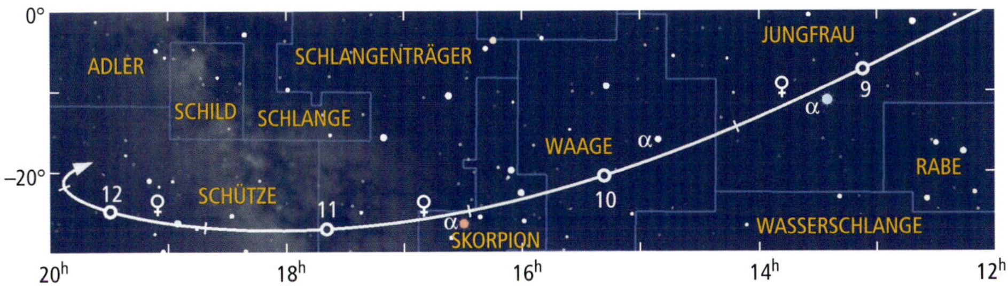

9.3 Scheinbare Bahn des Planeten Venus von September bis Jahresende 2021 durch die Sternbilder Jungfrau, Waage, Skorpion, Schlangenträger und Schütze.

auffälligste Gestirn am Nachthimmel, wenn auch seine Helligkeit im Laufe des Monats leicht von $-2^m{,}9$ auf $-2^m{,}7$ zurückgeht.

Jupiter bremst seine rückläufige Wanderung durch den Steinbock merkbar ab und kommt Ende September fast zum Stillstand. An Deneb Algedi (δ Capricorni; $2^m{,}3$–$3^m{,}1$) kann man die Bewegung von Jupiter gut verfolgen. Der Riesenplanet befindet sich etwa $1^\circ{,}5$ nördlich von δ Cap (siehe Abb. 8.2 auf Seite 175).

Vom Morgenhimmel zieht sich Jupiter zurück. Geht er am 1. um 4^h26^m (= 5^h26^m Sommerzeit) unter und am 15. um 3^h22^m, so erfolgt sein Untergang am 30. schon um 2^h16^m. Jupiter verkürzt seine Sichtbarkeitsdauer um knapp eine Stunde, wenn man berücksichtigt, dass es abends immer früher dunkel wird.

SATURN stand Anfang August in Opposition zur Sonne. Er bremst seine rückläufige Wanderung im Sternbild Steinbock ab (siehe Abb. 8.2 auf Seite 175). Mit Einbruch der Dunkelheit kann man den Ringplaneten bereits im Südosten sehen. Vom Morgenhimmel zieht sich Saturn zurück. Am 1. erfolgt der Untergang von Saturn um 2^h48^m (= 3^h48^m MESZ), am 15. um 1^h49^m und am 30. schon um 0^h48^m. Während des Monats geht die Saturnhelligkeit leicht um $0^m{,}1$ auf $0^m{,}5$ zurück.

Am 17. erhält Saturn Besuch vom zunehmenden Mond, der schon recht rundlich aussieht (siehe Abb. 9.1 auf Seite 192 und Mondlaufgrafik auf Seite 195).

URANUS, rückläufig im Sternbild Widder, wird zum Planeten der gesamten Nacht, auch wenn man ihn frühestens eine Stunde nach seinem Aufgang mit lichtstarker Optik erspähen kann. Am 1. erfolgt der Aufgang des nur $5^m{,}7$ hellen Uranus um 21^h02^m, am 15. um 20^h06^m und am 30. schon um 19^h06^m (= 20^h06^m MESZ). Um den grünli-

KONSTELLATIONEN UND EREIGNISSE

Datum	MEZ	Ereignis
6.	1^h	Merkur im Aphel
7.	17	Mond bei Mars, Mond $4^\circ{,}2$ nördlich
8.	21	Mond bei Merkur, Mond $6^\circ{,}5$ nördlich
10.	3	Mond bei Venus, Mond $4^\circ{,}1$ nördlich
14.	5	Merkur in größter östlicher Elongation (27°)
14.	10	**Neptun in Opposition** zur Sonne
17.	4	**Mond bei Saturn**, Mond 3,8° südlich, **Abstand $5^\circ{,}6$ um 0^h**
18.	8	Mond bei Jupiter, Mond $4^\circ{,}0$ südlich
20.	10	Mond bei Neptun, Mond $4^\circ{,}0$ südlich
22.	20^h21^m	**Sonne im Herbstpunkt, Tagundnachtgleiche**
24.	17	Mond bei Uranus, Mond $1^\circ{,}3$ südlich
27.	5	Merkur im Stillstand, anschließend rückläufig

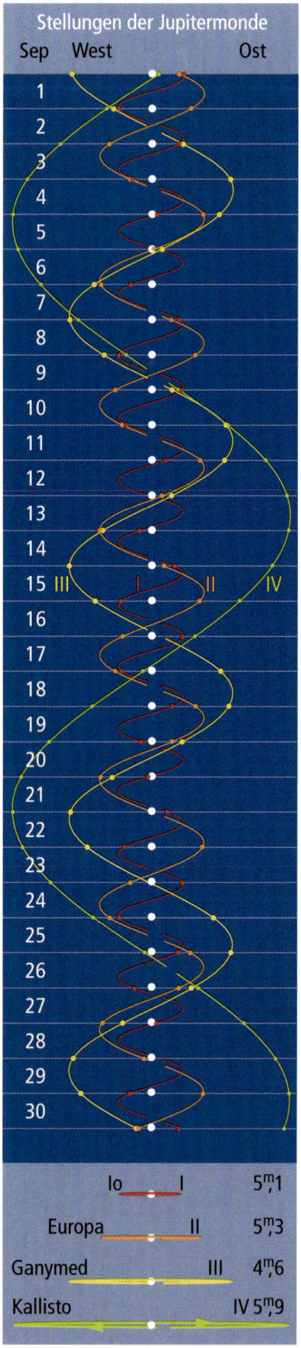

JUPITERMONDE

Tag	MEZ h m		Vorgang	
1.	2	31	IV	DA
5.	0	45	I	DA
	1	09	I	SA
	21	57	I	BA
	23	11	II	DA
6.	0	02	II	SA
	0	40	I	VE
	1	59	III	DA
	2	00	II	DE
	19	38	I	SA
	21	29	I	DE
	21	56	I	SE
7.	21	43	II	VE
9.	20	16	IV	VE
	21	23	III	VE
12.	23	41	I	BA
13.	1	26	II	DA
	20	56	I	DA
	21	34	I	SA
	23	14	I	DE
	23	52	I	SE
14.	20	09	II	BA
	21	03	I	VE
15.	0	21	II	VE
16.	19	01	III	BA
17.	1	23	III	VE
	21	27	IV	DE
	23	41	IV	SA
20.	1	27	I	BA
	22	43	I	DA
	23	29	I	SA
21.	1	01	I	DE
	19	54	I	BA
	22	29	II	BA
	22	58	I	VE
22.	19	27	I	DE
	20	16	I	SE
23.	19	42	II	DE
	21	19	II	SE
	22	26	III	BA
26.	1	45	IV	BA
27.	19	27	III	SE

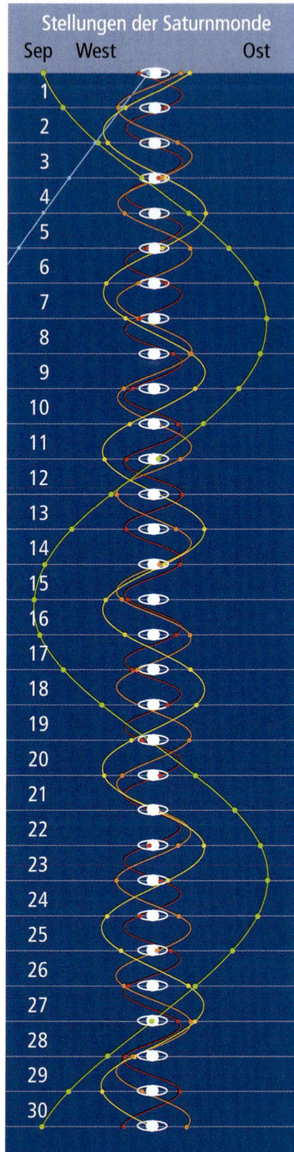

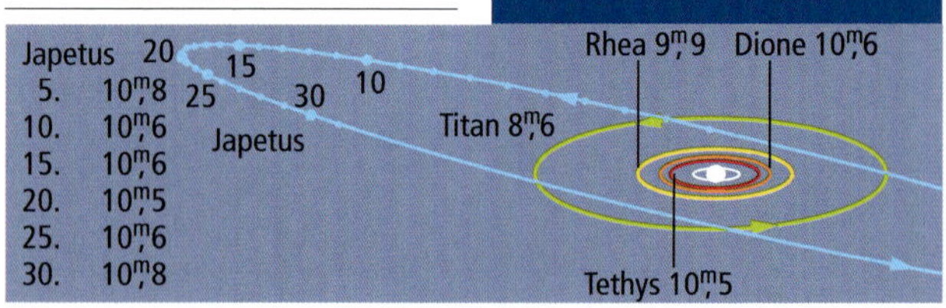

JUPITERMONDE

Tag	MEZ	Vorgang	
	h m		
28.	0 30	I	DA
	21 41	I	BA
29.	0 50	II	BA
	0 53	I	VE
	18 57	I	DA
	19 54	I	SA
	21 15	I	DE
	22 11	I	SE
30.	19 13	II	DA
	19 22	I	VE
	21 06	II	SA
	22 02	II	DE
	23 55	II	SE

chen Planeten zu finden, dient die Aufsuchkarte Abb. 11.2 auf Seite 235. Die Meridianpassagen von Uranus erfolgen am 1. um 4^h28^m, am 15. um 3^h32^m und am 31. bereits um 2^h31^m (= 3^h31^m MESZ). Um sicher zu sein, den sonnenfernen Planeten nicht mit einem Fixstern zu verwechseln, sollte man nicht zu schwach vergrößern, um das 3″,7 große Planetenscheibchen deutlich als Scheibchen und nicht als Punkt zu sehen. Fixsterne erscheinen auch bei hoher Vergrößerung punktförmig (genauer: es wird lediglich das Beugungsscheibchen vergrößert).

NEPTUN steht am 14. im Sternbild Wassermann in Opposition zur Sonne. Mit einer maximalen Oppositionshelligkeit von $7^m{,}8$ ist er der lichtschwächste Planet, nachdem Pluto inzwischen zu den Zwergplaneten gerechnet wird.

Am 1. geht Neptun um 19^h25^m auf. Bis zum Oppositionstag, dem 14., verfrühen sich die Neptunaufgänge auf 18^h33^m. In der Oppositionsnacht passiert der bläuliche Planet um 0^h15^m den Meridian und geht am Morgen um 5^h57^m unter.

Erst nach Untergang des zunehmenden Halbmondes lassen sich so lichtschwache Objekte einigermaßen gut beobachten. Irdische Lichtquellen sollte man strikt meiden (siehe auch Abb. 9.4 oben).

Im Teleskop lässt Neptun nur ein winziges, bläuliches Scheibchen von 2″,4 scheinbarem Durchmesser erkennen.

Am 14., dem Tag der Opposition, ist Neptun 4326 Millionen Kilometer (= 28,92 AE) von der Erde entfernt.

Das Licht von Neptun ist somit vier Stunden und 30 Sekunden zu uns unterwegs.

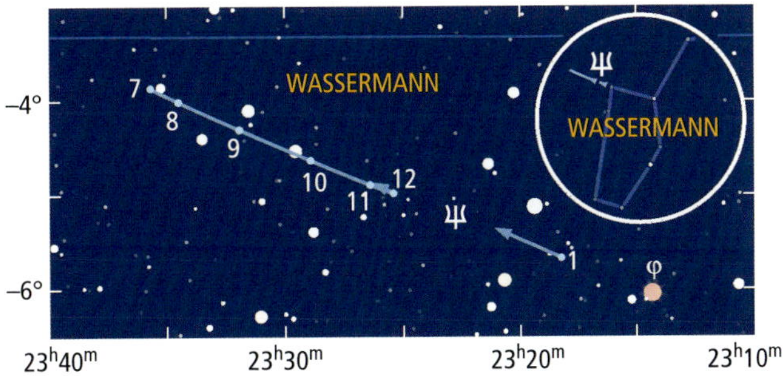

9.4 Scheinbare Bahn des Planeten Neptun im Sternbild Wassermann im Januar und vom 1. Juli bis Jahresende 2021.

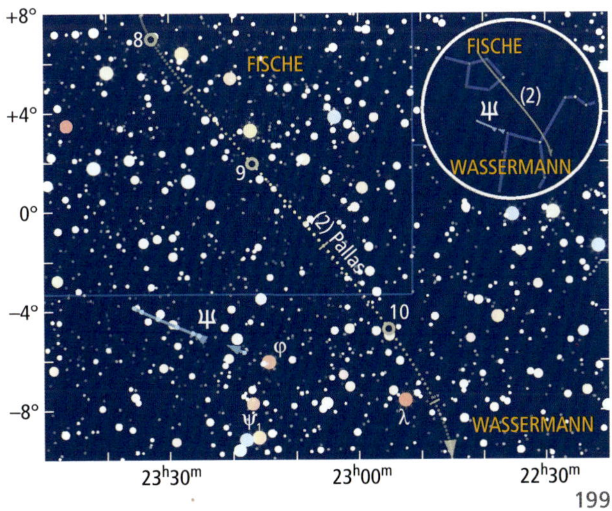

9.5 Scheinbare Bahn des Kleinplaneten (2) Pallas von August bis Mitte Oktober 2021 durch die Sternbilder Fische und Wassermann. Eingetragen ist ferner die Lage der Neptunbahn 2021 im Wassermann.

PLANETOIDEN UND ZWERGPLANETEN

CERES – rechtläufig im Stier – eilt durch die Hyaden (siehe Abb. 11.3 auf Seite 236). Ihre Helligkeit nimmt von $8\overset{m}{,}7$ zu Monatsbeginn auf $8\overset{m}{,}3$ Ende September deutlich zu – ein Zeichen der kommenden Opposition gegen Ende November. Am 1. erfolgt der Ceresaufgang um 22^h44^m (= 23^h44^m MESZ) und die Meridianpassage um 6^h07^m. Bis Monatsende verfrühen sich diese Zeiten auf 21^h02^m, was den Aufgang und auf 4^h29^m was die Kulmination betrifft.

PALLAS (2) steht am 11. um 3^h morgens im Sternbild Fische an der Grenze zum Wassermann in **Opposition** zur Sonne (siehe Abb. 9.5 auf Seite 199). Am Monatsbeginn noch $8\overset{m}{,}7$ hell, steigert Pallas ihre Helligkeit bis zur Opposition auf $8\overset{m}{,}5$. Am Tag der Opposition geht Pallas um 18^h04^m auf, kulminiert in der Oppositionsnacht um 0^h10^m (= 1^h10^m MESZ) und geht am Morgen um 6^h11^m unter. Am 30. passiert Pallas bereits um 22^h37^m (= 23^h37^m MESZ) den Meridian und geht um 4^h23^m unter.

PERIODISCHE STERNSCHNUPPENSTRÖME

Schon in der Nacht zum 1. September erreichen die **ALPHA-AURIGIDEN** ihr Maximum. Es handelt sich um recht schnelle Sternschnuppen – um die 65 Kilometer pro Sekunde.

Der Radiant liegt nahe Kapella im Fuhrmann. Seit ihrer Entdeckung 1935 gab es wiederholt erhöhte Raten. Zuletzt wurden 2007 kurzfristig im Maximum mehr als hundert Meteore beobachtet. 2019 wurden im Maximum 20 Meteore pro Stunde beobachtet.

Der Ursprungskomet Kiess (C/1911 N1) wird erst wieder in mehr als 2000 Jahren ins innere Sonnensystem gelangen. Die Teilchen, die zu den hohen Raten führten, befinden sich auf weit engeren Umlaufbahnen als der Komet.

Die **PISCIDEN** sind im gesamten September aktiv. Ihr Ausstrahlungspunkt liegt in den Fischen.

Beste Beobachtungszeit ist zwischen 22^h und 4^h morgens. Das Maximum ist um den 20. September zu erwarten, wobei nur etwa fünf bis zehn Meteore pro Stunde auftauchen.

Die Geschwindigkeit der Meteoroide liegt um 25 Kilometer pro Sekunde. Die Pisciden zerfallen in mehrere Teilströme, von denen einer bis Mitte Oktober tätig ist.

Die **EPSILON-PERSEÏDEN** treten ebenfalls im September auf. Zum Maximum am 9. werden etwa zehn Meteore pro Stunde erwartet. In manchen Jahren wurden erhöhte Raten beobachtet, so 2008 und 2013, wo im Maximum bis zu 30 Sternschnuppen gezählt wurden. Für 2021 gibt es kein vorausberechnetes Maximum. Man muss sich einfach überraschen lassen und selbst beobachten!

Die **SÜD-TAURIDEN** tauchen vom letzten Septemberdrittel bis Ende November auf. Ihr Radiant liegt im Stier.

Der Tauriden-Strom geht wahrscheinlich auf den Kometen 2P/Encke zurück. Das wenig ausgeprägte Maximum fällt auf den 11. November. Die Objekte sind um 30 Kilometer pro Sekunde schnell.

Ein relativ neuer Strom sind die **DELTA-AURIGIDEN**, dessen Radiant im Fuhrmann nahe δ Aurigae zu finden ist. Es sind schnelle, aber seltene Objekte. Ihre Geschwindigkeit liegt bei 60 Kilometer pro Sekunde.

Sie erscheinen vom 17. September bis etwa 9. Oktober, wobei das wenig ausgeprägte Maximum um den 3. Oktober zu erwarten ist. Nur etwa fünf Meteore tauchen pro Stunde auf.

VERÄNDERLICHE STERNE

Algol-Minima		β-Lyrae-Minima			δ-Cepheï-Maxima		Mira-Helligkeit	
13.	4^h53^m	2.	14^h	H	4.	11^h	1.	3^m
16.	1 40	9.	1	N	9.	20	10.	3
18.	22 30	15.	12	H	15.	4	20.	4
21.	19 19	21.	24	N	20.	13	30.	4
		28.	11	H	25.	22		

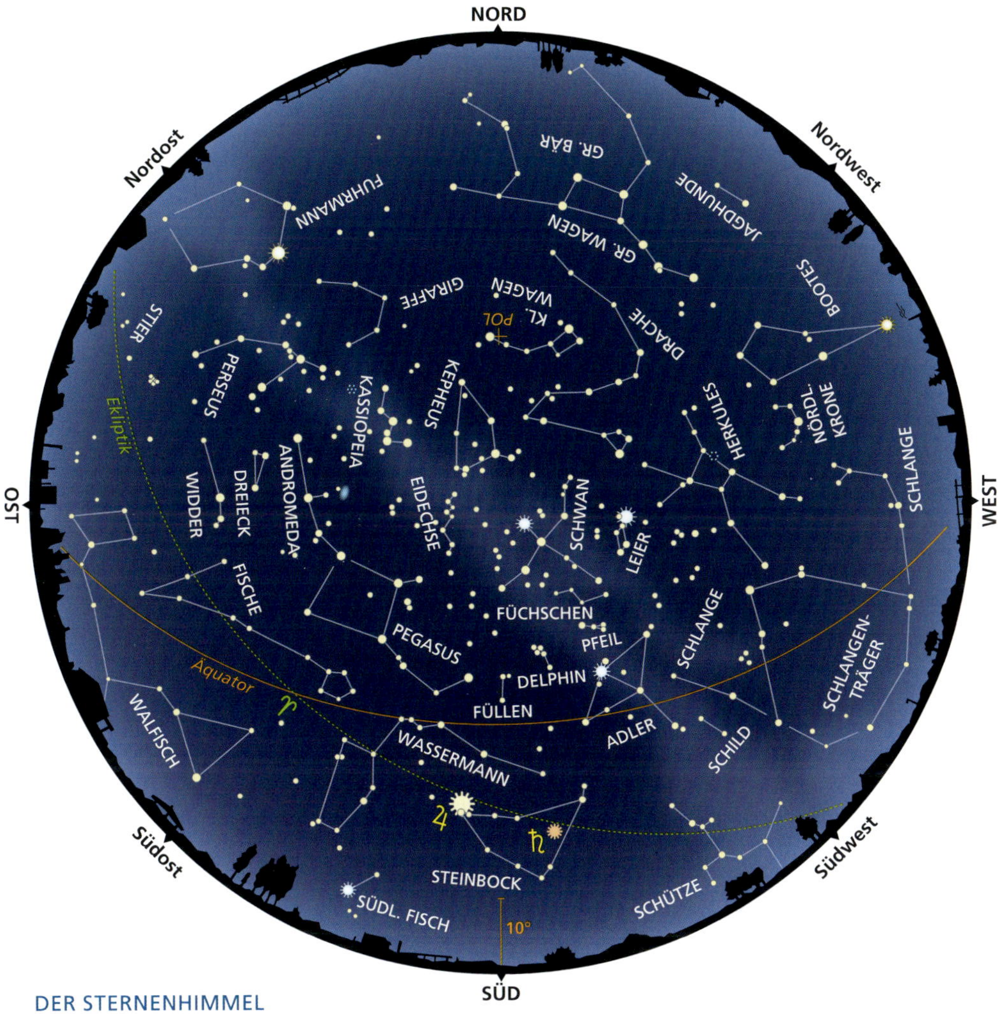

DER STERNENHIMMEL AM 15. SEPTEMBER UM 22ʰ MEZ

Die Sternkarte ist auch gültig für:

	MEZ	MESZ
15. 7.	2ʰ	3ʰ
1. 8.	1	2
15. 8.	0	1
1. 9.	**23**	**24**
15. 9.	**22**	**23**
30. 9.	**21**	**22**
15.10.	20	21
31.10.	19	
15.11.	18	

Der Himmelswagen ist nach Nordwesten herabgesunken, das Himmels-W, die Kassiopeia, dafür emporgestiegen. Den Helligkeitsschwerpunkt bestimmt nach wie vor das Sommerdreieck mit Wega, Deneb und Atair. Allerdings hat sich die Szenerie der Sommersternbilder inzwischen nach Westen verschoben. Der Skorpion mit dem hellen, roten Antares ist gar schon untergegangen, während im Osten der Aufmarsch der Herbststernbilder beginnt.

Der Schwan mit dem schönen Sternenhintergrund der Milchstraße steht nun fast genau im Scheitelpunkt oder Zenit. Neben dem Adler stößt man im Meridian auf das kleine, aber einprägsame Sternbild Delphin. Es wird in erster Linie durch einen kleinen Sternenrhombus mit einem zusätzlichen angehängten Stern gebildet.

Der Pegasus steht schon hoch im Osten. Der zentrale Teil des Pegasus wird durch ein mächtiges Sternenquadrat markiert, zu dem man auch Herbstviereck sagt. An der einen Ecke des Pegasusquadrats hängt die Sternenkette der Andromeda. Ihr folgt halbhoch im Nordosten der Perseus, strahlender Held und Retter der Andromeda. Im Perseus findet man den Teufelsstern Algol (β Perseï). Algol ist ein prominenter Bedeckungsveränderlicher und Prototyp der Algol-Variablen. Sowohl von Algol als auch von δ Cepheï sind die Helligkeitsminima beziehungsweise -maxima in diesem Jahrbuch monatlich vermerkt.

Im Osten hat sich das kleine Bild des Widders emporgeschwungen. Der Widder (lat.: Aries) setzt sich im Wesentlichen aus drei Sternen zusammen, die ein stumpfwinkliges Dreieck bilden. Der Hauptstern des Widders (α Arietis) heißt Hamal, was arabisch so viel wie Lamm bedeutet. Mit $2^{\mathrm{m}}{,}0$ scheinbarer Helligkeit ist Hamal etwa so hell wie der Polarstern. Seine Entfernung von uns misst 66 Lichtjahre. Er leuchtet in einem orangen Licht (Spektraltyp: K2 III).

Im Südosten ist das ausgedehnte, aber lichtschwache Sternbild der Fische aufgetaucht.

Im Südwesten schickt sich der Schütze ebenfalls an, die Himmelsbühne zu verlassen, während der Steinbock gerade den Meridian passiert. Ihm folgt im Tierkreis der Wassermann, ein bekanntes, aber unscheinbares Sternbild. Im Steinbock stehen zurzeit der Ringplanet Saturn und hell glänzend der Riesenplanet Jupiter. Viele Völker sahen im Steinbock einen Ziegenbock. Die Bezeichnung „Südliches Tor der Sonne" erinnert daran, dass einst das Wintersolstitium (Winterpunkt) im Steinbock lag. Durch die Präzessionsbewegung der Erde liegt der Winterpunkt inzwischen im Sternbild Schütze nahe dem Stern μ Sagittarii. Noch heute spricht man deshalb vom „Wendekreis des Steinbocks". In unserer Zeit wandert die Sonne vom 20. Januar bis 16. Februar durch den Steinbock.

Tief im Südosten flackert ein Stern erster Größe ($1^{\mathrm{m}}{,}2$), nämlich Fomalhaut im Südlichen Fisch (lat.: Piscis Austrinus). Fomalhaut oder α Piscis Austrini erreicht bei uns nie große Höhen. Er ist ein weißer Hauptreihenstern (Spektralklasse A3 V) in 25 Lichtjahren Entfernung, also etwa gleich weit weg wie Wega in der Leier.

Zwischen Zenit und Polarstern durchschreitet den Meridian gerade der Kepheus, der jetzt seine höchste Position erklommen hat. Die lichtschwachen Sterne, die den König von Äthiopien darstellen sollen, sind nicht leicht auszumachen. Erfahrene Sternfreunde finden sich dennoch zurecht und können auch den berühmten veränderlichen Stern δ Cepheï identifizieren. Er ist der Prototyp einer Klasse von Veränderlichen, den sogenannten Cepheïden oder Delta-Cepheï-Sternen. Die Cepheïden gehören zu den leuchtkräftigsten Sternen im Universum überhaupt. Die Entfernung von δ Cepheï selbst beträgt 900 Lichtjahre. (siehe auch Monatsthema November „Meilensteine im Kosmos" auf Seite 243).

DAS STERNBILD ANDROMEDA (ANDROMEDA)

Das Sternbild der Andromeda wird hauptsächlich von vier in einer Linie stehenden Sternen gebildet. Obwohl es keinen Stern 1. Größe enthält, ist die Sternenkette α – δ – β – γ Andromedae so auffällig, dass man sie relativ leicht und schnell am Himmel findet. α, β und γ And sind 2. Größenklasse, δ And ist mit $3^{\mathrm{m}}{,}3$ deutlich lichtschwächer. Insgesamt nur sieben Sterne sind heller als 4^{m}. Sirrah, α Andromedae, bildet dabei das eine Eck des Pegasusquadrates, gehört aber selbst nicht zum Sternbild Pegasus. Das Pegasusquadrat, auch als Herbstviereck bekannt, erweckt zusammen mit der Sternenkette der Andromeda den Eindruck eines überdimensionalen Großen Wagens oder riesigen Dippers (engl., Schöpflöffel).

Im Norden wird das Andromeda-Areal von Kassiopeia und Perseus begrenzt. Perseus markiert auch den Ostrand. Im Westen grenzt die Andromeda an die Bilder Lacerta und Pegasus, im Süden an die Fische und das Dreieck. Schon bei den griechi-

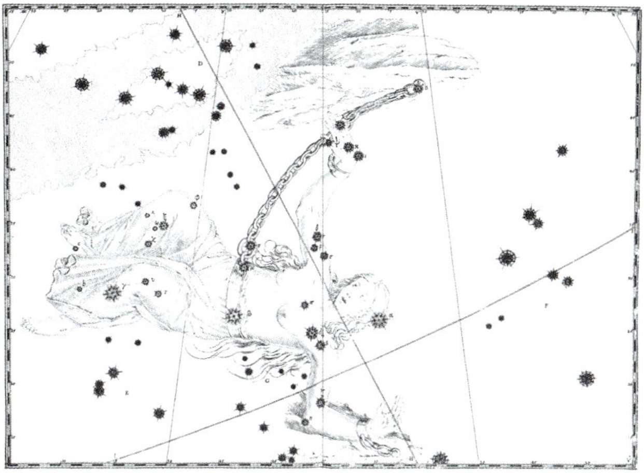

9.6 Das Sternbild Andromeda in dem Sternatlas *Uranometria* von Johannes Bayer aus dem Jahre 1603.

schen Astronomen Eratosthenes, Hipparchos und Ptolemaios findet man die Bezeichnung Ἀνδρομέδα (griech., Andromeda) für diese Sternenkette. Andromeda ist die Tochter des Königspaares Kepheus und Kassiopeia. Die meisten Völker sahen hier eine Mädchengestalt.

Der Ursprung dieser Vorstellung ist im alten Babylon zu suchen, im Epos von der Entstehung der Welt, in der Geschichte vom Gott Marduk und seinem Kampf mit dem Drachen Tiamat. Den Drachen finden wir als polnahes Sternbild am Himmel. Durch den chaldäischen Einfluss haben die Phönizier diese Mädchengestalt ebenfalls übernommen. Ursprünglich sahen jedoch die Phönizier in den Sternen der Andromeda einen Dreschboden beziehungsweise eine Tenne, wobei die Sterne der Kassiopeia Ährenleser waren. Beide Sternbilder gehörten zum „großen Weizenfeld", dessen genaue Form aber unbekannt ist.

In der römischen Welt sprach man von Virgo Devota, der unseligen, dem Tode geweihten Jungfrau, von Persea, der Braut des Perseus, mit Nivea Cervice, dem weißen Nacken.

Die Araber sprachen von Asnade, dem unverheirateten, jungfräulichen Mädchen, das bei den Hindus Antamarda hieß. Im Hebräischen markierte diese Sternenkette die biblische Abigail aus den Büchern Samuels. Wie gesagt, fast alle Völker sahen hier eine hingestreckte Frauengestalt. Nur der Augsburger Jurist Julius Schiller erwähnt in seinem im Jahre 1627 erschienenen *Coelum Stellatum Christianum* dieses Sternbild als Sepulchrum Christi, als Grab Christi, das leer vorgefunden wird.

Die klassische Sage berichtet: Im fernen Lande Äthiopien, am Südrand der Erdscheibe, herrschte einst glücklich und zufrieden König Kepheus. Seine Gemahlin Kassiopeia gebar ihm eine Tochter, die Andromeda. Kassiopeia, die als eingebildet und eitel bekannt war, war stolz auf ihre Tochter, deren Schönheit die aller anderen Äthiopierinnen weit übertraf. Kassiopeia prahlte damit, Andromeda sei noch viel hübscher als die Nereïden, die Töchter des Meeresgottes Nereus. Als die Nereïden von der Anmaßung der Kassiopeia hörten, beklagten sie sich tränenüberströmt bei ihrem Vater, Beherrscher der Weltmeere. Dieser beschloss, das Königspaar für seinen Frevel hart zu bestrafen, und schickte ein schreckliches Meeresungeheuer, den Ketos (röm.: Cetus) an die Gestade Äthiopiens. Der Ketos wühlte das Meer beim Herannahen auf, die sturmgepeitschten Wellen überschwemmten die Küstenstriche. Doch damit noch nicht genug: Aus seinen Augen zuckten Blitze, die Häuser und Scheunen in Brand steckten, aus seinem Rachen schoss ein heißer Feuerhauch, der das Land verdörrte und zur unfruchtbaren Wüste werden ließ. Aus den Ohren quollen dunkle Rauchwolken hervor, die das Land mitten am Tag in tiefe Finsternis hüllten und selbst Helios, den Sonnengott, verdunkelten. In seiner großen Not wandte sich König Kepheus an das Orakel. Dieses weissagte ihm: Erst wenn deine Tochter dem Ketos geopfert wird, werden die Götter besänftigt sein, und Ketos wird

9.7 Skelettkarte des Sternbildes Andromeda.

nicht länger dein Land bedrängen. Schweren Herzens entschloss sich das Königspaar, den grausamen Orakelspruch zu befolgen, um Äthiopien vor dem totalen Untergang zu retten. Am nächsten Morgen, noch ehe die rosenfingrige Eos, Göttin der Morgenröte, ihre ersten Lichtstrahlen hervorbrechen ließ, wurde die unglückliche Andromeda an einen Küstenfelsen in Ketten geschmiedet. Der Morgen begann zu grauen, da nahte aus den Lüften Perseus, der Bezwinger der schrecklichen Gorgone Medusa, auf seinen geflügelten Sandalen.

Im Dämmerlicht erblickte er das gefesselte, bildhübsche Mädchen. Doch schon kam Ketos mit aufgerissenem Maul heran, um mit seinen dolchartigen Zähnen die jungfräuliche Andromeda zu zerfleischen. Perseus stürzte kurz entschlossen herab auf das durch die Wogen pflügende Monster und stieß ihm sein Sägezahnschwert tief in den Nacken. Blut spritzte in hohem Bogen ins Meer, das schwer getroffene Untier bäumte sich auf. Die Andromeda hatte es vergessen, denn Perseus war nun sein neues Angriffsziel. Trotz mehrmaliger Schwertstöße schien das Monster nicht zu erlahmen. Da holte Perseus das Gorgonenhaupt der Medusa aus seinem Reisesack und zeigte das Antlitz dem Ketos. Dieser war über den Anblick so entsetzt, dass er augenblicklich zu Stein erstarrte. Perseus löste die Fesseln der Andromeda und trug sie eilends heim zu ihren Eltern. Begeistert von dieser Heldentat, gaben sie ihre Tochter dem mutigen Perseus zur Frau. Im Königspalast ließ Kepheus eine Hochzeitsfeier ausrichten, wie sie Äthiopien noch nie erlebt hatte. Alle Beteiligten sind am Sternenhimmel wiederzufinden: Neben der Andromeda ihr Retter Perseus, das Elternpaar Kassiopeia und Kepheus, wie sie mit erhobenen Armen die Götter anflehen, sowie Cetus der Walfisch.

α Andromedae heißt mit Eigennamen Sirrah, was sich vom arabischen Surrat al Faras ableitet, der Nabel des Pferdes – nämlich des Pegasus. Der offizielle IAU-Name lautet Alpheratz, das Pferd.

Die Bezeichnung Mirach für β And stammt ebenfalls aus dem Arabischen und bedeutet Lendenschurz oder Korsett (der Andromeda). γ And wird Alamach genannt und kommt vom arabischen Al Anak, das „Schwarzohr", eine Erdziegenart, oder Karakal.

Milkomeda

9.8 Die Andromedagalaxie (M 31) – unsere Nachbarmilchstraße in 2,5 Millionen Lichtjahren Entfernung. Aufnahme: Martin Gertz, Sternwarte Welzheim.

Schon ohne Teleskop und ohne Fernglas sieht man am herbstlichen Abendhimmel hoch im Süden ein leicht längliches, schwaches Lichtfleckchen im Sternbild der Andromeda. Jeder Sternfreundin und jedem Sternfreund ist dieses Himmelsobjekt unter der Bezeichnung „Andromedanebel“ wohl vertraut. Im Altertum findet man keine Hinweise auf den Andromedanebel, obwohl er sicher gesehen wurde. Erstmals erwähnt den Andromedanebel der arabische Astronom Al Sufi im 10. Jahrhundert in seinem *Buch der Fixsterne* (siehe Monatsthema Oktober „Wer war Al Sufi?“ auf Seite 224). Er beschreibt ihn als Nebelfleck vor dem Maul des Fisches, den die Prinzessin Andromeda trägt.

Die ersten teleskopischen Beobachtungen des Andromedanebels nahm Simon Marius am 15. Dezember 1612 vor. Marius, Astronom im fränkischen Ansbach, beschreibt ihn als brennende Kerze in einem Horn. Zu seiner Zeit benutzte man ausgehöhlte Rinderhörner, in die man eine brennende Kerze steckte, wenn man in dunkler Nacht unterwegs war. Das Horn verhinderte, dass der Wind die Kerze ausblies.

Charles Messier verpasste 1784 dem Andromedanebel die Nummer 31 in seinem berühmten Nebelkatalog. Er beschrieb ihn als zwei leuchtende Kegel, die mit ihren Grundflächen aneinanderstoßen und deren Spitzen in entgegengesetzte Richtungen zeigen. Wenige Jahre vorher hatte Edmond Halley schlicht von einem dreieckigen Nebel berichtet. Ausführlich beobachtete Wilhelm Herschel den Andromedanebel. Zunächst vertrat er die Auffassung, der Andromedanebel setze sich aus vielen, weit entfernten und darum lichtschwachen Sternen

Carnegie Institution for Science Collection at the Huntington Library

9.9 **Mit dem 2,5-m-Hooker-Reflektor auf dem Mt. Wilson in Kalifornien gelang es Edwin P. Hubble in den 1920er Jahren erstmals, die Randpartien des Andromedanebels in Einzelsterne aufzulösen.**

zusammen. Nach und nach kam er allerdings zur Überzeugung, der Andromedanebel sei eine Gaswolke. Denn als er verschiedene Zeichnungen von M 31 miteinander verglich, hatte er den Eindruck, dass Veränderungen in Struktur und Größe zu erkennen sind. Fotografische Aufnahmen gab es zu Herschels Zeiten noch nicht. So kam Herschel zum Schluss, nur eine Gaswolke könne in kurzer Zeit ihr Aussehen ändern.

Die wohl zutreffendsten Skizzen von M 31 stammen von William Parsons (3. Earl of Rosse, 1800–1867), der mit seinem 1,80-m-Reflektor „Leviathan" den Andromedanebel sorgfältig zeichnete und vor allem seine Zentralpartien recht detailreich darstellte.

Woraus besteht der Andromedanebel?

Jahrhunderte lang galt der Andromedanebel als seltsames und kurioses Himmelsobjekt. Erst gegen Ende des 19. Jahrhunderts begann man, sich ernsthaft Gedanken über die Natur des Andromedanebels zu machen. Manche vermuteten einen Gasnebel, andere ein fernes Sonnensystem, das im Entstehen begriffen ist, wieder andere tippten auf ein Sternsystem. Vor gerade knapp hundert Jahren gelang Edwin Powell Hubble der zweifelsfreie Nachweis, dass der Andromedanebel ein riesiges Sternensystem ähnlich dem unserer Milchstraße ist. M 31 ist eine mächtige Spiralgalaxie aus 400 bis 500 Milliarden Sternen. Er übertrifft sogar an Größe, Masse und Sternenzahl die Galaxis, unsere Milchstraße. Mit rund 2,5 Millionen Lichtjahren ist M 31 die uns nächstgelegene Galaxie, gewissermaßen unsere Nachbarmilchstraße. Die Galaxis, die Andromedagalaxie und die Triangulumgalaxie (M 33) sind die drei massereichsten Milchstraßensysteme im lokalen Milchstraßenhaufen, kurz Lokale Gruppe genannt. Ihr gehören mehrere Dutzend weitere Sternsysteme an, nämlich Zwerggalaxien wie die beiden Magellanschen Wolken.

Einen ersten Hinweis auf die extragalaktische Lage der Andromedagalaxie erhielt man, als

Ernst C. Hartwig am 20. August 1885 eine Supernova in M 31 entdeckte. Sie erreichte eine scheinbare Helligkeit von $6^{m}_{,}7$ und wurde zunächst als Nova klassifiziert, denn man kannte noch nicht die Entfernung von M 31 und damit die absolute Helligkeit dieser Nova-Erscheinung. Später wurde diese Supernova als S Andromedae bezeichnet. Damals kannte man auch nicht den Unterschied zwischen Novae und Supernovae und auch nicht die Ursachen und physikalischen Vorgänge beider Erscheinungen. So kam es zu einer gravierenden Fehlinterpretation. Einige Astronomen meinten, das Aufflammen von S And beweise, in der Andromedagaswolke hätte sich ein neuer Stern gebildet. Als dann Isaac Roberts (1829–1904) auf einer fotografischen Aufnahme, die er mit einem 50-cm-Reflektor von M 31 gewonnen hatte, eine ringähnliche Struktur entdeckte, dachte man sogar an die Bildung eines Planetensystems gemäß der Theorie von Laplace. Spätere Fotografien mit größeren Instrumenten ließen jedoch bald die Spiralstruktur von M 31 anstelle von Ringen erkennen.

Bereits 1899 wurde die Radialgeschwindigkeit zu –300 km/s spektrografisch bestimmt. Dies ist ein zu großer Wert für einen Gas- und Staubnebel in unserer Milchstraße und damit ein weiterer Hinweis auf die extragalaktische Natur von M 31. Schließlich gelang es 1923 Edwin P. Hubble erstmals, zwei Cepheïden in M 31 sicher zu identifizieren. Bis 1929 hatte Hubble insgesamt 270 Aufnahmen von M 31 gewonnen und auf ihnen 50 Cepheïden entdeckt. Aus der Perioden-Leuchtkraft-Beziehung dieser Pulsationsvariablen leitete Hubble und sein Kollege Milton Humason (1891–1972) eine Distanz von 275 Kiloparsec für M 31 ab, dies entspricht rund 900 000 Lichtjahren. Damit war eindeutig bewiesen: Der Andromedanebel ist kein Objekt in unserer Milchstraße, sondern ist extragalaktischer Natur, nämlich ein Milchstraßensystem, eine Galaxie.

Doch Hubble hatte die Entfernung der Andromedagalaxie viel zu gering eingeschätzt. Walter Baade (1893–1960) untersuchte in den 1940er Jahren M 31 im roten und im blauen Spektralbereich. Dabei fiel ihm auf, dass es zwei verschiedene Klassen von Cepheïden gibt, die Angehörigen der Population I und diejenigen, die zur Population II zu rechnen sind. Beide gehorchen der Perioden-Leuchtkraft-Beziehung. Allerdings sind die Cepheïden der Population I rund $1^{m}_{,}5$ heller bei gleicher Periodendauer (siehe Monatsthema November „Meilensteine im Kosmos" auf Seite 243). Somit war die wahre Leuchtkraft der Andromeda-Cepheïden falsch eingeschätzt worden. Als Folge musste die Entfernungsskala verdoppelt werden. Hinzu kam, dass auch die interstellare Absorption noch zu berücksichtigen ist. So musste die Distanz von M 31 auf 2,5 Millionen Lichtjahre korrigiert werden. Daraus ergab sich aber, dass die Andromedagalaxie, was Größe, Sternenzahl, Leuchtkraft und Masse betrifft, unsere Milchstraße übertrifft (siehe Kasten „Milchstraße und Andromedagalaxie im Vergleich" auf Seite 210).

NOAO/AURA/NSF/B. Twardy/A. Block

9.10 Die Antennen- oder Tentakelgalaxien NGC 4038 und NGC 4039 im Sternbild Rabe. Die Gezeitenkräfte haben lange Streifen von Milliarden Sternen aus den Galaxien herausgerissen.

NASA, Holland Ford (JHU), the ACS Science Team und ESA

9.11 Die Doppelgalaxie NGC 4676 im Verschmelzungsprozess. Sie wird auch „Mäusegalaxie" genannt.

Auf Kollisionskurs

Die beobachtete negative Radialgeschwindigkeit bedeutet, dass M 31 uns immer näher kommt. Die –300 km/s beziehen sich auf unser Sonnensystem, das um das galaktische Zentrum läuft. Diese Bewegung muss abgezogen werden, will man die Annäherung von M 31 an das Milchstraßenzentrum kalkulieren. Dann ergibt sich eine Radialgeschwindigkeit von –120 km/s, mit der sich die Andromedagalaxie unserer Milchstraße nähert. Nach knapp fünf Milliarden Jahren werden beide Galaxien aufeinandertreffen. Oft spricht man von einer Kollision, was allerdings falsche Vorstellungen weckt. Hätte unsere Sonne nur die Größe eines Tischtennisballes, dann wäre in diesem Maßstab unser nächster Stern, Proxima Centauri, eine Erbse in 1100 km Entfernung. Im Mittel nur alle 3000 Kilometer findet sich in der Andromedagalaxie und in der Galaxis ein Tischtennisball. Damit ist praktisch ausgeschlossen, dass Sterne miteinander zusammenstoßen. Auch die Sonne samt ihren Planeten bleibt unbehelligt.

Durch den Zusammenprall der interstellaren Gas- und Staubwolken kommt es allerdings zu einer vermehrten Sternentstehungsrate, im Fachjargon „Starbursts" genannt. Viele neue Sterne flammen auf. Als Verschmelzungsprodukt von Andromedagalaxie und Milchstraße entsteht eine neue, riesige elliptische Galaxie mit rund einer Billion (10^{12}) Sternen.

Die beiden Astronomen Thomas J. Cox und Abraham Loeb, Harvard-Smithsonian Center for Astrophysics, haben dieser zukünftigen Galaxie bereits einen Namen verpasst: Milkomeda, eine Kombination von Milky Way (engl., Milchstraße) und Andromeda. Die zuerst vorgesehene Bezeichnung „Milkdromeda" war zu sperrig und schwer auszusprechen.

Ob es zu einem Frontalzusammenstoß kommt, war lange unsicher, denn die Eigenbewegung (Tangential- oder seitliche Bewegung) war unbekannt trotz verschiedener Versuche, sie zu ermitteln.

Erst der Astrometriesatellit Gaia hat die Eigenbewegung von M 31 einigermaßen genau bestimmt. Sie beträgt nur 0″,000 003/a oder linear 100 km/s. Dies ist im Einklang mit dem vom Hubble-Weltraumteleskop ermittelten Wert von 120 km/s. Danach kommt es nicht zu einem

NASA/ESA/Z. Levay/ R. van der Marel/A. Mellinger

9.12 Simulation der Verschmelzung von unserer Milchstraße mit der Andromedagalaxie.

frontalen Zusammenprall, M 31 wird an der Galaxis vorbeigleiten. Dabei werden beide Spiralgalaxien durch die Gezeitenkräfte verbogen und verformt. Lange Schweife oder Schläuche von Milliarden Sternen werden aus den Galaxien herausgerissen.

Solche Verschmelzungsprozesse von Galaxien sind keine Seltenheit. Als schönes Beispiel seien die Antennen- oder Tentakelgalaxien NGC 4038 und NGC 4039 im Sternbild Rabe genannt, bei denen der Verschmelzungsprozess voll im Gange ist. Die herausgerissenen Sternenschweife sehen aus wie Tentakel oder Antennen (siehe Abb. 9.10 auf Seite 207). Daher der Name dieser Doppelgalaxie. Die Riesengalaxie NGC 5128, bekannt als Centaurus A, ist das Endprodukt zweier großer Spiralgalaxien, die miteinander verschmolzen sind.

Der lange Weg ins Schwarze Loch

Nach der ersten Begegnung bleiben die beiden Galaxien M 31 und unsere Milchstraße gravitativ gebunden. Sie werden einen Tanz umeinander vollführen, einander immer näherkommen und schließlich zur Milkomeda verschmelzen. Dies wird relativ schnell gehen: In etwa 500 Millionen Jahren nach der ersten Begegnung werden die Sternengesellschaften einander durchdringen wie zwei Nebelschwaden.

Man hat versucht, den Vorgang des Verschmelzens in Computern zu simulieren. Die Simulationen wurden anfangs mit einigen zehntausend Partikeln (Sternen) gerechnet. Inzwischen kalkulieren Höchstleistungsrechner diese Vorgänge mit hundert Millionen Sternen. Dies ist aber immer noch um den Faktor 1000 bis 10 000 geringer als in der Realität, in der Hunderte von Milliarden Sterne beteiligt sind.

Unsere Sonne samt dem unbehelligt bleibenden Planetensystem wird zunächst bis zur dreifachen Entfernung vom heutigen Abstand des Milchstraßenzentrums hinausgeschleudert, nunmehr vom sich neu bildenden Zentrum der Milkomeda-Galaxie. Und dann wird es dramatisch. Allerdings nicht mehr für das Leben auf der Erde, denn das gibt es in jener fernen Zukunft ohnehin nicht mehr. Zwar ist die Sonne noch kein roter Riese, aber ihre zunehmende Leuchtkraft sorgt für Oberflächentemperaturen von weit über 100 °C auf der Erde. Alles Leben wird dann längst erloschen sein.

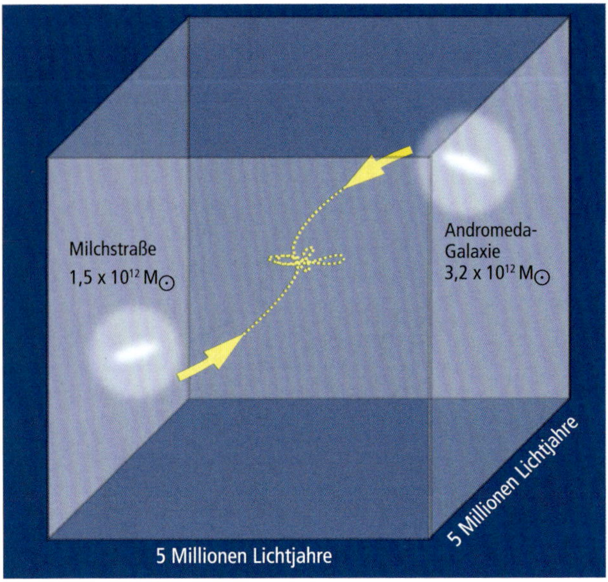

9.13 Schematische Darstellung der Annäherung von unserer Milchstraße und der Andromedagalaxie samt ihren Halos. Kantenlänge des Würfels fünf Millionen Lichtjahre.

In beiden Galaxien findet sich im Zentrum jeweils ein supermassereiches Schwarzes Loch. In der Galaxis hat es eine Masse von knapp vier Millionen Sonnenmassen, umgeben von einer Millionen Grad heißen Akkretionsscheibe, die das Schwarze Loch füttert. Noch viel massereicher ist das Black Hole im Zentrum von M 31. Man schätzt seine Masse auf deutlich mehr als eine Milliarde Sonnenmassen. Wie Röntgenbeobachtungen von Chandra und XMM erkennen lassen, hungert es seit einer halben Million Jahren. Der Kern von M 31 ist inzwischen inaktiv.

Beide supermassereichen Schwarzen Löcher werden im Zentrum von Milkomeda einen Tanz umeinander aufführen, wobei sie in Spiralbahnen einander immer näherkommen und schließlich verschmelzen werden. Bei diesem Prozess werden energiereiche Gravitationswellen abgestrahlt, aber niemand wird da sein, der sie beobachten kann. Die Sterne in der Umgebung der einander umkreisenden Black Holes werden durch Impulsübertragung aus Milkomeda hinausgeschleudert. Ein anderer Teil der Sterne wird einverleibt. Auch unsere Sonne wird Opfer der Schwarzen Löcher werden. Entweder wird sie ebenfalls verschlungen oder aus Milkomeda in den intergalaktischen Raum hinauskatapultiert. Die heutigen Simulationsrechnungen können dies nicht eindeutig entscheiden.

Die interstellare Materie und die durch die Gezeitenkräfte der Black Holes zerrissenen Sterne im Zentrum von Milkomeda werden eine glühend heiße Akkretionsscheibe bilden, die das neu entstandene supermassereiche Schwarze Loch füttert. Für einen fernen Beobachter in einer anderen Galaxie wird Milkomeda als hell strahlender Quasar für einige Millionen Jahre zu sehen sein. Ob es aber je solche Beobachter geben wird, bleibt für immer unbekannt.

MILCHSTRASSE UND ANDROMEDAGALAXIE IM VERGLEICH

Eigenschaften	Galaxis	Andromedagalaxie (M 31)
Durchmesser der Hauptebene in Lichtjahren	100 000	170 000
Anzahl der Sterne	$3 \cdot 10^{11}$	$5 \cdot 10^{11}$
Gesamtmasse in Sonnenmassen	$1{,}5 \cdot 10^{12}$	$3{,}2 \cdot 10^{12}$
Leuchtkraft in Sonnenleuchtkräften	$2 \cdot 10^{10}$	$4 \cdot 10^{10}$
Masse des zentralen Schwarzen Lochs in Sonnenmassen	$4 \cdot 10^{6}$	$>1000 \cdot 10^{6}$

Oktober 2021

- Venus ist am Abendhimmel vertreten. Am 29. erreicht sie ihre größte östliche Elongation von der Sonne.
- Merkur bietet Ende Oktober eine günstige Morgensichtbarkeit.
- Mars steht am 8. in Konjunktion mit der Sonne und bleibt nachts unbeobachtbar unter dem Horizont.
- Jupiter und Saturn beherrschen die erste Nachthälfte.

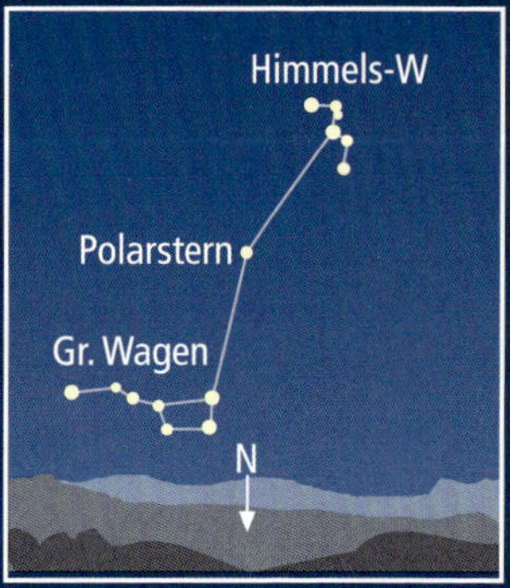

Großer Wagen und Himmels-W Anfang Oktober um 22 Uhr

10.1 Himmelsanblick am 14. Oktober gegen 19h MEZ (= 20h MESZ). Knapp über dem Südwesthorizont stehen nahe beieinander Jupiter und Saturn sowie der zunehmende Halbmond

1	Fr	
2	Sa	
3	So	Tag der Deutschen Einheit
4	Mo	
5	Di	
6	Mi	Neumond
7	Do	
8	Fr	
9	Sa	Mond bei Venus – abends
10	So	
11	Mo	
12	Di	
13	Mi	Erstes Viertel
14	Do	
15	Fr	Mond bei Jupiter – abends
16	Sa	Venus bei Antares – abends
17	So	
18	Mo	
19	Di	
20	Mi	Vollmond
21	Do	
22	Fr	
23	Sa	
24	So	
25	Mo	
26	Di	Österreichischer Nationalfeiertag Merkur beste Morgensichtbarkeit
27	Mi	Mond bei Pollux – abends
28	Do	Letztes Viertel
29	Fr	Venus am Abendhimmel
30	Sa	
31	So	Ende der Sommerzeit

SONNE – STERNBILDER

23. 10. 6^h:
Sonne tritt in das Tierkreiszeichen Skorpion

31. 10. 9^h:
Sonne tritt in das Sternbild Waage

Julianisches Datum am
1. Oktober, 1^h MEZ: 2 459 488,5

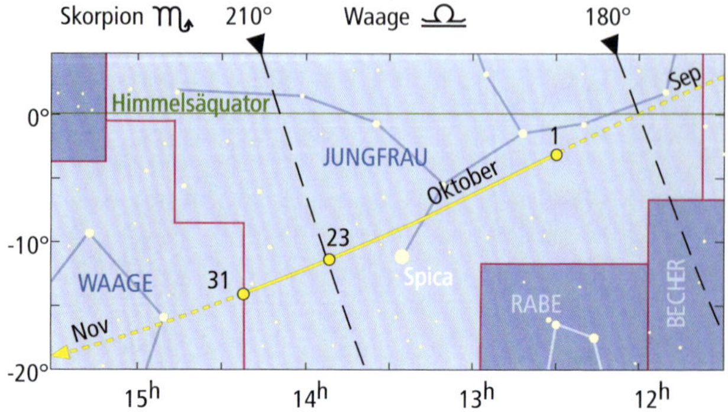

SONNENLAUF

Tag	Dämmerg. Anfang	Aufgang MEZ	Kulmination	Untergang MEZ	Dämmerg. Ende	Mittagshöhe	Zeitgleichg.	Rektaszension	Deklination
	h m	h m	h m	h m	h m	°	m	h m	°
1.	5 10	6 20	12 10	17 58	19 08	36,6	+10	12 28	– 3,1
5.	5 17	6 26	12 08	17 50	18 59	35,1	+12	12 43	– 4,6
10.	5 24	6 34	12 07	17 39	18 49	33,2	+13	13 01	– 6,5
15.	5 32	6 42	12 06	17 29	18 39	31,3	+14	13 20	– 8,4
20.	5 40	6 50	12 05	17 19	18 29	29,5	+15	13 38	–10,2
25.	5 47	6 58	12 04	17 09	18 20	27,7	+16	13 57	–12,0
31.	5 56	7 08	12 04	16 58	18 10	25,7	+16	14 20	–14,0

Sonntag, 31. Oktober 2021: Ende der Sommerzeit!

TAGES- UND NACHTSTUNDEN

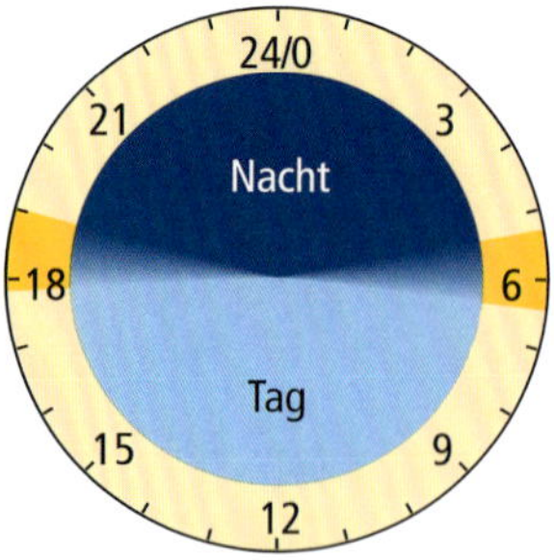

5. Oktober

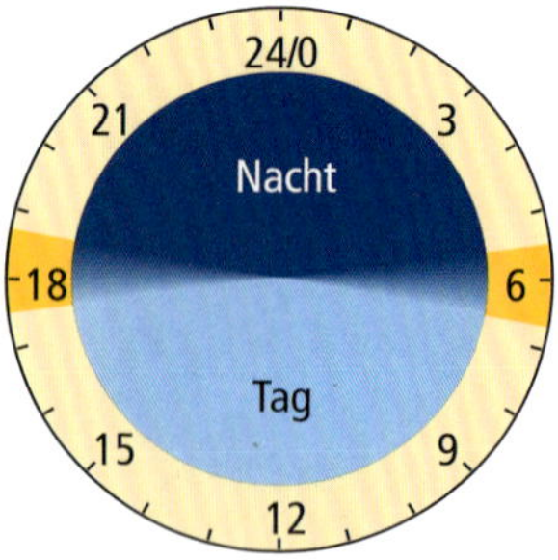

15. Oktober

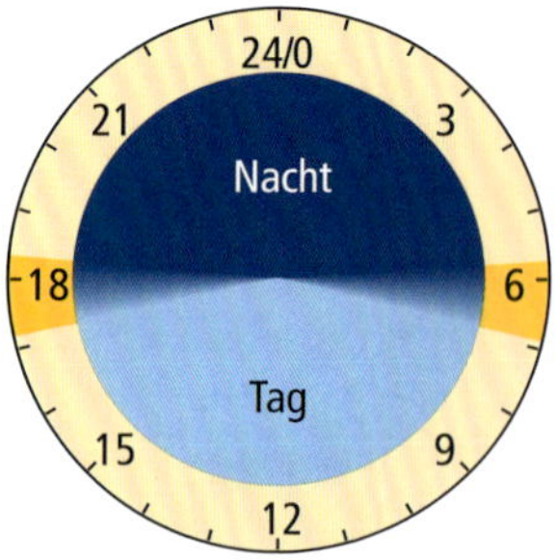

25. Oktober

MONDLAUF

Datum		Aufg. MEZ	Kulmination	Unterg. MEZ	Rektaszension	Deklination	Sterne und Sternbilder	Phase	MEZ
		h m	h m	h m	h m	°			
Fr	1.	–	8 06	16 22	8 09	+24,5	Pollux		
Sa	2.	0 47	8 57	16 51	9 03	+21,8	Krebs, Krippe	Libration Ost	
So	3.	2 03	9 47	17 14	9 56	+18,0	* Löwe, Regulus	Größte Nordbreite	
Mo	4.	3 22	10 36	17 34	10 48	+13,1	Löwe		
Di	5.	4 42	11 25	17 52	11 39	+ 7,5	Jungfrau		
Mi	6.	6 04	12 14	18 09	12 30	+ 1,4	Jungfrau	**Neumond Nr. 1222**	**12^h 05^m**
Do	7.	7 27	13 05	18 28	13 23	− 5,0	Spica		
Fr	8.	8 53	13 58	18 50	14 16	−11,2	* Jungfrau	Erdnähe 363/32,′9	18^h
Sa	9.	10 20	14 54	19 18	15 13	−16,8	Waage	Absteigender Knoten	
So	10.	11 46	15 53	19 53	16 12	−21,4	Antares		
Mo	11.	13 05	16 55	20 41	17 13	−24,5	Schlangenträger		
Di	12.	14 12	17 56	21 42	18 16	−26,1	Kaus Australis		
Mi	13.	15 03	18 56	22 53	19 19	−25,9	Schütze, Nunki	**Erstes Viertel**	**4^h 25^m**
Do	14.	15 41	19 52	–	20 19	−24,2	Steinbock		
Fr	15.	16 09	20 43	0 11	21 16	−21,0	Steinbock		
Sa	16.	16 30	21 31	1 28	22 10	−16,9	* Wassermann	Größte Südbreite Libration West	
So	17.	16 48	22 16	2 44	23 00	−12,0	Wassermann		
Mo	18.	17 03	22 59	3 58	23 47	− 6,6	Wassermann		
Di	19.	17 18	23 41	5 09	0 32	− 1,1	Walfisch		
Mi	20.	17 33	–	6 19	1 17	+ 4,4	Fische	**Vollmond**	**15^h 57^m**
Do	21.	17 49	0 23	7 29	2 02	+ 9,6	Fische		
Fr	22.	18 08	1 06	8 39	2 47	+14,5	Widder		
Sa	23.	18 31	1 50	9 48	3 34	+18,7	* Stier, Plejaden	Aufsteigender Knoten	
So	24.	19 00	2 37	10 56	4 23	+22,1	Stier, Hyaden	Erdferne 406/29,′5	16^h
Mo	25.	19 37	3 25	11 59	5 13	+24,6	Stier, Al Nath		
Di	26.	20 24	4 15	12 56	6 05	+26,0	Zwillinge		
Mi	27.	21 22	5 06	13 43	6 58	+26,3	Zwillinge		
Do	28.	22 28	5 57	14 22	7 51	+25,3	Pollux	**Letztes Viertel**	**21^h 05^m**
Fr	29.	23 40	6 47	14 52	8 44	+23,1	Krebs, Krippe		
Sa	30.	–	7 36	15 17	9 36	+19,7	Löwe	Größte Nordbreite	
So	31.	0 55	8 25	15 37	10 27	+15,3	Löwe, Regulus	Libration Ost	

DER MOND ENTFERNT SICH VON JUPITER

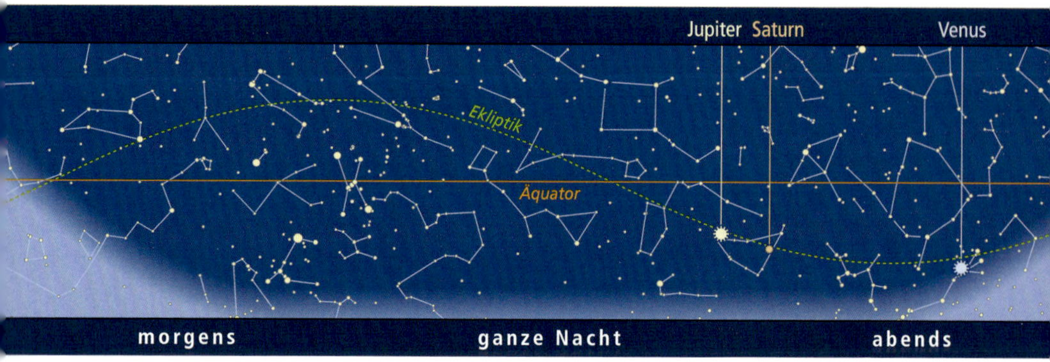

MERKUR bietet gegen Monatsende eine respektable Morgensichtbarkeit. Zunächst eilt er rückläufig auf die Sonne zu, die ihm entgegenkommt. Am 9. steht er in unterer Konjunktion mit ihr (siehe Abb. 7.4 auf Seite 153). Am 18. wird der flinke Planet stationär und ist anschließend rechtläufig. Bei guten Sichtbedingungen kann man den kleinsten der acht Planeten schon am 19. in der Morgendämmerung knapp über dem Osthorizont erkennen.

Am 19. geht der $0\overset{m}{,}4$ helle Merkur um 5^h18^m (= 6^h18^m Sommerzeit) auf. Etwa 20 Minuten später macht er sich im Horizontdunst bemerkbar. Bald nach 6^h verblasst er in der zunehmenden Morgenhelle. Vom 22. bis

10.2 Heliozentrischer Anblick des Planetensystems im letzten Jahresviertel 2021. Eingetragen sind im linken Teil die Positionen der inneren Planeten für den 1. Oktober (10), den 1. November (11), den 1. Dezember 2021 (12) und den 1. Januar 2022 (1). Der rechte Teil zeigt das äußere Planetensystem samt einiger Planetoiden zu Anfang und Ende des letzten Jahresviertels. Die Pfeile deuten die Richtungen zu den ferneren Planeten sowie zum Frühlingspunkt an.

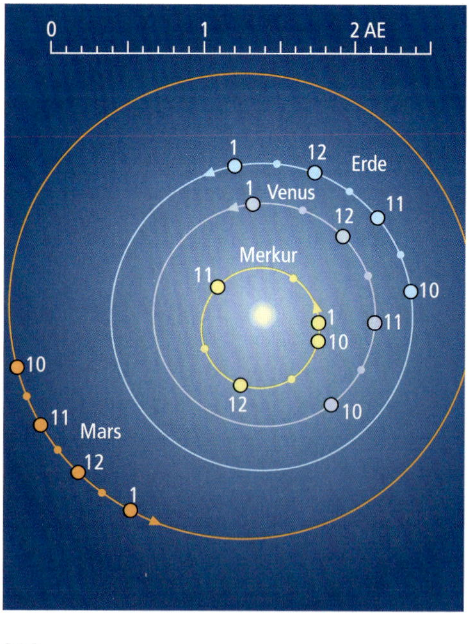

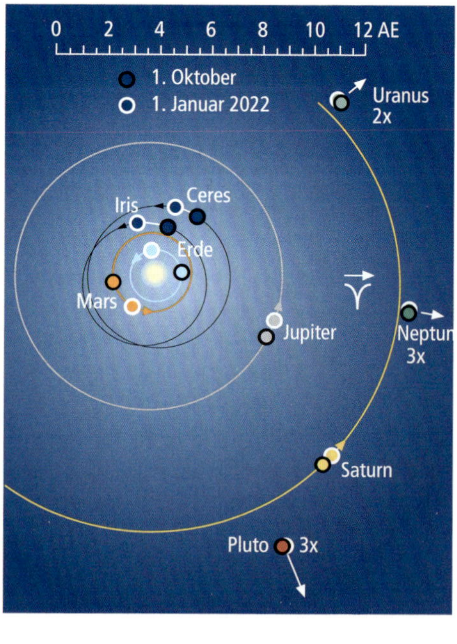

10.3 Heliozentrische Bewegungen von Merkur und Venus *relativ* zur Erde. In den dicker ausgezogenen Bahnteilen sind die Planeten beobachtbar. Die Zahlen geben die Positionen jeweils zum Monatsersten an. Östlicher Winkelabstand bedeutet Abendsichtbarkeit; westliche Elongation: Planet steht am Morgenhimmel.

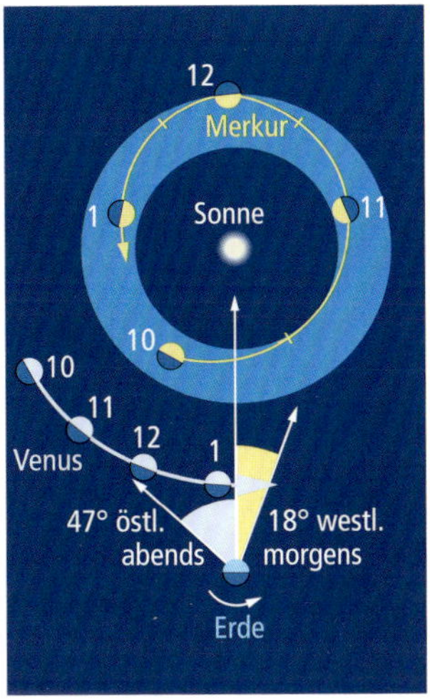

Anfang November ist der Benjamin der Planeten recht günstig am Morgenhimmel zu sehen. Am 22. geht der inzwischen $-0^m{,}3$ helle Merkur um 5^h11^m (= 6^h11^m Sommerzeit) auf. Bis 31. verspäten sich die Merkuraufgänge auf 5^h30^m, die Helligkeit nimmt um eine halbe Größenklasse auf $-0^m{,}8$ deutlich zu (siehe Abb. 10.4 und 10.5 unten).

Am 25. erreicht Merkur mit 18°24′ seine größte westliche Elongation. Der maximale Elongationswinkel fällt diesmal extrem klein aus, weil Merkur in der Nacht vom 19. auf 20. um Mitternacht durch sein Perihel eilt.

Die Dichotomie (zunehmender Halbmerkur) tritt am 23. ein. Das 7″,1 große Planetenscheibchen sieht aus wie ein winziger Halbmond. Danach wird Merkur kleiner und rundlicher.

Die Begegnung mit Mars am 9. bleibt unbeobachtbar.

VENUS verbessert ein wenig ihre Präsenz am Abendhimmel. Ihre Helligkeit nimmt um $0^m{,}3$ zu und erreicht $-4^m{,}5$. Sie wandert durch das Sternbild Waage und wechselt bereits am 7. in den Skorpion, dessen Hauptstern Antares (α Scorpii) sie am 16. in 1°,5 nördlichem Abstand passiert. Schon am 9. wird Venus von der zunehmenden Mondsichel besucht, wobei Venus sich 0°,9 südwestlich von Dschubba (δ Scorpii $1^m{,}6$–$2^m{,}3$) befindet (siehe Abb.10.6 auf Seite 218).

10.4 Stellung von Merkur über dem Osthorizont zu den angegebenen Daten jeweils eine Stunde vor Sonnenaufgang. Die Pfeile geben die Bewegungen von Merkur und Sonne während der nächsten halben Stunde an.

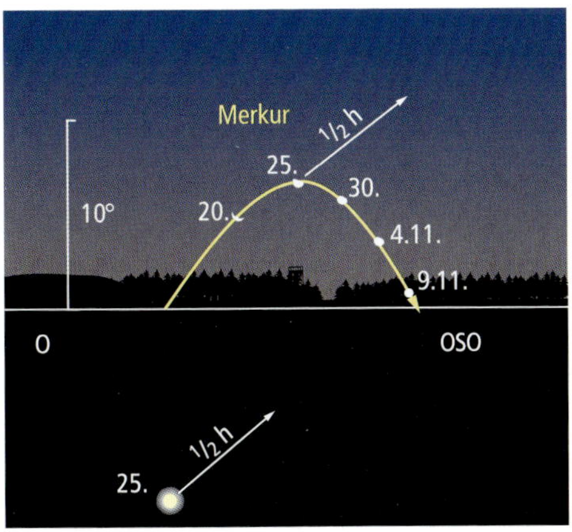

10.5 Sichtbarkeitsdiagramm für Merkur. Es gilt genau für 50° nördlicher Breite und 10° östlicher Länge. Dunkelgelbe Fläche: Unter günstigen Sichtbedingungen kann man Merkur mit bloßen Augen erkennen, hellgelbe Fläche: Merkur ist leicht zu sehen.

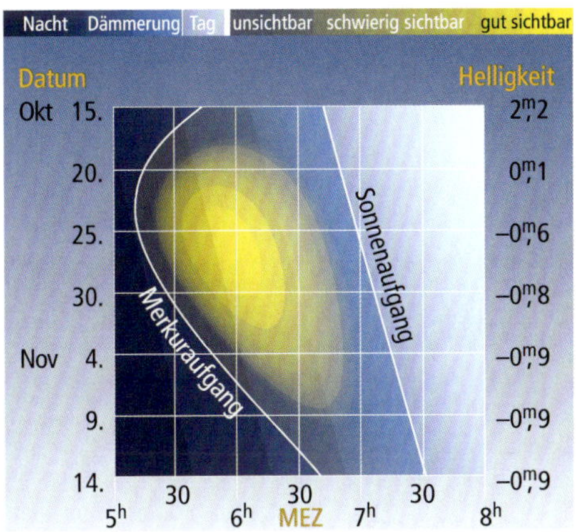

Der Venusuntergang erfolgt am 1. um 19^h16^m (= 20^h16^m MESZ), am 15. um 19^h00^m und am 31. schon um 18^h54^m.

Am 29. erreicht Venus mit 47°03′ ihre größte östliche Elongation von der Sonne. Die Dichotomie tritt am 28. ein, im Teleskop zeigt sich das knapp 25″ große Venusscheibchen halb beleuchtet. Danach nimmt der Beleuchtungsgrad ab, der scheinbare Venusdurchmesser wächst an (siehe Abb. T.1 auf Seite 276).

In der Nacht vom 2. auf 3. passiert Venus ihr Aphel, den sonnenfernsten Punkt ihrer fast kreisförmigen Bahn. Ihre Sonnendistanz beträgt dabei 109 Millionen Kilometer (= 0,728 AE).

MARS, rechtläufig im Sternbild Jungfrau, wird am 8. von der Sonne eingeholt und steht in Konjunktion mit ihr. Der rote Planet geht mit der Sonne auf und mit ihr unter. Mars hält sich am Taghimmel auf und bleibt nachts unbeobachtbar unter dem Horizont.

Am Tag der Konjunktion trennen uns 393 Millionen Kilometer (= 2,627 AE) von Mars. Dies ist fast die maximale Entfernung, die Mars von der Erde haben kann, denn Mars befand

10.6 Die schmale Sichel des zunehmenden Mondes begegnet Venus am 9. Oktober. Fernglasanblick gegen 18^h MEZ (= 19^h MESZ).

sich Mitte Juli im Aphel seiner Bahn. Wegen der elliptischen Marsbahn wurde die diesjährige Maximalentfernung schon am 15. September erreicht. An diesem Tag war der rote Planet 395 Millionen Kilometer (= 2,640 AE) von der Erde entfernt. Die Begegnung mit Merkur am 9. bleibt unbeobachtbar.

JUPITER bewegt sich kaum von der Stelle und wird am 18. im Sternbild Steinbock stationär. Anschließend bewegt er sich wieder rechtläufig durch den Tierkreis, was zunächst kaum auffällt. Der Riesenplanet tritt fast auf der Stelle (siehe Abb. 8.2 auf Seite 175). Mit seinem zweiten Stillstand in diesem Jahr beendet der Riesenplanet seine Oppositionsperiode. Dies wird auch an der von $-2^{m}{,}7$ auf $-2^{m}{,}5$ abfallenden Helligkeit deutlich. Dennoch bleibt Jupiter einer der Glanzpunkte am Nachthimmel. Von Saturn hat Jupiter 15° Abstand, weniger als in den Monaten zuvor und in den kommenden 18 Jahren.

Aus der zweiten Nachthälfte zieht sich der Riesenplanet zurück. Am 1. geht er um 2^h12^m (= 3^h12^m MESZ) und am 15. um 1^h14^m unter. Am 31. sinkt er bereits um 0^h13^m unter die südwestliche Horizontlinie. Sorgfältige Fernrohrbeobachter registrieren den Rückgang des scheinbaren Äquatordurchmessers von $46''{,}3$ auf $42''{,}2$.

Am 15. erhält der Riesenplanet Besuch vom zunehmenden Mond (siehe Abb. 10.1 auf Seite 212 und Mondlaufgrafik auf Seite 215).

SATURN wird am 11. im Steinbock stationär und beendet damit seine Rückläufigkeit. An-

10.7 Stellung von Venus über dem Westhorizont jeweils eine Stunde nach Sonnenuntergang. Die Zahlen geben die Venusposition zum jeweiligen Monatsersten an (7 = 1. Juli).

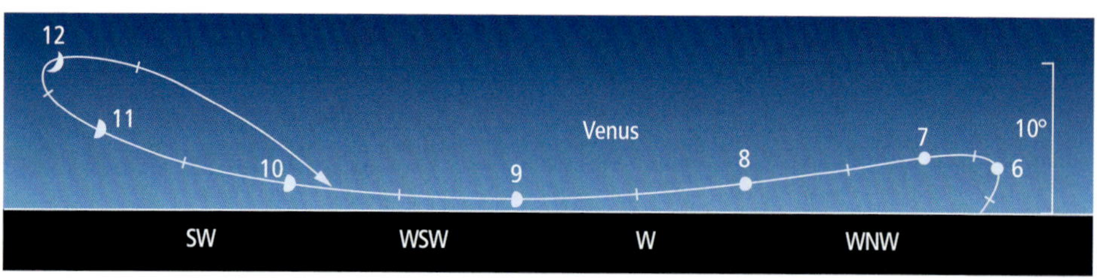

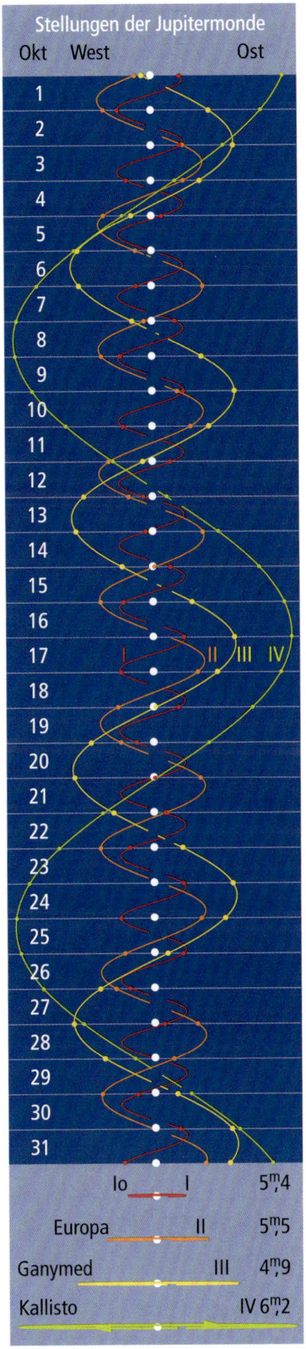

JUPITERMONDE

Tag	MEZ h m	Vorgang	
2.	18 55	II	VE
4.	19 20	III	DE
	19 53	III	SA
	22 25	IV	SE
	23 28	III	SE
5.	23 29	I	BA
6.	20 46	I	DA
	21 49	I	SA
	23 04	I	DE
7.	21 17	I	VE
	21 35	II	DA
9.	21 33	II	VE
11.	19 20	III	DA
	22 56	III	DE
	23 54	III	SA
12.	22 02	IV	BE
13.	22 36	I	DA
14.	19 45	I	BA
	23 12	I	VE
15.	19 21	I	DE
	20 31	I	SE
16.	18 54	II	BA
18.	18 24	II	SE
	23 02	III	DA
21.	21 36	I	BA
22.	18 56	I	DA
	20 10	I	SA
	21 13	I	DE
	21 30	III	VE
	22 26	I	SE
23.	19 36	I	VE
	21 24	II	BA
25.	18 12	II	SA
	18 31	II	DE
	21 00	II	SE
29.	20 19	III	BE
	20 48	I	DA
	21 56	III	VA
	22 06	I	SA
	22 27	IV	VA
30.	21 32	I	VE
31.	18 51	I	SE

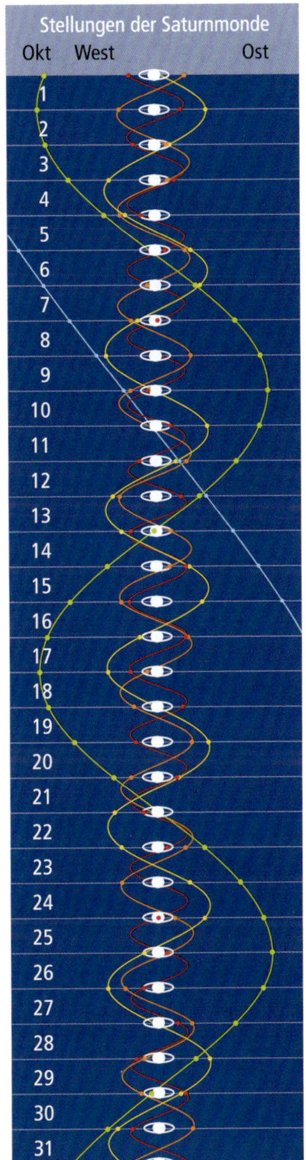

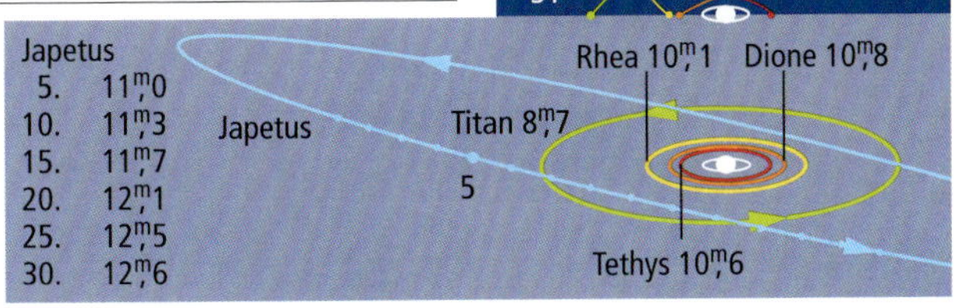

schließend wandert er wieder rechtläufig durch den Tierkreis, wobei er zunächst kaum vom Fleck kommt (siehe Abb. 8.2 auf Seite 175). Mit seinem zweiten Stillstand in diesem Jahr beendet der Ringplanet seine Oppositionsperiode. Die Saturnhelligkeit sinkt weiter leicht um $0\overset{m}{,}1$ ab. Seine Untergänge verlagert Saturn in die Zeit vor Mitternacht, er wird zum Planeten der ersten Nachthälfte. Am 1. geht der Ringplanet um 0^h44^m (= 1^h44^m Sommerzeit) unter und am 15. um 23^h44^m. Am 31. sinkt der $0\overset{m}{,}6$ helle Saturn bereits um 22^h44^m unter die südöstliche Horizontlinie.

Der zunehmende Halbmond kommt am 14. bei Saturn vorbei. Es ergibt sich ein netter Himmelsanblick: Das Dreigestirn Saturn – Mond – Jupiter ist am Abend gegen 19^h über dem Südhorizont zu sehen (siehe Abb. 10.1 auf Seite 212).

URANUS, rückläufig im Widder, nähert sich seiner Oppositionsstellung zur Sonne, die er Anfang nächsten Monats erreicht. Inzwischen ist er bereits Planet der gesamten Nacht. Eine Stunde nach seinem Aufgang lohnt es sich, nach dem grünlichen Planeten Ausschau zu halten. Am 1. geht Uranus um 19^h02^m auf und am 15. um 18^h06^m. Am Monatsende steigt der $5\overset{m}{,}7$ helle Uranus schon um 17^h02^m über die östliche Horizontlinie. Die günstigste Beobachtungszeit ist die Stunde um seine Kulmination. Sie erfolgt am 1. um 2^h27^m, am 15. um 1^h30^m (= 2^h30^m MESZ) und am 31. bereits um 0^h25^m. Die Aufsuchkarte für Uranus (Abb. 11.2) findet man auf Seite 235. Am 21. zieht der Vollmond an Uranus vorbei, wodurch das Auffinden erschwert wird.

KONSTELLATIONEN UND EREIGNISSE

Datum	MEZ	Ereignis
3.	2^h	Venus im Aphel
6.	11	Mond bei Mars, Mond $3\overset{\circ}{,}6$ nördlich
6.	14	Pluto im Stillstand, anschließend rechtläufig
6.	19	Mond bei Merkur, Mond $6\overset{\circ}{,}9$ nördlich
8.	5	Mars in Konjunktion mit der Sonne
9	9	Merkur bei Mars, Merkur $2\overset{\circ}{,}9$ südlich
9.	17	Merkur in unterer Konjunktion mit der Sonne
9.	20	**Mond bei Venus**, Mond $2\overset{\circ}{,}9$ nördlich, **Abstand $2\overset{\circ}{,}6$ um 18^h**
11.	3	Saturn im Stillstand, anschließend rechtläufig
14.	8	Mond bei Saturn, Mond $3\overset{\circ}{,}9$ südlich
15.	11	**Mond bei Jupiter**, Mond $4\overset{\circ}{,}1$ südlich, **Abstand $5\overset{\circ}{,}5$ um 18^h**
17.	15	Mond bei Neptun, Mond $4\overset{\circ}{,}1$ südlich
18.	2	Merkur im Stillstand, anschließend rechtläufig
18.	12	Jupiter im Stillstand, anschließend rechtläufig
20.	0	Merkur im Perihel
21.	23	**Mond bei Uranus**, Mond $1\overset{\circ}{,}3$ südlich, **Abstand $1\overset{\circ}{,}8$ um 24^h**
25.	7	**Merkur in größter westlicher Elongation** (18°)
29.	22	**Venus in größter östlicher Elongation** (47°)

NEPTUN stand Mitte des Vormonats in Opposition zur Sonne. Der sonnenfernste Planet wandert rückläufig durch das Sternbild Wassermann (siehe Abb. 9.4 auf Seite 199). Vom Morgenhimmel zieht sich Neptun zurück. Am 1. erfolgt der Neptununtergang um 4^h52^m (= 5^h52^m MESZ), am 15. um 3^h55^m und am Monatsende schon um 2^h50^m. Jeweils ab zwei Stunden vor dem Untergang wird man auf das Aufsuchen verzichten. Seine Kulminationen verlegt der bläuliche Planet in die Abendstunden.

Am 1. passiert er um 23^h07^m (= 0^h07^m MESZ am 2.) den Meridian, am 15. um 22^h10^m und am 31. bereits um 21^h06^m.

PLANETOIDEN UND ZWERGPLANETEN

PLUTO kommt am 6. im Schützen zum zweiten Mal in diesem Jahr zum Stillstand und beendet damit seine diesjährige Oppositionsperiode. Anschließend ist er wieder rechtläufig (siehe Abb. 7.6 auf Seite 156).

CERES (1) kommt am 8. im Sternbild Stier zum Stillstand und wandert anschließend rückläufig auf Aldebaran zu, an dem sie Anfang November knapp südlich vorbeiläuft (siehe Abb. 11.3 auf Seite 236). Mit ihrer Bewegungsumkehr beginnt für Ceres die Oppositionsperiode. Im Gegenschein zur Sonne steht Ceres Ende nächsten Monats. Die kommende Opposition lässt sich auch an der deutlichen Helligkeitszunahme von Ceres von $8^m,3$ auf $7^m,6$ erkennen.

Am 1. geht Ceres um 20^h58^m auf und kulminiert um 4^h25^m. Mitte des Monats steigt Ceres bereits um 20^h02^m (= 21^h02^m MESZ) über die östliche Horizontlinie und passiert um 3^h30^m den Meridian. Ende Oktober erfolgt der Ceresaufgang schon um 18^h52^m und die Meridianpassage um 2^h21^m.

PERIODISCHE STERNSCHNUPPENSTRÖME

Die **DELTA-DRACONIDEN**, auch **OKTOBER-DRACONIDEN** genannt, sind ein temporärer Strom, dessen Radiant im Sternbild des Drachen etwa 3° östlich von δ Draconis liegt. Der Radiant liegt somit in unmittelbarer Zenitnähe bei seiner Kulmination. Die Oktober-Draconiden führen ihren Ursprung auf den Kometen 21P/Giacobini-Zinner zurück, weshalb dieser Meteorstrom auch **GIACOBINIDEN** heißt. Vom 4. bis 8. Oktober passiert die Erde relativ nahe den absteigenden Knoten der Bahn des Kometen 21P. Seine Umlaufzeit beträgt 6,5 Jahre. Das Maximum erreicht dieser Strom am 8. abends, wobei stets wechselnde Raten zu registrieren sind. Die Meteorhäufigkeit schwankt von Jahr zu Jahr erheblich. Im Jahre 2011 gab es eine Häufigkeit von 400 Sternschnuppen pro Stunde. Auch 2012 war eine verstärkte Aktivität zu verfolgen, wobei aber helle Meteore weitgehend fehlten. Auch 2018 war die stündliche Zenitrate bei 100 Sternschnuppen. Die Meteore treffen die irdische Atmosphäre mit 21 km/s Geschwindigkeit.

Von Anfang Oktober bis in die erste Novemberwoche sind die **ORIONIDEN** aktiv, deren Ursprung auf den Halleyschen Komet deutet. Mit dem Maximum ist am 21. Oktober zu rechnen, wobei etwa 20 Meteore pro Stunde zu erwarten sind. Leider stört diesmal Mondlicht. Die Breite des Stromes ist recht ausgedehnt, so dass die Orioniden vom 1. Oktober bis 7. November auftreten. Der Radiant liegt etwa 10° nordöstlich von Beteigeuze. Es handelt sich bei den Orioniden um sehr schnelle Objekte (um 65 Kilometer pro Sekunde).

Die Frequenz ist von Jahr zu Jahr verschieden. Im Jahre 2010 flammten im Maximum am 21. Oktober gegen 10^h MEZ innerhalb einer Stunde um die 40 Sternschnuppen auf. In den Jahren 2006 bis 2009 durchquerte die Erde Bereiche, in denen Meteoroide durch Jupiters Gravitationseinfluss konzentriert waren und auffallend hohe Raten verursachten. Auch in den Tagen vor dem Maximum wurden erhöhte Raten beobachtet.

Die beste Beobachtungszeit, um die Orioniden zu verfolgen, ist die Zeit von Mitternacht bis 5^h morgens.

Als zwei weitere, wenig bedeutende Meteorströme sind die **EPSILON-GEMINIDEN** und die **LEO-MINORIDEN** zu erwähnen. Die Epsilon-Geminiden liefern nur rund drei Meteore pro Stunde. Sie tauchen vom 14. bis 27. auf, wobei das Maximum auf den 18. fällt. Die Leo-Minoriden wiederum erscheinen vom 19. bis 27. Oktober. Ihr bescheidenes Maximum ist am 24. zu erwarten. Die Fallrate liegt ebenfalls im einstelligen Bereich.

Aus dem Bereich Aries-Taurus sind die **NÖRDLICHEN** und die **SÜDLICHEN TAURIDEN** zu verfolgen, die vom Kometen 2P/Encke stammen.

VERÄNDERLICHE STERNE

Algol-Minima		β-Lyrae-Minima		δ-Cepheï-Maxima		Mira-Helligkeit	
6.	3^h21^m	4.	22^h N	1.	7^h	1.	4^m
9.	0 10	11.	10 H	6.	16	10.	4
11.	21 00	17.	21 N	12.	0	20.	4
26.	5 02	24.	8 H	17.	9	31.	5
29.	1 51	30.	19 N	22.	18		
31.	22 41			28.	3		

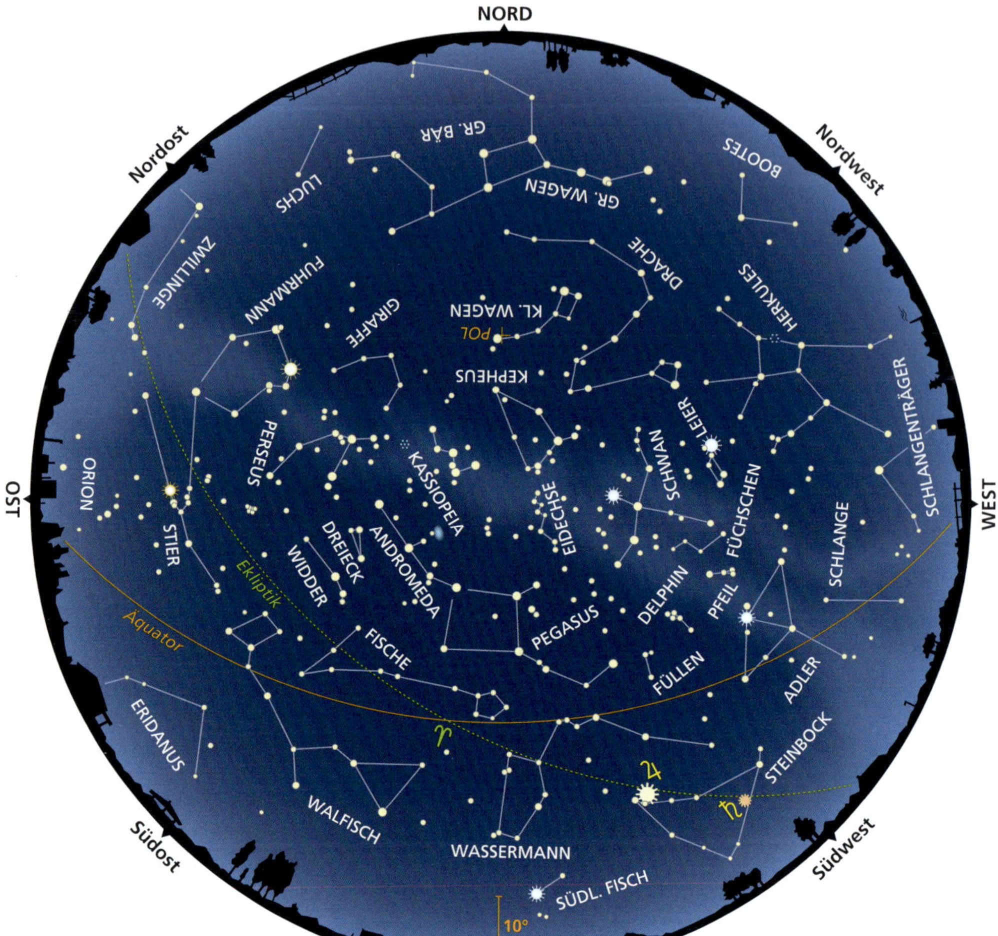

DER STERNENHIMMEL AM 15. OKTOBER UM 22h MEZ

Die Sternkarte ist auch gültig für:

	MEZ	MESZ
1. 8.	3h	4h
15. 8.	2	3
1. 9.	1	2
15. 9.	0	1
1.10.	**23**	**24**
15.10.	**22**	**23**
31.10.	**21**	
15.11.	20	
30.11.	19	
15.12.	18	

Der Himmelsanblick wird von der Andromeda-Gruppe charakterisiert. Diese Sternbildergruppe, die fast den gesamten Osthimmel einnimmt, setzt sich aus den Bildern Kassiopeia, Kepheus, Andromeda, Pegasus, Perseus und Cetus (Walfisch) zusammen. Zwar sind diese Herbstbilder längst nicht so hell wie die leuchtkräftigen Wintersternbilder, denn es fehlen Sterne erster Größenklasse. Aber sie haben ihren eigenen Reiz und sind mit Ausnahme des Cetus alle verhältnismäßig leicht auszumachen.

In der westlichen Himmelshälfte dominiert noch das Sommerdreieck. Arktur im Bootes ist schon untergegangen. Auch der ausgedehnte und lichtschwache Herkules nähert sich dem Nordwesthorizont.

10.8 Vom Herbstviereck (Pegasusquadrat) ausgehend findet man schnell die Kassiopeia, den Polarstern, Deneb und Fomalhaut, Hauptstern des Sternbildes Südlicher Fisch.

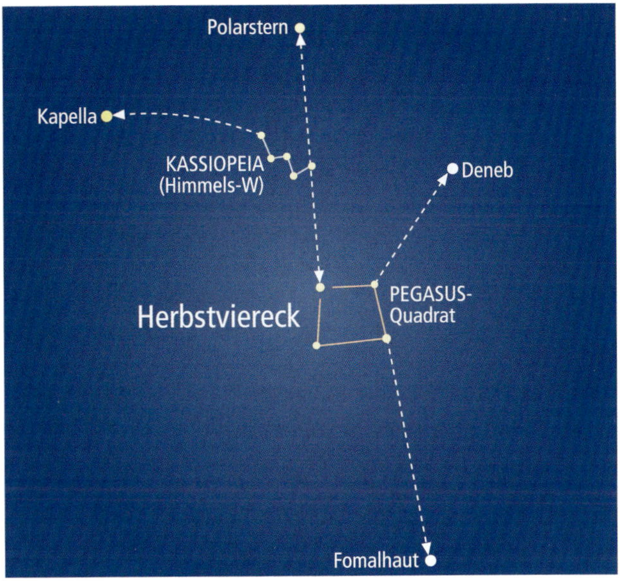

Die charakteristische Sternenfigur des Himmels-Ws, die Kassiopeia, steht zurzeit hoch über dem Beobachter, fast im Zenit. Die mittlere Spitze des Ws deutet ungefähr in Richtung des Polarsterns. Verlängert man diese Sichtlinie zum Nordhorizont hinunter, so trifft man auf den Großen Wagen, der jetzt seine tiefste Stellung knapp über dem Nordhorizont einnimmt. Deshalb ist er an Herbstabenden auch nicht so leicht zu entdecken.

Zwischen Polarstern und Zenit nimmt der Kepheus seinen Platz ein. König Kepheus ist der Gemahl der Kassiopeia. Im Gegensatz zur Kassiopeia ist die Figur des Kepheus nicht so leicht zu erfassen. Kassiopeia und Kepheus sind die Eltern der Prinzessin Andromeda, die jetzt ebenfalls am Herbsthimmel vertreten ist. Die Andromeda ist als Sternenkette südlich der Kassiopeia leicht zu erkennen. Die Sternenkette hängt gewissermaßen am Pegasusquadrat, dem Herbstviereck.

Der Pegasus nimmt hoch im Süden seinen Platz ein. Das markante Sternenquadrat des Pegasus ist leicht zu erkennen. Die westliche Kante markiert zur Standardbeobachtungszeit ziemlich genau den Himmelsmeridian. Zum Pegasus gehört noch sein Kopf mit der Nase, der den Meridian schon passiert hat.

Der heldenhafte Retter der Andromeda, der Perseus, mit dem Schwert in der einen und dem abgeschlagenen Haupt der Medusa in der anderen Hand, gehört ebenfalls zu den Herbstbildern. Perseus steht jetzt hoch im Osten zwischen der Andromeda und dem Hauptstern im Fuhrmann, der gelblichen Kapella, die unübersehbar im Nordosten strahlt.

Am schwierigsten zu identifizieren von den Bildern um die Andromedasage ist sicher der Walfisch, lateinisch Cetus genannt. Der Cetus ist das schreckliche Meeresungeheuer vor der Küste Äthiopiens, dem die Prinzessin Andromeda geopfert werden soll. Zum Glück eilt Perseus mit seinen Flügelschuhen durch die Lüfte herbei und tötet den Cetus, indem er ihm das abgeschlagene Medusenhaupt präsentiert. Augenblicklich erstarrt der Cetus beim fürchterlichen Anblick der Medusa zu Stein.

Im Walfisch findet sich unter anderem der berühmte veränderliche Stern Mira (ο Ceti), ein langperiodischer Pulsationsvariabler, dessen Helligkeitsdaten unter der monatlichen Rubrik „Veränderliche Sterne" verzeichnet sind.

Nördlich des Cetus und südlich von Andromeda und Pegasus sind die beiden Fische beheimatet. Als Tierkreisbild sind sie wohlbekannt, am Himmel entdeckt man sie nicht so leicht, da sie nur aus lichtschwächeren Sternen gebildet werden und deshalb am Firmament kaum auffallen. Vor allem beim aufgehellten Nachthimmel in unseren Städten und Siedlungen sind

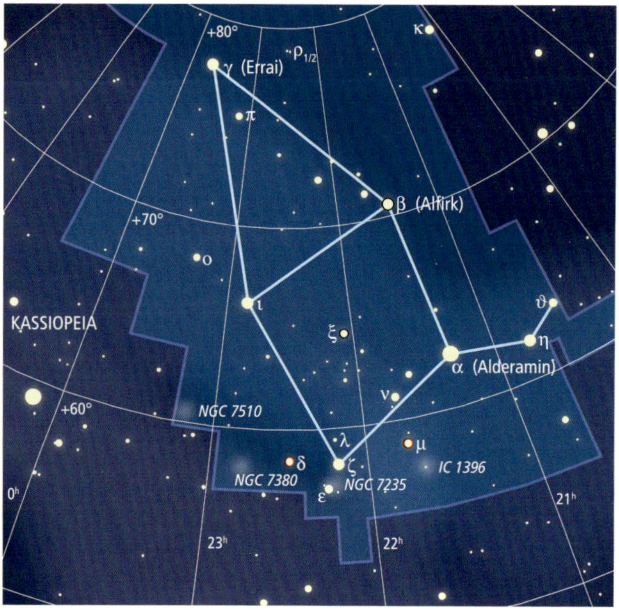

10.9 Das Sternbild Kepheus.

die Sterne der Fische mit bloßen Augen kaum mehr zu sehen.

Tief im Osten kündet der eben aufgegangene Stier (lat.: Taurus) vom nahen Winter. Außer Aldebaran, dem Hauptstern des Stieres (α Tauri), fällt noch das Siebengestirn, der offene Sternhaufen der Plejaden, auf.

Knapp über dem Südhorizont, noch in Meridiannähe, funkelt ein Stern erster Größe. Es handelt sich um Fomalhaut im Sternbild Südlicher Fisch (lat.: Piscis Austrinus). Der Name Fomalhaut kommt aus dem Arabischen und heißt so viel wie „Maul des Fisches".

Wer war Al Sufi?

Während Astronomen wie Aristarch, Eratosthenes, Ptolemaios, Kopernikus, Galilei und Kepler zumindest in astronomisch interessierten Kreisen wohlbekannt sind, so ist es Al Sufi offensichtlich nicht. Viele haben diesen Namen noch nie gehört. Selbst in Büchern, die sich mit der Geschichte der Astronomie befassen, sucht man häufig diesen Namen vergeblich.

Al Sufi war eine herausragende Persönlichkeit und einer der neun prominenten arabisch-muslimischen Astronomen. Die arabische Astronomie erreichte im 9. bis 11. Jahrhundert ihre Hochblüte. Historiker sprechen gerne vom „goldenen Zeitalter der arabischen Astronomie". Ohne die Übersetzungen der Araber wären die astronomischen Texte und Sternkarten der Antike wohl verloren gegangen, denn im westlichen Mittelalter beschäftigte man sich mit wenigen Ausnahmen kaum mit den klassischen griechischen Schriften zur Himmelskunde.

Abu al-Husayn Abd Al-Rahman ibn Umar al Sufi – so sein vollständiger Name – wurde in Rey (auch Rayy nahe Teheran) im damaligen Herrschaftsgebiet der Buyied-Dynastie in Persien (heute Iran) am 7. Dezember 903 geboren. Der Namenszusatz „Al Sufi" bedeutet so viel wie „der Weise". Bei der in der westlichen Welt üblichen mittelalterlichen Latinisierung der Namen wurde daraus „Azophi".

Al Sufi lebte am Hofe des Emir Adud ad-Daula in Isfahan (Persien), wo er sich neben seinen eigenen Beobachtungen vornehmlich mit dem Studium der antiken astronomischen Texte der griechischen Gelehrten befasste. Unter anderem bearbeitete er die Übersetzung des Hauptwerkes von Klaudios Ptolemaios (85–160 n. Chr.) Συνταξέως μεγίστη τῆς μαθηματικῆς („Große Zusammenstellung des Wissens"). Dieses Buch von Ptolemaios wurde in der westlichen Welt erst in der arabischen Bezeichnung *Almagest*

Wikipedia/Museum of Islamic Art, Doha

10.10 Al Sufis Buch der Fixsterne, erschienen im Jahre 964 in arabischer Sprache.

bekannt, nachdem es abermals aus dem Arabischen ins mittelalterliche Latein übersetzt worden war.

Das Buch der Fixsterne

Al Sufis Hauptwerk erschien 964 in arabischer Sprache unter dem Titel *Kitab al-Kawatib al-Thabit al Musawwar*, das *Buch der Fixsterne*, ein Sternkatalog mit figürlichen Darstellungen der Sternbilder. Es gilt heute als Zwischenglied vom Sternkatalog des Ptolemaios aus dem Jahre 138 n. Chr. und dem von Ulugh Beg von 1437. Für jeden Stern vermerkt Al Sufi seine Position, Helligkeit und Farbe, wobei fast die Hälfte der Sterne im Vergleich zu Ptolemaios neue Werte erhielten. Al Sufi nahm eine Neubestimmung der Koordinaten von 1025 Sternen aus dem Katalog von Ptolemaios vor, wobei er auch die Präzession des Frühlingspunktes berücksichtigte, in dem er zu den ekliptikalen Längen jeweils 12°42′ addierte, um sie auf das 10. Jahrhundert umzurechnen. Die ekliptikalen Breiten der Sterne sind nicht wegen der Erdpräzession zu korrigieren, sie bleiben unverändert. Al Sufi fügte aus eigenen Beobachtungen weitere Sterne in seinem Katalog hinzu ohne sie allerdings in die klassischen Sternkarten von Ptolemaios einzutragen. Al Sufi teilte die 48 von Ptolemaios aufgeführten Sternbilder in drei Gruppen ein: 21 Bilder gehören zur Gruppe nördlich des Tierkreises, 12 bilden den Tierkreis und 15 befinden sich südlich des Tierkreises.

Al Sufi erstellte für jede figürliche Darstellung eines Sternbildes zwei Zeichnungen, je eine Zeichnung, wie der irdische Betrachter das Sternbild am Himmel sieht, und eine seitenverkehrte Darstellung für Himmelsgloben, bei denen der Betrachter von „außerhalb" die Welt der Sterne sieht.

Bei der figürlichen Darstellung nahm Al Sufi eine detaillierte Neubestimmung vor, bei der er auch Sternbilderbeschreibungen aus dem baby-

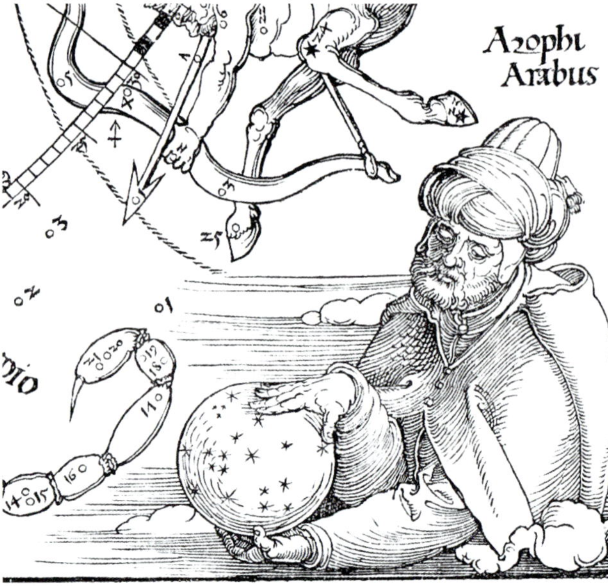

10.11 Al Sufi in einer Darstellung auf der Sternkarte von Albrecht Dürer aus dem Jahr 1515.

lonischen und ägyptischen Kulturkreis berücksichtigte. Dies war nicht ganz einfach, gab es doch keine eindeutigen Sternbildergrenzen. Viele Bilder überlappten sich, Bezeichnungen und Darstellungen variierten erheblich.

Die Namen der Sterne

Seine Sternbildfiguren wurden in der arabisch-islamischen Astronomie zum Standard. Noch größer ist der Einfluss seiner Benennung hellerer Sterne. Noch heute sind die ursprünglichen arabischen Namen für die hellen Sterne in Gebrauch, wenn auch durch Übersetzungen vornehmlich ins Lateinische sowie durch Schreib- und Überlieferungsfehler so manche Bezeichnungen verändert oder gar verballhornt wurden. Einige Beispiele seien genannt:

Beteigeuze (α Orionis), der östliche Schulterstern des Himmelsjägers, hieß im Arabischen ursprünglich yad al-jouza, was so viel wie Achsel der Frau bedeutet. Orion wurde demnach nicht als Jäger oder gar Krieger angesehen, sondern als eine Frauengestalt. Daraus wurde durch eine Verwechslung des Buchstabens y mit einem b, die in der arabischen Schrift ähnlich aussehen, bat el-jouze ohne Bedeutungsänderung. Später nannte man α Ori dann bed al-geuze, woraus die heute international auf IAU-Beschluss genormte Bezeichnung Betelgeuse wurde. Durch einen Schreibfehler im Sternatlas *Uranometria* von Johannes Bayer aus dem Jahre 1603 wurde aus einem „l" ein „i" und Betelgeuse wurde zu Beteigeuze. Schreibfehler verbreiten sich hartnäckig, und so blieb es in deutschsprachigen Werken bei Beteigeuze für α Ori. Ein anderer arabischer Name für α Ori lautet mankib al-jabbar, die Schulter des Riesen, weshalb Beteigeuze heute als Schulter des Riesen gedeutet wird und in Folge dann als Jäger oder Krieger, obwohl die ursprüngliche Bedeutung für Betelgeuse weder Schulter noch eine männliche Gestalt bezeichnet.

Rigel (β Orionis) – arabisch riil al-jauza, Fuß der Frau

Algol (β Perseï) – ras al ghoul, Haupt der Ghoul, ein bei den Arabern weiblicher Dämon. Schon die Griechen sahen in β Per das von Perseus abgeschlagene Haupt der Gorgo Medusa. Dieses Gorgonenhaupt half Perseus, den Cetus zu besiegen und die Andromeda zu retten.

Aldebaran (α Tauri) – ad-dabaran, derjenige, der nachfolgt (nämlich dem Siebengestirn, den Plejaden)

Wega, offiziell Vega (α Lyrae) – al nasr al waqi, der herabstürzende Adler (auf seine Beute)

Sheliak (β Lyrae) – al-salbaq, die Harfe

Atair, offiziell Altair (α Aquilae) – al-nasr al-tair, der fliegende Adler

Deneb (α Cygni) – dhanab al-dajaja, der Schwanz der Henne

Denebola (β Leonis) – dhanab al-asad, Schwanz (Schwänzchen) des Löwen

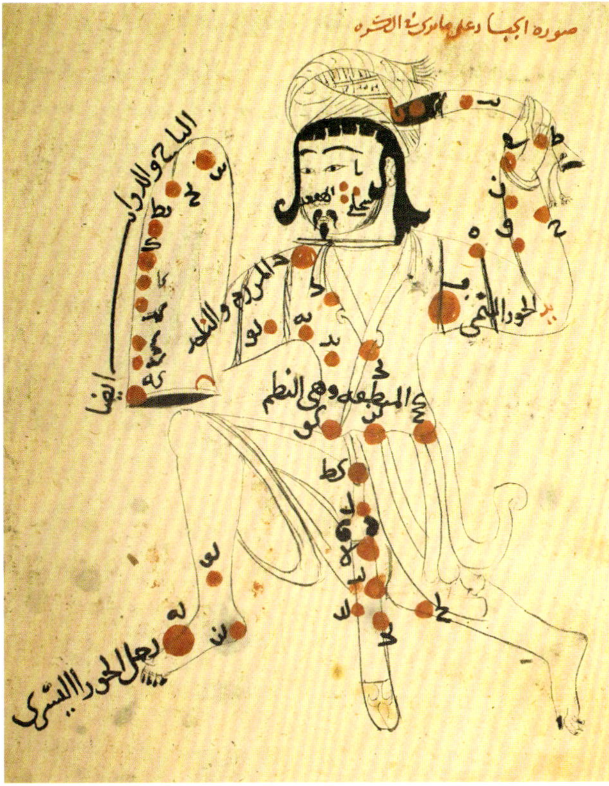

10.12 Das Sternbild Riesin (Orion) im Buch der Fixsterne von Al Sufi.

Staatsbibliothek zu Berlin

Algieba (γ Leonis) – al-jabha al-asad, Stirn des Löwen

Alkor (80 UMa) und Mizar (ζ UMa) sind nicht arabischen Ursprungs, obwohl dies gelegentlich behauptet wird.

Aufmerksamer Beobachter

Al Sufi beschrieb als Erster in seinem Buch der Fixsterne den „Nebelfleck vor dem Maul des großen Fisches", nämlich M 31 in der Andromeda. Wiederentdeckt wurde der Andromedanebel von dem fränkischen Astronomen Simon Marius im Jahre 1612. Er entdeckte M 31 unabhängig, denn damals kannte man in Europa noch nicht Al Sufis Buch der Fixsterne. Auch die Große Magellansche Wolke findet sich in Al Sufis Sternkatalog. Mit den Umgebungssternen wurde dieser Asterismus al-baquar-al-abyard genannt, der „Weiße Bulle". Von Isfahan (ϕ = 32,°7) ist die Große Magellansche Wolke (LMC) nicht zu sehen, aber vom südlichen Jemen aus schon.

Im Sternbild Vulpecula (Füchschen) beschreibt er ein weiteres „nebeliges Gebilde", Al Sufis oder Brocchis Sternhaufen, heute als Collinder 399 bekannt.

Al Sufi behauptete auch, Sirius (α Canis Maioris) habe nie seine bläulich-weiße Farbe geändert, obwohl Seneca in Rom von einem rötlichen Stern berichtete.

In seinem Sternkatalog benutzte Al Sufi mehr Helligkeitsstufen als Ptolemaios, die er durch eigene Beobachtung herausfand. Ferner bestimmte er die Länge des tropischen Jahres genauer als bis dato bekannt war. Er beschrieb, welche Beobachtungen mit einem Astrolabium möglich sind und wie ein solches astronomisches Messgerät zu benutzen ist.

Auch bestimmte er die Schiefe der Ekliptik zu 23°35′, ein besserer Wert als der von Ptolemaios (23°51′), und die Länge eines Breitengrades zu 56,3 arabischen Meilen. Eine arabische Meile war knapp zwei Kilometer lang.

Giuseppe Piazzi, Entdecker des ersten Planetoiden (Ceres), übernahm rund hundert arabische Sternnamen in seinem Palermo-Sternkatalog von 1814, die fast unverändert heute noch im Gebrauch sind.

ARABISCHE ZIFFERN

0	1	2	3	4	5	6	7	8	9
٠	١	٢	٣	٤	٥	٦	٧	٨	٩

Nicht nur die Namen der meisten hellen Sterne sind arabischen Ursprungs, auch etliche Koordinatenbezeichnungen gehen auf die arabische Astronomie zurück: Azimut (Winkel in der Horizontebene), Almukantarat (Höhenparallelkreis), Nadir (Fußpunkt) und Zenit (Scheitelpunkt).

Im für damalige Zeiten biblischen Alter von 83 Jahren stirbt Al Sufi am 25. Mai 986 in Shira, Provinz Buyied (Persien). Zu Ehren von Al Sufi wurde ein Mondkrater Azophi benannt. Er liegt bei 12,°7 östlicher selenografischer Länge und 22,°1 südlicher selenografischer Breite. Sein Durchmesser beträgt 47 Kilometer. Die höchste Erhebung des Ringwalls misst 3730 Meter. Im Nordwesten grenzt er an den fast gleich großen Krater Abenezra, mit dem er ein Stück Ringwall gemeinsam hat. Auch der Kleinplanet Nr. 12621 wurde Azophi getauft. Er wurde am 24. September 1960 auf dem Palomar-Observatorium von Cornelius Johannes van Houten und Ingrid van Houten-Groenefeld entdeckt. Planetoid (12621) läuft in einem mittleren Abstand von 465 Millionen Kilometer (= 3,106 AE) in 2000 Tagen (= 5,48 Jahren) mitten im Planetoidengürtel um die Sonne, wobei die Bahn nur 2,°43 zur Ekliptik geneigt ist.

Goldenes Zeitalter der Astronomie

Der Aufstieg der islamisch-arabischen Astronomie begann im 9. Jahrhundert mit Al-Mamun (786–833), der in Bagdad das Haus der Wissenschaft mit großer Bibliothek gründete. Er war Sohn und Nachfolger von Kalif Harun al-Raschid (763–809), der wohl als Erster das Hauptwerk von Ptolemaios ins Arabische übersetzen ließ.

Initialzündung für die arabische Wissenschaft war vermutlich der Empfang indischer Gelehrter 773 am Hofe von Kalif Almanson. Von den Indern lernten die Araber Sternbilder kennen, wie man die Positionen von Gestirnen misst und Finsternisse berechnet. Sie übernahmen das Stellenwertsystem zur Zahlendarstellung und den Begriff der Zahl Null.

Alkhawarizmi (geb. um 780, gest. 850 in Bagdad) stellte zu Beginn des 9. Jahrhunderts die ersten astronomischen Tafeln mit dem dekadischen Stellenwertsystem und mit den „arabischen Ziffern" zusammen und nicht mit den früher üblichen römischen Ziffern. Inzwischen benutzt man weltweit die arabischen Ziffern, wenn auch in

Staatsbibliothek zu Berlin

10.13 Das Sternbild „Die Gefesselten" (Andromeda) mit Fisch.

leichter Abwandlung (siehe Tabelle auf Seite 227). In vielen arabischen Ländern werden heute noch die klassischen arabischen Zahlzeichen benutzt.

Einer der profiliertesten arabischen Astronomen war Muhammed ibn Jabir ibn Sinan abu-Abdullah al-Battani mit dem lateinischen Namen Albategnius, geboren 858 in Harran, Südanatolien (heute Türkei), gestorben 929 in Samarra (Irak).

Auch er übersetzte zahlreiche astronomische Texte der Griechen und bearbeitete den Sternkatalog von Ptolemaios. Ferner übersetzte er Ptolemaios Werk *Tetrabiblios* („Vier Bücher"). Er verfasste ein astronomisches Standardwerk mit zahlreichen Tafeln. Sein Vater Jabir ibn Sinan al-Harrani war ein geschätzter Instrumentenbauer. Al-Battani bestimmte präzise die Schiefe der Ekliptik zu 23°35′. Der damalige Wert betrug exakt 23°35′06″. Ferner maß er die numerische Exzentrizität der Erdbahn (für ihn noch „Sonnenbahn") zu 1/60, was dem tatsächlichen Wert von 0,01671 erstaunlich nahekommt.

Auch Albategnius wurde mit einem Mondkrater bedacht. Er liegt nahe der Mondmitte (4,°1 östliche Länge und 11,°2 südliche Breite) und ist mit 136 Kilometer Durchmesser eines der größten Ringgebirge auf dem Mond.

Es ist den arabischen Astronomen hoher Respekt für ihre hervorragenden Leistungen zu zollen. Vor allem aber ist es ihnen zu verdanken, dass durch ihre Übersetzungen die astronomischen Schriften aus der Antike erhalten geblieben sind und uns somit überliefert wurden.

LRO/NASA/GSFC/Arizona State University

10.14 Der Mondkrater Azophi (unten).

Staatsbibliothek zu Berlin

10.15 Das Sternbild Kassiopeia im Buch der Fixsterne von Al Sufi.

November 2021

- Venus ist in der Abenddämmerung tief am Südwesthimmel zu erspähen.
- Jupiter und Saturn sind am Abendhimmel zu sehen.
- Merkur kann noch in der ersten Novemberwoche am Morgenhimmel aufgefunden werden.
- Mars bleibt weiterhin unsichtbar.
- Uranus kommt am 5. in Sternbild Widder in Opposition zur Sonne.

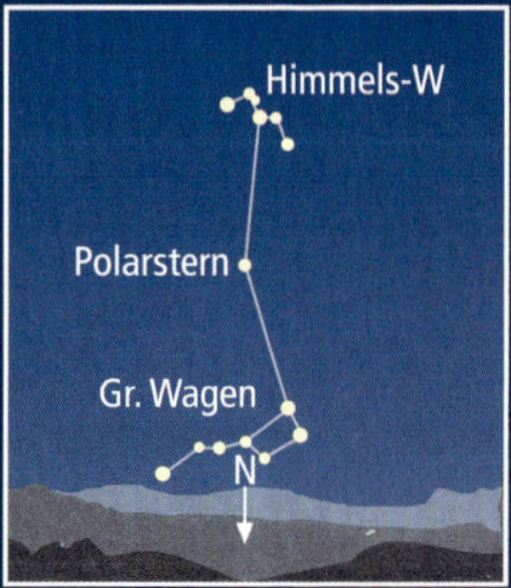

Großer Wagen und Himmels-W Anfang November um 22 Uhr

11.1 Himmelsanblick am 8. November gegen 18^h MEZ. Tief am Südhimmel sind Jupiter und Saturn zu sehen. Knapp über dem Horizont stehen Venus und die Sichel des zunehmenden Mondes.

1	Mo	Allerheiligen
2	Di	
3	Mi	
4	Do	Neumond
5	Fr	
6	Sa	
7	So	
8	Mo	Mond bei Venus – abends
9	Di	
10	Mi	Mond bei Saturn – abends
11	Do	Erstes Viertel Mond bei Jupiter – abends
12	Fr	
13	Sa	
14	So	
15	Mo	
16	Di	
17	Mi	Buß- und Bettag
18	Do	
19	Fr	Vollmond
20	Sa	
21	So	Totensonntag
22	Mo	
23	Di	
24	Mi	Mond bei Pollux – morgens
25	Do	
26	Fr	
27	Sa	Letztes Viertel
28	So	1. Advent
29	Mo	
30	Di	

SONNE – STERNBILDER

22. 11. 3^h:
Sonne tritt in das Tierkreiszeichen Schütze
23. 11. 11^h:
Sonne tritt in das Sternbild Skorpion
29. 11. 24^h:
Sonne tritt in das Sternbild Schlangenträger
Julianisches Datum am
1. November, 1^h MEZ: 2459519,5

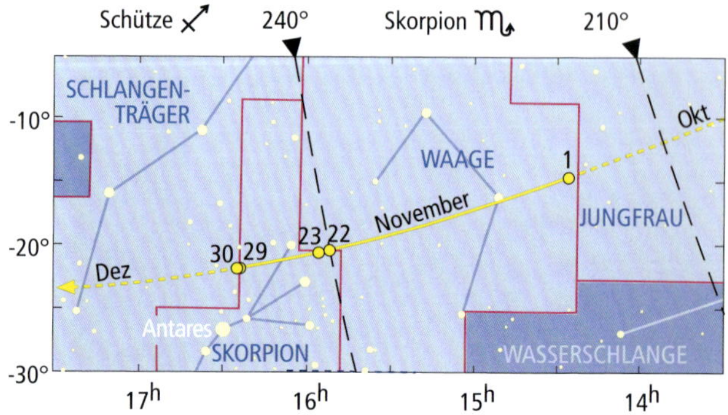

SONNENLAUF

Tag	Dämmerg. Anfang	Aufgang MEZ	Kulmination	Untergang MEZ	Dämmerg. Ende	Mittagshöhe	Zeitgleichg.	Rektaszension	Deklination
	h m	h m	h m	h m	h m	°	m	h m	°
1.	5 58	7 10	12 04	16 57	18 09	25,4	+16	14 24	−14,3
5.	6 04	7 17	12 04	16 50	18 03	24,2	+16	14 40	−15,6
10.	6 11	7 25	12 04	16 42	17 56	22,7	+16	15 00	−17,1
15.	6 18	7 33	12 05	16 36	17 51	21,4	+15	15 20	−18,4
20.	6 25	7 41	12 06	16 30	17 46	20,2	+14	15 41	−19,6
25.	6 31	7 48	12 07	16 25	17 42	19,2	+13	16 02	−20,7
30.	6 38	7 56	12 09	16 22	17 40	18,3	+11	16 24	−21,6

TAGES- UND NACHTSTUNDEN

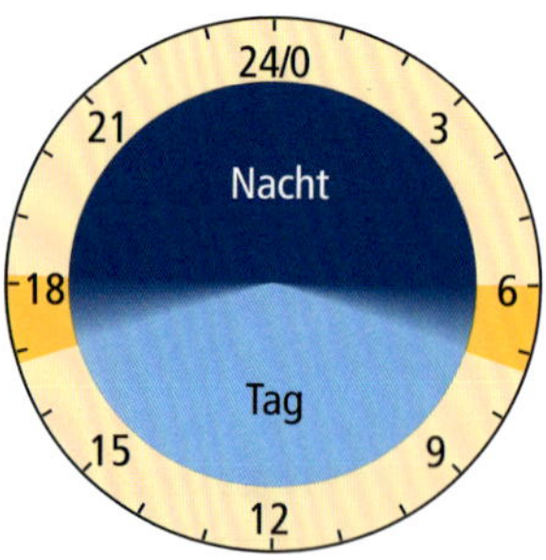

5. November

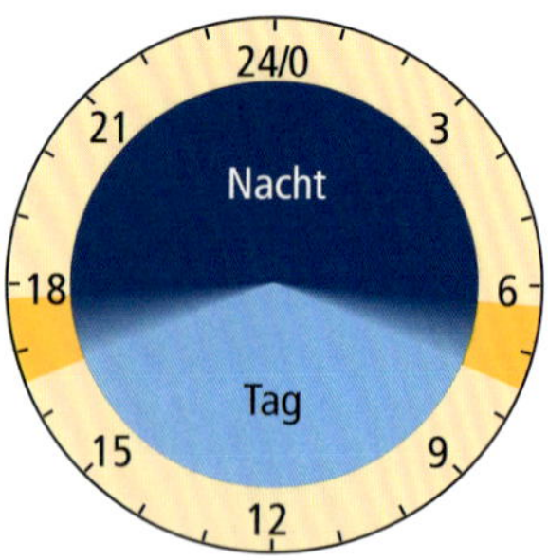

15. November

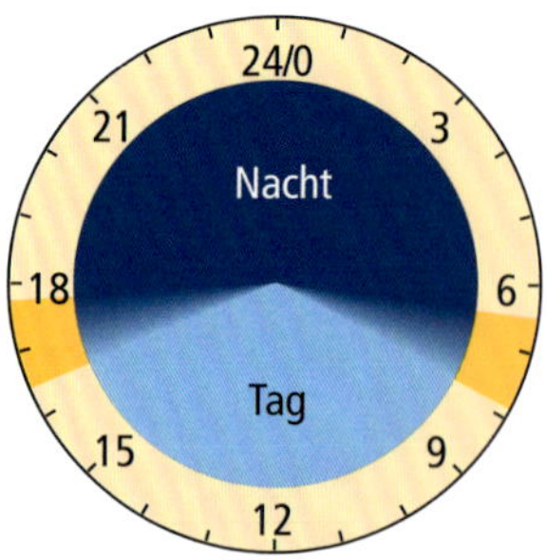

25. November

MONDLAUF

Datum	Aufg. MEZ	Kulmination	Unterg. MEZ	Rektaszension	Deklination	Sterne und Sternbilder	Phase	MEZ
	h m	h m	h m	h m	°			
Mo 1.	2 13	9 13	15 55	11 18	+10,1	Löwe		
Di 2.	3 33	10 01	16 12	12 08	+ 4,2	Jungfrau		
Mi 3.	4 55	10 50	16 30	12 59	− 2,1	Jungfrau		
Do 4.	6 21	11 43	16 51	13 52	− 8,5	Spica	**Neumond Nr. 1223**	**22^h 15^m**
Fr 5.	7 50	12 38	17 15	14 48	−14,6	Waage	Erdnähe 359/33,′3	23^h
Sa 6.	9 20	13 38	17 47	15 48	−19,8	Waage	Absteigender Knoten	
So 7.	10 46	14 41	18 31	16 51	−23,7	Antares		
Mo 8.	12 01	15 45	19 29	17 56	−25,9	Schütze		
Di 9.	13 00	16 48	20 39	19 01	−26,3	Schütze, Nunki		
Mi 10.	13 43	17 47	21 57	20 04	−24,9	Schütze		
Do 11.	14 14	18 41	23 17	21 03	−22,0	Steinbock	**Erstes Viertel**	**13^h 46^m**
Fr 12.	14 37	19 30	–	21 58	−18,0	Steinbock	Größte Südbreite	
							Libration West	
Sa 13.	14 56	20 16	0 34	22 49	−13,2	* Wassermann		
So 14.	15 12	20 59	1 48	23 36	− 8,0	Wassermann		
Mo 15.	15 26	21 40	2 59	0 22	− 2,5	Fische		
Di 16.	15 41	22 22	4 09	1 06	+ 3,0	Fische		
Mi 17.	15 56	23 04	5 18	1 50	+ 8,3	Fische		
Do 18.	16 14	23 47	6 27	2 35	+13,2	Widder		
Fr 19.	16 35	–	7 36	3 21	+17,6	Widder	**Vollmond**	**9^h 57^m**
							Aufsteigender Knoten	
Sa 20.	17 01	0 33	8 45	4 09	+21,3	Stier, Hyaden		
So 21.	17 35	1 20	9 50	4 59	+24,1	Stier, Al Nath	Erdferne 406/29,′4	3^h
Mo 22.	18 19	2 10	10 50	5 51	+25,8	Stier, Al Nath		
Di 23.	19 12	3 00	11 41	6 44	+26,4	Zwillinge		
Mi 24.	20 15	3 51	12 22	7 37	+25,7	Kastor, Pollux		
Do 25.	21 24	4 41	12 55	8 29	+23,9	Krebs, Krippe		
Fr 26.	22 36	5 30	13 20	9 20	+20,9	* Krebs		
Sa 27.	23 51	6 17	13 41	10 10	+16,9	Löwe, Regulus	**Letztes Viertel**	**13^h 28^m**
							Größte Nordbreite	
So 28.	–	7 03	13 59	10 59	+12,1	Löwe	Libration Ost	
Mo 29.	1 07	7 50	14 16	11 48	+ 6,6	Jungfrau		
Di 30.	2 25	8 37	14 33	12 37	+ 0,6	Jungfrau		

DER MOND WANDERT AN JUPITER VORBEI

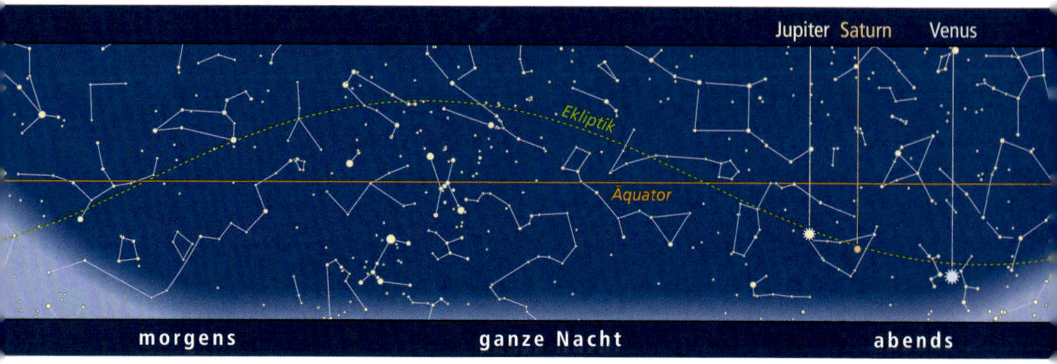

MERKUR kann noch in der ersten Novemberwoche am Morgenhimmel aufgefunden werden. Am 1. geht der $-0\overset{m}{,}8$ helle Planet um $5^{h}34^{m}$ auf. Letztmals wird man ihn am 7. erspähen. Bis zu diesem Tag verspäten sich die Merkuraufgänge auf $6^{h}03^{m}$, die Merkurhelligkeit nimmt leicht auf $-0\overset{m}{,}9$ zu (siehe Abb. 10.4 und 10.5 auf Seite 217).

Merkur läuft der Sonne hinterher und erreicht sie am 29., seine obere Konjunktion mit ihr tritt ein. Danach entfernt er sich in östlicher Richtung vom Tagesgestirn, bis er am 7. Januar 2022 seine größte östliche Elongation erreicht.

Seine Begegnung mit Mars am 10. bleibt unbeobachtbar.

VENUS hat ihre maximale östliche Elongation gerade hinter sich. Wegen ihrer extrem südlichen Position erscheint sie in der Abenddämmerung recht tief am Südwesthimmel. Venus wandert durch das Sternbild Schütze und zieht am 19. nur $0\overset{\circ}{,}2$ südlich an Nunki (σ Sagittarii) vorbei. Am 8. kommt der Mond bei seiner monatlichen Runde an Venus vorbei. Mit Jupiter und Saturn gibt es eine nette Planetenparade am Abendhimmel (siehe Abb. 11.1 auf Seite 230).

Den Winterpunkt passiert Venus am 5. in $3\overset{\circ}{,}8$ südlichem Abstand.

Im Laufe des November nimmt die Venushelligkeit von $-4\overset{m}{,}5$ auf $-4\overset{m}{,}9$ nochmals deutlich zu. Die Venusuntergänge verspäten sich nur unwesentlich von $18^{h}54^{m}$ Anfang November auf $19^{h}02^{m}$ am Monatsende.

Der scheinbare Venusdurchmesser nimmt von knapp 26″ auf $39\overset{\prime\prime}{,}0$ deutlich zu. Aus einer Halbvenus entwickelt sich eine immer größer und schlanker werdende Sichel.

MARS stand im ersten Drittel des Vormonats in Konjunktion mit der Sonne. Bis Ende Novem-

KONSTELLATIONEN UND EREIGNISSE

Datum	MEZ	Ereignis
3.	20^{h}	Mond bei Merkur, Mond $1\overset{\circ}{,}2$ nördlich
4.	5	Mond bei Mars, Mond $2\overset{\circ}{,}3$ nördlich
5.	1	**Uranus in Opposition** zur Sonne
8.	6	**Mond bei Venus**, Mond $1\overset{\circ}{,}1$ nördlich, **Abstand $5\overset{\circ}{,}8$ um 17^{h}**
10.	5	Merkur bei Mars, Merkur $1\overset{\circ}{,}1$ nördlich
10.	15	**Mond bei Saturn**, Mond $4\overset{\circ}{,}1$ südlich, **Abstand $4\overset{\circ}{,}9$ um 18^{h}**
11.	18	**Mond bei Jupiter**, Mond $4\overset{\circ}{,}4$ südlich, **Abstand $4\overset{\circ}{,}8$ um 22^{h}**
13.	20	Mond bei Neptun, Mond $4\overset{\circ}{,}2$ südlich
18.	3	**Mond bei Uranus**, Mond $1\overset{\circ}{,}5$ südlich, **Abstand $1\overset{\circ}{,}9$ um 4^{h}**
19.	10	Partielle Mondfinsternis (siehe Seite 27)
29.	6	Merkur in oberer Konjunktion mit der Sonne

11.2 Die scheinbare Bahn von Uranus vom 1. Januar bis Ende März und vom 1. August bis Jahresende 2021 im Sternbild Widder.

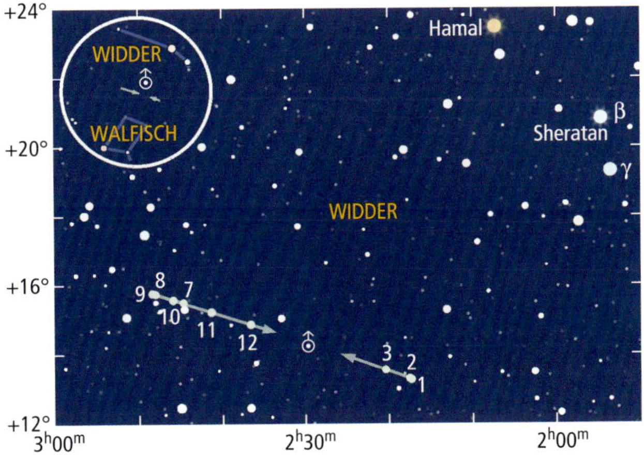

ber wächst seine westliche Elongation von der Sonne auf fast 18° an. Dies reicht allerdings noch nicht, um den $1^m,6$ hellen Mars am Morgenhimmel aufzustöbern. Der rote Planet kann sich aus den Strahlen der Sonne noch nicht befreien und bleibt weiterhin unsichtbar. Auch die abermalige Begegnung mit Merkur am 10. entgeht unserer Beobachtung.

Am 11. verlässt Mars das Sternbild Jungfrau und tritt in die Waage.

JUPITER, wieder rechtläufig im Steinbock, beschleunigt seine Wanderung, was man auch an Deneb Algedi (δ Capricorni; $2^m,3$–$3^m,1$) als Wegmarke verfolgen kann (siehe Abb. 8.2 auf Seite 175). Der Riesenplanet verkürzt drastisch seine Sichtbarkeitsdauer und wird zum Planeten des Abendhimmels. Am 1. erfolgt der Jupiteruntergang um 0^h09^m, am 15. um 23^h16^m und am 30. bereits um 22^h27^m. Die jetzt früh einsetzende abendliche Dunkelheit ermöglicht noch eine Sichtbarkeitsdauer von gut sechs Stunden am Monatsende.

Die Helligkeit von Jupiter nimmt weiter leicht um $0^m,2$ ab und beträgt Ende November $-2^m,3$. Der Äquatordurchmesser des Planetenscheibchens geht von 42″,2 auf 38″,4 zurück.

Am Abend des 11. gesellt sich der zunehmende Halbmond zum Riesenplaneten (siehe Mondlaufgrafik auf Seite 233).

SATURN, wieder rechtläufig im Steinbock, kann am Abendhimmel beobachtet werden (siehe Abb. 8.2 auf Seite 175). Seine Sichtbarkeitsdauer verkürzt sich deutlich, obwohl die Dunkelheit jetzt immer früher einsetzt. Allerdings geht auch Saturn immer früher unter. Am 1. erfolgt der Saturnuntergang um 22^h40^m, am 15. um 21^h48^m und am 30. bereits um 20^h55^m. Seine Helligkeit nimmt weiter um $0^m,1$ leicht ab und beträgt Ende November $0^m,7$.

Der zunehmende Halbmond kommt bei seiner monatlichen Runde am 10. an Saturn rund 4° südlich vorbei.

URANUS kommt in der Nacht vom 4. auf 5. kurz nach Mitternacht im Sternbild Widder in **Opposition** zur Sonne. Damit hat er die günstigste Position erreicht, um ihn zu beobachten (siehe auch Aufsuchkarte Abb. 11.2 oben).

Mit $5^m,6$ Oppositionshelligkeit ist der grünliche Planet rein theoretisch sogar mit bloßen Augen zu sehen, doch in der Praxis scheitert dies meist. Abgesehen von idealen Beobachtungsbedingungen (absolut dunkler Nachthimmel, gute Durchsicht, keine Luftunruhe, hervorragende Sehschärfe der Augen) benötigt man ein gutes Gedächtnis für Konstellationen, um aus der großen Zahl von Sternen 5. und 6. Größenklasse den richtigen Lichtpunkt als Uranus zu identifizieren. Aber ein gutes Fernglas reicht aus, um Uranus zu erspähen. Im Teleskop erkennt man bei höherer Vergrößerung ein grünliches Planetenscheibchen von 3″,7 scheinbarem Durchmesser.

Auch bei sehr hoher Vergrößerung und auf Aufnahmen des Hubble-Weltraumteleskops sind auf Uranus keine Oberflächendetails zu erkennen. Der Ura-

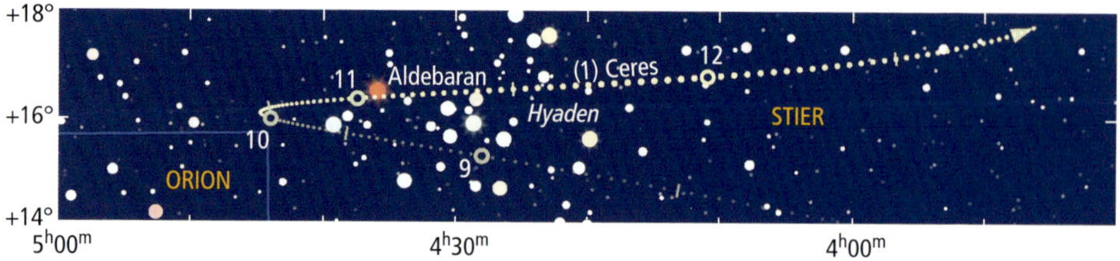

11.3 Scheinbare Bahn des Kleinplaneten (1) Ceres im Sternbild Stier.

nusglobus wird von einer dichten Wolkendecke eingehüllt, die im sichtbaren Licht keinerlei Strukturen zeigt.

Am Tag der Opposition geht Uranus um 16^h42^m auf, kulminiert exakt um Mitternacht und geht am Morgen um 7^h19^m unter. Bis Monatsende verfrühen sich die Kulminationszeiten auf 22^h18^m und die Untergänge auf 5^h39^m. Die Kulminationshöhe von Uranus erreicht in diesen Tagen in 50° Nord immerhin 55°, was ein komfortables Beobachten ermöglicht.

Zur Opposition trennen Uranus 2803 Millionen Kilometer (= 18,74 AE) von uns. Von Uranus ist an diesem Tag das Licht zwei Stunden und 36 Minuten zur Erde unterwegs. Von der Sonne trennen Uranus 2952 Millionen Kilometer (= 19,73 AE).

Die Passage des fast vollen Mondes am 18., der nur $1^{\circ}{,}5$ südlich an Uranus vorbeizieht, stört die Beobachtung des grünlichen Planeten.

NEPTUN bremst seine ohnehin langsame, rückläufige Bewegung im Wassermann ab und kommt Ende November praktisch zum Stillstand (siehe Abb. 9.4 auf Seite 199). Da die Dunkelheit immer früher einsetzt, kann man den bläulichen Planeten noch am Abendhimmel mit lichtstarker Optik aufspüren.

Zu Monatsbeginn kulminiert Neptun um 21^h02^m und geht um 2^h46^m unter. Ende November passiert Neptun schon um 19^h07^m den Meridian und geht um 0^h51^m unter. Zur Zeit der Meridianpassage am Monatsende ist es dunkel genug, um nach dem bläulichen Planeten Ausschau zu halten.

PLANETOIDEN UND ZWERGPLANETEN

CERES (1) beschleunigt ihre rückläufige Bewegung im Stier und läuft abermals durch den offenen Sternhaufen der Hyaden, wobei sie am 3. nur $0^{\circ}{,}1$ südlich an Aldebaran vorbeizieht (siehe Abb. 11.3 oben). Am 27. kommt sie frühmorgens in **Opposition** zur Sonne. Ihre Helligkeit steigert sich vom Monatsbeginn bis zum Oppositionstermin um $0^m{,}6$ und erreicht $7^m{,}0$, was sie zu einem leichten Fernglasobjekt werden lässt. Am 1. geht Ceres um 18^h47^m auf und kulminiert um 2^h16^m. Zur Opposition erfolgt der Ceresaufgang bereits um 16^h46^m und der Meridiandurchgang um 0^h12^m. Dies ist die beste Uhrzeit, um nach Ceres Ausschau zu halten. Ihre geringste Entfernung von der Erde erreicht Ceres nicht am Tag der Opposition, sondern zwei Tage später, nämlich am 29. um 13^h, wobei sie 1,7609 AE (= 263 Millionen Kilometer) von der Erde trennen. Dies entspricht einer Lichtlaufzeit von 15 Minuten. Ihre Sonnendistanz misst hingegen 410,5 Millionen Kilometer (= 2,744 AE).

PALLAS (2) wird am 1. um 3^h im Sternbild Wassermann stationär und ist anschließend wieder rechtläufig. Das „stationär" bezieht sich lediglich auf ihre Bewegung in Rektaszension, in Deklination eilt sie rasch südwärts. Ihre Helligkeit nimmt weiter von $9^m{,}4$ auf $9^m{,}8$ ab. Am 1. kulminiert Pallas um 20^h21^m und geht um 1^h40^m unter. Bis Ende November verfrüht sich die Kulmination von Pallas auf 18^h36^m, der Untergang auf 23^h40^m.

VESTA (4) steht am 28. um 11^h im Skorpion an der Grenze zum Schlangenträger in Konjunktion mit der Sonne. Von ihr trennen sie 322 Millionen Kilometer (= 2,15 AE). Von der Erde bleibt Vesta 470 Millionen Kilometer (= 3,14 AE) entfernt.

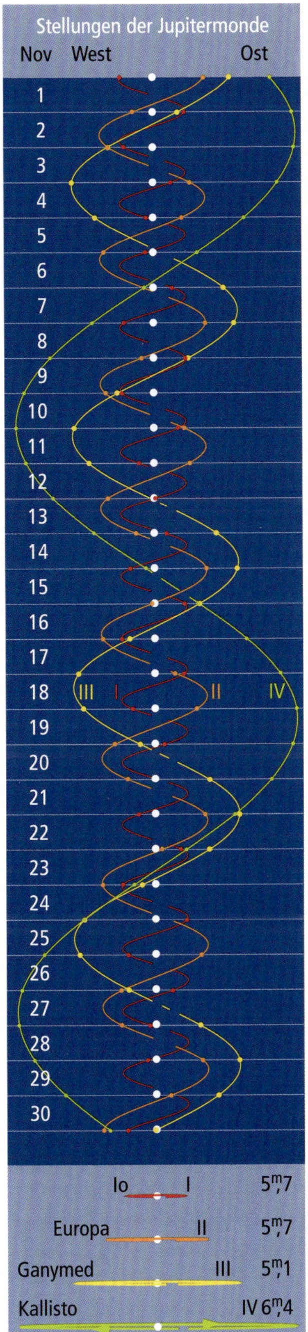

JUPITERMONDE

Tag	MEZ h m	Vorgang	
1.	18 13	II	DA
	20 49	II	SA
	21 02	II	DE
3.	18 46	II	VE
5.	20 34	III	BA
6.	17 40	IV	DA
	19 50	I	BA
	22 16	IV	DE
7.	18 30	I	SA
	19 28	I	DE
	20 47	I	SE
8.	17 56	I	VE
	20 46	II	DA
9.	19 36	III	SE
10.	21 24	II	VE
13.	21 45	I	BA
14.	19 06	I	DA
	20 26	I	SA
	21 23	I	DE
15.	19 52	I	VE
	20 58	IV	VE
16.	18 14	III	DE
	20 06	III	SA
17.	18 27	II	BA
19.	18 08	II	SE
21.	21 02	I	DA
22.	18 10	I	BA
	21 47	I	VE
23.	17 48	I	DE
	18 43	III	DA
	19 07	I	SE
	22 19	III	DE
24.	21 07	II	BA
26.	17 58	II	SA
	18 09	II	DE
	20 45	II	SE
27.	17 37	III	VE
29.	20 07	I	BA
30.	17 29	I	DA
	18 47	I	SA
	19 46	I	DE
	21 02	I	SE

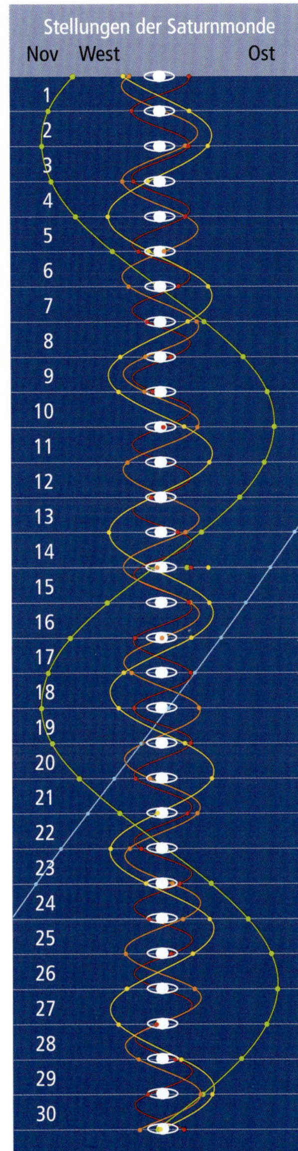

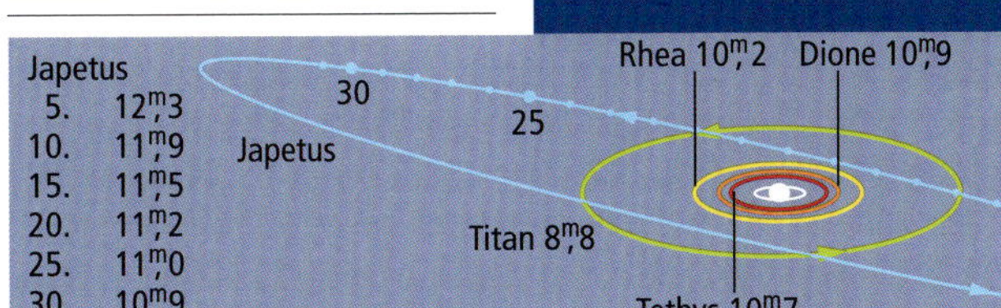

IRIS – Planetoid Nr. 7 – bremst ihre Wanderung durch das Sternbild Krebs ab und nähert sich ihrer Opposition. Am 30. wird sie stationär und bewegt sich anschließend rückläufig durch die Sternenwelt. Ihr Umkehrpunkt liegt ein wenig westlich von ζ Cancri ($4^{m}\!,7$), der als Anhaltspunkt für die Bewegung von Iris dienen kann (siehe Abb. 1.12 auf Seite 39).

Die Irishelligkeit nimmt im Laufe des Monats von $9^{m}\!,1$ auf $8^{m}\!,5$ zu.

Am 1. geht Iris um $21^{h}43^{m}$ auf und kulminiert um $5^{h}31^{m}$. Bis Ende November verfrüht sich der Aufgang auf $20^{h}20^{m}$ und die Meridianpassage auf $3^{h}53^{m}$. In Opposition zur Sonne kommt Iris erst im Januar 2022.

VERÄNDERLICHE STERNE

Algol-Minima		β-Lyrae-Minima		δ-Cepheï-Maxima		Mira-Helligkeit	
3.	$19^{h}30^{m}$	6.	7^{h} H	2.	11^{h}	1.	5^{m}
15.	6 45	12.	18 N	7.	20	10.	5
18.	3 34	19.	5 H	13.	5	20.	5
21.	0 23	25.	17 N	18.	14	30.	6
23.	21 13			23.	23		
26.	18 01			29.	7		

PERIODISCHE STERNSCHNUPPENSTRÖME

Vom 13. bis 30. November treten am Morgenhimmel die **LEONIDEN** in Aktion. Ihr Radiant liegt im Löwen rund 10° nordöstlich von Regulus. Das spitze Maximum ist in der Nacht vom 16. auf 17. November zu erwarten. Diesmal sollte eine Rate von maximal 15 Leoniden pro Stunde in der Nacht 17./18. auftreten. Die günstigste Zeit für die Beobachtung liegt zwischen Mitternacht und Morgendämmerung.

Die Sternschnuppen sind außerordentlich schnell (um 70 Kilometer pro Sekunde). Das Erscheinen der Leoniden geht auf den Kometen 51P/Tempel-Tuttle zurück, der sich zurzeit nahe seines Aphels aufhält. In manchen Jahren waren die Leoniden besonders aktiv. Nur alle 33 Jahre kollidiert die Erde mit dem Zentrum der Leoniden-Trümmerwolke. Auch Staubspuren auf abweichenden Bahnen werden in diesem Jahr nicht von der Erde durchquert.

Auf die **TAURIDEN**, deren Maximum auf den 11. November fällt, wurde schon im September hingewiesen. Zwischen 20^{h} und 4^{h} morgens ist mit etwa fünf bis zehn Meteoren pro Stunde zu rechnen. In den letzten Jahren hat sich gezeigt, dass die Tauriden eigentlich in zwei Teilströme zerfallen. Die N-Tauriden haben ihr Maximum am 10. November, die S-Tauriden sind etwas früher dran, ihr Höhepunkt fällt auf den 5. November.

Die **ALPHA-MONOCEROTIDEN** sind ein periodisch aktiver Strom. In den Jahren 1925, 1935, 1985, 1995 und 2019 konnte jeweils innerhalb einer halben Stunde eine besonders hohe Aktivität mit Fallraten von 100 bis 500 Sternschnuppen beobachtet werden. Der Verursacherkomet ist noch unbekannt. Die berechneten Bahnen der zuletzt aufgezeichneten Meteore weisen auf ein Objekt mit rund 500 Jahren Umlaufzeit hin. Am Abend des 21. könnte eine erhöhte Fallrate zu erwarten sein.

Der Fixsternhimmel

Die bei uns zirkumpolare Kassiopeia durchschreitet eben in oberer Kulmination zwischen Zenit und Polarstern den Meridian. Die Bilder hoch im Süden und die um den Zenit wie Kassiopeia, Andromeda, Pegasus, Perseus und Widder prägen den typischen Herbstcharakter des gestirnten Firmaments. Im Osten hingegen kündigt sich der Winter durch eine Reihe heller Sterne an: Kapella im Fuhrmann, Aldebaran im Stier, Beteigeuze und Rigel im Orion, Kastor und Pollux in den Zwillingen. Lediglich der strahlend helle Sirius im Großen Hund und der ebenfalls recht helle Prokyon im Kleinen Hund sind zur Standardbeobachtungszeit

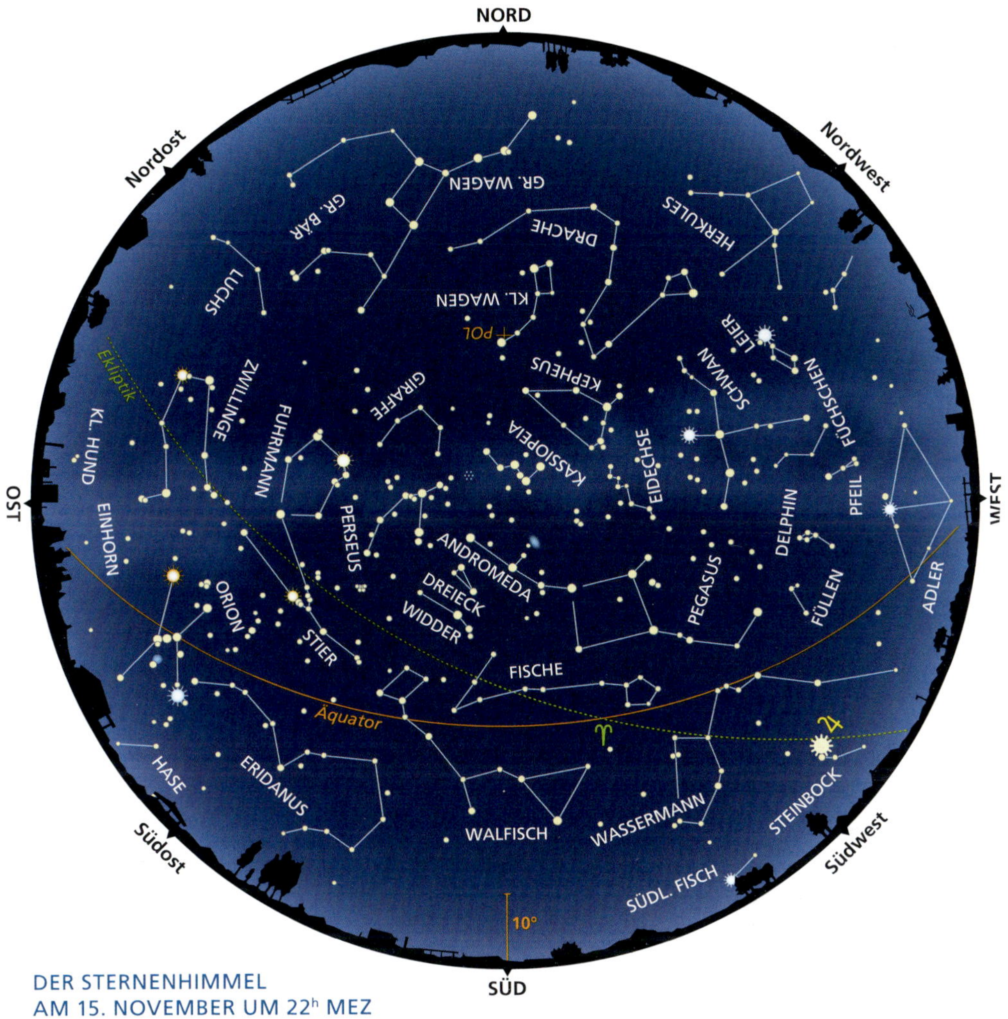

DER STERNENHIMMEL AM 15. NOVEMBER UM 22h MEZ

Die Sternkarte ist auch gültig für:

	MEZ	MESZ
1. 9.	3^h	4^h
15. 9.	2	3
1.10.	1	2
15.10.	0	1
1.11.	**23**	
15.11.	**22**	
30.11.	**21**	
15.12.	20	
31.12.	19	
15. 1.	18	

(23^h zu Monatsbeginn, 22^h zur Monatsmitte) noch nicht auf der Himmelsbühne erschienen.

Die Sternenkette der Andromeda geht ebenfalls hoch über unseren Köpfen durch den Meridian. Der berühmte Andromedanebel (M 31), unsere Nachbarmilchstraße in 2,5 Millionen Lichtjahren Entfernung, steht recht zenitnah und kann unter günstigen Sichtbedingungen schon mit bloßen Augen als mattes Lichtfleckchen ausgemacht werden. Auch die Fische haben nun ihre höchste Stellung im Süden erreicht. Sie sind nicht leicht zu erkennen, da sie sich nur aus Sternen vierter Größe und schwächer zusammensetzen. Dem Namen nach ist das Sternbild Fische zwar jeder-

11.4 Das Sternbild Fluss Eridanus.

mann gut bekannt, weil es zum Tierkreis (Zodiak) gehört, aber wegen seiner lichtschwachen Sterne haben es nur wenige mit eigenen Augen bewusst am Himmel gesehen. Vermutlich wegen seiner geringen Helligkeit hat man dieses Bild fast immer mit den Mächten der Finsternis oder der Erdmutter Gaia in Verbindung gebracht.

Im Südwesten nimmt noch der ebenfalls lichtschwache Wassermann seinen Platz ein, neben dem jetzt allerdings Jupiter hell leuchtet.

Südlich der Fische passiert der Walfisch (lat.: Cetus) den Meridian. Es ist nicht ganz einfach, den Cetus zu erkennen, da er ein ausgedehntes und lichtschwaches Sternbild ist.

Tief im Südosten ist der Himmelsjäger Orion bereits erschienen, das Leitsternbild des Winterhimmels. Von seinem hellen, bläulichen Fußstern Rigel zieht sich das ausgedehnte Sternbild Fluss Eridanus in Richtung Westen und knickt dann kurz vor dem Meridian in Südrichtung ab.

Der Eridanus schlängelt sich weit nach Süden und ist von unseren Breiten aus nie vollständig zu sehen. Auch sein Hauptstern Achernar (α Eridani), mit $0{,}^{m}5$ scheinbarer Helligkeit einer der zehn hellsten Sterne am irdischen Firmament, steht so weit südlich, dass er bei uns nie über den Horizont steigt. Achernar strahlt ein bläulich-weißes Licht aus (Spektraltyp: B3 V). Von Achernar trennen uns 140 Lichtjahre.

Die bei uns sichtbaren Sterne des Eridanus sind dritter und vierter Größenklasse, so dass der Eridanus in Mitteleuropa recht unauffällig bleibt. Am hellsten ist noch β Eridani oder Cursa genannt, dessen scheinbare Helligkeit zu $2{,}^{m}8$ gemessen wurde. Cursa leuchtet weißlich (Spektralklasse A3 III) und ist 89 Lichtjahre von uns entfernt. Cursa liegt in unmittelbarer Nachbarschaft von Rigel im Orion. Mit ihm beginnt der Fluss Eridanus seinen Lauf. Nach Vorstellung der alten Ägypter war der Eridanus der Totenfluss. Er beginnt bei Osiris, dem Richter der Toten, dargestellt durch das Sternbild Orion. Teilweise war der Fluss Eridanus aber auch das himmlische Gegenstück zum Nil. Die Griechen übernahmen die Vorstellung von einem Fluss. Er wird für den mit dem Sonnenwagen abstürzenden Phaeton zum nassen Grab.

Mit $3^{m}{,}7$ Helligkeit gehört ε Eridani zu den lichtschwächeren Sternen, die noch bei uns in Mitteleuropa sichtbar sind. Als K2 V-Stern ist er einigermaßen sonnenähnlich und ebenfalls ein Einzelstern. Mit zehn Lichtjahren Distanz ist er ein Stern der engeren Sonnenumgebung. Er wurde in den 1960er-Jahren mit dem großen Radioteleskop des National Radio Astronomy Observatory (NRAO) in Green Bank, West-Virginia (USA) abgehorcht, ob eventuell auf einem Planeten von ε Eridani eine hochtechnisierte Zivilisation Funksignale sendet (Projekt OZMA). Signale Außerirdischer wurden jedoch nicht entdeckt (siehe Monatsthema Dezember „Das große Schweigen" auf Seite 262).

OBJEKTE FÜR FELDSTECHER UND FERNROHR

Zu den Standardobjekten am abendlichen Herbsthimmel, die man mit Ferngläsern oder Teleskopen jedweder Öffnung gerne ins Visier nimmt, zählen die große Andromedagalaxie (M 31) und die Triangulum-Galaxie (M 33) im Sternbild Dreieck, beides Nachbarmilchstraßensysteme der Galaxis.

Auch die beiden benachbarten offenen Sternhaufen h und χ im Perseus gehören zu den beliebten Beobachtungsobjekten. Sie sind schon im Fernglas relativ leicht zu entdecken. Eine begeisterte Sternfreundin meinte einst, hier sähe man funkelnde Edelsteine jeder Farbe auf schwarzem Samt.

Auch Achird (η Cassiopeiae) wird gerne als Paradedoppelstern bei einer Führung auf einer Sternwarte eingestellt. Schon ein kleines Teleskop trennt Achird spielend. Er ist leicht zu finden und zeigt einen schönen Farbkontrast. Die $3^{m}{,}5$ helle Hauptkomponente leuchtet gelb (G0) und hat in $13''{,}7$ Distanz einen rötlichen (K7) Begleiter, der mit $7^{m}{,}4$ erheblich lichtschwächer ist.

Schon 1779 hat Friedrich Wilhelm Herschel η Cassiopeiae als Doppelstern erkannt. Mit

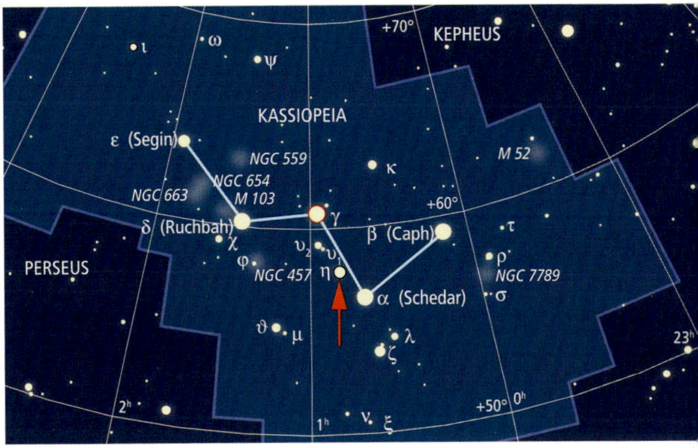

11.5 Das Sternbild Kassiopeia mit dem Doppelstern η Cassiopeiae.

19 Lichtjahren Entfernung zählt η Cas noch zu den Nachbarsternen unserer Sonne. Beide Sonnen umkreisen einander in 480 Jahren. Im Periastron kommen sie einander bis auf 36 AE (= 5,4 Milliarden Kilometer) nahe, das ist etwa die mittlere Entfernung Sonne – Pluto, während sie sich im Apastron auf 107 AE (= 16 Milliarden Kilometer) voneinander entfernen.

Im Periastron standen sie im Jahre 1890, das Apastron werden sie im Jahre 2130 erreichen. Zurzeit nimmt ihr Abstand voneinander zu.

Im zur Kassiopeia benachbarten Sternbild Kepheus findet sich ein bemerkenswerter Stern, den der eben erwähnte Herschel 1882 „Granatstern" getauft hat. Denn dieser Stern leuchtet tiefrot und ist der „röteste" Stern, den man mit bloßen Augen sehen kann. Aber erst im Teleskop

11.6 Position des Granatsterns (μ Cepheï) im Sternbild Kepheus.

wirkt der Granatstern echt eindrucksvoll. Er wird Alrakis (auch Elrakis) genannt. Seine Bayer-Bezeichnung lautet μ Cepheï. Er ist ein roter Überriesenstern (Spektralklasse M2e Ia, Farbindex B – V = $2^{m}_{,}26$). Giuseppe Piazzi, bekannt als Entdecker von Ceres, dem ersten Kleinplaneten, nannte μ Cepheï einen „seltsam roten Stern". Er ist ein halbregelmäßiger Veränderlicher, dessen Helligkeit zwischen $3^{m}_{,}4$ und $5^{m}_{,}1$ mehr oder minder periodisch variiert. Seine Veränderlichkeit hat 1848 John Russell Hind (1823–1895) entdeckt. Wie bei Veränderlichen des Typs SRc üblich, wurden mehrere Perioden erkannt, nämlich 730, 840 und 5000 Tage, also von zwei bis 14 Jahren.

μ Cepheï ist einer der größten und leuchtkräftigsten Sterne des gesamten Milchstraßensystems. Bei 2800 Lichtjahren Entfernung ergibt sich eine absolute visuelle Helligkeit von -7^{M} und eine absolute bolometrische Helligkeit von $-8^{M}_{,}5$. Seine Leuchtkraft entspricht somit 125 000 Sonnenleuchtkräften. Die meiste Energie strahlt der Granatstern dabei im Infraroten aus. Seine Oberflächentemperatur beträgt nur 3300 °C. Mit 1650-fachem Sonnenradius, das sind fast 8 AE, würde unser Sonnensystem bis weit über die Jupiterbahn hinaus bequem im riesigen Gasleib dieser roten Supersonne Platz finden. Ein heftiger Sternwind bläst Materie von seiner Oberfläche ins Weltall hinaus. Die Tage von μ Cepheï sind allerdings gezählt. In kosmisch kurzer Zeitskala von nur noch wenigen Millionen Jahren – wenn überhaupt – wird der massereiche Stern (30-fache Sonnenmasse) in einer Supernova-Detonation seine Existenz beenden.

Ein prominenter Doppelstern und leicht zu finden ist Mesarthim (γ Arietis) im Sternbild Widder. Mesarthim setzt sich aus zwei weißen, fast gleich hellen Sonnen zusammen, die in 200 Lichtjahren Entfernung stehen. Die beiden Komponenten von $4^{m}_{,}6$ und $4^{m}_{,}7$ zeigen eine Separation von $7''_{,}5$, was ein Dreizöller leicht trennt.

In den Fischen sei noch α Psc als Doppelstern empfohlen. Alrescha (α Piscium) ist 140 Lichtjahre entfernt. Beide $4^{m}_{,}2$ und $5^{m}_{,}2$ hellen Komponenten leuchten weiß und umkreisen einander in 900 Jahren. Zurzeit beträgt ihr Abstand $1''_{,}8$, weshalb ein Vierzöller (10-cm-Refraktor) oder ein 15-cm-Spiegelteleskop erforderlich ist, um α Psc zu trennen. Der Positionswinkel beträgt P = 260° (von Nord über Ost gezählt). Beide Komponenten sind spektroskopische Doppelsterne – Alrescha ist also ein Vierfachstern.

Im Orion ist der große Orionnebel (M 42) ein prominenter Gasnebel. Er gilt als Sternentstehungsnest und kann schon mit bloßen Augen bei guten Sichtbedingungen gesehen werden. Im lichtstarken Fernglas mit großem Gesichtsfeld sieht er prächtig aus. Weniger bekannt ist ein weiterer Gasnebel im Orion, nämlich M 78. Um ihn zu finden, gehe man vom östlichsten Gürtelstern (Alnitak oder ζ Orionis) aus in Richtung Nordost auf Beteigeuze zu. Etwa in gleicher Distanz, wie M 42 südwestlich von ζ Ori liegt, stößt man nordöstlich auf M 78 (= NGC 2068). Der helle Reflexionsnebel mag im ersten Augenblick an einen Kometen erinnern. Die Gesamthelligkeit liegt bei 8^{m}. Dieser Reflexionsnebel, der auch Staubstrukturen in größeren Instrumenten erkennen lässt, ist ähnlich weit entfernt wie der Orionnebel, nämlich rund 1400 Lichtjahre.

Zu guter Letzt sei noch der besonders schöne Kugelhaufen M 15 (NGC 7078) im Pegasus erwähnt. Mit 6^{m} Helligkeit ist er schon in einem kleinen Fernglas gut zu erkennen. Manche behaupten, M 15 sogar mit bloßen Augen gesehen zu haben, was unter extrem guten Sichtbedingungen für hervorragende Augen theoretisch möglich ist. M 15 findet man bei der Schnauze des Pegasus, ein wenig nordwestlich vom $2\overset{m}{,}4$ hellen Stern Enif (ε Pegasi) an der Grenze zum Sternbild Füllen (Equuleus). M 15 liegt in einer sternarmen Gegend. Im Fernglas sieht M 15 fast wie ein unscharf eingestellter Stern aus, was durch sein helles, dichtes Zentrum bewirkt wird. Im Teleskop erscheint er leicht oval. Sein scheinbarer Durchmesser beträgt mit den Außenpartien immerhin 18′. Seine Entfernung wurde zu rund 33 000 Lichtjahren bestimmt.

Meilensteine im Kosmos

Sterne, diese glühenden, selbstleuchtenden Gasbälle im Universum, sind so enorm weit entfernt, dass ihr Licht Jahre, Jahrhunderte und sogar Millionen und Milliarden Jahre durch das Weltall eilt, bevor es auf der Erde eintrifft. Doch wie misst man ihre Entfernungen?

Wären alle Sterne gleich hell, gewissermaßen Standardkerzen wie unsere Sonne, so könnte man aus ihren scheinbaren Helligkeiten auf ihre relativen Entfernungen schließen: Je lichtschwächer ein Stern am Himmel erscheint, desto weiter ist er entfernt. Die hellsten Sterne wären dann unsere Nachbarsonnen, die etwas lichtschwächeren weiter entfernt und die ganz schwach glimmenden Lichtpünktchen am Nachthimmel wären die fernsten Sonnen. Doch die Sterne sind nicht gleich hell, ganz im Gegenteil. Manche leuchten zehntausend Mal heller als unsere Sonne, andere sind tausend Mal lichtschwächer. Daher muss man genau umgekehrt vorgehen und zunächst die Entfernungen der Sterne bestimmen, um dann auf Grund ihrer scheinbaren Helligkeit am irdischen Firmament auf ihre wahre Leuchtkraft und andere Eigenschaften zu schließen.

Wenn man an ein Objekt nicht direkt herankommt, so kann man seine Distanz durch Triangulation ermitteln. Wörtlich bedeutet Triangulation „Dreiecksmessung". Von den Eckpunkten einer Basisstrecke misst man jeweils den Winkel, den die Richtung zum Objekt mit der Basis einschließt. Daraus errechnet sich unmittelbar die Entfernung des angepeilten Objektes. Der Winkel wieder, unter dem vom Objekt aus gesehen die Basisstrecke erscheint, wird Parallaxe genannt. Sie ist ein Maß für die Entfernung des Objektes.

Triangulation in Grenzen

Um die Entfernung der Sterne trigonometrisch zu messen, benutzt man den Durchmesser der Erdbahn von 300 Millionen Kilometer als Basis. Trotz dieser riesigen Basisstrecke zeigen die näheren Sterne nur winzige Verschiebungen gegenüber den ferneren Sonnen. Gewissermaßen als Spiegelbild der Wanderung der Erde um die Sonne beschreiben die Sterne winzig kleine Ellipsen am Firmament. Selbst bei den nächsten Sternen sind die Halbachsen dieser parallaktischen Ellipsen stets kleiner als eine Bogensekun-

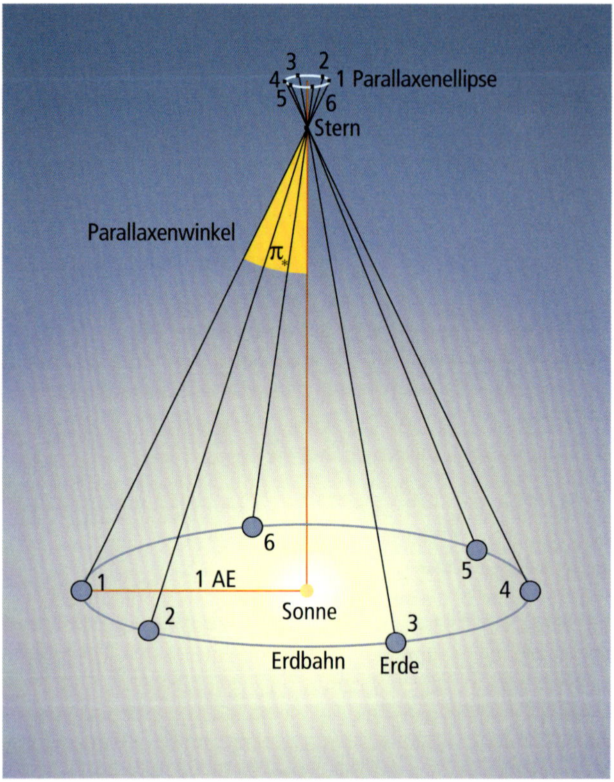

11.7 Die Sterne beschreiben als Spiegelbild des Erdumlaufes um die Sonne kleine Ellipsen. Der Winkel π_*, unter dem man vom Stern aus die mittlere Distanz Erde – Sonne sieht, heißt Parallaxe.

de, also dem 1800. Teil des Vollmonddurchmessers.

Jahrhunderte lang hat man vergeblich versucht, Fixsternparallaxen zu messen. Galilei wurde von der Inquisition verurteilt, weil man keine Fixsternparallaxen beobachtete und man deshalb nicht glauben mochte, dass die Erde um die Sonne läuft und nicht im Mittelpunkt des Weltalls steht. Erst 1838 gelang es Friedrich Wilhelm Bessel, Direktor der Sternwarte Königsberg in Ostpreußen, erstmals die Parallaxe eines Sternes trigonometrisch zu messen. Dieser Stern im Bild des Schwans, Nr. 61 Cygni, zeigt eine Parallaxe von nur 0,″32, dies entspricht einer Entfernung von über zehn Lichtjahren. Ein Lichtjahr ist diejenige Strecke (und *keine* Zeiteinheit!), die das Licht in einem Jahr zurücklegt, nämlich fast zehn Billionen Kilometer (genau: $9{,}46 \cdot 10^{12}$ km). In der Fachwelt benutzt man jedoch als Entfernungsangabe für Sterne und Galaxien die Einheit Parsec (abgekürzt: pc). Der reziproke Wert der Parallaxe ergibt die Entfernung in Parsec. Erscheint die mittlere Entfernung Erde – Sonne, also eine Astronomische Einheit (AE), von einem Stern aus gesehen unter dem Winkel von einer Bogensekunde (1″), so ist der Stern ein Parsec entfernt. Parsec steht für Parallaxensekunde. Ein Parsec entspricht einer Distanz von 206 265 AE oder $3{,}086 \cdot 10^{13}$ km, also rund 30 Billionen Kilometer. Diese Strecke legt das Licht in 3,26 Jahren zurück.

Die Parallaxenwinkel der Sterne sind stets kleiner als eine Bogensekunde. Selbst bei dem nächsten Sternenpaar Toliman (α Centauri A und B) sowie der roten Zwergsonne Proxima Centauri misst die Parallaxe lediglich 0,″76. Dies entspricht einer Entfernung von 1,3 pc oder 4,3 Lichtjahren.

Trotz hochpräziser Messungen gelingt es nur, die Entfernungen der nächsten Sterne bis etwa 300 Lichtjahre mit der Methode der trigonometrischen Parallaxen zu ermitteln. Die Astrometrie-Satelliten Hipparcos und Gaia haben die Genauigkeit der Parallaxenbestimmung enorm verbessert. Allein bei weit entfernten Objekten wie die Zehntausende Lichtjahre entfernten Kugelhaufen oder die Millionen Lichtjahre weit weg liegenden Galaxien muss man andere Methoden der Entfernungsbestimmung anwenden.

Kosmische Standardkerzen

Kennt man auf Grund bestimmter Eigenschaften die wahre Leuchtkraft eines Sternes, so kann man aus der Helligkeit, mit der er von der Erde aus betrachtet erscheint, auf seine Distanz schließen. Die Differenz zwischen scheinbarer Helligkeit (m) und absoluter Helligkeit (M), also der wahren Leuchtkraft, nennt man Entfernungsmodul (m – M). Unter absoluter Helligkeit versteht man die scheinbare Helligkeit eines Sternes, die er aus zehn Parsec (= 32,6 Lichtjahre) Normentfernung betrachtet hätte. Unsere grell leuchtende Sonne erschiene in der Entfernung von 33 Lichtjahren nur als lichtschwaches Sternchen 5. Größe, also in etwa so hell wie Alkor, das Reiterlein im Großen Wagen, denn die absolute Helligkeit der Sonne beträgt $4^{\mathrm{M}}{,}87$.

Bei einer bestimmten Klasse von veränderlichen Sternen kann man aus ihrer Blinkperiode auf die absolute Helligkeit schließen, ohne dass man ihre Entfernung von vornherein kennt. Dies sind die Cepheïden, so benannt nach dem Stern Delta im Kepheus (δ Cepheï). Dieser gelbe Überriese (G0 Ib) ändert seine Helligkeit in etwas mehr als fünf Tagen zwischen $3^{\mathrm{m}}{,}5$ und $4^{\mathrm{m}}{,}4$. Seine Entfernung beträgt rund 900 Lichtjahre. Delta im Kepheus ist gewissermaßen der Prototyp der Cepheïden-Veränderlichen, die auch als Delta-Cepheï-Sterne bezeichnet werden. Die Leuchtkraft von δ Cep schwankt zwischen 1500 und 3000 Sonnenleuchtkräften.

Die Veränderlichkeit von δ Cep hat bereits im Jahre 1784 der taubstumme Amateurastronom John Goodricke entdeckt, der auch Sheliak (β Lyrae) im gleichen Jahr als variabel entlarvte.

Cepheïden zählen zu den leuchtkräftigsten Sternen im Weltall. Sie gehören zu den Pulsationsvariablen. Sie blähen sich auf und schrumpfen anschließend wieder. Dabei ändern sie nicht nur ihre Helligkeit, Durchmesser und Dichte, sondern auch ihre Oberflächentemperatur und damit ihre Farbe beziehungsweise Spektralklasse. Im Maximum ist δ Cep beispielsweise ein F5-Stern, im Minimum hingegen ein G2-Stern. Die Temperatur schwankt zwischen 5500° und 6500°. Cepheïden sind junge Überriesensterne im fortgeschrittenen Lebensstadium. Das Alter von δ Cep wird auf hundert Millionen Jahre geschätzt, während unsere Sonne schon seit fast fünf Milliarden Jahren leuchtet. Die meisten Cepheïden haben Amplituden um $0^{\mathrm{m}}{,}7$, die Extremwerte liegen zwischen $0^{\mathrm{m}}{,}1$ und 2^{m}. Ihre Perioden betragen zwischen einem und 70 Tagen, in wenigen Fällen auch länger. Cepheïden mit Perioden unter einem Tag zählen zu den RR-Lyrae-Sternen nach dem Prototyp RR im Sternbild Leier. Die Massen der meisten Cepheïden liegen zwischen vier und zehn Sonnenmassen. δ Cep hat eine fünffache Sonnenmasse.

Aus den spektroskopisch ermittelten variablen Radialgeschwindigkeiten, die im Mittel um plus/minus 1,5 Kilometer pro Sekunde variieren, schloss Harlow Shapley (1885–1972), dass die Cepheïden pulsieren. So schwankt der Durchmesser von δ Cep von 84 bis 92 Sonnendurchmessern. Shapley gab auch die richtige Erklärung für den Pulsationsmechanismus.

Die äußeren Sternschichten wirken ähnlich einem Ventil. Ihre Opazität (Undurchlässigkeit), die von der chemischen Zusammensetzung bestimmt wird, absorbiert zu einem Teil die Strahlung, die von der mittels Kernfusion freigesetz-

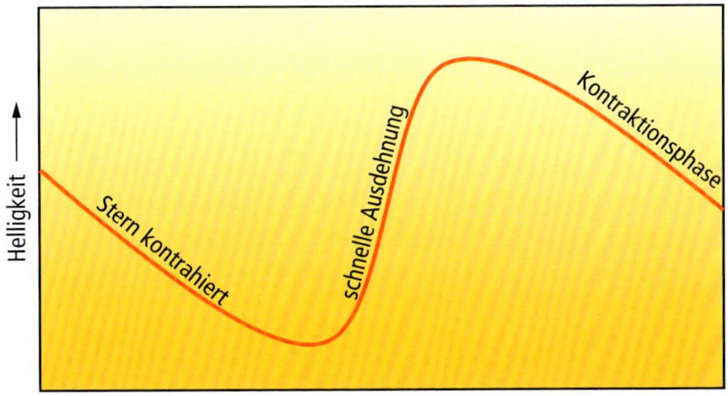

11.8 Helligkeitskurve des Veränderlichen δ Cepheï.

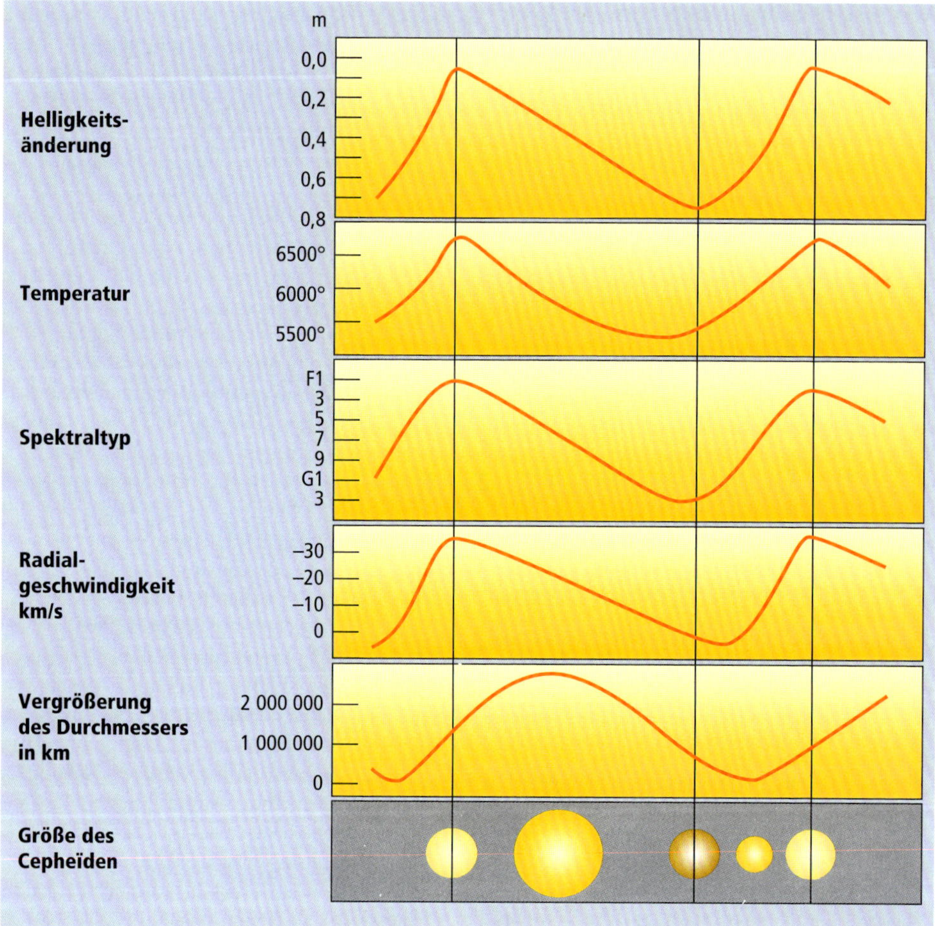

11.9 Nicht nur die Helligkeit von δ Cepheï variiert, sondern auch die Oberflächentemperatur, der Spektraltyp, die Radialgeschwindigkeit und sein Durchmesser. Dadurch ist seine Pulsation nachgewiesen.

ten Energie im Sterninneren nach außen dringt. Die Sternschichten heizen sich auf, der Druck steigt an und treibt die äußeren Schichten nach außen. Der Stern bläht sich auf. Dadurch werden die äußeren Schichten für Strahlung durchlässiger, die Opazität wird geringer. Der Stern kühlt ab, der Druck lässt nach, der Stern schrumpft. Somit werden die äußeren Bereiche wieder undurchlässiger, die Opazität nimmt zu. Temperatur und Druck steigen wieder an und der Stern beginnt erneut, sich aufzublähen. Dabei spielt die vollständige Ionisierung von Helium eine entscheidende Rolle. Im Prinzip schwingen die Sternschichten um einen Gleichgewichtszustand. Dies ist stark vereinfacht dargestellt der Pulsationsmechanismus der Cepheïden.

Die bahnbrechende Erkenntnis, dass Cepheïden die klassischen Meilensteine im Universum sind, mit denen man die Tiefen des Universums ausloten kann, verdankt man der amerikanischen Astronomin Henrietta Swan Leavitt. Kollegen haben sie einst als „Sternenfanatikerin" beschrieben, so ernst und engagiert widmete sie sich der fotografischen Fotometrie veränderlicher Sterne.

Entdeckungen in den Magellanschen Wolken

Henrietta Swan Leavitt wurde am 4. Juli 1868 in Lancaster, Massachusetts (USA), als Tochter von Reverend Congregational Minister George Roswell und Henrietta S. Leavitt geboren. Die Spuren ihrer Familie lassen sich bis 1640 zurückverfolgen, als sich ihre Vorfahren als puritanische Siedler in Hingham, Mass., niederließen.

Henrietta besuchte das Oberlin College und schloss ihre Studien 1887 erfolgreich ab trotz eines fortschreitenden, unerklärlichen Hörverlusts, der in späteren Jahren zur Taubheit führte. Wegen ihres freundlichen Wesens und ihrer hilfsbereiten Art war sie bei ihren Studienkollegen sehr beliebt.

Nach ihrem Studium begann sie ein Volontariat am Harvard College Observatory. Dessen Direktor Edward Charles Pickering (1846–1919), der die Leitung des Observatoriums 1876 übernahm, widmete sich der neu eingeführten Methode fotografischer Helligkeitsbestimmungen. Im Laufe der Jahre wurde eine reichhaltige Sammlung fotografischer Aufnahmen angelegt. Die Aufnahmen wurden auf großen Platten im Format 14 × 17 inches (36 × 43 cm) gewonnen. Das Plattenarchiv des Harvard-Observatoriums leistet nach Digitalisierung der Aufnahmen noch heute wertvolle Dienste und wird für viele Untersuchungen herangezogen.

Zur Auswertung der Daten beschäftigte Pickering eine größere Zahl von Mitarbeiterinnen. Zunächst wurde die Nordpolarfolge fotometrisch genauestens vermessen, um zuverlässige Helligkeitsstandards zu erhalten.

Als Leavitt aus familiären Gründen nach Wisconsin zog, holte sie Pickering nach zwei Jahren an das Harvard-Observatorium zurück. Er billigte ihr einen höheren Stundenlohn zu, als die anderen Mitarbeiterinnen erhielten. Außerdem

Harvard College Observatory

11.10 Henrietta Swan Leavitt (1868 – 1921), Entdeckerin der Perioden-Leuchtkraft-Beziehung der Cepheïden.

übertrug er ihr die Leitung der Abteilung für fotografische Fotometrie.

Auf Betreiben Pickerings erhielt das Harvard-Observatorium eine Außenstation auf der Südhalbkugel der Erde. Sie wurde 1891 in Arequipa (Peru) in 2363 m Seehöhe errichtet und ging ein Jahr später in Betrieb. Mit dem 24-Zoll-Bruce-Teleskop, einem fotografischen, kurzbrennweitigen Refraktor (f/D = 5,5) mit 60-cm-Objektiv – ein Geschenk von Miss C. W. Bruce – wurden zahlreiche Aufnahmen gewonnen, unter anderem von der Großen und der Kleinen Magellanschen Wolke. Leavitt entdeckte in den Begleitgalaxien unserer Milchstraße 1777 veränderliche Sterne. Dabei machte sie eine fundamentale Entdeckung: Je länger die Lichtwechselperiode von Cepheïden ist, desto größer ist ihre scheinbare Helligkeit. Wegen der großen Entfernung der Magellanschen Wolken kann man alle Cepheïden in ihnen als etwa gleich weit weg ansehen. Daraus folgt aber, dass auch die wahren Leuchtkräfte umso größer sind, je länger die

11.11 **Der 24-Zoll-Bruce-Refraktor in der Außenstation des Harvard-Observatoriums in Arequipa (Peru).**

Harvard College Observatory
Arequipa Observatory/Digital Access to a Sky Century@Harvard

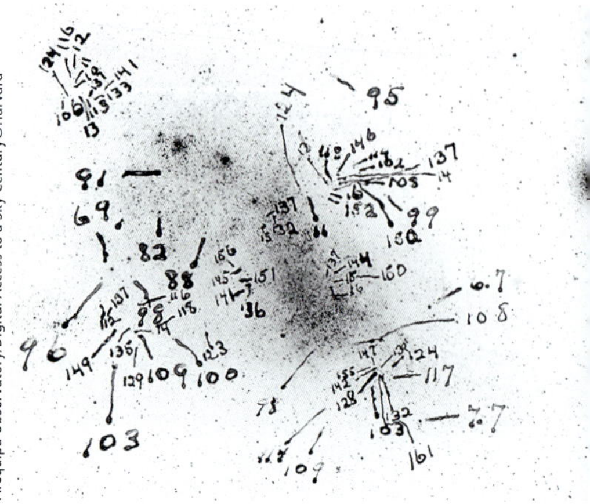

11.12 **Die Kleine Magellansche Wolke, eine Begleitgalaxie unserer Milchstraße. In ihr entdeckte Henrietta S. Leavitt zahlreiche Veränderliche vom Typ Cepheïden.**

Blinkperiode dauert. Im Jahre 1912 publizierte Leavitt ihre epochale Arbeit unter dem Titel *Periods of 25 Variable Stars in the Small Magellanic Cloud* in den Annalen des Harvard-Observatoriums. Für ihre Arbeit hatte sie Cepheïden mit verhältnismäßig kurzen Perioden ausgewählt. Die Korrelation zwischen scheinbarer Helligkeit und Periodenlänge gilt auch für Cepheïden außerhalb der Magellanschen Wolken. Aus der Tatsache, dass die von Leavitt in der Kleinen Magellanschen Wolke entdeckten Cepheïden alle in derselben Distanz stehen, folgt die Perioden-Leuchtkraft-Relation. Aus der Blinkperiode ergibt sich die absolute Helligkeit. Aus der Differenz zwischen beobachteter scheinbarer Helligkeit und absoluter Helligkeit, dem Entfernungsmodul, folgt unmittelbar die Entfernung (siehe Kasten Seite 249). Da Cepheïden meist in Sternhaufen zu finden sind, spricht man auch von Haufenvariablen.

Entdeckt man in einem Sternhaufen oder einer Galaxie Cepheïden-Sterne, so kann man auf deren Entfernung schließen. Cepheïden sind daher die Meilensteine zur Auslotung des Kosmos. Ein großes Problem war und ist bis in jüngste Zeit die Eichung der Cepheïden. Aus der Bestimmung der scheinbaren Helligkeit und der Periodenlängen folgt lediglich die relative Zunahme der Helligkeiten mit länger werdenden Lichtwechselperioden. Von Pickering und später Shapley stammen die ersten Eichversuche. Leider gibt es keine Cepheïden, die so nahe sind, dass man ihre trigonometrischen Parallaxen messen könnte. Selbst der nächste Cepheïde, δ Cepheï, ist fast tausend Lichtjahre entfernt und eignet sich nicht zur Messung einer trigonometrischen Parallaxe. Die Eichung erfolgt daher über mehrere Zwischenschritte.

Edwin Powell Hubble entdeckte in den 1920er Jahren in der Andromedagalaxie (M 31) etliche Cepheïden und bestimmte mittels der Perioden-Leuchtkraft-Beziehung deren Entfernung zu 800 000 Lichtjahren. Damit war die extragalaktische Natur von M 31 nachgewiesen.

Dann folgte der große Schock für die Astronomen, ein bis heute nachwirkendes Trauma. Walter Baade (1893–1960) fand 1947 heraus, dass es zwei Klassen von Cepheïden gibt, die klassischen der Sternpopulation I und diejenigen der älteren Population II. Letztere werden nach dem

11.13 Die Perioden-Helligkeits-Beziehung der klassischen Delta-Cepheï-Sterne, der W-Virginis-Sterne und der RR-Lyrae-Sterne (kurzperiodische Cepheïden).

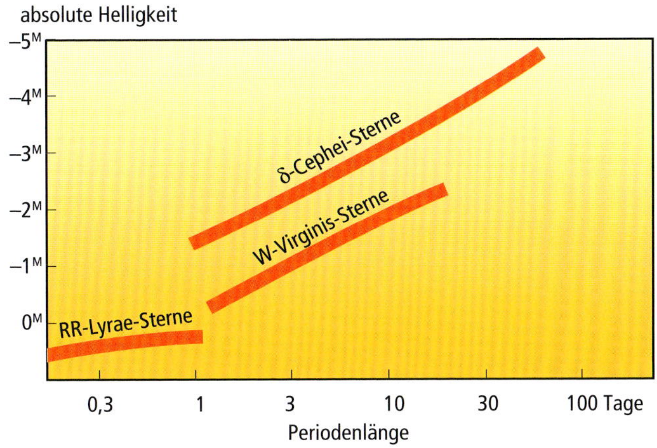

Prototyp W-Virginis-Sterne genannt. Für beide gilt die Perioden-Leuchtkraft-Relation gleichermaßen, allerdings sind die W-Virginis-Sterne bei gleicher Blinkperiode etwa $1^{m}_{,}5$ lichtschwächer. So musste die extragalaktische Distanzskala verdoppelt werden. Hinzu kommt, dass die Extinktion durch interstellaren Staub schwer abzuschätzen ist. Da die Sterne in Galaxien dicht gedrängt stehen, ist es schwierig, die scheinbaren Helligkeiten von Cepheïden zu messen. Meist streut Licht von Nachbarsternen hinein. Mehrmals noch mussten die Galaxiendistanzen revidiert werden. So weiß man heute: Die Andromedagalaxie ist mindestens 2,5 Millionen Lichtjahre entfernt.

Als Meilensteine des Kosmos sind die Cepheïden primäre Entfernungsindikatoren in der Welt der Galaxien. Mit ihrer Hilfe wird die Entfernungs-Rotverschiebungs-Relation, der Hubble-Parameter, geeicht. Diese bedeutende Entdeckung von Henrietta Swan Leavitt veranlasste Hubble, sie als Nobelpreis-Kandidatin vorzuschlagen.

Tatsächlich nominierte der Mathematiker Götha Mittag, Mitglied der Schwedischen Akademie der Wissenschaften, sie 1925 für den Physik-Nobelpreis, ohne zu wissen, dass Leavitt bereits am 11. Dezember 1921 mit 53 Jahren an einer Krebserkrankung verstorben war.

Ihr Ruhm aber bleibt unsterblich und ihre Leistungen für die Vermessung des Kosmos unvergessen.

PERIODEN-LEUCHTKRAFT-BEZIEHUNG

Ist **m** die scheinbare Helligkeit eines Sternes, **M** seine absolute Helligkeit und **r** seine Entfernung in Parsec, so gilt folgende Beziehung:

$$m - M = 5 \cdot (\lg r - 1)$$

Die Größe (m – M) wird **Entfernungsmodul** genannt. Die Entfernung r ergibt sich in Parsec (pc):
1 pc = $30{,}8 \cdot 10^{12}$ km ≙ 206 265 Astronomische Einheiten (AE) oder 3,26 Lichtjahre (LJ)

Perioden-Leuchtkraft-Relation:
Population I: Klassische Cepheïden $M_v = -1{,}43 - 2{,}81 \lg P$ [Tage]
Population II: W-Virginis-Sterne $M_v = -0{,}08 - 1{,}75 \lg P$ [Tage]

Beispiel: In einem Kugelhaufen wird ein RR-Lyrae-Stern mit einer scheinbaren Helligkeit von 15^{m} entdeckt. RR-Lyrae-Sterne sind kurzperiodische Cepheïden mit typischer absoluter Helligkeit von 0^{M}. Somit ergibt sich die Entfernung dieses Kugelhaufens zu:
$\lg r = (m - M) / 5 + 1 = 15/5 + 1$
$\lg r = 4$
r = 10 000 pc oder 32 600 Lichtjahre

Dezember 2021

- — Am 21. geht die Sonne um 16^h59^m durch den tiefsten Punkt ihrer Jahresbahn, die Wintersonnenwende tritt ein.
- — Venus strahlt am 4. im größten Glanz am Abendhimmel.
- — Merkur bietet erst Anfang Januar 2022 eine bescheidene Abendsichtbarkeit.
- — Mars erscheint zu Jahresende am Morgenhimmel.
- — Jupiter und Saturn sind noch am Abendhimmel sichtbar.

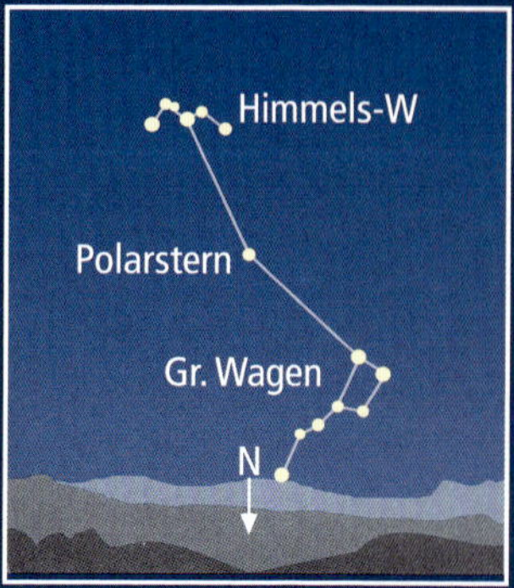

Großer Wagen und Himmels-W Anfang Dezember um 22 Uhr

12.1 Tief am Südwesthimmel stehen Venus, Saturn und Jupiter in einer Reihe. Zu Venus gesellt sich am 6. Dezember die schmale Sichel des zunehmenden Mondes. Anblick gegen 18^h MEZ.

1	Mi	
2	Do	
3	Fr	
4	Sa	**Neumond** Venus in maximalem Glanz – abends
5	So	2. Advent
6	Mo	
7	Di	Mond bei Venus – abends
8	Mi	
9	Do	
10	Fr	
11	Sa	Erstes Viertel
12	So	3. Advent
13	Mo	Sternschnuppen Geminiden Maximum
14	Di	
15	Mi	

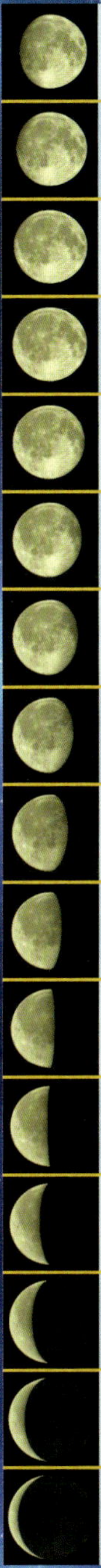

16	Do	
17	Fr	
18	Sa	
19	So	4. Advent **Vollmond**
20	Mo	
21	Di	Winterbeginn
22	Mi	
23	Do	
24	Fr	Heiliger Abend
25	Sa	1. Weihnachtstag
26	So	2. Weihnachtstag
27	Mo	Letztes Viertel
28	Di	
29	Mi	
30	Do	
31	Fr	Silvester

SONNE – STERNBILDER

18. 12. 7ʰ:
Sonne tritt in das Sternbild Schütze

21. 12. 16ʰ59ᵐ:
Sonne tritt in das Tierkreiszeichen Steinbock

Julianisches Datum am
1. Dezember, 1ʰ MEZ: 2 459 549,5

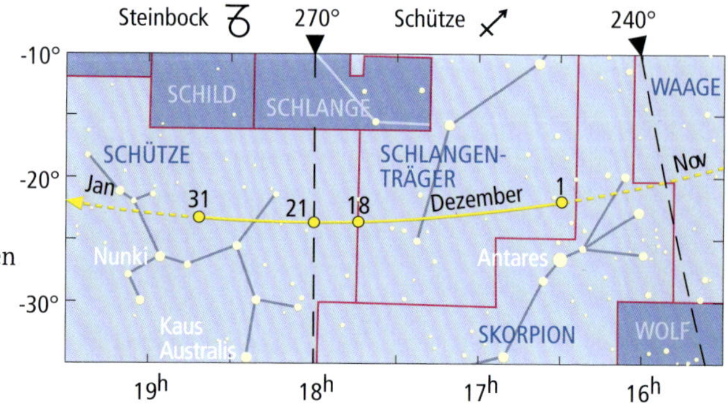

SONNENLAUF

Tag	Dämmerg. Anfang	Aufgang MEZ	Kulmination	Untergang MEZ	Dämmerg. Ende	Mittagshöhe	Zeitgleichg.	Rektaszension	Deklination
	h m	h m	h m	h m	h m	°	m	h m	°
1.	6 39	7 57	12 09	16 21	17 39	18,1	+11	16 28	–21,8
5.	6 43	8 02	12 11	16 19	17 38	17,6	+ 9	16 45	–22,3
10.	6 48	8 07	12 13	16 18	17 38	17,0	+ 7	17 07	–22,9
15.	6 52	8 12	12 15	16 18	17 38	16,7	+ 5	17 29	–23,3
20.	6 55	8 15	12 18	16 20	17 40	16,6	+ 2	17 51	–23,4
25.	6 58	8 18	12 20	16 23	17 43	16,6	0	18 13	–23,4
31.	6 59	8 19	12 23	16 28	17 47	16,9	– 3	18 40	–23,1

TAGES- UND NACHTSTUNDEN

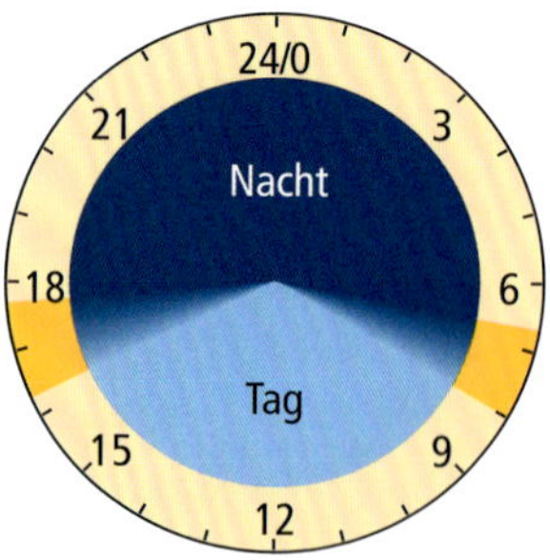

5. Dezember

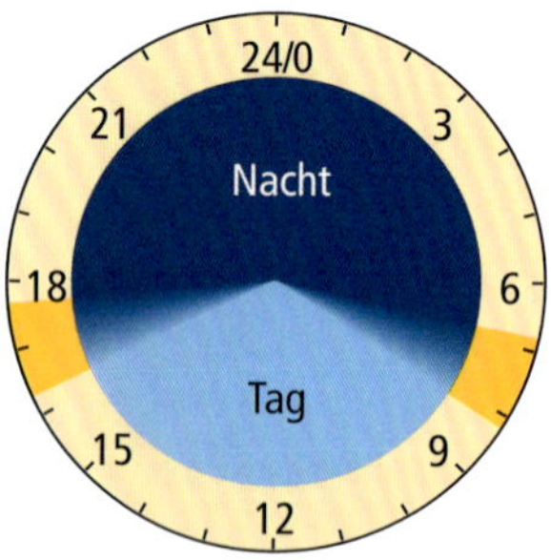

15. Dezember

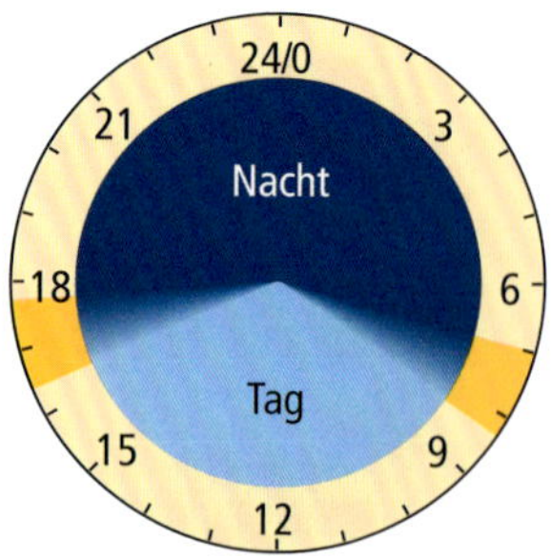

25. Dezember

MONDLAUF

Datum		Aufg. MEZ	Kulmination	Unterg. MEZ	Rektaszension	Deklination	Sterne und Sternbilder	Phase	MEZ
		h m	h m	h m	h m	°			
Mi	1.	3 47	9 26	14 51	13 28	– 5,7	Spica		
Do	2.	5 12	10 19	15 13	14 22	–11,8	Waage		
Fr	3.	6 42	11 17	15 40	15 19	–17,4	Waage	Absteigender Knoten	
Sa	4.	8 12	12 19	16 18	16 21	–22,0	Antares	**Neumond Nr. 1224**	8^h 43^m
								Erdnähe 357/33′,5	11^h
So	5.	9 36	13 24	17 10	17 26	–25,1	Schlangenträger		
Mo	6.	10 46	14 30	18 17	18 34	–26,3	Schütze, Nunki		
Di	7.	11 38	15 34	19 35	19 40	–25,6	Schütze		
Mi	8.	12 15	16 32	20 58	20 43	–23,2	* Steinbock		
Do	9.	12 42	17 25	22 19	21 41	–19,4	Steinbock	Größte Südbreite	
Fr	10.	13 02	18 13	23 36	22 35	–14,6	Wassermann	Libration West	
Sa	11.	13 19	18 57	–	23 24	– 9,4	* Wassermann	**Erstes Viertel**	2^h 36^m
So	12.	13 34	19 40	0 49	0 10	– 3,9	Fische		
Mo	13.	13 49	20 21	1 59	0 55	+ 1,7	Walfisch		
Di	14.	14 04	21 03	3 08	1 39	+ 7,0	Fische		
Mi	15.	14 20	21 45	4 17	2 24	+12,0	* Widder		
Do	16.	14 40	22 30	5 26	3 09	+16,6	Widder		
Fr	17.	15 04	23 17	6 35	3 57	+20,4	* Stier, Plejaden	Aufsteigender Knoten	
Sa	18.	15 36	–	7 42	4 46	+23,4	Aldebaran	Erdferne 406/29′,4	3^h
So	19.	16 16	0 06	8 43	5 37	+25,4	Stier, Al Nath	**Vollmond**	5^h 35^m
Mo	20.	17 07	0 56	9 37	6 30	+26,3	Zwillinge		
Di	21.	18 07	1 47	10 22	7 23	+26,0	Kastor, Pollux		
Mi	22.	19 14	2 38	10 57	8 16	+24,4	Krebs, Krippe		
Do	23.	20 25	3 27	11 25	9 08	+21,7	Krebs, Krippe		
Fr	24.	21 38	4 14	11 47	9 58	+18,0	* Löwe, Regulus	Größte Nordbreite	
Sa	25.	22 52	5 00	12 05	10 46	+13,4	Löwe		
So	26.	–	5 45	12 22	11 34	+ 8,2	Löwe	Libration Ost	
Mo	27.	0 06	6 30	12 38	12 21	+ 2,5	Jungfrau	**Letztes Viertel**	3^h 24^m
Di	28.	1 23	7 16	12 54	13 10	– 3,5	Spica		
Mi	29.	2 44	8 05	13 13	14 00	– 9,5	Jungfrau		
Do	30.	4 08	8 58	13 36	14 54	–15,2	Waage		
Fr	31.	5 36	9 56	14 07	15 52	–20,1	Waage	Absteigender Knoten	

DER VOLLMOND ENTFERNT SICH VON ALDEBARAN

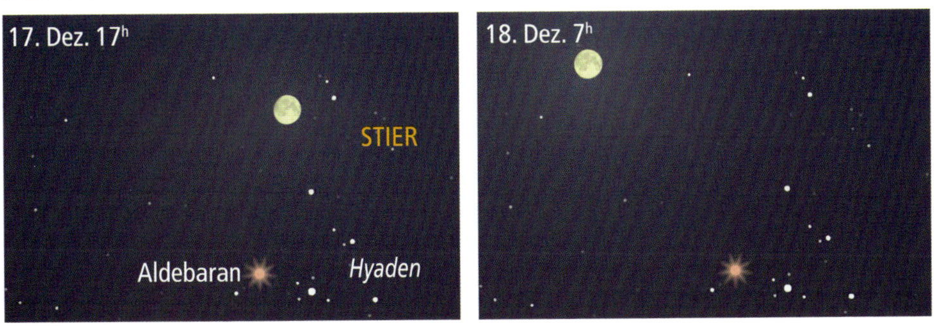

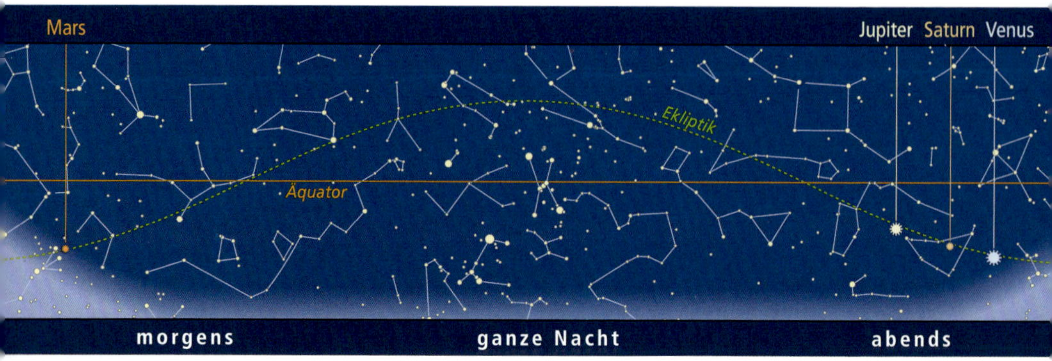

MERKUR stand Ende des Vormonats in oberer Konjunktion mit der Sonne. Er eilt der Sonne voran. Sein östlicher Winkelvorsprung wächst bis Jahresende auf knapp 18° an.

Am letzten Tag des Jahres zeigt er sich tief im Südwesten in der Abenddämmerung. Der $-0^{m},7$ helle Merkur geht am 28. um 17^h33^m unter. Bis 31. verspäten sich die Merkuruntergänge auf 17^h46^m, die Merkurhelligkeit bleibt konstant $-0^{m},7$.

Anfang Januar 2022 bietet der flinke Planet eine bescheidene Abendsichtbarkeit. Seine größte Elongation mit 19°13′ Winkelabstand von der Sonne nimmt Merkur am 7. Januar 2022 ein.

Schon am 2. passiert Merkur das Aphel seiner Bahn. An diesem Tag trennen ihn 69,8 Millionen Kilometer (= 0,467 AE) von der Sonne.

VENUS lässt das Jahr als Abendstern ausklingen. Am 4. strahlt unser innerer Nachbarplanet mit $-4^{m},9$ in maximalem Glanz. Bald nach Sonnenuntergang zeigt sich Venus knapp über dem Südwesthorizont.

Die Venusuntergänge verfrühen sich von 19^h01^m am 1. auf 18^h46^m am 15. und auf 17^h48^m am Jahresende. Bis Jahresende geht die Venushelligkeit erheblich auf $-4^{m},2$ zurück.

Am 18. wird Venus stationär und eilt danach rasch rückläufig auf die Sonne zu, die ihr im Tierkreis entgegenkommt. Somit verkürzt sich in der zweiten Dezemberhälfte die Sichtbarkeitsdauer drastisch. Bereits am 9. Januar 2022 trifft Venus mit der Sonne zusammen und steht mit ihr in unterer Konjunktion.

Im Teleskop registriert man die schnell wachsende, aber immer schlanker werdende Venussichel. Am 1. beträgt der Be-

KONSTELLATIONEN UND EREIGNISSE

Datum	MEZ	Ereignis
1.	23^h	Neptun im Stillstand, anschließend rechtläufig
3.	0	Merkur im Aphel
3.	1	Mond bei Mars, Mond 0°,7 nördlich
4.	8	**Venus in maximalem Glanz** ($-4^{m},9$)
4.	9	Totale Sonnenfinsternis (siehe Seite 28)
4.	14	Mond bei Merkur, Mond 0°,02 südlich
7.	2	**Mond bei Venus**, Mond 1°,9 südlich,
		Abstand 6°,1 um 18^h am 6.
8.	3	Mond bei Saturn, Mond 4°,2 südlich
9.	7	Mond bei Jupiter, Mond 4°,5 südlich
11.	2	Mond bei Neptun, Mond 4°,2 südlich
15.	7	Mond bei Uranus, Mond 1°,5 südlich
18.	12	Venus im Stillstand, anschließend rückläufig
21.	16^h59^m	**Sonne im Winterpunkt, Wintersonnenwende**
29.	2	**Merkur bei Venus**, Merkur 4°,2 südlich,
		Abstand 4°,3 um 17^h (Fernglas!)
31.	21	Mond bei Mars, Mond 0°,9 südlich

leuchtungsgrad des Venusscheibchens noch 29 % bei einem scheinbaren Durchmesser von 39″. Bis 31. nimmt der Beleuchtungsgrad auf drei Prozent ab, der scheinbare Durchmesser nimmt auf gut 61″ zu. Zu Silvester trennen uns 41 Millionen Kilometer (= 0,274 AE) von Venus.

Von der zunehmenden Mondsichel erhält Venus wieder Besuch am 7. frühmorgens, wobei Venus und Mond längst untergegangen sind. Am Vorabend (6.) ist der Abstand beider Gestirne mit 6° noch relativ groß (siehe Abb. 12.1 auf Seite 250).

Die Begegnung von Venus und Merkur am 29. erfordert ein Fernglas, um Merkur zu erkennen (siehe Abb. 12.2 unten).

MARS wandert rechtläufig durch die Waage und wechselt am 15. in das Sternbild Skorpion. Schon kurz darauf, nämlich am 24. tritt er in den Schlangenträger. Bis Jahresende wächst sein westlicher Winkelabstand auf knapp 28° an. Unter guten Sichtbedingungen kann man ab der Monatsmitte mit Beobachtungserfahrung und möglichst mit Fernglas versuchen, Mars in der Morgendämmerung tief im Südosten aufzustöbern.

Am 15. geht der $1^{m}{,}6$ helle rote Planet um $6^{h}21^{m}$ auf. Etwa 20^{m} später kann man versuchen, ihn im Horizontdunst auszumachen. Kurz nach 7^{h} verblasst er in der zunehmenden Morgenhelle. Bis 31. verfrüht sich der Marsaufgang ein wenig auf $6^{h}18^{m}$, die Marshelligkeit nimmt leicht auf $1^{m}{,}5$ zu.

Am 26. wandert Mars 5° nördlich an Antares vorbei. Mit $1^{m}{,}0$ scheinbarer Helligkeit ist der rötliche Antares zurzeit ein wenig heller als Mars.

Am 19. passiert Mars den absteigenden Knoten seiner um $1^{\circ}{,}8$ leicht zur Ekliptik geneigten Bahn.

JUPITER, rechtläufig im Steinbock, kann am westlichen Abendhimmel gesehen werden. Zur Monatsmitte, genau am 15., wechselt der Riesenplanet wieder in das Sternbild Wassermann zurück (siehe Abb. 8.2 auf Seite 175). Die Jupiterhelligkeit geht bis zum Jahresende abermals um $0^{m}{,}2$ auf $-2^{m}{,}1$ zurück. Damit ist Jupiter immer noch nach Venus zweithellster Planet am irdischen Firmament.

Der Jupiteruntergang verfrüht sich von $22^{h}23^{m}$ am 1. auf $21^{h}40^{m}$ am 15. und auf $20^{h}54^{m}$ zu Silvester. Damit bleiben immer noch vier Stunden Sichtbarkeitsdauer für den Riesenplaneten.

Am 31. trennen uns 833 Millionen Kilometer (= 5,57 AE) von Jupiter, dies entspricht einer Lichtlaufzeit von 46 Minuten.

SATURN, rechtläufig im Steinbock, kann noch am frühen Abendhimmel dank bald einsetzender Dunkelheit gesehen werden. Seine Helligkeit geht weiter leicht um $0^{m}{,}1$ zurück und beträgt ab dem zweiten Monatsdrittel nur mehr $0^{m}{,}8$. Am 1. sinkt der Ringplanet um $20^{h}52^{m}$ unter die südwestliche Horizontlinie, am 15. um $20^{h}03^{m}$ und am Jah-

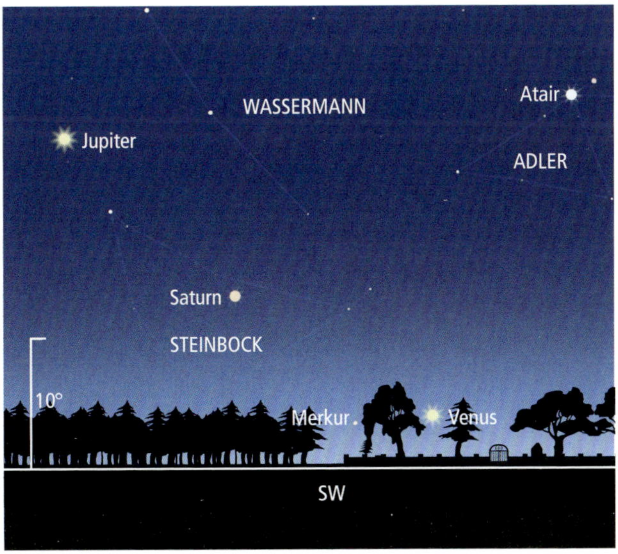

12.2 Anblick des Südwesthimmels am 31. Dezember gegen $17^{h}30^{m}$ MEZ. Planetenversammlung von Merkur, Venus, Saturn und Jupiter.

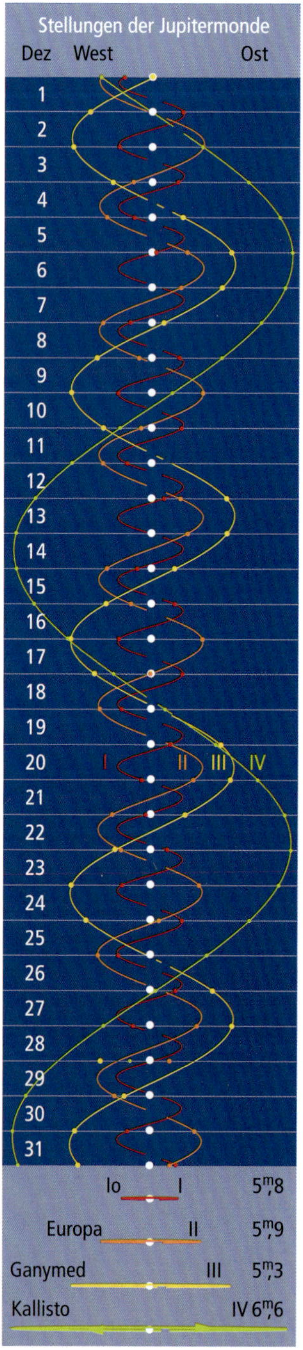

JUPITERMONDE

Tag	MEZ h	MEZ m	Vorgang	
1.	18	12	I	VE
3.	18	00	II	DA
	20	35	II	SA
	20	50	II	DE
4.	16	31	III	BE
	18	07	III	VA
	21	39	III	VE
5.	18	34	II	VE
7.	19	27	I	DA
	20	42	I	SA
	21	44	I	DE
8.	16	34	I	BA
	20	07	I	VE
9.	17	27	I	SE
10.	19	11	IV	SA
	20	43	II	DA
11.	17	08	III	BA
	20	45	III	BE
12.	21	11	II	VE
14.	21	26	I	DA
15.	18	33	I	BA
16.	17	07	I	SA
	18	13	I	DE
	19	23	I	SE
18.	18	04	IV	BA
19.	18	39	II	BA
21.	17	57	II	SE
22.	19	47	III	SE
	20	33	I	BA
23.	17	56	I	DA
	19	02	I	SA
	20	12	I	DE
24.	18	27	I	VE
27.	17	29	IV	SE
28.	17	47	II	SA
	18	28	II	DE
	20	34	II	SE
29.	19	37	III	DE
	20	20	III	SA
30.	19	56	I	DA
31.	17	04	I	BA
	20	23	I	VE

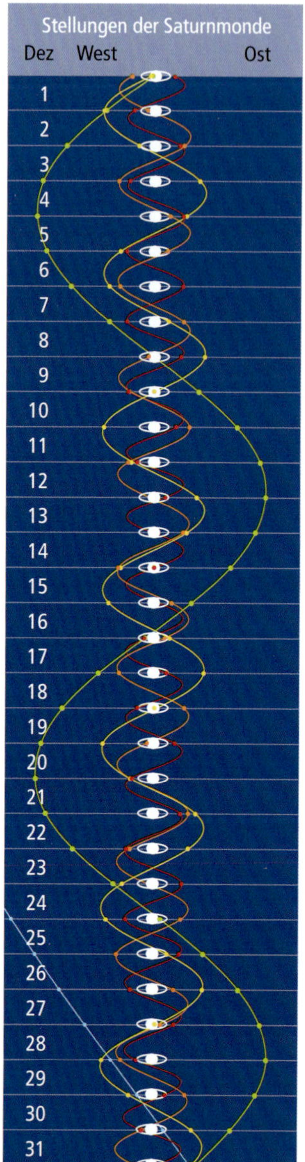

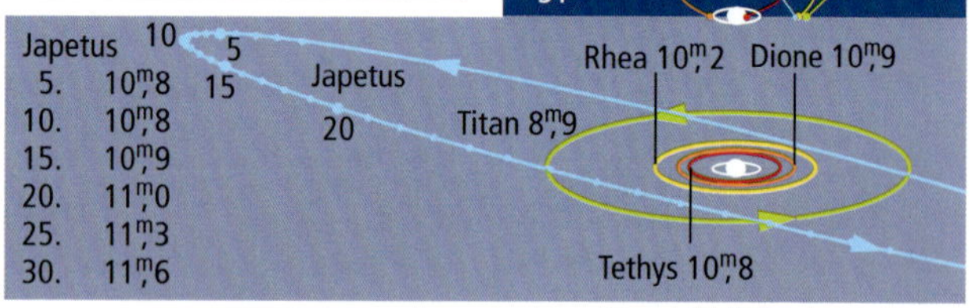

resende schon um $19^{h}10^{m}$. Im kommenden Monat verabschiedet sich Saturn vollends vom Abendhimmel. Die Sonne holt ihn Anfang Februar 2022 ein. Die Konjunktion des Ringplaneten mit ihr fällt auf den 4. Februar 2022.

Mit Venus und Jupiter ergibt sich eine nette Planetenparade über dem Südwesthorizont (siehe Abb. 12.1 auf Seite 250). Zu Silvester gesellt sich noch Merkur zur illustren Planetenrunde am Abendhimmel (siehe Abb. 12.2 auf Seite 255).

URANUS stand Anfang des Vormonats in Opposition zur Sonne. Der grünliche Planet wandert rückläufig durch das Sternbild Widder (siehe Abb. 11.2 auf Seite 235). Wenn die Dunkelheit hereinbricht, steht Uranus schon hoch am Osthimmel und kann mit einem Fernglas beobachtet werden. Vom Morgenhimmel zieht sich der $5\overset{m}{,}7$ helle Uranus zurück. Seine Untergänge verlagert der grünliche Planet von $5^{h}35^{m}$ am 1. auf $3^{h}33^{m}$ am letzten Tag des Jahres. Die Meridianpassagen von Uranus erfolgen am 1. um $22^{h}14^{m}$, am 15. um $21^{h}17^{m}$ und zu Silvester schon um $20^{h}13^{m}$. Diese Zeiten sind die günstigsten, um nach dem siebenten Planeten Ausschau zu halten.

NEPTUN kommt am 1. im Sternbild Wassermann zum Stillstand und beendet damit die diesjährige Oppositionsperiode. Anschließend wandert er wieder rechtläufig durch den Tierkreis, was zunächst kaum zu beobachten ist (siehe auch Abb. 9.4 auf Seite 199).

Neptun verkürzt deutlich seine Beobachtungszeit, bis Jahresende kann er jedoch noch am Abendhimmel aufgefunden werden. Am 1. geht der $7\overset{m}{,}9$ lichtschwache Neptun um $19^{h}03^{m}$ durch den Meridian. Sein Untergang erfolgt am 1. um $0^{h}47^{m}$. Am 15. passiert Neptun um $18^{h}08^{m}$ den Meridian und geht um $23^{h}48^{m}$ unter. Zu Silvester kulminiert Neptun bereits um $17^{h}06^{m}$ und sinkt um $22^{h}46^{m}$ unter den Horizont. Gegen $17^{h}45^{m}$ ist es dunkel genug, um mit Aussicht auf Erfolg nach dem bläulichen Planeten zu jagen.

PLANETOIDEN UND ZWERGPLANETEN

CERES (1) hat ihre Opposition zur Sonne eben hinter sich. Sie eilt rückläufig durch den Stier (siehe Abb. 11.3 auf Seite 236). Ihre Helligkeit sinkt bis Jahresende von $7\overset{m}{,}0$ auf $7\overset{m}{,}7$ deutlich ab. Die Cereskulminationen erfolgen immer früher, am 1. um $23^{h}47^{m}$, am 15. um $22^{h}39^{m}$ und am Silvestertag schon um $21^{h}26^{m}$. Dies ist die günstigste Zeit, um den Zwergplaneten Ceres zu erjagen.

IRIS (7) beschleunigt ihre rückläufige Bewegung und wechselt am 27. aus dem Krebs in das Sternbild Zwillinge (siehe Abb. 1.12 auf Seite 39).

Ihre Helligkeit nimmt deutlich um $0\overset{m}{,}7$ auf $7\overset{m}{,}8$ bis Jahresende zu. Ihre Aufgänge verlagert Iris von $20^{h}16^{m}$ zu Monatsbeginn auf $18^{h}08^{m}$ zu Silvester. Am 1. kulminiert Iris um $3^{h}50^{m}$, am 15. um $2^{h}50^{m}$ und am 31. schon um $1^{h}34^{m}$. In Opposition zur Sonne kommt Iris erst im nächsten Jahr, nämlich am 13. Januar 2022 um 21^{h} mit einer Oppositionshelligkeit von $7\overset{m}{,}6$. Ihre geringste Entfernung von der Erde mit 164 Millionen Kilometer (= 1,096 AE) erreicht sie dabei schon am 4. Januar 2022 um 11^{h}.

PERIODISCHE STERNSCHNUPPENSTRÖME

Vom 6. bis 16. Dezember macht sich der ekliptikale Strom der **GEMINIDEN** bemerkbar. Ihr Ausstrahlungspunkt liegt in den Zwillingen, rund 1° südwestlich von Kastor. Das Maximum ist in der Nacht vom 13./14. Dezember zu erwarten, wenn stündlich bis 150 Meteore, mitunter auch sehr helle Objekte, zu beobachten sind. Die Geschwindigkeiten liegen um 35 Kilometer pro Sekunde. Die günstigste Beobachtungszeit liegt zwischen 21^{h} und 6^{h} morgens. Ihren Ursprung führen die Geminiden auf den Planetoiden (3200) Phaeton zurück, der ein inaktiver Kometenkern mit einer Umlaufzeit von 1,4 Jahren sein dürfte.

Vom 15. bis 24. Dezember tauchen die **URSIDEN** auf, deren Radiant im Sternbild Kleiner Bär, genauer im Kasten des Kleinen Wagens, zu finden ist. Ihr scharfes Maximum erreichen die Ursiden-Meteore in der Nacht vom 21. auf 22. Dezember gegen Mitternacht. Dabei ist mit rund zehn Meteoren pro Stunde zu rechnen. In den Jahren 2004 und

2007 waren die Raten jedoch deutlich höher. Da der Radiant zirkumpolar ist, können die Ursiden die ganze Nacht beobachtet werden. Der Ursprung der Ursiden wird auf den Kometen 8P/Tuttle zurückgeführt. Die Sternschnuppen haben mittlere Geschwindigkeiten von 35 Kilometer pro Sekunde. In den letzten Jahren wurden rund zehn bis zwanzig, manchmal auch mehr Objekte pro Stunde im Maximum registriert.

Wenig ergiebig ist der Strom mit dem Namen **COMA-BERENICIDEN**, dessen Radiant im Haar der Berenike liegt und die um die Jahreswende auftreten – etwa von Mitte Dezember bis Mitte Januar. Es handelt sich um sehr schnelle Objekte (um 65 Kilometer pro Sekunde). Das Maximum liegt um den 18. Dezember, wobei lediglich fünf bis zehn Meteore pro Stunde zu erwarten sind.

Wenig bedeutende Ströme sind die **MONOCEROTIDEN** und die **SIGMA-HYDRIDEN**. Der Radiant der Monocerotiden liegt zwischen Beteigeuze und Prokyon. Um den 8. sind pro Stunde lediglich zwei Sternschnuppen zu sehen. Sie haben mittlere Geschwindigkeiten von 40 Kilometer pro Sekunde.

Die Sigma-Hydriden erscheinen um den 11. Dezember, wobei lediglich vier Meteore stündlich in Erscheinung treten. Der Radiant liegt im Kopf der Wasserschlange (Hydra). Mit 60 Kilometer pro Sekunde Eintrittsgeschwindigkeiten handelt es sich um recht schnelle Meteore.

Zum Jahresabschluss können schließlich schon die ersten **QUADRANTIDEN**-Meteore gesehen werden. Das Maximum wird am 3. Januar 2022 erreicht.

Der Fixsternhimmel

In der Osthälfte des Firmaments sind bereits die Wintersternbilder vollständig versammelt. Mit Ausnahme des Perseus haben alle Herbstbilder den Meridian überschritten und befinden sich in der westlichen Hemisphäre des Firmaments. Tief im Nordwesten ist noch das Sternenkreuz des fliegenden Schwans mit dem hellen Stern Deneb zu sehen. Der Schwan ist gewissermaßen ein Relikt des Sommerhimmels. Knapp über dem Nordwesthorizont flackert die Wega in der Leier, die bei uns nahezu zirkumpolar ist und daher fast das ganze Jahr über in klaren Nächten beobachtbar bleibt.

Hoch in westlicher Richtung erblickt man noch das Herbstviereck, das Pegasusquadrat, dessen Spitze zum Horizont deutet. Das Pegasusquadrat hängt mit der obersten Ecke an der Sternenkette der Andromeda, die sich vom Zenit ausgehend nach Westen erstreckt. Den Platz im Zenit nimmt nun der Perseus ein, der strahlende Held aus der Andromedasage. Zwischen Kassiopeia und Perseus findet man fast senkrecht über unseren Köpfen die beiden prächtigen offenen Sternhaufen h und χ Perseï. Für den Einsteiger in die Beobachtung von veränderlichen Sternen sei auf Algol (β Perseï) hingewiesen. Er ist der Prototyp der Algol-Bedeckungsveränderlichen. Algol steht jetzt hoch über unseren Köpfen und ist leicht zu finden. Schon mit bloßen Augen kann man sich im Schätzen seiner Helligkeit üben. Die Helligkeitsminima von Algol sind in der monatlichen Rubrik „Veränderliche Sterne" vermerkt.

Hoch im Süden hat gerade der Widder (lat.: Aries) den Meridian durchschritten. Südlich des Wid-

VERÄNDERLICHE STERNE

Algol-Minima		β-Lyrae-Minima		δ-Cepheï-Maxima		Mira-Helligkeit	
8.	5^h16^m	2.	4^h H	4.	16^h	1.	6^m
11.	2 05	8.	15 N	10.	1	10.	6
13.	22 54	15.	3 H	15.	10	20.	7
16.	19 44	21.	14 N	20.	19	31.	7
28.	7 00	28.	1 H	26.	3		
31.	3 49			31.	12		

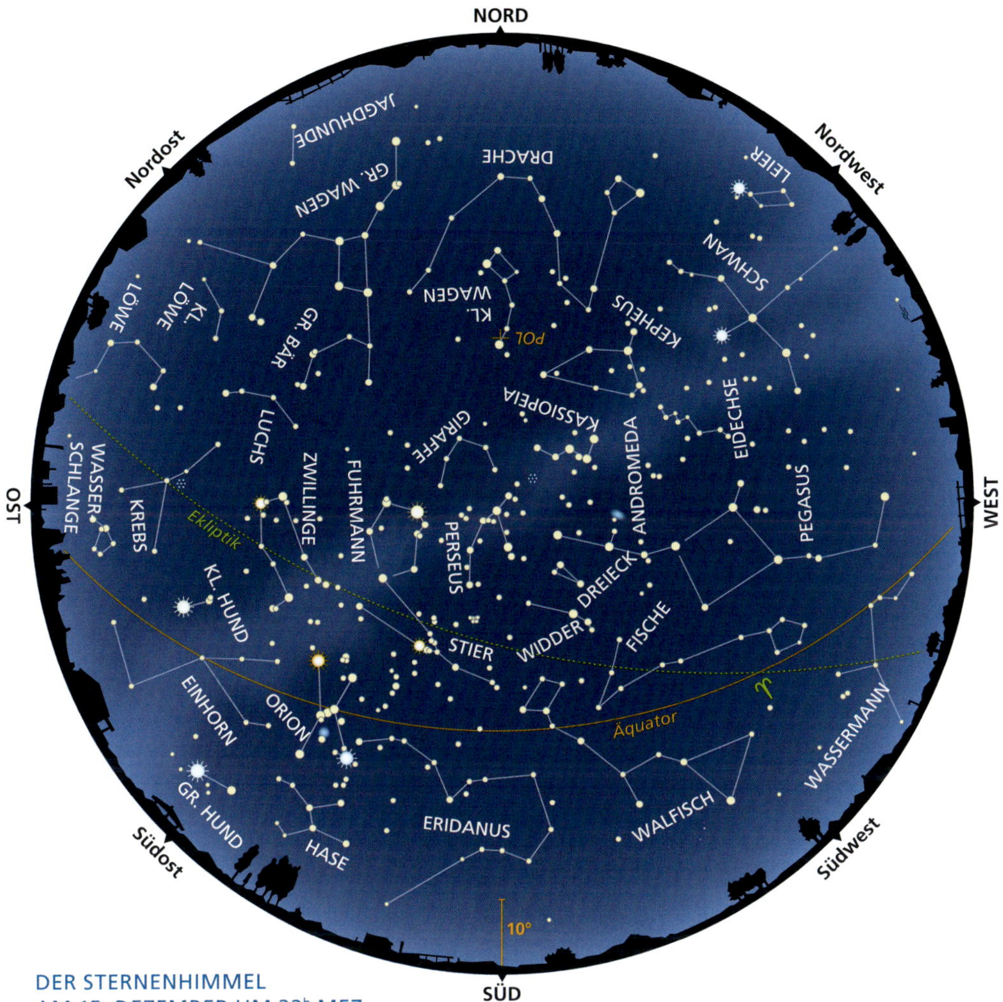

DER STERNENHIMMEL
AM 15. DEZEMBER UM 22^{h} MEZ

Die Sternkarte ist auch gültig für:

	MEZ	MESZ
15. 9.	4^{h}	5^{h}
1.10.	3	4
15.10.	2	3
1.11.	1	
15.11.	0	
1.12.	**23**	
15.12.	**22**	
31.12.	**21**	
15. 1.	20	
31. 1.	19	

ders macht der Sternenhimmel einen vergleichsweise düsteren Eindruck. Helle Sterne fehlen völlig in diesem Areal, das vom Walfisch und dem langgestreckten Fluss Eridanus eingenommen wird.

Umso eindrucksvoller zeigt sich nun der Ost- und Südosthimmel. Hoch im Osten, fast im Zenit, steht die helle, gelbliche Kapella im Fuhrmann, darunter die beiden Sternenketten der Zwillinge mit Kastor und Pollux. Die meisten Völker sahen in diesen beiden Sternenketten zwei Menschengestalten. Die Inder nannten das Bild Mithuna und sahen darin einen Knaben und ein Mädchen.

Kastor (α Geminorum) ist mit $1^{m}{,}6$ scheinbarer Helligkeit etwas lichtschwächer als Pollux (β Geminorum). Kastor ist 52 Licht-

12.3 Figürliche Darstellung des Sternbildes Orion im Sternatlas von Johann Elert Bode aus dem Jahre 1782.

jahre entfernt und setzt sich aus sechs Sonnen zusammen. Pollux ist ein orangefarbener Riesenstern (Spektraltyp K0 III) mit $1^{\mathrm{m}}{,}2$ scheinbarer Helligkeit. Seine Entfernung beträgt 34 Lichtjahre. Damit ist Pollux uns ein wenig näher als Arktur. Er ist somit der sonnennächste rote Riesenstern mit einer dreißigfachen Sonnenleuchtkraft.

Der Stier mit dem prächtigen Sternhaufen der Hyaden, in dessen Vordergrund der rot-gelbe Aldebaran auffällig glänzt, und dem Siebengestirn, den Plejaden, schreitet zügig auf den Meridian zu. Die westlichen Teile des Stieres haben bereits die Mittagslinie erreicht.

Südöstlich des Stieres strahlt unübersehbar der Orion, das prominenteste der Wintersternbilder, mit den beiden hellen Sternen Beteigeuze und Rigel sowie den in einer geraden Linie stehenden drei Gürtelsternen. Auch Prokyon im Kleinen Hund (α Canis Minoris) ist bereits im Osten aufgetaucht. Tief im Südosten ist gerade Sirius im Großen Hund (α Canis Maioris), der hellste Fixstern am irdischen Himmel, über die Horizontlinie gestiegen. Damit ist das komplette Wintersechseck am Osthimmel vertreten. Es setzt sich aus den Sternen Sirius, Prokyon, Pollux, Kapella, Aldebaran und Rigel zusammen.

DAS STERNBILD ORION (ORION)

Der Orion gehört zu den prächtigsten Wintersternbildern des Himmels. Er ist ebenso leicht zu finden wie der Große Wagen. Ohne große Mühe kann er auch von Anfängern der Himmelskunde an klaren Winterabenden in südlicher Richtung schnell entdeckt werden. Wer ihn einmal gesehen hat, wird sich seine markante Figur wohl für immer einprägen. Der Sage nach ist Orion ein Jäger oder Krieger.

Sein Name stammt aus dem Griechischen: Ωαρίων heißt Krieger, auch mächtiger Jäger. Orion verfolgte die Töchter des Atlas, die Plejaden, speziell Merope. Die Plejaden, auch unter der Bezeichnung Siebengestirn bekannt, sind ebenfalls am abendlichen Winterhimmel zu sehen: Ein dichtgedrängtes Häuflein von Sternen, das sicher schon einmal dem einen oder anderen am Himmel aufgefallen ist.

Juno schickte einen Skorpion, der Orion zur Strafe für seine Nachstellungen tötete. Genau wie der Held wurde der fatale Skorpion an den Himmel versetzt, allerdings an entgegengesetzter Stelle, damit das Untier Orion keinen Schaden mehr zufügen kann. Ist Orion im Westen untergegangen, taucht im Osten erst der Skorpion auf und umgekehrt. Der Skorpion ist also im Sommer am Abendhimmel zu beobachten, während wie erwähnt Orion ein typisches Wintersternbild ist.

Die meistern Völker erkannten in dieser Sternfigur eine menschliche Gestalt. Zwei Sterne bilden die Schultern, drei in einer Kette stehende Sterne den sogenannten Gürtel und zwei weitere die Füße. Der östliche Schulterstern (α Orionis) leuchtet deutlich rötlich und gehört mit dem westlichen Fußstern (β Orionis), der ein mehr bläulich-weißes Licht

12.4 Das Sternbild Orion.

ausstrahlt, zu den beiden Sternen erster Größe im Orion.

Doch nicht überall erkannte man einen Himmelsjäger. Bunt ist die Reihe der Objekte, die die Fantasie in dieser Sternenanordnung sah: ein Wasserschloss, den Gott der Unterwelt, ein Fass, vier Gräber, eine Fahne, einen Ring, einen Goldfisch, ein Kind, neun Flussmündungen und noch viele andere Dinge. Orion wird gelegentlich mit Winterstürmen in Verbindung gebracht, weil er um diese Jahreszeit am Abendhimmel steht.

Auch die drei Gürtelsterne, die eine auffällige Kette bilden, erhielten verschiedene Bezeichnungen: Die drei Schnitter oder Mahder, drei Ruderer, drei Seehundjäger und die drei heiligen Könige. Das Kreuz, das aus der Strecke α Orionis – β Orionis und den drei Gürtelsternen als Querbalken entsteht, wird gelegentlich Jakobsstab genannt. Der Jakobsstab wurde im Mittelalter als astronomisches Winkelmessinstrument benutzt.

α Orionis gehört zu den zwanzig hellsten Fixsternen am Himmel. Die Araber haben ihn Beteigeuze getauft, was Schulter- oder Achselhöhle des Riesen bedeutet. Eigentlich heißt er Betelgeuse. Mit dieser Bezeichnung steht er auch in der IAU-Liste der offiziellen Sternnamen.

Vermutlich wegen seiner rötlichen Farbe sprechen manche Völker von einem „Kriegsstern". In Indien heißt er Padparadaschah, da er dort an einen seltenen, orangefarbenen Saphir erinnert. Beteigeuze gehört zu den größten uns bekannten Sternen. Außerdem ist dieser rote Riesenstern nicht immer gleich groß, er bläht sich auf und schrumpft anschließend wieder, er pulsiert gleichsam. Dies geschieht in unregelmäßigen Abständen. Dadurch ändert sich auch seine Helligkeit, was bereits im Jahre 1836 der Astronom Sir John Herschel bemerkte. Zum Jahresende 2019 sank Beteigeuzes Helligkeit so weit ab wie zuvor noch nie beobachtet (siehe Monatsthema Januar „Beteigeuze – mächtiger Riese am Firmament" auf Seite 44).

Trotz seiner 640 Lichtjahre Entfernung gehört Beteigeuze zu den hellsten Sternen am nächtlichen Firmament. Allerdings beträgt die Unsicherheit bei der Entfernung ±150 Lichtjahre.

Einen schönen Farbkontrast zur roten Beteigeuze zeigt β Orionis, von den Arabern Rigel genannt, was Fußstern heißt. Rigel strahlt aufgrund seiner hohen Oberflächentemperatur von rund 12 000 Kelvin (was ziemlich genau 12 000° Celsius entspricht) ein intensives blau-weißes Licht aus. Die Entfernung von Rigel ist schwer zu bestimmen, man schätzt sie auf 850 Lichtjahre.

In mondlosen Nächten sieht man unterhalb der drei Gürtelsterne einen schwachen Lichtfleck: den großen Orionnebel, Katalogbezeichnung M 42. Schon im bescheidenen Fernglas erkennt man hier helle, blauweiße Sterne, die in leuchtenden Materiewolken eingebettet sind. In rund 1400 Lichtjahren Entfernung beobachten wir hier ein Sternentstehungsnest: junge, heiße Sterne, gerade erst aus interstellarer Materie geboren. In jüngster Zeit hat man mit Radioteleskopen sogar organische Moleküle in M 42 entdeckt. Ein Grund mehr, zu vermuten, dass die Entstehung von Leben ein universeller Vorgang und nicht nur auf unseren Planeten Erde beschränkt ist.

Das große Schweigen

Shutterstock/Diversepixel

12.5 Futuristische Stadt einer Superzivilisation – der Fantasie sind keine Grenzen gesetzt.

Schon die antiken Philosophen Platon und Aristoteles haben festgestellt: Der Mensch ist ein Zoon Politikon (Ζῶον πολιτικόν), ein Gemeinschaftswesen. Die meisten Menschen sind kommunikationsfreudig. Geselligkeit ist eine Eigenschaft von mehr oder minder intelligenten Wesen. Verständlich, wenn viele Menschen wissen wollen, ob es außerirdische Lebewesen gibt. Wie schön wäre es doch, mit unseren Brüdern und Schwestern im All Kontakt aufzunehmen und sich mit ihnen zu unterhalten.

Als die ersten Fernrohrbeobachter auf dem Mond Krater, Ringgebirge und dunkle Gebiete sahen, die sie für Meere hielten, glaubten viele, es gäbe Mondbewohner. Doch bald stellte man fest, dass der Mond eine tote Fels- und Lavawüste ohne Atmosphäre und ohne flüssiges Wasser ist. Der sonnenbeschienene Mondboden heizt sich deutlich über 100 °C auf, in der 14-tägigen Mondnacht sinkt die Bodentemperatur unter –100 °C ab. Mars und Venus waren bald Ziel von Spekulationen, sie würden außerirdische Lebewesen beherbergen. Als Giovanni Schiaparelli 1877 auf Mars dunkle Linien zu erkennen meinte, wurden daraus Kanäle, die die Marsianer erbaut hätten, um ihren wasserarmen Planeten zu versorgen. Noch bis Mitte des vorigen Jahrhunderts vertraten etliche Leute diese Ansicht. So hat Percival Lowell 1894 ein heute nach ihm benanntes Observatorium in Flagstaff, Arizona (USA), gegründet, um Mars und seine Kanäle zu erforschen. Manche fantasierten, kleine grüne Männchen vom Mars würden durch das Weltall flitzen. Am Lowell-Observatorium wurde zwar keine Marszivilisation entdeckt, aber es wurde dennoch berühmt: Clyde Tombaugh entdeckte 1930 Pluto auf dieser Sternwarte.

Unter dem dichten Wolkenschleier der Venus wurde eine üppige Vegetation vermutet. In Schachtelhalmwäldern würden sich Dinosaurier und anderes Urweltgetier tummeln. Spätestens nachdem Raumsonden auf Mars und Venus landeten und die Astronomen über die Verhältnisse dort aufklärten, reifte die Erkenntnis: In unserem Sonnensystem ist die Erde der einzige Planet, der Leben trägt, und das in reichem Maße. Mag sein, dass im unterirdischen Ozean des Jupitermondes Europa oder auf einem anderen Mond Mikroben oder mindestens präbiotische Moleküle aufgespürt werden. Ansonsten gibt es kein außerirdisches Leben in unserem Sonnensystem.

Außerirdisches Leben ist wahrscheinlich

Eine Zeitlang galt es bei Astronomen sogar als unseriös, sich der Suche nach Extraterrestriern zu widmen. Doch das hat sich inzwischen geändert, spätestens seit der Radioastronom Frank Donald Drake erstmals in den 1960er Jahren am NRAO (**N**ational **R**adio **A**stronomy **O**bservatory) in Green Bank, West Virginia (USA), ein erstes Suchprogramm (OZMA) nach Signalen Außerirdischer startete.

Inzwischen wird ernsthaft diskutiert, ob die Erde der einzige Ort in den schier unermesslichen Tiefen des Universums ist, der Leben beherbergt. Die IAU (International Astronomical Union) hat 1982 auf ihrer Generalversammlung in Patras (Griechenland) eine eigene Kommission gegründet, die sich mit außerirdischen Lebensformen und der Möglichkeit einer Kontaktaufnahme befassen soll. Sollte es im All sogar eine hochtechnisierte Zivilisation geben, wie kann man sie aufspüren und mit ihr Kontakt aufnehmen?

Die Suche nach außerirdischem Leben hat vor geraumer Zeit begonnen. Die Annahme, dass wir nicht allein im Weltall sind, beruht auf folgenden Beobachtungstatsachen: Im Universum sind überall die gleichen chemischen Elemente zu finden vom Wasserstoff bis hin zum Uran. Die Radioastronomie hat gezeigt, dass die chemischen Elemente überall die Eigenschaft zeigen, bei niedrigen Temperaturen komplexe Strukturen zu bilden. Die interstellaren Gas- und Staubwolken enthalten Moleküle wie Kohlenwasserstoffe, Alkohole bis hin zu Aminosäuren, die auch in Meteoriten gefunden wurden. Lange war nicht klar, ob unser Sonnensystem mit seinen Planeten eine seltene Ausnahme bildet oder ob fremde Sonnen ebenfalls von Planeten umrundet werden. Denn auf den viele tausend Grad heißen Oberflächen der Sterne können keine Lebensbausteine existieren. Diese Frage ist inzwischen geklärt. Bereits 1995 wurde beim Stern 51 Pegasi erstmals ein planetarischer Begleiter entdeckt. Inzwischen wurden über 4000 Exoplaneten aufgespürt, darunter alle möglichen Größen – von heißen Superjupiters bis zu kühlen, erdgroßen Planeten.

NRAO/AUI/NSF

12.6 Frank Donald Drake – Pionier auf der Suche nach Signalen außerirdischer Zivilisationen.

Schon 1960 hat Frank Drake am NRAO eine Konferenz mit einigen hochkarätigen Wissenschaftlern einberufen, auf der die Fragen nach außerirdischem Leben und einer möglichen Kontaktaufnahme diskutiert wurden. Drake selbst hat eine Formel aufgestellt zur Abschätzung der Häufigkeit von Lebensformen im All. Wie viele sonnenähnliche Sterne beherbergt unsere Milchstraße? Wie viele dieser Sterne besitzen ein Planetensystem? Von diesen Planeten

12.7 Antennenschüssel des National Radio Astronomical Observatory in Green Bank, West Virginia (USA).

wird aber nur ein Bruchteil lebensfreundliche Bedingungen aufweisen. Sie müssen in einer bewohnbaren Zone (Ökosphäre oder habitablen Zone) um ihre Muttersonne laufen, damit ihre Oberflächen weder zu heiß noch zu kalt für Leben sind. Ferner müssen sie eine Atmosphäre sowie flüssiges Wasser besitzen. Aber von diesen potenziell lebensfreundlichen Planeten wird wiederum nur ein Bruchteil auch eine biologische Evolution erfahren und tatsächlich Lebensformen entwickelt haben. Die Faktoren dieser als Drake-Gleichung bekannt gewordenen Überlegungen sind weitgehend völlig unbekannt. Am ehesten kann man noch die Zahl der sonnenähnlichen Sterne in unserer Milchstraße abschätzen.

Auch andere Sterne besitzen Planeten

Seit der Kepler-Mission weiß man auch, dass es zahlreiche Planeten mit ähnlichen Durchmessern und Massen gibt wie die der Erde. Die Kepler-Raumsonde wurde im März 2009 ins Weltall transportiert und hat im sternreichen Milchstraßengebiet der Sternbilder Schwan, Leier und Drache hunderttausende Sterne nach einer „zweiten Erde" abgesucht (siehe auch Monatsthema Juni „Wo ist die zweite Erde?" auf Seite 142 im *Kosmos Himmelsjahr* 20**13**).

Weitere Missionen zum Auffinden erdähnlicher Planeten fanden ein unrühmliches Ende. Das ESA-Projekt Darwin sah vor, mit bis zu sechs Infrarot-Teleskopen nicht nur erdähnliche Planeten zu finden, sondern auch deren Atmosphären nach biologischen Spuren zu untersuchen. Schon 2007 war dieses ehrgeizige Projekt aus Kostengründen gestorben. Nicht viel besser erging es dem NASA-Projekt TPF (**T**errestrial **P**lanet **F**inder), das 2011 eingestellt wurde. Erfolgreich verläuft die TESS-Mission (**T**ransiting **E**xoplanet **S**urvey **S**atellite), die im April 2018 gestartet wurde. Der TESS-Satellit kurvt in einer langgestreckten Ellipse um die Erde, wobei er im Apogäum nahe an die Mondbahn herankommt. Große Hoffnung setzt man auf das im Bau befindliche Riesenteleskop ELT (**E**xtremely **L**arge **T**elescope), das mit seinem 39 m großen Multi-Mirror-Objektiv unter anderem spektroskopisch nach freiem Sauerstoff in Atmosphären erdähnlicher Planeten fahnden soll.

Doch mit einfachen Lebensformen lässt sich nicht kommunizieren. Die Drake-Formel wurde deshalb um drei Faktoren zur Green-Bank-Formel erweitert. Von den lebenstragenden Planeten wird nur ein Bruchteil auch Wesen hervorgebracht haben, die sich ihrer Existenz bewusst sind und eine Zivilisation entwickelt haben. Von diesen wird aber wiederum nur ein Bruchteil eine hochentwickelte technische Zivilisation besitzen, die Raumfahrt betreibt und über eine ausgereifte Kommunikationstechnik verfügt.

Schließlich der letzte Faktor: Wie lange existiert eine technische Hochzivilisation? Alle diese Faktoren sind völlig unbekannt. Optimistische Annahmen ergeben eine Million hochentwickelter Zivilisationen in unserer Milchstraße. Eher vorsichtige Schätzungen ergeben die Zahl 1, nämlich unsere Gesellschaft auf der Erde. Damit wären wir die einzige technische Zivilisation in unserer Milchstraße. Die ersten Lebensspuren auf der Erde gab es schon vor rund drei Milliarden Jahren. Im Laufe der Evolution auf der Erde verschwanden über 80 % aller Arten. Auch hochentwickelte Zivilisationen haben eine begrenzte Dauer ihrer Existenz. Sie sind eher gefährdet, aus der Evolution hinauskatapultiert zu werden, als einfache Lebensformen.

Auf vielen Planeten mag die Entwicklung von Leben stets nur einen begrenzten Stand erreicht haben, bis es ausgelöscht wurde, noch bevor eine technische Zivilisation entstanden ist. Durch Asteroideneinschläge, Vulkanismus, Erdbeben, Überschwemmungen und Tsunamis oder durch vergleichsweise nahe Supernovadetonationen mögen so manche Anläufe zu Gesellschaften mit Hochtechnologie vorzeitig beendet worden sein. Auch verheerende Viren können eine Zivilisation kurzfristig auslöschen.

Manche Zivilisationen mögen sich selbst aus der Evolution katapultiert haben, nachdem sie einen bestimmten technischen Standard erreicht, ihre archaischen Denkstrukturen aber nicht überwunden hatten. Vielleicht ist die Galaxis ein gigantischer Friedhof zugrunde gegangener Zivilisationen?

Vielfältige Lauschangriffe nach Signalen einer außerirdischen Superzivilisation blieben bisher

12.8 Interstellare Gas- und Staubwolken enthalten komplexe Moleküle, Bausteine organischer Substanzen.

ESO/R. Colombari

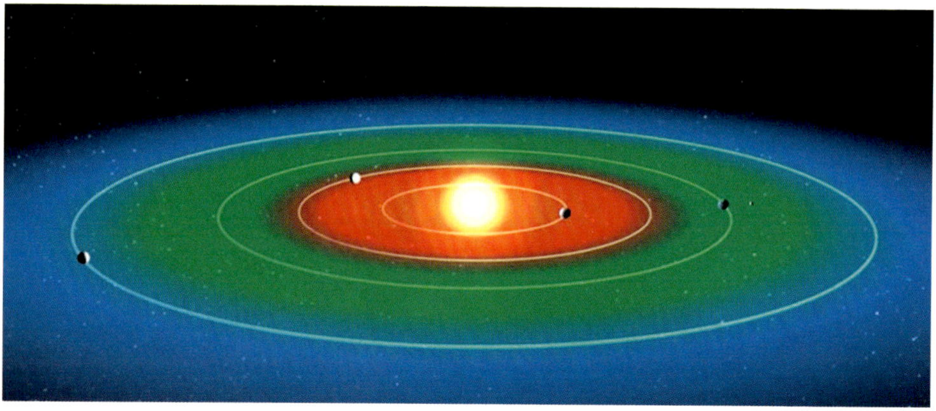

NASA/Kepler/D. Barry

12.9 Nur Planeten, die in einer Ökosphäre (habitable Zone, hier grüner Bereich) um ihre Sonne laufen, können Leben beherbergen.

völlig ergebnislos. Niemand meldete sich. Das Weltall schweigt beharrlich. Auch hat kein Raumschiff der Extraterrestrier die Erde je besucht. Einst fragte der Nobelpreisträger für Physik, Enrico Fermi: „Wo sind die Außerirdischen denn?". Diese Frage ist als „Fermi-Paradoxon" in die Literatur eingegangen, obwohl sie gar kein Paradoxon enthält.

Der Astrophysiker Gerard O'Neill hat die Hypothese vertreten, andere Zivilisationen in unserer Milchstraße würden uns in ihrer Entwicklung weit voraus sein. In 300 Millionen Jahren müssten sie die gesamte Galaxis kolonisiert haben. „Aber wo sind sie dann?", wunderte sich Fermi.

Getrennt durch Raum und Zeit

Wenn die Erde bisher weder Besuch von Extraterrestriern hatte noch Signale von ihnen hier eintrafen, so bedeutet dies nicht, dass es keine Superzivilisationen gibt. Nicht nur ungeheure räumliche Distanzen trennen uns, sondern auch unüberwindliche Zeitschluchten. Vielleicht hat eine Superzivilisation seit Millionen Jahren Funkbotschaften zur Erde gesandt und erst vor 2000 Jahren zu Zeiten der alten Römer die Sendungen als ergebnislos, weil ohne Antwort, eingestellt.

Vielleicht besucht eine Superzivilisation die Erde in 300 Millionen Jahren, wenn es längst keine Menschen mehr auf der Erde gibt.

Es fehlt uns vollkommen die Vorstellung, nicht nur wie die Extraterrestrier aussehen könnten, sondern auch, welche Verhaltensweisen sie an den Tag legen, kurz wie sie ticken. Extraterrestrier einer hochtechnisierten und weit fortgeschrittenen Zivilisation werden sich aus technischen Komponenten zusammensetzen. Sie werden interstellare Reisen von Hunderten Jahren in einer Art Winterschlaf („Standby-Modus") unternehmen. Sie werden nicht völlig unsterblich sein, aber ihre Individuen werden tausende Jahre existieren. Defekte Teile werden ausgetauscht, von ihrem Bewusstsein und ihren Kenntnissen werden Sicherheitskopien angelegt. Die Geisteshaltung dieser Kyborgs, ihre Pläne und Ziele können wir nicht einmal erahnen. Freude, Trauer, Wut, Angst werden sie kaum empfinden. Solche Gefühle sind für ihr Überleben überflüssig und sogar gefährlich. Der Nachwuchs wird asexuell rein technisch produziert. Dabei werden nur so viele neue Individuen hergestellt, wie die Gesellschaft es für erforderlich kalkuliert hat. Für den Nachwuchs wird es keine Schulen und Universitäten geben. Wissensinhalte und Fähigkeiten werden schlicht übertragen. Informationen werden von einem zum anderen Kyborg selbstverständlich kabellos transferiert. Die Kommunikation erfolgt nicht mehr akustisch durch Sprechen, sondern mit Hilfe quantenmechanischer Prozesse.

Die Voraussetzungen und Randbedingungen für die Entstehung einer hochtechnisierten Superzivilisation sind jedoch so speziell, dass die Wahrscheinlichkeit außerordentlich gering ist, andernorts auf unsere Schwestern und Brüder zu stoßen. Ob man derartige Individuen noch als „Brüder und Schwestern" bezeichnen darf, ist ohnehin fraglich. Mit unserer primitiven – aus deren Sicht – Spezies gibt es kaum Gemeinsamkeiten. Eine ähnliche Evolution wie auf der Erde wird sich extrem selten im Universum ereignen – und noch seltener wird die Entwicklung zu einer Superzivilisation sein.

Vermutlich ist die Erde der einzige bewohnte Planet in der gesamten Galaxis. Dies bedeutet aber nicht, dass es nicht auch anderswo eine biologische Evolution gegeben hat oder noch geben wird. Wenn sie nur einmal in jeder tausendsten Galaxie stattgefunden hat, so ergibt sich bei hundert Milliarden Galaxien im überschaubaren Universum immerhin eine Zahl von hundert Millionen hochentwickelter Zivilisationen im gesamten Weltall.

Doch sie bleiben durch räumliche und zeitliche Barrieren für immer voneinander getrennt. Vergebens lauschen wir ins All. Das große Schweigen wird für immer anhalten.

TESS/NASA

12.10 Die Raumsonde TESS sucht seit Frühjahr 2018 nach erdähnlichen Planeten fremder Sonnen.

12.11 Das überschaubare Universum ist ungeheuer reich an Galaxien und Sternen. Man schätzt die Zahl der Sterne auf vierzig Trilliarden (4 x 10^{22}). Wie viele dieser Sonnen mögen von Planeten umkreist werden, die bewohnt sind?

NASA, ESA, H. Teplitz und M. Rafelski, A. Koekemoer, R. Windhorst, Z. Levay

Ilja Bohnet
DIE 42 GRÖSSTEN RÄTSEL DER PHYSIK
256 Seiten
ca. €/D 15,–

Forschung verstehen – ganz einfach und unterhaltsam. Woraus besteht das Universum und wie funktioniert die Welt? An diesen Fragen arbeiten Physiker weltweit, denn noch immer gilt es, die großen Rätsel der Physik zu lösen. Aus erster Hand beschreibt dieses Buch die Herausforderungen und Abenteuer, vor denen die Forschenden heute stehen.

Anke Wilde
UNSICHTBAR UND ÜBERALL
256 Seiten
ca. €/D 19,99

Das Erdmagnetfeld – so wichtig wie die Luft zum Atmen. Ohne das Magnetfeld wäre Leben auf der Erde gar nicht möglich. Die Wissenschaftsjournalistin Anke Wilde taucht mit ihrem Lesebuch tief in die verborgene Welt zwischen Himmel und Erde ein. Ganz ungezwungen geht sie der Frage nach, „was die Welt im Äußersten zusammenhält“: Fachlich fundiert, oft überraschend und auf einmalig unterhaltsame Weise.

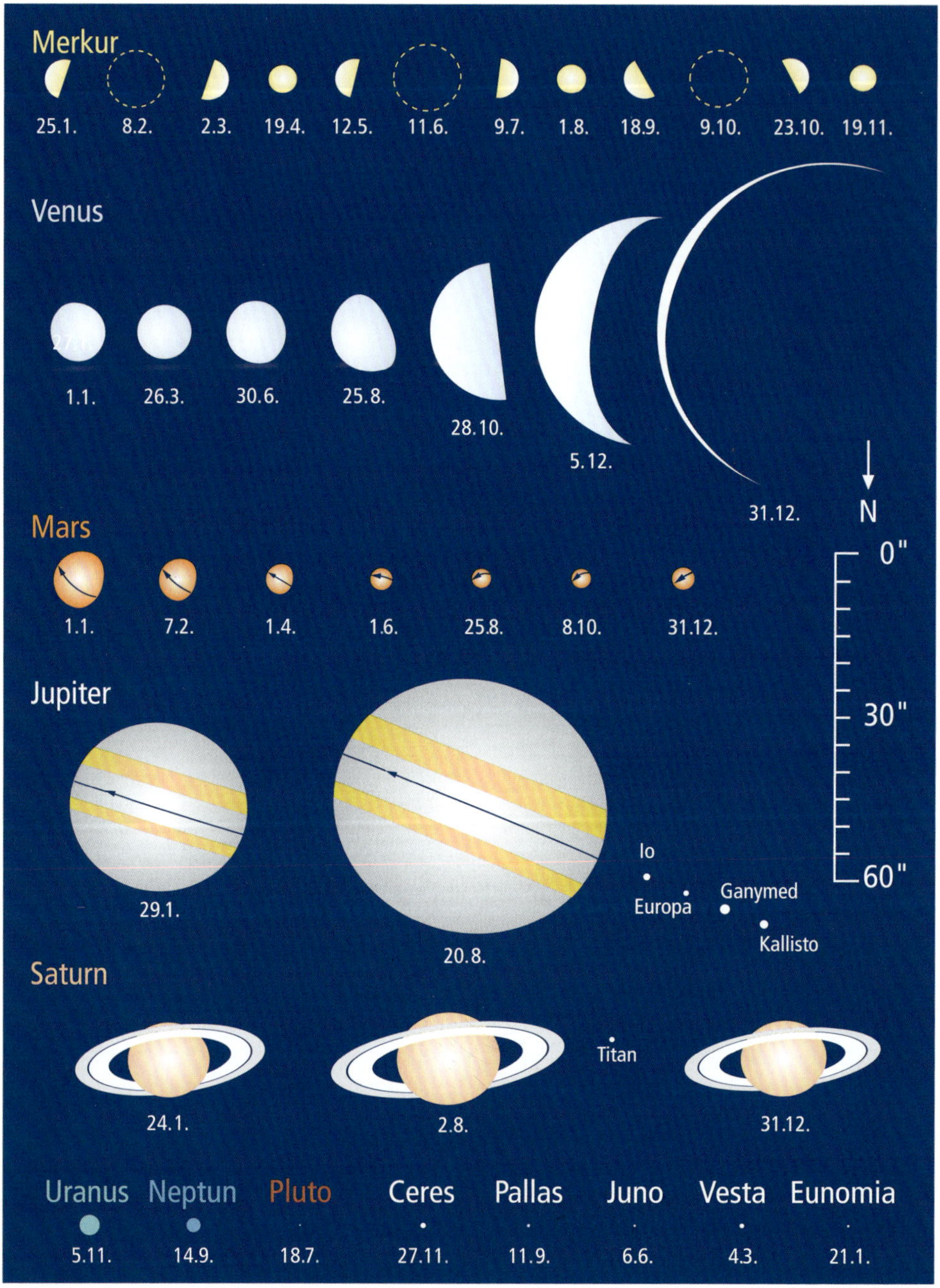

T.1 **Die Größe der Planetenscheibchen im Jahre 2021. Man beachte den eingetragenen Maßstab in Bogensekunden. Anblick im umkehrenden Fernrohr (Norden unten, Osten rechts).**

Planetensichtbarkeit

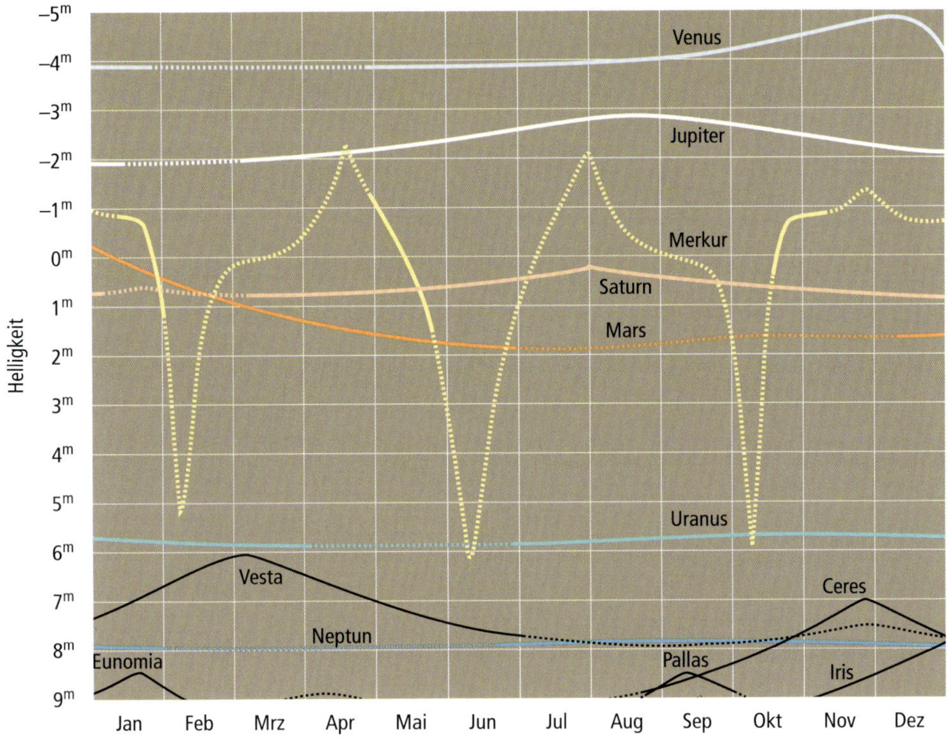

T.2 Die Helligkeiten der Planeten 2021.

T.3 Die Sichtbarkeiten der Planeten im Jahr 2021. M bedeutet Morgensichtbarkeit, A Abendsichtbarkeit.

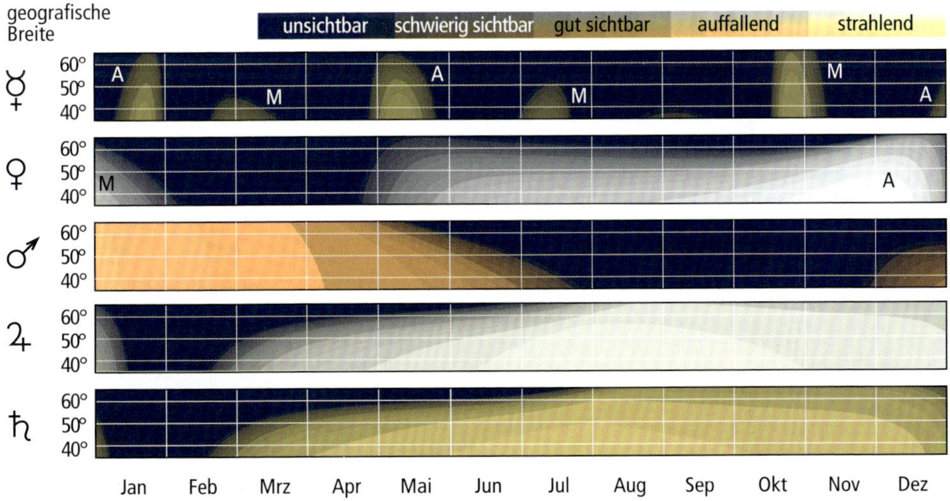

EKLIPTIKALE KOORDINATEN DES MONDES 2021

	JANUAR		FEBRUAR		MÄRZ		APRIL		MAI		JUNI	
Tag	Länge	Breite	Länge	Breite	Länge	Breite	Länge	Breite	Länge	Breite	Länge	Breite
	°	°	°	°	°	°	°	°	°	°	°	°
2.	135,6	+4,4	187,1	+4,8	197,2	+4,3	250,6	+0,1	288,5	−3,2	337,7	−5,3
4.	162,6	+5,2	215,5	+3,5	226,2	+2,4	278,8	−2,3	315,6	−4,7	2,8	−4,9
6.	190,3	+4,9	243,6	+1,3	254,5	0,0	305,7	−4,1	341,2	−5,2	26,8	−3,7
8.	218,7	+3,4	271,5	−1,2	282,0	−2,3	331,5	−5,0	5,8	−4,7	50,5	−1,8
10.	247,3	+1,1	298,9	−3,3	308,7	−4,1	356,5	−4,9	29,8	−3,4	74,1	+0,3
12.	275,9	−1,5	325,7	−4,7	334,6	−4,9	20,9	−4,0	53,5	−1,5	98,0	+2,5
14.	303,9	−3,6	351,4	−5,0	359,8	−4,8	44,7	−2,3	77,1	+0,6	122,6	+4,2
16.	330,6	−4,9	16,1	−4,4	24,2	−3,8	68,2	−0,3	101,0	+2,7	148,1	+5,2
18.	356,0	−5,1	40,0	−3,0	48,0	−2,2	92,0	+1,8	125,6	+4,3	174,6	+5,1
20.	20,3	−4,4	63,6	−1,1	71,6	−0,2	116,5	+3,7	151,4	+5,2	202,5	+3,9
22.	44,0	−3,0	87,7	+1,0	95,6	+1,9	142,3	+4,9	178,8	+5,0	231,7	+1,7
24.	67,8	−1,0	112,9	+3,0	120,8	+3,7	170,0	+5,1	207,8	+3,6	261,5	−1,0
26.	92,4	+1,2	139,7	+4,5	147,7	+4,9	199,4	+4,1	238,0	+1,1	291,2	−3,4
28.	118,1	+3,3	168,0	+5,0	176,4	+4,9	229,8	+1,9	268,2	−1,6	319,6	−4,9
30.	145,1	+4,7	–	–	206,2	+3,7	259,8	−0,8	297,3	−3,9	346,3	−5,2

	JULI		AUGUST		SEPTEMBER		OKTOBER		NOVEMBER		DEZEMBER	
Tag	Länge	Breite	Länge	Breite	Länge	Breite	Länge	Breite	Länge	Breite	Länge	Breite
	°	°	°	°	°	°	°	°	°	°	°	°
2.	11,4	−4,5	55,4	−1,2	99,0	+2,8	131,9	+4,8	180,2	+4,6	217,1	+2,2
4.	35,4	−3,0	79,1	+0,9	123,9	+4,3	158,4	+5,1	209,2	+2,8	247,2	−0,5
6.	59,0	−1,0	103,3	+2,9	150,2	+5,0	186,4	+4,3	239,1	+0,2	277,5	−3,1
8.	82,7	+1,1	128,5	+4,4	177,7	+4,6	215,6	+2,3	269,0	−2,4	307,0	−4,8
10.	107,1	+3,1	154,7	+5,0	206,1	+3,1	244,9	−0,2	297,9	−4,4	334,8	−5,3
12.	132,2	+4,6	181,9	+4,6	234,6	+0,9	273,7	−2,7	325,3	−5,3	0,9	−4,6
14.	158,2	+5,2	209,7	+3,1	262,9	−1,6	301,5	−4,5	351,4	−5,0	25,6	−3,1
16.	185,1	+4,7	237,8	+0,8	290,8	−3,7	328,4	−5,2	16,3	−3,8	49,5	−1,1
18.	212,8	+3,1	266,2	−1,6	318,3	−4,9	354,4	−4,8	40,6	−1,9	73,1	+1,1
20.	241,4	+0,7	294,5	−3,7	345,0	−5,0	19,5	−3,5	64,3	+0,3	96,8	+3,0
22.	270,5	−1,9	322,4	−4,9	10,7	−4,0	43,8	−1,6	87,9	+2,4	120,8	+4,5
24.	299,6	−3,9	349,4	−4,9	35,5	−2,4	67,6	+0,5	111,7	+4,1	145,3	+5,2
26.	327,7	−5,0	15,1	−3,9	59,4	−0,3	91,2	+2,6	136,0	+5,1	170,7	+4,9
28.	354,4	−4,9	39,5	−2,2	83,0	+1,7	115,1	+4,2	161,4	+5,2	197,4	+3,6
30.	19,5	−3,9	63,3	−0,2	106,9	+3,5	139,9	+5,1	188,3	+4,2	225,6	+1,4

Koordinaten gelten für 1^h MEZ und sind geozentrische Werte.
Von Mitteleuropa aus steht der Mond etwa 0,°7 südlicher.
Abstand der Mondbahn relativ zu helleren Sternen 2021:

Stern:	Aldebaran	Al Nath	Alhena	Pollux	Regulus	Spica	Antares	Nunki
Mond:	5° nördl.	4° südl.	9° nördl.	4° südl.	4° nördl.	5° nördl.	4° nördl.	0°

T.4 Lage der Mondbahn im Tierkreis relativ zur Ekliptik von 180° bis 360° ekliptikaler Länge.

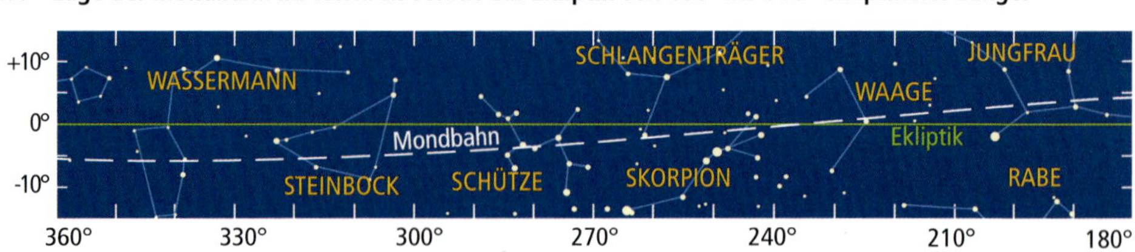

EKLIPTIKALE KOORDINATEN DER SONNE UND DER GROSSEN PLANETEN 2021

		SONNE	MERKUR		VENUS		MARS		JUPITER		SATURN	
Datum		Länge °	Länge °	Breite °	Länge °	Breite °	Länge °	Breite °	Länge °	Breite °	Länge °	Breite °
Jan	1.	280,5	287,4	−2,1	260,1	+0,7	27,1	+0,9	302,5	−0,5	301,3	−0,4
	10.	289,7	302,2	−2,0	271,4	+0,3	31,1	+1,0	304,6	−0,5	302,4	−0,4
	20.	299,8	317,6	−0,9	283,9	−0,1	36,0	+1,2	306,9	−0,5	303,5	−0,4
	31.	311,0	326,2	+1,8	297,7	−0,6	41,7	+1,3	309,5	−0,5	304,9	−0,4
Feb	10.	321,2	318,0	+3,7	310,2	−0,9	47,1	+1,3	311,9	−0,5	306,0	−0,4
	20.	331,3	310,8	+2,4	322,7	−1,2	52,7	+1,4	314,2	−0,6	307,2	−0,4
	28.	339,3	313,1	+0,7	332,7	−1,3	57,3	+1,4	316,1	−0,6	308,1	−0,5
Mrz	10.	349,3	322,3	−1,0	345,2	−1,4	63,1	+1,5	318,3	−0,6	309,1	−0,5
	20.	359,3	335,3	−2,0	357,7	−1,4	69,0	+1,5	320,5	−0,6	310,1	−0,5
	31.	10,2	352,5	−2,3	11,4	−1,3	75,5	+1,5	322,7	−0,6	311,0	−0,5
Apr	10.	20,0	10,6	−1,8	23,8	−1,1	81,5	+1,5	324,6	−0,7	311,7	−0,5
	20.	29,8	30,9	−0,4	36,2	−0,8	87,6	+1,5	326,4	−0,7	312,3	−0,6
	30.	39,6	51,9	+1,3	48,5	−0,4	93,6	+1,4	327,9	−0,7	312,8	−0,6
Mai	10.	49,3	69,3	+2,4	60,8	0,0	99,7	+1,4	329,2	−0,8	313,1	−0,6
	20.	58,9	80,6	+2,1	73,1	+0,4	105,8	+1,4	330,3	−0,8	313,2	−0,6
	31.	69,5	84,4	−0,1	86,6	+0,9	112,6	+1,4	331,2	−0,9	313,2	−0,6
Jun	10.	79,0	80,6	−2,9	98,8	+1,2	118,7	+1,3	331,7	−0,9	313,0	−0,7
	20.	88,6	76,1	−4,4	111,0	+1,5	124,9	+1,3	331,9	−1,0	312,6	−0,7
	30.	98,1	77,8	−3,9	123,1	+1,6	131,1	+1,2	331,8	−1,0	312,1	−0,7
Jul	10.	107,7	87,2	−2,0	135,2	+1,7	137,3	+1,2	331,3	−1,0	311,5	−0,7
	20.	117,2	103,3	+0,1	147,3	+1,6	143,5	+1,2	330,5	−1,1	310,8	−0,8
	31.	127,7	125,9	+1,6	160,4	+1,3	150,4	+1,1	329,4	−1,1	310,0	−0,8
Aug	10.	137,3	146,1	+1,7	172,4	+1,0	156,7	+1,0	328,2	−1,2	309,3	−0,8
	20.	146,9	163,9	+0,8	184,2	+0,5	163,0	+1,0	326,9	−1,2	308,6	−0,8
	31.	157,5	180,8	−0,6	197,1	−0,1	170,0	+0,9	325,5	−1,2	307,9	−0,8
Sep	10.	167,2	193,5	−2,0	208,7	−0,8	176,4	+0,9	324,3	−1,2	307,3	−0,8
	20.	177,0	202,7	−3,3	220,2	−1,4	182,9	+0,8	323,3	−1,2	306,9	−0,8
	30.	186,8	204,7	−3,7	231,4	−2,1	189,4	+0,7	322,6	−1,2	306,7	−0,8
Okt	10.	196,6	195,9	−1,8	242,5	−2,8	196,0	+0,6	322,1	−1,2	306,6	−0,8
	20.	206,5	190,0	+1,3	253,2	−3,3	202,6	+0,6	322,0	−1,1	306,6	−0,8
	31.	217,5	200,6	+2,1	264,4	−3,7	209,9	+0,5	322,3	−1,1	306,9	−0,8
Nov	10.	227,5	216,2	+1,4	274,0	−3,8	216,7	+0,4	322,9	−1,1	307,3	−0,8
	20.	237,6	232,3	+0,3	282,5	−3,6	223,5	+0,3	323,8	−1,1	307,9	−0,8
	30.	247,7	248,1	−0,8	289,6	−3,0	230,3	+0,2	325,0	−1,0	308,6	−0,8
Dez	10.	257,8	263,8	−1,7	294,5	−1,9	237,3	+0,1	326,4	−1,0	309,4	−0,8
	20.	268,0	279,5	−2,2	296,3	−0,1	244,3	0,0	328,0	−1,0	310,3	−0,8
	31.	279,2	296,4	−1,9	293,6	+2,6	252,0	−0,1	330,1	−1,0	311,5	−0,8

Länge:	Jan 1.	Mrz 1.	Mai 1.	Jul 1.	Sep 1.	Nov 1.	Dez 31.	Breite
URANUS	36°,5	37°,3	40°,4	43°,5	44°,4	42°,6	40°,7	−0°,5 bis −0°,4
NEPTUN	348,2	350,0	352,1	352,9	351,8	350,4	350,3	−1°,2 bis −1°,1
PLUTO	293,9	295,7	296,5	295,6	294,3	294,2	295,6	−1°,7 bis −1°,2

T.4 Lage der Mondbahn im Tierkreis relativ zur Ekliptik von 0° bis 180° ekliptikaler Länge.

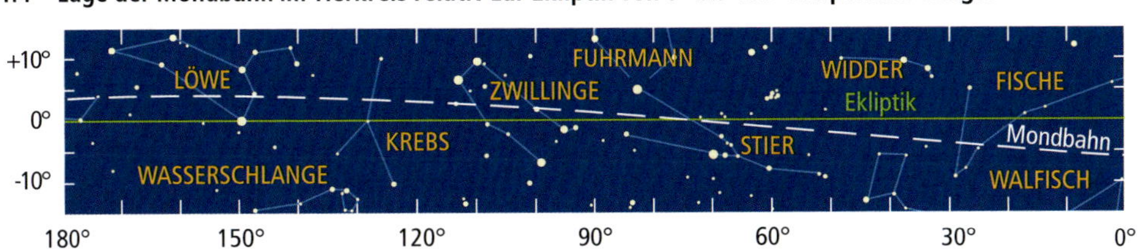

EPHEMERIDEN DER GROSSEN PLANETEN JANUAR – JUNI 2021

	MERKUR						VENUS					
Datum	Rektas. h m	Deklin. °	Kulmin. h m	Unterg. h m	Du. ″	bel. %	Rektas. h m	Deklin. °	Kulmin. h m	Aufg. h m	Du. ″	bel. %
Jan 1.	19 17	−24,4	12 56	16 52	4,8	98	17 17	−22,4	10 56	6 49	10,8	94
5.	19 45	−23,4	13 09	17 11	5,0	96	17 39	−22,9	11 01	6 58	10,7	95
10.	20 20	−21,6	13 23	17 38	5,3	92	18 06	−23,2	11 09	7 07	10,6	95
15.	20 53	−19,3	13 36	18 05	5,7	84	18 33	−23,2	11 17	7 14	10,5	96
20.	21 21	−16,4	13 45	18 30	6,3	71	19 00	−22,9	11 24	7 20	10,4	96
25.	21 43	−13,6	13 45	18 45	7,1	51	19 28	−22,3	11 31	7 23	10,3	97
31.	21 51	−11,1	13 28	18 38	8,6	23	20 00	−21,2	11 40	7 25	10,2	97
Feb 5.	21 39	−10,7	12 55	18 05	9,8	5	20 26	−20,0	11 46	7 24	10,1	98
10.	21 17	−11,9	12 13		10,4	1	20 52	−18,6	11 52	7 22	10,1	98
15.	20 58	−13,7	11 35	Aufg.	10,1	11	21 17	−16,9	11 58	7 18	10,0	99
20.	20 50	−15,2	11 09	6 22	9,3	25	21 42	−15,1	12 03	7 13	9,9	99
25.	20 54	−16,0	10 55	6 11	8,4	38	22 06	−13,0	12 08	7 07	9,9	99
28.	21 02	−16,2	10 50	6 07	8,0	45	22 21	−11,7	12 10	7 03	9,9	99
Mrz 5.	21 19	−15,9	10 48	6 03	7,3	54	22 44	− 9,5	12 14	6 55	9,8	100
10.	21 40	−15,0	10 50	6 00	6,8	62	23 08	− 7,1	12 18	6 47	9,8	100
15.	22 05	−13,5	10 55	5 57	6,3	68	23 31	− 4,7	12 21	6 39	9,8	100
20.	22 32	−11,5	11 02	5 53	6,0	74	23 54	− 2,2	12 24	6 30	9,8	100
25.	23 00	− 8,9	11 11	5 49	5,7	79	0 17	+ 0,3	12 27		9,8	100
31.	23 36	− 5,1	11 24	5 43	5,4	85	0 44	+ 3,3	12 31	Unterg.	9,8	100
Apr 5.	0 08	− 1,5	11 36	5 38	5,2	90	1 07	+ 5,8	12 34	19 08	9,8	100
10.	0 42	+ 2,5	11 50		5,1	95	1 30	+ 8,3	12 37	19 23	9,8	100
15.	1 17	+ 6,9	12 07	Unterg.	5,0	99	1 53	+10,6	12 41	19 39	9,8	100
20.	1 56	+11,4	12 26	19 30	5,1	100	2 16	+12,9	12 45	19 54	9,8	99
25.	2 36	+15,7	12 46	20 14	5,2	96	2 40	+15,0	12 49	20 10	9,9	99
30.	3 16	+19,5	13 07	20 56	5,6	86	3 05	+17,0	12 54	20 25	9,9	99
Mai 5.	3 55	+22,4	13 25	21 32	6,1	72	3 29	+18,8	12 59	20 41	9,9	98
10.	4 29	+24,2	13 39	21 56	6,8	56	3 55	+20,3	13 04	20 56	10,0	98
15.	4 57	+25,1	13 47	22 09	7,6	42	4 20	+21,7	13 11	21 10	10,1	97
20.	5 18	+25,2	13 48	22 08	8,6	30	4 46	+22,8	13 17	21 23	10,2	97
25.	5 31	+24,6	13 40	21 55	9,7	20	5 13	+23,6	13 24	21 35	10,2	96
31.	5 35	+23,2	13 20	21 24	11,0	9	5 45	+24,2	13 32	21 48	10,4	95
Jun 5.	5 30	+21,8	12 54	20 49	11,9	3	6 12	+24,4	13 39	21 56	10,5	95
10.	5 20	+20,2	12 24	20 09	12,2	0	6 39	+24,3	13 46	22 01	10,6	94
15.	5 09	+19,0	11 54		12,0	2	7 05	+23,9	13 53	22 05	10,7	93
20.	5 02	+18,3	11 27	Aufg.	11,2	7	7 32	+23,2	14 00	22 07	10,9	92
25.	5 01	+18,3	11 08	3 31	10,1	15	7 58	+22,3	14 06	22 06	11,1	91
30.	5 08	+19,0	10 56	3 15	9,0	25	8 23	+21,0	14 12	22 04	11,2	90

	SATURN						RING				
Datum	Rektas. h m	Deklin. °	Kulmin. h m	Unterg. h m	Äqu. ″	Pol. ″	gr. A. ″	kl. A. ″	Öffn. °	hel. Ö. °	Leucht.
Jan 1.	20 15	−20,2	13 51	18 10	15,2	13,8	34,6	12,3	20,9	20,2	1,12
15.	20 21	−19,9	13 02	17 24	15,2	13,7	34,4	12,0	20,3	20,1	1,18
31.	20 29	−19,5	12 07		15,2	13,7	34,4	11,6	19,7	20,0	1,17
Feb 15.	20 36	−19,0	11 15	Aufg.	15,2	13,8	34,6	11,3	19,1	19,8	1,07
28.	20 42	−18,7	10 30	6 01	15,4	13,9	34,9	11,1	18,6	19,7	1,03
Mrz 15.	20 49	−18,3	9 37	5 06	15,6	14,1	35,4	10,9	18,0	19,5	0,99
31.	20 54	−18,0	8 40	4 07	15,9	14,3	36,1	10,9	17,5	19,4	0,96
Apr 15.	20 59	−17,7	7 45	3 11	16,3	14,7	36,9	10,9	17,1	19,2	0,93
30.	21 02	−17,5	6 49	2 14	16,7	15,0	37,8	11,0	16,9	19,1	0,92
Mai 15.	21 03	−17,5	5 52	1 16	17,1	15,4	38,8	11,2	16,8	18,9	0,92
31.	21 03	−17,5	4 49	0 14	17,5	15,8	39,8	11,5	16,8	18,8	0,92
Jun 15.	21 02	−17,6	3 49	23 10	17,9	16,2	40,7	11,9	17,0	18,6	0,94
30.	20 59	−17,8	2 47	22 09	18,3	16,5	41,5	12,3	17,3	18,5	0,96

MARS						JUPITER						
Rektas. h m	Deklin. °	Kulmin. h m	Unterg. h m	Du. ″	bel. %	Rektas. h m	Deklin. °	Kulmin. h m	Unterg. h m	Äqu. ″	Pol ″	Datum
1 39	+11,2	19 15	2 16	10,4	89	20 20	−20,1	13 56	18 17	32,9	30,8	1. Jan
1 46	+11,9	19 06	2 10	10,0	89	20 23	−19,9	13 44	18 06	32,8	30,7	5.
1 54	+12,8	18 55	2 04	9,6	89	20 28	−19,6	13 29	17 53	32,7	30,5	10.
2 04	+13,7	18 45	1 58	9,1	89	20 33	−19,3	13 14	17 39	32,6	30,5	15.
2 13	+14,6	18 35	1 53	8,7	89	20 38	−19,0	12 59	17 26	32,5	30,4	20.
2 23	+15,5	18 25	1 48	8,3	89	20 43	−18,7	12 44	17 13	32,5	30,4	25.
2 35	+16,6	18 14	1 42	7,9	89	20 48	−18,4	12 27		32,5	30,4	31.
2 46	+17,4	18 05	1 38	7,6	89	20 53	−18,1	12 12	Aufg.	32,5	30,4	5. Feb
2 57	+18,2	17 56	1 34	7,3	89	20 58	−17,7	11 57	7 22	32,6	30,5	10.
3 08	+19,0	17 47	1 30	7,1	89	21 03	−17,4	11 42	7 06	32,7	30,5	15.
3 20	+19,8	17 39	1 27	6,8	89	21 08	−17,1	11 27	6 49	32,8	30,6	20.
3 32	+20,5	17 31	1 23	6,6	89	21 12	−16,8	11 12	6 32	32,9	30,8	25.
3 39	+21,0	17 27	1 21	6,4	90	21 15	−16,6	11 03	6 22	33,0	30,9	28.
3 51	+21,6	17 19	1 18	6,2	90	21 19	−16,2	10 48	6 05	33,2	31,1	5. Mrz
4 03	+22,2	17 12	1 14	6,0	90	21 24	−15,9	10 32	5 48	33,4	31,3	10.
4 16	+22,8	17 05	1 10	5,9	90	21 28	−15,6	10 17	5 31	33,7	31,5	15.
4 28	+23,3	16 58	1 06	5,7	91	21 32	−15,2	10 01	5 13	34,0	31,8	20.
4 41	+23,7	16 51	1 02	5,5	91	21 36	−14,9	9 46	4 56	34,3	32,0	25.
4 57	+24,1	16 43	0 57	5,4	91	21 41	−14,5	9 27	4 35	34,7	32,4	31.
5 10	+24,4	16 36	0 53	5,2	92	21 45	−14,2	9 11	4 18	35,0	32,8	5. Apr
5 23	+24,6	16 29	0 48	5,1	92	21 49	−13,9	8 55	4 00	35,4	33,1	10.
5 36	+24,8	16 23	0 42	5,0	92	21 52	−13,7	8 39	3 42	35,9	33,5	15.
5 49	+24,9	16 17	0 36	4,9	93	21 55	−13,4	8 22	3 25	36,3	34,0	20.
6 03	+24,9	16 10	0 30	4,8	93	21 59	−13,1	8 06	3 07	36,8	34,4	25.
6 16	+24,8	16 04	0 23	4,7	93	22 01	−12,9	7 49	2 49	37,3	34,9	30.
6 29	+24,7	15 58	0 16	4,6	94	22 04	−12,7	7 32	2 31	37,9	35,4	5. Mai
6 43	+24,5	15 51	0 08	4,5	94	22 07	−12,5	7 15	2 12	38,4	35,9	10.
6 56	+24,2	15 45	23 58	4,4	94	22 09	−12,3	6 57	1 54	39,0	36,5	15.
7 09	+23,9	15 38	23 49	4,3	95	22 11	−12,1	6 40	1 35	39,6	37,1	20.
7 23	+23,5	15 32	23 40	4,3	95	22 13	−12,0	6 22	1 17	40,3	37,7	25.
7 38	+22,9	15 24	23 28	4,2	95	22 14	−11,9	6 00	0 54	41,1	38,4	31.
7 52	+22,3	15 17	23 18	4,1	96	22 15	−11,8	5 41	0 35	41,7	39,0	5. Jun
8 05	+21,7	15 11	23 07	4,1	96	22 16	−11,7	5 22	0 16	42,4	39,7	10.
8 17	+21,0	15 04	22 56	4,0	96	22 17	−11,7	5 03	23 53	43,1	40,3	15.
8 30	+20,3	14 57	22 44	4,0	97	22 17	−11,7	4 44	23 34	43,8	41,0	20.
8 43	+19,5	14 50	22 32	3,9	97	22 17	−11,7	4 24	23 14	44,5	41,6	25.
8 56	+18,6	14 43	22 20	3,9	97	22 17	−11,8	4 04	22 54	45,1	42,2	30.

URANUS					NEPTUN					PLUTO		
Rektas. h m	Deklin. °	Kulmin. h m	Unterg. h m	Du. ″	Rektas. h m	Deklin. °	Kulmin. h m	Unterg. h m	Du. ″	Rektas. h m	Deklin. °	Datum
2 17	+13,3	19 52	3 04	3,6	23 17	−5,8	16 53	22 29	2,3	19 43	−22,6	1. Jan
2 17	+13,2	18 57	2 09	3,6	23 18	−5,7	15 59	21 36	2,2	19 45	−22,5	15.
2 17	+13,3	17 54	1 07	3,6	23 20	−5,5	14 58	20 36	2,2	19 47	−22,4	31.
2 19	+13,4	16 56	0 09	3,5	23 22	−5,3	14 01	19 40	2,2	19 49	−22,4	15. Feb
2 20	+13,5	16 07	23 17	3,5	23 24	−5,1	13 12	18 51	2,2	19 50	−22,3	28.
2 23	+13,7	15 10	22 21	3,4	23 26	−4,9	12 15		2,2	19 52	−22,3	15. Mrz
2 26	+14,0	14 10	21 23	3,4	23 28	−4,6	11 14	Aufg.	2,2	19 53	−22,3	31.
2 29	+14,3	13 15	20 28	3,4	23 30	−4,4	10 17	4 34	2,2	19 54	−22,3	15. Apr
2 32	+14,5	12 19	19 34	3,4	23 31	−4,3	9 20	3 36	2,2	19 54	−22,3	30.
2 36	+14,8	11 23		3,4	23 33	−4,1	8 22	2 38	2,2	19 54	−22,3	15. Mai
2 39	+15,1	10 24	Aufg.	3,4	23 34	−4,0	7 20	1 36	2,3	19 53	−22,4	31.
2 42	+15,3	9 28	2 09	3,4	23 34	−4,0	6 22	0 37	2,3	19 52	−22,5	15. Jun
2 45	+15,5	8 31	1 11	3,5	23 35	−4,0	5 23	23 34	2,3	19 51	−22,6	30.

EPHEMERIDEN DER GROSSEN PLANETEN JULI – DEZEMBER 2021

		MERKUR						VENUS					
Datum		Rektas.	Deklin.	Kulmin.	Aufg.	Du.	bel.	Rektas.	Deklin.	Kulmin.	Unterg.	Du.	bel.
		h m	°	h m	h m	″	%	h m	°	h m	h m	″	%
Jul	1.	5 11	+19,2	10 55	3 12	8,8	27	8 28	+20,8	14 13	22 03	11,3	90
	5.	5 24	+20,1	10 53	3 04	8,0	37	8 48	+19,6	14 17	22 00	11,4	89
	10.	5 48	+21,4	10 57	3 01	7,0	51	9 13	+17,9	14 22	21 54	11,6	88
	15.	6 19	+22,4	11 10	3 06	6,3	66	9 37	+16,0	14 26	21 48	11,9	87
	20.	6 58	+22,9	11 29	3 23	5,7	81	10 00	+13,9	14 30	21 40	12,1	85
	25.	7 41	+22,4	11 53	3 50	5,3	93	10 23	+11,7	14 33	21 31	12,4	84
	31.	8 35	+20,3	12 23	4 33	5,0	100	10 50	+ 8,9	14 36	21 20	12,7	82
Aug	5.	9 17	+17,6	12 45		5,0	99	11 12	+ 6,5	14 38	21 10	13,0	81
	10.	9 56	+14,4	13 04	Unterg.	5,0	95	11 33	+ 3,9	14 40	21 00	13,4	80
	15.	10 31	+10,8	13 19	20 12	5,1	91	11 55	+ 1,4	14 42	20 49	13,7	78
	20.	11 02	+ 7,1	13 30	20 05	5,3	86	12 16	− 1,2	14 43	20 39	14,1	77
	25.	11 31	+ 3,4	13 39	19 56	5,5	81	12 37	− 3,8	14 45	20 28	14,5	75
	31.	12 02	− 0,9	13 46	19 43	5,8	75	13 03	− 6,8	14 47	20 15	15,1	73
Sep	5.	12 26	− 4,2	13 50	19 30	6,1	70	13 24	− 9,3	14 48	20 04	15,6	72
	10.	12 47	− 7,2	13 51	19 17	6,6	63	13 46	−11,7	14 50	19 54	16,1	70
	15.	13 05	− 9,8	13 49	19 02	7,1	56	14 07	−14,0	14 52	19 44	16,7	68
	20.	13 19	−11,9	13 43	18 46	7,7	46	14 29	−16,2	14 54	19 35	17,3	66
	25.	13 27	−13,1	13 30	18 28	8,5	34	14 51	−18,3	14 57	19 26	18,0	65
	30.	13 26	−13,0	13 09		9,4	20	15 14	−20,2	14 59	19 18	18,8	63
Okt	5.	13 15	−11,3	12 37	Aufg.	10,1	6	15 36	−21,9	15 02	19 11	19,6	61
	10.	12 56	− 7,9	11 58	6 34	10,1	0	15 59	−23,3	15 06	19 05	20,5	59
	15.	12 40	− 4,5	11 24	5 43	9,3	9	16 22	−24,6	15 09	19 00	21,5	56
	20.	12 39	− 2,8	11 04	5 15	8,0	31	16 45	−25,6	15 12	18 56	22,6	54
	25.	12 52	− 3,4	10 58	5 12	6,9	55	17 08	−26,4	15 15	18 54	23,8	52
	31.	13 19	− 6,1	11 03	5 30	6,0	76	17 35	−27,0	15 19	18 54	25,5	49
Nov	5.	13 48	− 9,1	11 12	5 53	5,4	87	17 57	−27,2	15 21	18 54	27,1	46
	10.	14 17	−12,3	11 22	6 19	5,1	94	18 18	−27,2	15 22	18 56	28,8	43
	15.	14 48	−15,3	11 33	6 46	4,9	97	18 38	−26,9	15 22	18 58	30,8	40
	20.	15 20	−18,1	11 45	7 14	4,7	99	18 56	−26,5	15 20	19 00	33,0	37
	25.	15 52	−20,5	11 58	7 40	4,7	100	19 13	−25,8	15 17	19 02	35,6	33
	30.	16 25	−22,5	12 11		4,6	100	19 27	−25,0	15 11	19 02	38,4	30
Dez	5.	16 59	−24,0	12 25	Unterg.	4,7	100	19 39	−24,1	15 03	19 00	41,6	26
	10.	17 33	−25,0	12 40	16 29	4,7	99	19 47	−23,1	14 51	18 55	45,2	21
	15.	18 07	−25,4	12 55	16 42	4,8	97	19 52	−22,0	14 36	18 46	49,0	17
	20.	18 42	−25,3	13 10	16 59	5,0	94	19 53	−21,0	14 17	18 33	53,1	12
	25.	19 17	−24,5	13 24	17 19	5,3	90	19 50	−20,0	13 53	18 15	57,0	7
	31.	19 55	−22,7	13 39	17 46	5,8	80	19 40	−18,8	13 20	17 48	60,9	3

		SATURN						RING				
Datum		Rektas.	Deklin.	Kulmin.	Aufg.	Äqu.	Pol.	gr. A.	kl. A.	Öffn.	hel. Ö.	Leucht.
		h m	°	h m	h m	″	″	″	″	°	°	
Jul	1.	20 59	−17,9	2 43	22 05	18,3	16,5	41,5	12,3	17,3	18,4	0,96
	15.	20 55	−18,1	1 44	21 08	18,5	16,7	42,0	12,7	17,7	18,3	1,00
	31.	20 51	−18,5	0 37	20 03	18,6	16,8	42,2	13,1	18,1	18,1	1,20
Aug	15.	20 46	−18,8	23 29		18,5	16,8	42,1	13,4	18,6	18,0	1,03
	31.	20 42	−19,1	22 22	Unterg.	18,4	16,6	41,7	13,5	19,0	17,8	1,00
Sep	15.	20 39	−19,3	21 20	1 49	18,1	16,3	41,0	13,5	19,3	17,6	0,97
	30.	20 37	−19,4	20 19	0 48	17,7	16,0	40,1	13,3	19,4	17,5	0,95
Okt	15.	20 37	−19,4	19 20	23 44	17,3	15,6	39,2	13,0	19,5	17,3	0,94
	31.	20 38	−19,3	18 18	22 44	16,8	15,2	38,1	12,6	19,3	17,1	0,93
Nov	15.	20 41	−19,2	17 22	21 48	16,4	14,8	37,2	12,2	19,1	17,0	0,93
	30.	20 45	−18,9	16 27	20 55	16,0	14,5	36,4	11,7	18,7	16,8	0,92
Dez	15.	20 50	−18,6	15 34	20 03	15,7	14,2	35,7	11,2	18,2	16,6	0,92
	31.	20 57	−18,1	14 37	19 10	15,5	14,0	35,1	10,6	17,6	16,5	0,93

Ephemeriden

MARS						JUPITER						
Rektas.	Deklin.	Kulmin.	Unterg.	Du.	bel.	Rektas.	Deklin.	Kulmin.	Aufg.	Äqu.	Pol	Datum
h m	°	h m	h m	″	%	h m	°	h m	h m	″	″	
8 58	+18,5	14 41	22 17	3,9	97	22 16	−11,8	4 00	22 50	45,3	42,3	1. Jul
9 08	+17,7	14 36	22 07	3,8	97	22 16	−11,9	3 44	22 34	45,8	42,8	5.
9 20	+16,8	14 28	21 55	3,8	98	22 15	−12,0	3 23	22 14	46,4	43,4	10.
9 33	+15,8	14 21	21 42	3,8	98	22 14	−12,1	3 02	21 54	47,0	43,9	15.
9 45	+14,8	14 13	21 28	3,7	98	22 12	−12,3	2 41	21 34	47,5	44,4	20.
9 57	+13,7	14 06	21 15	3,7	98	22 10	−12,5	2 19	21 13	47,9	44,8	25.
10 11	+12,4	13 56	20 59	3,7	99	22 08	−12,7	1 53	20 48	48,4	45,3	31.
10 23	+11,2	13 49	20 45	3,6	99	22 06	−12,9	1 32	20 28	48,7	45,6	5. Aug
10 35	+10,0	13 41	20 31	3,6	99	22 03	−13,2	1 10	20 07	48,9	45,8	10.
10 47	+ 8,8	13 33	20 17	3,6	99	22 01	−13,4	0 48	19 46	49,1	45,9	15.
10 59	+ 7,6	13 25	20 03	3,6	99	21 58	−13,6	0 25	19 25	49,1	45,9	20.
11 11	+ 6,3	13 17	19 49	3,6	99	21 56	−13,9	0 03		49,1	45,9	25.
11 25	+ 4,8	13 08	19 32	3,6	100	21 53	−14,1	23 32	Unterg.	48,9	45,8	31.
11 37	+ 3,5	13 00	19 18	3,6	100	21 50	−14,4	23 10	4 07	48,7	45,5	5. Sep
11 48	+ 2,2	12 52	19 04	3,6	100	21 48	−14,5	22 48	3 44	48,4	45,2	10.
12 00	+ 0,9	12 44	18 50	3,6	100	21 46	−14,7	22 27	3 22	48,0	44,9	15.
12 12	− 0,4	12 36	18 35	3,6	100	21 44	−14,9	22 05	2 59	47,5	44,4	20.
12 24	− 1,8	12 28	18 21	3,6	100	21 43	−15,0	21 44	2 37	47,0	43,9	25.
12 36	− 3,1	12 20	18 07	3,6	100	21 41	−15,1	21 23	2 16	46,4	43,4	30.
12 48	− 4,4	12 13		3,6	100	21 40	−15,2	21 03	1 55	45,8	42,8	5. Okt
13 00	− 5,7	12 05	Aufg.	3,6	100	21 40	−15,2	20 42	1 34	45,2	42,2	10.
13 12	− 7,0	11 58	6 29	3,6	100	21 39	−15,2	20 22	1 14	44,5	41,6	15.
13 24	− 8,3	11 50	6 28	3,6	100	21 39	−15,2	20 03	0 54	43,8	41,0	20.
13 37	− 9,5	11 43	6 27	3,6	100	21 39	−15,2	19 43	0 35	43,1	40,3	25.
13 52	−11,0	11 35	6 26	3,6	100	21 40	−15,1	19 20	0 13	42,3	39,6	31.
14 05	−12,2	11 28	6 25	3,6	100	21 41	−15,0	19 02	23 51	41,6	38,9	5. Nov
14 18	−13,4	11 21	6 24	3,7	100	21 42	−14,9	18 43	23 33	41,0	38,3	10.
14 31	−14,5	11 15	6 24	3,7	100	21 44	−14,8	18 25	23 16	40,3	37,7	15.
14 44	−15,6	11 08	6 23	3,7	99	21 46	−14,6	18 08	22 59	39,7	37,1	20.
14 58	−16,6	11 02	6 23	3,7	99	21 48	−14,4	17 50	22 43	39,1	36,5	25.
15 12	−17,6	10 56	6 22	3,8	99	21 50	−14,2	17 33	22 27	38,5	36,0	30.
15 26	−18,6	10 51	6 22	3,8	99	21 53	−14,0	17 16	22 11	37,9	35,5	5. Dez
15 40	−19,5	10 45	6 21	3,8	99	21 56	−13,7	16 59	21 55	37,4	35,0	10.
15 55	−20,3	10 40	6 21	3,9	99	21 59	−13,4	16 43	21 40	36,9	34,5	15.
16 09	−21,0	10 35	6 20	3,9	98	22 02	−13,1	16 26	21 26	36,4	34,1	20.
16 24	−21,7	10 30	6 19	3,9	98	22 06	−12,8	16 10	21 11	36,0	33,6	25.
16 42	−22,4	10 25	6 18	4,0	98	22 10	−12,4	15 51	20 54	35,5	33,2	31.

URANUS					NEPTUN					PLUTO		
Rektas.	Deklin.	Kulmin.	Aufg.	Du.	Rektas.	Deklin.	Kulmin.	Aufg.	Du.	Rektas.	Deklin.	Datum
h m	°	h m	h m	″	h m	°	h m	h m	″	h m	°	
2 45	+15,5	8 28	1 07	3,5	23 35	− 4,0	5 19	23 30	2,3	19 50	−22,6	1. Jul
2 47	+15,6	7 34	0 13	3,5	23 34	− 4,0	4 24	22 35	2,3	19 49	−22,7	15.
2 48	+15,7	6 33	23 07	3,6	23 33	− 4,1	3 20	21 32	2,3	19 47	−22,8	31.
2 49	+15,8	5 35	22 09	3,6	23 32	− 4,3	2 20	20 32	2,3	19 46	−22,8	15. Aug
2 48	+15,8	4 31	21 06	3,6	23 31	− 4,4	1 16	19 29	2,4	19 45	−22,9	31.
2 48	+15,7	3 32	20 06	3,7	23 29	− 4,6	0 15		2,4	19 44	−22,9	15. Sep
2 46	+15,6	2 31	19 06	3,7	23 28	− 4,7	23 11	Unterg.	2,4	19 44	−23,0	30.
2 44	+15,4	1 30	18 06	3,7	23 26	− 4,9	22 10	3 55	2,3	19 44	−23,0	15. Okt
2 41	+15,2	0 25	17 02	3,8	23 25	− 5,0	21 06	2 50	2,3	19 44	−23,0	31.
2 39	+15,1	23 19		3,8	23 25	− 5,1	20 06	1 50	2,3	19 45	−22,9	15. Nov
2 37	+14,9	22 18	Unterg.	3,7	23 24	− 5,1	19 07	0 51	2,3	19 46	−22,9	30.
2 35	+14,7	21 17	4 37	3,7	23 24	− 5,1	18 08	23 48	2,3	19 48	−22,8	15. Dez
2 33	+14,6	20 13	3 33	3,7	23 25	− 5,0	17 06	22 46	2,3	19 50	−22,8	31.

EPHEMERIDEN HELLERER KLEINPLANETEN 2021

CERES (1)

Datum		Rektas.	Deklin.	Kulmin.
		h m	o	h m
Sep	1.	4 27	+15,3	6 07
	5.	4 30	+15,4	5 54
	10.	4 33	+15,5	5 38
	15.	4 36	+15,6	5 22
	20.	4 39	+15,8	5 04
	25.	4 41	+15,8	4 47
	30.	4 42	+15,9	4 29
Okt	**5.**	4 43	+16,0	4 10
	10.	4 43	+16,1	3 50
	15.	4 43	+16,1	3 30
	20.	4 42	+16,2	3 09
	25.	4 40	+16,2	2 48
	31.	4 37	+16,3	2 21
Nov	**5.**	4 33	+16,4	1 58
	10.	4 30	+16,4	1 35
	15.	4 25	+16,5	1 11
	20.	4 21	+16,6	0 46
	25.	4 16	+16,6	0 22
	30.	4 11	+16,7	23 52
Dez	**5.**	4 06	+16,8	23 28
	10.	4 01	+16,9	23 03
	15.	3 56	+17,0	22 39
	20.	3 52	+17,2	22 16
	25.	3 49	+17,4	21 53
	31.	3 45	+17,6	21 26

PALLAS (2)

Datum		Rektas.	Deklin.	Kulmin.
		h m	o	h m
Sep	1.	23 16	+1,8	0 56
	5.	23 13	+1,0	0 38
	10.	23 09	–0,1	0 14
	15.	23 05	–1,3	23 46
	20.	23 02	–2,4	23 23
	25.	22 58	–3,5	23 00
	30.	22 55	–4,6	22 37

JUNO (3)

Datum		Rektas.	Deklin.	Kulmin.
		h m	o	h m
Jun	1.	17 11	–4,4	5 16
	5.	17 08	–4,2	5 01
	10.	17 03	–4,1	4 42
	15.	16 59	–4,0	4 23
	20.	16 55	–4,0	4 03
	25.	16 51	–4,0	3 42
	30.	16 47	–4,1	3 21

IRIS (7)

Datum		Rektas.	Deklin.	Kulmin.
		h m	o	h m
Nov	20.	8 06	+18,3	4 31
	25.	8 07	+17,8	4 13
	30.	8 08	+17,4	3 53
Dez	**5.**	8 07	+17,1	3 33
	10.	8 06	+16,7	3 12
	15.	8 04	+16,5	2 50
	20.	8 00	+16,2	2 27
	25.	7 56	+16,1	2 04
	31.	7 50	+15,9	1 34

EUNOMIA (15)

Datum		Rektas.	Deklin.	Kulmin.
		h m	o	h m
Jan	1.	8 33	+17,5	2 12
	5.	8 30	+17,4	1 53
	10.	8 25	+17,3	1 28
	15.	8 19	+17,1	1 03
	20.	8 14	+17,0	0 38
	25.	8 08	+16,9	0 13
	31.	8 02	+16,8	23 38
Feb	5.	7 57	+16,7	23 13
	10.	7 53	+16,6	22 50
	15.	7 49	+16,5	22 26

VESTA (4)

Datum		Rektas.	Deklin.	Kulmin.
		h m	o	h m
Jan	1.	11 32	+ 9,9	5 10
	5.	11 34	+10,0	4 56
	10.	11 36	+10,2	4 39
	15.	11 38	+10,4	4 21
	20.	11 39	+10,8	4 02
	25.	11 39	+11,2	3 42
	31.	11 38	+11,8	3 18
Feb	**5.**	11 37	+12,4	2 57
	10.	11 34	+13,0	2 35
	15.	11 32	+13,7	2 13
	20.	11 28	+14,4	1 50
	25.	11 24	+15,2	1 26
	28.	11 22	+15,6	1 12
Mrz	**5.**	11 17	+16,3	0 48
	10.	11 12	+16,9	0 23
	15.	11 08	+17,5	23 54
	20.	11 03	+18,0	23 30
	25.	10 59	+18,4	23 06
	31.	10 55	+18,7	22 38
Apr	**5.**	10 52	+18,8	22 16
	10.	10 49	+18,9	21 54
	15.	10 48	+18,8	21 33
	20.	10 47	+18,6	21 13
	25.	10 47	+18,4	20 53
	30.	10 48	+18,1	20 34
Mai	**5.**	10 49	+17,7	20 16
	10.	10 51	+17,2	19 59
	15.	10 54	+16,7	19 42
	20.	10 57	+16,1	19 26
	25.	11 01	+15,4	19 10
	31.	11 06	+14,6	18 51
Jun	**5.**	11 11	+13,9	18 37
	10.	11 16	+13,1	18 22
	15.	11 22	+12,3	18 08
	20.	11 28	+11,4	17 54
	25.	11 34	+10,6	17 41
	30.	11 41	+ 9,7	17 28
Jul	5.	11 47	+ 9,5	17 25

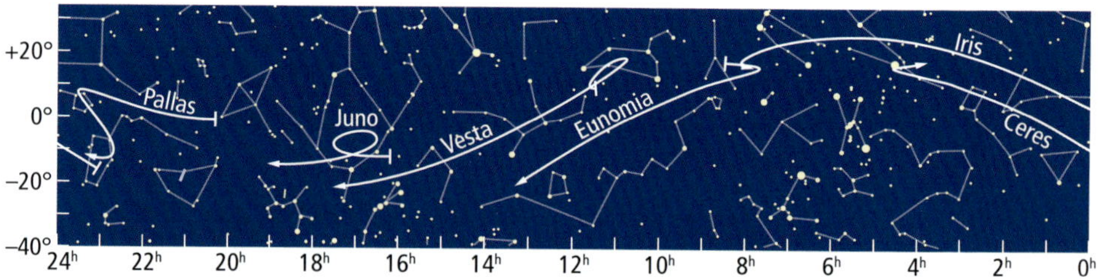

In den **halbfett** gedruckten Tagesintervallen sind die Kleinplaneten einfacher aufzufinden.
Spaltenüberschriften: Rektaszension und Deklination für 1^h MEZ – **Kulmination = Meridiandurchgang:** MEZ für 10° östliche Länge. – **Aufgang oder Untergang:** MEZ für 10° östliche Länge und 50° nördliche Breite.
Scheinbarer Durchmesser für 1^h MEZ, Äqu.: Äquatordurchmesser, Pol: Poldurchmesser.
Beleuchteter Teil des Planetenscheibchens für 1^h MEZ. – **Saturnring:** große und kleine Ringachse, Öffnung, heliozentrische Öffnung, Leuchtkraft relativ zur Leuchtkraft der Saturnkugel.

ZENTRALMERIDIANE MARS UND JUPITER 2021 (1^h MEZ = 2^h MESZ)

	MARS		JUPITER SYSTEM I								JUPITER SYSTEM II							
Datum	Jan	Feb	Mai	Jun	Jul	Aug	Sep	Okt	Nov	Dez	Mai	Jun	Jul	Aug	Sep	Okt	Nov	Dez
1.	164°	225°	251°	105°	164°	23°	242°	301°	153°	205°	186°	164°	353°	336°	318°	148°	124°	307°
2.	154	216	49	263	322	181	40	98	311	3	336	314	144	126	109	298	275	98
3.	145	206	207	61	120	339	198	256	109	161	126	104	294	277	259	89	65	248
4.	135	196	5	219	278	137	356	54	267	318	277	255	85	67	49	239	215	38
5.	125	187	162	17	76	295	154	212	65	116	67	45	235	217	200	29	5	188
6.	116	177	320	175	234	93	312	10	222	274	217	195	25	8	350	179	155	338
7.	106	167	118	333	32	251	110	168	20	71	7	345	176	158	140	330	305	128
8.	97	158	276	131	190	49	268	326	178	229	158	136	326	309	291	120	95	278
9.	87	148	74	289	348	207	66	124	336	27	308	286	116	99	81	270	246	68
10.	77	138	232	87	146	5	224	281	133	185	98	76	267	249	231	60	36	218
11.	68	129	30	245	304	163	22	79	291	342	248	227	57	40	22	211	186	8
12.	58	119	187	43	102	321	180	237	89	140	38	17	208	190	172	1	336	158
13.	48	109	345	200	260	119	338	35	247	298	189	167	358	341	322	151	126	308
14.	39	100	143	358	58	277	136	193	44	95	339	318	148	131	113	301	276	98
15.	29	90	301	156	216	75	294	351	202	253	129	108	299	281	263	91	66	248
16.	20	80	99	314	14	233	92	149	360	51	279	258	89	72	54	242	216	38
17.	10	71	257	112	172	31	250	306	157	208	70	49	240	222	204	32	6	188
18.	0	61	55	270	330	189	47	104	315	6	220	199	30	13	354	182	156	338
19.	351	51	213	68	128	348	205	262	113	163	10	349	180	163	144	332	307	128
20.	341	42	10	226	286	146	3	60	271	321	160	140	331	314	295	122	97	278
21.	331	32	168	24	84	304	161	218	68	119	311	290	121	104	85	273	247	68
22.	322	22	326	182	242	102	319	16	226	276	101	80	272	254	235	63	37	218
23.	312	13	124	340	40	260	117	173	24	74	251	231	62	45	26	213	187	8
24.	302	3	282	138	198	58	275	331	181	232	41	21	212	195	176	3	337	158
25.	293	353	80	296	357	216	73	129	339	29	192	171	3	345	326	153	127	308
26.	283	344	238	94	155	14	231	287	137	187	342	322	153	136	117	304	277	98
27.	273	334	36	252	313	172	29	85	295	345	132	112	304	286	267	94	67	248
28.	264	324	194	50	111	330	187	242	92	142	283	262	94	77	57	244	217	38
29.	254		352	208	269	128	345	40	250	300	73	53	244	227	207	34	7	188
30.	245		149	6	67	286	143	198	48	98	223	203	35	17	358	184	157	338
31.	235		307		225	84		356		255	13		185	168		334		129
D	−21	−15	0.5	0.7	0.8	0.8	0.7	0.6	0.5	0.6	D = Neigung der Planetenachse zur Erde							

Korrektur für MEZ	0^h	1^h	2^h	3^h	4^h	5^h	17^h	18^h	19^h	20^h	21^h	22^h	23^h	24^h	Änderung
Mars	−15°	0°	+15°	+29°	+ 44°	+ 58°	−126°	−111°	−97°	−82°	−68°	−53°	−38°	− 24°	+14°,6/Stunde
Jupiter System I	−37°	0°	+37°	+73°	+110°	+146°	−135°	− 98°	−62°	−25°	+12°	+48°	+85°	+121°	+36°,6/Stunde
Jupiter System II	−36°	0°	+36°	+73°	+109°	+145°	−140°	−104°	−67°	−31°	+ 5°	+41°	+78°	+114°	+36°,3/Stunde

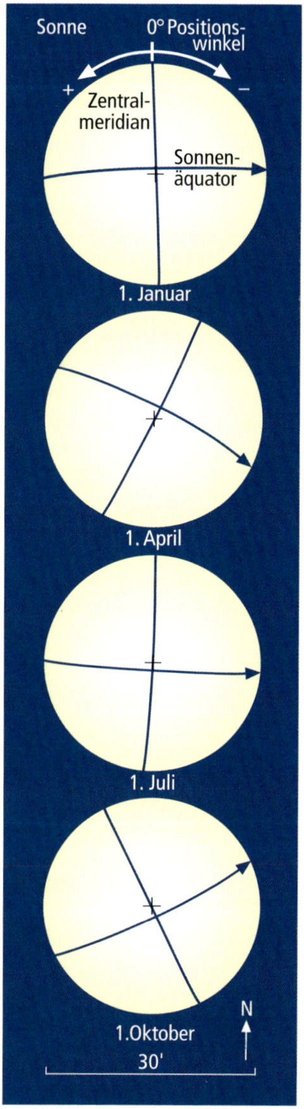

T.5 Lage des Zentralmeridians und des Äquators der Sonne im Verlauf des Jahres relativ zum Beobachter auf der Erde.

EPHEMERIDE DER SONNENSCHEIBE 2021 (1^h MEZ)

Datum		Entferng. AE	Du. ′	Z.M. °	B_0 °	P °	Sternzeit h m
Jan	1.	0,983	32,5	280,1	–3,0	+ 2,1	6 43
	10.	0,983	32,5	161,6	–4,0	– 2,2	7 19
	20.	0,984	32,5	29,9	–5,0	– 6,9	7 58
	31.	0,985	32,5	245,1	–5,9	–11,7	8 42
Feb	10.	0,987	32,4	113,4	–6,6	–15,6	9 21
	20.	0,989	32,4	341,7	–7,0	–19,0	10 01
	28.	0,991	32,3	236,4	–7,2	–21,2	10 32
Mrz	10.	0,993	32,2	104,6	–7,2	–23,5	11 12
	20.	0,996	32,1	332,8	–7,0	–25,1	11 51
	31.	0,999	32,0	187,8	–6,6	–26,1	12 34
Apr	10.	1,002	31,9	55,8	–6,0	–26,3	13 14
	20.	1,005	31,8	283,8	–5,2	–25,7	13 53
	30.	1,007	31,8	151,7	–4,3	–24,4	14 33
Mai	10.	1,010	31,7	19,5	–3,2	–22,3	15 12
	20.	1,012	31,6	247,2	–2,1	–19,6	15 51
	31.	1,014	31,6	101,7	–0,8	–15,9	16 35
Jun	10.	1,015	31,5	329,3	+0,4	–12,0	17 14
	20.	1,016	31,5	197,0	+1,6	– 7,7	17 54
	30.	1,017	31,5	64,6	+2,7	– 3,2	18 33
Jul	10.	1,017	31,5	292,2	+3,8	+ 1,3	19 13
	20.	1,016	31,5	159,9	+4,8	+ 5,7	19 52
	31.	1,015	31,5	14,4	+5,7	+10,3	20 35
Aug	10.	1,014	31,6	242,2	+6,4	+14,2	21 15
	20.	1,012	31,6	110,0	+6,8	+17,6	21 54
	31.	1,009	31,7	324,6	+7,2	+20,8	22 38
Sep	10.	1,007	31,8	192,6	+7,2	+23,1	23 17
	20.	1,004	31,9	60,5	+7,1	+24,8	23 56
	30.	1,001	31,9	288,6	+6,8	+25,9	0 36
Okt	10.	0,999	32,0	156,6	+6,2	+26,3	1 15
	20.	0,996	32,1	24,7	+5,5	+26,0	1 55
	31.	0,993	32,2	239,6	+4,5	+24,7	2 38
Nov	10.	0,990	32,3	107,8	+3,4	+22,7	3 17
	20.	0,988	32,4	336,0	+2,3	+20,0	3 57
	30.	0,986	32,4	204,2	+1,0	+16,6	4 36
Dez	10.	0,985	32,5	72,4	–0,3	+12,5	5 16
	20.	0,984	32,5	300,6	–1,5	+ 8,0	5 55
	31.	0,983	32,5	155,7	–2,9	+ 2,7	6 39

Z.M. Zentralmeridian (Abnahme 13°,2/Tag), B_0 Neigung der Sonnenachse zur Erde, P Positionswinkel des Sonnen-Nordpols, Sternzeit Greenwich

BEGINN DER SYNODISCHEN SONNENROTATION NACH CARRINGTON 2021

Rot. Nr.	Datum	MEZ h m	Rot. Nr.	Datum	MEZ h m
2240	Jan 22.	7 34	2247	Aug 1.	3 09
2241	Feb 18.	15 44	2248	Aug 28.	8 46
2242	Mrz 17.	23 33	2249	Sep 24.	15 06
2243	Apr 14.	6 29	2250	Okt 21.	21 59
2244	Mai 11.	12 21	2251	Nov 18.	5 14
2245	Jun 7.	17 24	2252	Dez 15.	12 51
2246	Jul 4.	22 08			

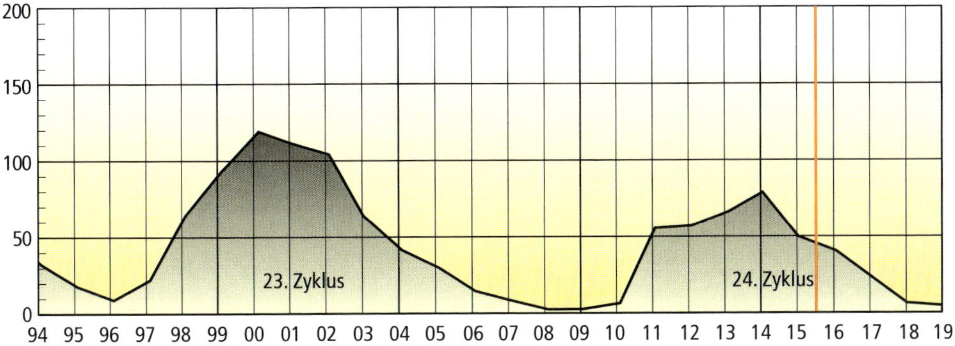

T.6 Jahresmittel der Sonnenfleckenrelativzahlen von 1994 bis 2019. Hinweis: Seit 1. Juli 2015 hat das internationale Sunspot Index Data Center (Brüssel) die Bestimmung der Relativzahlen neu festgelegt (rote Linie).

T.7 Monatsmittel der Sonnenfleckenrelativzahlen von Januar 2014 bis März 2020.

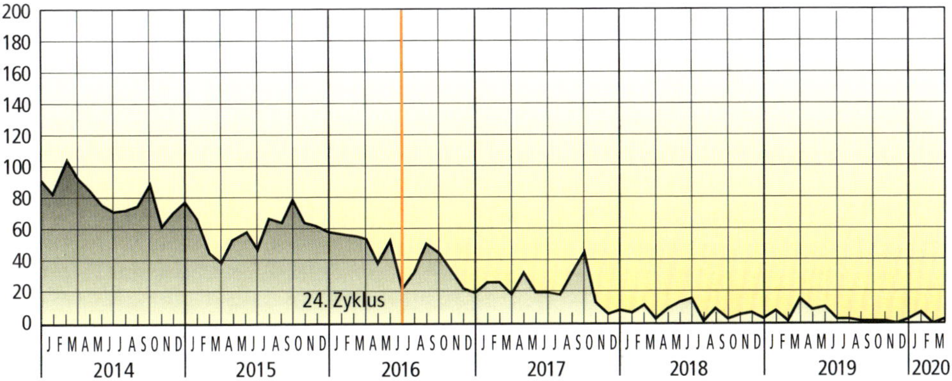

T.8 Stellung und relative Lage der zunehmenden Mondsichel zum Westhorizont jeweils am ersten Sichtbarkeitsabend nach Neumond eine halbe Stunde nach Sonnenuntergang im Jahre 2021.

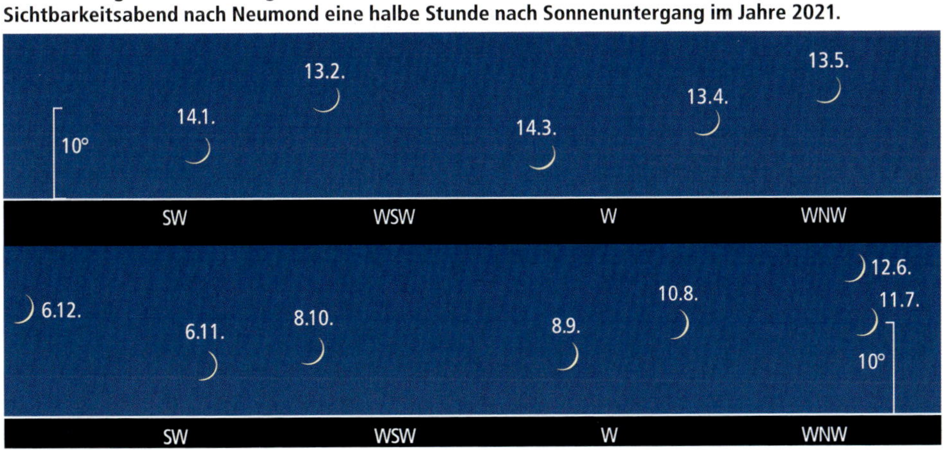

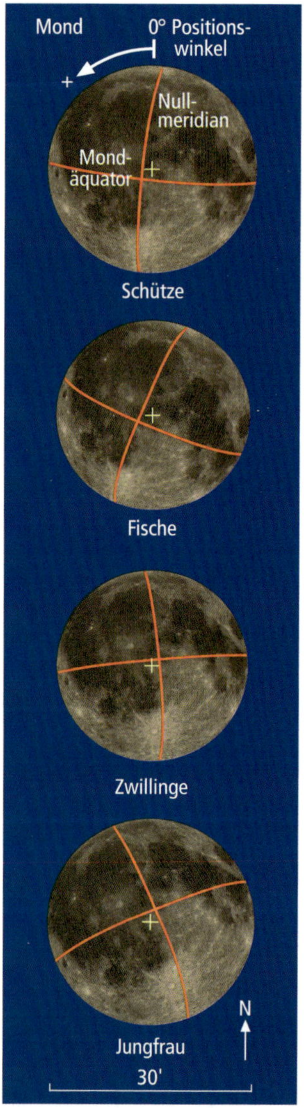

T.9 Lage des Nullmeridians und des Mondäquators relativ zum Beobachter auf der Erde in Abhängigkeit von der Position des Mondes im Tierkreis (siehe auch monatliche Rubrik „Der Mondlauf").

STERNBEDECKUNGEN DURCH DEN MOND 2021

Datum		MEZ h m	Stern	Hell. m	bel. %	E/A	P °
Jan	15.	18 00	HR 8394	6,3	7	E	95
	16.	16 10	τ Aqr	4,0:	13	E	30
	16.	17 15	τ Aqr	4,0:	13	A	270
	19.	20 35	35 Cet	6,6	39	E	25
	21.	23 05	38 Ari	5,2	59	E	45
	26.	23 05	ω Gem	5,2	96	E	155
Feb	1.	2 50	ν Vir	4,0	87	A	315
	17.	20 30	ξ Ari	5,5	31	E	60
	17.	21 45	VW Ari	6,7:	32	E	120
	22.	21 35	HR 2417	6,5:	78	E	105
	22.	22 45	HR 2439	6,4:	78	E	95
	25.	3 45	γ Cnc	4,7	94	E	100
Mrz	4.	5 35	ν Lib	5,2	71	A	260
	5.	5 45	ω_1 Sco	3,9	60	E	75
	5.	6 50	ω_1 Sco	3,9	59	A	325
	5.	7 20	ω_2 Sco	3,9	59	A	290
	21.	18 55	5 Gem	5,8	51	E	155
	27.	19 35	ν Vir	4,0	99	E	100
Apr	15.	21 40	ω Tau	4,9:	12	E	15
	16.	20 35	HD 32641	6,7:	18	E	55
	18.	23 30	HD 51101	6,8	36	E	160
	19.	19 20	**κ Gem**	3,6:	45	E	95
	19.	20 35	κ Gem	3,6:	45	A	290
	22.	21 55	46 Leo	5,5	76	E	100
	23.	22 25	HD 99393	6,8	85	E	85
	30.	4 10	ϑ Oph	3,3:	87	A	300
Mai	15.	23 40	ε Gem	3,0	15	E	25
	16.	23 40	HR 2926	6,4	22	E	85
	19.	18 40	η Leo	3,5:	49	A	345
	28.	23 35	Nunki	2,0:	91	A	335
Jun	13.	21 15	HR 3224	6,6	10	E	130
	24.	0 30	ϑ Oph	3,3:	99	E	65
Jul	1.	0 55	33 Psc	4,6:	59	A	265
	1.	3 55	HR 29	5,8	58	A	215
	19.	23 40	λ Lib	5,0:	77	E	45
Aug	28.	4 00	31 Ari	5,6:	70	A	240
Sep	1.	1 20	132 Tau	4,9:	34	A	260
	2.	1 05	ε Gem	3,0	25	E	100
	2.	1 55	**ε Gem**	3,0	25	A	245
	3.	3 40	κ Gem	3,6:	16	E	125
	3.	4 30	**κ Gem**	3,6:	16	A	235
	14.	20 05	**HR 6842**	4,7	60	E	145
	17.	23 25	33 Cap	5,4	89	E	350
	30.	3 55	57 Gem	5,0	40	A	200
Okt	3.	4 40	η Leo	3,5:	13	E	65
	3.	5 25	**η Leo**	3,5:	13	A	330
	8.	16 25	α Lib	2,8:	7	E	170
	8.	17 05	α Lib	2,8:	7	A	240
	16.	17 55	69 Aqr	5,7:	85	E	35
	23.	22 45	53 Tau	5,4	90	A	230
Nov	13.	21 45	HR 8921	6,2	73	E	5
	26.	22 45	η Leo	3,5:	56	A	310
Dez	8.	19 15	35 Cap	5,8	26	E	85
	11.	18 50	HD 224661	6,6:	57	E	50
	15.	22 40	HR 924	6,4	91	E	20
	17.	22 40	τ Tau	4,3:	99	E	35
	24.	5 50	η Leo	3,5:	78	E	50
	24.	6 10	η Leo	3,5:	78	A	15

Hell. = Helligkeit („:" = Doppelstern), E/A = Eintritt/Austritt, bel. = beleuchteter Teil der Mondscheibe, P = Positionswinkel, **halbfett**: Ereignis bereits im Fernglas sichtbar

Sternbedeckungen

Datum		MEZ	Hamburg	Hannover	Berlin	Dresden	Leipzig	Düsseldorf	Frankfurt	Nürnberg	Stuttgart	München	Zürich	Wien
		h	m	m	m	m	m	m	m	m	m	m	m	m
Jan	15.	17/18	55,5	56,8	00,0	02,9	01,0	55,4	59,0	02,8	01,8	05,9	03,5	11,5
	16.	16	12,4	11,2	13,6	13,2	12,2	08,0	08,2	09,7	07,4	09,1	05,4	13,8
	16.	17	11,8	12,7	17,7	20,1	17,8	09,1	13,3	17,7	15,4	19,5	15,4	25,6
	19.	20	37,0	35,0	36,6	35,5	35,0	31,8	31,5	32,3	30,4	31,7	28,7	35,1
	21.	23	07,4	06,6	08,9	09,1	08,2	04,0	05,2	07,1	05,6	07,6	05,2	10,8
	26.	22/23	55,4	58,9	03,6	10,4	07,1	59,8	11,7	07,1	05,6	07,6	05,2	10,8
Feb	1.	2	44,8	45,9	49,0	51,5	49,7	44,1	47,1	50,6	49,0	52,6	49,5	57,8
	17.	20	28,4	28,3	31,0	32,1	30,8	26,0	28,1	30,6	29,2	31,8	29,4	35,7
	17.	21	33,5	36,3	37,6	41,6	40,3	38,1	42,6	46,0	48,1	51,5	55,2	51,8
	22.	21	30,6	30,9	36,0	38,5	35,9	27,2	31,2	35,8	33,6	38,5	34,5	45,8
	22.	22	42,3	43,0	47,4	49,9	47,7	40,3	44,1	48,2	46,7	50,9	48,0	56,6
	25.	3	39,2	41,0	41,8	44,1	43,3	42,1	44,4	46,1	46,7	48,2	48,9	48,7
Mrz	4.	5	30,2	30,1	35,6	37,5	34,9	25,3	28,9	33,5	30,1	34,9	28,9	43,2
	5.	5	45,3	44,7	50,5	51,9	49,3	39,4	42,5	46,8	43,3	47,7	41,9	56,6
	5.	6	44,3	45,3	49,1	51,7	49,6	43,1	46,5	50,4	48,8	52,7	49,6	58,7
	5.	7	44,3	18,6	49,1	51,7	49,6	15,9	19,5	23,5	21,6	25,7	22,1	58,7
	21.	18/19	51,1	57,7	03,1	51,7	49,6	15,9	19,5	23,5	21,6	25,7	22,1	58,7
	27.	19	37,2	35,4	37,6	36,4	35,7	32,2	32,0	32,8	31,0	31,9	29,5	35,4
Apr	15.	21	37,2	35,4	37,6	36,4	35,7	41,6	41,4	42,5	39,9	40,9	38,4	45,6
	16.	20	33,0	33,3	35,7	36,8	35,7	31,5	33,6	35,7	34,9	37,0	35,5	39,8
	18.	23	21,0	24,4	22,1	25,0	25,3	30,7	32,4	31,8	36,6	35,6	45,0	30,4
	19.	19	14,8	14,9	20,1	22,2	19,7	11,0	14,7	19,2	16,8	21,3	17,2	28,5
	19.	20	28,9	30,9	33,9	37,3	35,4	29,8	33,6	37,5	36,5	40,3	37,7	44,8
	22.	21/22	51,7	52,3	57,1	59,4	57,0	49,1	52,8	56,9	54,9	59,1	55,6	05,9
	23.	22	24,5	24,0	30,3	32,0	29,1	18,8	22,4	27,0	23,8	28,5	23,2	37,5
	30.	4	07,2	07,7	12,2	14,4	12,1	04,5	07,8	11,9	09,6	13,8	09,7	20,7
Mai	15.	23	07,2	07,7	12,2	14,4	12,1	39,0	39,3	11,9	09,6	13,8	09,7	20,7
	16.	23	34,4	35,9	34,9	36,2	36,3	38,2	38,9	38,9	40,4	40,2	42,3	38,2
	19.	18	30,4	34,3	35,5	40,5	38,9	35,9	40,2	43,8	44,0	47,6	46,6	50,6
	28.	23	30,4	34,2	33,5	34,1	34,2	35,9	34,4	34,7	34,4	34,9	34,2	35,6
Jun	13.	21	30,4	11,6	10,5	12,7	12,7	14,8	16,2	16,7	18,7	18,9	21,7	16,6
	24.	0	27,9	27,7	32,5	34,0	31,8	23,5	26,5	30,3	27,5	31,4	26,7	38,5
Jul	1.	0	59,8	57,7	59,2	57,2	57,0	54,6	53,4	53,1	51,3	51,1	48,6	53,7
	1.	3/4	00,6	58,4	01,5	59,9	59,0	53,7	53,5	54,5	51,5	52,5	48,2	56,9
	19.	23	37,6	37,9	01,5	59,9	40,3	36,0	38,1	40,4	39,1	41,4	39,2	44,6
Aug	28.	3/4	02,8	01,3	06,1	05,7	04,0	55,8	57,3	59,9	56,3	58,9	53,4	05,5
Sep	1.	1	26,5	24,7	24,6	22,3	22,9	23,2	21,4	20,0	19,2	17,8	17,1	17,4
	2.	0/1	06,9	05,5	04,7	03,0	03,6	05,1	03,2	01,8	01,6	00,3	00,4	59,6
	2.	1/2	01,2	59,3	58,5	55,8	56,7	58,2	55,8	53,7	53,2	51,2	51,0	49,6
	3.	3	42,6	41,4	43,0	42,4	41,8	39,3	39,2	39,8	38,5	39,5	37,5	43,2
	3.	4	39,6	37,0	37,8	34,6	35,0	33,9	31,6	30,1	28,3	26,5	24,6	26,7
	14.	19/20	59,5	00,2	05,6	08,7	05,8	56,6	00,9	05,9	03,5	08,9	04,2	18,3
	17.	23	59,5	00,2	05,6	26,7	05,8	56,6	00,9	27,2	03,5	20,0	23,1	17,7
	30.	3/4	01,9	56,0	54,5	26,7	05,8	49,7	00,9	27,2	03,5	20,0	23,1	17,7
Okt	3.	4	48,2	44,1	44,8	41,1	41,4	40,2	37,5	36,3	34,3	33,6	31,3	35,4
	3.	5	21,2	22,8	25,7	27,8	26,3	22,0	24,4	26,8	25,6	27,9	25,6	32,1
	8.	16	19,4	21,1	23,8	26,8	25,1	21,1	24,5	27,7	27,7	30,8	30,2	34,6
	8.	17	19,4	21,1	23,8	26,8	25,1	00,1	03,4	06,8	05,1	08,4	05,1	34,6
	16.	17	58,4	56,0	58,7	56,8	56,1	00,1	50,6	51,2	48,2	49,0	05,1	53,6
	23.	22	49,7	47,1	48,4	45,7	45,7	43,5	41,8	41,0	39,0	38,2	35,6	39,7
Nov	13.	21	49,9	46,9	46,1	43,8	44,1	45,3	42,0	40,7	39,2	38,7	36,6	40,8
	26.	22	46,6	46,3	46,1	45,4	45,6	45,3	42,0	44,8	39,2	44,1	36,6	43,5
Dez	8.	19	13,0	13,8	16,9	19,1	17,3	11,8	14,7	18,0	16,5	20,0	17,2	25,3
	11.	18	53,3	51,9	55,7	55,5	54,0	47,4	48,4	50,7	47,7	50,3	45,3	57,1
	15.	22	47,1	43,1	45,6	43,0	42,3	37,6	36,0	36,6	33,2	34,4	29,4	40,3
	17.	22	46,5	42,8	46,2	43,7	42,7	36,7	35,6	36,7	32,8	34,4	28,8	41,2
	24.	5	46,5	42,8	46,2	43,7	42,7	43,9	48,2	58,4	46,9	54,8	42,9	41,2
	24.	6	46,5	42,8	46,2	43,7	42,7	05,8	08,8	05,8	15,4	15,0	22,0	41,2

Unter jeder Stadt sind die Minuten und Zehntelminuten der Sternbedeckungszeit angegeben.

STERNZEIT UM 20^h MEZ = 21^h MESZ AUF 10° ÖSTLICHER LÄNGE

	JAN	FEB	MRZ	APR	MAI	JUN	JUL	AUG	SEP	OKT	NOV	DEZ
Tag	h m	h m	h m	h m	h m	h m	h m	h m	h m	h m	h m	h m
1.	2 27	4 29	6 19	8 21	10 20	12 22	14 20	16 22	18 25	20 23	22 25	0 23
2.	2 31	4 33	6 23	8 25	10 24	12 26	14 24	16 26	18 29	20 27	22 29	0 27
3.	2 34	4 37	6 27	8 29	10 28	12 30	14 28	16 30	18 33	20 31	22 33	0 31
4.	2 38	4 41	6 31	8 33	10 32	12 34	14 32	16 34	18 36	20 35	22 37	0 35
5.	2 42	4 45	6 35	8 37	10 35	12 38	14 36	16 38	18 40	20 39	22 41	0 39
6.	2 46	4 49	6 39	8 41	10 39	12 42	14 40	16 42	18 44	20 43	22 45	0 43
7.	2 50	4 52	6 43	8 45	10 43	12 46	14 44	16 46	18 48	20 47	22 49	0 47
8.	2 54	4 56	6 47	8 49	10 47	12 50	14 48	16 50	18 52	20 51	22 53	0 51
9.	2 58	5 00	6 51	8 53	10 51	12 53	14 52	16 54	18 56	20 54	22 57	0 55
10.	3 02	5 04	6 55	8 57	10 55	12 57	14 56	16 58	19 00	20 58	23 01	0 59
11.	3 06	5 08	6 59	9 01	10 59	13 01	15 00	17 02	19 04	21 02	23 05	1 03
12.	3 10	5 12	7 03	9 05	11 03	13 05	15 04	17 06	19 08	21 06	23 09	1 07
13.	3 14	5 16	7 07	9 09	11 07	13 09	15 08	17 10	19 12	21 10	23 12	1 11
14.	3 18	5 20	7 10	9 13	11 11	13 13	15 11	17 14	19 16	21 14	23 16	1 15
15.	3 22	5 24	7 14	9 17	11 15	13 17	15 15	17 18	19 20	21 18	23 20	1 19
16.	3 26	5 28	7 18	9 21	11 19	13 21	15 19	17 22	19 24	21 22	23 24	1 23
17.	3 30	5 32	7 22	9 25	11 23	13 25	15 23	17 26	19 28	21 26	23 28	1 27
18.	3 34	5 36	7 26	9 28	11 27	13 29	15 27	17 29	19 32	21 30	23 32	1 30
19.	3 38	5 40	7 30	9 32	11 31	13 33	15 31	17 33	19 36	21 34	23 36	1 34
20.	3 42	5 44	7 34	9 36	11 35	13 37	15 35	17 37	19 40	21 38	23 40	1 38
21.	3 45	5 48	7 38	9 40	11 39	13 41	15 39	17 41	19 43	21 42	23 44	1 42
22.	3 49	5 52	7 42	9 44	11 43	13 45	15 43	17 45	19 47	21 46	23 48	1 46
23.	3 53	5 56	7 46	9 48	11 46	13 49	15 47	17 49	19 51	21 50	23 52	1 50
24.	3 57	5 59	7 50	9 52	11 50	13 53	15 51	17 53	19 55	21 54	23 56	1 54
25.	4 01	6 03	7 54	9 56	11 54	13 57	15 55	17 57	19 59	21 58	0 00	1 58
26.	4 05	6 07	7 58	10 00	11 58	14 00	15 59	18 01	20 03	22 01	0 04	2 02
27.	4 09	6 11	8 02	10 04	12 02	14 04	16 03	18 05	20 07	22 05	0 08	2 06
28.	4 13	6 15	8 06	10 08	12 06	14 08	16 07	18 09	20 11	22 09	0 12	2 10
29.	4 17	–	8 10	10 12	12 10	14 12	16 11	18 13	20 15	22 13	0 16	2 14
30.	4 21	–	8 14	10 16	12 14	14 16	16 15	18 17	20 19	22 17	0 19	2 18
31.	4 25	–	8 17	–	12 18	–	16 18	18 21	–	22 21	–	2 22

Korrektur für andere östliche geografische Längen

Länge	4°	5°	6°	7°	8°	9°	11°	12°	13°	14°	15°	16°
Korr.	-24^m	-20^m	-16^m	-12^m	-8^m	-4^m	$+4^m$	$+8^m$	$+12^m$	$+16^m$	$+20^m$	$+24^m$

Korrektur für andere Uhrzeiten derselben Nacht (Datumswechsel um Mitternacht)

MEZ	18^h	19^h	21^h	22^h	23^h	0^h	1^h	2^h	3^h	4^h	5^h	6^h
MESZ	19^h	20^h	22^h	23^h	0^h	1^h	2^h	3^h	4^h	5^h	6^h	7^h
Korr.	-2^h00^m	-1^h00^m	$+1^h00^m$	$+2^h00^m$	$+3^h00^m$	$+4^h01^m$	$+5^h01^m$	$+6^h01^m$	$+7^h01^m$	$+8^h01^m$	$+9^h01^m$	$+10^h02^m$

Erläuterungen siehe auch Seite 14 unter „Sternzeit".
Die obige Tabelle gibt für jeden Tag des Jahres die Sternzeit um 20^h MEZ (= 21^h Sommerzeit) am Meridian 10° östlicher Länge an. Für den Ortsmeridian des Beobachters ist eine Korrektur entsprechend der geografischen Längendifferenz zu 10° östlicher Länge anzubringen. Pro Längengrad beträgt diese Korrektur vier Minuten. Für Orte westlich des Meridians ist die Korrektur abzuziehen, für Orte östlich hingegen zu addieren. Auf der rechten Seite findet man in der Tabelle „Geografische Koordinaten größerer Städte" in der letzten Spalte die Zeitkorrektur vermerkt. Wer zu einer anderen Zeit als 20^h beobachtet, muss noch die Zeitkorrektur gemäß der obigen Tabelle anbringen. Beispiel: Wieviel Uhr Sternzeit ist es am 25. März um 23^h in München? Aus der Tabelle entnimmt man: Sternzeit am 25. März um 20^h = 7^h54^m. Dies gilt für 10° östlicher Länge. Die Zeitkorrektur für München beträgt laut Tabelle rechts sechs Minuten. Da München östlich vom 10°-Meridian liegt, sind diese sechs Minuten zu addieren, und man erhält 8^h00^m (Achtung: Das Vorzeichen in der Spalte Zeitkorrektur der rechten Tabelle gilt für die Korrektur der Kulminationszeiten! Für die Sternzeitberechnung kehren sich die Vorzeichen um!). Am 25. März ist es also um 20^h MEZ 8^h00^m Sternzeit. Für 23^h MEZ ist gemäß obiger Tabelle die Korrektur von 3^h00^m anzubringen; um 23^h MEZ ist es also am 25. März in München 11^h00^m Sternzeit.

GEOGRAFISCHE KOORDINATEN GRÖSSERER STÄDTE MIT ZEITKORREKTUR

Stadt	östl. Länge	nördl. Breite	Zeitkorrektur gegen 10° östl. Länge
Aachen	6,°1	50,°8	$+16^{m}$
Amsterdam	4,°9	52,°4	$+20^{m}$
Antwerpen	4,°4	51,°2	$+22^{m}$
Augsburg	10,°9	48,°4	-4^{m}
Baden-Baden	8,°2	48,°8	$+7^{m}$
Basel	7,°6	47,°6	$+9^{m}$
Berlin	13,°4	52,°5	-14^{m}
Bern	7,°4	46,°9	$+10^{m}$
Bielefeld	8,°5	52,°0	$+6^{m}$
Bochum	7,°2	51,°5	$+11^{m}$
Bonn	7,°1	50,°7	$+12^{m}$
Bozen	11,°3	46,°5	-5^{m}
Braunschweig	10,°5	52,°3	-2^{m}
Bregenz	9,°8	47,°5	$+1^{m}$
Bremen	8,°8	53,°1	$+5^{m}$
Brünn	16,°6	49,°2	-26^{m}
Brüssel	4,°3	50,°8	$+23^{m}$
Chemnitz	12,°9	50,°8	-12^{m}
Coburg	11,°0	50,°3	-4^{m}
Darmstadt	8,°7	49,°9	$+5^{m}$
Dortmund	7,°5	51,°5	$+10^{m}$
Dresden	13,°7	51,°1	-15^{m}
Düsseldorf	6,°8	51,°2	$+13^{m}$
Duisburg	6,°8	51,°4	$+13^{m}$
Eisenach	10,°3	51,°0	-1^{m}
Emden	7,°2	53,°4	$+11^{m}$
Erfurt	11,°0	51,°0	-4^{m}
Essen	7,°0	51,°5	$+12^{m}$
Frankfurt (Main)	8,°7	50,°1	$+5^{m}$
Frankfurt (Oder)	14,°6	52,°3	-18^{m}
Freiburg (Breisgau)	7,°9	48,°0	$+9^{m}$
Genf	6,°2	46,°2	$+15^{m}$
Görlitz	15,°0	51,°2	-20^{m}
Graz	15,°5	47,°1	-22^{m}
Halle	12,°0	51,°5	-8^{m}
Hamburg	10,°0	53,°6	0^{m}
Hannover	9,°7	52,°4	$+1^{m}$
Heidelberg	8,°7	49,°4	$+5^{m}$
Heilbronn	9,°2	49,°1	$+3^{m}$
Innsbruck	11,°4	47,°3	-6^{m}
Kaiserslautern	7,°8	49,°4	$+9^{m}$
Karlsruhe	8,°4	49,°0	$+6^{m}$
Kassel	9,°5	51,°3	$+2^{m}$
Kiel	10,°1	54,°3	-1^{m}
Klagenfurt	14,°3	46,°6	-17^{m}
Koblenz	7,°6	50,°4	$+10^{m}$
Köln	7,°0	50,°9	$+12^{m}$
Konstanz	9,°2	47,°7	$+3^{m}$
Krefeld	6,°6	51,°3	$+14^{m}$
Leipzig	12,°4	51,°3	-10^{m}
Linz (Donau)	14,°3	48,°3	-17^{m}
Ludwigshafen (Rh.)	8,°4	49,°5	$+6^{m}$
Lübeck	10,°7	53,°9	-3^{m}
Lüttich	5,°5	50,°6	$+18^{m}$
Luxemburg	6,°1	49,°6	$+15^{m}$
Magdeburg	11,°6	52,°1	-7^{m}
Mailand	9,°2	45,°5	$+3^{m}$
Mainz	8,°3	50,°0	$+7^{m}$
Mannheim	8,°5	49,°5	$+6^{m}$
Mönchengladbach	6,°4	51,°2	$+14^{m}$
München	11,°6	48,°1	-6^{m}
Münster	7,°6	52,°0	$+10^{m}$
Nürnberg	11,°1	49,°5	-4^{m}
Osnabrück	8,°0	52,°3	$+8^{m}$
Potsdam	13,°1	52,°4	-12^{m}
Prag	14,°4	50,°1	-18^{m}
Regensburg	12,°1	49,°0	-8^{m}
Reutlingen	9,°2	48,°5	$+3^{m}$
Rostock	12,°1	54,°1	-8^{m}
Rotterdam	4,°5	51,°9	$+22^{m}$
Saarbrücken	7,°0	49,°2	$+12^{m}$
Salzburg	13,°1	47,°8	-12^{m}
Schwerin	11,°4	53,°6	-6^{m}
Stralsund	13,°1	54,°3	-12^{m}
Straßburg	7,°7	48,°6	$+9^{m}$
Stuttgart	9,°2	48,°8	$+3^{m}$
Trier	6,°6	49,°8	$+13^{m}$
Tübingen	9,°1	48,°5	$+4^{m}$
Ulm	10,°0	48,°4	0^{m}
Wien	16,°4	48,°2	-25^{m}
Wiesbaden	8,°2	50,°1	$+7^{m}$
Wilhelmshaven	8,°1	53,°5	$+8^{m}$
Worms	8,°4	49,°6	$+7^{m}$
Würzburg	9,°9	49,°8	0^{m}
Wuppertal	7,°1	51,°3	$+11^{m}$
Zürich	8,°6	47,°4	$+6^{m}$

Erläuterungen siehe auch Seite 13 unter „Auf- und Untergangszeiten".
Die Tabelle enthält die geografischen Koordinaten einiger größerer Städte in Mitteleuropa. In der vierten Spalte ist der Zeitunterschied der Ortszeit zum Meridian 10° östlicher Länge in Minuten angegeben. Um diesen Betrag kulminieren die Gestirne in der jeweiligen Stadt früher (negativer Wert) oder später (positiver Wert). Beispiel: Für Stuttgart findet man $+3^{m}$, für München -6^{m}. In Stuttgart gehen die Gestirne jeweils drei Minuten später durch den Meridian als im Himmelsjahr angegeben, in München dagegen um sechs Minuten früher.
Die Auf- und Untergangszeiten sind außer von der geografischen Länge auch noch von der geografischen Breite abhängig. Um sie für einen bestimmten Ort zu korrigieren, benutze man das Nomogramm auf Seite 292.

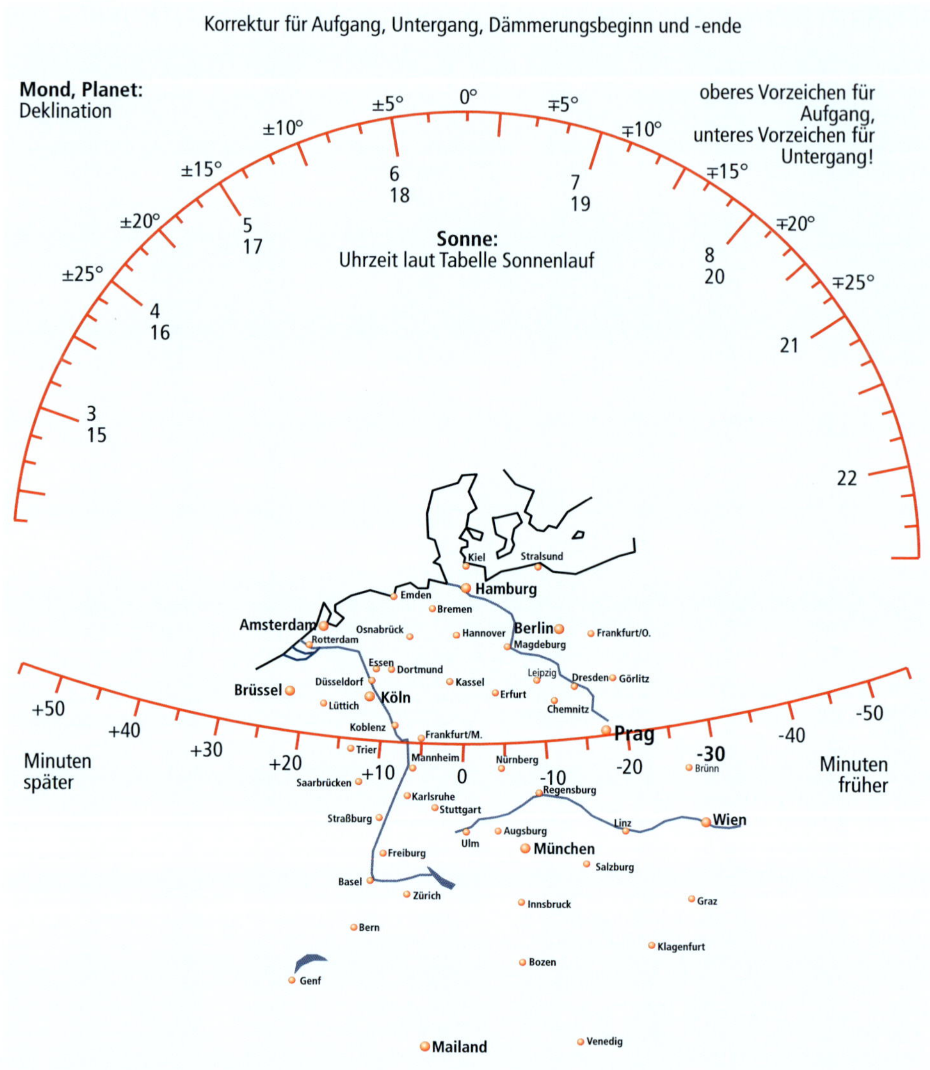

T.10 Nomogramm zur Bestimmung der Auf- und Untergangszeiten (Erläuterungen siehe Seite 13).

KORREKTUR FÜR AUF- UND UNTERGANGSZEITEN

Sonne: Datum:			Jan. 21.	Febr. 8.	Febr. 23.	März 8.	März 20.	April 2.	April 16.	Mai 1.	Mai 20.	Juni 21.
		Dez. 22.	Nov. 22.	Nov. 3.	Okt. 19.	Okt. 6.	Sept. 23.	Sept. 10.	Aug. 27.	Aug. 12.	Juli 24.	
Mond, Planet:												
Deklination		–25°	–20°	–15°	–10°	– 5°	0°	+ 5°	+10°	+15°	+20°	+25°
Hamburg	Aufgang	$+21^m$	$+15^m$	$+10^m$	$+ 6^m$	$+ 3^m$	$+ 1^m$	$- 4^m$	$- 7^m$	-11^m	-16^m	-22^m
	Unterg.	–21	–15	–10	– 6	– 3	+ 1	+ 4	+ 7	+11	+16	+22
Hannover	Aufgang	+14	+11	+ 8	+ 5	+ 3	+ 1	– 1	– 4	– 6	– 9	–13
	Unterg.	–12	– 9	– 6	– 3	– 1	+ 1	+ 3	+ 6	+ 8	+11	+15
Berlin	Aufgang	+ 1	– 3	– 6	– 9	–12	–14	–16	–19	–21	–25	–29
	Unterg.	–28	–24	–21	–18	–16	–14	–11	– 9	– 6	– 3	+ 1
Dresden	Aufgang	– 9	–11	–12	–13	–14	–15	–16	–17	–18	–19	–21
	Unterg.	–20	–19	–18	–17	–16	–15	–14	–13	–12	–11	– 9
Leipzig	Aufgang	– 2	– 4	– 6	– 7	– 8	–10	–11	–12	–13	–15	–17
	Unterg.	–17	–15	–13	–12	–11	–10	– 8	– 7	– 6	– 4	– 2
Düsseldorf	Aufgang	+19	+18	+16	+15	+14	+13	+12	+11	+10	+ 8	+ 6
	Unterg.	+ 7	+ 8	+10	+11	+12	+13	+14	+15	+16	+18	+20
Frankfurt	Aufgang	+ 6	+ 6	+ 6	+ 5	+ 5	+ 5	+ 5	+ 5	+ 5	+ 5	+ 4
	Unterg.	+ 4	+ 5	+ 5	+ 5	+ 5	+ 5	+ 5	+ 5	+ 6	+ 6	+ 6
Nürnberg	Aufgang	– 6	– 6	– 5	– 5	– 4	– 4	– 3	– 3	– 2	– 2	– 1
	Unterg.	– 1	– 2	– 2	– 3	– 3	– 4	– 4	– 5	– 5	– 6	– 6
Stuttgart	Aufgang	– 3	– 1	0	+ 1	+ 2	+ 3	+ 4	+ 5	+ 6	+ 7	+ 9
	Unterg.	+ 9	+ 7	+ 6	+ 5	+ 4	+ 3	+ 2	+ 1	0	– 1	– 3
München	Aufgang	–15	–13	–11	– 9	– 8	– 6	– 5	– 3	– 1	+ 1	+ 3
	Unterg.	+ 3	0	– 2	– 3	– 5	– 6	– 8	– 9	–11	–13	–16
Zürich	Aufgang	– 7	– 3	0	+ 2	+ 4	+ 6	+ 8	+11	+13	+16	+20
	Unterg.	+19	+15	+12	+10	+ 8	+ 6	+ 4	+ 1	– 1	–4	– 8
Wien	Aufgang	–34	–32	–30	–28	–27	–25	–24	–22	–21	–19	–16
	Unterg.	–17	–19	–21	–22	–24	–25	–27	–28	–30	–32	–35
Halber Tagbogen												
53° nördl. Breite		3^h32^m	4^h09^m	4^h41^m	5^h10^m	5^h37^m	6^h04^m	6^h31^m	6^h58^m	7^h28^m	8^h00^m	8^h38^m
50° nördl. Breite		3 50	4 21	4 50	5 15	5 40	6 04	6 28	6 52	7 19	7 47	8 20
47° nördl. Breite		4 04	4 32	4 57	5 20	5 42	6 03	6 25	6 47	7 11	7 36	8 04

\+ positiv: Korrektur addieren, Auf- oder Untergang findet später statt
– negativ: Korrektur subtrahieren, Auf- oder Untergang findet früher statt
Beispiel: Auf- und Untergang der Sonne am 20. März in Stuttgart.
Laut Tabelle „Sonnenlauf" auf Seite 74 lauten die Werte 6^h23^m und 18^h33^m für 50° Nord und 10° Ost.
Korrektur +3 und +3. Also geht die Sonne in Stuttgart um 6^h26^m auf und um 18^h36^m unter.
Für Daten und Deklinationen, die nicht in obiger Tabelle aufgeführt sind, nimmt man den nächstliegenden Wert, ohne einen großen Fehler zu begehen.

2022

Januar						
Mo		3	10	17☺	24	31
Di		4	11	18	25☾	
Mi		5	12	19	26	
Do		6	13	20	27	
Fr		7	14	21	28	
Sa	1	8	15	22	29	
So	2●	9☽	16	23	30	

Februar					
Mo		7	14	21	28
Di	1●	8☽	15	22	
Mi	2	9	16☺	23☾	
Do	3	10	17	24	
Fr	4	11	18	25	
Sa	5	12	19	26	
So	6	13	20	27	

März					
Mo		7	14	21	28
Di	1	8	15	22	29
Mi	2●	9	16	23	30
Do	3	10☽	17	24	31
Fr	4	11	18☺	25☾	
Sa	5	12	19	26	
So	6	13	20	27	

April					
Mo		4	11	18	25
Di		5	12	19	26
Mi		6	13	20	27
Do		7	14	21	28
Fr	1●	8	15	22	29
Sa	2	9☽	16☺	23☾	30●
So	3	10	17	24	

Mai						
Mo		2	9☽	16☺	23	30●
Di		3	10	17	24	31
Mi		4	11	18	25	
Do		5	12	19	26	
Fr		6	13	20	27	
Sa		7	14	21	28	
So	1	8	15	22☾	29	

Juni					
Mo		6	13	20	27
Di		7☽	14☺	21☾	28
Mi	1	8	15	22	29●
Do	2	9	16	23	30
Fr	3	10	17	24	
Sa	4	11	18	25	
So	5	12	19	26	

Juli					
Mo		4	11	18	25
Di		5	12	19	26
Mi		6	13☺	20☾	27
Do		7☽	14	21	28●
Fr	1	8	15	22	29
Sa	2	9	16	23	30
So	3	10	17	24	31

August					
Mo	1	8	15	22	29
Di	2	9	16	23	30
Mi	3	10	17	24	31
Do	4	11	18	25	
Fr	5☽	12☺	19☾	26	
Sa	6	13	20	27●	
So	7	14	21	28	

September					
Mo		5	12	19	26
Di		6	13	20	27
Mi		7	14	21	28
Do	1	8	15	22	29
Fr	2	9	16	23	30
Sa	3☽	10☺	17☾	24	
So	4	11	18	25●	

Oktober						
Mo		3☽	10	17☾	24	31
Di		4	11	18	25●	
Mi		5	12	19	26	
Do		6	13	20	27	
Fr		7	14	21	28	
Sa	1	8	15	22	29	
So	2	9☺	16	23	30	

November					
Mo		7	14	21	28
Di	1☽	8☺	15	22	29
Mi	2	9	16☾	23●	30☽
Do	3	10	17	24	
Fr	4	11	18	25	
Sa	5	12	19	26	
So	6	13	20	27	

Dezember					
Mo		5	12	19	26
Di		6	13	20	27
Mi		7	14	21	28
Do	1	8☺	15	22	29
Fr	2	9	16☾	23●	30☽
Sa	3	10	17	24	31
So	4	11	18	25	

Feiertage:

Aschermittwoch:	2. März	Pfingstsonntag:	5. Juni	Totensonntag:	20. November
Ostersonntag:	17. April	Fronleichnam:	16. Juni	1. Advent:	27. November
Chr. Himmelfahrt:	26. Mai	Buß- und Bettag:	16. November		

Das Jahr 2022 ist ein **Gemeinjahr** zu 365 Tagen.

Beginn der Jahreszeiten:

Frühling: 20. März 16^h33^m
Sommer: 21. Juni 10^h14^m
Herbst: 23. September 2^h04^m
Winter: 21. Dezember 22^h48^m
Erde in Sonnennähe: 4. Januar 8^h
Erde in Sonnenferne: 4. Juli 8^h

Finsternisse:

30. April: Partielle Sonnenfinsternis
16. Mai: *Totale Mondfinsternis*
25. Oktober: *Partielle Sonnenfinsternis*
8. November: Totale Mondfinsternis

Planeten:

Innere Planeten

Merkur:	Größte östliche Elongation:	7. Jan.	(19°)	**29. April**	(21°)	27. Aug.	(27°)	21. Dez.	(20°)
	Größte westliche Elongation:	16. Feb.	(26°)	16. Juni	(23°)	**8. Okt.**	(18°)		
Venus:	Untere Konjunktion:	9. Januar							
	Größte westliche Elongation:	20. März	(47°)						
	Obere Konjunktion:	22. Oktober							

Äußere Planeten	Opposition	(Mio. km)	im Sternbild	Konjunktion
Mars:	8. Dezember	82	Stier	–
Jupiter:	26. September	591	Fische	5. März
Saturn:	14. August	1325	Steinbock	4. Februar
Uranus:	9. November	2796	Widder	5. Mai
Neptun:	16. September	4325	Wassermann	13. März
Pluto:	20. Juli	5019	Schütze	16. Januar

Kalendarium 2023

2023

Januar

Mo		2	9	16	23	30
Di		3	10	17	24	31
Mi		4	11	18	25	
Do		5	12	19	26	
Fr		6	13	20	27	
Sa		7○	14	21●	28☽	
So	1	8	15☾	22	29	

Februar

Mo		6	13☾	20●	27☽
Di		7	14	21	28
Mi	1	8	15	22	
Do	2	9	16	23	
Fr	3	10	17	24	
Sa	4	11	18	25	
So	5○	12	19	26	

März

Mo		6	13	20	27
Di		7○	14	21●	28
Mi	1	8	15☾	22	29☽
Do	2	9	16	23	30
Fr	3	10	17	24	31
Sa	4	11	18	25	
So	5	12	19	26	

April

Mo		3	10	17	24
Di		4	11	18	25
Mi		5	12	19	26
Do		6○	13☾	20●	27☽
Fr		7	14	21	28
Sa	1	8	15	22	29
So	2	9	16	23	30

Mai

Mo	1	8	15	22	29
Di	2	9	16	23	30
Mi	3	10	17	24	31
Do	4	11	18	25	
Fr	5○	12☾	19●	26	
Sa	6	13	20	27☽	
So	7	14	21	28	

Juni

Mo		5	12	19	26☽
Di		6	13	20	27
Mi		7	14	21	28
Do	1	8	15	22	29
Fr	2	9	16	23	30
Sa	3	10☾	17	24	
So	4○	11	18●	25	

Juli

Mo		3○	10☾	17●	24	31
Di		4	11	18	25	
Mi		5	12	19	26☽	
Do		6	13	20	27	
Fr		7	14	21	28	
Sa	1	8	15	22	29	
So	2	9	16	23	30	

August

Mo		7	14	21	28
Di	1○	8☾	15	22	29
Mi	2	9	16●	23	30
Do	3	10	17	24☽	31○
Fr	4	11	18	25	
Sa	5	12	19	26	
So	6	13	20	27	

September

Mo		4	11	18	25
Di		5	12	19	26
Mi		6	13	20	27
Do		7☾	14	21	28
Fr	1	8	15●	22☽	29○
Sa	2	9	16	23	30
So	3	10	17	24	

Oktober

Mo		2	9	16	23	30
Di		3	10	17	24	31
Mi		4	11	18	25	
Do		5	12	19	26	
Fr		6☾	13	20	27	
Sa		7	14●	21	28○	
So	1	8	15	22☽	29	

November

Mo		6	13●	20☽	27○
Di		7	14	21	28
Mi	1	8	15	22	29
Do	2	9	16	23	30
Fr	3	10	17	24	
Sa	4	11	18	25	
So	5☾	12	19	26	

Dezember

Mo		4	11	18	25
Di		5☾	12	19☽	26
Mi		6	13●	20	27○
Do		7	14	21	28
Fr	1	8	15	22	29
Sa	2	9	16	23	30
So	3	10	17	24	31

Feiertage:

Aschermittwoch:	22. Februar	Pfingstsonntag:	28. Mai	Totensonntag:	26. November
Ostersonntag:	9. April	Fronleichnam:	8. Juni	1. Advent:	3. Dezember
Chr. Himmelfahrt:	18. Mai	Buß- und Bettag:	22. November		

Das Jahr 2023 ist ein **Gemeinjahr** zu 365 Tagen.

Beginn der Jahreszeiten:

Frühling:	20. März	22^h24^m	Herbst:	23. September	7^h50^m	Erde in Sonnennähe:	4. Januar	17^h
Sommer:	21. Juni	15^h58^m	Winter:	22. Dezember	4^h27^m	Erde in Sonnenferne:	6. Juli	21^h

Finsternisse:

20. April:	Ringförmige-totale Sonnenfinsternis	14. Oktober:	Ringförmige Sonnenfinsternis
5. Mai:	Halbschattenfinsternis des Mondes	28. Oktober:	*Partielle Mondfinsternis*

Planeten:

Innere Planeten

Merkur:	Größte westliche Elongation:	30. Januar (25°)		29. Mai (25°)		**22. September**	**(18°)**
	Größte östliche Elongation:	**11. April**	**(19°)**	10. August	(27°)	4. Dezember	(21°)
Venus:	Größte östliche Elongation:	4. Juni	(45°)				
	Untere Konjunktion:	13. August					
	Größte westliche Elongation:	23. Oktober	(46°)				

Äußere Planeten	Opposition	(Mio. km)	im Sternbild	Konjunktion
Mars:	–	–	–	18. November
Jupiter:	3. November	596	Widder	11. April
Saturn:	27. August	1311	Wassermann	16. Februar
Uranus:	13. November	2787	Widder	9. Mai
Neptun:	19. September	4324	Fische	15. März
Pluto:	22. Juli	5056	Schütze	18. Januar

ASTRONOMISCHE INSTITUTE, PLANETARIEN UND STERNWARTEN

Augsburg
ṡ-Planetarium
Im Thäle 3
86152 Augsburg
Tel.: (08 21) 3 24 67 62

Bamberg
Dr.-Remeis-Sternwarte Bamberg
Astronomisches Institut der Universität Erlangen-Nürnberg
Sternwartstraße 7
96049 Bamberg
Tel.: (09 51) 9 52 22 0
www.sternwarte.uni-erlangen.de

Berlin
Zentrum für Astron. und Astrophysik
Technische Universität Berlin
Hardenbergstraße 36
10623 Berlin
Tel.: (0 30) 31 42 37 34
www-astro.physik.TU-Berlin.de

Archenhold-Sternwarte
Alt-Treptow 1
12435 Berlin
Tel.: (0 30) 5 34 80 80
www.astw.de

Planetarium am Insulaner
Wilhelm-Foerster-Sternwarte
Munsterdamm 90
12169 Berlin
Tel.: (0 30) 7 90 09 30
www.planetarium.berlin

Zeiss-Großplanetarium Berlin
Prenzlauer Allee 80
10405 Berlin
Tel.: (0 30) 4 21 84 50
www.planetarium.berlin

Bochum
Astronomisches Institut der Ruhr-Universität
Universitätsstr. 150/NA7
44780 Bochum
Tel.: (02 34) 32 2 34 54
www.astro.ruhr-uni-bochum.de

Planetarium
Castroper Straße 67
44777 Bochum
Tel.: (02 34) 51 60 60
www.planetarium-bochum.de

Bonn
Argelander Institut
Auf dem Hügel 71
53121 Bonn
Tel. Sternwarte: (02 28) 73 36 55, 56
Tel. Radioastronomie: (02 28) 73 36 57, 58
Tel. Astrophysik: (02 28) 73 36 71, 76
www.astro.uni-bonn.de

Radioobservatorium Effelsberg
53902 Bad Münstereifel
Tel.: (0 22 57) 30 11 01

Max-Planck-Institut für Radioastronomie
Auf dem Hügel 69
53121 Bonn
Tel.: (02 28) 52 50
www.mpifr-bonn.mpg.de

Cottbus
Raumflugplanetarium Juri Gagarin
Lindenplatz 21
03044 Cottbus
Tel.: (03 55) 71 31 09
www.planetarium-cottbus.de

Freiburg im Breisgau
Kiepenheuer-Institut für Sonnenphysik
Schöneckstraße 6
79104 Freiburg
Tel.: (07 61) 31 98 0
www.kis.uni-freiburg.de

Planetarium Freiburg
Bismarckallee 7 g
79098 Freiburg
Tel.: (07 61) 3 89 06 30
www.planetarium-freiburg.de

Garching siehe **München**

Göttingen
Institut für Astrophysik;
Georg-August-Universität Göttingen
Friedrich-Hund-Platz 1
37077 Göttingen
Tel.: (05 51) 39 50 42/39 50 53
www.astro.physik.uni-goettingen.de

Max-Planck-Institut für Sonnensystemforschung
Justus-von-Liebig-Weg 3
37077 Göttingen
Tel.: 0551 384 979-0
www.mps.mpg.de

Graz
Sektion Astrophysik des Instituts für Geophysik, Astrophysik und Meteorologie der Universität Graz
Universitätsplatz 5
A-8010 Graz
Tel.: ++43 (0) 316 380 52 70
www.kfunigraz.ac.at/igam

Hamburg
Hamburger Sternwarte
Gojenbergsweg 112
21029 Hamburg
Tel.: (0 40) 4 28 91-41 42
www.hs.uni-hamburg.de

Planetarium
Linnering 1
22303 Hamburg
Tel.: (0 40) 4 28 86 52 52
www.planetarium-hamburg.de

Hannover
Astronomische Station am Institut für Erdmessung der Universität
Schneiderberg 50
30167 Hannover
Tel.: (05 11) 7 62 24 75

Heidelberg
Astronomisches Rechen-Institut
Mönchhofstraße 12–14
69120 Heidelberg
Tel.: (0 62 21) 40 50
www.ari.uni-heidelberg.de

Institut für Theoretische Astrophysik
Albert-Überle-Str. 2
69120 Heidelberg
Tel.: (0 62 21) 54 48 37
www.ita.uni-heidelberg.de

Max-Planck-Institut für Astronomie
Königstuhl 17
69117 Heidelberg
Tel.: (0 62 21) 52 80
www.mpia.de

Landessternwarte Königstuhl 12
69117 Heidelberg
Tel.: (0 62 21) 50 90
www.lsw.uni-heidelberg.de

Innsbruck
Institut für Astro- und Teilchenphysik
Technikerstraße 25
A-6020 Innsbruck
Tel.: ++43 (0) 512 5 07 60 31
http://astro.uibk.ac.at/

Jena
Universitäts-Sternwarte
Schillergäßchen 2
07745 Jena
Tel.: (0 36 41) 94 75 01
www.astro.uni-jena.de

Planetarium
Am Planetarium 5
07743 Jena
Tel: (036 41) 94 75 01
www.planetarium-jena.de

Kassel
Planetarium im Museum für Astronomie und Technikgeschichte
Orangerie
An der Karlsaue 20c
34121 Kassel
www.astronomie-kassel.de

Kiel
Institut für Theoretische Physik und Astrophysik
Leibnizstr. 15
24118 Kiel
www.astrophysik.uni-kiel.de

Kieler Planetarium e.V.
Fachhochschule Kiel
Sokratesplatz 6
24149 Kiel
Tel: (04 31) 2 10 17 41
www.Kieler-planetarium.de

Laupheim
Volkssternwarte und Planetarium
Milchstraße 1
88471 Laupheim
Tel.: (0 73 92) 9 10 59
www.planetarium-laupheim.de

Luzern
Planetarium im Verkehrshaus der Schweiz
Lidostraße 5
CH-6006 Luzern
Tel.: ++41 (0 41) 3 70 44 44
www.verkehrshaus.ch

Mannheim
Planetarium
Wilhelm-Varnholt-Allee 1
68165 Mannheim
Tel.: (06 21) 41 56 92
www.planetarium-mannheim.de

München
Europäische Südsternwarte (ESO)
Karl-Schwarzschild-Straße 2
85748 Garching
Tel.: (0 89) 32 00 62 76
www.eso.org

Institut für Astronomie und Astrophysik der Universität München
Scheinerstraße 1
81679 München
Tel.: (0 89) 21 80 60 01
www.usm.uni-muenchen.de

Max-Planck-Institut für Astrophysik
Karl-Schwarzschild-Str. 1
85741 Garching
Tel.: (0 89) 3 00 00 0
www.mpa-garching.mpg.de

Max-Planck-Institut für extraterrestrische Physik
Giessenbachstraße 1
85748 Garching
Tel.: (0 89) 3 00 00 0
www.mpe.mpg.de

Planetarium und Bayerische Volkssternwarte
Rosenheimer Str. 145h
81671 München
Tel.: (0 89) 40 62 39
www.sternwarte-muenchen.de

Planetarium Deutsches Museum
Museumsinsel 1
80538 München
www.deutsches-museum.de

Münster
Planetarium im Westfälischen Landesmuseum für Naturkunde
Sentruper Straße 285
48161 Münster
Tel.: (02 51) 5 91 05
www.lwl-planetarium-muenster.de

Nürnberg
Nicolaus-Copernicus-Planetarium
Am Plärrer 41
90429 Nürnberg
Tel.: (09 11) 9 29 65 53
www.planetarium-nuernberg.de

Osnabrück
Museum am Schölerberg/ Planetarium
Klaus-Strick-Weg 10
49082 Osnabrück
Tel.: (05 41) 5 60 03 26
www.planetarium-osnabrueck.de

Potsdam
Leibniz-Institut für Astrophysik
Sternwarte Babelsberg
An der Sternwarte 16
14482 Potsdam
Tel.: (03 31) 7 49 90
www.aip.de

Leibniz-Institut für Astrophysik
Sonnenobservatorium Einsteinturm
Telegrafenberg A22
14473 Potsdam
Tel.: (03 31) 2 88 23 04/23 03

Observatorium für Solare Radioastronomie Tremsdorf
14552 Tremsdorf
Tel.: (03 31) 7 49 92 92

URANIA-Planetarium und „Bruno H. Bürgel-Gedenkstätte"
Gutenbergstr. 71/72
14467 Potsdam
Tel.: (03 31) 7 49 90
www.urania-potsdam.de

Recklinghausen
Westf. Volkssternwarte/Planetarium
Stadtgarten 6
45657 Recklinghausen
Tel: (023 61) 2 3 1 34
www.sternwarte-recklinghausen.de

Schwaz
Zeiss-Planetarium Schwaz
Alte Landstr. 15
A-6130 Schwaz/Tirol
Tel.: ++43 (0 52 42) 7 21 29
www.planetarium-schwaz.at

Siegen
Sternwarte der Universität
Adolf-Reichwein-Straße
57068 Siegen
Tel.: (02 71) 7 40 46 13
www.uni-siegen.de/fb7/didaktik/sternwarte

Stuttgart
Carl-Zeiss-Planetarium mit Sternwarte Welzheim
Mittlerer Schlossgarten
70173 Stuttgart
Tel.: (07 11) 1 62 92 15
www.planetarium-stuttgart.de

Sternwarte Welzheim
www.sternwarte-welzheim.de

ASTRONOMISCHE INSTITUTE, PLANETARIEN UND STERNWARTEN

Tautenburg
Thüringer Landessternwarte Tautenburg
Karl-Schwarzschild-Observatorium
Sternwarte 5
07778 Tautenburg
Tel.: (03 64 27) 86 30
www.tls-tautenburg.de

Tübingen
Institut für Astronomie und Astrophysik
Abteilung Astronomie
Sand 1
72076 Tübingen
Tel.: (0 70 71) 29 7 24 86
www.astro.uni-tuebingen.de

Abt. Theoretische Astrophysik
Auf der Morgenstelle 10
72076 Tübingen
Tel.: (0 70 71) 29 7 40 07
www.tat.physik.uni-tuebingen.de

Welzheim
Tel: (0 71 82) 42 84
www.sternwarte-welzheim.de

Wien
Digitales Planetarium im Natur-
historischen Museum Wien
Burgring 7
A-1010 Wien
Tel.: ++43 (0) 1 52 17 70
www.nhm-wien.ac.at/planetarium

Institut für Astronomie der Universität
Wien, Universitäts-Sternwarte
Türkenschanzstraße 17
A-1180 Wien
Tel.: ++43 (0) 14 27 75 18 01
www.astro.univie.ac.at

Kuffner-Sternwarte
Johann Staud-Straße 10
A-1160 Wien
Tel.: ++43 (0) 1 89 174 150 000
www.planetarium-wien.at

URANIA-Sternwarte
Uraniastraße 1
A-1010 Wien
Tel.: ++43 (0) 1 89 174 150 000
www.planetarium-wien.at

Wien (Forts.)
Zeiss-Planetarium
Oswald Thomas-Platz 1
A-1020 Wien
Tel.: ++43 (0) 1 89 174 150 000
www.planetarium-wien.at

Wolfsburg
Planetarium
Uhlandweg 2
38440 Wolfsburg
Tel.: (0 53 61) 89 02 55 10
www.planetarium-wolfsburg.de

Würzburg
Institut für Theoretische
Physik und Astrophysik
Am Hubland
97074 Würzburg
Tel: (09 31) 8 88 50 31
www.astro.uni-wuerzburg.de

Zürich
Institut für Astronomie
ETH-Zentrum
CH-8092 Zürich
Tel.: ++41 (0) 44 6 33 76 08
www.astro.phys.ethz.ch

URANIA-Sternwarte Zürich AG
Uraniastraße 9
CH-8001 Zürich
Tel.: ++41 (0) 44 2 11 65 23
www.urania-sternwarte.ch

**Das Verzeichnis erhebt keinen Anspruch auf Vollständigkeit.
Weitere Vereinigungen nimmt der Herausgeber gerne auf.
Entsprechende Hinweise sende man bitte an:**

**PLANETARIUM STUTTGART
Willy-Brandt-Straße 25
70173 Stuttgart**

AMATEURASTRONOMISCHE VEREINIGUNGEN UND PRIVATSTERNWARTEN

Aachen
Volkshochschule Aachen/Sternwarte
Am Hangeweiher 23
52068 Aachen
www.sternwarte-aachen.de

Aichwald
Schurwaldsternwarte e.V.
Im Lutzen 21
73773 Aichwald
www.schurwaldsternwarte.de

Albstadt
Sternwarte und Planetarium
Hartmannstraße 140
72458 Albstadt-Ebingen
www.sternwarte-zollern-alb.de

Alzey
Interessengemeinschaft der Hobby-astronomen Alzey u. Umland e.V.
Theodor-Heuss-Ring 34
55232 Alzey

Augsburg siehe Diedorf

Bad Driburg
Sternwarte der F.-W.-Weber-Realschule
Elsterweg 13
33014 Bad Driburg

Bad Dürkheim
Astronomischer Arbeitskreis
Pfalzmuseum für Naturkunde
Hermann-Schäfer-Str. 17
67098 Bad Dürkheim

Bad Homburg
Astronomische Gesellschaft Orion Bad Homburg e. V.
Ricarda-Huch-Str. 5
61350 Bad Homburg
www.agorion.de

Bad Münstereifel
Astropeiler Stockert e. V.
Astropeiler 2 – 4
53902 Bad Münstereifel
www.astropeiler.de

Bad Zwesten
Sternwarte der Hardtwaldklinik I
Hardtstr. 31
34596 Bad Zwesten

Baindt s. **Waldburg-Weingarten**

Bautzen
Sternwarte Bautzen
Schulsternwarte und Planetarium
Czornebohstraße 82 (Naturpark)
02625 Bautzen

Berg
Christian-Jutz-Volkssternwarte Berg e.V.
Lindenallee
82335 Berg-Aufkirchen
www.sternwarte-berg.de

Bittenfeld
Privatsternwarte Bittenfeld
Ofengasse 8
71336 Waiblingen
www.allbert.de

Bochum
Institut für Umwelt- und Zukunftsforschung e.V.
Blankensteiner Str. 200 a
44797 Bochum
www.sternwarte-bochum.de

Bonn
Volkssternwarte Bonn e.V.
Poppelsdorfer Allee 47
53115 Bonn

Borken
Sternfreunde Borken e. V.
Josef-Bresser-Sternwarte
Ant Kruse Bömken 21
46325 Borken
www.sternfreunde-borken.de

Bozen
Amateurastronomen „Max Valier"
Neustifterweg 5
I-39100 Bozen
www.maxvalier.org

Braunschweig
Sternwarte Braunschweig
In den Heistern 5 B
38108 Braunschweig
www.sternwarte-braunschweig.de

Bremen
Olbers-Planetarium der Hochschule Bremen
Werderstr. 73
28199 Bremen
www.planetarium-bremen.de

Sternwarte der Olbers-Gesellschaft e.V.
Werderstr. 73
28199 Bremen
www.olbers-gesellschaft.de

Bremerhaven
Bremerhavener Sternfreunde e.V.
Buschkämpen 29
27576 Bremerhaven
www.bremerhavener-sternfreunde.de

Planetarium Bremerhaven
Bussestr. 24
27570 Bremerhaven
www.bremerhafener-sternfreunde.de

Brittheim
Sternwarte Zollern-Alb
Am Wasserturm 4
72348 Rosenfeld
www.sternwarte-zollern-alb.de

Buchloe
Astronomische Gesellschaft Buchloe e.V.
Alois-Reiner-Str. 15 b
86807 Buchloe
www.astronomie-buchloe.de

Bülach
Schul- und Volkssternwarte Bülach
Rotzibüch bei Eschenmosen
CH-8180 Bülach

Burg
Südbrandenburger Sternfreunde e. V.
Bahnhofstr. 35
03238 Rückersdorf
www.suedbrandenburger-sternfreunde.de

Casablanca
Sahara Sky
Dunes de Tinfou
45900 Zagora Marokko
www. saharasky.com

Darmstadt
Volkssternwarte Darmstadt e.V.
Karlstr. 41
64347 Griesheim
www.vsda.de

Diedorf
Astronomische Vereinigung Augsburg e. V.
Sternwarte Diedorf
Pestalozzistr. 17a
86420 Diedorf
www.sternwarte-diedorf.de

Donzdorf
Sternfreunde Donzdorf e. V.
Messelberg-Sternwarte
Beim Schulzentrum
73072 Donzdorf
www.messelbergsternwarte.de

Drebach
Volkssternwarte und Zeiss-Planetarium
Straße der Jugend 14
09430 Drebach
www.sternwarte-drebach.de
www.planetarium-drebach.de

AMATEURASTRONOMISCHE VEREINIGUNGEN UND PRIVATSTERNWARTEN

Eberfing
Sternwarte Eberfing
Escherstr. 12
82390 Eberfing
www.sternwarte-eberfing.de

Erkrath
Sternwarte Neanderhöhe Hochdahl und Planetarium
Sedentaler Str. 105
40699 Erkrath

Essen
Walter-Hohmann-Sternwarte Essen e.V.
Wallneyer Str. 159
45133 Essen
www.sternwarte-essen.de

Frankfurt/Main
Volkssternwarte des Phys. Vereins
Robert-Mayer-Straße 2–4
60054 Frankfurt/Main
www.physikalischer-verein.de

Astro-AG der Liebigschule
Frankfurt a. M.
Kollwitzstr. 3
60488 Frankfurt/Main
www.astro.junetz.de

Fulda
Hans-Nüchter-Sternwarte
Freiherr-von-Stein-Schule
Domänenweg 2
36037 Fulda
www.hans-nuechter-sternwarte.de

Planetarium im Vonderau-Museum
Jesuitenplatz 2
36037 Fulda
www.museum-fulda.de

Gilching
Sternwarte der vhs Gilching e. V.
Landsberger Str. 17 a
82205 Gilching

Gmunden
Sternwarte Gmunden
Kalvarienbergweg
A-4810 Gmunden
www.sternwarte-gmunden.at

Goch
Volkssternwarte Niederrhein e. V.
Scharsenweg
47574 Goch-Kessel
www.volkssternwarte-goch-kleve.org

Gondelsheim
Kraichgau-Sternwarte Gondelsheim e.V.
Lilienstraße 25
76669 Bad Schönborn
www.mhm-ka.de

Görlitz
Scultetus-Sternwarte Görlitz
An der Sternwarte 1
02827 Görlitz
www.goerlitzer-sternfreunde.de

Göttingen
Amateurastronomische Vereinigung Göttingen e.V.
Schlesierring 8
37085 Göttingen
www.avgoe.de

Förderkreis Planetarium Göttingen e.V.
Nordhäuser Weg 18
37085 Göttingen
www.planetarium-goettingen.de

Grafschaft
Astronomische Vereinigung Vulkaneifel am Hohen List e. V.
Franz-Wolf-Str. 14
53501 Grafschaft-Bölingen
www.hoher-list.de

Greifswald
Greifswalder Sternwarte e. V.
Altes Physikalisches Institut
Domstr. 10a
17489 Greifswald
www.sternwarte-greifswald.de

Hagen
Volkssternwarte
Eugen-Richter-Turm
58135 Hagen
www.sternwarte-hagen.de

Halle
Astronomische Station Kanena e.V.
Schkeuditzer Str. 4 B
06116 Halle-Kanena
www.sternwarte-halle.de

Gesellschaft für astron. Bildung e.V.
Von-Seckendorff-Platz 3
06120 Halle/Saale
www.astroverein-halle.de

Hamburg
Gesellschaft für volkstümliche Astronomie e.V.
Eiffestraße 426
20537 Hamburg
www.gva-hamburg.de

Handeloh
Arbeitskreis Astronomie in Handeloh und Umgebung e. V.
Häschenstieg 16
21256 Handeloh
www.astronomie-handeloh.de

Hechingen
Astronomical Observatory Aurora
Friedrich-Wolf-Weg 23
72379 Hechingen
aoa@rdoelling.de

Heilbronn
Robert-Mayer-Volks- und Schulsternwarte
Bismarckstraße 10
74072 Heilbronn
www.sternwarte.org

Hermannsburg
Sternwarte Südheide e. V.
Alte Celler Heerstraße
20320 Hermannsburg
www.sternwarte-suedheide.de

Herzberg
Planetarium und Volkssternwarte
Lugstr. 3
04916 Herzberg
www.herzberger-sternfreunde-eV.de

Hofheim
Volkssternwarte
Ahornstr. 11
65719 Hofheim
www.sternwarte-hofheim.de

Ingolstadt
Sternwarte Ingolstadt AAI e.V.
Lilienthalstr. 137
85077 Manching
www.aai-Ingolstadt.de

Kiel
GvA Gruppe Kiel
Hofbrook 64
24119 Kronshagen
www.gva-kiel.de

Volkssternwarte Kronshagen
Suchsdorfer Weg 33
24119 Kronshagen

Klagenfurt
Sternwarte Klagenfurt
Villacher Str. 239
A-9020 Klagenfurt
www.avk.at

Köln
Planetarium
Blücherstr. 15 17
50733 Köln
www.koelner-planetarium.de

Volkssternwarte Köln
Nikolausstr. 55
50937 Köln
www.volkssternwarte-koeln.de

Königsdorf
Isartalsternwarte
Rothemühle 9
82549 Königsdorf
www.isartalsternwarte.de

Krefeld
Vereinigung Krefelder Sternfreunde e.V.
im Weiterbildungskolleg Krefeld
Danziger Platz 1
47809 Krefeld
www.vks-krefeld.de

Kreuzlingen
Planetarium und Sternwarte Kreuzlingen
Breitenrainstraße 21
CH-8280 Kreuzlingen
www.avk.ch

Leonberg
Sternwarte Höfingen
Uhlandstraße
71229 Leonberg
www.sternwarte-hoefingen.de

Lilienthal
Astronomische Vereinigung
Lilienthal e.V.
Ottersteiner Vorweide 10
28879 Grasberg
www.avl-lilienthal.de

Limburg
Sternwarte Limburg e. V.
Am Stefanshügel, Industriestr. 1
65549 Limburg a. d. Lahn
www.sternwarte-limburg.de

Linz
Johannes Kepler Sternwarte
Sternwarteweg 5
A-4020 Linz
www.sternwarte.at/wega.html

Lübeck
Sternwarte Lübeck
Am Ährenfeld 2
23564 Lübeck
www.sternwarte-luebeck.de

Luxembourg
Astronomes Amateurs du Luxembourg
16 B, Rue Emile Mayrisch
L 3522 Dudelange
www.aal.lu

Luzern
Sternwarte Hubelmatt
Zihlmattweg 4
CH-6005 Luzern
https://luzern.astronomie.ch

Magdeburg
Astronomische Gesellschaft Magdeburg
e. V.
Rötgertstr. 8
39104 Magdeburg
www.astronomie-magdeburg.de

Mainz
Paul-Baumann-Sternwarte
55270 Klein-Winternheim
www.astronomie-mainz.de

Marburg
Volkssternwarte Marburg e.V.
Dresdener Str. 18 (Schulzentrum)
35274 Kirchhain
www.volkssternwarte-marburg.de

March
Sternwarte March
Am Hölgacker 1
79232 March
www.vhsmarch.de

Meckesheim
Volkssternwarte Meckesheim
Kettengasse 59
74909 Meckesheim
www.astropic.de

Meiningen
Sternwarte Henfling-Gymnasium
Röntgenstr. 12
98617 Meiningen

Merseburg
Sternfreunde Planetarium Merseburg e.V.
Teichstr. 2
06217 Merseburg
www.planetarium-merseburg.de

Monschau
Eifelastronomen e.V.
Görgesstr. 42
52156 Monschau
www.eifelastronomen.de

Münster
Sternfreunde Münster e.V.
Sentruper Straße 285
48161 Münster
www.sternfreunde-muenster.de

Neumarkt i.d. OPf.
Bayerische Volkssternwarte Neumarkt
Am Höhenberg 31
92318 Neumarkt i.d. OPf.
www.sternwarte-neumarkt.de

Neumünster
VHS-Sternwarte Neumünster
Hahnknüll 58
24537 Neumünster
www.sternwarte-nms.de

Neustadt/Weinstraße
s. **Bad Dürkheim**

Neuzeug
Sternfreunde-Steyr
Hoheneckerstr. 4
A-4523 Neuzeug
www.sternfreunde-steyr.at

Nordenham
Planetarium
Bahnhofstraße 52
26954 Nordenham
www.sternfreunde.nordenham.de

Norderney
Astronomischer Arbeitskreis Norderney
„Wilhelm Dorenbusch Sternwarte"
Birkenweg 22
26548 Norderney
www.sternwarte-norderney.de

Nürnberg
Regiomontanus-Sternwarte
Nürnberger Astronomische
Arbeitsgemeinschaft e.V.
Regiomontanusweg 1
90491 Nürnberg
www.naa.net

Oberwallis
Astronomische Gesellschaft Oberwallis
Ebnetstr. 12
CH-3982 Bitsch

Osnabrück
Astronomische Arbeitsgemeinschaft/
Naturwissenschaftlicher Verein
Museum am Schölerberg
Am Schölerberg 8
49082 Osnabrück
www.naturwissenschaftlicher-verein-os.de

AMATEURASTRONOMISCHE VEREINIGUNGEN UND PRIVATSTERNWARTEN

Ottobeuren
Allgäuer Volkssternwarte Ottobeuren e. V
Wolferts 40
87724 Ottobeuren
www.avso.de

Paderborn
Volkssternwarte Paderborn e.V.
Im Schlosspark 13
33104 Paderborn
www.vspb.de

Papenburg
Astronomischer Verein der
Volkssternwarte Papenburg e.V.
Wilhelm-Leuschner-Str. 48
26871 Papenburg
www.astronomie-papenburg.de

Papenburger Sternwarte e.V.
Bethlehem rechts 51 b
26871 Papenburg
www.sternwarte-papenburg.de

Passau
Volkssternwarte
Veste Oberhaus 125
94034 Passau
www.Sternwarte-Passau.de

Prince Albert, South Africa
Starfriends of Prince Albert for Celestial Enjoyment
Astro Tours
Klipstr. 17
6930 Prince Albert
South Africa
www.astrotours.co.za

Regensburg
Verein der Freunde der Volkssternwarte Regensburg
Ägidienplatz 2
93047 Regensburg
www.sternwarte-regensburg.de

Remscheid
Dr. Hans-Schäfer-Sternwarte
Schützenplatz 2
42853 Remscheid
www.sternwarte-remscheid.de

Riesa
Sternwarte Riesa e.V.
Greizer Str. 2
01587 Riesa
SternwarteRiesa@web.de

Rodewisch
Schulsternwarte und
Planetarium „Sigmund Jähn"
Rützengrüner Str. 41 a
08228 Rodewisch (Vogtland)
www.sternwarte-rodewisch.de

Rostock
Astronomische Station „Tycho Brahe"
Astronomischer Verein Rostock e.V.
Nelkenweg 6
18057 Rostock
www.sternwarte-rostock.de

Rüsselsheim
Rüsselsheimer Sternfreunde e. V. 1975
Staudenweg 3
65428 Rüsselsheim
www.ruesselsheimer-sternfreunde.de

Saar
Verein der Amateurastronomen des Saarlandes e.V. (VAS)
Sternwarte Peterberg
66625 Nohfelden-Eiweiler
www.sternwarte-peterberg.de

Saarlouis
Verein der Astronomiefreunde
Cassiopeia Saarlouis e.V.
Großstr. 37
66740 Saarlouis
www.cassiopeia-saarlouis.de

Salzburg
Salzburger Volkssternwarte
Auer von Welsbach-Str. 22
84489 Burghausen
www.hausdernatur.at/astronomie

Schwanden ob Sigriswil
Sternwarte Planetarium SIRIUS
CH-3657 Schwanden/Sigriswil
www.sternwarte-planetarium.ch

Seewalchen
Astronomischer Arbeitskreis
Salzkammergut +
Sternwarte Gahberg
Sachsenstraße 2
A-4863 Seewalchen
www.astronomie.at

Sohland/Spree
Volks- und Schulsternwarte
„Bruno H. Bürgel" Sohland e.V.
Schluckenauer Str. 8 a
02689 Sohland/Spree
www.sternwarte-sohland.de

Solingen
Galileum Solingen
Walter-Horn-Weg 1
42697 Solingen
www.galileum-solingen.de

Walter-Horn-Ges. e.V. Sternwarte
Sternstraße 5
42719 Solingen
www.sternwarte-solingen.de

Solms
Volkssternwarte Mittelhessen e. V.
Lindenstr. 11
35606 Solms
www.sternwarte-burgsolms.de

Stuttgart
Schwäbische Sternwarte
Zur Uhlandshöhe 41
70188 Stuttgart
www.sternwarte.de

Suhl
Volks- und Schulsternwarte
Auf dem Hoheloh 1
98527 Suhl
www.suhler-sternfreunde.de

Tirschenreuth
Gerhard Franz Volkssternwarte
Marienstraße 49
95643 Tirschenreuth
www.sternwarte-tirschenreuth.de

Tornesch
Regionale Volks- und Schulsternwarte
Tornesch e.V.
Klaus Groth-Str. 11
25436 Tornesch
www.sternwarte-tornesch.de

Trebur
Michael Adrian Observatorium
Fichtenstr. 7
65468 Trebur
www.tlt-trebur.de

Trier
Verein Sternwarte Trier e.V.
Laurentius-Zeller-Str. 11
54294 Trier
www.sternwarte-trier.de

Überlingen
Sternwarte Überlingen e. V.
Obere St. Leonhardstr. 45
88662 Überlingen
www.sternwarte-ueberlingen.de

Uitikon
Stiftung Sternwarte Uitikon
Zürcherstr. 59
CH-8142 Uitikon
inderbitzin.a@bluewin.ch

Waghäusel
Astronomiefreunde Waghäusel e.V.
Kettelerstr. 19
68753 Waghäusel
www.afw2000.de.vu

Weikersheim
Astronomische Vereinigung
Weikersheim e.V.
Sternwarte Am Karlsberg
97990 Weikersheim
www.sternwarte-weikersheim.de

Weil der Stadt
Johannes-Kepler-Sternwarte
Max-Caspar-Str. 47
71263 Weil der Stadt
www.kepler-sternwarte.de

Wertheim
Johann-Kern-Sternwarte Wertheim e.V.
Am Galgengraben
97877 Wertheim-Reicholzheim

Wien
Astronomischer Jugendclub
Richard Wagner-Platz 2/4
A-1160 Wien

Winterthur
Sternwarte Eschenberg
der AG Winterthur
Breitenstraße 2
CH-8542 Wiesendangen

Wuppertal siehe **Remscheid**

Zollern-Alb siehe **Brittheim**

Zweibrücken
Sternwarte des Naturwissensch. Vereins
FH Campus
Amerikastr. 1
66482 Zweibrücken
www.nawi-zw.de

Zwickau
Förderverein der Schulsternwarte Zwickau
Gartenanlage „Am Kreuzberg"
08064 Zwickau
www.sternwartezwickau.de

Überregionale astronomische Amateur-Vereinigungen

Arbeitskreis Meteore e.V.
Mehlbeerenweg 5
14469 Potsdam

Bundesdeutsche Arbeitsgemeinschaft für Veränderliche Sterne e.V. (BAV)
Munsterdamm 90
12169 Berlin
www.bav-astro.de

Österreichischer Astronomischer Verein
Baumgartenstraße 23/4
A-1140 Wien

Schweizerische Astronomische Gesellschaft (SAG)
CH-8200 Schaffhausen
http://sag-sas.ch/

Vereinigung der Sternfreunde e.V. (VdS)
Postfach 1169
64629 Heppenheim
www.sternfreunde.de

IMPRESSUM

Umschlaggestaltung von Büro Jorge Schmidt, München, unter Verwendung einer Illustration von Detlev van Ravenswaay (Science Photo Library) und einer Aufnahme von Martin Gertz/Sternwarte Welzheim.

Mit 43 Farb- und Schwarzweißfotos, 12 historischen Abbildungen, 233 Illustrationen, davon 201 von Gerhard Weiland sowie 12 Planetenlauf- und 12 Monatssternkarten von Wil Tirion.

Unser gesamtes Programm finden Sie unter **kosmos.de**.
Über Neuigkeiten informieren Sie regelmäßig unsere Newsletter, einfach anmelden unter **kosmos.de/newsletter**

Gedruckt auf chlorfrei gebleichtem Papier

MIX
Papier aus verantwortungsvollen Quellen
FSC® C110508
www.fsc.org

ISSN: 1438-3306
ISBN: 978-3-440-16868-4
Redaktion: Sven Melchert
Gestaltung und Satz: typopoint GbR, Ostfildern
Produktion: Ralf Paucke, Siegfried Fischer
Druck und Bindung: Westermann Druck Zwickau GmbH, Zwickau
Printed in Germany/Imprimé en Allemagne

Anschrift des Herausgebers:
Prof. Dr. Hans-Ulrich Keller
Planetarium Stuttgart
Willy-Brandt-Straße 25
D-70173 Stuttgart